材料质量检测与分析技术

陶美娟　主编

中国质检出版社
中国标准出版社

北　京

图书在版编目（CIP）数据

材料质量检测与分析技术/陶美娟主编. —北京：中国质检出版社，2018.9
ISBN 978-7-5026-4619-6

Ⅰ. ①材… Ⅱ. ①陶… Ⅲ. ①工程材料—质量检验 ②工程材料—质量分析
Ⅳ. ①TB303

中国版本图书馆 CIP 数据核字（2018）第 153421 号

中国质检出版社
中国标准出版社 出版发行
北京市朝阳区和平里西街甲 2 号（100029）
北京市西城区三里河北街 16 号（100045）
网址：www. spc. net. cn
总编室：（010）68533533 发行中心：（010）51780238
读者服务部：（010）68523946
中国标准出版社秦皇岛印刷厂印刷
各地新华书店经销

*

开本 787×1092 1/16 印张 27.5 字数 666 千字
2018 年 9 月第一版 2018 年 9 月第一次印刷

*

定价：90.00 元

前　言

材料质量检测与分析技术在现代制造业中具有非常重要的地位和作用，只要有制造业、有产品，就离不开材料的质量检测与分析技术。材料质量检测与分析技术又是一项理论性和实践性都很强的技术，直接关乎产品的质量与水平。随着我国产业结构调整的进一步深化，社会对质量、安全、健康要求的日益提高，对材料质量检测与分析技术也提出了更高的要求。

近年来，由于现代物理学、化学、材料科学、微电子学、等离子体科学等学科的迅速发展，产生了多种敏感元件、变换器、检测器件、计算机、记录装置等器材和技术，它们不仅促使原有材料测试仪器和方法不断改进和深化，而且产生和发展了很多能在线使用的简便、快速、自动以及精密复杂的能同时解决多种问题的仪器设备和相应的试验方法与测试技术，广大理化检验工作者在材料检测实际工作中经常会遇到一些热点和难点问题。有鉴于此，中国机械工程学会理化检验分会组织邀请一批富有学识和实践经验的专家、教授和工程师编写了本书。本书内容涉及16个专题：实验室质量管理与认可要求；测量不确定度基本原理和评定方法及在理化检验中的应用；金属材料基础知识；工程材料的综合性能评价；标准物质及其在材料分析中的应用；分析化学中的质量保证与质量控制；原子光谱分析；力学性能的仪器化检测；金属的疲劳；断裂韧性及其工程应用；金属材料的高温强度；电子分析技术在失效分析中的应用；X射线衍射分析；失效分析方法；金属材料的断裂失效分析；金属材料的腐蚀与磨损失效分析。这些专题是在理化检验三级（高级）人员培训实践的基础上，经过多位专家反复研究、讨论后确定的。

参加本书编写工作的有上海科学院教授级高级工程师鄢国强，上海钢铁研究所教授级高级工程师王承忠，复旦大学教授邱德仁，上海交通大学教授王俊，上海材料研究所教授级高级工程师陶美娟、教授级高级工程师巴发海、教授级高级工程师王荣、教授级高级工程师马冲先、教授级高级工程师王滨、高级工程师黄旭东、高级工程师梅坛、工程师许鹤君、工程师郑程。中国机械工程学会理化检验分会副总干事梅坛在资料整理及书稿校核等方面做了大量的工作。

本书编写中部分专题参考了原理化检验人员资格培训三级人员教材，特向有关人员表示感谢。

由于编者水平有限，书中难免有错漏之处，敬请广大读者批评、指正。

编者

2018年7月

目 录

第1章　实验室质量管理与认可要求

20世纪20年代以来,在工业化国家率先开展起来了一种由不受产销双方经济利益所支配的第三方用公正、科学的方法对市场上流通的商品进行检验把关、评价监督的活动,以保证产品的质量,正确指导公众购买,保证公众的基本利益,提高生产企业的社会信誉。质量检测与生产部门的分离,大大促进了检测实验室的迅速发展。伴随着工业化、国际合作和世界质量运动的发展,促进了一系列有关实验室的基本要求和实验室认可活动。1947年澳大利亚建立了第一个实验室认可机构——澳大利亚国家测试机构协会(NATA);1966年英国成立了英国校准服务局(BCS),向校准实验室提供认可服务;20世纪70年代后,新西兰、丹麦、美国、印度、瑞士、法国等先后建立了实验室认可组织;20世纪80年代后,国际实验室认可活动蓬勃发展。到目前为止,世界上已有认可机构100家左右。实验室认可的目的在于消除技术壁垒,促进国际贸易的发展,其发展趋势是用统一的标准对实验室能力进行评估和认可,使实验室的检测数据或报告在一定区域内或国际间得到相互承认,避免重复检测。目前,国际实验室认可合作组织通过建立同行评审制度,形成国际多边互认制度,并通过多边协议促进对认可的实验室结果的利用,从而减少技术壁垒。要实现互认,必须基于统一的国际标准,采用同样的运作模式,对技术等效性给予承认,要求市场接受他国的技术证书,对强制性法规方面要求政府亦要认同。这样,当产品从一国销往另一国时,就可减少重复检测,节约大量的时间、空间、人力、物力、财力,从而消除非关税贸易壁垒,促进商品的自由流通交往,进贸易全球化及国际合作。

1　实验室认可的基本知识

1.1　认可的定义

按照ISO/IEC 17000的最新定义,认可是“正式表明合格评定机构具有实施特定合格工作能力的第三方证明”。通俗地讲,认可是指认可机构按照相关国际标准或国家标准,对从事认证、检测和检验等活动的合格评审机构实施评审,证实其满足相关标准要求,进一步证明其具有从事认证、检测和检验等活动的技术能力和管理能力并颁发证书。

1.2　实验室认可与质量认证的区别

实验室认可的概念与社会上盛行的质量认证不同。认证是:“第三方依据程序对产品、过程或服务符合规定的要求给予的书面保证”。实验室认可与质量认证的区别主要表现在以下几方面:

(1)认可是由权威机构进行的,认证是由第三方进行的

权威机构是指由政府主管行政部门授权组建的国家认可机构,确保认可的权威性。我国的实验室认可机构是由中国国家认证认可监督管理委员会批准并授权设立的中国合格评定国

家认可委员会(CNAS)。

认证工作是由具有第三方地位的认证机构进行的,所谓“第三方”是指与供需双方在行政上没有隶属关系、在经济和技术上没有利害关系的一方,这样才能确保认证结果的公正性。

(2)认可与认证的对象不同

实验室认可的对象是各类从事检测、校准及与后续检测或校准相关的抽样活动的实验室;而质量认证的对象是产品、过程或服务。

(3)认可是证明具备能力,认证是证明符合性

经认可的实验室表明该实验室具有从事某个领域的检测和(或)校准任务的能力;经认证的产品或管理体系是由第三方认证机构证明该产品或管理体系符合特定的产品标准规定或符合某一管理标准的要求。

(4)认可是正式承认,认证是书面保证

正式承认意味着经批准可以从事某项活动,一个经过 CNAS 认可的实验室是一家依据程序规定经批准从事某个领域的检测和(或)校准活动的机构,其检测和(或)校准结果将受到国家承认。

保证的含义是确信,书面保证是通过由第三方认证机构颁发的认证证书,使有关方面确信经认证的产品或管理体系是满足规定要求的。

正如国际实验室认可合作组织(ILAC)所指出的那样,与 ISO 9001 认证不同的是,实验室认可使用的是专门为确定技术能力而编制的准则和程序。专业技术评审员对一个机构内所有影响其出具技术数据的要素进行评价,所使用的评审准则是以在世界范围内用于实验室评审的国际标准 ISO/IEC 17025 为基础,该标准着重强调那些影响实验室出具严谨准确的检测和校准数据能力的因素,包括:

①工作人员的技术能力;

②方法的有效性和适当性;

③溯源至国家标准的计量的溯源性;

④测量不确定度的合理应用;

⑤检测设备的适用性、校准和保养;

⑥检测环境;

⑦检测物品的取样、处置与运输或返还;

⑧检测、检查或校准数据质量的保证。

实验室认可也包含了 ISO 9001 认证涉及的相关质量体系要素。为了确保持续的符合性,对被认可的机构进行定期的复评以确保其保持自己的技术水平。这些机构也可能被要求参加定期的能力验证项目或者实验室间比对作为对其能力的持续验证。

1.3 实验室认可的作用和益处

实验室是为供需双方提供检测和(或)校准服务的技术机构。实验室需要依靠其完善的组织结构、高效的质量管理和可靠的技术能力为社会与客户提供服务。实验室存在的目的就是为社会提供可靠的测试数据和检测结果。实验室在技术经济活动和社会发展过程中都占有重要地位。

实验室获得 CNAS 的认可,表明该实验室具备了按有关国际准则开展检测和(或)校准服

务的技术能力，可增强实验室在检测市场的竞争能力，赢得政府部门和社会各界的信任；可通过参与国际间实验室认可双边、多边合作，获得签署互认协议方国家和地区认可机构的承认，有利于消除非关税贸易壁垒，促进工业、技术、贸易的发展。截至 2018 年 7 月 19 日，已有来自 98 个经济体的 101 个组织成为国际实验室认可合作组织（ILAC）互认协议（MRA）的签署方，其中包括欧洲认可合作组织（EA）、亚太实验室认可合作组织（APLAC）和美洲间认可合作组织（IAAC）等三个区域性组织，可在认可的范围内使用 CNAS 国家实验室认可标志和 ILAC 国际互认联合标志，获准认可的实验室还将在 CNAS 网站（www. cnas. org. cn）“获认可的机构名录”中列出，大大提高实验室的知名度。

认可机构间的这个国际互认协议（MRA）体系使认可实验室获得国际承认，使出口货物的数据更容易得到国际市场的承认。由于减少或消除了产品在另一国家进行重复检测的需要，因而有效地减少了生产商和进口商的费用。

1.4　实验室认可的依据

实验室认可应遵循四个原则，即自愿申请原则、非歧视原则、专家评审原则和国家认可原则。实验室认可的依据是国际标准化组织（ISO）和国际电工委员会（IEC）于 2017 年 11 月 30 日联合发布的《检测和校准实验室能力的通用要求》第 2 版（ISO/IEC 17025:2017）以及 ILAC 所推行的典型的体系文件。ISO/IEC 17025 包含了检测实验室和校准实验室为了向客户和管理者表明其所有的操作过程、技术能力均处于一个良好的管理体系并能够提供有效的结果所需满足的要求。认可机构将这个标准作为承认检测实验室和校准实验室能力的基础标准，中国合格评定国家认可委员会制定的 CNAS - CL01:2018《检测和校准实验室能力认可准则》就是等同采用了 ISO/IEC 17025:2017。

世界上许多国家有一个或多个机构负责对其国内实验室进行认可的工作。大多数这类认可机构现在都采纳 ISO/IEC 17025 作为认可其国内检测和校准实验室的依据。这有助于各国使用统一的方法确定实验室的能力。可能时，还鼓励实验室采用国际公认的检测和测量方法。这种统一的方法使各国能够在相互评价和接受彼此实验室认可体系的基础上达成协议。这种国际互认协议（MRA）对于这些国家相互之间能够承认彼此的检测数据至关重要。实际上，这类协议的每个参与方承认其他参与方认可的实验室，就好像他们自己已对其他参与方认可的实验室进行过认可一样。

1.5　实验室认可的过程

实验室的评审认可过程分为申请、现场评审和批准认可 3 个阶段，实验室认可的工作流程如图 1 - 1 所示。其中的现场评审阶段通常包括首次会议、现场参观（需要时）、现场取证、评审组与申请方沟通评审情况、编制报告、末次会议、现场评审结束及纠正措施的跟踪步骤。

根据我国有关法律法规和国际规范，认可是自愿的，CNAS 仅对申请人申请的认可范围，依据有关认可准则等要求实施评审并作出认可决定。申请人必须满足下列条件方可获得认可：

（1）具有明确的法律地位，具备承担法律责任的能力；

（2）符合 CNAS 颁布的认可准则相关要求；

（3）遵守 CNAS 认可规范文件的有关规定，履行相关义务。

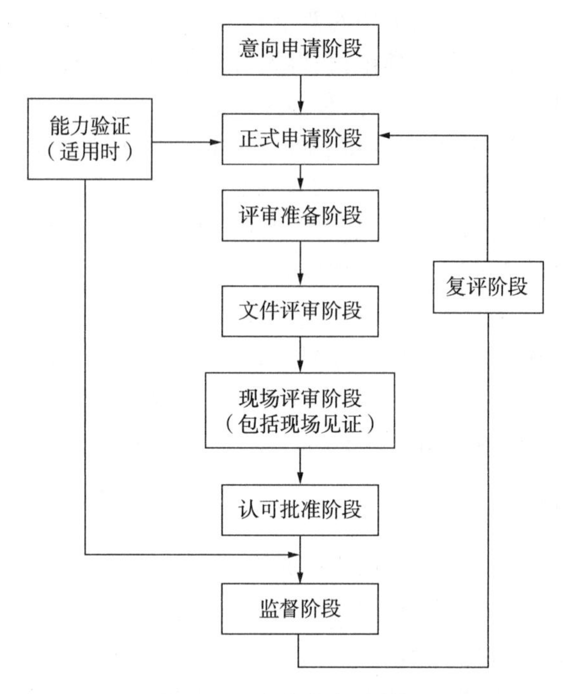

图1－1　实验室认可流程

CNAS秘书处审查申请人正式提交的申请资料，若申请人提交的资料真实可靠、齐全完整、表述准确、文字清晰，对CNAS的相关要求基本了解，建立了符合认可要求的管理体系，且正式、有效运行6个月以上，进行了完整的内审和管理评审，并能达到预期目的；同时，只要存在可获得的能力验证，合格评定机构申请认可的每个子领域应至少参加过1次能力验证且获得满意结果，或虽为有问题（可疑）结果，但仍符合认可项目依据的标准或规范所规定的判定要求（从能力验证最终报告发布之日至申请认可之日，3年内的能力验证经历均为有效，子领域的划分和频次的要求应满足CNAS公布的能力验证领域和频次表），则可予以正式受理。一般情况下，CNAS秘书处在受理申请后，应在3个月内安排评审；需要时，正式受理前在征得申请人同意后可进行初访（费用由申请人负担），以确定申请人是否具备在3个月内接受评审的条件。如申请人不能在3个月内接受评审，则应暂缓正式受理申请。正式受理申请后CNAS秘书处以公正性原则指定具备相应技术能力的评审组，并征得申请人同意。如申请人基于公正性理由对评审组的任何成员表示拒绝时，秘书处经核实后应给予调整。如经证实评审组的任何成员均不存在影响评审公正性的因素，申请人不得拒绝指定的评审组。

必须注意，实验室申请的检测/校准/鉴定能力应为经常开展且成熟的项目。对于不申请实验室的主要业务范围，只申请次要工作领域的，原则上不予受理。对于虽然申请了主要业务范围，但不申请认可其中的主要项目，只申请认可次要项目的，原则上不予受理。对所申请认可的能力，实验室应有足够的、持续不断的检测/校准/鉴定经历予以支持。如近两年没有检测/校准/鉴定经历，原则上该能力不予受理。实验室不经常进行的检测/校准/鉴定活动，如每个月低于1次，应在认可申请时提交近期方法验证和相关质量控制记录。对特定检测/校准/鉴定项目，实验室由于接收和委托样品太少，无法建立质量控制措施的，原则上该能力不予受理。

评审组依据 CNAS 的认可准则、规则和要求及有关技术标准对实验室申请范围内的技术能力和质量管理活动进行现场评审。现场评审应覆盖申请范围所涉及的所有活动及相关场所。现场评审时，应充分考虑和利用实验室参与能力验证活动的情况及结果，必要时应安排测量审核。CNAS 将把申请人在能力验证中的表现作为是否给予认可的重要依据。对于评审中发现的不符合，被评审实验室在明确整改要求后应拟订纠正措施计划，通常在 2 个月内完成。评审组应对纠正措施的有效性进行验证。如需进行现场验证，被评审方应予配合，并承担相关费用，支付评审费。CNAS 秘书处向获准认可实验室颁发认可证书以及认可决定书，认可证书有效期一般为 6 年。获准认可实验室的基本信息、认可范围和授权签字人等内容在 CNAS 网站(www. cnas. org. cn)“获认可的机构名录”中列出，予以公布。

对于初次获准认可的实验室应在认可批准后的 12 个月内接受 CNAS 安排的定期监督评审，定期监督评审的重点是核查获准认可实验室管理体系的维持情况。对于已获准认可的实验室，应每 2 年(每 24 个月)接受一次复评审(第 1 次复评审的时间是在认可批准之日起 2 年内)，评审范围涉及认可要求的全部内容、已获认可的全部技术能力。复评审不需要获准认可实验室提出申请，且两次复评审的现场评审时间间隔不能超过 2 年(24 个月)。认可证书有效期到期前，如果获准认可实验室需继续保持认可资格，应至少提前 1 个月向 CNAS 秘书处表达保持认可资格的意向。

定期监督评审或复评审采用现场评审的方式，不需要获准认可实验室提出申请，有关评审要求和现场评审程序与初次认可相同。监督评审或复评审中发现不符合时，被评审方在明确整改要求后应实施纠正，需要时拟订并实施纠正措施，纠正/纠正措施完成期限一般为 2 个月，对于严重不符合，应在 1 个月内完成。评审组应对纠正/纠正措施的有效性进行验证，验证活动所需费用，包括评审费及相关费用等，由被评审实验室承担。由于获准认可实验室自身的原因未能按期完成纠正/纠正措施，或纠正/纠正措施未能通过验证时，CNAS 可以视情况作出暂停、缩小认可范围或撤销认可的决定。

两次复评审之间、复评审与换证复评审之间将不再安排定期监督评审。

在实施定期监督评审或复评审时，应考虑前一次评审的结果、变更情况、参加能力验证的情况等，尤其是能力验证结果不满意时的纠正措施实施情况。此外，还应关注实验室对不可获得能力验证的技术能力所制定的质量保证措施。只要存在可获得的能力验证，获准认可合格评定机构参加能力验证的领域和频次应满足 CNAS 能力验证领域和频次的要求。对 CNAS 能力验证领域和频次表中未列入的领域(子领域)，只要存在可获得的能力验证，鼓励获准认可合格评定机构积极参加。

评审组要对申请人的授权签字人进行考核。CNAS 要求授权签字人必须具备以下资格条件：

(1)有必要的专业知识和相应的工作经历，熟悉授权签字范围内有关检测、校准标准、检测、校准方法及检测、校准程序，能对检测、校准结果做出正确的评价，了解测量结果不确定度，熟悉标准物质/标准样品生产者和能力验证提供者的认可要求。

(2)熟悉认可规则和政策、认可条件，特别是获准认可实验室义务，以及带认可标识检测、校准报告或证书的使用规定。

(3)在对检测、校准结果的正确性负责的岗位上任职，并有相应的管理职权。

那么，如何判断实验室是否获得了认可呢？通常情况下，获认可实验室出具带有认可机构标识或签注的检测或校准报告,以表明其认可地位。还应该核查实验室获认可的具体检测或测量项目及其范围或不确定度。这些信息一般在其认可范围里有详细说明,一经要求,实验室可为客户提供其认可范围。

许多国家的认可机构出版其认可实验室名单或名录,包括实验室的联络方式及其检测能力的信息。必要时,可以与认可机构联系以找出承担所要求的检测或者校准工作的认可实验室。

1.6 实验室认可的领域

我国实验室认可的领域涉及:①检测和校准实验室认可,依据 CNAS - CL01:2018《检测和校准实验室能力认可准则》;②医学实验室认可,依据 CNAS - CL02:2012《医学实验室质量和能力认可准则》(等同采用 ISO 15189:2012);③能力验证提供者认可,依据 CNAS - CL03:2010《能力验证提供者认可准则》(等同采用 ISO/IEC 17043:2010);④标准物质/标准样品生产者认可,依据 CNAS - CL04:2017《标准物质/标准样品生产者能力认可准则》(等同采用 ISO 17034:2016);⑤生物安全实验室认可,依据 CNAS - CL05:2009《实验室生物安全认可准则》,实验室生物安全的认可要求包括两部分:第一部分等同采用国家标准《实验室 生物安全通用要求》(GB 19489—2008),第二部分引用了国务院《病原微生物实验室生物安全管理条例》的部分规定;⑥司法鉴定/法庭科学领域的鉴定机构的能力认可,依据 CNAS - CL08:2018《司法鉴定/法庭科学机构能力认可准则》。该准则覆盖了 ISO/IEC 17025:2017《检测和校准实验室能力的通用要求》所有要求,同时采用了 ISO/IEC 17020:2012《检验机构能力认可准则》和 ILAC - G19:2014《法庭科学机构认可指南》的部分内容。

2 实验室质量管理体系的建立与运行

2.1 管理体系的基本概念

体系的定义是:“相互关联或相互作用的一组要素”(ISO 9000:2015),即体系是由要素组成的,要素是体系的最基本成分,是体系存在的基础。体系的性质是由要素决定的,有什么样的要素,就有什么样的体系。而要素又以一定的结构形成体系,各种要素在体系中的地位和作用各不相同,有的起主要作用,有的起次要作用。体系与环境同样存在着密切的关系,一般把体系之外的所有其他事物称为该体系的环境。环境是体系存在与发展的必要条件,环境对体系的性质与发展方向起着一定的支配作用。总之,体系就是若干有关事物(要素)相互关系、相互制约而构成的有机整体,体系要强调其关联性、协调性和适应性。

对于实验室来说,检测报告/校准证书就是实验室的产品,而影响报告/证书质量的因素很多,诸如操作人员、仪器设备、样品处置、检测方法、环境条件、量值溯源等,所谓人、机、样、法、环、溯,这些要素就构成了一个体系。为了保证检测报告/校准证书能满足社会上广大用户(政府部门、保险业、企业、商业、消费者等)的质量要求,我们就要把实验室的组织机构、工作程序、职责、质量活动过程和各类资源、信息等协调整体优化,形成有机整体,也就是要进行管理。实验室管理的定义就是:“指挥和控制实验室的协调的活动”。为了实现质量管理的目的,通过设置机构,划分质量职能,确定各项质量活动有关过程以及合理配置资源等活动,将与质量活动有关的相互关联要素进行优化集合，为实现质量方针和目标服务。因此，我们建立的体系是一个管理体系，管理体系定义为“建立方针和目标，并实现这些目标的体系”。

2.2　管理体系的总体要求

ISO/IEC 17025：2017《检测和校准实验室能力的通用要求》中指出：实验室应建立、编制、实施和保持管理体系，所建立的管理体系应能够支持和证明实验室持续满足 ISO/IEC 17025：2017 标准要求。管理体系文件具体要求如下：

(1)实验室管理层应建立、编制和保持符合 ISO/IEC 17025：2017 标准目的的方针和目标，并确保该方针和目标在实验室组织的各级人员中得到理解和执行。

(2)方针和目标应能体现实验室的能力、公正性和一致运作。

(3)实验室管理层应提供建立和实施管理体系及持续改进其有效性承诺的证据。

(4)管理体系应包含引用或链接与满足要求相关的所有文件、过程、系统和记录等。

(5)参与实验室活动的所有人员应可获得适用其职责的管理体系文件和相关信息。

2.3　管理体系的建立

实验室管理体系的建立过程就是质量管理和质量策划的过程。质量策划是质量管理的一部分，它致力于制定质量目标并规定必要的运行过程和相关资源以实现质量目标。

实验室管理体系的建立过程一般包含下列几个阶段：

(1)系统、全面地学习理解 ISO/IEC 17025：2017《检测和校准实验室能力的通用要求》，特别是实验室负责人要率先学习，正确引导建立管理体系的全过程。

(2)确定质量方针和质量目标。实验室的最高管理者应亲自主持制定质量方针和目标，指明管理体系应达到的水平。

(3)确定要素和控制程序。实验室要根据自身的工作类型、工作范围及工作量，并考虑到自身的资源(人员素质、设备能力、管理体系运行经验等)情况，进行认真分析归纳，并在此基础上确定报告或证书质量形成的过程，列出实现质量方针和目标所选择的要素和控制程序。

(4)设定(调整)机构，分配质量职能。

(5)编制管理体系文件。通过质量手册、程序文件等编制，确定各项质量活动的工作方法，使各项质量活动有章、有序、有效、协调地进行。

管理体系文件是体现全部体系要素的要求，用文件的形式加以规定和描述，并作为管理体系运行的见证文件。它是一个实验室内部实施质量管理的法规，也是委托方证实管理体系适用性和实际运行状况的证明。它具有如下特点：

①法规性：经批准的管理体系文件具有法规性，必须执行；

②适用性：所有文件规定都以实际、有效的要求加以确定，以达到适用的目的；

③唯一性：一个机构只有唯一的管理体系文件系统，一项质量活动只能规定唯一的程序；

④见证性：管理体系文件是管理体系存在的见证。

管理体系文件包括：质量手册；质量计划；过程控制文件；完成规定任务的文件，如作业指导书，操作规程等；收集和报告数据或信息的表格；质量及技术记录。

图1-2给出了通用的实验室管理体系文件构架。质量手册是第一层次的文件，是一个将认可准则转化为实验室自身要求的纲领性文件。认可准则是通用要求，要照顾各行各业的需

求,而各实验室有自己的业务领域、有自身的特点,所以必须进行转化。手册的精髓就在于有自身的特色,是为实验室管理层指挥和控制实验室用的。第二层次为程序性文件,是为实施质量管理的文件,主要为职能部门使用。第三层次是规范和作业指导书,属于技术性程序,是指导开展检测和(或)校准的更详细的文件,是为第一线业务人员使用的。而各类质量记录、表格、报告等则是管理体系有效运行的证实性文件,属于第四层次。

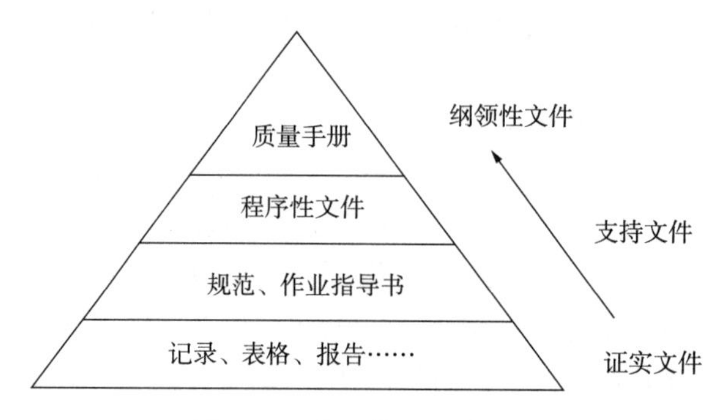

图1-2 管理体系文件构架

管理体系文件的编写大致可以分为先编手册后编程序文件;先编程序文件后编手册;二者交叉进行编写等三种方式。不论采用哪种方式,在编写过程中均需不断审核,不断采取纠正措施,不断修改完善新编写的体系文件,尤其要注意文件上下层次的相互衔接,不应相互矛盾,下一层次应比上层次文件更具体、更详细,上层次的文件应附有下层次支持性文件的目录,以便使用。

2.4 管理体系的运行和持续改进

在管理体系文件编制完成后,体系进入试运行阶段。其目的是通过试运行考验管理体系文件的有效性和协调性,并对暴露出的问题采取改进和纠正措施,以达到进一步完善管理体系文件的目的。

为了加强对各项质量活动的监控,实验室应发挥质量监督员的作用。监督范围包括检测报告/校准证书质量形成的全过程。质量监督员应将日常监督中发现的问题随时记录保存,作为内审和管理评审的依据材料。

管理体系文件即使规定得再好,如不认真执行,也是一纸空文,不能起到控制质量的作用。因此,建立管理体系既要求“有法可依”,即制定体系文件,又要“执法必严”,即坚决执行。

在试运行的每一个阶段结束后,一般应正式安排一次内审,以便及时对发现的问题进行纠正,对一些重大问题也应根据需要适时地组织临时内审,在试运行中要对所有要素审核覆盖一遍。在内审的基础上,由最高管理者组织一次体系的管理评审。通过管理评审由实验室的最高管理者确认并做出决策,再通过纠正措施和预防措施解决问题,使管理体系得到完善和改进。

对于一个管理体系的检查,应抓住6个字、3句话,即,程序:干工作必须有程序;执行:有程序必须执行;记录:执行过的工作必须记录。

实验室的质量方针和目标能否被全面贯彻和实现,关键在于实验室管理体系运行是否达到持续有效和不断改进的状态。当策划和实施管理体系的变更时,实验室的最高管理者还应确保保持管理体系的完整性。

3　实验室认可中的关注重点

3.1　现场考核试验

实验室认可的现场评审依据认可准则及相关文件对实验室承担法律责任的能力、管理方面的能力和技术方面的能力进行全面系统的评价。其中,现场考核试验及现场检查是评价的一种重要手段,其目的是紧紧围绕对以上 3 个方面的实际能力的考核和检查,得出客观公正的评价意见和结论,为 CNAS 最终决定是否批准认可该实验室提供依据。实验室认可不仅要检查实验室的管理体系的符合性,更重要的是对实验室的实际技术能力进行考核,这是实验室认可和一般的体系认证最显著的区别之一。

现场试验的选择应符合以下要求:

(1)初次评审和扩项评审时,应覆盖实验室申请认可的所有仪器设备、检测/校准、方法类型、主要实验人员、试验材料。重点关注依靠检测/校准人员主观判断较多的项目;难度较大、操作较复杂的项目,很少进行检测/校准的项目;能力验证结果为有问题或不满意的项目。

(2)监督或复评审时,还应重点关注上次不符合项整改验证的项目、新上岗人员进行操作的项目、实验室技术能力发生变化的项目等。

3.2　测量不确定度的评估

所有的测量结果都具有不确定度。不确定度就是对测量结果质量评价的重要定量表征,测量结果的可用性很大程度上取决于其不确定度的大小。因此,在给出测量结果时,必须同时赋予被测量的值及与该值相关的不确定度。

以化学分析为例,化学分析测量过程中有许多引起不确定度的因素,它们可能来自以下几个方面:

(1)被测对象的定义不完善(如被测定的分析物的结构不确切)。

(2)取样带来的不确定度。

(3)被测对象的预富集或分离的不完全。

(4)基体对被测量元素的影响和干扰。

(5)在抽样或样品制备过程中的沾污以及样品分析期间可能的变化,由于热状态的改变或光分解而引起样品的交叉沾污和来自实验室环境的污染,对痕量成分的分析尤为重要。

(6)测量过程中对环境条件影响缺乏认识或环境条件的测量不够完善,例如,玻璃容量器具的校准温度和使用温度不同带来的不确定度,环境湿度的变化对某些物质产生的影响等。

(7)读数不准,如滴定法时滴定管的读数,每个实验员都有其固定的读数方法。

(8)仪器的分辨力或灵敏度以及仪器的偏倚、分析天平校准中的准确度的极限、温度控制器可能维持的平均温度与所指示的设定的温度点不同、自动分析仪滞后等。

(9)从外部取得并用于数据的整理换算的常数或其他参数的值所具有的不确定度。

(10)在测量方法和过程中的某些近似和假设,某些不恰当的校准模式的选择。例如,使用一条直线校准一条弯曲的响应曲线,数据计算中的舍入影响。

(11)随机变化。在整个分析测试过程中,随机影响对不确定度都有贡献。

以上所有影响不确定度的因素之间不一定都是独立的，它们之间可能还存在一定的相互关系，所以还要考虑相互之间的影响对不确定度的贡献，即要考虑其协方差。

实验室应建立并实施测量不确定度评估程序，规定计算测量不确定度的方法。对于检测实验室，实验室应有能力对每一项有数值要求的测量结果进行测量不确定度评估。当测量不确定度与检测结果的有效性或应用有关，或在用户有要求时，或当不确定度影响到对规范限度的符合性时，或当测试方法中有规定时和 CNAS 有要求时（如认可准则在特殊领域的应用说明中有规定），检测报告必须提供测量结果的不确定度。由于某些检测方法的性质决定了无法从计量学和统计学角度对测量不确定度进行有效而严格的评估，这时至少应通过分析方法列出各主要的不确定度分量，并做出合理的评估。如果检测结果不是用数值表示或者不是建立在数值基础上（如合格/不合格，阴性/阳性，或基于视觉和触觉等的定性检测），则不要求对测量不确定度进行评估，但 CNAS 鼓励实验室在可能的情况下了解结果的可变性。而对于校准实验室，必须给出每一个测量结果的不确定度。

测量不确定度的评估在原理上很简单。图 1－3 用图示方法给出了测量不确定度的评估过程。

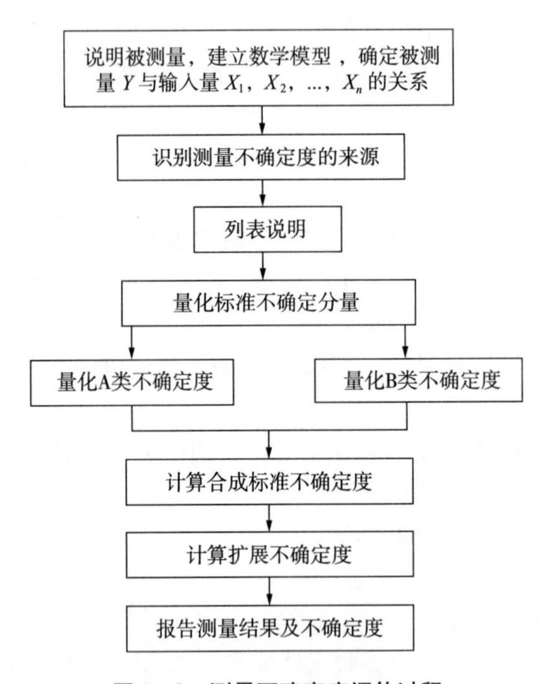

图 1－3　测量不确定度评估过程

CNAS－GL006：2018《化学分析中不确定度的评估指南》从科学性、规范性、实用性的角度出发，建立评定模型，阐述了化学分析测量不确定度的评估及表示方法，为化学实验室实施测量不确定度评估提供了很好的指导。

关于测量不确定度的评定详见本书第 2 章。

3.3　计量溯源性

计量溯源性是确保测量法在国内和国际上可比性的重要概念，在 ISO/IEC 指南 99 中，计量溯源性定义为“测量结果的特性，结果可以通过形成文件的不间断的校准链与参考对象相关联,每次校准均会引入测量不确定度。”

ISO/IEC 17025:2017《检测和校准实验室能力的通用要求》中指出:

(1)实验室应通过形成文件的不间断的校准链将测量结果与适当的参考对象相关联,建立并保持测量结果的计量溯源性,每次校准均会引入测量不确定度。

(2)实验室应通过以下方式确保测量结果溯源到国际单位制(SI):

①具备能力的实验室提供的校准;

②具备能力的标准物质生产者提供并声明计量溯源性 SI 的有证标准物质的标准值;

③SI 单位的直接复现,并通过直接或间接与国家或国际标准比对来保证。

(3)技术上不可能计量溯源 SI 单位时,实验室应证明可计量溯源至适当的参考对象,如:

①具备能力的标准物质生产者提供的有证标准物质的标准值;

②描述清晰的参考测量程序、规定方法或协议标准的结果,其测量结果满足预期用途,并通过适当比对予以保证。

3.4　内部校准要求

所谓内部校准是在实验室或其所在组织内部实施的,使用自有的设施和测量标准,校准结果仅用于内部需要,为实现获认可的检测活动相关的测量设备的量值溯源而实施的校准。内部校准(in-house calibration,internal calibration),具体指实验室内部按照规定的方法和要求对自己开展的检测或校准活动使用的测量设备进行的校准活动。而自校准(self-calibration)一般是利用测量设备自带的校准程序或功能(比如智能仪器的开机自校准程序)或设备厂商提供的没有溯源证书的标准样品进行的校准活动。目前,CNAS 已制定出 CNAS - CL01 - G004:2018《内部校准要求》。

内部校准活动的要求包括以下几个方面:

(1)检测实验室对使用的与认可能力相关的测量设备实施的内部校准,应满足 CNAS - CL01《检测和校准实验室认可准则》和 CNAS - CL01 - A025《检测和校准实验室认可准则在校准领域的应用说明》的要求。

(2)实施内部校准的人员,应经过相关计量知识、校准技能等必要的培训,考核合格并持证或经授权。

(3)实验室实施内部校准的校准环境、设施应满足校准方法的要求。

(4)实施内部校准应按照校准方法要求配置和使用测量标准(含测量仪器、校准系统或装置、测量软件及标准物的管理)和辅助设备,其中测量设备的计量溯源性应满足 CNAS - CL01《检测和校准实验能力认可准则》6.5 和 CNAS - CL01 - G002《测量结果的计量溯源性要求》的规定。

(5)实验室实施内部校准应优先采用标准方法,当没有标准方法时,可以使用自编方法、测量设备制造商推荐的方法等非标方法。当使用非标方法时,应经过确认。外部非标方法应转化为实验室文件。

(6)内部校准活动应满足 CNAS 对校准领域测量不确定度的要求。

(7)内部校准的校准证书可以简化,或不出具校准证书,但校准记录的内容应符合校准方法和认可准则的要求。

(8)实验室的质量控制程序、质量监督计划应覆盖内部校准活动。

(9)实验室的管理体系应覆盖开展的内部校准活动,并对内部校准活动的范围建立文件清单。

3.5 能力验证

所谓能力验证就是利用实验室间比对确定实验室的检测/校准的能力。能力验证是评定和监督实验室技术能力的重要手段之一,与现场评审构成了 CNAS 互为补充的两种能力评价方式。能力验证对于实验室是一种有效的外部质量保证活动,也是内部质量控制技术的补充。能力验证结果是 CNAS 判定申请认可实验室和获准认可实验室技术能力的重要技术依据之一。

CNAS 要求申请认可和获准认可的实验室必须通过参加能力验证活动(包括 CNAS 组织实施或承认的能力验证计划、实验室间比对和测量审核)证明其技术能力。只有在能力验证活动中表现满意,或对于不满意结果能证明已开展了有效纠正措施的实验室,CNAS 方受理或予以认可;对于未按规定的频次和领域参加能力验证的获准认可实验室,CNAS 将采取警告、暂停、撤销资格等处理措施。CNAS 要求每个实验室至少满足以下能力验证领域和频次的要求:

(1)只要存在可获得的能力验证活动,凡申请 CNAS 认可的实验室,在获得认可之前,申请认可的每个子领域应至少参加过 1 次能力验证活动且获得满意结果,或虽有问题(可疑)结果,但仍符合认可项目依据的标准或规范所规定的判定要求。

(2)只要存在可获得的能力验证活动,已获准认可的实验室参加能力验证的领域和频次应满足 CNAS 能力验证领域和频次的要求,具体参见 CNAS - RL02:2018《能力验证规则》附录 B。

(3)对于多场所的实验室,其每个场所应分别满足能力验证要求。

对参加了 CNAS 组织及其承认的能力验证活动且有稳定满意表现的机构,在 CNAS 的各类评审中可适当根据情况考虑简化相关项目的能力确认过程。而在参加能力验证中出现不满意结果,且已不能符合认可项目依据的标准或规范所规定的判定要求时,应自行暂停在相应项目的证书/报告中使用 CNAS 认可标识,并按实验室体系文件的规定采取相应的纠正措施,验证措施的有效性。在验证纠正措施有效后,实验室自行恢复使用认可标识。实验室的纠正措施和验证活动应在 180 天(自能力验证最终报告发布之日起计)内完成,并保存记录以备评审组检查。

CNAS 承认按照 ISO/IEC 17043:2010 开展的能力验证和比对计划,其结果可应用于 CNAS 的能力判定活动。CNAS 现已承认的能力验证和比对计划包括:

(1)实验室认可的国际合作组织,如亚太实验室认可合作组织(APLAC)、欧洲认可合作组织(EA)等开展的能力验证活动;

(2)国际和区域性计量组织,如国际计量委员会(CIPM)、亚太计量规划组织(APMP)等开展的国际比对活动;

(3)国际权威组织实施的行业国际性比对活动;

(4)我国国家计量院和国家认证认可监管部门组织的能力验证和比对计划;

(5)CNAS 认可的能力验证计划提供者提供的能力验证计划;

(6)与 CNAS 签署互认协议的认可机构组织的能力验证计划;

(7)在 CNAS 备案的、与 CNAS 签署互认协议的认可机构认可的能力验证计划提供者组织的能力验证计划。

对于我国各行业组织的能力验证和实验室间比对计划，只要计划组织方能够证明其运作符合 ISO/IEC 17043:2010 要求，CNAS 也予以承认。

3.6　非标准方法的确认

所谓确认就是通过检查并提供客观证据，以证实某一特定预期用途的特定要求得到满足。除标准方法以外的其他方法均需经过确认后才能采用。也就是说实验室应对非标准方法、实验室设计（制定）的方法、超出其预定范围使用的标准方法、扩充和修改过的标准方法进行确认，以证实该方法适用于预期的用途。确认应尽可能全面，以满足预定用途或应用领域的需要。实验室应记录所获得的结果、使用的确认程序以及该方法是否适合预期用途的声明。

用于确定某方法性能的技术包括：

（1）使用参考标准或标准物质进行校准或评估偏倚和精密度；

（2）与其他已确认的方法进行结果比对；

（3）实验室间比对；

（4）对影响结果的因素做系统性评审；

（5）通过改变控制检验方法的稳健度，如培养箱温度、加样体积等。

（6）根据对方法的理论原理和实践经验的科学理解，对所得结果不确定度进行的评定。

当对已确认的非标准方法做某些改动时，应当将这些改动的影响制定成文件，适当时应当再重新进行确认。

按照预期用途对被确认的方法进行评价时，方法的性能特性和准确度应适应客户的需求。方法的性能特性表现为：测量结果的不确定度、方法的检出限、选择性、线性、重复性限和（或）复现性限、抵御外来影响的稳健度和（或）抵御来自样品（或检测物）基体干扰的交互灵敏度等。应该看到确认通常是成本、风险和技术可行性之间的一种平衡。许多情况下，由于缺乏信息，特性量的范围和不确定度只能以简化的方式给出。

3.7　符合相关法律法规的要求

在 CNAS－CL01:2018 中明确规定，实验室应在遵守国家的法律法规，诚实守信的前提下，自愿地申请认可。但在现场评审中发现实验室的工作不符合相关法律法规（例如，环境保护法、职业安全法等）要求时，评审组会以书面报告 CNAS 实验室处，提请 CNAS 注意。同时，评审组可以用观察项的形式提出，以引起实验室重视。具体要求如下：

（1）现场评审时，检查实验室遵守相关法律法规的情况，如计量标准器具的核准，特种设备检验机构和人员的资格等。

（2）实验室人员资格应符合相关实验室认可准则在特殊领域应用说明的要求，目前已制定了 23 类特殊领域的应用说明。

（3）对法律法规中有从业资质要求的人员（如从事无损检测、珠宝鉴定、建筑行业评估的人员）不得在实验室所在法人单位以外兼职。现场评审时，评审组会应要求实验室提供人员未兼职自我声明及相关证据。

（4）实验室中符合法律法规资质要求的人员应与实验室有长期、固定、合法的劳动关系。

3.8　内部质量控制

检测和校准结果质量的有效性是实验室关注的焦点。在实验室的管理中强调各个过程应处于受控状态，但受控不等于没有变异，即使在相同条件下每次测量也有差异，所以变异是客观存在的。正常变异是不可避免的，异常变异是“人、机、样、法、环、溯”的一个或几个因素发生变化引起的，这是质量控制的对象。在检测/校准的过程中，不是不允许出现变异，而是要控制它，针对找出的原因采取改进措施（纠正和预防措施）。实验室应有质量控制程序以监控检测和校准的有效性，监控的手段包括：

（1）使用标准物质或质量控制物质；

（2）使用其他已校准能够提供可溯源结果的仪器；

（3）测量和检测设备的功能核查；

（4）适用性，使用核查或工作标准，并制作控制图；

（5）测量设备的期间核查；

（6）使用相同或不同方法重复检测或校准；

（7）留存样品的重复检测或重复校准；

（8） 物品不同特性结果之间的相关性；

（9）审查报告的结果；

（10）实验室内比对；

（11）盲样测试。

实验室在制定和选用内部质量监控方案时应考虑以下因素：

①检测或校准的业务量；

②检测或校准结果的用途；

③检测或校准方法本身的稳定性与复杂性；

④对技术人员经验的依赖程度；

⑤参加外部比对（包含能力验证）的频次与结果；

⑥人员的能力和经验、人员数量及变动情况；

⑦新采用的方法或变更的方法等。

实验室还应分析监控活动的数据用于控制实验室活动，适用时实验改进。如果发现监控活动数据分析结果超出预定的准则时，应采取适当措施防止报告不正确的结果。

实验室应采用统计技术对结果进行审查。事实上，实验室管理体系中的过程控制、数据分析、纠正与预防措施等诸多因素都与统计技术密切相关。一个实验室在检测和（或）校准实现的各个阶段，如能恰当地应用统计技术，那么这个实验室的管理体系可以说是比较完备和有效的，也能比较好地体现“以客户为关注焦点”和“持续改进”等现代管理原则。

第2章 测量不确定度基本原理和评定方法及在理化检验中的应用

1 测量不确定度的发展及定义

1.1 测量不确定度的发展

当代经济全球化、高新技术迅猛发展，对各行业实验室检测和校准结果的可靠性要求越来越高，在许多情况下除了要获得检测或校准结果之外，还要求知道检测或校准结果的测量不确定度。CNAS－CL01:2018《检测和校准实验室能力认可准则》明确要求检测和校准实验室应具有并应用评定测量不确定度的程序和能力。CNAS－CL07:2011《测量不确定度的要求》明确指出，校准实验室应对所开展的全部项目（参数）都评估测量不确定度（5.1）。检测实验室应有能力对每一项有数值要求的测量结果进行测量不确定度评估（8.2）。所以，测量不确定度的宣贯和应用是实验室认可中一项重要的工作。

早在400多年前，法国天文学家开普勒（Kepler）用已校准的仪器进行天文测量，发现了行星的运动规律，从轨道测量结果的比较中，首次提出了测量不确定度的概念。在此之后，世界范围内的许多科学家和国际组织对测量不确定度的理论发展及其应用都做出了不断的努力和显著的成绩。1986年，由国际标准化组织（ISO）、国际电工委员会（IEC）、国际计量委员会（CIPM）、国际法制计量组织（OIML）组成了国际不确定度工作组，负责制定用于计量、标准、质量、认证、科研、生产中的不确定度应用指南。直到1993年，经国际不确定度工作组多年研究、讨论，并征求各国及专业组织意见，制定了《测量不确定度表示指南》（Guide to the Expression of Uncertainty in Measurement，简称GUM），这个指南由国际计量局（BIPM）、国际临床化学联合会（IFCC）、国际理论及应用化学联合会（IUPAC）、国际理论及应用物理联合会（IUPAP）以及上述IEC、ISO、OIML等7个国际组织批准和发布，由ISO出版。1995年，经修订，国际上公认的“测量不确定度表示指南”（GUM）公布于世。测量不确定度的发展如图2－1所示。自从GUM发布以后，测量不确定度得到了广泛的应用和发行，在世界范围内被采用，如美国、英国、加拿大、韩国等许多国家、国际组织、实验室认可合作组织都在1995年后相继采用GUM制定了本国和本组织的不确定度表示指南。我国也于1999年批准发布了计量技术规范JJF 1059—1999《测量不确定评定与表示》。在应用了13年后，2008年，上述7个国际组织再加上国际实验室认可合作组织（ILAC）这8个国际组织共同发布了ISO/IEC导则98－3:2008《Uncertainty of measurement—Part 3:Guide to the expression of uncertainty in measurement》（简称2008版GUM）及其一系列补充标准。于是，原国家质量监督检验检疫总局组织修订了JJF 1059—1999。新规范JJF 1059.1—2012《测量不确定度评定与表示》于2012年12月3日发布，2013年6月3日实施；JJF 1059.2—2012《用蒙特卡洛法评定测量不确定度》在2012年12月21日发布，2013年

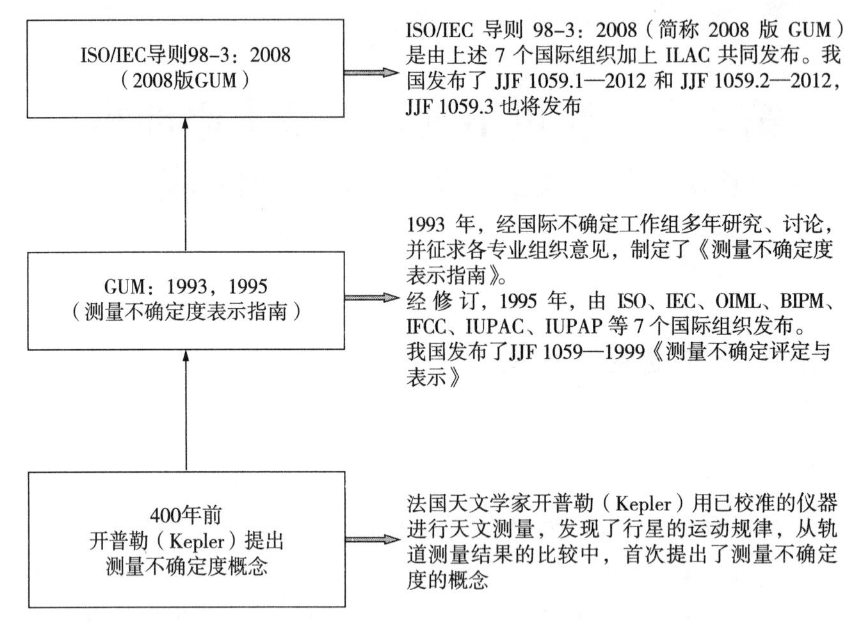

图 2－1　测量不确定的发展

6 月 21 日实施；JJF 1059. 3《测量不确定度在合格评定中的使用原则》也将发布。新规范与 JJF 1059—1999 相比最大的不同是对原有规范不适用的情况，如输出量的概率密度函数（PDF）较大程度地偏离正态分布或 t 分布，即分布明显不对称的场合［如最适合表达疲劳寿命分布规律的韦伯（威布尔）分布或伽玛分布（皮尔逊第Ⅲ型分布）就是非对称形的分布］。在这种情况下，可能会导致对包含区间或扩展不确定度的估计不切实际。另外，不宜对测量模型进行线性化等近似的场合等情况导致了 1995 版的 GUM 方法所确定的输出量的估计值和标准不确定度可能会变得不可靠。于是，可以采用蒙特卡洛法（MC 法）进行概率分布的传播，扩大了测量不确定度评定与表示的适用范围。国际计量学术语也相应提出了许多关于不确定度的新术语，例如：定义的不确定度，仪器的不确定度，目标不确定度、零的测量不确定度等。而对于 GUM 法在测量不确定度基本原理和评定方法方面与 1999 年规范相比没有根本区别。

应该指出，GUM 方法是当前国际通行的方法，可以用统一的准则对测量结果及其质量进行评定、表示和比较。在我国实施与国际接轨的测量不确定度评定以及测量结果包括其不确定度的表示方法，不仅是不同学科之间交往的需要，也是全球市场经济发展的需要。

需指出，目前欧美流行的“top-down”，即“自上而下”或“自顶向下”的方法，也是流行的不确定度评定方法之一。

1. 2　测量不确定度的定义

1. 2. 1　在误差分析中的定义

对于不确定度，过去许多误差分析专著中给出了以下两类定义：

（1）由测量结果给出的被测量估计值的可能误差的度量。如当被测量服从正态分布，且置信概率为 95% 时，被测量估计值可能的极限误差是 $|\pm 1.96\sigma| = 1.96\sigma$（$\sigma$ 为标准差）。

(2)表征被测量的真值所处范围的评定。如被测量为正态分布时,范围[$(X-2\sigma)$,$(X+2\sigma)$]包含真值(μ)的概率为95.4%(X为均值,σ为标准差,μ为数学期望)。

1.2.2　近代GUM的定义

(1)JJF 1059—1999(原则上等同采用1995版GUM)给出的测量不确定度的定义为:“表征合理地赋予被测量之值的分散性,与测量结果相联系的参数”。

(2)JJF 1059.1—2012(等同采用ISO/IEC 导则98-3:2008,即2008版GUM)的定义为:“根据所获信息,表征赋予被测量值分散性的非负参数。”

从以上四种定义可知,其核心的意义是:测量不确定度表征了测量结果的分散性。

这表明测量不确定度描述了测量结果正确性的可疑程度或不肯定程度。测量的水平和质量用“测量不确定度”来评价。不确定度越小,则测量结果的可疑程度越小,可信程度越大,测量结果的质量越高,水平越高,其使用价值越高。

JJF 1059.1—2012(2008版GUM)同时给出了以下定义:

定义的不确定度　definitional uncertainty

由于被测量定义中细节的描述有限所引起的测量不确定度分量。

注:①定义的不确定度是在任何给定被测量的测量中实际可达到的最小测量不确定度。

②所描述细节中的任何改变导致另一个定义的不确定度。

仪器的测量不确定度　instrumental measurement uncertainty

由所用测量仪器或测量系统引起的测量不确定度的分量。

注:①除原级测量标准采用其他方法外,仪器的不确定度是通过对测量仪器或测量系统的校准得到的。

②仪器不确定度通常按B类测量不确定度评定。

③对仪器的测量不确定度的有关信息可在仪器说明书中给出。

零的测量不确定度　null measurement uncertainty

规定的测量值为零时的测量不确定度。

注:零的测量不确定度与示值为零或近似为零相关联,并包含被测量小到不知是否能检测的区间或仅由于噪声引起的测量仪器的示值。

目标不确定度　target uncertainty

全称目标测量不确定度(target measurement uncertainty)。

根据测量结果的预期用途确定并规定为上限的测量不确定度。

2008版GUM还给出了一些相关的定义(详见2008版GUM或JJF 1059.1—2012)。

2　测量不确定度的分类及主要应用公式

2.1　不确定度的分类

(1)标准不确定度(standard uncertainty)

用标准偏差表示的测量结果的不确定度。

(2)A类标准不确定度(type A standard uncertainty)

用对观测列的统计分析得出的不确定度。

①常用的贝塞尔公式

用贝塞尔公式计算出的实验标准差 s 来表示 A 类标准不确定度，即

$$s = \sqrt{\frac{\sum_{i=1}^{n} (x_i - \bar{x})^2}{n - 1}} \tag{2-1}$$

a. 如果测量结果取观测列任一次 x_i 值，对应的标准不确定度为

$$u(x_i) = s \tag{2-2}$$

b. 当测量结果取 n 次观测列值的平均值 $\bar{x}$ 时，A 类标准不确定度是

$$u(\bar{x}) = s/\sqrt{n} \tag{2-3}$$

c. 当测量结果取其中的 m 个观测值的平均值 $\bar{x}_m$ 时，所对应的 A 类标准不确定度是

$$u(\bar{x}_m) = \frac{s}{\sqrt{m}} \tag{2-4}$$

其中，$1 \leqslant m \leqslant n$，次数 n 越大越可靠，一般 $m \geqslant 5$。

b 和 c 是常遇到的两种情况，这三种情况的自由度都为

$$\nu = n - 1 \tag{2-5}$$

②合并样本标准差

必须指出，为提高可靠性，应采用合并样本标准差 s_P，即对输入量 x 在重复性条件下进行了 n 次独立测量，得到 $x_1, x_2, \cdots, x_n$，其平均值为 $\bar{x}$，实验标准差为 s[由式(2－1)给出]，自由度为 ν[由式(2－5)给出]。如果进行 m 组这样的测量，则合并样本标准差 s_P 可按下式计算

$$s_P = \sqrt{\frac{1}{m}\sum_{j=1}^{m} s_j{}^2} = \sqrt{\frac{1}{m(n-1)}\sum_{j=1}^{m}\sum_{i=1}^{n} (x_{ij} - \bar{x}_j)^2} \tag{2-6}$$

自由度

$$\nu_P = \sum_{j=1}^{m} \nu_j \tag{2-7}$$

式中，ν_j 为 m 组测量列中第 j 组测量列的自由度，$n-1$。

所以，式(2－7)也可以写为

$$\nu_P = m(n-1)$$

对于通过实验室认可或准备通过认可的检测实验室，在重复条件下或复现性条件下进行规范化测量时，在测量状态稳定并受控的条件下，其测量结果的 A 类标准不确定度不需要每次测量结果时都进行评定，可直接采用预先评定的高可靠性合并样本标准差 s_P。但应注意，只有在同类型被测量较稳定，m 组测量列的各个标准差 s_j 相差不大，即 s_j 的不确定度可忽略时，才能使用同一个 s_P。因为测量列的标准差 s_j 也是一个变量，标准差 s_j 的标准差 $\hat{\sigma}(s)$ 为

$$\hat{\sigma}(s) = \sqrt{\frac{\sum_{j=1}^{m} (s_j - \bar{s})^2}{(m-1)}} \tag{2-8}$$

式中，$\bar{s}$ 为标准差之平均值，即 $\bar{s} = \frac{1}{m}\sum_{i=1}^{m} s_j$；$m$ 为测量列组数；s_j 为第 j 组测量列的标准差。而 $\hat{\sigma}(s)$ 的估计值 $\hat{\sigma}_{估}(s)$ 为

$$\hat{\sigma}_{估}(s) = \frac{s_P}{\sqrt{2(n-1)}} \tag{2-9}$$

式中，n 为测量列的测量次数。

注意，在评定时计算出 $\hat{\sigma}_{估}(s)$ 后必须进行以下判断：

a. 假如 m 组测量列标准差 s_j 的标准差

$$\hat{\sigma}(s) \leqslant \hat{\sigma}_{估}(s) \tag{2-10}$$

则表示测量状态稳定，高可靠度的 s_P 可以应用。

b. 如果

$$\hat{\sigma}(s) > \hat{\sigma}_{估}(s) \tag{2-11}$$

则表示测量状态不稳定，高可靠度的 s_P 不可应用，这时可采用 s_j 中的 s_{max} 来评定。

在实际应用时，对于较稳定的同类型被测量，在预先的评定中，得到了高可靠性的合并样本标准差 s_P 后，在以后的测量中，如果对输入量 x 只进行了 k 次测量（$1 \leqslant k \leqslant n$），以 k 次测量的平均值 $\bar{x}_k$ 作为测量结果，则该结果的标准不确定度为

$$u(\bar{x}_k) = \frac{s_P}{\sqrt{k}} \tag{2-12}$$

$u(\bar{x}_k)$ 的自由度均等于 s_P 的自由度，即

$$\nu_{\bar{x}_k} = \nu_P = m(n-1) \tag{2-13}$$

十分明显，计算合并标准差 s_P，采用的方法实质上属于贝塞尔公式法。

③极差法

在测量次数较小（一般认为次数 $n=4\sim9$ 为宜），输入量接近正态分布时，可采用极差法，即单次结果 x_i 的实验标准差 s 为

$$s = R/C \tag{2-14}$$

式中，C 为极差系数；R 为极差（$R = x_{max} - x_{min}$）。

平均值的标准不确定度是

$$u(\bar{x}) = s/\sqrt{n} = R/(C\sqrt{n}) \tag{2-15}$$

测量次数 n，极差系数 C，自由度 ν 的数据如表 2－1 所示。

表 2－1 测量次数 n、极差系数 C、自由度 ν 的数据

n	2	3	4	5	6	7	8	9
C	1.13	1.64	2.06	2.33	2.53	2.70	2.85	2.97
ν	0.9	1.8	2.7	3.6	4.5	5.3	6.0	6.8

同一问题的计算表明，极差法与贝塞尔法相比，不确定度增大，特别是所得自由度下降，这说明采用极差法进行不确定度评定时，可靠性降低，因此，应优先采用贝塞尔法。

④最小二乘法

在实际工作中，许多被测量的估计值往往是通过实验数据用最小二乘法拟合的直线或曲线来得到，估计值或表征曲线拟合参数的标准不确定度，就需要用已知的统计程序来计算得到。例如，在理化检验中，用电位法来测定疲劳裂纹扩展长度，从而得到裂纹扩展速率 da/dN；用原子吸收分光光度计测定某元素的含量时，通过对空白及一系列已知浓度的标准溶液的测定，从仪器上读到相应的值，由 y 对 x 回归计算出线性回归方程或标准曲线。在检测工作中，利用标准曲线或线性回归方程来确定被测量的实际值，都是这类例子。

因篇幅所限，我们只给出线性回归分析中所应用的计算公式，设 y 与 x 为线性相关关系

$$y=a+bx \tag{2-16}$$

式中,a 为截距;b 为斜率。

根据最小二乘法原理有

$$a=\bar{y}-b\bar{x}$$

$$b=\frac{L_{XY}}{L_{XX}}=\frac{\sum(x_i-\bar{x})(y_i-\bar{y})}{\sum(x_i-\bar{x})^2}=\frac{\sum x_iy_i-\frac{1}{n}(\sum x_i)(\sum y_i)}{\sum x_i^{\ 2}-\frac{1}{n}(\sum x_i)^2} \tag{2-17}$$

相关系数

$$r=\frac{L_{XY}}{\sqrt{L_{XX}L_{YY}}}=\frac{\sum(x_i-\bar{x})(y_i-\bar{y})}{\sqrt{\sum(x_i-\bar{x})^2\sum(y_i-\bar{y})^2}} \tag{2-18}$$

此为线性回归方程及相关的参数。在一定包含概率(一般 $p=95\%$ 或 99%,相应的显著度 $\alpha=5\%$ 或 1%)下,经相关系数检验法或 F 检验法,证实所得回归方程是显著有效的。

回归直线的标准偏差(即 y 残差的标准差)$s_{Y/X}$ 为

$$s_{Y/X}=\sqrt{\frac{\sum_{i=1}^{n}\sum_{j=1}^{m}(y_{ij}-\hat{y}_i)^2}{m\times n-2}} \tag{2-19}$$

式中:y_{ij}——仪器各点响应值;

n——测量点数目;

m——每个测量点重复测量的次数;

$m\times n-2$——回归独立自由度数;

$\hat{y}_i$——回归直线计算值即回归值。

则 y 残差标准偏差决定的不确定度分量为

$$u(y)=s_{Y/X} \tag{2-20}$$

回归方程常数项 a 的不确定度为

$$u(a)=s_a=s_{Y/X}\sqrt{\frac{\sum_{i=1}^{n}x_i^{\ 2}}{n\times m\sum_{i=1}^{n}(x_i-\bar{x})^2}} \tag{2-21}$$

回归系数(斜率)b 的不确定度为

$$u(b)=s_b=\frac{s_{Y/X}}{\sqrt{L_{XX}}}=\frac{s_{Y/X}}{\sqrt{\sum_{i=1}^{n}(x_i-\bar{x})^2}} \tag{2-22}$$

如果每个测量点只测量了 1 次(即 $m=1$),则式(2-19)~式(2-22)成为

$$s'_{Y/X}=\sqrt{\frac{\sum_{i=1}^{n}(y_i-\hat{y}_i)^2}{n-2}}$$

$$u(y)=s'_{Y/X}$$

$$u(a)=s_a=s'_{Y/X}\sqrt{\frac{\sum_{i=1}^{n}x_i^2}{n\sum_{i=1}^{n}(x_i-\bar{x})^2}}$$

$$u(b)=s_b=\frac{s'_{Y/X}}{\sqrt{\sum_{i=1}^{n}(x_i-\bar{x})^2}}$$

(3)B 类标准不确定度(type B standard uncertainty)

用不同于观测列的统计分析来评定的标准不确定度称为 B 类标准不确定度。它在不确定度评定中十分有用,是根据许多已知的信息来进行评定,如所使用仪器设备的校准证书、检定证书、准确度等级、暂用的极限误差、技术说明书或有关资料提供的数据及其不确定度,还有过去的测量数据、经验等。根据所提供的信息,先确定 x 的误差范围或不确定度区间[$-a,a$],其中 a 为区间半宽度,则

$$u(x)=a/k_P \qquad (2-23)$$

式中,a 可从上述的信息中得到;包含因子 k_P 是根据输入量在区间[$-a,a$]内的概率分布来确定的,如表 2-2 和表 2-3 所示。

表 2-2　正态分布情况下包含概率 P 与包含因子 k_P 间的关系

P/%	50	68.27	90	95	95.45	99	99.73
k_P	0.67	1	1.645	1.96	2	2.576	3

表 2-3　其他分布情况下包含概率为 100%时的 k 及 B 类标准不确定度

分布类别	矩形(均匀)	三角	梯形	反正弦	两点
k	$\sqrt{3}$	$\sqrt{6}$	2	$\sqrt{2}$	1
$u(x)$	$a/\sqrt{3}$	$a/\sqrt{6}$	$a/2$	$a/\sqrt{2}$	a

当输入量 x 在[$-a,a$]区间内的分布难以确定时,可认为服从均匀分布,取包含因子为 $\sqrt{3}$。如果输入量 x 由完善的校准证书或检定证书等文件给出了扩展不确定度 $U(x)$ 和包含因子 k,则

$$u(x)=U(x)/k \qquad (2-24)$$

如果证书给出了 $U_P(x)$ 及包含概率 P,则按表 2-2 或表 2-3 得到 k_P,有

$$u(x)=U_P(x)/k_P \qquad (2-25)$$

为应用方便,特给出下列常用的几种 B 类不确定度:

①数字显示式测量仪器,分辨力为 δx,则 $u(x)=0.29\delta x$。 (2-26)

②量值数字修约时,如修约间隔为 δx,则 $u(x)=0.29\delta x$(见表 2-4)。 (2-27)

③在规定的相同测量条件下,两次测量结果之差的重复性限为 r 时

$$u(x_i)=\frac{r}{2.83}$$

④规定的不同测量条件下,两次测量结果之差的复现性限为 R 时

$$u(x_i)=\frac{R}{2.83}$$

⑤"等"使用的仪器,由校准证书或其他资料知 $U(x_i)$ 和 k 或 $U_P(x_i)$、P、ν_{eff},则

表 2-4　常用量值修约间隔导致的测量不确定度数值

δx	$u_{rou}(x)$	备注	δx	$u_{rou}(x)$	备注
0.000001	2.9×10^{-7}	常在精密测量、痕量分析、化学分析中应用	0.1	2.9×10^{-2}	在化分、力学性能、物理性能等量值测量中应用多
0.00001	2.9×10^{-6}		0.5	1.4×10^{-1}	
0.0001	2.9×10^{-5}		1	2.9×10^{-1}	
0.001	2.9×10^{-4}		5	1.4	
0.01	2.9×10^{-3}		10	2.9	

$$u(x_i)=\frac{U(x_i)}{k}\quad\text{（正态分布时）}\tag{2-28}$$

$$u(x_i)=\frac{U_P(x_i)}{k_P}\quad\text{（正态分布时，用表 2-2，得 }k_P\text{）}\tag{2-29}$$

$$u(x_i)=\frac{U_P(x_i)}{t_P(\nu_{eff})}\quad\text{（}t\text{ 分布时用 JJF 1059.1 附录 B 查得 }t_P\text{ 值）}\tag{2-30}$$

⑥以“级”使用的仪器，由检定证书给出的“级别”（0.5、1、2、3 等级别）知该级别的最大允许误差为 $\pm A$（$\pm0.5\%$，$\pm1\%$ 等），则

$$u(x)=A/\sqrt{3}\tag{2-31}$$

B 类不确定度的自由度由下式计算

$$\nu=\frac{1}{2}\left[\frac{\Delta u(x)}{u(x)}\right]^{-2}\tag{2-32}$$

式中，$\Delta u(x)$ 是 $u(x)$ 的标准差，即标准差的标准差，不确定度的不确定度，其比值为相对标准不确定度，它由信息来源的可信程度进行估计。对于来自国家法定计量部门出具的检定或校准证书给出的信息（允许误差或不确定度），一般认为

$$\frac{\Delta u(x)}{u(x)}=0.10$$

此时，自由度为

$$\nu=\frac{1}{2}\left[\frac{\Delta u(x)}{u(x)}\right]^{-2}=\frac{1}{2}\times0.10^{-2}=50$$

二者的关系如表 2-5 所示。

表 2-5　$\frac{\Delta u(x)}{u(x)}$ 与自由度的关系

$\frac{\Delta u(x)}{u(x)}$	0	0.10	0.20	0.25	0.30	0.40	0.50
ν	∞	50	12	8	6	3	2

无论是 A 类评定还是 B 类评定，自由度越大，不确定度的可靠程度越高。不确定度是用来衡量测试结果的可靠程度，而自由度是用来衡量不确定度的可靠程度。

2.2　合成标准不确定度(combined standard uncertainty)

2.2.1　不确定度传播律

当被测量 Y 由 N 个其他量 $X_1, X_2, \cdots, X_N$ 通过线性测量函数 f 确定时,被测量的估计值 $y = f(x_1, x_2, \cdots, x_N)$。

被测量的估计值 y 的合成标准不确定度 $u_c(y)$ 按式(2-33)计算,此式为不确定度传播律。

$$u_c(y) = \sqrt{\sum_{i=1}^{N}\left(\frac{\partial f}{\partial x_i}\right)^2 u^2(x_i) + 2\sum_{i=1}^{N-1}\sum_{j=i+1}^{N}\frac{\partial f}{\partial x_i}\frac{\partial f}{\partial x_j}r(x_i, x_j)u(x_i)u(x_j)} \tag{2-33}$$

式中:y——被测量 Y 的估计值,又称输出量的估计值;

x_i——输入量 X_i 的估计值,又称第 i 个输入量的估计值;

$\frac{\partial f}{\partial x_i}$——被测量 Y 与有关的输入量 X_i 之间的函数对于输入量 x_i 的偏导数,称为灵敏系数或传播系数;

注:灵敏系数通常是对测量函数 f 在 $X_i = x_i$ 处取偏导数得到,也可用 c_i 表示。灵敏系数是一个有符号有单位的量值,它表明了输入量 x_i 的不确定度 $u(x_i)$ 影响被测量估计值的不确定度 $u_c(y)$ 的灵敏程度。也就是说它反映了输出量 Y 的估计值 y 随输入量 x_i 的变化而变化,即描述当 x_i 变化一个单位时,引起 y 的变化量(x_i 对 y 产生的影响程度)。

有些情况下,灵敏系数难以通过函数 f 计算得到,可以用实验确定,即采用变化一个特定的 x_i,测量出由此引起的 y 的变化。

$u(x_i)$——输入量 x_i 的标准不确定度;

$r(x_i, x_j)$——输入量 x_i 与 x_j 的相关系数,$r(x_i, x_j) = \frac{u(x_i, x_j)}{u(x_i)u(x_j)}$;

$u(x_i, x_j)$——输入量 x_i 与 x_j 的协方差。

不确定度传播律是计算合成标准不确定度的通用公式,当输入量相关时,需要考虑它们的协方差。

当各输入量间均不相关时,相关系数为零。被测量的估计值 y 的合成不确定度 $u_c(y)$ 按下式计算

$$u_c(y) = \sqrt{\sum_{i=1}^{N}\left(\frac{\partial f}{\partial x_i}\right)^2 u^2(x_i)} \tag{2-34}$$

当测量函数为非线性时,由泰勒级数展开成为近似线性的测量模型。若各输入量间均不相关,必要时,被测量的估计值 y 的合成标准不确定度 $u_c(y)$ 的表达式中应包括泰勒级数展开式中的高阶项。当每个输入量 X_i 都是正态分布时,考虑高阶项后的 $u_c(y)$ 可按下式计算

$$u_c(y) = \sqrt{\sum_{i=1}^{N}\left(\frac{\partial f}{\partial x_i}\right)^2 u^2(x_i) + \sum_{i-1}^{N}\sum_{j=1}^{N}\left[\frac{1}{2}\left(\frac{\partial^2 f}{\partial x_i \partial x_j}\right)^2 + \frac{\partial f}{\partial x_i}\frac{\partial^3 f}{\partial x_i \partial x_j^2}\right]u^2(x_i)u^2(x_j)} \tag{2-35}$$

2.2.2　当输入量间不相关时,合成标准不确定度的计算

对于每一个输入量的标准不确定度 $u(x_i)$,设 $u_i(y) = \frac{\partial f}{\partial x_i}u(x_i)$,$u_i(y)$ 为相应于 $u(x_i)$ 的输

出量 y 的标准不确定度分量。当输入量间不相关,即 $r(x_i, x_j) = 0$ 时,则式(2-34)可变换为式(2-36)

$$u_c(y) = \sqrt{\sum_{i=1}^{N} u_i^2(y)} \tag{2-36}$$

若 $y = c_1x_1 + c_2x_2 + \cdots + c_Nx_N$,且 c_i 为 +1 或 -1,则

$$u_c{}^2(y) = \sum_{i=1}^{N} u^2(x_i) = \sum_{i=1}^{N} u_i{}^2(y)$$

即

$$u_c(y) = \sqrt{\sum_{i=1}^{N} u^2(x_i)} = \sqrt{\sum_{i=1}^{N} u_i{}^2(y)}$$

2.2.3 当简单直接测量,测量模型为 $y = x$ 时,应该分析和评定测量时导致测量不确定度的各分量 u_i,若相互间不相关,则合成标准不确定度按式(2-37)计算

$$u_c(y) = \sqrt{\sum_{i=1}^{N} u_i^2} \tag{2-37}$$

注:用卡尺测量工件的长度时,测定值 y 就是卡尺上的读数 x。此时,要分析用卡尺测量长度时影响测得值的各种不确定度来源,例如卡尺的不准、温度的影响等。这种情况下,应注意将测量不确定度分量的计量单位折算到被测量的计量单位。例如温度对长度测量的影响导致长度测得值的不确定度应该通过被测件材料的温度系数将温度的变化折算到长度的变化。

2.2.4 当测量模型为 $Y = A_1X_1 + A_2X_2 + \cdots + A_NX_N$ 且各输入量间不相关时,合成标准不确定度可用式(2-38)计算

$$u_c(y) = \sqrt{\sum_{i=1}^{N} A_i^2 u^2(x_i)} \tag{2-38}$$

2.2.5 当测量模型为 $Y = A(X_1^{P_1} X_2^{P_2} \cdots X_N^{P_N})$ 且各输入量间不相关时,合成标准不确定度可用式(2-39)计算

$$u_c(y)/|y| = \sqrt{\sum_{i=1}^{N} [P_i u(x_i)/x_i]^2} = \sqrt{\sum_{i=1}^{N} [P_i u_r(x_i)]^2} \tag{2-39}$$

当测量模型为 $Y = A(X_1X_2 \cdots X_N)$ 且各个输入量间不相关时,式(2-39)变换为式(2-40)

$$u_c(y)/|y| = \sqrt{\sum_{i=1}^{N} [u(x_i)/x_i]^2} \tag{2-40}$$

注:只有在测量函数是各输入量的乘积时,才可由输入量的相对标准不确定度计算输出量的相对标准不确定度。

2.2.6 各输入量间正强相关,相关系数为 1 时,合成标准不确定度应用式(2-41)计算

$$u_c(y) = \left| \sum_{i=1}^{N} \frac{\partial f}{\partial x_i} u(x_i) \right| = \left| \sum_{i=1}^{N} c_i u(x_i) \right| \tag{2-41}$$

若灵敏系数为1，则式(2-41)变换为式(2-42)

$$u_c(y) = \sum_{i=1}^{N} u(x_i) \tag{2-42}$$

注：当各输入量间正强相关，相关系数为1时，合成标准不确定度不是各标准不确定度分量的方和根而是各分量的代数和。

2.2.7　各输入量间相关时合成标准不确定度的计算

协方差的估计方法：

①两个输入量的估计值 x_i 与 x_j 的协方差在以下情况时可取为零或忽略不计：

a. x_i 和 x_j 中任意一个量可作为常数处理；

b. 在不同实验室用不同测量设备、不同时间测得的量值；

c. 独立测量的不同量的测量结果。

②用同时观测两个量的方法确定协方差估计值：

a. 设 x_{ik}、x_{jk} 分别是 X_i 及 X_j 的测得值。下标 k 为测量次数($k=1,2,\cdots,n$)。$\bar{x}_i$、$\bar{x}_j$ 分别为第 i 个和第 j 个输入量的测得值的算术平均值；两个重复同时观测的输入量 x_i 与 x_j 的协方差估计值 $u(x_i,x_j)$ 可由下式确定

$$u(x_i,x_j) = \frac{1}{n-1}\sum_{k=1}^{n}(x_{ik}-\bar{x}_i)(x_{jk}-\bar{x}_j) \tag{2-43}$$

例如，一个振荡器的频率与环境温度可能有关，则可以把频率和环境温度作为两个输入量，同时观测每个温度下的频率值，得到一组 t_{ik}、f_{jk} 数据，共观测 n 组。由式(2-43)可以计算它们的协方差。如果协方差为零，说明频率与温度无关，如果协方差不为零，就显露出它们间的相关性，由式(2-33)计算合成标准不确定度。

b. 当两个量均因与同一个量有关而相关时，协方差的估计方法：

设

$$x_i = F(q),\ x_j = G(q)$$

式中，q 为使 x_i 与 x_j 相关的变量 Q 的估计值；F、G 分别表示两个量与 q 的测量函数。则 x_i 与 x_j 的协方差按下式计算

$$u(x_i,x_j) = \frac{\partial F}{\partial q}\frac{\partial G}{\partial q}u^2(q) \tag{2-44}$$

如果有多个变量使 x_i 与 x_j 相关，当 $x_i = F(q_1,q_2,\cdots,q_L)$，$x_j = G(q_1,q_2,\cdots,q_L)$ 时，协方差按下式计算

$$u(x_i,x_j) = \sum_{k=1}^{L}\frac{\partial F}{\partial q_k}\frac{\partial G}{\partial q_k}u^2(q_k) \tag{2-45}$$

注：如果在得到两个输入量的估计值 x_i 与 x_j 时，使用了同一个测量标准、测量仪器或参考数据或采用了相同的具有相当大不确定度的测量方法，则 x_i 与 x_j 两个量均因与同一个量有关而相关。

2.2.8　相关系数的估计方法

(1)根据对两个量 x 和 y 同时测量的 n 组测量数据，相关系数的估计值按下式计算

$$r(x,y) = \frac{\sum_{i=1}^{n}(x_i-\bar{x})(y_i-\bar{y})}{(n-1)s(x)s(y)} \tag{2-46}$$

式中，$s(x)$ 和 $s(y)$ 分别为 x 和 y 的实验标准偏差。

(2)如果两个输入量的测得值 x_i 和 x_j 相关，x_i 变化 δ_i 会使 x_j 相应变化 δ_j，则 x_i 和 x_j 的相关系数可用经验公式(2－47)近似估计

$$r(x_i,x_j)\approx\frac{u(x_i)\delta_j}{u(x_j)\delta_i} \tag{2-47}$$

式中，$u(x_i)$ 和 $u(x_j)$ 分别为 x_i 和 x_j 的标准不确定度。

2.2.9 采用适当方法去除相关性

(1)将引起相关的量作为独立的附加输入量进入测量模型

例如，若被测量估计值的测量模型为 $y=f(x_i,x_j)$，在确定被测量 Y 时，用某一温度计来确定输入量 X_i 估计值的温度修正值 x_i，并用同一温度计来确定另一个输入量 X_j 估计值的温度修正值 x_j，这两个温度修正值 x_i 和 x_j 就明显相关了。即，因为 $X_i=F(T)$，$x_j=G(T)$，也就是说 x_i 和 x_j 都与温度有关，由于用同一个温度计测量，如果该温度计示值偏大，两者的修正值同时受影响，所以 $y=f[x_i(T),x_j(T)]$ 中两个输入量 x_i 和 x_j 是相关的。然而，只要在测量模型中把温度 T 作为独立的附加输入量，即 $y=f(x_i,x_j,T)$，x_i、x_j 为输入量 X_i、X_j 的估计值，附加输入量 T 具有与上述两个量不相关的标准不确定度，则在计算合成标准不确定度时就无须再引入 x_i 和 x_j 的协方差或相关系数了。

(2)采取有效措施变换输入量

例如，在量块校准中校准值的不确定度分量中包括标准量块的温度 θ_s 及被校量块的温度 θ 两个输入量，即 $L=f(\theta_s,\theta,\cdots)$。由于两个量块处在实验室的同一测量装置上，温度 θ_s 与 θ 是相关的。但只要将 θ 变换成 $\theta=\theta_s+\delta_\theta$，这样就把被校量块与标准量块的温度差 δ_θ 与标准量块的温度 θ_s 作为两个输入量，这两个输入量间就不相关了，即 $L=f(\theta_s,\delta_\theta,\cdots)$ 中 θ_s 与 δ_θ 不相关。

2.2.10 合成标准不确定度的有效自由度

合成标准不确定度 $u_c(y)$ 的自由度称为有效自由度，用符号 ν_{eff} 表示。它表示了评定的 $u_c(y)$ 的可靠程度，ν_{eff} 越大，评定的 $u_c(y)$ 越可靠。

必须指出，在以下情况时需要计算有效自由度 ν_{eff}：

①当需要评定 U_P 时为求得 k_P 而必须计算 $u_c(y)$ 的有效自由度 ν_{eff}；

②当用户为了解所评定的不确定度的可靠程度而提出要求时。

2.2.11 当各分量间相互独立且输出量接近正态分布或 t 分布时，合成标准不确定度的有效自由度通常用式(2－48)(即 Welch-Satterthwaite 公式，韦尔奇－萨特斯韦特公式，简称韦－萨公式)计算

$$\nu_{eff}=\frac{u_c^4(y)}{\sum_{i=1}^{N}\frac{u_i^4(y)}{\nu_i}} \tag{2-48}$$

且

$$\nu_{eff}\leqslant\sum_{i=1}^{N}\nu_i$$

当测量模型为 $Y = A(X_1^{p_1}X_2^{p_2}\cdots X_N^{p_N})$ 时（合成标准不确定度为：$u_c(y)/|y| = \sqrt{\sum_{i=1}^{N}[p_i u(x_i)/x_i]^2}$），有效自由度可用相对标准不确定度的形式计算

$$\nu_{eff} = \frac{[u_c(y)/y]^4}{\sum_{i=1}^{N}\frac{[p_i u(x_i)/x_i]^4}{\nu_i}} \tag{2-49}$$

实际计算中，得到的有效自由度 ν_{eff} 不一定是一个整数。如果不是整数，采用将 ν_{eff} 的数字舍去小数部分取整即可。

例如：若计算得到 $\nu_{eff} = 12.85$，则取 $\nu_{eff} = 12$。

有效自由度计算举例：

设 $Y = f(X_1, X_2, X_3) = bX_1X_2X_3$，其中，$X_1$、$X_2$、$X_3$ 的估计值 x_1、x_2、x_3 分别是 n_1、n_2、n_3 次测量的算术平均值，$n_1 = 10$，$n_2 = 5$，$n_3 = 15$，它们的相对标准不确定度分别为：$\frac{u(x_1)}{x_1} = 0.25\%$，$\frac{u(x_2)}{x_2} = 0.57\%$，$\frac{u(x_3)}{x_3} = 0.82\%$。在这种情况下，有

$$\frac{u_c(y)}{y} = \sqrt{\sum_{i=1}^{N}[p_i u(x_i)/x_i]^2} = \sqrt{\sum_{i=1}^{N}[u(x_i)/x_i]^2} = \sqrt{(0.25\%)^2 + (0.57\%)^2 + (0.82\%)^2} = 1.0295\% = 1.03\%$$

$$\nu_{eff} = \frac{[u_c(y)/y]^4}{\sum_{i=1}^{N}\frac{[p_i u(x_i)/x_i]^4}{\nu_i}} = \frac{1.03^4}{\frac{0.25^4}{10-1} + \frac{0.57^4}{5-1} + \frac{0.82^4}{15-1}} = 19.0 = 19$$

如果用户不提出包含概率 P 的要求，则不需求出 ν_{eff}，这时用扩展不确定度 $U = ku_c(y)$ 的形式发出报告。

若用户提出包含概率的要求，需求出 ν_{eff}，这时用扩展不确定度 $U_P = k_P u_c(y)$ 的形式发出报告。

由于自由度大多是估算的，所以有效自由度 ν_{eff} 的估算不必太仔细，只需按式（2-48）或式（2-49）计算结果并取整，以便查 t 值表得 k_P，如计算的 ν_{eff} 大于 50 或 100，则 ν_{eff} 取 50 或 100，这对 U_P 最终结果影响不大。

合成不确定度时必须注意以下两种情况：

①如果各个分量之间是独立不相关的，而且输入量之间的函数关系为积或商关系，那么在合成输出量的合成不确定度时各个分量可用绝对不确定度分量的形式或者相对不确定度分量的形式来进行方和根运算；

②如果输入量之间的函数关系不是积或商关系，而是加或减或带有加或减的算术关系，那么合成时各个分量只可用绝对不确定度分量的形式进行方和根运算而不能用相对不确定度分量的形式进行运算。

对于材料理化检验，由于对于所使用的设备或仪器的检定证书或校准证书，相当一部分给出的是精度等级（如一级设备为 ±1%，0.5 级设备为 ±0.5% 等）或最大允许示值误差等，它们都是相对形式，这时仪器设备所引入的不确定度分量也是相对形式，为此，如果数学模型中输入量间的关系带有加或减关系，那么在合成前应该把这种相对分量的形式换算成绝对分量的形式再进行方和根的运算。如不注意，在合成时很容易出现这种差错，这必须引起特别的重视。

2.3 扩展不确定度(expanded uncertainty)

2.3.1 扩展不确定度

确定测量结果区间的量,合理赋予被测量之值分布的大部分可望含于此区间。扩展不确定度有时也称为展伸不确定度,或范围不确定度,或总不确定度。

扩展不确定度分两种:

(1)扩展不确定度 U 由 $u_c(y)$ 乘包含因子 k 得到,即

$$U = ku_c(y) \quad (2-50)$$

可以期望在 $Y-U \sim Y+U$ 的区间包含了测量结果可能值的较大部分。k 一般取 2 ~3。U 虽是没有明确置信概率的扩展不确定度,但大致可认为:

$k=2$,包含概率约为 95%,大部分情况下推荐使用;

$k=3$,包含概率约为 99%,某些情况下使用。

(2)扩展不确定度 U_P 由 $u_c(y)$ 乘给定概率 P 的包含因子 k_P 得到,即

$$U_P = k_P u_c(y) \quad (2-51)$$

可以期望在 $Y-U_P \sim Y+U_P$ 的区间内,以概率 P 包含了测量结果的可能值。k_P 与 Y 的分布有关,当 Y 接近正态分布时,k_P 可采用 t 分布临界值表(简称 t 值表)查到,P 一般取 95%(大多数情况下)和 99%。

2.3.2 相对标准不确定度(related standare uncertanty)

测量不确定度与估计值的比值称为相对标准不确定度。如:$U_{rel} = U/|Y|$,U_P,$U_{P,rel} = U_P/|Y|$,$u_{c,rel} = u_c(y)/|y|$ 等输出量 y 的相对标准不确定度,以及输入量 x_i 的相对标准不确定度 $u_{rel}(x_i) = u(x_i)/|\bar{x}|$ 等。如果输入量或输出量测量结果的估计值有效位数较多,那么评定中宜采用相对标准不确定度的形式,这是因为如采用绝对的标准不确定度,那么所得的不确定度位数也多,而 GUM 规定不确定度的有效位数一般最多只保留两位,所以如果修约成两位数,再进行合成、扩展等运算,必然增大误差,而采用相对标准不确定度就避免了上述问题。

3 测量不确定度的报告、表示及方法问题

3.1 测量不确定度的报告及表示

通常,在报告基础计量学研究、基本物理常量测量及复现国际单位制单位的国际比对结果时使用合成标准不确定度,同时给出有效自由度。

在其他情况,如实验室间能力比对试验、工业试验检测、商业检验,尤其涉及安全、健康的情况下,报告测量结果时均应同时报告扩展不确定度。

3.1.1 扩展不确定度 $U=ku_c(y)$ 的表示形式

(1)常用的两种形式

例如:$u_c(y) = 0.35\text{mg}$,$m_s = 100.02147\text{g}$,取包含因子 $k=2$,$U = 2 \times 0.35 = 0.70\text{mg}$,则:

①$m_s = 100.02147\text{g}, U = 0.70\text{mg}, k = 2$；

②$m_s = (100.02147 \pm 0.00070)\text{g}, k = 2$。

(2)有的文献资料采用的两种形式

①$100.02077\text{g} \leqslant m_s \leqslant 100.02217\text{g}, k = 2$；

②$m_s = 100.02147(1 \pm 7.0 \times 10^{-6})\text{g}, k = 2$(实为相对标准不确定度表示形式)。

3.1.2 扩展不确定度 $U_P = k_P u_c(y)$ 的报告表示形式

例如:已知 $u_c(y) = 0.35\text{mg}, \nu_{\text{eff}} = 9$,按 $P = 95\%$,查 JJF 1059.1—2012 附录 B 得:

$k_P = t_P(\nu_{\text{eff}}) = t_{95}(9) = 2.26, U_{95} = 2.26 \times 0.35\text{mg} = 0.79\text{mg}$,则:

①$m_s = 100.02147\text{g}, U_{95} = 0.79\text{mg}, \nu_{\text{eff}} = 9$,(末位对齐);

②$m_s = (100.02147 \pm 0.00079)\text{g}; \nu_{\text{eff}} = 9$,括号内第二项为 U_{95}(末位对齐);

③$m_s = 100.02147(79)\text{g}; \nu_{\text{eff}} = 9$,括号内为 U_{95}之值(末位对齐);

④$m_s = 100.02147(0.00079)\text{g}, \nu_{\text{eff}} = 9$,括号内为 U_{95}之值,与前面结果有相同计量单位。

3.1.3 相对形式的报告

测量不确定度也可用相对标准不确定度形式来报告,如:

①$m_s = 100.02147(1 \pm 7.9 \times 10^{-6})\text{g}, P = 95\%$,式中,$7.9 \times 10^{-6}$为 $U_{95,\text{rel}}$的值;

②$m_s = 100.02147\text{g}, U_{95,\text{rel}} = 7.9 \times 10^{-6}, \nu_{\text{eff}} = 9$。

3.2 测量结果及其不确定度的有效位数

通常 $u_c(y)$和 U 或 U_P 最多为两位有效数字,两位以上是不允许的。这指最后结果的形式,在计算过程中,为减少修约误差可保留多位(GUM 未做具体规定,视具体情况而定)。

一旦测量不确定度有效位数确定了,则应采用它的修约间隔来修约测量结果,以确定测量结果的有效位数。当用同一测量单位来表述测量结果和不确定度时,其末位是对齐的。

例如:测量结果 $m_s = 100.02144550\text{g}, U_{95} = 0.355\text{mg}$,$U_{95}$保留两位,应修约 $U_{95} = 0.36\text{mg}$,修约间隔为 0.01mg。用这个修约间隔来修约测量结果,有:$m_s = 100.02145$, $U_{95} = 0.36\text{mg} = 0.00036\text{g}$。若 U_{95}只用一位有效数字,则 $U_{95} = 0.4\text{mg}$,修约间隔就为 0.1mg,则测量结果为:$m_s = 100.0214\text{g}; U_{95} = 0.4\text{mg} = 0.0004\text{g}$。

应注意:

①确定测量不确定度的有效位数,从而决定测量结果的有效位数,其原则是既要满足测量方法标准或检定规程对有效位数的规定,也要满足 GUM 的要求(一位或两位)。

②不允许连续修约。即在确定修约间隔后,一次修约获结果,不得多次修约。

③当不确定度以相对形式给出时,不确定度也应最多只保留两位有效数字。此时,测量结果的修约应将不确定度以相对形式返回到绝对形式,同样至多保留二位,再相应修约测量结果。

④当采用同一测量单位来表示测量结果和其不确定度时,其末位应是对齐的,这是 GUM 或 JJF 1059.1 的规定,应予遵从。

⑤若测量结果实际位数不够而无法与测量不确定度对齐时,一般操作方法是补零后对齐。如,测量结果 $m_s = 100.0214$, $U_{95} = 0.36\text{mg}$ 则应表示为 $m_s = 100.02140\text{g}, U_{95} = 0.36\text{mg}$(或

0.00036g)。

但必须注意到补零后其数值是否与仪器设备的最小检出量相吻合,如果不吻合则不可补零对齐,这时 U_{95} 取一位有效位数,即可实现末位对齐。

3.3 评定的方法问题

对于从事材料理化检验的检测实验室,由于检测项目繁多,检测方法也很多,各种参数和相应的检测方法都具有各自的特点,检测条件和试样情况都各不相同。因此,如何具体应用有广泛适应性和兼容性的不确定度评定指南 GUM(或 JJF 1059.1)来正确评定检测结果的不确定度具有一定难度。

经大量试验研究表明,为提高测量不确定度评定的可靠性,就评定方法而言,对材料不同的检测参数和不同的检测方法应该采用不同的评定方法。在《理化检验 - 物理分册》2006 年第4 期 ~2007 年第1 期"测量不确定度直接评定法和综合评定法的几个典型实例"中详细阐明了直接评定法和综合评定法的应用。

3.3.1 直接评定法的要点

(1)适用条件

①如果对数学模型中的所有输入量进行了测量不确定度分量的评定,就能包含测量过程中所有影响测量不确定度的主要因数。

②由试验标准方法所决定的数学模型,能较容易地求出所有输入量的灵敏系数。

③各输入量之间相关还是独立关系是明确的。

这三个前提条件都满足,那么采用直接评定法是可行的。反之,则无可行性。

(2)直接评定法的思路

在试验条件(检测方法、环境条件、测量仪器、被测对象、检测过程等)明确的基础上,建立由检测参数试验原理所给出的数学模型,即输出量与若干个输入量之间的函数关系(一般由该参数的测试方法标准给出),然后按照检测方法和试验条件对测量不确定度的来源进行分析,找出测量不确定度的主要来源,以此求出各个输入量估计值的标准不确定度,得到各个标准不确定度分量。然后,按照不确定度传播规律,根据数学模型求出每个输入量估计值的灵敏系数,再根据输入量间是彼此独立还是相关,还是二者皆存在的关系,进行合成,求出合成不确定度,最后,根据对包含概率的要求(95%还是99%)确定包含因子(取2 还是取3)从而求得扩展不确定度。也就是说,抓住并评定出各个输入量不确定度因数对输出量不确定度的贡献,从而得到所需要的评定结果。

3.3.2 综合评定法的要点

(1)适用条件

①所有输入量的不确定度分量并不能包含影响检测结果所有的主要不确定因素;

②所有或部分输入量的不确定度分量量化困难;

③还有的检测项目由数学模型求某些输入量的灵敏系数十分困难或非常复杂。

这时如果仍用直接评定法,那么不仅可靠性低,而且缺乏可操作性。对于这种情况必须采用综合法进行评定。

(2)综合评定法的思路

由于此类检测项目在不确定度评定中,不仅输入量的不确定度因数量化困难,而且所有不确定度分量不能包含影响检测结果所有的主要不确定度因素,况且有的检测项目由数学模型求取不确定度灵敏系数十分困难或非常复杂。因此,综合评定法的思路是:在试验方法(包括试样的制备和一切试验的操作)满足国家标准,所用设备、仪器和标样也满足国家标准或国家计量检定规程要求的条件下,综合考虑并评定试验结果重复性(包含了员、试验机、材质的不均匀性、在满足标准条件下试样加工、试验条件及操作的各种差异等因素)引入的不确定度分量、试验设备误差所引入的不确定度分量、所使用的标准试样偏差所引入的不确定度分量、根据方法标准和数据修约标准对测量结果进行数值修约所引入的不确定度分量。然后再进行合成、扩展,最后得到评定结果。

(3)综合评定法的数学模型

一般此法所用的数学模型是

$$y = x$$

式中,x 为被测试样的参数读出值;y 为被测试样的参数估计值,即测定结果。

对借助于自动化的仪器、设备对材料进行性能参数检测结果测量不确定度评定以及上述用直接评定法存在困难的项目,比如,冲击试验、布氏及洛氏硬度试验、直读光谱分析、等离子光谱等检测项目的测量不确定度评定都可采用这种形式的数学模型。但需注意,上式中的被测试样的参数读出值往往是由多个影响因数所决定。所以在许多情况下,输入量估计值又可分解为 $x_1, x_2, \cdots, x_N$,因此,此数学模型用估计值表达也可写为

$$y = \sum_{i=1}^{N} x_i = x_1 + x_2 + \cdots + x_N \tag{2-52}$$

式中,输出量 y 是输出量估计值即检测结果;x_i 是试验过程中各个影响输出量的因数,即若干个输入量的若干个估计值。十分明显,上面两个公式实质上是一样的。

这样,在评定时,只要对测量不确定度来源进行全面分析,找出主要影响因数,并确认它们之间是独立不相关的,而且灵敏系数都等于1,那么就可直接用各个影响因数的不确定度分量进行方和根的运算。这时,只要主要影响因数考虑得正确,其评定结果是可靠的。当然,在评定中影响因数不可重复,也不能遗漏,遗漏会使评定结果偏小,重复会导致评定结果偏大。因此,要避免遗漏评定,也要避免重复评定,这必须引起足够的重视。

大量评定结果表明,在材料理化检验不确定度的评定中,根据参数检测的不同情况应该采用直接评定法和综合评定法来进行。对于用直接评定法评定存在困难或缺乏可操作性的这类检测项目,如果采用综合评定法能满意解决评定中的许多难点,不仅具有可操作性,而且评定结果也是可靠的。

3.4　测量不确定度的评定步骤

测量不确定度的评定可分以下7个步骤:

第一步:概述。

将测量方法的依据、环境条件、测量标准(使用的计量器具、仪器设备等)、被测对象、测量过程及其他有关的说明等表述清楚。

第二步:建立数学模型。

根据测试方法(标准)原理建立输出量(被测量 Y)与输入量($X_1,X_2,\cdots,X_N$)间的函数关系,即建立

$$Y=f(X_1,X_2,\cdots,X_N)\ \text{或}\ y=f(x_1,x_2,\cdots,x_N)$$

第三步:测量不确定度来源的分析。

按测量方法和条件对测量不确定度的来源进行分析,以找出测量不确定度的主要来源。

第四步:标准不确定度分量的评定。

按照上述所介绍的方法对标准不确定度分量进行评定。建议列表进行汇总,以防止漏项。

第五步:计算合成标准不确定度。

根据输入量间的关系(是彼此独立还是相关)应用式(2-36)或式(2-41)(对某些问题,两个式子都可能应用)计算出合成不确定度 $u_c(y)$,并根据式(2-48)计算有效自由度。

第六步:扩展不确定度的评定。

根据实际问题的需要,按照式(2-50)或式(2-51)计算出扩展不确定度,并进行评定。

第七步:测量不确定度的报告。

按照问题的类型,根据测量不确定度的评定,选择合乎 GUM 或 JJF 1059.1—2012 规定的表示方式,给出测量不确定度的报告。

4 测量不确定度评定在理化检验中的应用实例

实例 1 热轧带肋钢筋拉伸性能测量不确定度的评定

热轧带肋钢筋是钢筋混凝土常用钢筋,在建筑、冶金、机械等行业中应用十分广泛。产品必须满足 GB/T 1499.2,再通过拉伸试验对其拉伸性能进行测定时对其测量结果进行测量不确定度的评定。下面根据 JJF 1059.1—2012 及 CNAS-GL10:2006 提出的评定步骤对 HRB335 钢筋进行拉伸性能测量不确定度的评定,并对有关问题进行分析和讨论。

(1)概述(第一步)

①测量方法:GB/T 228.1—2010《金属材料 拉伸试验 第1部分:室温试验方法》。

②评定依据:JJF 1059.1—2012《测量不确定度评定与表示》。

③环境条件:温度(10~35)℃,温度波动不大于2℃/h。本实验温度为20℃ ±2℃,相对湿度小于80%。

④测量标准:WE600 型万能材料试验机(度盘式),检定证书显示为一级试验机(载荷示值相对最大允许误差为±1%)。

⑤被测对象:HRB335 热轧带肋钢筋,公称直径 ϕ20mm,检测下屈服强度 R_{eL},抗拉强度 R_m、断后伸长率 A。

⑥测量过程:根据 GB/T 228.1—2010,在规定环境条件下(包括万能材料试验机处于受控状态),选用试验机的 300kN 量程,在标准规定的加载速率下,对试样施加轴向拉力,测试试样的下屈服力和最大力,用计量合格的划线机和游标卡尺分别给出原始标距并测量出断后标距,最后通过计算得到 R_{eL},抗拉强度 R_m 和断后伸长率 A。

(2)建立数学模型(第二步)

根据 GB/T 228.1—2010,有:

下屈服强度
$$R_{eL}=\frac{F_{eL}}{S_0}=\frac{4F_{eL}}{\pi d^2}$$

抗拉强度
$$R_m=\frac{F_m}{S_0}=\frac{4F_m}{\pi d^2}$$

断后伸长率
$$A=\frac{\overline{L}_u-L_0}{L_0}\times 100\%$$

式中：F_{eL}——下屈服力，N；

F_m——最大力，N；

S_0——试样平行长度的原始横截面积，mm^2；

d——试样平行长度的直径，mm；

L_0——试样原始标距（本例 $L_0=5.65\sqrt{S_0}=100mm$）；

$\overline{L}_u$——试样拉断后的标距均值，mm；

A——断后伸长率，%。

（3）测量不确定度来源的分析（第三步）

对于钢筋的拉伸试验，经分析，测量结果不确定度的主要来源是：钢筋直径允许偏差所引起的不确定度分量 $u(d)$；试验力值测量所引起的不确定度分量 $u(F_{eL})$ 和 $u(F_m)$；试样原始标距和断后标距长度测量所引起的不确定度分量 $u(L_0)$ 和 $u(L_u)$。分量中包括了检测人员测量重复性所带来的不确定度和测量设备或量具误差带来的不确定度。有的分量中还包括了钢筋材质不均匀性所带来的不确定度，这在以后的叙述中加以分析。另外，试验方法标准（GB/T 228.1—2010）规定，不管是强度指标，还是塑性指标，其结果都必须按标准的规定进行数值修约，所以还有数值修约所带来的不确定度分量 $u(R_{eL,rou})$、$u(R_{m,rou})$ 和 $u(A_{rou})$。

（4）标准不确定度分量的评定（第四步）

①钢筋直径允许偏差所引起的不确定度分量 $u(d)$

在钢筋的拉伸试验中，钢筋的直径采用公称直径 d，对于满足 GB/T 1499.2 的钢筋混凝土用热轧带肋钢筋不同的公称直径允许有不同的偏差，对于所研究的 ϕ20mm 的钢筋，这个允许偏差为 ±0.5mm，即误差范围为[-0.5mm, +0.5mm]，其出现在此区间的概率是均匀的，所以服从均匀分布，它所引起的标准不确定度可用 B 类方法评定，即

$$u(d)=\frac{a}{k}=\frac{0.5}{\sqrt{3}}=0.289(mm)$$

钢筋产品在满足 GB/T 1499.2 的前提下，其直径允许偏差就是 ±0.5mm，由此决定的标准不确定度分量 $u(d)$ 十分可靠，所以，一般认为其自由度 ν 为无穷大。

②试验力值测量所引起的不确定度分量 $u(F_{eL})$ 和 $u(F_m)$

a. 检测人员重复性及钢筋材质不均匀性所带来的不确定度 $u(F_{eL,1})$ 和 $u(F_{m,1})$

这可由不同人员对多根试样的试验力值多次重复读数的结果，用统计方法进行 A 类标准不确定度的评定。在同一根钢筋上均匀地截取 10 只钢筋试样，进行拉伸试验，得到表 2-6 和表 2-7 所示的试验力值数据。

表 2-1 和表 2-2 中的标准差 s_j 应用贝塞尔公式，即 $s=\sqrt{\frac{\sum_{i=1}^{n}(x_i-\overline{x})^2}{n-1}}$ 求得。再应用

表 2-6 下屈服力 F_{eL} 试验数据 单位:kN

检测次数 i	组数 j									
	1	2	3	4	5	6	7	8	9	10
第 1 人	121	120	122	119	121	121	118	120	122	117
第 2 人	122	121	121	118	121	122	117	120	122	118
第 3 人	121	120	122	118	121	121	118	120	121	117
标准差 s_j	0.577	0.577	0.577	0.577	0	0.577	0.577	0	0.577	0.577
F_{eL}总平均值	120.07									

注:对于每根钢筋的拉伸试验,在试验过程中,由身高有差别的 3 位检测人员(在试验机表盘上读数视角相互没有影响)同时对下屈服力进行观测,这样 10 根试样就获得了如表 2-6 所示的 30 个数据。

表 2-7 最大力 F_m 试验数据

检测次数 i		组数 j									
		1	2	3	4	5	6	7	8	9	10
第 1 人	第 1 次	177	179	176	177	175	178	176	175	179	180
	第 2 次	177	179	176	178	175	177	175	175	179	180
第 2 人	第 1 次	178	180	176	178	176	178	175	176	180	181
	第 2 次	177	179	175	177	176	178	175	176	180	181
第 3 人	第 1 次	177	180	175	178	176	178	175	176	180	181
	第 2 次	178	180	175	178	176	178	176	175	180	180
标准差 s_j		0.516	0.548	0.548	0.516	0.516	0.408	0.516	0.548	0.516	0.548
F_m总平均值		177.45									

注:对于每根试样,由 3 个检测人员分别从停留在最大力处的被动指针位置重复两次读取 F_m 值,共得 6 个 F_m 值($n=6$)。

$s_P = \sqrt{\frac{1}{m}\sum_{j=1}^{m} s_j^{\ 2}}$ 求得高可靠度的合并样本标准差。对于下屈服力 F_{eL} 有

$$s_{P,F_{eL}} = \sqrt{\frac{1}{m}\sum_{j=1}^{m} s_j^{\ 2}} = \sqrt{\frac{1}{10} \times 2.663432} = 0.516(\text{kN})$$

合并样本标准差 s_P 是否可以应用必须经过判定。为此,首先求出标准差数列 s_j 的标准差 $\hat{\sigma}(s)$,对于 F_{eL},经统计计算,有

$$\hat{\sigma}_{F_{eL}}(s) = 0.243\text{kN}$$

而

$$\hat{\sigma}_{估,F_{eL}}(s) = \frac{s_{P,Fel}}{\sqrt{2(n-1)}} = \frac{0.516}{\sqrt{2(3-1)}} = 0.258(\text{kN})$$

所以,$\hat{\sigma}_{F_{eL}}(s) < \hat{\sigma}_{估,F_{eL}}(s)$。

这表明测量状态稳定,包括被测量也较稳定,即 m 组测量列的各个标准差相差不大,高可靠度的合并样本标准差 $s_{P,F_{eL}}$ 可以应用(否则只能采用 s_j 中的 s_{max})。

在实际测定中，是以单次测量值(即 $k=1$)作为测量结果的，所以，标准不确定度分量是

$$u(F_{eL,1})=\frac{s_{P,F_{eL}}}{\sqrt{k}}=\frac{0.516}{\sqrt{1}}=0.516(\mathrm{kN})$$

写为相对不确定度分量

$$u_{rel}(F_{eL,1})=\frac{u(F_{eL,1})}{|\overline{F}_{eL}|}=\frac{0.516}{120.07}=0.430\%$$

自由度 $\nu=m(n-1)=10(3-1)=20$。

对于最大试验力 F_m 有

$$s_{P,F_m}=\sqrt{\frac{1}{m}\sum_{j=1}^{m}s_j^2}=\sqrt{\frac{1}{10}\times 2.69896}=0.520(\mathrm{kN})$$

标准差数列 s_j 的标准差为

$$\hat{\sigma}_{F_m}(s)=0.0418(\mathrm{kN})$$

而

$$\hat{\sigma}_{估,F_m}(s)=\frac{s_{P,F_m}}{\sqrt{2(n-1)}}=\frac{0.520}{\sqrt{2(6-1)}}=0.164(\mathrm{kN})$$

因 $\hat{\sigma}_{F_m}(s)<\hat{\sigma}_{估,F_m}(s)$，所以测量状态稳定，包括被测量也较稳定，高可靠度的合并样本标准差 s_{P,F_m} 可以应用。因在实际测量中是以单次测量值($k=1$)作为测量结果，所以不确定度分量是 $u(F_{m,1})=\frac{s_{P,F_m}}{\sqrt{k}}=\frac{0.520}{\sqrt{1}}=0.520(\mathrm{kN})$，其相对标准不确定度分量为

$$u_{rel}(F_{m,1})=\frac{u(F_{m,1})}{|\overline{F}_m|}=\frac{0.520}{177.45}=0.293\%$$

自由度 $\nu=m(n-1)=10(6-1)=50$。

b. 试验机示值误差所引起的标准不确定度分量 $u(F_{eL,2})$ 和 $u(F_{m,2})$

所使用的 600kN 液压万能试验机，经检定为 1 级，其示值误差为 ±1.0%，示值误差出现在区间[-1.0% ~ +1.0%]的概率是均匀的，可用 B 类评定，即

$$u_{rel}(F_{eL,2})=u_{rel}(F_{m,2})=\frac{a}{k}=\frac{1\%}{\sqrt{3}}=0.577\%$$

其自由度由下式计算

$$\nu=\frac{1}{2}\left[\frac{\Delta u(x)}{u(x)}\right]^{-2}$$

式中，$\Delta u(x)$ 是 $u(x)$ 的标准差，即标准差的标准差，不确定度的不确定度，比值为相对标准不确定度，它由信息来源的可信程度进行估计。对于来自国家法定计量部门出具的检定或校准证书给出的信息(误差或不确定度)，一般认为 $\left[\frac{\Delta u(x)}{u(x)}\right]=0.10$，因此，自由度 $\nu=\frac{1}{2}\left[\frac{\Delta u(x)}{u(x)}\right]^{-2}=\frac{1}{2}\times(0.10)^{-2}=50$。

c. 标准测力仪所引入的标准不确定度 $u_{rel}(F_{eL,3})$ 和 $u_{rel}(F_{m,3})$

试验机是借助于 0.3 级标准测力仪进行校准的，该校准源的不确定度为 0.3%，置信因子为 2，故由此引入的 B 类相对标准不确定度为

$$u_{rel}(F_{eL,3})=\frac{0.3\%}{2}=0.15\times 10^{-2},\nu=50$$

$$u_{rel}(F_{m,3})=\frac{0.3\%}{2}=0.15\times10^{-2},\nu=50$$

d. 读数分辨力引入的标准不确定度分量 $u_{rel}(F_{eL,4})$ 和 $u_{rel}(F_{m,4})$

本试验选用的度盘量程为300kN，最小读数即分辨力 $\delta x=1\text{kN}$，所以引入的标准不确定度分量为

$$u(F_{eL,4})=u(F_{m,4})=0.29\delta x=0.29\times1\text{kN}=0.29(\text{kN})$$

相对标准不确定度为

$$u_{rel}(F_{eL,4})=\frac{u(F_{eL,4})}{|\overline{F}_{eL}|}=\frac{0.29}{120.07}=0.242\%$$

$$u_{rel}(F_{m,4})=\frac{u(F_{m,4})}{|\overline{F}_{m}|}=\frac{0.29}{177.45}=0.163\%$$

自由度为∞。

由于检测人员重复性、钢筋材质不均匀、试验机示值误差、标准测力仪校准源、读数分辨力所引起的不确定度分量间独立不相关，所以可按照下式合成得到试验力值测量所引起的相对标准不确定度总分量，即

$$\begin{aligned}u_{rel}(F_{eL})&=\sqrt{u_{rel}^2(F_{eL,1})+u_{rel}^2(F_{eL,2})+u_{rel}^2(F_{eL,3})+u_{rel}^2(F_{eL,4})}\\&=\sqrt{0.00430^2+0.00577^2+0.0015^2+0.00242^2}=0.774\%\end{aligned}$$

所以

$$u(F_{eL})=\overline{F}_{eL}\times u_{rel}(F_{eL})=120.07\text{kN}\times0.774\%=929.34(\text{N})$$

$$\begin{aligned}u_{rel}(F_{m})&=\sqrt{u_{rel}^2(F_{m,1})+u_{rel}^2(F_{m,2})+u^2{}_{rel}(F_{m,3})+u_{rel}^2(F_{m,4})}\\&=\sqrt{0.00293^2+0.00577^2+0.0015^2+0.00163^2}=0.684\%\end{aligned}$$

所以

$$\begin{aligned}u(F_m)&=\overline{F}_n\times u_{rel}(F_m)\\&=177.45(\text{kN})\times0.684\%=1213.76(\text{N})\end{aligned}$$

由韦尔奇－萨特斯韦特(Welch－Satterthwaite)公式

$$\nu_{eff}=\frac{u_c^4(y)}{\sum_{i=1}^{N}\frac{u_i^4(y)}{\nu_i}}$$

可分别求得 $u(F_{eL})$ 和 $u(F_m)$ 的自由度为：$\nu_{F_{eL}}=91$，$\nu_{F_m}=92$。

③试样原始标距和断后标距长度测量所引起的标准不确定度分量 $u(L_0)$ 和 $u(L_u)$

a. 试样原始标距测量所引起的标准不确定度分量 $u(L_0)$

试样原始标距 $L_0=100\text{mm}$，是用10～250mm的打点机一次性作出标记，打点机计量检定合格，极限误差为±0.5%，且服从均匀分布的，因此，所给出的相对不确定度是

$$u_{rel}(L_0)=\frac{0.5\%}{\sqrt{3}}=0.289\%$$

$$u(L_0)=|L_0|u_{rel}(L_0)=100\times\frac{0.289}{100}=0.289(\text{mm}),\nu=50$$

b. 断后标距长度测量所引起的标准不确定度分量 $u(L_{u,1})$

断后标距 L_u 的测量数据见表2-8。

表2-8　断后标距 L_u 的测量数据　　单位：mm

检测人	次数	试样号									
		1	2	3	4	5	6	7	8	9	10
第1人	1	120.66	121.32	121.62	122.38	120.16	119.86	123.36	121.08	122.12	120.56
	2	120.60	121.12	121.58	122.42	120.18	119.80	123.32	121.10	122.20	120.50
	3	120.56	121.22	121.56	122.38	120.20	119.88	123.38	121.16	122.16	120.52
第2人	4	120.44	121.12	121.68	122.40	120.22	119.80	123.40	121.12	122.20	120.54
	5	120.52	121.08	121.70	122.44	120.26	119.82	123.42	121.16	122.24	120.50
	6	120.54	121.10	121.70	122.42	120.24	119.86	123.38	121.14	122.18	120.52
平均值		120.55	121.16	121.64	122.41	120.21	119.84	123.38	121.13	122.18	120.52
标准差 s_j		0.0745	0.0921	0.0620	0.0242	0.0374	0.0345	0.0345	0.0327	0.408	0.0234
L_u 的数学期望		121.30									

注：表中的每一个 L_u 值都是根据GB/T 228.1—2010 20.1的要求对 L_u 进行测量而得到，即表中每个 L_u 值在测量前都必须重新将试样断裂部分仔细地“配接”在一起，使其轴线处于同一直线上，并采取特别措施确保试样断裂部分适当接触后，再用计量合格的游标卡尺进行测量，得到 L_u 值，经统计 L_u 的数学期望 $\overline{L_u}=121.3$mm。

表2-8中每根试样的 L_u 长度分别由两位检测人员根据标准的规定测试3个数据，每根试样都得到了如表2-8所列的6个数据，因此，对数据而言，一根试样就具有一组数据，共10组数据。每组数据的标准差由贝塞尔公式求出，而用式(2-6)求得合并样本标准差 s_P

$$s_{P,L_u}=\sqrt{\frac{1}{m}\sum_{j=1}^{m}s_j^{\ 2}}=\sqrt{\frac{1}{10}\times 0.02552305}=0.0505(\text{mm})$$

经统计，标准差数列的标准差为

$$\hat{\sigma}_{L_u}(s)=0.0229(\text{mm})$$

$$\hat{\sigma}_{估,L_u}(s)=\frac{s_{P,\text{eL}}}{\sqrt{2(n-1)}}=\frac{0.0505}{\sqrt{2(6-1)}}=0.0160(\text{mm})$$

可见

$$\hat{\sigma}_{L_u}(s)>\hat{\sigma}_{估,\overline{L_u}}(s)$$

所以，经判定测量状态不稳定，不可采用同一个 s_{P,L_u} 来评定测量 L_u 的不确定度。这是因为每次测量前需要重新将试样断裂处仔细配接，而不同的人员，甚至同一人员每次配接的紧密程度、符合程度、两段试样的同轴度等很难掌握得每次完全一样，所以导致了 L_u 的测试不太稳定，从表2-8中各组数据的标准差可看出各组之间的标准差差异较大，而对于如表2-6～表2-7的试验力测量或者光滑圆形试样原始直径 d 的测量就不存在此类问题，一般各组数据的标准差之间差异就较小，说明测量状态稳定，经判定，可用高可靠度的合并样本标准差来评定测量不确定度。而对于 L_u 的测试，就只能用 s_j 中的 s_{max} 来进行评定，从表2-3中知，第2组数据（即第2根试样）的标准差为最大值 $s_{max}=0.0921$mm，由于在实际测试中以单次测量值（$k=1$）作为测量结果

$$u(L_{u,1})=\frac{s_{max}}{\sqrt{k}}=0.0921(\text{mm})$$

经测量，L_u 的数学期望，即总平均值为121.30mm，所以此不确定度分量写为相对标准不确

定度分量为

$$u_{\mathrm{rel}}(L_{\mathrm{u},1})=\frac{u(L_{\mathrm{u},1})}{|\overline{L}_u|}=\frac{0.0921}{121.30}=0.0759\%$$

自由度 $\nu=n-1=6-1=5$。

c. 测量断后标距 L_{u} 所用量具的误差所引入的标准不确定度分量 $u(L_{\mathrm{u},2})$

试样断后标距 L_{u} 是用 0 ~ 150mm 的游标卡尺测量的，经计量合格，证书给出的极限误差为 ±0.02mm，也服从均匀分布，其标准不确定度分量为

$$u(L_{\mathrm{u},2})=\frac{a}{\sqrt{3}}=\frac{0.02}{\sqrt{3}}=0.0115(\mathrm{mm})$$

自由度 $\nu=50$。

相对标准不确定度分量为

$$u_{\mathrm{rel}}(L_{\mathrm{u},2})=\frac{u(L_{\mathrm{u},2})}{|\overline{L}_{\mathrm{u}}|}=\frac{0.0115}{121.30}=0.00948\%$$

由于两分量独立无关，所以，断后标距测量所引入的相对标准不确定度分量

$$u_{\mathrm{rel}}(L_{\mathrm{u}})=\sqrt{u_{\mathrm{rel}}^{2}(L_{\mathrm{u},1})+u_{\mathrm{rel}}^{2}(L_{\mathrm{u},2})}=0.0765\%$$

$$u(L_{\mathrm{u}})=|\overline{L}_{\mathrm{u}}|u_{\mathrm{rel}}(L_{\mathrm{u}})=121.30\times0.0765\%=0.0928(\mathrm{mm})$$

因为进行了 6 次测定，所以，自由度为 $\nu_{L_{\mathrm{u}}}=n-1=6-1=5$。

d. 数值修约所引起的标准不确定度分量 $u(R_{\mathrm{rou}})$ 和 $u(A_{\mathrm{rou}})$ 的评定

GB/T 228.1—2010 规定："试验测定的性能结果数值应按照相关产品标准的要求进行修约。如未规定具体要求，应按照如下要求进行修约：强度性能值修约至 1MPa；屈服点延伸率修约至 0.1%，其他延伸率和断后伸长率修约至 0.5%；断面收缩率修约至 1%"。这必定引入不确定度，这可用 B 类方法来评定。如修约间隔为 δx，则修约引起的不确定度分量为 $u_{\mathrm{rou}}=0.29\delta x$。于是，根据 GB/T 228.1—2010，检测结果修约所引入的不确定度分量如表 2 - 9 所示。

表 2 - 9　拉伸结果数值修约引起的标准不确定度分量

参　数	修约间隔 δx	半宽 a	k	B 类标准不确定度 u_{rou}
强度指标/($\mathrm{N/mm^2}$)	1	1/2	$\sqrt{3}$	0.29
屈服点延伸率/%	0.1	0.1/2	$\sqrt{3}$	0.029
其他延伸率和断后伸长率/%	0.5	0.5/2	$\sqrt{3}$	0.14
断面收缩率/%	1	1/2	$\sqrt{3}$	0.29

对于本例强度的数学期望是

$$\overline{R}_{\mathrm{eL}}=\frac{\overline{F}_{\mathrm{eL}}}{s_0}=\frac{\overline{F}_{\mathrm{eL}}}{\frac{\pi}{4}\overline{d}^2}=\frac{120.07\mathrm{kN}}{\frac{1}{4}\pi\times(20\mathrm{mm})^2}=382.145=382(\mathrm{MPa})$$

$$\overline{R}_{\mathrm{m}}=\frac{\overline{F}_{\mathrm{m}}}{s_0}=\frac{\overline{F}_{\mathrm{m}}}{\frac{\pi}{4}\overline{d}^2}=\frac{4\times177.45\mathrm{kN}}{\pi\times(20\mathrm{mm})^2}=564.841=565(\mathrm{MPa})$$

断后伸长率的数学期望为

$$\bar{A}=\frac{\overline{L_u}-L_0}{L_0}=\frac{121.30-100.00}{100.00}=21.30\%=21.5\%$$

可见，本例强度的修约间隔为1MPa，断后伸长率的修约间隔为0.5%，所以有

$$u(R_{eL,rou})=0.29(\text{MPa})；\quad u(R_{m,rou})=0.29(\text{MPa})$$

而

$$u(A_{rou})=0.14\%$$

自由度皆为∞。

（5）合成标准不确定度的计算（第五步）

因钢筋试样直径允许偏差、试验力、原始标距和断后标距的测量所引入的不确定度以及数值修约（最终结果经数值修约而得到，所以对最终结果而言，修约也相当于输入）所引入的不确定度之间彼此独立不相关，因此，由下式计算合成标准不确定度：

因为

$$u_c^2(y)=\sum_{i=1}^{N}\left[\frac{\partial f}{\partial x_i}\right]^2 u^2(x_i)=\sum_{i=1}^{N}c_i^2\cdot u^2(x_i)=\sum_{i=1}^{N}u_i^2(y)$$

所以

$$u_c^2(R_{eL})=u_1^2(R_{eL})+u_2^2(R_{eL})+u_3^2(R_{eL})$$

即

$$u_c^2(R_{eL})=c_{F_{eL}}^2u^2(F_{eL})+c_{d,eL}^2u^2(d)+u^2(R_{eL,rou})$$

$$u_c^2(R_m)=c_{F_m}^2u^2(F_m)+c_{d,m}^2u^2(d)+u^2(R_{m,rou})$$

$$u_c^2(A)=c_{L_u}^2u^2(L_u)+c_{L_0}^2u^2(L_0)+u^2(A_{rou})$$

由数学模型对各输入量求偏导数，可得相应的不确定度传播系数

$$c_{F_{eL}}=\frac{\partial R_{eL}}{\partial F_{eL}}=\frac{4}{\pi d^2},\quad c_{d,eL}=\frac{\partial R_{eL}}{\partial \bar{d}}=-\frac{8F_{eL}}{\pi d^3},\quad c_{F_m}=\frac{\partial R_m}{\partial F_m}=\frac{4}{\pi d^2},$$

$$c_{d,m}=\frac{\partial R_m}{\partial \bar{d}}=-\frac{8F_m}{\pi d^3},\quad c_{L_u}=\frac{\partial A}{\partial \bar{L}_u}=\frac{1}{L_0},\quad c_{L_0}=\frac{\partial A}{\partial L_0}=-\frac{\bar{L}_u}{L_0^2}$$

将各数据代入得

$$c_{F_{eL}}=\frac{4}{\pi\times 20^2}=0.00318(\text{mm}^{-2})\qquad c_{d,eL}=-\frac{8\times 120070}{\pi\times 20^3}=-38.22(\text{N/mm}^3)$$

$$c_{F_m}=\frac{4}{\pi\times 20^2}=0.00318(\text{mm}^{-2})\qquad c_{d,m}=-\frac{8\times 177450}{\pi\times 20^3}=-56.48(\text{N/mm}^3)$$

$$c_{L_u}=\frac{1}{100}=0.01(\text{mm}^{-1})\qquad c_{L_0}=\frac{-121.30}{100^2}=-0.01213(\text{mm}^{-1})$$

计算所得的标准不确定度分量汇总于表2-10。

表2-10　标准不确定度分量汇总表

分量	不确定度来源	标准不确定度分量 $u(x_i)$ 值	ν
$u(d)$	钢筋公称直径的允许偏差	$u(d)=0.289\text{mm}$	∞
$u(F_{eL})$	下屈服力的测量	$u(F_{eL})=929.34\text{N}$ [$u_{rel}(F_{eL})=0.774\%$]	91
	人员重复性及材质的不均匀性	$u_{rel}(F_{eL,1})=0.430\%$	20
	实验机示值误差	$u_{rel}(F_{eL,2})=0.577\%$	50
	标准测力仪的不确定度	$u_{rel}(F_{eL,3})=0.15\%$	50
	试验机读数分辨力	$u_{rel}(F_{eL,4})=0.242\%$	∞

续表

分量	不确定度来源	标准不确定度分量 $u(x_i)$ 值	ν
$u(F_m)$	最大试验力的测量	$u(F_m)=1213.76N$ $[u_{rel}(F_m)=0.684\%]$	92
	人员重复性及材质的不均匀性	$u_{rel}(F_{m,1})=0.293\%$	50
	试验机示值误差	$u_{rel}(F_{m,2})=0.577\%$	50
	标准测力仪的不确定度	$u_{rel}(F_{m,3})=0.15\%$	50
	试验机读数分辨力	$u_{rel}(F_{m,4})=0.163\%$	∞
$u(L_0)$	打点机误差	$u(L_0)=0.289mm$	50
$u(L_u)$	断后标距长度测量	$u(L_u)=0.0928mm$ $u_{rel}(L_u)=0.0765\%$	5
	测量重复性	$u_{rel}(L_{u,1})=0.0921mm$	5
	量具误差	$u_{rel}(L_{u,2})=0.0115mm$	50
$u(R_{eL,rou})$	数值修约(间隔为1)	$0.29N/mm^2$	∞
$u(R_{m,rou})$	数值修约(间隔为1)	$0.29N/mm^2$	∞
$u(A_{rou})$	数值修约(间隔为0.5%)	0.14%	∞

将各不确定度分量和不确定度灵敏系数代入,有

$$u_c^2(R_{eL})=0.00318^2\ (mm^{-2})^2\times(929.34N)^2+(-38.22)^2\left(\frac{N}{mm^3}\right)^2\times(0.289mm)^2+(0.29N/mm^2)^2$$

$$u_c^2(R_m)=0.00318^2\ (mm^{-2})^2\times(1213.76N)^2+(-56.48)^2\left(\frac{N}{mm^3}\right)^2\times(0.289mm)^2+(0.29N/mm^2)^2$$

$$u_c^2(A)=\frac{1}{(100mm)^2}\times(0.0928mm)^2+(-0.01213)^2\ (mm^{-1})^2\times(0.289mm)^2+(0.14\%)^2$$

经计算可得

$$u_c(R_{eL})=11.44(N/mm^2);u_c(R_m)=16.78(N/mm^2);u_c(A)=0.3887$$

注:$1(N/mm^2)=1MPa$。

(6)扩展不确定度的评定(第六步)

扩展不确定度的评定可用两种表示方法,即

$$U=ku_c(y)$$

$$U_P=k_Pu_c(y)$$

对于检测工作常采用第一种表示方法,即由合成标准不确定度 $u_c(y)$ 乘以包含因子 k 得到。k 一般取2或3,U 虽然无明确包含概率的扩展不确定度,但大致可认为:$k=2$,包含概率约为95%,在大部分情况下推荐使用;$k=3$,包含概率约为99%,某些情况下推荐使用。

对本例,采用 $U=ku_c(y)$ 的表示方法,包含因子 k 取2,因此有

$$U(R_{eL})=2u_c(R_{eL})=2\times11.44=22.88=23(N/mm^2)$$

$$U(R_{\mathrm{m}})=2u_{\mathrm{c}}(R_{m})=2\times16.78=33.56=34(\mathrm{N/mm^2})$$

$$U(A)=2\times0.3887(\%)=0.7774(\%)=0.8(\%)$$

用相对扩展不确定度来表示，则分别有

$$U_{\mathrm{rel}}(R_{\mathrm{eL}})=\frac{U(R_{\mathrm{eL}})}{R_{\mathrm{eL}}}=\frac{23}{382}\approx6\%\text{；}\quad U_{\mathrm{rel}}(R_{\mathrm{m}})=\frac{U(R_{\mathrm{m}})}{R_{\mathrm{m}}}=\frac{34}{565}\approx6\%$$

$$U_{\mathrm{rel}}(A)=\frac{U(A)}{A}=\frac{0.78\%}{21.5\%}\approx4\%$$

（7）测量不确定度的报告（第七步）

测量不确定度报告常采用两种表示方法。如对下屈服强度有：

①$R_{\mathrm{eL}}=382\mathrm{N/mm^2}, U=23\mathrm{N/mm^2}, k=2$；

②$R_{\mathrm{eL}}=(382\pm23)\mathrm{N/mm^2}), k=2$。

本例选用①，所以本例所评定的钢筋混凝土用热轧带肋钢筋的下屈服强度、抗拉强度、断后伸长率测量结果的不确定度报告如下：

$$R_{\mathrm{eL}}=382\mathrm{N/mm^2}, U=23\mathrm{N/mm^2}, k=2$$

$$R_{\mathrm{m}}=565\mathrm{N/mm^2}, U=34\mathrm{N/mm^2}, k=2$$

$$A=21.5\%, U=0.8\%, k=2$$

其意义是：可以期望在$(380-23)\mathrm{N/mm^2}\sim(380+23)\mathrm{N/mm^2}$的区间包含了下屈服强度$R_{\mathrm{eL}}$测量结果可能值的95%；在$(565-34)\mathrm{N/mm^2}\sim(565+34)\mathrm{N/mm^2}$的区间包含了抗拉强度$R_{\mathrm{m}}$测量结果可能值的95%；在(21.5% −0.8%)至(21.5% +0.8%)的区间包含了断后伸长率A测量结果可能值的95%。

如果以相对扩展不确定度的形式来报告，则可写为：

$$R_{\mathrm{eL}}=382\mathrm{N/mm^2},\ U_{\mathrm{rel}}=6\%,\ k=2$$

$$R_{\mathrm{m}}=565\mathrm{N/mm^2},\ U_{\mathrm{rel}}=6\%,\ k=2$$

$$A=21.5\%,\ U_{\mathrm{rel}}=4\%,\ k=2$$

（8）讨论

①影响拉伸试验结果的因素还有试验速率、取样部位、试样加工、材料均匀性、试样夹持方式、施力同轴性等，如有需要且条件允许，这些因素引起的不确定度分量也应进行评定。如果有的因素，如取样部位已严格按照 GB/T 2975—1998 执行，试样加工已严格按照相关标准执行并达到要求，那么取样部位及试样加工所引起的不确定度即可忽略不计。关于试验速率的影响参见 CNAS－GL10：2006 附录 6。

②在力学试验中，总需要用某些量具对试样尺寸及断口标距进行测量，由这些量具所允许的最大示值误差引入的测量不确定度可直接引用 CNAS－GL10：2006 附录 4 给出的数据。

实例 2　原子吸收分光光度计火焰法测定铜浓度的不确定度评定

（1）概述（第一步）

①测量方法：GB/T 223.53—1987《钢铁及合金化学分析方法　火焰原子吸收分光光度法测定铜量》；JJG 694—2009《原子吸收分光光度计》。评定依据：JJF 1059.1—2012。

②环境条件：温度（18～22）℃，相对湿度≤70%。

③测量标准：铜标准溶液，由标准物质中心证书知，相对扩展不确定度为1%，$k=3$。

④被测对象：含铜0.50～5.00μg/mL的溶液。

⑤测量过程：通过对空白及一系列已知浓度(x_i)的标准溶液的测定，从仪器上读到相应值y_i，由y_i和x_i可计算出回归方程，然后利用标准曲线或新建立的x与y的线性方程来确定被测量的实际值。

⑥评定结果的使用：在符合上述条件下的测量结果，一般可直接使用本不确定度的评定结果，其他可使用本不确定度的评定方法。

(2)数学模型的建立(第二步)

由于仪器响应值y与浓度x间有$y = a + bx$的关系，所以被测量x的数学模型是

$$x = \frac{y - a}{b}$$

式中：x——被测溶液浓度，$\mu g \cdot mL^{-1}$；

y——仪器响应值，即吸光度(A)；

a——截距；

b——斜率，$(\mu g \cdot mL)^{-1}$。

$$a = \bar{y} - \overline{bx}$$

式中：$\bar{y}$——y的平均值；

$\bar{x}$——x的平均值；

(3)测量不确定度来源的分析(第三步)

经分析主要不确定度来源是：仪器响应值y多次测试值经统计回归的标准偏差(y残差的标准偏差)引起的不确定度分量u_1；仪器读数误差引起的不确定度分量u_2；标准样品所引起的不确定度分量u_3；测量重复性引入的标准不确定度分量u_4；回归系数b所引起的不确定度分量u_5；截距a所引起的不确定度分量u_6等六项。

(4)标准不确定度分量的评定(第四步)

以火焰法测铜含量为例，用空白溶液调零，分别对5种铜标准溶液进行3次重复测定，数据如表2－11所示。

表2－11 测量结果

x_i/(μg/mL)	空白溶液	0.50	1.00	3.00	4.00	5.00
$y_{ij}(A)$	-0.001	0.049	0.100	0.301	0.400	0.490
	0.001	0.053	0.104	0.302	0.391	0.492
	-0.002	0.051	0.100	0.301	0.390	0.490
$y_i(A)$均值	-0.001	0.051	0.101	0.301	0.394	0.491

根据以上数据，采用线性回归法求出标准工作曲线，方程的回归参数是：$a = 0.0016$，$b = 0.098$，$r = 0.9999$，r为相关系数，若显著度α取1%，即包含概率为$p = 1 - \alpha = 99\%$，自由度$(n-2) = (6-2) = 4$，查相关系数检验表得临界相关系数$r_{\alpha,n-2} = r_{0.01,4} = 0.917$，所以由表2－11数据回归所得$|r| \geq r_{\alpha,n-2}$，这说明$y$与$x$间存在密切的线性关系，相关系数高度显著，回归方程有效。若用F检验法，其结果也相同，即检验

$$y = 0.0016 + 0.098x$$

是显著有效的，在 99% 的包含概率下方程完全成立。即根据 CNAS - CL10：2012 的要求完成了校准曲线的线性检验。

根据 CNAS - CL10：2012 的要求还必须进行截距检验：即检验校准曲线的准确度，在线性检验合格的基础上，对所得回归方程 $y = 0.0016 + 0.098x$ 的截距 $a = 0.0016$ 与 0 作 t 检验。统计量 t 值按下式计算（空白溶液进行了 3 次测定，$n = 3$）

$$t = \frac{(\mu - \bar{x})}{s(x)}\sqrt{n} = \frac{0 - (-0.001)}{0.00158} \times \sqrt{3} = 1.096$$

根据 t 检验的原理，因为信号值 -0.001 比期望值 0 低，所以用单侧检验。

一般取 95% 包含概率，查 t 临界值表得临界值为：$t_{a,(n-1)} = t_{0.05,2} = 2.93$

可见 $$t = 1.096 < t_{0.05,2} = 2.93$$

这说明截距 $a = 0.0016$ 与 0 不存在显著差异，其微小差异完全是随机影响所致，没有系统影响存在，截距检验合格（即截距 a 可作 0 处理，方程简化为 $y = bx$，移项后得 $x = \frac{y}{b}$）。

下面进行斜率检验：即检验分析方法的灵敏度。方法灵敏度是随实验条件的变化而改变的。在完全相同的分析条件下，仅由于操作中的随机误差所导致的斜率变化不应超出一定的允许范围，此范围因分析方法的精度不同而异。例如，一般而言，分子吸收分光光度法要求其相对差值小于 5%，而原子吸收分光光度法则要求其相对差值小于 10% 等。对于本实例原始数据如表 2 - 11 所示。为此，可求出各个标准溶液的检测值极差及其相对误差值。

根据有效的回归方程（校准曲线），由信号值得到含量检测值的计算公式是

$$x = \frac{y - a}{b}$$

对于此实例 $$x = \frac{y - a}{b} = \frac{y - 0.0016}{0.098}$$

于是可以得到各个标准溶液的检测值极差及其相对误差值分别是：

对于 0.50μg/mL 的标准溶液

$$x_{max} = \frac{y - a}{b} = \frac{y_{max} - 0.0016}{0.098} = \frac{0.053 - 0.0016}{0.098} = 0.524$$

$$x_{max} = \frac{y - a}{b} = \frac{y_{min} - 0.0016}{0.098} = \frac{0.049 - 0.0016}{0.098} = 0.484$$

$$R = x_{max} - x_{min} = 0.524 - 0.484 = 0.04$$

极差的相对误差值

$$E_{rel} = \frac{R}{x_{标准}} = \frac{0.04}{0.50} = 0.08 = 8\%$$

对于 1.00μg/mL 的标准溶液

$$x_{max} = \frac{y - a}{b} = \frac{y_{max} - 0.0016}{0.098} = \frac{0.104 - 0.0016}{0.098} = 1.045$$

$$x_{min} = \frac{y - a}{b} = \frac{y_{min} - 0.0016}{0.098} = \frac{0.100 - 0.0016}{0.098} = 1.004$$

$$R = x_{max} - x_{min} = 1.045 - 1.004 = 0.041$$

极差的相对误差值

$$E_{rel}=\frac{R}{x_{标准}}=\frac{0.041}{1.00}=0.041=4.1\%$$

对于3.00μg/mL的标准溶液

$$x_{max}=\frac{y-a}{b}=\frac{y_{max}-0.0016}{0.098}=\frac{0.302-0.0016}{0.098}=3.07$$

$$x_{min}=\frac{y-a}{b}=\frac{y_{min}-0.0016}{0.098}=\frac{0.301-0.0016}{0.098}=3.06$$

$$R=x_{max}-x_{min}=3.07-3.06=0.01$$

极差的相对误差值

$$E_{rel}=\frac{R}{x_{标准}}=\frac{0.01}{3.00}=0.0033=0.33\%$$

对于4.00μg/mL的标准溶液

$$x_{max}=\frac{y-a}{b}=\frac{y_{max}-0.0016}{0.098}=\frac{0.400-0.0016}{0.098}=4.07$$

$$x_{min}=\frac{y-a}{b}=\frac{y_{min}-0.0016}{0.098}=\frac{0.390-0.0016}{0.098}=3.96$$

$$R=x_{max}-x_{min}=4.07-3.96=0.11$$

极差的相对误差值

$$E_{rel}=\frac{R}{x_{标准}}=\frac{0.11}{4.00}=0.0033=2.8\%$$

对于5.00μg/mL的标准溶液

$$x_{max}=\frac{y-a}{b}=\frac{y_{max}-0.0016}{0.098}=\frac{0.492-0.0016}{0.098}=5.004$$

$$x_{min}=\frac{y-a}{b}=\frac{y_{min}-0.0016}{0.098}=\frac{0.490-0.0016}{0.098}=4.984$$

$$R=x_{max}-x_{min}=5.004-4.984=0.02$$

极差的相对误差值 $$E_{rel}=\frac{R}{x_{标准}}=\frac{0.02}{5.00}=0.004=0.4\%$$

从以上的检验可见,各个标准溶液检测值的极差中,最大的相对误差值是8%,显然8% < 10%,满足要求,所得校准曲线的斜率检验合格(分子吸收分光光度法要求其相对误差值小于5%,而原子吸收分光光度法则要求其相对误差值小于10%。本实例属于原子吸收分光光度法,检测结果的极差的最大相对误差值8%小于10%,满足要求)。

可见,校准曲线的线性检验、截距检验、斜率检验都是合格的,完全可以应用。

下面就评定检测结果的测量不确定度。

回归直线的标准偏差(即y残差的标准差)$s_{Y/X}$可由下式求出

$$s_{Y/X}=\sqrt{\frac{\sum_{i=1}^{n}\sum_{j=1}^{m}(y_{ij}-y_i)^2}{m\times n-2}}$$

式中,y_{ij}为仪器各点响应值;y_i为回归直线的计算值;n为测量点数目(此处为6);m为每个测量点重复测量的次数(此处为3次);$m\times n-2$为回归独立自由度。中间计算值可列表进行,如

表 2－12 所示。

表 2－12　中间计算数据

x_i	y_{ij}	y_i	$y_{ij}-y_i$	$(y_{ij}-y_i)^2$
0.00	−0.001	0.0016	−0.0026	0.676×10^{-5}
	0.001		−0.0006	0.036×10^{-5}
	−0.002		−0.0036	1.296×10^{-5}
0.50	0.049	0.051	−0.002	0.4×10^{-5}
	0.053		0.002	0.4×10^{-5}
	0.051		0.000	0
1.00	0.100	0.100	0.000	0
	0.104		0.004	1.6×10^{-5}
	0.100		0.000	0
3.00	0.301	0.296	0.005	2.5×10^{-5}
	0.302		0.006	3.6×10^{-5}
	0.301		0.005	2.5×10^{-5}
4.00	0.400	0.394	0.006	3.6×10^{-5}
	0.391		−0.003	0.9×10^{-5}
	0.390		−0.004	1.6×10^{-5}
5.00	0.490	0.492	−0.002	0.4×10^{-5}
	0.492		0.000	0
	0.492		−0.002	0.4×10^{-5}

自由度为 $m\times n-2=18-2=16$，y 的平均值为 $\bar{y}=0.222(A)$。

①y 残差标准偏差决定的不确定度分量 u_1

$$u_1=s_{Y/X}=3.26\times10^{-3}A \qquad (\text{A 类，正态分布})$$

自由度 $\nu_1=18-2=16$

②仪器读数的标准不确定度 u_2

仪器读数显示值的误差为 ±0.001A（吸光度），属于均匀分布

$$u_2=0.001/\sqrt{3}=5.77\times10^{-4}A \quad (\text{B 类})$$

自由度 $\nu_2=\infty$

③标准样品的不确定度 u_3

所用标准溶液，由标准物质中心证书知，不确定度为 ±1%，包含因子 $k=3$，为正态分布。

$$u_3=(b\times1\%)/3=0.098\times0.01/3=3.27\times10^{-4}A$$

自由度 $\nu_3=\infty \quad (\text{B 类})$

④测量重复性标准不确定度 u_4

重复测量标准溶液 10 次，算出标准偏差 s，取四种溶液中测量数据的标准偏差最大值 $s_{max}=1.38\times10^{-3}$，对每种溶液连续测量 3 次，所以

$$u_4=\frac{s_{\max}}{\sqrt{3}}=\frac{1.38\times10^{-3}}{\sqrt{3}}=7.97\times10^{-4}A \qquad (\text{A 类})$$

自由度 $\nu_4=n-1=10-1=9$

以上四项因素相互独立，且都是对仪器响应值 y 的不确定度的贡献，所以

$$\begin{aligned}u(y)&=\sqrt{u_1{}^2+m_2{}^2+n_3{}^2+n_4{}^2}\\&=\sqrt{(3.26\times10^{-3})^2+(5.77\times10^{-4})^2+(3.27\times10^{-4})^2+(7.97\times10^{-4})^2}\\&=3.42\times10^{-3}A\end{aligned}$$

⑤回归系数（斜率）b 的不确定度 $u_5(b)$ （A 类，正态分布）

$$u_5(b)=s_b=\frac{s_{Y/X}}{\sqrt{\sum_{i=1}^{n}(x_i-\bar{x})^2}}=\frac{3.26\times10^{-3}}{4.15}=7.86\times10^{-4}(A/\mu\text{g}\cdot\text{mL}^{-1})$$

自由度 $\nu_5=18-2=16$

⑥常数项截距 a 的不确定度 $u_6(a)$ （A 类，正态分布）

$$u_6(a)=s_a=s_{Y/X}\sqrt{\frac{\sum_{i=1}^{n}x_i{}^2}{n\times m\sum_{i=1}^{n}(x_i-\bar{x})^2}}=3.26\times10^{-3}\sqrt{\frac{35.25}{15\times17.2}}=1.21\times10^{-3}A$$

自由度 $\nu_6=18-2=16$

（5）合成标准不确定度的评定（第五步）

根据合成不确定度的传播规律有

$$u_c^2(x)=\sum_{i=1}^{n}(\frac{\partial f}{\partial y_i})^2u^2(y_i)$$

所以 $$u_c(x)=\sqrt{\sum_{i=1}^{n}c_i^2u^2(y_i)}$$

式中，$c_i=\frac{\partial f}{\partial y_i}$为灵敏系数；$u(y_i)$ 为 A 类或 B 类不确定度分量，现各分量 $u(y_i)$ 已经求出，见表 2－13，先求出灵敏系数 c_i，有

$$c(y)=\frac{\partial x}{\partial y}=\frac{1}{b}=\frac{1}{0.098}=10.20(\mu\text{g}\cdot\text{mL}^{-1}/A)$$

$$c(a)=\frac{\partial x}{\partial a}=-\frac{1}{b}=\frac{-1}{0.098}=-10.20(\mu\text{g}\cdot\text{mL}^{-1}/A)$$

$$c(b)=\frac{\partial x}{\partial b}=-\frac{(\bar{y}-a)}{b^2}=\frac{-(0.222-0.0016)}{0.098^2}=-22.95[(\mu\text{g}\cdot\text{mL}^{-1})^2/A]$$

$$(\bar{y}=0.222A)$$

所以，合成标准不确定度

$$u_c(x)=\sqrt{c^2(y)u^2(y)+c^2(a)u_6{}^2(a)+c^2(b)u_5{}^2(b)}$$

$$\sqrt{(3.49\times10^{-2})^2+(1.23\times10^{-2})^2+(1.80\times10^{-2})^2}=4.11\times10^{-2}=0.041\mu\text{g/mL}$$

表 2－13 标准不确定度汇总表

标准不确定度分量 $u(y_i)$	不确定度来源	分布	类型	数值		c_i	$\|c_i\|u(y_i)$	ν_i
$u(y)$	y 残差的标准差	正态	A	3.26×10^{-3}	3.42×10^{-3}	10.20	3.49×10^{-2}	16
	仪器读数的标差	均匀	B	5.77×10^{-4}				∞
	标样的不确定度	正态	B	3.27×10^{-4}				∞
	测量重复性的标差	正态	A	7.97×10^{-4}				9
$u_5(b)$	斜率 b 的标差	正态	A	7.86×10^{-4}		-22.95	1.80×10^{-2}	16
$u_6(a)$	截距 a 的标差	正态	A	1.21×10^{-3}		-10.20	1.23×10^{-2}	16

根据韦尔奇－萨特斯韦特(Welch－Satterthwaite)公式,可求得自由度是

$$\nu_{\text{eff}}=\frac{u_{\text{c}}^{4}}{\sum_{i=1}^{n}\frac{u_i^{4}}{v_i}}$$

$$\nu_{\text{eff}}=\frac{u_{\text{c}}^{4}}{\frac{[c(y)u_1]^4}{16}+\frac{[c(y)u_2]^4}{\infty}+\frac{[c(y)u_3]^4}{\infty}+\frac{[c(y)u_4]^4}{9}+\frac{[c(a)u_6(a)]^4}{16}+\frac{[c(b)u_5(b)]^4}{16}}$$

$$=\frac{0.041^4}{\frac{[10.20\times3.26\times10^{-3}]^4}{16}+0+0+\frac{[10.20\times7.97\times10^{-4}]^4}{9}+}$$

$$\frac{0.041^4}{\frac{[-10.20\times1.21\times10^{-3}]4}{16}+\frac{[-22.95\times7.86\times10^{-4}]^4}{16}}$$

$$=\frac{2.826\times10^{-6}}{7.6\times10^{-8}+0+0+4.85\times10^{-10}+1.0\times10^{-9}}=\frac{2.826\times10^{-6}}{84.485\times10^{-9}}$$

$$=33.64\approx30$$

(6)扩展不确定度的评定(第六步)

$$U_p=k_p u_{\text{c}}(x)$$

当 x 接近正态分布时,k_P 可用 t 分布临界值(简称 t 值)表查到(见 CNAS－CL10:2006 附录 2 或 JJF 1059.1—2012 附录 B),$k_P=t_P(\nu_{\text{eff}})$,取包含概率 $P=95\%$,自由度 $\nu_{\text{eff}}=30$,查 t 表得:$k_P=t_P(\nu_{\text{eff}})=t_{95}(30)=2.04$,所以,$U_P=k_P u_{\text{c}}(x)=2.04\times0.041=0.08364=0.08$,即,$U_P=0.08(\mu\text{g}\cdot\text{mL}^{-1})$。

(7)不确定度的报告(第七步)

经评定,原子吸收分光光度计火焰法测量铜浓度在 $0.50\sim5.00\mu\text{g}\cdot\text{mL}^{-1}$ 范围,包含概率为 95% 时的扩展不确定度是:$U_{95}=0.08\mu\text{g}\cdot\text{mL}^{-1}$;$\nu_{\text{eff}}=30$。

5 结语

我国许多实验室已通过了中国合格评定国家认可委员会的认可,还有许多实验室正在准备认可。根据 GB/T 27025—2008/ISO/IEC 17025:2005《检测和校准实验室能力的通用要求》,

实验室必须具有评定测量不确定度的能力。JJF 1059. 1—2012 有广泛的适应性、兼容性,但不同专业不同参数检验结果测量不确定度的评定有共同之处,也有各自的特点。因此,为了提高测量不确定度评定的可靠性,就评定方法而言,对不同的评定问题应该采用不同的评定方法。一般应采用直接评定法或综合评定法来解决,而且综合评定法能满意地解决许多评定难题。

在测量不确定度的评定中,来源分析尤为重要,可从仪器设备、人员、方法、环境、被测量等方面进行分析,应不遗漏但也不重复(重复导致不确定度过大,遗漏会导致不确定度过小)。特别应该抓住对结果影响大的不确定度来源,有些影响很小的不确定度来源可不必考虑。

作为规范化的检测实验室(仪器、设备、人员、方法、管理等一切条件合乎要求,即受控),对于性能参数的测试,在受控条件下,评定了测量不确定度,得到了不确定度数据,之后日常的规范化的检测工作(仍在受控条件下)即可直接应用早先评定的结果,不需要每次测试都进行评定工作。当然,如果某一条件(如仪器准确度)或某些条件(如人员、方法、仪器准确度等)发生了变化则需要重新评定测量不确定度,则之后日常的规范化检测就应该采用重新评定的测量不确定度数据。

在我国,不管是校准实验室还是检测实验室都开展了测量不确定度的评定工作,不确定度评定合理性的验证工作十分重要。为此,不管是校准实验室还是检测实验室,不仅应该建立一个评审不确定度评定有效性的机制,而且还必须开展测量不确定度评定合理性的验证工作。

第3章　金属材料基础知识

1　金属材料

1.1　材料的定义

材料是人类赖以生存和发展的物质基础。20世纪70年代,人们把信息、材料和能源誉为当代文明的三大支柱。80年代,以高技术群为代表的新技术革命把新材料、信息技术和生物技术并列为新技术革命的重要标志。这主要是因为材料与国民经济建设、国防建设和人民生活密切相关。材料除了具有重要性和普遍性以外,还具有多样性。由于材料多种多样,分类方法也就没有一个统一标准。

从物理化学属性来分,可分为金属材料、无机非金属材料、有机高分子材料和不同类型材料所组成的复合材料。这种划分是按照其主要结合键的种类来划分的,即金属键、共价键及离子键。从用途来分,又分为电子材料、航空航天材料、核材料、建筑材料、能源材料、生物材料等。更常见的两种材料则是以力学性能为主要性能的结构材料和以物理性能为主要性能的功能材料。需要注意的是,力学性能虽然本质上是物理性能之一,但是由于其发展的历史较长且成系统,因而相对独立于物理性能而存在,且由于以力学性能为主要性能的结构材料量大面广,经济效益突出,因而已经约定俗成的与功能材料并列。

通常,人们将材料定义为人类用于制造物品、器件、构件、机器或其他产品的那些物质。材料是物质,但不是所有物质都可以称为材料,如燃料和化学原料、工业化学品、食物和药物,一般都不算是材料。但是这个定义并不那么严格,如炸药、固体火箭推进剂,一般称之为"含能材料",因为它属于火炮或火箭的组成部分。

随着人类社会的不断发展,人们对于材料的认识也有了更加系统全面的认识,提出了新的材料定义,即可为人类社会接受的、经济地制造有用器件的物质,并形成了包括资源判据、能源判据、环保判据、经济判据和质量判据在内的材料现代判据,其关系如图3-1所示。

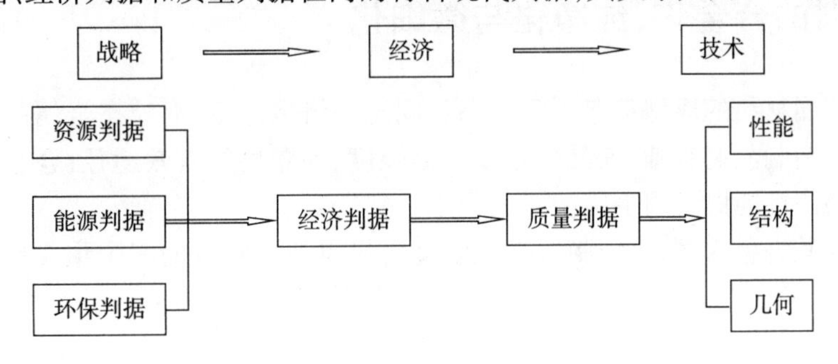

图3-1　材料的现代判据

1.2 金属的定义

通常,人们认为金属是一种具有光泽(即对可见光强烈反射)、富有延展性、容易导电、导热的物质。金属的上述特质都跟金属晶体内含有自由电子有关。需要指出的是,上述传统定义中的金属特性仅仅是通常情况下的性质,很多条件下的金属并不具备上述性质,比如金属粉末一般并不具有光泽;金属锑延展性极差,一般不能锻造成形;而铋的电阻率和碳相近。因此,金属更为准确定义是,具有正的电阻温度系数的物质,即随着温度升高,电阻增加的物质。除锗以外,现有金属均满足这一特征。

即便如此,随着人们对材料研究的深化,越来越多的材料被发现具有和金属材料相同或相近的性质,却不是我们传统所理解的金属,根本的原因在于传统的金属定义源自人们对常温常压条件下物质的理解。

在自然界中,绝大多数金属以化合态存在,少数金属,如金、铂、银、铋以游离态存在。金属矿物多数是氧化物及硫化物,其他存在形式有氯化物、硫酸盐、碳酸盐及硅酸盐。金属之间的连结通常是金属键,因此,随意更换位置都可再重新建立连结,这也是金属延展性良好的原因,但金属间化合物材料中却存在着共价键。金属元素在化合物中通常只显正价。相对原子质量较大的被称为重金属;相对原子质量较小的被称为轻金属,通常主要指镁、铝、钛及其合金。

1936 年,美国科学家维那对氢转变为金属的压力做了首次计算,提出了氢转变为金属的临界压力是在 10 万 ~ 100 万 MPa 的范围以内。世界各国均通过多种途径来产生超高压制取金属氢。比较成熟的有两种方法,一种叫动态压缩法,即从强磁场中采用快速冲击压缩,获取高压来制取金属氢。另一种叫静态压缩法,即采用 1000t 以上的压力机或用将近 10 层楼高的水压机来产生 10 万 ~ 20 万 MPa 的高压,压缩液氢来制造金属氢。2017 年 1 月 26 日,美国 SCIENCE 杂志报道了哈佛大学实验室成功制造出金属氢。氢像金属钾一样,仅仅有一个电子可以为相邻原子所共享。不同之处在于,在氢的一个(仅仅是一个)电子和中心原子核之间没有起隔离作用的电子,这个电子被控制得太紧了一些,以致不能进行足够的运动来把氢转变为金属,或者迫使氢原子紧密地结合在一起。因此,在常温常压下,氢表现为非金属。但是,当液态或固态氢在上百万标准大气压的高压下将变成导电体,由于导电是金属的特性,故称此时的氢为金属氢。金属氢是一种高密度、高储能材料,大量的研究已预测,金属氢可以成为一种室温超导体,其储藏的巨大能量比普通 TNT 炸药大 30 ~ 40 倍,因此还是一种极佳的含能材料。有关金属氢的研究无疑可以使我们对金属本身有更新、更全面的理解。

2 金属材料的合金化、纯净化与微细化

绝大部分金属材料的成型都离不开液态到固态的铸造过程,而液态金属品质的提升与保证是获得优质材料制品的基础;细晶化是获得高强度、高塑性的有效途径;合金元素的添加则是实现金属材料高性能的常用手段。

以下以铝及其合金为例,介绍制备高性能金属材料不可缺少的三个重要环节,即纯净化、微细化和合金化,简称“三化”。

2.1　合金化

Al是fcc面心立方结构，这种密堆积结构比其他致密度较低的晶体结构具有更好的抗蠕变性能。铝合金密度低，比强度高，具有优良的导电性和导热性，相比于航天领域广泛应用的高温合金（如Ni基和Ti基合金），其价格更低廉，在重量敏感应用领域和航天领域具有很大的发展前景。以输电为例，2009年5月我国国家电网提出了建设以超高压为核心的智能电网的研究报告和发展计划，超高压输送铝合金导线要求具备高强度、高导电和高耐热性能，因此高导电率、高强度的耐热铝合金的研究发展备受关注。

研究显示，具有$L1_2$立方晶体结构的Al_3M相是耐热铝合金的理想强化相，Al_3M强化相与$\alpha-Al$基体共格，能够在高温下保持稳定并达到析出强化的效果。Al_3M合金化元素必须满足以下前提条件：

（1）能够形成稳定的金属间强化相。其中，耐高温Al_3M弥散相应具有较大体积分数，与Al溶质的晶体结构相似，晶格错配度较低。

（2）合金化元素M在Al基体中具有较低的固溶度。在服役温度下较低的平衡固溶度可以延迟扩散引起的析出相粗化，防止析出相溶解。同时，根据杠杆定律，有限的固溶度可以最大化弥散相的平衡体积分数。

（3）合金化元素M在Al基体中具有较低的扩散速率。M在Al基体中较低的扩散速率可以延迟扩散引起的析出相粗化，使得析出相在高温下仍然具有阻碍位错运动的能力。

（4）合金化元素M的加入不影响合金的可铸造性能。

满足以上条件的元素包括：①第三族过渡金属元素Sc；②第四族过渡金属元素Ti、Zr和Hf；③镧系元素Er、Tm、Yb和Lu。

Al-Sc二元合金因其在时效过程中能够形成稳定的$L1_2$结构Al_3Sc析出相而强化合金，提高抗蠕变及抗粗化能力至300℃等特点一直以来成为研究的热点。铸态下，对于非平衡凝固条件下的亚共晶Al-Sc合金，大部分Sc原子以过饱和固溶形式存在于$\alpha-Al$中，在后续的时效过程中，固溶在$\alpha-Al$中的Sc原子又以Al_3Sc的形式析出，对合金起析出强化作用。然而，Sc较为昂贵，且Al-Sc合金在300℃以上时热稳定性迅速降低，在工业上的应用受到一定的限制。为了降低Al-Sc合金成本，提高高温下合金强度及抗蠕变性能，近年来国内外研究者以Al-Sc合金为基础，通过添加微量的Li、Mg、Zr、Si、Yb、Er等合金元素对Al-Sc合金进行了更为深入的研究。研究重点关注添加微量元素后合金在时效过程中析出相的微观机制，表明过渡元素（TM）的加入因能够取代析出相Al_3Sc中Sc的位置而增强抗蠕变性能；稀土元素（RE）的加入同样能够取代析出相Al_3Sc中Sc的位置而提高抗粗化能力；Li、Mg等则起到固溶强化的作用；Si也因其能够促进析出相异质形核，增加析出相密度，加速合金元素析出而成为Al-Sc合金中常用的添加元素。

随着对Al-Sc合金添加元素研究的深入，过渡元素Zr的加入在高温下展现了较好的抗粗化性能及抗蠕变性能。Al-Zr合金时效析出相Al_3Zr具有动力学稳定性，抗高温性能较Al-Sc二元合金有了明显提高。然而，Zr在Al基体中较低的扩散速率极大地影响了Al_3Zr在时效过程中的充分快速析出，固溶Zr原子影响到Al-Zr合金作为导线的导电性能。因此，如何在保证Al-Zr耐热性能的同时提高其导电性业已成为研究和生产关注的焦点问题之一。

改善Al-Zr合金的性能有多种方法，包括改变合金组织的热处理，改变成分的材料改性以及微合金化等手段。其中，微合金化作为最为有效的方法，主要通过两种方式来改善合金性能。一是改变主合金元素析出相的析出过程、结构、分布和形貌等；二是通过自身形成析出相来产生晶粒细化和强化作用。

微合金化可以有效地改善 Al－Zr 合金的各项性能。根据元素的作用及机理的不同，微合金化元素主要分两大类：一是 In、Ag、Cd 等，这类元素主要通过改变 Al 的析出相形貌、分布等改善合金的微观性能；二是过渡族元素 Sc 和 Ti，以及稀土元素 Er，Yb，Y 等。同时，Al 中固有的杂质元素 Fe、Si 也会对 Al－Zr 合金的性能及析出相分布有较为明显的影响。

过渡元素 Sc 是目前研究可以得出的对优化铝合金性能最为有效的微合金化元素，可以显著提高和改善铝合金的组织和性能。Sc 在 Al 中的最大固溶度约为 0.23%（原子数百分含量）（质量分数为 0.38%），在 Al－Sc 相图的富铝端，含 0.5%～0.6% Sc（质量分数）的过饱和固溶 Al－Sc 合金在共晶温度 655℃下发生如下反应：$L \rightarrow Al + Al_3Sc$，在时效过程中析出具有 $L1_2$ 结构的纳米级 Al_3Sc 析出相，使得合金热稳定性及抗蠕变能力提高至 300℃。由于 Al_3Sc 析出相与 α－Al 基体的晶格常数错配（300℃下错配度 $\delta = 1.10\%$）会引起晶格应变，因而析出相在直径 40nm 以下与基体保持共格。由于析出强化及晶界强化，Al－Sc 合金在高温下依然能够保持较高的强度。同时，时效过程中形成的数量密度较大的 Al_3Sc 能够有效阻碍位错攀移，为 Al－Sc 合金在 300℃下的蠕变提供了较高的阈值，有效地提高了抗蠕变能力。Sc 加入 Al－Zr 合金后，合金的热稳定性能进一步提高，形成具有与 α－Al 基体共格的 $L1_2$ 结构 $Al_3(Sc_xZr_{1-x})$ 析出相。析出相呈现 Sc 核心－富 Zr 外壳结构，Sc 主要偏聚于析出相中心位置，大量 Zr 原子在 α－Al/Al_3Sc 界面处偏聚，阻碍 Sc 原子的扩散，显著提高了 300℃下 Al－Sc－Zr 合金的析出相稳定性及抗粗化能力。同时，Zr 降低了 $Al_3(Sc_xZr_{1-x})$ 析出相的晶格常数，从而降低了析出相与 α－Al 基体的晶格错配度。

过渡元素 Ti 在所有 Al_3M 合金化元素中具有最高的固溶度，在 α－Al 中的扩散速率远小于 Zr，因此，能够进一步降低析出相粗化动力学。有学者发现，Al－0.06Sc－0.06Ti（原子数百分含量）合金在 300℃等温时效下的硬度峰值大于 Al－0.06Sc（原子数百分含量），且时效过程中析出了 $L1_2$ 结构的 $Al_3(Sc,Ti)$ 析出相。由于 Ti 在 α－Al 中的扩散速率较低，时效过程中难以析出 Al_3Ti 强化相，与 Sc 进行微合金化可以加速 Ti 的析出。Al－Zr－Ti 在 375℃、400℃、425℃及 500℃等温时效以及等时时效的研究中显示，$L1_2$ 结构析出相 $Al_3(Zr_{1-x}Ti_x)$ 直至 500℃以上开始向 $D0_{23}$ 平衡相结构转化。与 Al_3Zr 相比，$Al_3(Zr,Ti)$ 的析出强化与抗粗化能力没有明显改善。由于析出相 $Al_3(Zr_{1-x}Ti_x)$ 与 α－Al 的晶格错配度低于 Al_3Zr 与 α－Al 的晶格错配度，在给定温度下，三元合金 Al－Zr－Ti 的门槛阈值低于二元合金 Al－Zr，抗蠕变能力也低于 Al－Zr 合金。

稀土元素 Er 价格较低，Al－Er 合金可以时效析出 $L1_2$ 结构析出相 Al_3Er。在 Al－Er 合金中，凝固起始阶段，析出 Al_3Er 结构析出相作为 α－Al 的形核点细化晶粒。$L1_2$ 结构析出相 Al_3Er 与 α－Al 的晶格错配度较大（室温下 $\delta = 4.08\%$），因此，提高了抗蠕变能力。Er 的加入可以细化晶粒，提高屈服强度。在 640℃共晶温度下，Er 在 α－Al 中的最大固溶度只有 0.046%（原子数百分含量）；快速冷却条件下，Er 在 α－Al 中的最大固溶度约为 0.1% 左右。因此，Al_3Er 的时效强化效果有限。已有研究证明，由于 Zr、Er 的协同作用，在 Al－Zr 中添加少量 Er 即可显著提高析出强化效果。Er 原子在 α－Al 中的扩散速率较高，300℃时的扩散速率 $D = 4 \times 10^{-19} m^2/s$，比 Zr 原子在 α－Al 中扩散速率大 5 个数量级。因此，在时效过程中，Er 原子将优先扩散，形成Er核心/富Zr外壳结构的$Al_3(Zr_{1-x}Er_x)$析出相，具有良好的抗粗化及抗再结晶能力。

稀土元素Y加入Al-Zr合金能够显著加速Al_3Zr析出，形成$L1_2$结构的$Al_3(Zr_{1-x}Y_x)$析出相，与α-Al的错配度$\delta=4.55\%$。Y在α-Al中的最大固溶度约为0.049%（原子数百分含量），在400℃下的溶解度为0.016%（原子数百分含量）。关于Al-0.30Zr-0.08Y（质量分数）的研究表明，析出相$Al_3(Zr,Y)$的密度比析出相Al_3Zr大一个数量级，Al-Zr-Y的电导率也随之提高。Al-0.30Zr-0.08Y（质量分数）析出相的平均尺寸小于Al-0.30Zr（质量分数），500℃时抗粗化能力明显提高，抗再结晶能力比Al-Zr合金提高50℃。

稀土元素Yb是Al-Zr合金的重要合金化元素。Al-Yb二元相图富Al端，Yb在Al中经过$L\rightarrow Al+Al_3Yb$共晶反应，形成的$L1_2$结构的Al_3Yb。微量Yb加入Al-Zr中形成$Al_3(Zr_{1-x}Yb_x)$析出相，可以细化晶粒，提高合金析出强化效果及抗再结晶能力。与Al-Zr-Er类似，Zr、Yb的协同作用使得Al-Zr-Yb能够在均匀化处理后仍然保持时效硬化效果。由于Yb与α-Al之间较大的晶格错配度，提高了位错与析出相间的弹性应变，合金的抗蠕变性能显著提高。

Si作为Al合金中中常见的杂质元素，其对Al-Zr析出相的形核与长大作用一直得到研究者的关注。根据Al-Si相图，Si在富Al端与Al发生共晶反应，在凝固过程中倾向于偏聚到枝晶间及晶界附近区域。在共晶温度577℃时，Si在α-Al中的固溶度为1.65%（原子数百分含量），室温下为0.05at.%，以固溶态存在的元素对电导率的影响明显大于析出态。因此，Si对Al-Zr合金的导电率有着较大的影响。研究表明，Si的加入可以提高析出相的密度，从而提高析出强化效果。研究证实，0.025% Si（原子数百分含量）加入Al-0.06% Sc（原子数百分含量）显著提高了合金的硬度。关于Al-0.16Sc-0.05Si的研究显示，Si在析出相中出现明显的偏聚，Si原子倾向于替代Sc在Al_3Sc中的位置，析出相呈现$(Al,Si)_3Sc$结构，并具有明显的析出强化作用。对Al-Sc-Zr-Si、Al-Zr-Sc-Si-Er的研究表明，少量Si即可明显加速Al-Zr合金的析出动力学，提高合金析出强化效果；Si倾向于在析出相中均匀分布，在Er、Sc核心或Zr外壳部分均没有出现明显的偏聚现象。

Wen等人发现，在Al-Zr合金中同时添加少量Si和Yb产生了明显的时效硬化效果，Al-0.08Zr-0.15Si-0.03Yb（原子数百分含量）在等时时效至425℃后硬度达到510MPa，350℃等温时效200h后硬度达到515MPa，明显大于Zr、Yb含量相当的Al-0.08Zr-0.03Yb（原子数百分含量）及Al-0.08Zr-0.15Si（原子数百分含量）合金，合金的热稳定性和抗再结晶性能也得到提高。

2.2 纯净化

高性能铝材是现代交通运输工具轻量化发展及电力、信息等产业升级的必要基础，是国防现代化必不可少的结构材料。国防装备要求现有高强铝合金强度提高10%～20%、韧性提高20%、耐蚀性提高10%～20%，并大幅提高耐疲劳、抗冲击等服役性能。我国铝合金的性能远不能满足上述要求，迫切需要研究提高高强铝合金的综合性能的方法。目前，除了优化合金成分、发展新的热处理制度、超细化合金的组织结构、精确调控合金中强化相的最佳三维分布等措施以外，提高合金纯净度已经成为发展高性能铝合金的重要方向之一。

影响铝合金纯净度的因素包括气体、夹杂和杂质元素。关于气体与夹杂的影响及其控制与去除技术的研究已较为成熟，不少方法已工业化应用，如熔剂法除气出渣法、旋转喷吹除气法、电磁净化除渣法等，可以有效地控制和降低铝合金中的气体与夹杂含量。然而对于杂质元素 Fe 和 Si，目前还没有十分有效的控制和去除方法。以下重点以铝合金中杂质元素 Fe 为例，介绍有关纯净化技术的发展。

Fe 是对铝合金性能危害最大的杂质元素，大多数铝合金都对铁含量有严格的标准，例如在航空合金 7050、7055、7475 中铁含量不允许超过 0.15%（质量分数）；在高性能汽车用铝合金 5474 和 6111 中，Fe 和 Si 的含量最大允许值为 0.40%（质量分数）。因此，要发展高性能的铝合金，必需解决除铁这个难题。

由于 Fe 在固态铝中的溶解度很低（最大质量分数 0.05%），几乎所有的 Fe 元素都以二次相的形式存在，它们与基体有着不一样的性质，破坏了基体的连续性和一致性，导致合金性能的下降。对 Al-Si 系铝合金性能影响最重要的富铁相是 β-Fe 相和 α-Fe 相。α-Fe 相通常报道为 α-Al_8Fe_2Si、α-$Al1_2Fe_3Si_2$。由于 α(Al) 和 α-Fe 相耦合缠绕生长，α-Fe 相具有复杂旋绕的枝晶，因而它结构紧密，不易割裂基体。一般认为 α-Fe 相对铝合金性能的危害相对较小。β-Fe 相常被报道为 β-Al_5FeSi、$Al_9Fe_2Si_2$，或是 β-AlFeSi。β-Fe 相是单斜结构，晶胞常数为 $a=0.5792$nm，$b=1.2273$nm，$c=4.313$nm，$\beta=98.93°$。β-Fe 相在铝合金中呈粗大的针片状。β-Fe 相在合金的凝固过程中能够长得很长，且具有脆性，因而镶嵌在基体中对基体有严重的割裂作用。通常 β-Fe 相也被认为是应力源，因此，β-Fe 相的存在会迅速降低铝合金的塑性和强度。高的铁含量和缓慢的冷却速度有助于 β-Fe 相的长大，因此要避免这两种情况。需指出的是 α-Fe 相和 β-Fe 相并非在任何情况下都分别清晰地呈现出块状和针片状的形貌，不能单从形貌判断，特别是当合金经过 Na 或 Sr 改性后。另外，在不同的合金中，有害的针片状铁相各有不同，如在 Al-Cu 合金中，主要的有害针片状铁相是 Cu_2FeAl_7，Al-Zn 合金中为针状的 $FeAl_3$ 相。

在大多数情况下，Fe 的存在对铝合金的性能是有害的。Couture 在这方面做了细致的综述。一个基本的结论是：铁含量的增加首先会略微地增加合金的性能或是对性能没有影响，随后当铁含量增加至超过某个临界值时，合金的性能会迅速降低，该临界铁含量与针片状铁相（如 Al-Si 系合金中的 β-Fe 相）的析出成分有关，因为硬脆的针片状铁相是破坏合金性能的主要因素。以 Al-Cu 合金为例，通常，随着铁含量的增加，Al-Cu 合金的塑性和强度会下降。但是 Bonsack 发现强度和伸长率在铁含量从 0.73%（质量分数）升至 1.06%（质量分数）时反而会略有上升；Hyman 发现当铁含量从 0.76%（质量分数）升至 2%（质量分数）时强度和伸长率会上升，但继续增加铁含量至 2.91%（质量分数）时，强度和伸长率就会下降。可知 2%（质量分数）为 Hyman 实验中 Al-Cu 合金的临界铁含量，大于 2%（质量分数）时，针片状的铁相大量析出，从而导致了合金性能的下降。因此，应控制铝合金中的铁含量在临界铁含量之内。现有报道普遍认为针片状铁相危害的原因主要有两个方面：一是针片状铁相割裂基体，引起应力集中；二是针片状的铁相在凝固过程中会阻塞枝晶间的补缩通道，从而增加孔隙率。当然，Fe 在少数铝合金中或特定的情况下不会影响合金性能，甚至是有益的。例如，Fe 加入到 Al-Cu-Ni 合金中可以增加合金的高温强度；Fe 可以增加 Al-Fe-Ni 合金在高温蒸汽条件下的抗腐蚀性能；在导电铝材中加入适量的 Fe 可以在不影响导电性能的情况下，增加材料的强度。铝合金的相关技术标准一般允许在冷速较高的金属型铸件和压铸件中有相对高的铁含量，因为冷速较高的情况下铁相通常比较细小，对性能的影响较小。在压铸时，铁含量应该保持在略高于 0.8%（质量分数）的水平，接近合金共晶析出的成分，先析出的共晶可以阻止铝液粘附在铸模上面（黏膜现象），避免铸模的损害。

为了减小杂质元素的不利作用，可以对铝合金进行变质工艺处理，使这类铁相破碎细化，或使其针片状形貌转变为块状、汉字状等紧密的形态（一般称为“中和变质”过程），以改善合金的力学性能。铁相的变质处理能够部分改善铁的危害，但是并不能降低铁含量。当铁相含量较高时，即使经过很好的中和变质处理，合金的性能依旧会随着铁含量的增加而降低。目前的研究集中于 Al - Si 系合金中的针片状 $\beta - Fe$ 相的中和变质，主要有两种途径：一是采用添加合金元素的方法，如 Mn、Co、Cr、Be；二是热处理，包括铝液的过热处理和冷却速度的控制等，因为过热温度下铝液中的 $\gamma - Al_2O_3$ 会转化为 $\alpha - Al_2O_3$，而 $\alpha - Al_2O_3$ 与 $\beta - Fe$ 相晶格常数不匹配，不利于 $\beta - Fe$ 相的形核，因而 $\beta - Fe$ 相迅速减少；而增大冷速会增大合金性能突变的临界铁含量。

为了更大程度消除杂质铁的不利影响，满足合金成分设计与验收标准的要求，人们研发了多种除铁技术。富铁相的析出分离法主要适用于 Al - Si 系铸造合金，研究较为广泛。首先在合金熔体中添加合金元素 Mn，Cr 等，在略超过液相线的温度附近保温，使合金中析出初生富铁相，如 $\alpha - Al_{15}(Fe,Mn)_3Si_2$、$\alpha - Al_{15}(Fe,Mn,Cr)_3Si_2$（称“渣相”），随后利用后续分离技术，将该渣相分离出铝液，杂质铁也随之分离出来。Al - Si 合金中渣的形成温度在 600 ~650℃，因此保温温度必须在此范围内，使初生富铁相充分析出，随后采用重力沉降、过滤、电磁分离、离心分离等方法来分离出富铁相。初生富铁相的析出是一个决定除铁效果的关键步骤。一般处理后的铁含量能从 1% ~2%（质量分数）降低到至少 0.4%（质量分数）。研究者普遍认为 Mn/Fe 是影响渣相形成，进而影响除铁效率主要的因素，要获得好的除铁效果必须增大 Mn/Fe。Flores 报道在 Al - 9.2Si 合金中添加 2.2%（质量分数）的 Mn 后，铁含量从 1.5%（质量分数）降至小于 0.3%（质量分数）；而添加 0.6%（质量分数）的 Mn 时，铁含量仅从 1.2%（质量分数）降至 0.7%（质量分数）。Flores 研究了影响 Al - 9.5Si 合金中渣相形核长大的因素，由初始 Fe、Mn 含量、Mn/Fe 越大，渣相析出越多；提高保温处理温度后渣相析出的量会减少，而在略高于液相线的温度下进行保温处理可获得较多的渣相析出量。

目前，在富铁相析出分离法方面有一些新的报道。据 Cao 报道，Al - 11Si - 0.4Mg 合金中添加 0.59%（质量分数）的 Mn，在 600℃下保温 10min 之后铁含量从 0.57%（质量分数）下降至 0.47%（质量分数），经分析发现，初生 $\alpha - Fe$ 相在 $\alpha - Al_2O_3$ 薄膜夹杂表面形核长大，氧化铝夹杂随着渣相一起被沉降分离出，铝液得到了双重净化。但是其形核机制与 Narayanan 的结论相悖，Narayanan 认为温度小于或等于 750℃时，铝液中主要存在 $\gamma - Al_2O_3$，而 $\gamma - Al_2O_3$ 利于 $\beta - Fe$ 相形核，而非 Cao 认为的 $\alpha - Fe$ 相。Sr 也可被用于辅助渣相的形成，Cao 发现添加 Sr 后渣相颗粒的密度显著增加了，而且相同条件下渣相的数量也明显增加了，显著提高了除铁效果。

常见的富铁相分离方法包括以下几种：

（1）重力沉降分离法

重力分离是最简单的分离渣相的方法。在液相线温度以上很小的范围内保温静置足够长的时间，使得渣相在重力作用下沉降到坩埚底部，上层铝液中的铁含量得以降低。足够长的保温时间和合适的保温温度是影响除铁效果的重要因素。Flores 和 Cao 在较高铁含量和 Mn/Fe 大于 1 的条件下获得了大于 70% 的除铁率；当 Mn/Fe 降至等于 1，除铁率降至约 50%。沉降后，渣相明显地沉降到了坩埚的底部，上层铝液得到了净化。

（2）过滤法

铝液中的渣相也可以采用类似于去除氧化铝夹杂的过滤方法分离。铝液在短时间的保温

(10~20min)后,将其倾倒至一个预热的过滤器上,渣相颗粒会被过滤器捕获。在短时间的保温过程中,也会析出少量初生富铁相并沉降到底部,如图3-2的第二步。过滤可以加速渣相颗粒的捕集,提高了效率,可用于连续处理。研究发现过滤器的孔径越小,能够捕获的渣颗粒越小,但是对效率提高有限,其原因是:孔径小的过滤器容易过早地被堵塞,破坏了过滤器的捕集功能。同样的过滤器下,Mn、Fe增加,或是初始Mn、Fe含量的增加都会使除铁效率提高。根据Nijhof和Donk的研究结果,过滤的除铁效果与其他分离方法相比较低。当延长保温时间后,除铁效率会得到提升。Flores等采用先重力沉降再过滤的办法对Al-9.2Si-3.53Cu-1.5Fe-2.25Mn-0.2Cr-0.76Zn合金进行了处理,在640℃下保温180min,此时铁含量降到了0.73%(质量分数),随后将上部铝液进一步过滤,Fe含量降到了0.27%(质量分数),铁含量总共下降了82%。De Moraes采用延长保温时间再过滤的方法获得了70%~80%的除铁效率。缓慢冷却并延长保温时间有利于初生富铁相的充分形核长大,从而可以获得较高的除铁率。

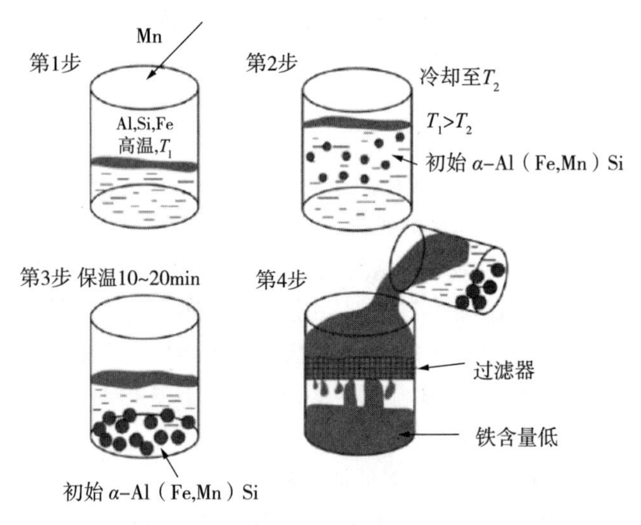

图3-2 铝液中过滤除渣的基本步骤

T_1—熔化温度,T_2—保温温度

(3)离心分离

Matsubara等研究了离心分离法净化Al-11Si合金。离心过程中,渣相在离心力的作用下运动至外层,而内层则为净化的铝液。离心分离的转速对铁元素在直径方向的分布有影响,当转速$<16.6s^{-1}$时,内层尺寸较小的渣相颗粒不能被分离出来,内层的Fe和Mn的含量在约1%(质量分数);当转速$\geq 16.6s^{-1}$时,内层的渣相颗粒能够充分被分离出来,内层的Fe和Mn含量降低0.1%~0.2%(质量分数)。该方法的缺点是不能实现连续处理,离心后液体要马上(在未凝固之前)倒入熔炉中,对大批量炉料处理来说,操作相当不便,且铝料浪费也较严重。

(4)电磁分离

A. Kolin和D. Leenov提出了利用金属熔体与熔体内部其他夹杂相的导电性差异分离异质相的理论。由于渣相比铝液的导电率小的多,电磁力对两者的作用大小不同,从而在渣相颗粒上会形成一个电磁驱动力(EMF),在该力的作用下颗粒运动至分离器的管壁而被分离出来。图3-3为电磁分离机制简图。渣相的形貌对分离效果有很大影响,规则块状的外形有利于电磁分离。

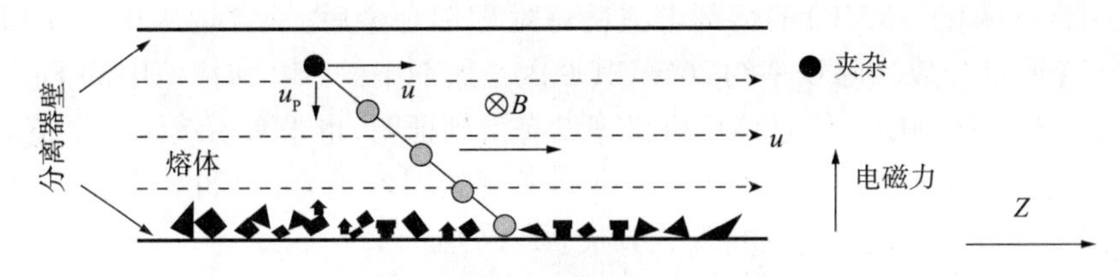

图 3－3　夹杂物的电磁分离机制

Kim 等利用电磁分离的方法将 Al－7Si 废铝中的铁含量从 1.64%（质量分数）降低到 0.45%（质量分数）。电磁分离的方法获得的最佳除铁率为 65.8%。焦万丽等研究了电磁分离理论，并获得了 70% 的除铁率。李天晓等发现经过电磁分离后，Al－12Si－1.1Fe－1.2Mn 合金中的铁含量从 1.13%（质量分数）降到了 0.41%（质量分数），电磁处理后渣相颗粒明显减少了。电磁除铁效率随着电磁力和渣相颗粒直径的增大而增加，随铝液流速的增加或是分离器高度的增加而减小。

上述方法中，重力沉降能够达到较好的除铁效果，但是由于铁相只靠重力作用沉降，所需时间长，且熔体必须在较低的温度下维持较长时间以保证铁相长的足够大，因此该方法不能处理大规模的铝液。重力沉降处理时铁在铝液中是线性分布的，越接近底层含量越高，所以净化的铝液仅是上层一部分，中层或是底层的铝液的锰、铁含量很高，不能使用。过滤的办法优于重力沉降，工艺参数设置得当能够获得很好的分离效率，存在的问题也是处理时需要的温度过低，不适合实际生产应用。虽然离心分离可以达到很高的除铁率，但是离心分离最大的缺点是不能连续处理，如一次处理大量铝液的话对设备要求较高。与重力沉降和过滤相比，电磁分离在相近的实验条件下有较好的效率，而且不会带入夹杂，同时也能分离非金属夹杂物，达到双重净化的效果。电磁净化可用于工业化连续处理，具有一定的应用前景。

除了上述分离方法以外，人们在工业生产中还探索了下列几种工艺：

（1）偏析法

偏析法基于杂质元素的分配系数（k）原理，当杂质的分配系数 $k<1$，它在固相中的含量小于其在液相中的含量，经过多次反复熔炼，可以达到净化杂质的目的。铁在铝中的分配系数为 0.03，因此采用该法可以将铁去除。目前大规模的偏析法可以生产纯度 99.999%（质量分数）的铝，但是，用作原料的铝也必须具有很高的纯度（质量分数 99.993%）。偏析法提纯后，铝材中 Fe 的含量能降低到 24μg/g，甚至 0.6～0.9μg/g。但是，与电解法类似，偏析法在反复熔炼时其他有用的合金元素也会被一起除去，因此该法仅能用于高纯铝材的生产。

（2）熔剂法

目前为止，鲜有文献报道仅采用添加熔剂的方法就能将铝合金中的铁去除。Nijhof 发现经过含有 NaCl、KCl、NaF 的熔剂处理废铝后，铁含量能从约 0.9%（质量分数）降低到约 0.7%（质量分数），但是文献中没有叙述其除铁机制，对实验过程、熔剂组成也未详细描述，仅报道了该实验结果，后续研究也未见报道。

（3）电渣法

电渣法（ESR，Electro slagrefining process）是钢铁冶金领域一种常见的精炼方法，电渣熔剂起到净化、加热、导电作用，是主要的净化媒介。但是电渣法应用于铝精炼的研究很少。有文献表明电渣法能够降低铝合金的氧化夹杂，细化组织，但未提到铁含量的变化。Mohanty 等人进一步发现用含有磷化铝(AlP)的熔剂电渣精炼处理铝合金后,铁含量从0.22%(质量分数)下降至0.16%(质量分数),除铁率约26%,其原因是熔剂中的AlP和铝液中的Fe发生反应生成了Fe_3P,并留在了熔剂中。但是该反应机理没有得到证明,也未有后续研究报道。关于铝的电渣精炼的研究缺乏基本的资料,处理过程中需考虑的因素很多,例如电流大小、熔剂的选取和调制等,因此,这方面的研究还有待深入开展。

(4)电解法

目前,从单纯的除铁角度来说,三层液电解法是最成功的除铁方法。

图3-4是三层液法示意图。阳极合金(9)、电解质(7)、阴极(6)、高纯度铝(5)由于密度的差异分层,形成了三层不同的液体。电解过程中在直流电的作用下,熔体中发生电化学反应,阳极的铝进行电化学溶解,生成Al^{3+}离子:

$$Al - 3e = Al^{3+} \tag{3-1}$$

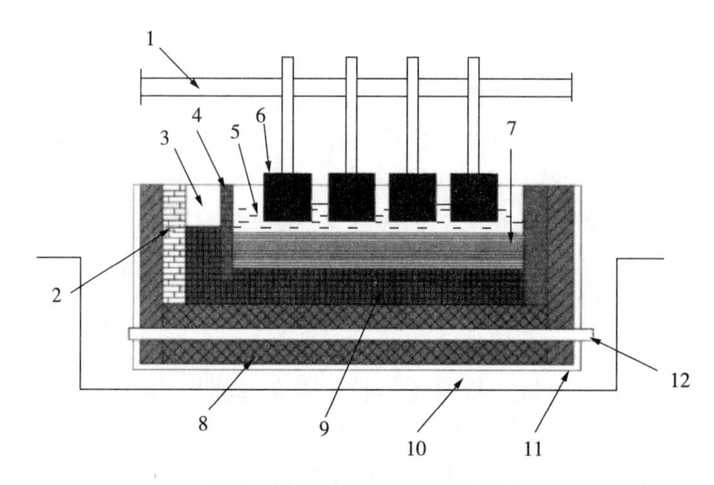

图3-4 三层液电解法示意图

1—阴极母线;2—镁砖内衬;3—初金属加料口;4—镁砖隔墙;5—高纯度铝;6—阴极;
7—电解质;8—阳极;9—阳极合金;10—地坑;11—钢铁外壳;12—阳极导体

Al^{3+}离子进入电解质后,在阴极上放电,生成金属Al:

$$Al^{3+} + 3e = Al \tag{3-2}$$

阳极合金中的Cu、Si、Fe等元素由于电位正于Al,所以在一定浓度范围内不能溶解,积聚于阳极合金中;Na、Ca、Mg等电位负于Al,能够和Al一起溶解形成Na^+、Ca^{2+}、Mg^{2+}进入电解液积聚起来,但是在一定浓度、温度与电流条件下这些杂质不会在阴极上放电,因此在阴极上能够得到高纯度的铝。三层液法只适合对本来纯度就较高的纯铝进行提纯,无法满足铝合金的除铁净化,因为电解过程中合金元素会一并去除,无法保留有用的合金元素。三层液法能耗很高,生产每千克纯铝的能耗为13~14kW·h。

(5)硼化法

美国陶氏化学公司的James E. Hillis等人发现采用添加含硼化合物的熔剂的办法,如$Na_2B_4O_7$、B_2O_3等,能够使镁熔体中的铁含量得到明显的降低,从约400μg/g降至约10μg/g。经进一步研究发现:镁熔体中的杂质铁和硼发生化学反应,生成铁硼化合物,该化合物被熔剂捕获形成熔渣,这是加硼除铁的主要机理。在活泼的金属镁熔体中,极低的杂质铁含量条件下，硼尚能与铁发生反应，说明硼铁反应的吉布斯(Gibbs)自由能值很低，由此推断，在铝熔体中，硼铁反应可能也会自发进行。硼元素对铝中杂质元素(一般为过渡元素)的净化研究目前主要集中于电导铝材中。硼能将电导铝中影响导电性的有害杂质Ti、V、Cr、Zr从含量很低的固溶态转化为对导电性危害较小的析出态，其方法是在铝熔体中加入Al－B中间合金，合金中的AlB_2/AlB_{12}化合物能与上述有害杂质迅速发生反应，形成TiB_2、CrB_2、VB_2、ZrB_2(又称硼化杂质，boride sludge)析出物，它们的密度远大于铝液进而沉降到坩埚底部而被去除。这些杂质元素含量能够从约100μg/g下降到10～20μg/g。铁也属过渡元素，硼对它也有类似的作用，因此，高建卫等人开发了铝合金硼化除铁法，取得了显著的除铁净化效果。

2.3 微细化

晶粒尺寸和形态是铝及其合金铸态组织的最重要特征。由细小均匀等轴晶粒构成的铸态组织，整体各向同性，具有高强、高塑韧的优良综合力学性能，且利于后续变形加工工艺性能提高，一直是铸造行业追求的目标之一。目前，存在多种α－Al细化处理手段，有物理方法和化学方法两大类。

常用的物理方法主要有：机械振动、电磁搅拌、超声细化、电流处理及快速凝固。

(1)机械振动。机械振动包括搅拌和震动，是最为传统的凝固组织细化方法之一。熔体受机械搅拌和振动作用，会形成复杂的三维空间流动，破碎已结晶的晶体，使其成为新的形核质点，从而增加晶核数量，实现晶粒细化。

(2)电磁搅拌。外加的交变磁场会在金属熔体中产生感应电动势和感应电流，感应电流和磁场作用产生电磁力推动金属熔体流动，搅拌金属熔体，破碎已结晶的晶体并使其均匀分散，形成更多的有效形核质点，促进形核，获得均匀细化的凝固组织。

(3)超声细化。超声波产生的周期性交变声场对熔体会产生两种影响：在声波负压相内，液体受到拉应力，产生声空化泡，声空化泡在形成长大过程中会吸收热量，降低其表面的金属熔体温度，造成局部过冷并形成大量晶核；而在声波正压相内，这些声空化泡将以极高的速度闭合甚至崩溃，从而产生瞬时高温高压和强烈的冲击波，击碎枝晶，使之成为新的形核质点。因此，高能超声处理可以增加熔体中的有效晶核数量，从而细化晶粒，获得均匀的凝固组织。

(4)电流处理。电流处理产生的电迁移现象可以改变溶质有效分配系数及凝固界面区的溶质分布，并使合金的过冷度增加，提高形核速率，从而细化凝固组织。此外，脉冲电流的充放电过程还可以在金属液中造成不均匀收缩力，导致熔体不同位置的流速不同，破碎枝晶，使其成为新的形核质点，从而得到细小均匀的晶粒组织。

(5)快速凝固。快速凝固是指金属、合金或金属玻璃熔体以极高的冷却速度非平衡凝固。通常，快速凝固条件下的冷却速度可以达到10^3K/s～10^9K/s，从而在瞬间造成熔体处于深过冷状态，使形核相容易达到临界形核过冷度，促进形核相形核，从而实现晶粒细化。

化学法细化凝固组织最常见的方法就是向熔体中添加细化剂。细化剂可以向熔体中释放大量有效形核质点，从而促进形核，实现晶粒细化，并使粗大的枝晶组织变成均匀的细小等轴晶。细化剂主要有以下两类：

(1)同成分的固态合金。向合金熔体中加入同成分的固态合金(多为粉末、薄带或细丝状)，可以改变熔体结构，增加形核质点，促进形核，实现晶粒细化。

(2)含有异质相的母相合金。母相合金在添加进熔体中之后快速熔解，并向金属熔体中释放出大量固态异质颗粒，异质颗粒作为有效形核质点诱导异质形核，进而细化合金的晶粒尺寸。

向熔体中添加 Al－Ti－B 晶粒细化剂，因其工艺简单方便、晶粒细化效果优异，在铝及其合金铸态组织微细化处理工业生产中被广泛应用。

通过添加异质形核剂对铝及其合金进行晶粒细化，最早可追溯至 20 世纪 30 年代 Rosenhain 等人的工作，他们首先发现铝熔体中的 Ti 元素可以将最终凝固组织由粗大柱状晶变为晶粒较小的等轴晶。在随后二十几年中，Cibula 系统地研究了包括 Ti 在内的许多合金元素，如 Ti、B、Zr、Nb、V、W、Ta、Ce 等，以及其他工艺措施对铝及其合金铸态晶粒的影响，他的工作极大促进了铝晶粒细化从实验研究迈向生产应用，其本人也由此成为铝晶粒细化研究领域的开创人。

在对铝具有细化作用的众多元素中，Ti 是最为有效的细化元素，而且成本较低，应用最为广泛。B 元素在熔体中单独存在时，虽然对工业纯铝的细化作用不是很明显，但与 Ti 共存时，少量 B 能够大幅度提高 Ti 对 Al 的晶粒细化效果。基于 Ti、B 等元素的上述作用，20 世纪 40、50 年代，直接向 Al 熔体中加入含 Ti、B、Zr、Nb 等的盐熔剂，如 K_2Ti、F_6、KBF_4等，通过还原反应引入 Ti、B、Zr、Nb 等元素实现晶粒细化。但是利用这种方法细化晶粒时，难以准确控制熔体中 Ti 和 B 的最终含量，而且反应产生大量有害烟雾，生成的反应渣同时会对熔体产生极大污染。在随后的 60 年代，无芯感应电炉的出现使中间合金工业得到迅猛发展，在铝晶粒细化剂领域，出现了 Al－Ti 合金锭以及更有效的 Al－Ti－B 中间合金锭。同时，Jones、Pearson 等发现，相比于添加盐熔剂法，Ti 和 B 以中间合金锭的形式加入 Al 熔体中，不仅可以提高熔体的洁净程度，而且其晶粒细化效果更优。70 年代出现了 Al－Ti－B 细化剂丝，并可以通过喂丝机将其连续添加至金属流槽中，极大地消除了炉内长时保温过程中的粒子沉降、聚集现象，提高了细化效果，减少了中间合金添加量，使 Al－Ti－B 细化剂应用取得了突破性进展。目前，就Al－Ti－B 中间合金的使用形式而言，在变形铝合金的水冷半连续（DC）铸造及水平连续铸造生产中，一般采用在线添加 Al－Ti－B 细化剂丝；而在铝合金铸件生产中，一般采用炉内添加 Al－Ti－B 合金锭。在对 Ti、B 添加方式研究的同时，学者们对 Al－Ti－B 晶粒细化剂成分配比的研究也在逐渐完善。

目前，大部分研究结果已经证实，三元 Al－Ti－B 中间合金比二元 Al－Ti 中间合金对铝及其合金具有更好的细化效果，晶粒细化效应不仅决定于熔体中的 Ti、B 含量，更与中间合金中的金属间化合物密切相关。而三元 Al－Ti－B 中间合金成分配比的大量研究表明，根据中间合金中 Ti/B 重量比与 TiB_2化学计量比之间的关系，可将 Al－Ti－B 中间合金分为两类：第一类为 Ti/B 重量比大于 2. 2 的中间合金，主要用于工业纯铝及低合金含量的变形铝合金晶粒细化；第二类为 Ti/B 重量比小于 2. 2 的中间合金，主要用于含 Si 量较大的铸造铝合金晶粒细化。以上两类中最有代表性的是目前发展比较成熟、应用最广泛的 Al－5Ti－1B 中间合金及 Al－3Ti－3B、Al－3Ti－4B 中间合金。由于这两类 Al－Ti－B 中间合金的组织形态及其晶粒细化机制存在很大差异，根据 Ti/B 比是否大于 2. 2，目前有关 Al－Ti－B 中间合金的研究已基本分属两个研究范畴。目前，国外 Al－Ti－B 中间合金的研究工作大部分为高等院校与生产厂商联合进行，主要的三家生产企业为：英国 LSM 公司（London Scandinavian Metallurgical Co. Ltd.）、荷兰 KBM 公司（Kawecki－Billiton Metaalindustrie）及美国 KBA 公司（KBAlloys, Inc.），其晶粒细化剂产品处于世界领先水平。其中，当前公认 LSM 公司生产的 Al－5Ti－1B

中间合金晶粒细化性能最佳，但该中间合金存在细化极限，即只能将工业纯铝晶粒最小细化至120μm(TP－1 标准试验数据)。国内有关 Al－Ti－B 中间合金的研究起步较晚，1986 年原东北工学院首先研制出 Al－5Ti－1B 中间合金，随后，山东大学、清华大学、东南大学、中南大学等院校相继对 Al－Ti－B 中间合金开展了许多研究，在这期间也有不少晶粒细化剂生产企业逐渐出现。通过近二十年的研究发展，实验室条件下制备的 Al－Ti－B 中间合金基本达到国外同类产品的细化水平，而企业生产销售的 Al－Ti－B 产品与上面提到的三家国外公司的产品还存在较大差距。虽然目前 Al－5Ti－1B 中间合金研究及应用已经处于比较成熟的阶段，但随着现代科技的进一步发展，对铝及其合金铸态晶粒组织的要求也越来越高，Al－5Ti－1B 中间合金研究仍然存在不少需要进一步解决的难题。首先，目前 Al－5Ti－1B 中间合金中的 TiB_2粒子比较粗大，尺寸在 0 到 6μm 间不等，粒子平均尺寸 1μm 左右，且粒子以聚集状存在。粗大聚集状的金属间化合物粒子加入铝熔体后，一方面难以分散开来，不能最大程度地发挥晶粒细化作用，并且粒子聚集团易沉降，使中间合金具有明显衰退现象；另一方面，由于 TiB_2粒子将存在于最终组织中，粗大的陶瓷相粒子在一些特殊应用场合的后续加工中会引起产品质量问题，例如，在包装铝箔中会引起穿孔，在航空航天工业的结构板材中会引起表面缺陷。其次，随着现代科技对铝及其合金铸态晶粒组织要求的进一步提高，目前 Al－5Ti－1B 中间合金120μm 左右的最佳细化水平已经完全不能满足高性能铝坯料晶粒尺寸需要在 100μm 以下的要求。最后，在含有 Zr、Cr 等成分的铝合金中，Al－Ti－B 中间合金的晶粒细化作用会失效。针对 Al－Ti－B 中间合金的失效问题，近来 Al－Ti－C 中间合金细化剂的研究逐渐引起国内外学者的注意。但由于碳与铝熔体间的润湿性差，难以将其合金化，从而使 Al－Ti－C 制备成本远高于 Al－Ti－B 中间合金，且目前的 Al－Ti－C 中间合金不仅细化效果不很稳定，而且晶粒细化水平较 Al－Ti－B 也没有明显提高。因此，鉴于 Al－Ti－B 中间合金的诸多优势以及晶粒细化对提高材料综合性能的重要性，深入研究 Al－Ti－B 中间合金的制备工艺及细化机制，实现 Al－Ti－B 中间合金细化水平的突破仍将具有十分重要的实用价值和理论意义。

韩延峰等人以 Al 在高效核心 TiB_2上的强异质形核过程为研究对象，采用从头算分子动力学模拟、同步辐射 X 射线衍射分析和高分辨透射电子显微分析方法，研究了在异质形核孕育期(熔体温度为液相线温度以上 70K)与异质形核期间(熔体温度在铝熔点附近)Al 熔体与 TiB_2异质核心间的液－固界面结构，分析了 TiB_2表面状态及界面区溶质原子对界面 Al 原子有序结构形成及演变的影响规律，通过模拟计算和晶粒细化实验，阐明了 TiB_2的 Al 异质形核的能力取决于 TiB_2(0001)表面的原子终止层。B 终止 TiB_2(0001)表面在异质形核孕育期与异质形核期会通过表面化学吸附效应诱导最近邻的 Al 原子形成类 AlB_2单层有序结构，但该有序结构无法进一步扩展。因此，B 终止 TiB_2颗粒不具有诱导 Al 异质形核的能力。而 Ti 终止 TiB_2(0001)表面在异质形核孕育期与异质形核期可以通过界面区 Ti－Al 原子间的 3d(Ti)－3p(Al)和 Al－Al 原子间的 3p(Al)－3p(Al)电子杂化效应诱导熔体原子形成纳米尺度的准固相有序结构，实现熔体从无序结构向有序结构的预转变。因此，Ti 终止 TiB_2颗粒具有诱导 Al 异质形核的能力。

张翰龙等的从头算分子动力学计算和界面区电子结构计算表明，B 终止 TiB_2(0001)表面的 Al 原子单层有序结构无法扩展的原因主要有两点：一是 B 终止表面化学吸附效应的本质是 B－Al 原子之间较弱的 2s(B)－3s(Al)和 2p(B)－3p(Al)电子杂化效应，而这两类电子杂化不能进一步诱导周围的 Al 原子之间形成相应的电子杂化，无法促进有序结构形成；二是界面

区形成的类 AlB_2 结构与 α - Al 形核相之间的界面能过高，导致 Al 熔体与 B 终止 TiB_2 之间液 - 固界面区出现 Al 原子堆垛稀疏区，进一步阻碍 Al 原子有序结构扩展。通过模拟计算和同步辐射 X 射线衍射实验，揭示了 Ti 终止 TiB_2 表面对 Al 异质形核过程具有两方面影响：一方面可以通过强电子杂化效应诱导界面区形成 Al 原子准固相结构，作为熔体原子从液相到固相，从无序结构向有序结构转变的过渡态；另一方面，Ti - Al 原子间强电子杂化效应会诱导准固相结构适应于 TiB_2 表面的面内堆垛结构，使 Al 原子准固相结构具有 R3m 空间点阵对称性，而与形核相本征结构之间存在一定的结构畸变，并伴随产生畸变能。随着准固相结构的扩展，新形成的 Al 原子层中 Al 原子间电子杂化的强度迅速衰减而畸变能却不断积累，最终导致准固相结构达到极限扩展尺寸。液 - 固界面区的溶质原子会对熔体准固相结构的扩展和转变产生影响。通过模拟研究，发现 Zr 溶质会降低界面区 Al 熔体的结构有序度，阻碍 Al 原子有序结构的扩展。位于 Al 原子准固相结构内部的 Zr 溶质原子虽然会增强 Al 原子间电子杂化的强度，但却会进一步增大准固相结构与形核相之间的结构畸变，产生更大的畸变能，因而阻碍界面区 Al 原子有序结构的扩展。液 - 固界面区的 Ti 溶质可以极大地促进 Al 原子准固相结构的扩展，通过模拟计算和高分辨透射电子显微分析，揭示了 Ti 溶质对异质形核的促进作用具体表现为：位于熔体心部液相结构中的 Ti 溶质原子可以抑制周围液相 Al 原子的无规则热运动，从而间接地改善界面区 Al 原子准固相结构的有序度；位于准固相结构内部的 Ti 溶质原子可以增强 Al 原子间共价键的强度，提高 Al 原子间结合力；而在异质形核阶段，Ti 溶质原子可以诱导周围 Al 原子生成正方堆垛结构，从而释放 R3m - Al 准固相结构与 fcc - Al 本征结构间由结构错配而产生的畸变能，实现界面区 Al 原子从 R3m - Al 准固相结构向 fcc - Al 本征结构的过渡，有效地促进异质形核。基于模拟和实验研究结果，揭示了“二重适应”(duplex accommodation)异质形核微观机理，即异质核心及溶质诱导的异质形核可以具体分为两个阶段：一是界面区熔体原子形成适应于异质核心表面结构的准固相有序结构，二是准固相结构经溶质原子诱导的自适应过程转变为形核相本征结构。受异质核心表层原子与近邻熔体原子之间强电子杂化效应的诱导，界面区熔体原子之间生成具有一定强度的共价键，促进界面区形成准固相有序结构，作为熔体原子从液相到固相，从无序结构向有序结构转变的过渡态。受电子杂化效应约束，准固相结构与异质核心表面结构相适应，而与形核相本征结构之间存在结构畸变，并伴随产生畸变能，极大地限制了准固相结构持续扩展。而在异质形核阶段，位于界面区的溶质能诱导准固相结构产生二维自适应过程，即通过改变准固相结构内周围原子的堆垛结构，使其脱离异质核心诱导的电子杂化效应的束缚，实现从准固相结构向形核相本征结构的过渡，消除了界面区有序结构与形核相本征结构之间的结构畸变，并释放畸变能，保证形核相持续向熔体中扩展生长，实现异质形核。

3 金属材料成型中的冶金缺陷

大多数金属熔体在凝固过程中，由于分子之间距离的减小，体积将减小，有时还伴随气相元素的析出，如果凝固后期金属熔体补缩不足，铸件在凝固过程中会产生疏松缺陷。疏松缺陷根据产生的原因可以分为缩孔缩松与气孔。缩孔缩松不同于铸件内部生成的气孔缺陷，然而在很多场合下，它们难以严格区分，因此，研究缩孔缩松形成机理时，往往与气孔的形成一起进行。采用真空熔炼浇注制备成型大型复杂薄壁高温合金铸件时，合金熔体内部气相元素含量较少，合金凝固收缩是产生显微疏松的一个重要控制环节。在工程实践中，疏松缺陷根据其尺寸大小可以分为宏观缩孔和显微疏松。宏观缩孔是用肉眼或放大镜可以看见的分散的细小缩孔，而借助显微镜观察到的聚集或分散的细微空洞称为显微疏松。宏观缩孔缺陷降低了铸件的成品率；显微疏松缺陷不但降低了大型复杂薄壁铸件的组织致密性，而且严重降低了铸件在服役条件下的力学性能，尤其是疲劳性能。如前所述，我国在大型复杂薄壁铸件研制方面存在“疏松、变形和尺寸超差”三大瓶颈问题亟待解决，其中变形和尺寸超差问题可以通过合理反向设计蜡模模具较好地解决，然而疏松缺陷，尤其是显微疏松很难通过简单的增大浇冒口尺寸完全抑制。在熔模铸件在研制过程中，尤其是大型复杂薄壁熔模铸件，铸件中出现显微疏松缺陷不可避免。目前，大型复杂薄壁铸件内部显微疏松缺陷的形成机理、定量表征、定量预测以及显微疏松与力学性能之间的关系研究仍然是铸造领域的热点课题之一。

3.1　显微疏松缺陷形成机制

显微疏松缺陷目前主要有三种形成机制受到广泛认可：混合型显微疏松形成机制、共晶型合金显微疏松形成机制和双氧化膜型显微疏松形成机制。

(1)混合型显微疏松形成机制

20 世纪 80 年代，最早对合金中显微疏松的形成机制进行完整描述的 Piwonka 等人认为，显微疏松是凝固收缩引起的枝晶间液相压力下降 p 与凝固过程中枝晶间液相中的气相溶质浓度升高导致局部气相析出压力 p_g 升高共同作用的结果，其判据为

$$p_g \geqslant p + p_\sigma \tag{3-3}$$

式中，p_σ 为形成半径为 r 气泡的界面张力附加压，Pa。

Kimio Kubo 等人也提出了类似的模型，认为金属凝固收缩和气泡析出的同时出现是凝固显微疏松缺陷产生的关键机制，其示意图如图 3-5 所示。G. Lesoult 概括和发展了铸造过程中显微疏松的混合形成机制，指出了引起显微疏松产生的 3 个主要方面：局域液态组分、局域枝晶形貌、糊状区局部液态压力和凝固过程糊状区固相的机械行为。

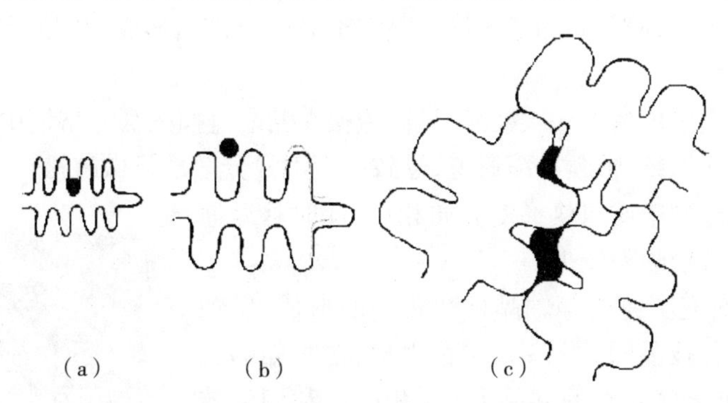

图 3-5　显微疏松形成生长示意图

在以凝固收缩为主要因素的显微疏松研究方面，Xiao Feng 等人采用 modified sessile drop 方法测定了 Ni-Cr 合金的密度，进而计算出合金的凝固收缩情况，结果发现在当 Cr 含量在 0~24.53% 变化时，凝固收缩在 0.91% ~2.02% 之间；且当 Cr 含量小于 10.00% 时，Ni-Cr 合金收缩随着 Cr 含量增加而变大，当 Cr 含量大于 10% 时，合金收缩保持 2.00% 不变。

在以气相析出为主要因素的显微疏松研究方面，通过定向凝固直接实验法，H. Fredriksson 等人详细研究了合金中气泡型显微疏松的形成机制，证实了凝固收缩产生压力降诱导气孔在

枝晶间同性形核理论,并定量研究了气相元素含量和凝固速率对气孔型显微疏松的影响规律。在气孔型显微疏松定量研究方面,K. Davami 等人综合研究了冷却速率、晶粒细化和共晶细化对 A356 合金显微疏松缺陷的影响,研究发现直到氢含量达到一定临界值时,才有氢气孔型显微疏松的产生,这个临界值与合金成分和凝固条件有关。D. R. Poirier 等人结合热力学数据和枝晶生长,系统研究了 Al – Cu 合金显微疏松的形成情况,发现当初始氢含量小于 0.03μg/g,枝晶间不产生显微疏松;当氢含量在 0.03μg/g 到 1μg/g 时,枝晶间出现显微疏松,而增加温度梯度或凝固速率均可减少枝晶间显微疏松总量。P. K. Sung 等人借助 Procast 软件分析了多元 AISI8620 合金凝固过程中气相形成元素的压力和分布,研究了不同氢和氮含量条件下显微疏松形成情况,并获得了气相形成元素形成气孔型显微疏松的临界值:当氮含量少于 100μg/g 以及氢含量少于 3μg/g,不会形成气孔型显微疏松,而当钛含量达到 0.087%(质量分数)时,气孔型显微疏松数量减少。

在混合型显微疏松形成模型应用方面,A. V. Kuznetsov 等人通过建立糊状区固液气三相模型,研究了气孔型显微疏松的形成对糊状区压力和中心气孔型显微疏松分布的影响。P. K. Sung 等人把包含有计算压力和气相形成元素分布的有限元法用于模拟多组元枝晶凝固,发现显微疏松形成受气相扩散、晶粒尺寸、晶粒形状影响,其中受气相形成元素扩散系数影响最大。H. Ogura 等人在研究薄壁铸件收缩情况时发现薄壁铸件收缩受温度梯度和铸件与补缩源凝固时间的差异影响,揭示了薄壁铸件的尺寸和铸造压力是凝固收缩的控制环节,进而影响显微疏松的形成。

总之,该机制认为显微疏松是由于在凝固过程中枝晶间液态金属的流动不能补缩凝固收缩和合金液中气相的析出产生的,显微疏松的形成与合金成分、气体含量、铸件几何形状、合金和模壳的热物性参数以及枝晶间流动密切相关。

(2)共晶型合金显微疏松形成机制

合金凝固最后阶段固相网格的渗透性依赖于共晶形核模式和形核频率,共晶形核模式极大的影响糊状区的压力,而压力的差异最终决定了显微疏松的形成,共晶型显微疏松形成机制具体有以下三种类型:

①共晶形核或直接依附于一次枝晶,显微疏松在共晶碰撞的孤立熔池中形成;

②共晶在枝晶间形核,阻断补缩通道,导致产生大量分散性显微疏松;

③共晶形核贴近型壁或与热梯度方向相反,此时补缩通道通畅最后的显微疏松缺陷较少。

Y. K. Ko 等人研究了铸造等轴晶显微疏松的形成,发现显微疏松经常伴随着枝晶间共晶 Laves 相出现,在凝固的最后阶段,含有众多重金属元素的共晶 Laves 相析出和固液转变导致了这个区域显微疏松的形成。此外,Wang Junsheng 等人在微观尺度上,通过有限差分法求解多相材料多组元扩散方程模拟了微观组织演化。对比实验结果和模拟结果发现多组元扩散和界面能决定微观组织演化情况。熔体中氢含量和局部压力降控制气孔型显微疏松的形成,且气孔型显微疏松在共晶生长前沿形核并通过吸收熔体中过饱和的氢元素长大。图 3 – 6 为 W319 合金微观组织形成示意图。

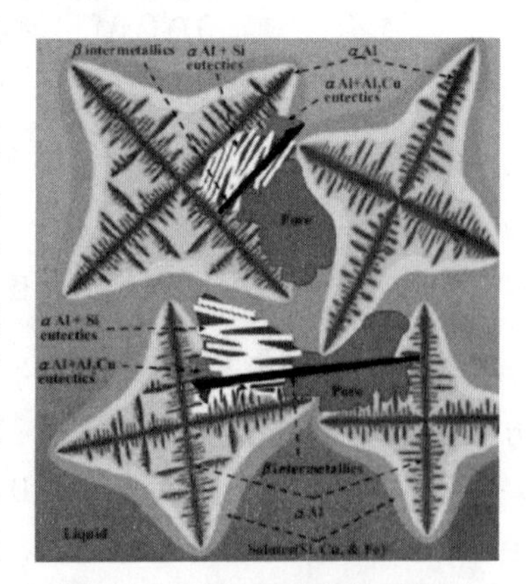

图 3 – 6 W319 合金微观组织形成示意图

(3) 双氧化膜型显微疏松形成机制

Compbell 等人认为金属液在浇注过程中发生的飞溅和紊流使金属液熔体表面的氧化膜破裂或折叠，扭曲进入金属液内部，凝固后期金属液收缩撕裂氧化膜和熔体的界面，最终形成显微疏松缺陷，如图 3-7 所示。此外，他们在研究宽结晶温度间隔合金凝固时，发现提高模壳预热温度导致显微疏松形貌由宏观中心显微疏松向分散层状显微疏松转变，且总量减少；随着铸件壁厚的减小，显微疏松形成机制由形核向非形核转变，而后者往往与表面针孔有关。

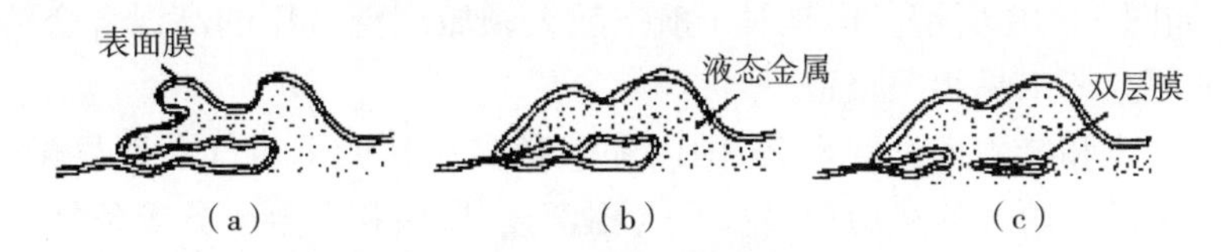

图 3-7　双层氧化膜形成示意图

总之，混合型显微疏松形成机制研究较多的关注气相析出型显微疏松，对于凝固收缩产生的显微疏松研究较少；共晶型显微疏松形成机制适用于含有共晶相的合金体系；双层氧化膜机制从铸造充型引入氧化膜夹杂物角度探讨显微疏松形成机制。对于大型复杂薄壁高温合金铸件而言，合金中既存在微量的气相形成元素，少量的低熔点共晶相；又同时存在充型过程产生的双层氧化膜。因此，大型复杂薄壁高温合金铸件同时存在三种显微疏松形成机制，然而，大型复杂薄壁高温合金铸件合金纯净度较高，熔炼浇注真空度高，且一般采用底注式浇冒系统设计充型过程紊流较少，其内部的显微疏松主要由混合型显微疏松形成机制中的凝固收缩引起。

3.2　显微疏松缺陷表征

铸件中显微疏松通常具有复杂的三维空间形貌、然而传统的金相实验法仅能观察到显微疏松的截面形貌，很难充分表征显微疏松的大小、形貌和分布特征，如图 3-8 所示。然而，P. Li 等人的研究发现显微疏松的形状、大小和分布极大的影响铸件的疲劳性能。近年来，应用新技术，新方法研究显微疏松形貌是材料科学与工程领域的一个重要趋势，科研工作者采用先进的扫描电镜、CT 三维重建和数值模拟等手段对显微疏松的大小、相貌和分布特征进行了细致而深入的研究。

L. Elmquist 等人用扫描电子显微镜和能谱分析仪研究了灰铸铁中显微疏松形貌特征，发现灰铸铁中典型的显微疏松是内部显微疏松缺陷通过复杂的网络联通铸件表面，把表面疏松缺陷和内部显微疏松缺陷连为一体，其扫描电镜下显微疏松形貌如图 3-9 所示。

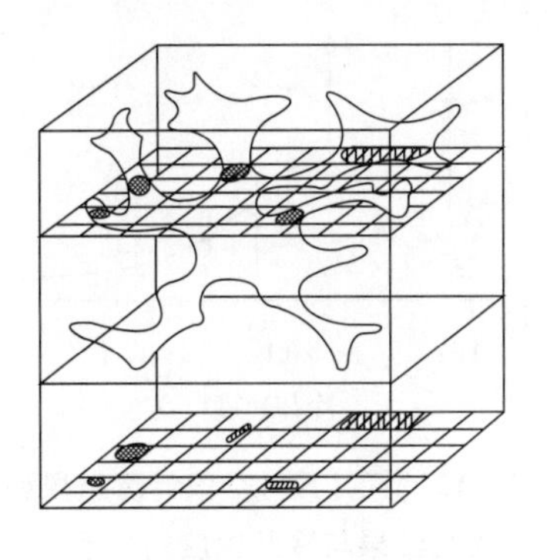

图 3-8　复杂的显微疏松及其对应于抛光截面上的微小空洞

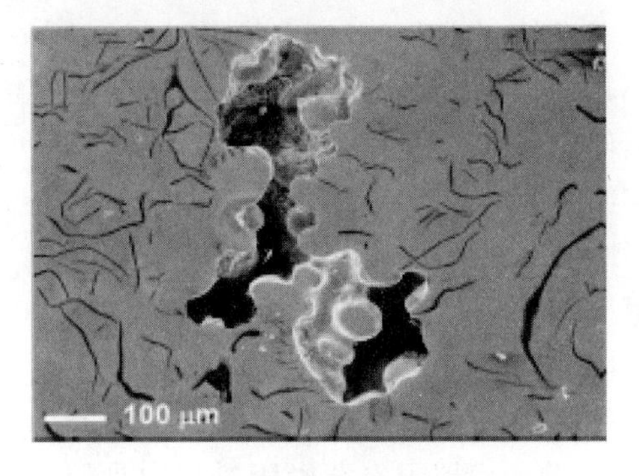

图 3-9　扫描电镜下显微疏松形貌

高能量、高分辨的同步辐射 X 射线成像技术使进一步表征铸件内部显微疏松的精细结构特征成为可能。S. Agliozzo 等人应用先进的同步辐射 X 射线成像技术，研究了准晶内部显微疏松的形成，观察到了显微疏松的精细结构。A. Prasad 等人在运用 X 射线三维成像技术研究 Al－4.3% Cu 和 Al－17% Cu 合金快速凝固过程中，发现两种合金中显微疏松分布的差异与它们凝固过程中再辉和枝晶生长速率有关。M. Felberbaum 等人运用同步辐射光源 CT 三维重构技术再现了 Al－4.5% Cu(质量分数)合金中显微疏松的三维形貌，并定量统计了显微疏松表面的曲率分布，如图 3－10 所示。但是对于航空航天领域广泛应用的高温合金铸件，其内部显微疏松三维表征研究还未见相关报道。

随着计算机技术和凝固理论的发展，国内外学者广泛开展了对气孔型显微疏松的数值模拟表征。在综合考虑了熔体的热历史、压力、气相含量、形核和合金成分等条件下，R. C. Atwood 等人运用随机性元胞自动机法成功模拟了三维显微疏松的形貌，如图 3－11 所示。研究发现，显微疏松的大小主要由凝固速度、压力和气相元素含量决定，降低气相元素含量，增加压力和冷却速度可以显著减小最大显微疏松尺寸。

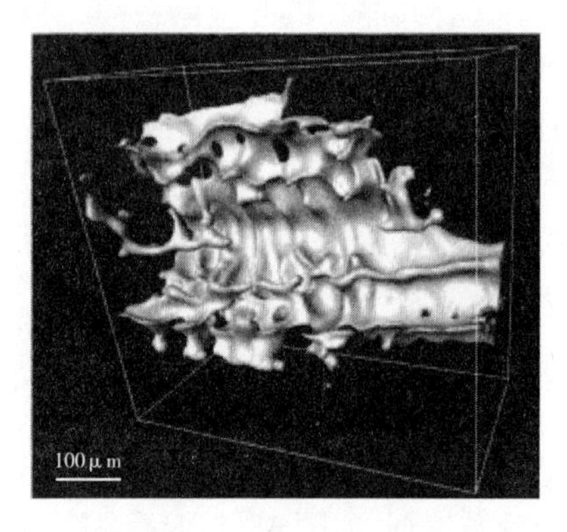

图 3－10　Al－4.5%Cu(质量分数)合金显微疏松三维形貌

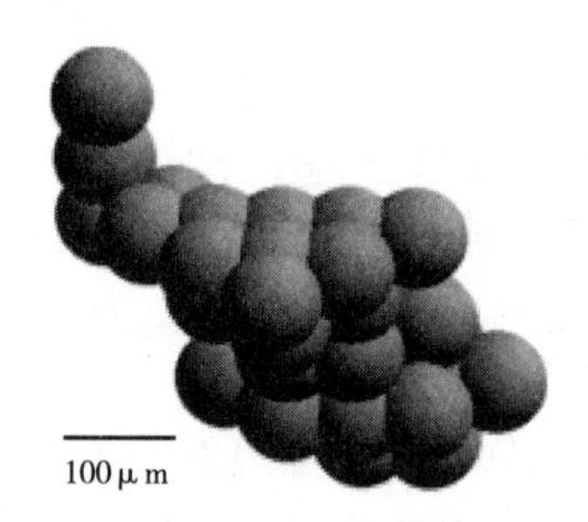

图 3－11　CA 法模拟的显微疏松三维形貌

在综合考虑了 Al－Cu 合金在溶解气相和凝固收缩双重作用下，M. L. N. M. Melo 等人模拟预测了定向凝固显微疏松形成的位置、数量和大小。研究发现，定向凝固条件下枝晶间补缩通道良好，凝固收缩不会产生显微疏松，显微疏松都是气体的析出产生的。在给定的气体含量条件下，显微疏松的体积百分比和尺寸随着冷却速度的增加而减小，在一定的气体含量条件下增加冷却速度，可以避免气相析出而减少显微疏松，如图 3－12 所示。

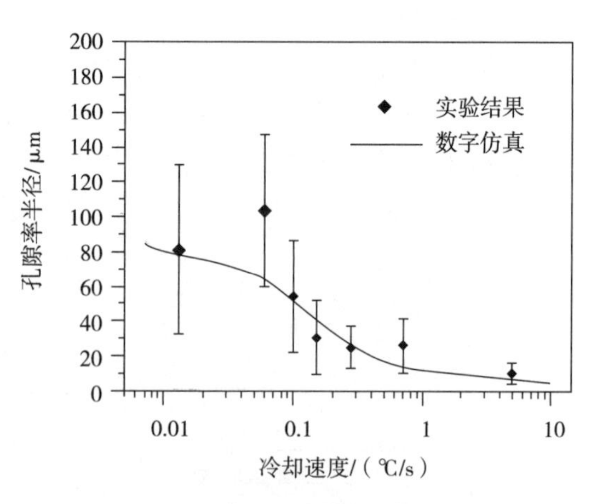

图 3－12　气孔尺寸数值计算结果和实验结果与冷却速度的关系

通过耦合确定性和随机性元胞自动机求解多组元在固液气三相介质的多尺度扩散问题，P. D. Lee 等人模拟了复杂凝固过程中晶粒和显微疏松形貌，并研究了局部凝固时间、氢元素含量、局部金属静压力和合金组元对晶粒和显微疏松形貌的影响，发现气孔型显微疏松的生长由随机分布的形核点、局域氢元素过饱和量、可压缩流体和凝固碰撞决定。该模型中气孔型显微疏松的生长规则为当气孔的尺寸超过网格大小时，气孔向固相分数最小，氢元素含量梯度最小的元胞生长。模型较好地模拟了枝晶和气孔型显微疏松缺陷的三维形貌，并给出了最大显微疏松尺寸(mm)的关系式

$$\ln L_{max} = -c_1 + c_2\ln(t) + c_3\%\mathrm{Cu} + c_4P^{-1} + c_5\ln(H_0) \qquad (3-4)$$

式中，$c_1 \sim c_5$ 为回归系数；t 为局部凝固时间，s；H_0 为晶粒和气孔型显微疏松形核分布系数。此外，J. S. Wang 等人把显微疏松形成的三相介观模型推广到包含共晶的多组元系统，较好地预测了二元和三元 Al－Si－Cu 合金三维气孔型显微疏松形貌和平均显微疏松尺寸，并与 X 射线断层扫描观察到的铸态显微疏松三维形貌和体积分数进行对比，发现显微疏松与正在凝固的固相之间的相互作用加剧了显微疏松形貌的复杂程度，且凝固时间对显微疏松的大小、形状和分布有重要的影响，凝固时间越长氢元素偏析和周围固相挤压越剧烈。模拟结果和实验结果的吻合印证了固相中显微疏松的相互碰撞作用是影响显微疏松生长的主要因素，如图 3－13 所示。

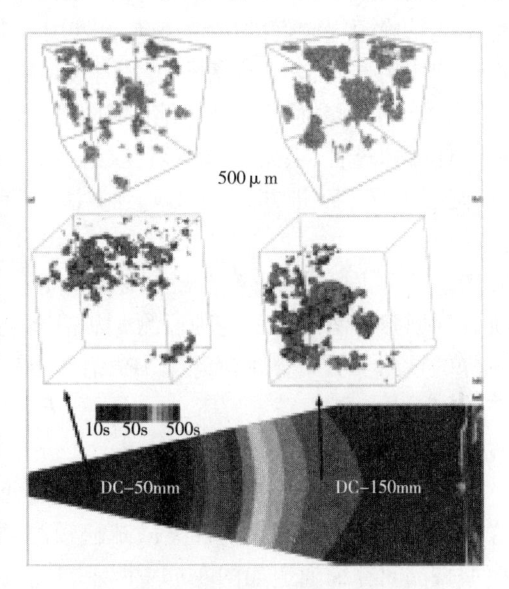

图 3－13　W319 合金铸造不同位置处显微疏松模拟结果与实验结果对比

总之，扫描电镜在表征显微疏松形貌方面虽然比传统光学金相法有所提高，但是也不能完全再现显微疏松的三维空间立体结构；基于简化数学模型的显微疏松形貌模拟，缺乏准确严密的数学模型，其模拟结果往往与实验结果差别较大；基于 CT 技术的三维形貌重建可以再现显微疏松精细结构，虽然已经成功应用于铝合金铸件内部显微疏松分析，但是对于高温合金铸件显微疏松形貌三维重建表征还未见相关报道。

3.3　显微疏松缺陷预测

在过去的十几年里，显微疏松预测一直是铸造领域研究的热点问题之一，主要原因有两个方面：一是随着先进装备制造业的发展，对铸件质量要求越来越苛刻，要求尽可能减少铸件内部缺陷，尤其是显微疏松缺陷；二是凝固理论和计算机的发展，使显微疏松的数学描述及其求解成为可能。目前，主要有以下几类显微疏松研究方法：

(1)热节法

G. K. Upadhya 等人发展了一种分析熔模铸造传热的新方法，综合考虑了铸件几何形状、凝固参数和模壳表面的热辐射，该模型可以用来预测凝固时间曲线和快速计算产生缩孔缩松缺陷的热节位置。此外，1993 年，林家骝等人应用 ABAQUS 有限元结构分析软件模拟了圆筒形铸钢件凝固过程的三维温度场和热应力场，提出了以温度封闭环(即热节)为基础的铸钢件缩孔缩松形成判据，预测的铸件缩孔缩松和热裂的位置与实验结果符合较好。

（2）Niyama 判据法

新山英辅等人采用二维有限差分法，分析比较了三种尺寸、五种成分的圆柱形铸钢件的缩孔疏松分布，找到了一种能预报铸件的缩孔缩松判据，其作为一个局部的热学参数，即铸件凝固终了时的温度梯度 G 与冷却速率 R 的二次方根的比值，可以定义为

$$Ny = G/\sqrt{R} \tag{3-5}$$

该判据是由简单铸钢件导出的，是一种形状相关判据。仅能预报缩孔缩松出现的可能性，但不能精确预报它们的位置、数量和尺寸，其预测准确性受铸件形状和合金种类的影响很大。在工程应用方面，李殿中等人在采用 Niyama 判据研究 IN738 合金真空精密铸造时，发现 Niyama 函数小于 0.5 时不会产生缩孔缩松缺陷。Hong Yan 等人基于 Niyama 判据理论研究了照相机壳体凝固过程，根据计算结果，改进设计，明显减少了显微疏松缺陷。Lee 等人对传统 Niyama 判据进行了改进，提出了 Lcc 判据法，其判据表达式为

$$\mathrm{Lcc} = G{t_f}^{2/3}/V_s \tag{3-6}$$

式中，t_f 为凝固时间，s；V_s 为凝固速率，mm/s。Shang Lihong 等人根据 Niyama 和 Lcc 判据，基于统计和回归算法发展了一种预测 319 铝合金低压铸造中显微疏松缺陷产生的 P_y 判据，该判据较好的预测了低压金属模铸造 319 铝合金铸件内部显微疏松，其表达式为

$$P_y = {t_f}^{1.98} \cdot R^{1.30} \tag{3-7}$$

（3）薛祥判据法

基于温度场、枝晶生长和枝晶间补缩通道，薛祥等人提出了普通碳钢铸件显微疏松预测判据，该模型枝晶间补缩通道如图 3-14 所示，其表达式为

$$G_t/t^a > C_k \tag{3-8}$$

式中，G_t 为时间梯度，s/mm，其值为局部凝固时间对距离求偏导；t 为局部凝固时间，s；a 为指数，其实验值在 1/2 ~2/3 之间；C_k 为缩孔疏松判据的临界值。

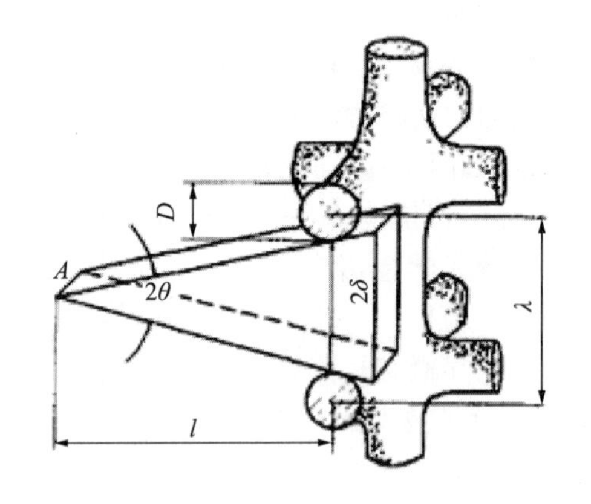

图 3-14　枝晶间补缩通道

此外，为了克服该判据对液体金属静压力较大的铸件预测结果准确性较低的问题，将金属静压力引入到判据中提出了新判据，新判据不受铸件几何形状和铸件部位的影响，判据临界值也与铸件几何尺寸无关，其预测结果比原判据预测结果更加准确，表达式为

$$P_0^{\ 0.8} \cdot G_t/t^{0.6} > C_k \tag{3-9}$$

（4）临界压降判据法

J. Lecomte - Beckers 通过实验和理论分析研究了镍基高温合金中显微疏松形成情况，发现铝、钛和钴有增大显微疏松形成的倾向，铬有减小显微疏松形成的倾向，碳对显微疏松的作用受合金中铝含量的影响。采用 Darcy 定律导出镍基合金定向凝固过程中铸件缩孔缩松的无量纲判据函数 ΔP^* 为

$$\Delta P^* = \frac{24\mu\beta' n\tau^3}{\rho_L g}\left(\frac{\Delta T_f}{G}\right)^2\left(\frac{\mathrm{d}f_s}{\mathrm{d}t}\right) \tag{3-10}$$

式中：μ——合金液的动力黏度，Pa · s；

β'——合金凝固体收缩率；

n——枝晶间通道数；

τ——枝晶间通道的曲率；

ΔT_f——合金凝固温度范围,℃；

G——糊状区长度；

f_s——固相分数；

ρ_L——合金液密度,g/cm^3；

g——重力加速度,cm/s^2。

镍基合金定向凝固时,ΔP^* 值越大则显微缩松形成倾向越大,该判据包含了影响显微疏松缺陷形成的工艺因素和材料因素,对于特定的合金,材料因素为常数,公式简化为 Niyama 判据。

(5)求解气相扩散方程法

Ch. Pequet 等人基于 Darcy's 公式和气相元素扩散,把二维模型推广到三维模型,采用规则的有限体积网格强化有限元网格,预测了轻合金铸件中显微疏松形成情况。基于求解气相形成元素扩散方程,M. L. N. M. Mel 等人用有限差分法计算了铝合金二维定向凝固下显微疏松的形成,模型可以预测由于金属收缩和气相形成元素析出产生的显微疏松。并发现增大冷却速度在一定的氢元素含量条件下可避免显微疏松的产生;在给定的氢元素含量条件下,显微疏松的体积分数和尺寸随着冷却速率的增加而减小。在综合考虑了热传递、气相元素扩散、固相生长和气相含量的条件下,Ludmil Drenchev 等人分析了由外部气压、凝固速度和气体流动控制的固液气之间的扩散过程和固液表面之间的扩散边界,研究发现形核点的几何形貌是决定显微疏松缺陷的一个必要参数,增大显微疏松缺陷有两种方法:①增大形核点的尺寸和增加形核点的分散性;②增加凝固界面形核点的数量,但这将导致局域显微疏松和尺寸减小,单位体积形核数量增加。此外,形核速度决定了固相显微疏松的体积分数,而减小表面张力将减小平均显微疏松尺寸。基于热力学方法,G. Couturier 等人提出了可以预测管缩、宏微观疏松的多元多相包含挥发性溶质的凝固模型,并详细研究了挥发性物质对显微疏松形成的影响,随后又把模型推广到多气相合金体系显微疏松的预测研究。采用宏观尺度求解能量和质量守恒与基于温度场和压力场的微观模型相结合的方法,A. Chirazi 等人建立了耦合随机形核与连续扩散方程求解固相和气相生长的多尺度多相多组元模型,并模拟了含有氢元素 Al - Si - Cu 合金枝晶结构和显微疏松,研究发现凝固时间越长,显微疏松尺寸越大,但是数量越少;增加合金中初始氢含量,最大显微疏松尺寸增大且数量增加。R. W. Hamilton 等人在研究熔模铸造铝合金 L169 时,结合宏观传热和对流与微观枝晶生长和显微疏松模型模拟了铸造显微疏松缺陷,模拟结果与金相观察和 X 射线断层扫描实验结果吻合较好,并发现即使在很高的氢含量情况下,凝固收缩导致的疏松含量仍然占一半左右。徐达鸣等人把合金中液气相溶质在凝固过程中的偏聚和传输方程引入传统的凝固方程中建立了定量描述含气相溶质合金凝固传输及显微疏松形成的混合介质模型,他们假设:①凝固过程中形成的固相及空隙相不发生宏观迁移;②在固液界面上满足热力学平衡条件;③合金中的金属溶质不挥发;④合金凝固过程所受的外力场仅为重力场;⑤凝固中的液相为牛顿流体并呈层流流动。该模型较好地描述了凝固收缩、气相析出平衡压力和表面张力作用下的显微疏松的形成和长大。

(6)求解流动方程法

采用多孔介质模型处理糊状区的金属液流动,A. Reis 等人用 VOF 法模拟研究了宽窄结晶温度间隔合金凝固过程中产生缩孔缩松缺陷。研究发现显微疏松并不总是出现在最低压力的位置,显微疏松出现的位置还与其周围的固相分数有关;窄结晶温度间隔的合金易于形成中心缩孔和显微疏松,而宽结晶温度间隔合金易于形成管缩和表面塌陷。此外,NASTAC 运用计算流体动力学模型分析了 IN718 合金宏观偏析和凝固收缩产生显微疏松情况,预测的显微疏松缺陷百分比结果与 Niyama 模型吻合很好。

(7)无量纲显微疏松判据法

Kent D. Carlson 等人基于经典的 Niyama 判据提出了无量纲显微疏松判据模型,该判据仅需知道固相分数温度曲线和合金的总收缩率就可以预测凝固过程中形成的总显微疏松体积分数,其对 WCB 钢和 AZ91D 合金预测结果与实验结果吻合很好。

总之,热节法、Niyama、薛祥和临界压降判据法虽然形式简洁,但是不能描述缩孔缩松缺陷的大小,形状甚至体积分数。求解气相扩散方程法适合于预测含有气相元素较多的气孔型显微疏松含量,而不适用于以凝固收缩为主的显微疏松预测。求解流动方程法随着计算机技术发展在凝固研究领域应用越来越广泛,然而该方法并未深入探讨枝晶生长方式对缩孔缩松缺陷的影响,因而其更适合于预测宏观缩孔缺陷,对形成于枝晶间的显微疏松缺陷预测准确性较差。无量纲显微疏松判据法因综合考虑了凝固参数和材料热物性参数的影响,非常适合预测以凝固收缩为主的显微疏松缺陷,但该判据没有考虑熔体中气相析出对显微疏松的影响,预测结果往往与实验结果存在较大偏差。大型复杂薄壁高温合金铸件内部显微疏松虽然主要由合金凝固收缩产生,但是合金中也存在少量气相形成元素,对其显微疏松定量预测研究还未见相关报道。

3.4 显微疏松缺陷与力学性能关系

力学性能是铸件结构设计和使用的重要评价标准之一。大型复杂薄壁高温合金铸件通常具有复杂的结构,而铸件结构往往对铸件的充型和凝固过程产生巨大的影响,产生宏微观铸造缺陷,宏观铸造缺陷可以通过铸造工艺优化完全消除,然而显微疏松缺陷却很难完全抑制,严重影响铸件在服役条件下的使用安全。

M. Avalle 等人研究了铝合金标准试棒与铸件本体取样两种试样的瞬时拉伸性能、疲劳性能及其内部铸造缺陷,并着重探讨了显微疏松缺陷的分布对力学性能的影响。此外,A. M. Gokhale 等人研究发现即使采用相同的合金成分、加工过程和铸造工艺参数,由于铸件内部存在不同形式的铸造缺陷,铸件本体取样的力学性能也不尽相同,且一般呈正态分布趋势,并建立了力学性能与断口上的双层氧化膜和显微疏松缺陷之间的定量关系。在研究高压金属模镁合金铸造时,D. G. Leo 等人研究了镁合金铸件的截面厚度对力学性能的影响规律;发现即使对于简单的薄板型铸件,其力学性能随铸件上取样位置的不同而发生巨大的变化,并从显微疏松、平均晶粒度和析出相等方面对力学性能的分散性进行了定性研究,但并没有深入探讨显微疏松与力学性能的定量关系。以简单的薄板铸件为研究载体,J. P. Weiler 等人通过 X 射线断层扫描技术研究了 AM60B 镁合金铸件内部显微疏松和断裂强度之间的关系,发现显微疏松的截面面积百分比比显微疏松的体积百分比更能表征显微疏松对拉伸性能的影响,并初步给出了显微疏松与断裂应力之间的定量关系,如图 3 - 15 所示。

Choong Do Lee 仅仅研究了压铸和重力铸造成型 AM60 镁合金铸件中显微疏松对拉伸性能的相关性,发现铸件的屈服强度随着显微疏松截面百分比的增大呈线性减小的趋势,如图 3 - 16 所示。

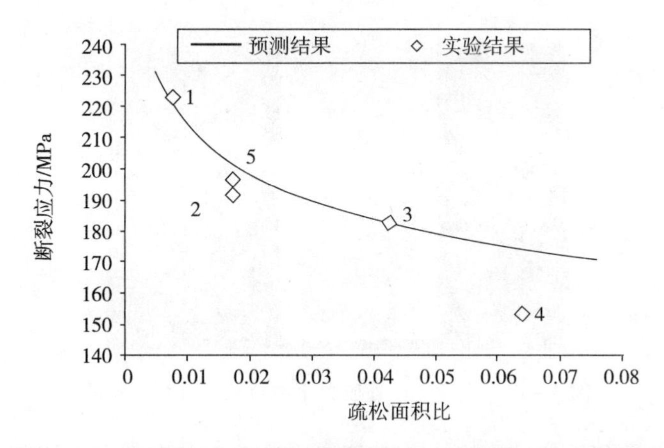

图 3－15　断裂应力预测结果和实验结果与显微疏松之间的关系

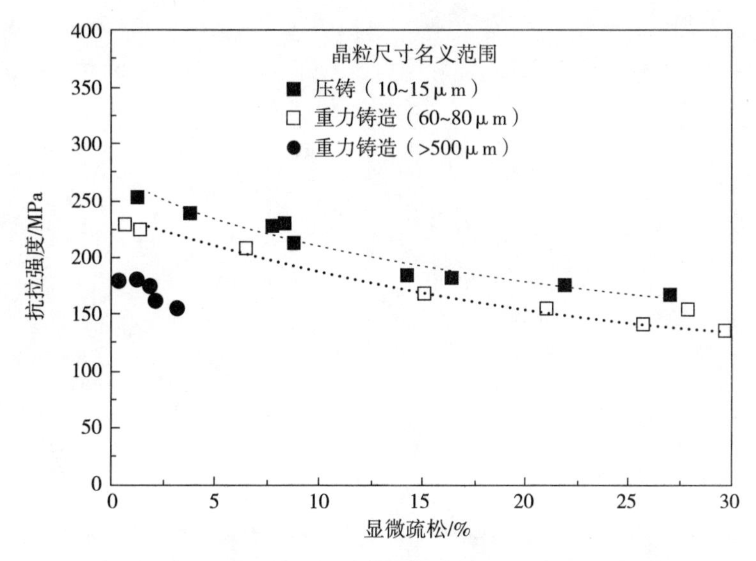

图 3－16　抗拉强度和延伸率对显微疏松变化的依赖性

Gianni Nicoletto 等人首先采用 CT 技术重建了铝硅合金中显微疏松三维形貌，并采用 ABAQUS 有限元软件包计算了显微疏松附近应力集中情况，如图 3－17 所示，但并没有进行后续疲劳寿命预测。总之，对于显微疏松与力学性能关系研究方面，目前研究对象主要是简单形状的铝镁合金铸件及其拉伸性能，而对于内部质量要求更高的大型复杂薄壁铸件，尤其是航空发动机用大型复杂薄壁高温合金铸件的显微疏松与铸件本体性能研究方面尚未见到相关研究报道。

综上所述，经过铸造科研工作者几十年的研究，虽然针对显微疏松缺陷的研究取得了重要的进步，但是目前仍然存在以下问题：针对单一显微疏松形成机制的研究较多，且主要集中于铝镁轻合金简单铸件的气孔型显微疏松，而这些研究成果很难直接应用于实际铸造工况条件下的结构铸件，尤其是存在几种显微疏松形成机制的大型复杂薄壁高温合金铸件。显微疏松表征方面目前主要集中于金相统计，很少涉及其大小，形态和分布特点的定量表征研究，而这些信息对于揭示显微疏松形成机制及探讨显微疏松对力学性能的影响规律具有重要意义。因未耦合枝晶形核与生长，目前商业软件仅能对铸件中宏观缩孔缩松缺陷进行概率性预测，无法

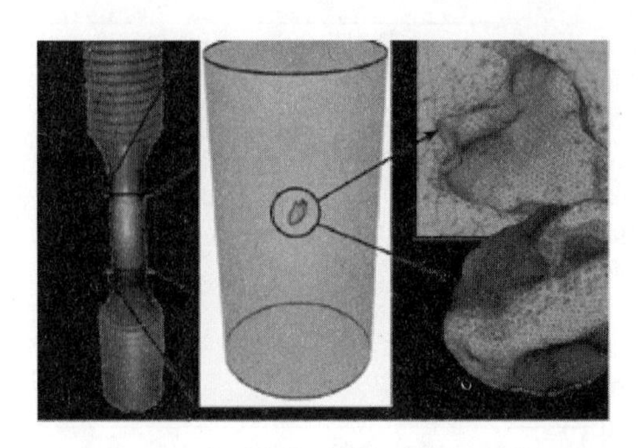

图 3-17　显微疏松处应力集中有限元分析示意图

直接应用于显微疏松定量预测，为此，康茂东等人研发出无量纲判据可用于高温合金等精密铸件的显微疏松定量预测。

第4章　工程材料的综合性能评价

1　概述

材料是人类赖以生存和得以发展的重要物质基础，20世纪70年代，人们曾把材料、信息、能源归纳为现代文明的三大支柱，如今，人们又把信息技术、生物技术和新型材料作为新的技术革命的重要标志。由此看来，材料在国民经济中具有重要的地位。

所谓材料，是指具有指定工作条件下使用要求的形态和物理性质的物质。材料的分类方法很多，主要有以下几种：

(1)按状态分类：可分为固体材料、液体材料和气体材料；

(2)按组成、结构特点分类：可分为金属材料、无机非金属材料、有机高分子材料和复合材料；

(3)按使用性能分类：可分为结构材料（主要利用材料力学性能）和功能材料（主要利用材料物理和化学性能）；

(4)按用途分类：可分为航天航空材料、信息材料、生物材料、建筑材料、机械工程材料等。

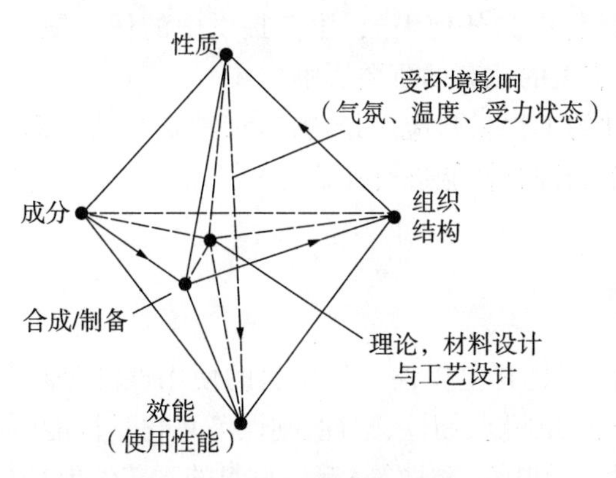

图4-1　材料各因素间的关系

从材料学的角度看，材料学是研究材料的成分、组织结构、合成/制备工艺、使用环境与材料性能及应用之间相互关系的科学。其中，材料的性能取决于材料加工最终状态的微观组织结构，而组织结构无疑又依赖于材料的化学成分、生产流程和工艺参数。图4-1揭示了“材料性质-成分-合成/制备工艺-组织结构-性能”之间互相依存的密切关系。

材料的综合性能评价，主要是从材料使用的角度对其性能进行全面的、综合的评价。从材料的使用角度看，材料的综合性能评价，对材料研究、开发、质量控制和质量检验都有重要的指导意义，同时也能为材料制品的合理设计、选材、制造、安全使用以及失效分析提供依据。

作为从事材料性能检测的实验室工作人员，了解和掌握相关材料的综合性能评价方法是非常必要的。CNAS-CL01:2018《检测和校准实验室能力认可准则》7.7指出：实验室应将监控“物品不同特性结果之间的相关性”作为确保结果有效性的重要方式之一。7.8.3指出：实验室可以将“意见和解释”作为检测报告的特定要求，同时，在7.8.7中进一步明确：当表述意见和解释时，实验室应确保只有授权人员才能发布相关意见和解释。GB/T 27020—2016/ISO/IEC 17020:2012《合格评定　各类检验机构的运作要求》引言中指出：在从事检验活动时，尤其是评价对通用要求的符合性时,通常要求进行专业判断;3.1 指出:检验是“对产品、过程、服务或安装的审查,或对其设计的审查,并确定其与特定要求的符合性,或在专业判断的基础上确定其与通用要求的符合性”。

从我们现在量大面广的理化检验实验室角度来看,由于其下设化学分析、金相检验、力学性能等实验室能同时对材料的化学成分、金相组织和力学性能等多项材料性能指标进行检测,因此,作为理化检验人员,了解材料的力学性能与成分、组织之间,各力学性能指标之间的关系,不但能从理论上对所检测的数据(化学成分含量、金相组织或力学性能等)的可靠性进行分析和评定,保证检测数据的准确性,还可通过对所有的检测数据进行综合分析,对材料给出综合性能评价,提高检测机构的服务质量和水平。

材料性能的综合评价是一项综合性、实用性很强的工作,对评价人员有以下要求:

(1)熟悉材料对性能的要求以及各种材料性能指标的概念和意义,能确定在具体使用状态下表征材料性能的指标;

(2)熟悉材料性能评价的技术和方法,能获得正确可靠的材料性能数据;

(3)了解各种材料性能指标间的相互关系,能对材料的性能给出全面的评价;

(4)了解影响材料性能的因素,特别是材料的成分、组织结构与性能之间的关系,充分发挥材料的最大潜力。

GB/T 27020—2016/ISO/IEC 17020:2012 第 6 章也指出:负责检验的人员应具备与所执行的检验相适当的资格、培训、经验和符合要求的知识。这些人员还应具备以下相关知识:

——所检验产品的制造、过程的运行和服务提供的技术;

——产品使用、过程运行和服务提供的方式;

——产品使用中可能出现的任何缺陷、过程运行中的任何失效、服务提供中的任何缺失。他们应理解与产品正常使用、过程运行、服务提供有关的偏离的重要影响。

我们使用的材料中,用于制作机械零件或构件的工程材料应用最为广泛,特别是结构钢材料。下面主要以广泛使用的钢为例,介绍如何对钢的综合性能进行评价。

2 材料的主要性能要求

从技术的角度上看,材料的使用性能和工艺性能是其主要性能。材料的使用性能是材料在最终使用状态时的行为,它包括材料的力学性能(如强度、韧性、塑性、刚性等)、化学性能(如抗氧化性、耐腐蚀性等)、物理性能(如密度、导热性、导电性、磁性等)等。材料的工艺性能是材料实现其使用性能的可能性和可行性,对金属材料,它包括铸造性、成形性、焊接性、切削加工性、热处理工艺性等。在批量生产条件下,其工艺性显得尤为重要。

2.1 材料的使用性能要求

材料的使用性能必须达到设计的技术参数要求,保证在服役周期内不出现意外现象。材料或其制成的构件使用后发生失效主要有以下几种形式:

(1)断裂失效,如塑性断裂失效、疲劳断裂失效、脆性断裂失效、环境敏感断裂失效等;

(2)过量变形失效,如过量弹性变形失效、过量塑性变形失效等;

(3)表面损伤失效,如磨损失效、腐蚀失效、微动磨损失效等;

(4)功能指标衰减或丧失等。

材料的力学性能是描述抵抗上述(1)、(2)类失效的能力,表面耐用性是描述上述(3)类失效的能力,对一般的结构材料,通常不考虑其功能性。

2.1.1　材料力学性能要求

(1)强度

强度是结构材料,尤其是结构钢最基本的性能要求。结构钢、水泥等一般都是按屈服强度或抗拉强度来划分级别的。零件和构件用的材料常以屈服强度作为衡量材料承载和安全的主要判据,并以屈服强度进行强度设计。通常,材料是不允许在超过其屈服强度的载荷下工作的,因为这会引起零件或构件的永久变形。为了减少壁厚和自重,也为了降低制造成本,在刚性允许的条件下,应尽量采用高屈服强度的钢。从某种意义上讲,材料的屈服强度高,可以减轻零件或构件的重量,使其不易产生塑性变形失效;但另一方面,提高材料的屈服强度,则屈服强度与抗拉强度的比值(屈强比)增大,不利于某些应力集中部位的应力重新分布,易引起脆性断裂。另外,高强度钢也会遇到一系列的困难,如随着钢的强度级别的提高,成形性降低,为此必须把成形零件的变形减到最小。因此,从屈服强度上判定材料的力学性能,原则上应根据零件或构件的形状及其所受的应力状态、应变速率等决定。若零件或构件的截面形状变化较大,所受应力状态较硬,应变速率较高,则材料的屈服强度应较低,以避免发生脆性断裂。

(2)塑性

钢材一般要求具有一定的延展能力,即塑性,以保证加工的需要和结构的安全使用。塑性良好的材料可以顺利地进行某些成形工艺,如冷冲压、冷弯曲等,如汽车用钢板,其塑性是一个不可忽视的加工成形性指标。另外,良好的塑性可使零件或构件在万一超载时,能由于塑性变形使材料强度提高而避免突然断裂。

断后伸长率和断面收缩率都是材料最重要的塑性指标。由于塑性与材料服役行为之间并无直接联系,塑性指标通常并不能直接用于零件或构件的设计,但它仍有以下重要的用途:

①作为材料的安全力学性能指标,塑性变形有缓冲应力集中、削减应力峰的作用,通常根据经验确定材料断后伸长率和断面收缩率,以防止零件或构件偶然过载时出现断裂;

②反映材料压力加工(如轧制、挤压等)的能力;

③保证零件或构件装配、修复工序的顺利完成;

④反映材料的冶金质量。

一般用断面收缩率评定材料的塑性比用断后伸长率更合理,因此,对厚钢板,用 Z 向的断面收缩率来评定钢板的性能,如 $Z15$、$Z25$ 分别表示其 Z 向的断面收缩率为 15% 和 25%,但对于受拉伸的等截面长杆类零件或构件用材,则用断后伸长率来评定。

(3)韧性

为防止结构材料在使用状态下脆性断裂,要求材料在弹性变形、塑性变形和断裂过程中能吸收较大的能量,即韧性。一般对重要用途的钢材,尤其在动载、重载、反复加载、低温条件下工作的钢材,均要求一定的韧性。钢的韧性通常以某种缺口形式的试样用冲击试验法测定其规定温度下的冲击吸收功来表示,冲击吸收功 A_K 值缺乏明确的物理意义,不能作为表征金属制件实际抵抗冲击载荷能力的韧性判据,但因其试样加工简便、试验时间短,试验数据对材料组织结构、冶金缺陷等敏感而成为评价金属材料韧性应用最广泛的一种传统力学性能试验。

夏比冲击试验的主要用途如下：

①评价材料对大能量一次冲击载荷下破坏的缺口敏感性。零部件截面的急剧变化从广义上都可视作缺口，缺口造成应力应变集中，使材料的应力状态变硬，承受冲击能量的能力变差。由于不同材料对缺口的敏感程度不同，用拉伸试验中测定的强度和塑性指标往往不能评定材料对缺口是否敏感，因此，设计选材或研制新材料时往往提出冲击韧性指标。

②检查和控制材料的冶金质量和热加工质量。通过测量冲击吸收功和对冲击试样进行断口分析，可揭示材料的夹渣、偏析、白点、裂纹以及非金属夹杂物超标等冶金缺陷；检查过热、过烧、回火脆性等锻造、焊接、热处理等热加工缺陷。

③评定材料在高、低温条件下的韧脆转变特性。用系列冲击试验可测定材料的韧脆转变温度，供选材时参考，使材料不在冷脆状态下工作，保证安全；而高温冲击试验是用来评定材料在某些温度范围如蓝脆、重结晶等条件下的韧性特性。

2.1.2 材料的表面耐用性要求

(1)耐腐蚀性

各种钢材无不在特定的环境下工作，与海水、大气、酸碱、H_2S 等介质发生化学的、电化学的、物理的又兼有应力的作用，这些作用将导致钢的变质或破坏。因此，对于这些在特定的环境条件下工作的钢材，要求其应具有一定的耐腐蚀性。值得指出的是，某种钢材在一定的介质组成、浓度、温度、流速的条件下可能是耐腐蚀的，在另一些条件下可能又是不耐腐蚀的，因此，钢的耐腐蚀的评价必须确定在相当于服役条件的环境中考察才有意义。

(2)耐磨性

材料的耐磨性是材料对磨损的抵抗能力，常用磨损量表示。在一定的条件下的磨损量越小，则耐磨性越高。磨损量用在一定条件下试样表面的磨损厚度或体积(或质量)的减少来表示，它包括氧化磨损、咬合磨损、磨粒磨损等。一般，降低材料的摩擦系数，提高材料的硬度都有助于增加材料的耐磨性。

2.2 材料的工艺性能要求

(1)成形性

材料的塑性和成形性都是表征其在外力下连续性不被破坏，或不导致不可逆的永久变形的能力，它取决于材料本身的性质和具体的变形条件。评价成形性有顶锻、弯曲、反复弯曲、杯突、扩口、缩口、弯曲、压扁、卷边和线材扭转等工艺试验，也有应变硬化指数、塑性应变比等材料力学性能试验。良好的成形性是钢必须具有的特性之一，尤其对于汽车用压延件和深冲薄板，要求其具有优良的成型性。

(2)焊接性

很多结构材料都需要通过焊接成型，因此其钢材的焊接性能直接影响到焊接工艺和焊接质量。钢的焊接性主要取决于它的淬透性、回火稳定性和含碳量。焊接时，靠近熔池的热影响区被加热到接近熔点，其他部分也被加热到 A_{C3} 以上或 $A_{C3}\sim A_{C1}$ 之间。焊接后，由于焊接是局部加热，而且钢材导热快，因而热影响区被迅速冷却下来，所经历的过程与淬火、正火、回火类似。如果钢的淬透性高，热影响区中将形成马氏体，而且熔池附近的晶粒非常粗大，这些都可能使热影响区发生脆裂。碳是对钢的焊接性影响最大的元素，因为随着碳含量的增加，一方面提高了淬透性,但同时也使形成的马氏体更为硬脆,更易开裂。合金元素多数是提高钢的淬透性的,有的元素还能促使形成低熔点物质。这些元素在焊接热循环的作用下会促使焊缝及热影响区出现各种不同的组织,使焊接接头的性能下降。因此,钢材的含碳量及合金元素愈高,其焊接性愈差。为了评价钢材的焊接性,引入了"碳当量"的概念,取影响焊接性最大的元素碳的系数为 1,其他元素对焊接性的影响都与碳比较而折合成碳当量,其他元素的系数一般都小于 1,只有硼的系数大于 1,但硼在钢中的含量很低,影响比碳小的多。

碳当量的计算公式很多,国际焊接学会推荐的碳当量计算公式为

$$C_{eq} = C + \frac{Mn}{6} + \frac{Cr + Mo + V}{5} + \frac{Ni + Cu}{15} \tag{4-1}$$

式(4-1)是为碳含量比较高($C \geqslant 0.18\%$)的钢所设计的,对碳含量在 0.17% 以下的钢,可用 P_c 计算,P_c 又称为焊接冷裂纹敏感性

$$P_c = P_{cm} + \frac{H}{60} + \frac{t}{600} \tag{4-2}$$

$$P_{cm} = C + \frac{Si}{30} + \frac{Mn}{20} + \frac{Cr}{20} + \frac{Cu}{20} + \frac{Mo}{15} + \frac{V}{10} + \frac{Ni}{60} + 5B$$

式中:P_{cm}——焊接冷裂纹敏感指数;

H——焊缝金属氢含量,mL/100g;

t——板厚,mm。

P_c 与预热温度有关,防止裂纹的最低预热温度 $T_0 \geqslant (1440P_c - 392)$℃。

日本焊接学会的碳当量计算公式(已为日本工业标准 JIS 所采用)如下

$$C_{eq} = C + \frac{Si}{24} + \frac{Mn}{6} + \frac{Ni}{40} + \frac{Cr}{5} + \frac{Mo}{4} + \frac{V}{14} \tag{4-3}$$

此时,焊缝热影响区的最高硬度可由下式计算

$$HV_{max} = 666C_{eq} + 40 \tag{4-4}$$

一般来说,焊缝热影响区的硬度愈高则焊接裂纹倾向也愈大。不同强度级别的钢允许的(不产生裂纹)最高硬度也不同,如 800MPa 强度级别钢约为 430HV,600MPa 强度级别钢约为 380HV,500MPa 强度级别钢约为 320HV 等,小于这些值,则裂纹倾向较小,钢的焊接性良好;大于这些值,则工艺上要采取一定措施,如预热等。

我国已根据钢的化学成分、力学性能、加工和使用状态等条件,对一些钢,如压力容器用钢等,提出了碳当量或焊接裂纹敏感性的要求,以保证焊接质量和构件的安全。

(3)其他工艺性能

其他工艺性能如铸造性、可切削加工性、热处理工艺性等,其分别是铸造材料、需机加工和热处理的材料不可忽视的重要工艺性能。

3 材料的评价技术和方法

长期以来,人们从材料的制造和使用角度出发,发明了许多材料性能的评价技术和方法,这些技术和方法适用范围、复杂程度、所需费用以及结果的不确定度各不相同,因此,选择材料评价技术和方法时,应根据这些技术和方法的特点、样品的情况以及实际工作的需要进行综合考虑。

表 4-1 列出了一些主要的材料性能评价技术和方法。

表 4－1　主要的材料性能评价技术和方法

分类		试验方法
力学性能试验	常规力学性能试验	拉伸试验
		硬度试验
		冲击试验
		扭转试验
		压缩试验
		弯曲试验
		剪切试验
	疲劳试验	高周疲劳试验
		低周疲劳试验
		随机疲劳试验
		环境疲劳试验
	断裂韧性试验	平面应变断裂韧性 K_{IC} 测定
		稳定裂纹扩展下的启裂韧度测定
		疲劳裂纹扩展速率 da/dN 测定
		疲劳裂纹扩展门槛值 ΔK_{th} 测定
	高温长时性能试验	拉伸蠕变试验
		持久强度试验
		蠕变裂纹扩展试验
		蠕变疲劳复合试验
		应力松弛试验
	成形性能试验	成形极限曲线(FLC)
		成形极限图(FLD)
	工艺性能试验	弯曲试验
		杯突试验
		线材扭转试验
		顶锻试验
		反复弯曲试验
		线材缠绕试验
		金属管工艺试验
	实验应力分析试验	电测力学试验
		光弹力学试验
		光测力学试验
		非接触全场应变测量

续表

分　类		试　验　方　法
无损检测		目视检测(VT)
		射线检测(RT),包括胶片射线检测(RT－F)和数字射线检测(RT－D)
		工业用计算机断层成像技术(CT)
		超声波检测(UT),相控阵超声检测(PAUT),超声衍射时差检测(UT－TOFD)
		磁粉检测(MT)
		渗透检测(PT)
		涡流检测(ET)
		声发射检测(AET)
		金属磁记忆(MMM)检测
元素定性分析	主元素分析	离子色谱分析(IC)
		电感耦合等离子体－原子发射光谱分析(ICP－AES)
		中子活化分析(NAA)
		光学发射光谱分析(OES)
		火花源质谱分析(SSMS)
		X 射线光谱分析(XRS)
	微痕量元素分析	电子自旋共振(ESR)
		离子色谱分析(IC)
		电感耦合等离子体－原子发射光谱分析(ICP－AES)
		中子活化分析(NAA)
		光学发射光谱分析(OES)
		火花源质谱分析(SSMS)
元素定量分析	主元素分析	湿法分析
		紫外/可见光吸收光谱分析(UV/VIS)
		分子荧光光谱分析(MFS)
		原子吸收光谱分析(AAS)
		离子色谱分析(IC)
		电感耦合等离子体－原子发射光谱分析(ICP－AES)
		惰性气体熔化分析(IGF)
		中子活化分析(NAA)
		光学发射光谱分析(OES)
		火花源质谱分析(SSMS)

续表

分类		试验方法
元素定量分析	微痕量元素分析	X射线光谱分析(XRS)
		原子吸收光谱分析(AAS)
		高温燃烧法
		电子自旋共振(ESR)
		离子色谱分析(IC)
		电感耦合等离子体-原子发射光谱分析(ICP-AES)
		惰性气体熔化分析(IGF)
		中子活化分析(NAA)
		光学发射光谱分析(OES)
		火花源质谱分析(SSMS)
显微组织和结构分析	晶体结构/相分析	电子自旋共振(ESR)
		透射电子显微分析(TEM)
		X射线衍射分析(XRD)
	相的形貌和分布	电子探针微区分析(EPMA)
		图像分析(IA)
		光学金相分析(OM)
		扫描电子显微镜(SEM)
		透射电子显微镜(TEM)
	元素分析	俄歇电子光谱(AES)
		电子探针微区分析(EPMA)
		扫描电子显微镜(SEM)
		透射电子显微镜(TEM)
	缺陷分析	扫描电子显微镜(SEM)
		透射电子显微镜(TEM)
		X射线衍射分析(XRD)
表面分析	元素分析	俄歇电子光谱(AES)
		低能离子散射光谱(LEISS)
		卢瑟福背散射光谱分析(RBS)
		二次离子质谱(SIMS)
		X射线光电子光谱分析(XPS)
	分子化合物分析	傅里叶变换红外光谱分析(FT-IR)
		拉曼光谱分析(RS)
		二次离子质谱(SIMS)
		X射线光电子光谱分析(XPS)

续表

分类		试验方法
腐蚀试验	实验室腐蚀试验	电化学测试
		全面(均匀)腐蚀试验
		晶间腐蚀试验
		点腐蚀试验
		缝隙腐蚀试验
		应力腐蚀开裂试验
		腐蚀疲劳试验
		氢损伤试验
		电偶腐蚀试验
		选择性腐蚀试验
	现场腐蚀试验	大气腐蚀试验
		海水及淡水腐蚀试验
		土壤腐蚀试验

通过正确的取样,选择正确的试验方法,我们就可以获得准确可靠的材料性能试验数据。对结构材料来说,由于这些材料往往在不同的载荷和环境下服役,其利用的性能主要是材料的力学性能。所谓力学性能,是指材料在外加载荷(外力或能量)作用下或载荷与环境因素(温度、介质和加载速率)联合作用下所表现的行为,也就是在一定环境中材料抵抗外加载荷引起的变形和断裂的能力。人们常把这些材料或构件的承载条件用各种力学参量(如应力、应变、冲击能量等)来表示,这些表征材料力学行为的力学参量的临界值或规定值就称为材料的力学性能指标,如弹性指标 E,强度指标 R_p、R_m、σ_{-1},塑性指标 A、Z,韧性指标 A_k、K_{IC}等,并通过这些指标的测量来评价材料力学性能的优劣。人们在长期的生产和科学试验中已经建立并积累了许多反映材料力学性能的指标,这些指标有的能比较直观地看出其物理意义,并可以用于定量的设计计算,如屈服强度、抗拉强度、疲劳极限、蠕变极限、断裂韧性等,有的只能间接地估计它们对零件或构件强度地作用,如断后伸长率、断面收缩率、冲击吸收能量等。下面介绍一些理化检验实验室经常用的力学性能指标。

3.1　单向拉伸下的力学性能指标

3.1.1　弹性模量

弹性模量是材料在弹性范围(应变成线性比例关系)内应力与应变的比值,是表征材料刚度或材料对弹性变形抗力的指标。由于弹性变形是原子间距在外力作用下可逆变化的结果,应力与应变的关系实际上是原子间作用力与原子间距的关系。由于原子间作用力决定于材料原子本性和晶格类型,故弹性模量也主要决定于原子本性和晶格类型,它是一个对组织不敏感的力学性能指标,但灰铸铁除外,其 E 值与组织有关。如具有片状石墨的灰铸铁,E 为 135GPa 左右,当石墨密度增加时,E 值增加,如球铁为 175GPa,这是由于石墨边缘有应力集中并产生局部塑性变形,在石墨增加时其影响减弱。

3.1.2 上(下)屈服强度,规定塑性延伸强度,规定总延伸强度,规定残余延伸强度

以上都是表征材料对微量塑性变形的抗力,其中:

上屈服强度 R_{eH}:试样发生屈服,并且外力首次下降前的最大应力。

下屈服强度 R_{eL}:不记初始瞬时效应时,屈服阶段中的最小应力。

规定塑性延伸强度 R_p:试样标距部分的非比例延伸达到规定的原始标距百分比时的应力。

规定总延伸强度 R_t:试样标距部分的总延伸达到规定的原始标距百分比时的应力。

规定残余延伸强度 R_r:试样卸除外力后,标距部分的残余延伸达到规定的原始标距百分比时的应力。

屈服强度(包括上屈服强度和下屈服强度)适用于材料呈现不连续屈服(有屈服平台)情况,而规定非比例延伸强度、规定总延伸强度适用于材料呈现连续屈服情况,即工程上常讲的条件屈服强度,或简称为屈服强度。金属材料的屈服强度是一个对成分、组织结构极为敏感的力学性能指标,改变金属材料的合金成分或加工工艺都可使屈服强度产生明显的变化。因此,在材料生产过程中,采用了细晶强化、固溶强化、沉淀强化、形变强化等手段来提高材料的屈服强度。

3.1.3 抗拉强度

抗拉强度是试样受外力(屈服阶段之前不计)拉断过程中所承受的最大名义应力,它是表征材料对最大均匀变形的抗力,是材料在拉伸条件下所能承受的最大载荷下的应力值。拉伸强度是拉伸性能四大指标之一,由于其易于测定、重现性好,因此成为设计和选材的主要依据之一。

3.1.4 屈服点延伸率

屈服点延伸率是试样自屈服开始到屈服阶段结束,引伸计标距的伸长与引伸计标距的百分比。对于某些金属材料,如退火低碳钢等,在从弹性变形向塑性变形过渡中,当载荷增加到一定数值时出现载荷不增加或在某一不变载荷附近波动而试样继续伸长,屈服点延伸率的大小反映着屈服阶段的长短。它对于需冷冲压成形的材料很重要,因为材料如具有较长的屈服平台,会引起冷冲压成形制品表面出现局部的滑移线(带),影响金属制品的表面质量及其功能。

3.1.5 伸长率

伸长率包括:最大力下的非比例伸长率、最大力下的总伸长率、断后伸长率和断裂总伸长率。最大力下的非比例伸长率和最大力下的总伸长率的主要应用是估计材料的应变硬化指数,断后伸长率和断裂总伸长率则表征材料断裂前发生塑性变形的能力,其中,断裂总伸长率更适合于自动化测试,其重现性比断后伸长率好。

3.1.6 断面收缩率

断面收缩率是试样拉断后,缩颈处横截面积的最大缩减量与原始横截面积的百分比。它也是表征材料断裂前发生塑性变形的能力的指标。

伸长率和断面收缩率都是表征材料塑性变形的力学性能指标。和弹性变形相比，塑性变形是一种不可逆的变形，塑性变形中伴随着弹性变形和应变硬化，其应力应变关系是比较复杂的。由于只有切应力才能引起塑性变形，因此，塑性指标具有温度时间效应，对材料的化学成分、组织和应力状态很敏感。对钢而言，碳和合金元素增加都降低塑性，其中碳等间隙型溶质元素降低塑性的作用比置换型溶质元素大；钢中硫化物量和碳化物体积增加也降低塑性，其中具有片状碳化物的钢劣于具有球状碳化物的钢；在奥氏体不锈钢中，细化晶粒能使塑性增加。

3.1.7　应变硬化指数

金属材料在变形过程中，当应力超过屈服强度后，塑性变形要想连续进行必须不断增加外力，试验表明，在拉伸真应力 - 应变曲线上的均匀塑性变形阶段，真应力与真应变之间符合 Hollmon 关系式

$$\sigma_T = ke^n \tag{4-5}$$

式中：σ_T——真应力，MPa；

e——真应变；

k——强度系数；

n——应变硬化指数。

应变硬化指数 n 是表征材料继续塑性变形的抗力，它具有十分重要的意义。如金属材料的 n 值较小，则其制成零件或构件在服役时承受偶然过载的能力就比较差；在冷变形加工中，n 值的大小决定了材料的冷变形界限，超过该界限对于板材就会产生局部减薄现象，因此，n 值是薄板深冲性能的重要指标。n 值还反映了材料形变强化的能力，若 n 值过低，则通过冷变形提高强度的幅度是有限的，不锈钢和铜的 n 值较高，形变强化的效果较为突出。n 值对材料的可切削加工性能有影响，同时对材料的韧性断裂过程也有重要影响。

应变硬化指数 n 值主要和层错能有关。当材料层错能较低时，不易产生交滑移，位错在障碍附近产生的应力集中水平高于层错能高的材料，因此层错能低的材料形变硬化程度大。除与层错能有关外，n 值对冷热变形也十分敏感，通常退火金属 n 值比较大，而在冷加工状态则比较小，且随材料强度的降低而增加，试验表明，n 值和材料的屈服强度大致成反比关系。一般，n 值也随溶质原子含量增加、晶粒变细而下降。

3.1.8　塑性应变比

塑性应变比 r 是金属薄板试样沿轴向拉伸到产生均匀塑性变形时，试样标距内宽度方向的真实应变 e_b 与厚度方向的真实应变 e_T 之比

$$r = \frac{e_b}{e_T} \tag{4-6}$$

塑性应变比 r 值是表征板材冲压成型性能的指标，它反映了材料抵抗变薄的能力。

此外，薄板平面的各向异性，可以用塑性应变比平面各向异性度（凸耳参数）Δr 来表示，即

$$\Delta r = \frac{1}{2}(r_0 \times r_{90} - 2r_{45}) \tag{4-7}$$

式中，r_0、r_{90}、r_{45}分别代表与轧制方向呈 0°、90°、45°的塑性应变比。

3.2 压缩力学性能指标

原则上讲,压缩与拉伸仅仅是受力方向相反,因此,材料拉伸试验中所定义的力学性能指标在压缩试验中基本上都能适用。

压缩试验主要用于脆性材料,某些脆性材料在韧性状态下的力学行为不能通过静拉伸试验反映。压缩试验也用于服役条件处于压缩状态下的材料。

3.3 弯曲力学性能指标

弯曲力学性能指标有规定残余弯曲应力、抗弯强度等,它是把圆柱形或矩形试样放置在一定跨度的支座上,施加集中载荷(三点弯曲)或等弯矩载荷(四点弯曲),通过测量载荷与试样最大挠度间的关系来测定的。弯曲加载的应力状态从受拉的一侧看,基本与拉伸试验相同,而脆性材料由于过硬难以加工成拉伸试样,并且弯曲试验不存在拉伸试验时试样偏斜对试验的影响,因此,弯曲试验常用于测定铸铁、铸造合金、工具钢、硬质合金及陶瓷等脆性材料的断裂强度,并能明显地显示出这些材料的塑性差别。同时,由于弯曲试验时试样截面上的应力分布是不均匀的,故可较灵敏地反映材料表面缺陷,常用来比较和鉴别渗碳层和表面淬火层等表面热处理零件的质量和性能。

3.4 硬度

硬度是材料抵抗局部变形,特别是塑性变形、压痕或划痕的能力,是衡量材料软硬程度的一种指标。根据受力方式,硬度试验方法一般可分为压入法和刻划法两种,在压入法中,按加力速度不同又可分成静力试验法和动力试验法。常用的布氏硬度、洛氏硬度和维氏硬度等均属于静力试验法;而肖氏硬度、里氏硬度(弹性回跳法)和锤击布氏硬度等则属于动力试验法。

硬度值的具体物理意义随试验方法的不同,其含义也不同。例如,压入法的硬度值是材料表面抵抗局部变形的能力,它是材料的弹性、塑性、应变硬化能力等的综合反映。硬度不是金属材料独立的力学性能,是人为规定的在某一特定条件下的一种性能指标。

硬度试验方法很多,在进行硬度试验时,应根据被测试样的特性选择合适的硬度试验方法和试验条件。表4-2是部分硬度试验方法和应用范围

表4-2 硬度试验方法和应用范围

硬度名称	适用范围
布氏硬度	晶粒粗大且组织不均匀的材料
洛氏硬度	HRA:高硬度淬火件、较小与较薄件以及中厚度硬化层的表面硬度 HRB:硬度较低的退火件、正火件和调质件 HRC:淬火回火件以及较厚硬化层的表面硬度
表面洛氏硬度	薄、小件的硬度及薄或中厚度硬化层的表面硬度
维氏硬度	薄、小件的硬度及薄或中厚度硬化层的表面硬度
小负荷维氏硬度	薄、小件的硬度及浅硬化层的表面硬度,表面处理件的硬度梯度和硬化层深度
显微硬度	极薄、微小件或显微组织硬度,极薄或极硬硬化层的表面硬度
肖氏硬度	大件的现场硬度
里氏硬度	大件的现场硬度

硬度试验方法简单易行,属“无损”检测,能反映金属材料在化学成分、金相组织、热处理工艺及冷加工变形等方面的差异,因此被广泛用来检查原材料及其产品的质量、材料表面层的情况、检验热处理工艺的合理性,同时,通过大量试验和统计分析,建立硬度与其他力学性能指标之间的经验公式,来估计其他性能数值。

3.5　韧性指标

3.5.1　冲击吸收能量

冲击吸收能量是评价材料对大能量一次冲击载荷下破坏的缺口敏感性。常用的夏比冲击试验是将具有规定形状、尺寸和缺口类型的试样放在冲击试验机的试样支座上,使之处于简支梁状态,然后用规定高度的摆锤对试样进行一次性打击,通过能量转换过程,测量试样在这种冲击下折断时所吸收的功。

3.5.2　韧脆转变温度

韧脆转变温度是在一系列不同温度的冲击试验中,吸收能量急剧变化或断口韧性急剧转变的温度区域”。为此,需要在不同温度下进行冲击试验,根据试验结果,以试验温度为横坐标,以吸收能量或脆性断面率为纵坐标绘制吸收能量－温度曲线、脆性断面率－温度曲线,再根据有关标准或双方协议,在曲线中确定韧脆转变温度。

3.5.3　无塑性转变(NDT)温度

所谓无塑性转变(NDT)温度是含有小裂纹的钢材在动态加载屈服下发生脆断的最高温度。无塑性转变(NDT)温度通过落锤试验测定。它是将落锤试样以简支梁的形式加载,试样拉伸一面堆焊一层脆性合金焊道,并开一缺口以诱发裂纹。试验时,试样在冷却到一定温度并保温一定时间后置于特制砧座上,然后落下重锤进行打击,根据不同温度下试样开裂情况,判断材料的无塑性转变(NDT)温度。

落锤试验具有可以直接给出无塑性温度,能在一定程度上模拟实际构件中存在的裂纹或其他缺陷等特点,它给出的无塑性温度波动范围较小,一般只有 0.5℃左右,因此具有一定的工程应用价值,常被作为评价材料和工艺质量的重要参数。

材料本身的化学成分、金相组织、晶粒度以及是否含有夹渣、偏析、白点、裂纹及非金属夹杂物超标等冶金缺陷或过热、过烧、回火脆性等热加工缺陷都对韧性产生影响。一般来说,除细化晶粒能提高韧性和少数几个固溶元素(如 Ni、Mn 等)能改善韧性外,其他强化因素均降低韧性和提高钢的韧脆转变温度。

3.6　疲劳性能指标

3.6.1　疲劳极限

疲劳极限是材料经受无限周次循环而不被破坏的最大应力。

条件疲劳极限是材料经受规定应力循环 N_0 次而不被破坏的最大应力。N_0 根据零件或构件的工作条件和使用寿命规定,一般规定:钢、铸铁,$N_0=10^7$ 次;有色金属、不锈钢,$N_0=10^8$ 次;

腐蚀疲劳时，$N_0=10^6$ 次。

疲劳极限和条件疲劳极限都是表征材料对疲劳断裂的抗力。

3.6.2 疲劳缺口敏感度

材料在交变载荷作用下对台阶、拐角、键槽、油孔、螺纹等“缺口”很敏感，疲劳缺口敏感度 q_f 是表征材料在交变载荷作用下的缺口敏感性

$$q_f=\frac{K_f-1}{K_t-1} \tag{4-8}$$

式中：K_t——理论应力集中系数；

K_f——疲劳缺口应力集中系数，它是光滑试样和缺口试样疲劳极限之比，$K_f=\sigma_{-1}/\sigma_{-1N}$。

材料的疲劳性能不仅对材料的化学成分、组织结构很敏感，对工作条件、工艺过程等也很敏感，影响材料的疲劳极限的因素见表4-3。

表4-3 影响材料的疲劳极限的因素

<table>
<tr><td rowspan="2">外因</td><td>工作条件</td><td>载荷特性
载荷谱
载荷交变频率
温度
环境介质</td></tr>
<tr><td>表面状态和尺寸因素</td><td>尺寸因素
表面粗糙度
加工工艺
残余应力
表面处理</td></tr>
<tr><td>内因</td><td>材料本质</td><td>化学成分
金相组织
纤维方向
内部缺陷</td></tr>
</table>

3.7 工艺性能指标

根据材料种类，工艺性能试验分为下列几种：

①棒材工艺试验，如顶锻试验、弯曲试验等；

②型材工艺试验，如展平弯曲、反复弯曲等；

③板材工艺试验，如弯曲、反复弯曲、锻平、杯突等；

④管材工艺试验，如液压、扩口、缩口、弯曲、压扁、卷边等；

⑤线材工艺试验，如反复弯曲、扭转等；

⑥丝、带材工艺试验。

工艺试验具有以下几个特点：

(1)试验过程与材料的工艺过程、使用条件相似。

(2)试验结果能反映材料的塑性、韧性及部分质量问题。

(3)试样加工容易。

(4)试验方法方便,无需复杂的试验设备。

4　钢的化学成分及其对性能的影响

4.1　碳

钢是铁碳合金,碳是决定钢的强度的最主要而又最经济的元素,但碳又对钢的塑性、韧性和焊接性等产生不利影响,因此,其用量受到钢的综合性能要求的制约。碳对钢的影响见图 4-2。

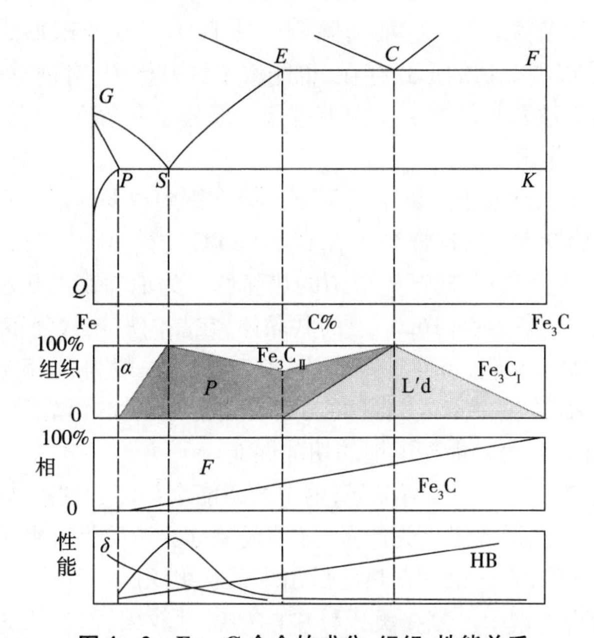

图 4-2　Fe-C 合金的成分、组织、性能关系

从图中可看出,随着钢中含碳量的增加,铁素体的相对量减少,渗碳体的相对量增加,金相组织的变化顺序为:

铁素体→铁素体+珠光体→珠光体→珠光体+$Fe_3C_Ⅱ$(二次渗碳体)→珠光体+$Fe_3C_Ⅱ$+L′d(变态莱氏体)→L′d→L′d+$Fe_3C_Ⅰ$→Fe_3C

铁素体是软韧相,渗碳体是硬脆相。珠光体由铁素体和渗碳体组成,渗碳体以细片状分散分布在铁素体基体上,起着强化的作用。因此,珠光体有较高的强度和硬度,但塑性较差。珠光体内的层片越细,则强度越高。在平衡结晶条件下,珠光体的力学性能大致如下:

抗拉强度:1000MPa

屈服强度:600MPa

断后伸长率:10%

断面收缩率:12%~15%

硬度:241HB

当碳含量小于0.9%时,钢的强度和硬度随碳含量增加而增加,塑性和韧性都随碳含量的增加而减少。当含碳量达到0.77%时,其性能就是珠光体的性能。当碳含量达到0.9%～1%时,钢的强度出现峰值,这是由于脆性的二次渗碳体在碳含量高于1%时会出现连续的网络时,钢的脆性大增。因而在用拉伸试验测定其强度时,会在脆性的二次渗碳体处出现早期的裂纹并发展至断裂,使强度降低。

4.2 其他常见元素

除铁和碳以外,其他元素如果能提高钢的某些性能或使其获得某些性能,则被称为合金元素,如果对钢的性能有害,则被称为杂质。有些元素在某些情况下被称为合金元素,在某些情况下则被称为杂质。

一般钢中总是存在着锰、硅、硫、磷、氮、氢、氧等元素,它们在钢中的作用如下:

(1)锰。锰来自生铁及脱氧剂。它能清除钢中的FeO,还能与硫形成MnS,减轻硫的有害作用。锰在钢中一部分以夹杂物的形式存在,也能溶于铁素体中,对钢有一定的强化作用。

(2)硅。硅也来自生铁和脱氧剂。在钢中也是一部分以夹杂物的形式存在,如溶于铁素体中,对钢也有一定的强化作用。

(3)硫。硫是由生铁和燃料带入钢中的杂质。硫在钢中以FeS形式存在,FeS与Fe形成熔点较低的共晶体(熔点为985℃),这样当钢在高于985℃进行热加工时,分布在晶界的低熔点的共晶体将因熔化而造成沿晶开裂,产生所谓的热脆性。为消除钢的热脆性,可在钢中增加锰的含量,因锰优先与硫形成高熔点(1620℃)的共晶体,在晶内呈粒状分布的MnS。在易切削钢中,为改善钢材的切削加工性能,特意提高钢中的硫含量(一般为0.15%～0.3%),同时加入锰(0.6%～1.55%),从而在钢中形成大量的MnS。轧钢时,MnS沿轧制方向伸长,这样,在切削时,MnS夹杂起断削作用,大大提高了钢的切削性能。

(4)磷。磷由生铁带入钢。一般情况下,钢中的磷能全部溶于铁素体中,使其强度提高,塑性、韧性则显著降低,尤其在低温时更为严重,这种现象称为冷脆性。此外,磷在结晶过程中易偏析,从而在局部发生冷脆,并使钢材在热轧后出现带状组织。

(5)氮。氮由炉气进入钢中。氮在奥氏体中的溶解度较大,而在铁素体中的溶解度很小,且随温度的下降而减少。当钢由高温较快冷却时,过剩的氮由于来不及析出便溶于铁素体中,随后在200～250℃加热时,就会发生氮化物的析出,使钢的强度上升,韧性大大下降,这种现象为蓝脆(时效脆性)。在钢中加入铝或钛进行脱氮处理,使氮固定在AlN及TiN中,可消除这一现象。

(6)氢。炼钢炉料和浇注系统中带有水分或空气潮湿,都会使钢中的含氢量增加,氢可使钢变脆,称之为氢脆。

(7)氧。钢中的氧主要存在于非金属夹杂物中,对钢产生不良影响。

4.3 合金元素

钢中常用的合金元素有硅、锰、铬、镍、钼、钨、钒、钛、铌、锆、铝、钴、铜、硼以及稀土元素La等,它们在钢中的存在形式和分布有以下5种情况:

(1)溶于铁素体、奥氏体、和马氏体中,以固溶体的溶质形式存在;

(2)形成碳化物;

(3)与钢中氧、氮、硫等形成非金属夹杂物;

(4)合金元素间形成金属间化合物;

(5)以游离态存在。

合金元素在钢中的分布状态是很复杂的,它的分布取决于合金元素的本质、含量和热处理条件等。

合金元素在钢中的主要作用有:提高淬透性,调节强度 - 塑性 - 韧性的配合,满足某些特殊性能要求(如抗腐蚀性、耐热性、冷脆性等),改善工艺性能(如回火脆性、成型性、焊接性等)。合金元素对钢的作用是通过改变 Fe - C 状态图,改变相变过程和产物,从而改变钢的显微组织结构(包括亚结构)来实现的。

4.4　合金元素对钢的性能的影响

钢的性能主要与其成分和组织有关,合金元素的加入改变了碳素钢的成分和组织,因此,合金钢在力学性能、工艺性能、物理性能、化学性能方面都与碳素钢有所不同。

4.4.1　对力学性能的影响

合金元素对力学性能的影响主要是通过改变钢的组织、改变其组织中基本相的性能及相对量而达到的。因而,同一合金元素,在不同的组织状态下,其作用也不相同。

(1)对退火状态下钢的力学性能的影响

合金元素固溶于铁素体中可起固溶强化作用,提高其强度和硬度,但同时却降低塑性和韧性。磷、硅、锰强烈提高铁素体的强度而铬、钼、钨则较弱;硅、锰强烈降低铁素体的塑性和韧性,但少量的锰、铬、镍能使塑性和韧性稍有提高。

合金元素除通过强化铁素体而影响退火钢的力学性能外,还由于它们能降低共析点的含碳量,从而相对提高了珠光体的数量,使强度提高,塑性下降。另外,合金元素还增加过冷奥氏体的稳定性,使 C 曲线右移,因而在同样冷却条件下的铁素体和碳化物两相混合物的分散度增加,也可使强度增加,塑性降低。同时,大多数合金元素能细化晶粒,使韧性得到改善。尽管如此,在退火状态下,并不能充分发挥合金元素的有效作用。因此,退火处理通常不作为合金钢的最终热处理。

在低合金范围内,化学成分对退火状态铁素体 - 珠光体(基本化学成分为 C:0.30%,Si:0.3%,Mn:1.0%)的强度和断后伸长率的影响见表 4 - 4,对断面收缩率 Z 的影响可用下式计算

$$Z(\%)=78.5+5.39(\%\mathrm{Mn})-0.531(\%\text{珠光体})-0.33d \quad (4-9)$$

式中,d 为铁素体晶粒直径,mm。

表 4 - 4　合金成分每增加 1% 所引起的力学性能的变化

元素	R_p		R_m		A_{50mm}		适用成分范围
	增加/MPa	比率	增加/MPa	比率	增加/%	比率	
C	510	1	770	1	-51	1	0~0.7
Mn	95	1/5	145	1/5	-6	1/9	0.3~1.5
Si	60	1/8	120	1/7	-4	1/12	0.3~2.0
P	345	2/3	510	2/3	-33	2/3	0~0.2

续表

元素	R_p		R_m		A_{50mm}		适用成分范围
	增加/MPa	比率	增加/MPa	比率	增加/%	比率	
S	0	0	-275	-1/3	0	0	0~0.06
Cu	85	1/6	105	1/7	-5	1/10	0~2.0
Ni	27	1/19	35	1/22	-3	1/17	0~1.8
Cr	0	0	90	1/9	-12	1/4	0~1.0
Mo	50	1/10	7	1/112	-20	2/5	0~0.3
Al	—	1.6	-180	-1/4	0	0	0~0.04
	0	0					0.04~0.1
Ti	0	0	-27	-1/30	-4	1/12	0
	—	—					0.3~0.4
V	565	1.1	455	3/5	-40	4/5	0~0.25

(2)对正火状态下钢的力学性能的影响

合金元素提高过冷奥氏体的稳定性。合金钢正火后，根据合金元素及其含量的不同，可能得到索氏体、屈氏体、贝氏体或马氏体组织，因此，正火后的合金钢的性能与退火钢显著不同。锰、铬、铜对正火钢的强化作用较大，而硅、铝、钒、钼等元素，当它们的含量为一般结构钢的实际委托含量时，对正火没有显著的强化作用。

尽管合金钢在正火状态下的力学性能比退火状态有了较大的提高，但仍低于调质状态，因而只是在特殊情况下，才可以采用正火作为合金钢最终热处理。

(3)对淬火回火状态下钢的力学性能的影响

合金钢淬火后一般都在高温回火状态或低温回火状态下使用。

淬火及低温回火的钢为回火马氏体组织，其强化的主要因素是碳在马氏体中过饱和固溶所形成的固溶强化作用，以及在低温回火时析出的细小碳化物的弥散强化作用。在此状态下，合金元素的作用不大，对回火马氏体的固溶强化作用与碳相比要小得多，合金元素主要是通过提高淬透性使较大截面的零件在淬火后能得到马氏体组织。另外，由于合金元素有的能使残余奥氏体增多，有的能使奥氏体晶粒细化，使淬火组织较细，因而能略微提高塑性及韧性。

根据近年来的试验数据研究结果，得出钢的化学成分（质量分数）与力学性能间的关系如下：

$$\begin{aligned}R_m(\text{MPa}) = & 443 + 3058\text{C} - 229\text{Mn} + 267\text{Si} + 412\text{Cr} + 184\text{Mo} + 22.7\text{Ni} \\ & - 941\text{Ti} - 441\text{Nb} + 39.2\text{Cu} - 235\text{Cr}\cdot\text{Si} - 35.2\text{Mn}\cdot\text{Ni} + 323\text{Cr}\cdot\text{V} \\ & + (1.37 - 3.87\text{Mo} + 0.503\text{Ni} + 18.9\text{Ti} - 1.36\text{W})(t_{淬火} - A_{C3}) \\ & + 170\text{Mn}^2 - 68.3\text{Cr}^2 - 1113\text{V}^2 - 0.0161(t_{淬火} - A_{C3})^2\end{aligned} \quad (4-10)$$

相关系数 $R=0.88$，均方差 $=1.25$。

$$\begin{aligned}R_{p0.2}(\text{MPa}) = & 321 + 2835\text{C} - 62.1\text{Mn} + 218\text{Si} + 316\text{Cr} + 68.5\text{Ni} \\ & - 2620\text{V} - 718\text{Ti} - 750\text{Nb} + 207\text{W} + 164\text{Mn}\cdot\text{Cr}\end{aligned}$$

$$+471Si \cdot Mo + 1300Mn \cdot V + 1153Cr \cdot V - 1603MoV + (1.25 - 3.43Mo + 0.365Ni + 24Ti - 1.52W)(t_{淬火} - A_{C3}) - 150Cr^2 - 16.2Ni^2 - 957V^2 - 0.0149(t_{淬火} - A_{C3})^2 \tag{4-11}$$

相关系数 $R = 0.86$，均方差 $= 1.53$。

$$A(\%) = 12.5 - 40.4C + 15Mn - 0.053Si + 207Ni + 7.89V + 10.7Ti + 4.08W - 2.49Cu - 4.07Mn \cdot Cr + 19.6Mn \cdot Mo - 1.49Cr \cdot Ni + 6.66Mo \cdot Ni + (0.095 + 0.309C - 0.0255Mn - 0.374Ti)(t_{淬火} - A_{C3}) - 4.81Mn^2 + 1.49Cr^2 - 12V^2 - 0.000115(t_{淬火} - A_{C3})^2 \tag{4-12}$$

相关系数 $R = 0.70$，均方差 $= 3.83$。

$$Z(\%) = 59.5 + 0.58Mn - 15.3Si + 2.55Mo + 2.03Ni + 23.6Nb - 4.36W + 23.1C \cdot Mn - 16.6C \cdot Cr - 32.8Mn \cdot V - 16.5Cr \cdot V + (0.534C - 0.0407Mn - 0.0468Cr - 0.0985Mo - 0.0195Ni + 0.0987W(t_{淬火} - A_{C3}) - 231C2 + 8.82Si^2 + 307Cr^2 + 96.5V^2 \tag{4-13}$$

相关系数 $R = 0.68$，均方差 $= 8.16$。

$$K_V(J/cm^2) = 85 - 69.4Mn + 15.1Cr - 167Mo - 9.61V + 25Nb - 9.13W - 195C \cdot Mn + 12.7Mn \cdot Ni + (-0.142C + 0.321V - 9.17Ti + 0.187W)(t_{淬火} - A_{C3}) - 358C^2 - 10.2Mn^2 + 9.6Si^2 + 551Mo^2 \tag{4-14}$$

以上回火温度为150~200℃，化学成分（质量分数）范围见表4-5。

表4-5　化学成分（质量分数）范围

C	Mn	Si	Cr	Ni	Mo	W	V	Ti	Nb
0.1~0.3	0.5~2.0	0.2~1.5	0~2.0	0~4.0	0~0.40	0~1	0~0.06	0~0.1	0~0.4

以上各式计算误差不超过15%。钢的塑性、韧性与化学成分关系的相关系数比强度小是由于影响塑性和韧性的因素不仅仅局限于钢的化学成分。

对于C小于0.5%，Mn小于1.75%，Ni小于3%，Cr小于2.25%，Mo小于1%和合金元素总量小于5%的低合金结构钢来说，碳和合金元素对马氏体强化的贡献可用下式表示

$$HV_M = 127 + 949C + 27Si + 11Mn + 8Ni + 16Cr + 21\lg V_M \tag{4-15}$$

式中：HV_M——马氏体的维氏硬度，其分散度 $2\sigma = 26HV$；

V_M——油冷下马氏体的临界冷却速度，℃/h。

淬火及高温回火（也叫调质处理）的钢为回火索氏体组织。合金元素对钢在调质状态时的作用主要有：①提高淬透性，使较大截面的零件也能淬透；②减缓钢的回火过程，阻碍碳化物的长大，使高温回火后碳化物保持较为细小的颗粒，使调质处理后的合金钢能得到较好的强度及韧性的配合；③固溶于铁素体，使铁素体强化；④某些强碳化物形成元素不仅提高钢的回火稳定性，甚至产生沉淀硬化作用；⑤某些元素能细化晶粒，对提高塑性和韧性有利；⑥钼、钨能消除或减弱钢的第二类回火脆性。

由于以上几方面的因素，在调质状态下，合金钢在强度或韧性方面都超过碳素钢。目前，大多采用多种合金元素的多元合金调质钢，其淬透性及综合性能均能显著提高，如硅锰钼钒钢、铬锰钼钢、铬镍钼钢等。

4.4.2 对高温力学性能的影响

随着温度的升高,钢的晶界强度逐渐降低,达到某一温度后,晶界强度将低于晶粒本身的强度,因此,要提高钢的高温力学性能,特别是抗蠕变性能,通常采用粗晶粒钢以减少晶界,此外,还可加入硼、钼、铬等合金元素以提高晶界强度。

4.4.3 对低温力学性能的影响

磷、碳、硅提高韧脆转变温度,锰、镍降低韧脆转变温度。一般通过采用奥氏体钢或超细晶粒钢来改善钢的低温力学性能。

5 组织结构与性能的关系

由图4-1可知,材料的化学成分、凝固过程和热加工工艺决定了其组织结构,而其组织结构又影响了金属和合金的性能。物理测试(包括组织结构检测和性能测试)的一个重要内容就是揭示材料内部组织结构与宏观性能的联系,研究其规律性。

常用于金属和合金组织结构检测的方法有三种:光学金相检验法(OM)、扫描电镜检验法(SEM)和透射电镜检验法(TEM)。光学金相检验是以光学显微镜为工具,对样品的组成相的尺寸、形状和分布特征、晶粒度、夹杂物类型和数量,以及表面处理层的组织等进行检查并作出定性鉴别和定量测定。扫描电镜检验是以扫描电镜为工具,其放大倍数高,景深大,除可进行组织鉴别外,在断口观察和失效分析、腐蚀和磨损研究等方面发挥重要的作用;透射电镜检验是以放大倍数更大的透射电镜为工具,因此在形貌和结构分析中具有更大的优势。扫描电镜和透射电镜配备能谱仪,还可对微区的成分进行定性或定量分析。长期以来,人们通过金相检验建立起来的金属合金的组织性能之间关系包括:

每一个组成相对应着各自的性能,对强度类钢,化学成分一定时,金相组织和力学性能之间关系的基本经验见表4-6。

表4-6 钢的成分、组织和力学性能间的关系

化学成分	金相组织(工艺)	屈服强度(MPa)
C-Mn C-Si-Mn C-Mn-Nb,V,Ti C-Mn-V-N	铁素体F+珠光体P (热轧型)	300~450
C-Mn-Nb,V C-Mo-Nb,V Mn-Mo-B	铁素体F+贝氏体B (热轧型)	400~550
Cr-Mo Ni-Cr-Mo Ni-Mo-Cu	铁素体F+贝氏体B (正火型)	400~550
Ni-Cr-Mo-V Ni-Cr-Mo-V-B	马氏体 (调质型)	550~700

一般来说，随着晶粒尺寸的减小，材料的强度和硬度提高；随着夹杂物含量的增加，材料的韧性趋于降低；具有各向异性的拉长晶粒的力学性能与晶粒的择优取向有关；表面硬化层的性能取决于硬化区的显微组织和硬化层的深度；焊接质量与焊缝金属组织、热影响区大小以及焊接缺陷密度密切相关；

因此，金相组织鉴别、晶粒度和夹杂物评定、有效硬化层深度测定以及焊接金相检验等常用的金相检验手段成了材料工艺控制，质量保证和失效分析的重要工具。

自从人们开始材料的研究以来，就希望建立微观组织结构与宏观性能之间的联系，但由于实验和理论上的诸多困难，这种理想迟迟难以实现，但随着实验技术和设备的飞速进步，材料学理论深入到可把宏观和微观更现实地联结起来的介观层次，以及计算机模拟和计算技术的高速发展，严格定量的材料科学理论正在被逐渐建立起来，这就是材料基因组计划（materials genome initiative）。

基因原本是生物遗传学上的概念，“材料基因组计划”与“人类基因组计划”类似（见表 4 –7）。材料研究中，最小功能单位是组分，不同组分间的相互组合、配比形成了不同性能性状的材料，这样的组合可能性数以万计。材料基因组计划就是基于已有的材料科学技术的基本知识，通过多学科融合和材料计算与试验高通量化，结合已知的可靠实验数据，用理论模拟去尝试尽可能多的真实或未知材料，建立其化学组分、晶体和各种物性的数据库，并利用信息学、统计学方法，通过数据挖掘探寻成分 – 原子排序 – 相 – 显微组织 – 材料性能 – 环境参数 – 使用寿命等之间的相互关系，为材料设计师提供更多的信息，多快好省地开发新材料。在未来，甚至可以在明确每一组分在材料中作用的基础上，像搭积木一样定制特定功能的材料，此时材料基因与生物基因异曲同工。

表 4 –7　人类基因组计划与材料基因组计划

	人类基因组计划	材料基因组计划
研究动因	人体的基因排列决定了人体的机能	材料中原子排列和显微组织决定了材料的性能
研究内容	测定、分析和贮存人类基因组图谱	寻找和建立材料从原子排列到相的形成到显微组织的形成到材料性能与使用寿命之间的相互关系
研究目标	解码生命、了解生命的起源、了解生命体生长发育的规律、认识种属之间和个体之间存在差异的起因、认识疾病产生的机制以及长寿与衰老等生命现象、为疾病的诊治提供科学依据	实现材料设计到制造的“时间减半、成本减半”（half time，half cost）
成功关键	高通量快速的实验方法 生物信息学	高通量材料理论计算与模拟 高通量快速的实验合成与测试 材料性能数据库和信息学

6 各种力学性能指标间的关系

材料的不同力学性能指标，是人们表征不同的力学状态下材料力学行为的力学参量的临界值或规定值，它们之间在理论上并无严格的内在的联系，为了得到某一力学性能指标，应该在其规定的试验条件下测定。然而，长期以来，人们针对某些材料在进行大量对比试验的基础上，通过数据处理，发现不同的力学性能指标之间也存在着某种联系，因此，建立了一些不同的力学性能指标之间的近似对应关系和经验公式。根据这些对应关系和经验公式，我们一方面能通过某个或某些力学性能来预测另一个力学性能指标，另一方面，我们能通过分析所测力学性能指标间的关系来判断检测结果的可靠性。

6.1 各硬度指标之间的关系

我们最常用的静载压痕硬度，如布氏硬度、洛氏硬度和维氏硬度，它们实质上都是表示材料表面抵抗另一物体压入时所产生的塑性变形抗力的大小。通过大量的试验和分析研究，发现了不同材料各种硬度间的近似对应关系，并把其制定成标准（见表 4－8），当必须在硬度间进行换算时应按这些标准执行。

表 4－8 不同硬度间的换算标准

标准编号	标准名称	适 用 范 围
GB/T 33362	金属材料 硬度值的换算	非合金钢、低合金钢和铸钢、调质钢、冷加工钢、高速钢、硬质合金、有色金属及合金、工具钢等
ASTM E140	金属标准硬度换算表	碳素钢、合金钢、工具钢、铜合金、铝合金以及镍及高镍合金等
ISO 18265	金属材料 硬度值的换算	碳钢、低合金钢、铸钢、调质钢、高速钢、硬质合金、有色金属合金等

需要指出的是，标准中所列的换算值只有当试件组织均匀一致时，才能得到精确的结果。当测量铝合金板材硬度换算强度时，若要求严格，需考虑其加工特性，对换算值作适当修正。对包铝层的试件，应去除包铝层后，再进行测试和换算。

这些硬度间的换算表经常被拟合成经验公式，以便贮存在计算机的程序中用于金属硬度间的换算，如有人将 ASTM E140 金属标准硬度换算表（布氏硬度、维氏硬度、洛氏硬度之间的关系）拟合成下列两个公式：

$$HB = 169.46 + 0.582HRC + 0.111(HRC)^2 \quad (4-16)$$

$$HV = 109.3 + 8.19HRC - 0.145(HRC)^2 + 0.0029(HRC)^3 \quad (4-17)$$

其他经验公式见表 4－9。

表 4-9　硬度换算经验公式

材料	公式	适用范围
钢	$HB=\frac{7300}{130-HRB}$	40～100HRB
	$HB=\frac{1520000-4500HRC}{(100-HRC)^2}$	<40HRC
	$HB=\frac{25000-10(57-HRC)^2}{100-HRC}$	40～70HRC
	$HRB=134-\frac{6700}{HB}$	
	$HRC=119.0-\left(\frac{2.43\times10^6}{HV}\right)^{\frac{1}{2}}$	240～1040HV
	$HRA=112.3-\left(\frac{6.85\times10^5}{HV}\right)^{\frac{1}{2}}$	240～1040HV
	$HR15N=117.94-\left(\frac{5.53\times10^5}{HV}\right)^{\frac{1}{2}}$	240～1040HV
	$HR30N=129.52-\left(\frac{1.88\times10^6}{HV}\right)^{\frac{1}{2}}$	240～1040HV
	$HR45N=133.51-\left(\frac{3.132\times10^6}{HV}\right)^{\frac{1}{2}}$	240～1040HV
	$HB=0.951HV$	钢球,200～400HV
	$HB=0.941HV$	碳化钨球,200～700HV
碳化钨	$HRC=117.35-\left(\frac{2.43\times10^6}{HV}\right)^{\frac{1}{2}}$	900～1800HV
	$HRA=\frac{211-\left(\frac{2.43-10^6}{HV}\right)^{\frac{1}{2}}}{1.885}$	900～1800HV
白口铸铁	$HB=0.363(HRC)^2-22.515HRC+717.8$	
	$HV=0.343(HRC)^2-18.132HRC+595.3$	
	$HV=1.136(HB)^2-26.0$	
奥氏体不锈钢	$\frac{1}{HB}=0.0001304(130-HRB)$	60～90HRB,110～192HB

6.2　硬度与其他力学性能间的关系

由于硬度值大小是由起始塑性变形抗力和继续塑性变形抗力决定的,材料的强度越高,塑性变形抗力越高,硬度值也就越高。由于硬度试验简便、迅速,人们很早就开始探讨如何通过所测定的硬度来评定材料的其他力学性能指标,这对于材料的实际试验和科学研究都具有十分重要的意义。根据大量的试验证明,金属的布氏硬度 HB 与抗拉强度 R_m 之间成正比关

系，即

$$R_m = k\text{HB} \tag{4-18}$$

式中，k 为比例系数，不同的金属材料其 k 值不同。同一类金属材料经不同热处理后，硬度和强度发生变化，其 k 值基本保持不变。但若经过冷变形提高强度后，则 k 值不再是常数。对于钢铁材料，一般应用时可以粗略地认为 $k \approx 3.3$。

关于不同金属材料的布氏硬度与强度之间有许多经验公式，见表 4－10。

表 4－10　金属材料的压入硬度与其他力学性能间的关系

材料	经验公式	研究者
热处理合金钢(250～400HB)	$R_m = 3.24\text{HB}$	Creaves，Jones
热处理碳钢和合金钢(＜250HB)	$R_m = 3.32\text{HB}$	
中碳钢(轧制态，正火态，退火态)	$R_m = 3.40\text{HB}$	
热处理碳钢和合金钢	$R_m = (3.24 \sim 3.55)\text{HB}$	Taylor
退火碳钢	$R_m = (3.55 \sim 3.86)\text{HB}$	
不分钢种	$R_m = (3.09 \sim 3.55)\text{HV}$	
镍铬奥氏体钢	$R_m = (3.09 \sim 3.32)\text{HV}$	
薄钢板、钢带和钢管	$R_m = (2.85 \sim 3.71)\text{HV}$	
变形铝合金棒材	$R_m = (2.94 \sim 4.48)\text{HB}$	
变形铝合金棒材	$R_m = (2.85 \sim 4.17)\text{HV}$	
铝合金薄板，带材和管材	$R_m = (3.24 \sim 4.01)\text{HV}$	
铸造铝铜合金	$R_m = (1.70 \sim 2.94)\text{HB}$	
铸造铝硅镍合金	$R_m = (2.32 \sim 2.94)\text{HB}$	
铸造铝硅合金	$R_m = (2.63 \sim 3.71)\text{HB}$	
铸造磷青铜	$R_m = (2.32 \sim 3.24)\text{HB}$	
铸造黄铜	$R_m = (3.24 \sim 4.63)\text{HB}$	
铝合金	$R_m = 2.92\text{HV} - 21.31$	Petty
铝合金	$R_{p0.2} = 2.286\text{HV} - 24.56$	
灰铸铁(111～363HB)	$R_m = 0.01255\text{HB}1.85$	MacKenzie

6.3　疲劳极限与静强度的关系

试验表明，材料的抗拉强度愈高，其疲劳极限也愈大。对于中低强度钢，疲劳极限与抗拉强度的关系之间大体呈线形关系，可近似为 $\sigma_{-1} = 0.5R_m$。但当抗拉强度较高时，因塑性和断裂韧性下降，疲劳裂纹易于从表面或压表面杂质处形成，这种关系要发生偏离。此外，屈强比对材料的疲劳极限也有影响，常用的经验公式如下：

结构钢

$$\sigma_{-1p}=0.23(R_{eL}+R_m) \tag{4-19}$$

$$\sigma_{-1}=0.27(R_{eL}+R_m) \tag{4-20}$$

铸铁

$$\sigma_{-1p}=0.4R_m \tag{4-21}$$

$$\sigma_{-1}=0.45R_m \tag{4-22}$$

铝合金

$$\sigma_{-1p}=\frac{R_m}{6}+7.5 \tag{4-23}$$

$$\sigma_{-1}=\frac{R_m}{6}-7.5 \tag{4-24}$$

青铜

$$\sigma_{-1}=0.21R_m \tag{4-25}$$

式中,σ_{-1p}为对称循环下拉压疲劳极限;σ_{-1}为对称循环下旋转弯曲疲劳极限。

6.4　不同应力状态下的疲劳极限

同一材料在不同应力状态下的疲劳极限存在着一定的联系,根据大量试验,得出如下经验公式:

钢　$\sigma_{-1p}=0.85\sigma_{-1}$

铸铁　$\sigma_{-1p}=0.65\sigma_{-1}$

钢和轻合金　$\tau_{-1}=0.55\sigma_{-1}$

铸铁　$\tau_{-1}=0.8\sigma_{-1}$

式中,σ_{-1p}为对称循环下拉压疲劳极限;τ_{-1}为对称循环下扭转疲劳极限;σ_{-1}为对称循环下旋转弯曲疲劳极限。

从上述关系可看出,对同一材料,$\sigma_{-1}>\sigma_{-1p}>\tau_{-1}$。这是因为,弯曲疲劳时,试样截面上应力分布不均匀,表面应力最大,只有表面层易于产生疲劳损伤;拉压疲劳时,试样截面上应力分布均匀,整个试样产生疲劳损伤的几率较大,因而,$\sigma_{-1}>\sigma_{-1p}$。扭转疲劳时切应力大,交变切应力比拉应力更易于使材料发生滑移,即更易于引起疲劳损伤,因而τ_{-1}最小。

7　材料的性能评价和质量鉴定

要使一个材料或材料制成的零件或构件能满足实际使用需要,不但要求设计者能根据实际使用的要求进行正确的选材以及合理的结构和功能设计,需要生产者按照科学的工艺进行生产,还要求使用者正确合理地使用。因此,对材料性能进行正确评价,对材料产品进行科学鉴定,是研制开发新材料、控制和改进材料质量、最大限度地发挥材料潜力的需要,也是材料产品的合理设计、制造、安全使用和维护、失效分析的需要。

一般来说,材料的性能评价和质量鉴定需要以下几个步骤:

(1)抽样和取样;

(2)样品制备;

(3)样品检测;

(4)数据处理;

(5)结果评定。

对材料的性能进行正确的评价,或者说对其产品质量进行科学的鉴定应把握下述几个问题。

7.1 抽样、取样以及试样的制备

对材料或其产品进行性能检测有两种方式:一个是百分之百地检测,即全数检查,简称全检;另一个是以数理统计为基础,按照一定的抽样程序,抽取一批材料或产品中的一部分进行试验,根据试验的结果对这批材料或产品的质量做出某种判别,即抽样检查,简称抽检。在实际工作中,出于经济、时间等因素,除了对重要产品实施全数无损检测外,我们大都进行抽样检查。由于抽检结果的真正意义在于它能代表所在的一批材料,因此,正确抽样或取样就成了准确评定材料性能的重要环节。

抽样检查中,我们将在同一生产过程中连续生产的一系列产品,即它们的设计、结构、工艺、主要原材料等生产条件基本相同的一系列产品称为一个批次,或一个试验单元。对钢产品,通常试验单元由下列内容组成:

(1)同一冶炼炉号;

(2)同一炉罐号;

(3)同一热处理状态或热处理炉批;

(4)同一外形;

(5)同一厚度。

抽样的数量应引起注意,某些性能指标对试验条件和材料本身的特性十分敏感,因此,一个试样的试验结果可能不足以可信,但取样数量太多,则造成人力、材料和时间的浪费。为了确定最小取样数量,应根据试验类型、产品和材料性能的用途、试验结果的分散性以及经济因素对具体问题进行具体分析。只凭少量试验数据来评定材料,有时会带来很大的偶然性和盲目性。

必须要注意的是,切取试验样坯、制备样品时不能影响材料或产品的性能。

7.2 材料力学性能指标及其试验方法的选择

力学性能试验担负着通过适宜的试验技术,确切而又合理地表征材料在服役条件下的力学行为,为材料的研制、设计和使用部门提供更符合实际服役条件的力学性能指标的任务。材料力学性能的高低反映了材料抵抗各种损伤作用的能力,是评价材料质量的主要依据。由于实际使用过程中零件或构件受载的多样性和复杂性,根据不同的要求选择合适的材料力学性能指标及其试验方法就显得十分重要。

7.2.1 正确认识力学性能指标的意义和应用范围

人类经过长期的生产实践和科学实验,已经建立并积累了许多反映各种失效抗力的力学性能指标,随着生产和科学技术的发展,还在不断地建立新的力学性能指标和相应的试验方法。这些力学性能指标各有其物理意义和应用范围,只有正确地认识和理解它们,才能辨证、灵活地运用它们不同的组合来解决实际问题。这些指标中有的力学性能指标能比较直观地看出其使用意义，并可用于定量的设计计算，如屈服强度、疲劳极限、断裂韧性、疲劳裂纹扩展速率等；有些力学性能指标则不能用于定量设计计算，如断后伸长率、断面收缩率、冲击吸收功等。对于可用于定量计算的力学性能指标，也要注意它们各自获得条件与应用范围，如用屈服强度和抗拉强度来评定受静载作用有截面尺寸变化或缺口零件的结构强度，将得出不正确结论，因为屈服强度和抗拉强度是用光滑截面均匀试样得到的。σ_{-1}只能用于受对称循环纯弯曲负载作用的零件之评价，而 K_{IC} 是平面应变下的断裂韧性，不能用来解决平面应力状态下的问题。

7.2.2　注重力学性能试验的条件

材料服役条件是极其复杂的，这就造成了力学性能测试条件的复杂化和多样化。力学性能试验过程需要考虑的参量很多，如温度、应力、应变、应力(应变)速率、应力(应变)循环频率、时间、环境、试样尺寸和形状等，见表 4 - 11。试验时应注意这些参量对试验结果的影响。

表 4 - 11　力学性能试验的条件

参量	变 化 范 围
温度	常温、高温、低温、温度按一定规律变化、温度随机变化
应力	拉伸、压缩、弯曲、剪切、扭转、复合应力、应力按一定规律变化、应力随机变化
应变	轴向、径向、表面、弹性、塑性、总应变
应力(应变)速率	低速、中速、高速
应力(应变)循环频率	低频、中频、高频
时间	瞬时、短时、长时
环境	空气、真空、控制气氛、腐蚀介质、核子辐照、高压、海水、水蒸汽
试样尺寸和形状	一般、特小、特大、棒状、板状、管状、矩形、丝状、带状、薄膜、环形、带缺口、带人工裂纹或人工缺陷、模拟实物的缩小模型、全尺寸构件

7.2.3　材料力学性能与结构强度的关系

根据力学性能评价材料在零件或构件受载时变形过程中的行为是一项非常复杂的任务，因为材料的力学性能与实际零件或构件的强度是两个不同的概念，材料的力学性能一般是用形状比较简单、尺寸较小的标准试样以比较简单的加载方式取得的；而零件的强度一般是指其承载的能力及长期使用寿命，与结构因素、材料因素、加工工艺因素及使用因素有关。材料的力学性能与零件或构件的结构强度之间有一定的联系，即零件或构件的结构强度主要取决与材料的力学性能。有些力学性能指标如 R_P、K_{IC}、FATT、σ_{-1} 等能比较近似地反映实际零件或构件在受载下的变形与断裂行为，即它们的具体数值的大小能反映零件或构件性能的优劣，但有些塑性和韧性指标如 A、Z、A_K 则不行，不过，这些指标仍能间接地估计它们对零件强度和安全可靠性的影响。因此，结构强度设计时往往需要知道所用材料的力学性能。材料的力学性能与结构强度之间又有很大的差别，这种差别主要表现在：

(1)实际零件或构件往往同时受几种载荷的复合作用,当在不同的应力状态下,塑性变形局部集中程度不同;

(2)零件或构件的尺寸和制造工艺与试样不同;

(3)零件或构件在实际工作条件下,它所处的环境与试样试验时是不同的。

一般来说,力学性能测试条件越接近零件或构件的实际工作条件,则通过这种力学性能测试所求得的力学性能指标越能表征材料在使用条件下的力学行为。因此,通过特种测试设备或在普通力学试验设备上增添辅助装置,使力学性能测试条件在一定程度上更接近零件或构件的真实服役条件的模拟试验方法正在日益受到重视,因为其可以为准确地估计零件构件的使用寿命提出必要数据。广泛积累这方面的试验数据,并结合力学性能试验数据和零件或构件的失效分析结果,对于更恰当地对实际零件或构件进行性能评价和制定不同条件下更完善的性能评价标准都是十分必要的。

7.2.4 尺寸效应

出于各方面的考虑,力学性能试验的试样和实际零件或构件相比往往缩小很多,当力学性能数据应用于零件或构件的强度计算时需引入尺寸因素。如果弄清和掌握尺寸效应对力学性能影响的规律,则有可能把使用尺寸较小的试样进行力学试验所得到的结果,按照一定的规律推算出大试样的结果。研究尺寸效应可进一步探索材料的力学性能与使用性能(服役性能)之间联系的规律性,这不但可在零件或构件设计时合理选材和进行强度设计,充分发挥材料的潜力,而且可为失效分析提供有力工具,此外还可大大节省试验费用。

尺寸效应是非常复杂的,一般认为它与偏离相似性条件(几何的、机械的、组织的、温度的等)有关。尺寸效应在疲劳载荷和动载荷下较为严重,但静载荷下的尺寸效应也不可忽视。它主要表现在以下两个方面:

(1)材料强度随着尺寸增加而降低。这是因为无论材料制作工艺多么精密,总存在着力学性能的不均匀性和缺陷。随着尺寸的增大,试样体积也增大,材料的不均匀性就增高,它包含缺陷的概率就增大,因而使大试样的强度和塑性下降;

(2)材料脆断倾向随着尺寸增大而增大。这是因为尺寸增大时约束条件增强,缺口根部的三向拉伸应力状态约束了塑性的发挥,从而造成了脆断。

7.3 标准化在材料性能评价和质量鉴定中的作用

标准化是保证材料性能评价和质量鉴定的科学性、客观性和权威性的重要条件。标准化贯穿在材料性能评价和质量鉴定中的各个环节,包括产品生产的标准化,抽样的标准化,样品的标准化,试验方法的标准化,质量判定的标准化等。

标准化的试验方法是前人和专家的经验总结,它包含着丰富的理论和优化的试验步骤。试验方法的标准化对获得精确一致的试验结果,合理鉴定和评价材料的质量是十分必要的。而对试验所用试样,为了使试验数据在不同的实验室间能重复和再现,为了避免尺寸效应的影响,也必须规范其取样过程、试样规格等。

除了试验方法的标准化外,我国和世界各国还制定了许多产品的质量标准,这些标准从长时间以来大多数产品的生产过程和使用条件的角度出发,对影响产品质量的化学成分、金相组织、夹杂物、力学性能等因素提出了具体技术要求,这些标准对控制产品的生产质量,保证产品的使用要求，均衡供需双方的利益有着重要的意义。我们在使用这些标准时要注意材料的用途，特别是根据材料的实际用途选择“可选”的性能指标和相应的试验方法。

在实际使用过程中，我们经常碰到强制标准与推荐标准，现行标准与过时标准等问题。2017 年 11 月 4 日修订的《中华人民共和国标准化法》规定：标准包括国家标准、行业标准、地方标准和团体标准、企业标准。国家标准分为强制性标准、推荐性标准，行业标准、地方标准是推荐性标准。强制性国家标准是对保障人身健康和生命财产安全、国家安全、生态环境安全以及满足经济社会管理基本需要的技术要求，必须执行，不符合强制性标准的产品、服务，不得生产、销售、进口或者提供；推荐性标准（包括国家标准、行业标准和地方标准）国家鼓励采用；团体标准社会自愿采用。因此：

(1) 法律、法规规定或者国家强制性标准对材料或产品的抽样、检验方法、质量要求有规定的，必须按规定进行；

(2) 法律、法规或者国家强制性标准未作规定的，可以按委托人指定的方法和技术要求进行试验和质量判定，包括对过去按旧标准生产的产品按旧标准进行检测。

(3) 由于我国的标准化法是国内法，对出口的产品和服务按照合同的约定执行。

7.4　数据处理

数据处理在材料性能评价和质量鉴定中有以下作用：

(1) 根据试验方法，设备和人员操作熟练程度等正确评价检测结果的不确定度，对试验数据进行修约，使试验结果能反映试验的准确程度。

(2) 通过对材料试验数据进行分析和统计研究，往往能找出在一定条件下的材料各种性能指标的换算关系，或者得出试验数据的外推方法等，这样可以帮助对材料进行正确的评价。

7.5　试验数据的结果判定

7.5.1　绝对法和修约法

对材料性能进行评价或质量鉴定时，往往需要对材料或其制成的产品是否满足设计的技术要求、标准的技术要求或合同的技术要求进行判定。这种判定一般分为两种：

(1) 绝对法（又称全数值比较法）

即将检测结果不经数据修约，直接与设计的技术要求、标准的技术要求或合同的技术要求进行比较，满足其要求的，即为符合（合格），不满足其要求的，即为不符合（不合格）。

(2) 修约法（又称修约值比较法）

即将检测结果按照有关标准或规范进行数据修约，将修约后的检测数据与设计的技术要求、标准的技术要求或合同的技术要求进行比较，满足其要求的，即为符合（合格），不满足其要求的，即为不符合（不合格）。

采用修约法时，当设计的技术要求、标准的技术要求或合同的技术要求中所规定的指标或参数为基本数值带偏差值时，判定时应将修约后的数值与基本数值加上或减去偏差值的结果进行比较。

一般来说，当产品标准中对规定考核质量的各种指标或参数未加说明时，多采用修约法进行质量判定,此时检测数据的修约最好由质量判定的部门或人员进行。对于冶金产品,各种性能测定结果的修约和质量判定应遵循以下几点:

①化学分析所得元素的实测数值应经修约使其数值所标识得数位与相应产品标准规定得化学成分数值所标识的数位一致。质量判定时将此值直接与产品标准规定的化学成分数值进行比较。

②力学性能检测结果应按产品标准或试验方法标准中指标或参数所要求的修约间隔(或指标与参数所标识的数位)进行修约,然后将此值直接与产品标准规定的化学成分数值进行比较。

③材料的尺寸测量,应将结果按产品标准规定数值所标识的数位进行修约,然后将此值直接与产品标准规定的化学成分数值进行比较。

7.5.2 化学成分合格与否的评价

一般来说,钢产品标准中所规定的化学成分为熔炼成分,它是指钢材生产厂在钢液浇铸过程中采取样锭,然后进一步制成试样并对其进行化学成分分析,分析结果表示同一炉(罐)钢液的平均化学成分,钢材生产厂一般根据这一化学分析结果出具质量保证书。而在经过加工的成品钢材(包括钢坯)上采取试样,然后对其进行的化学分析称成品分析。成品分析主要用于验证化学成分,又称验证分析。由于钢液在结晶过程中产生元素的不均匀分布(偏析),在成品钢材上取样进行化学分析(成品分析)所得到的值可能与熔炼分析的值不同,这样就可能出现成品分析的成分值与质量保证书上的化学分析值(熔炼分析值)不一致,或熔炼成分的值在标准规定的范围内,而成品分析的值超出标准规定的成分范围的情况。为了避免这种由于取样方法不同所造成的差异造成产品质量的误判,许多国家都规定了成品化学分析的允许偏差,如GB/T 222—2006《钢的成品化学成分允许偏差》就分别规定了非合金钢和低合金钢、合金钢(不包括不锈钢、耐热钢)、不锈钢和耐热钢的成品化学成分的允许偏差。当成品分析所得的值不超过规定化学成分范围的上限加上偏差,或不超过规定化学成分范围的下限减下偏差都算合格。但同一熔炼号的成品分析对同一元素只允许有单向偏差,不能同时出现上偏差和下偏差。

7.5.3 序贯和非序贯试验结果的评定

所谓序贯试验,是指一组或一系列试验,由该试验所得到的平均值来判定产品是否符合合同或(和)产品标准的要求。典型的例子是钢材的冲击试验和厚度方向的拉伸试验等。

所谓非序贯试验,是指一组或一系列试验,由该试验所得到的单个值来判定产品是否符合合同或/和产品标准的要求。典型的例子是钢材的拉伸试验、弯曲试验或未端淬透性等。

图4-3和图4-4分别给出了当试验单元为单件和多件产品时,仅以单个值为依据评定所进行的非序贯试验结果的流程图,图4-5给出了序贯试验结果的流程图。

现代的材料检测已不仅仅局限于材料的化学分析、力学性能试验和物理金相检验,它已经深入到材料内部多个层次的结构和性能,十分复杂。另外,随着新材料、复合材料的大量涌现,新的测试方法和设备也层出不穷。面对这些复杂的情况,首先要求从事材料性能评价和质量鉴定的人员首先应掌握材料科学的基本理论,对各种材料有广泛深入的理解,对材料生产工艺、材料组织结构及主要性能有深入的了解,对材料的使用环境及条件有所认识。其次,还应熟悉和掌握现代的材料分析测试手段,熟悉试验数据的处理,对各种测量方法的精度、范围以及优缺点有确切的了解,以便正确运用适当的手段完成特定的任务。最后,必要的标准化知识也是必不可少的。

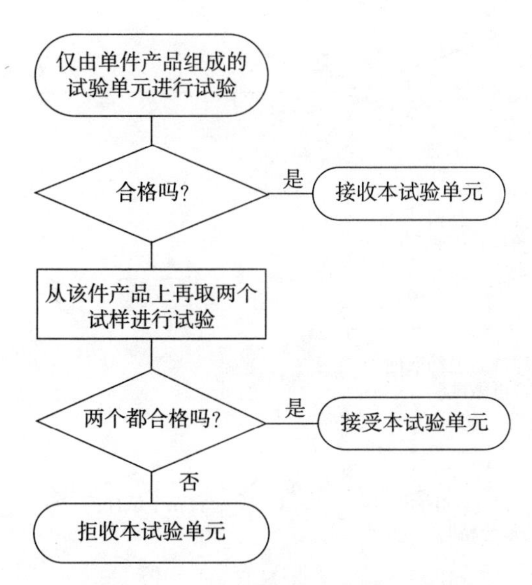

**图 4－3　当试验单元仅有单件产品时,
仅以单个值为依据评定所进行的非序贯试验结果流程图**

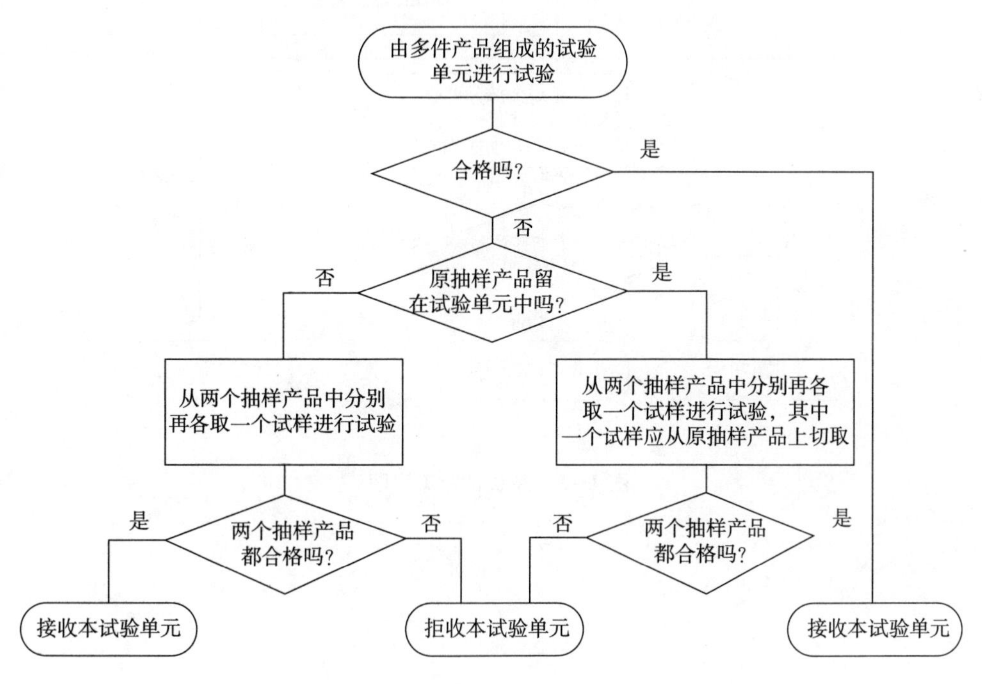

**图 4－4　当多件产品组成的试验单元时,
仅以单个值为依据评定所进行的非序贯试验结果流程图**

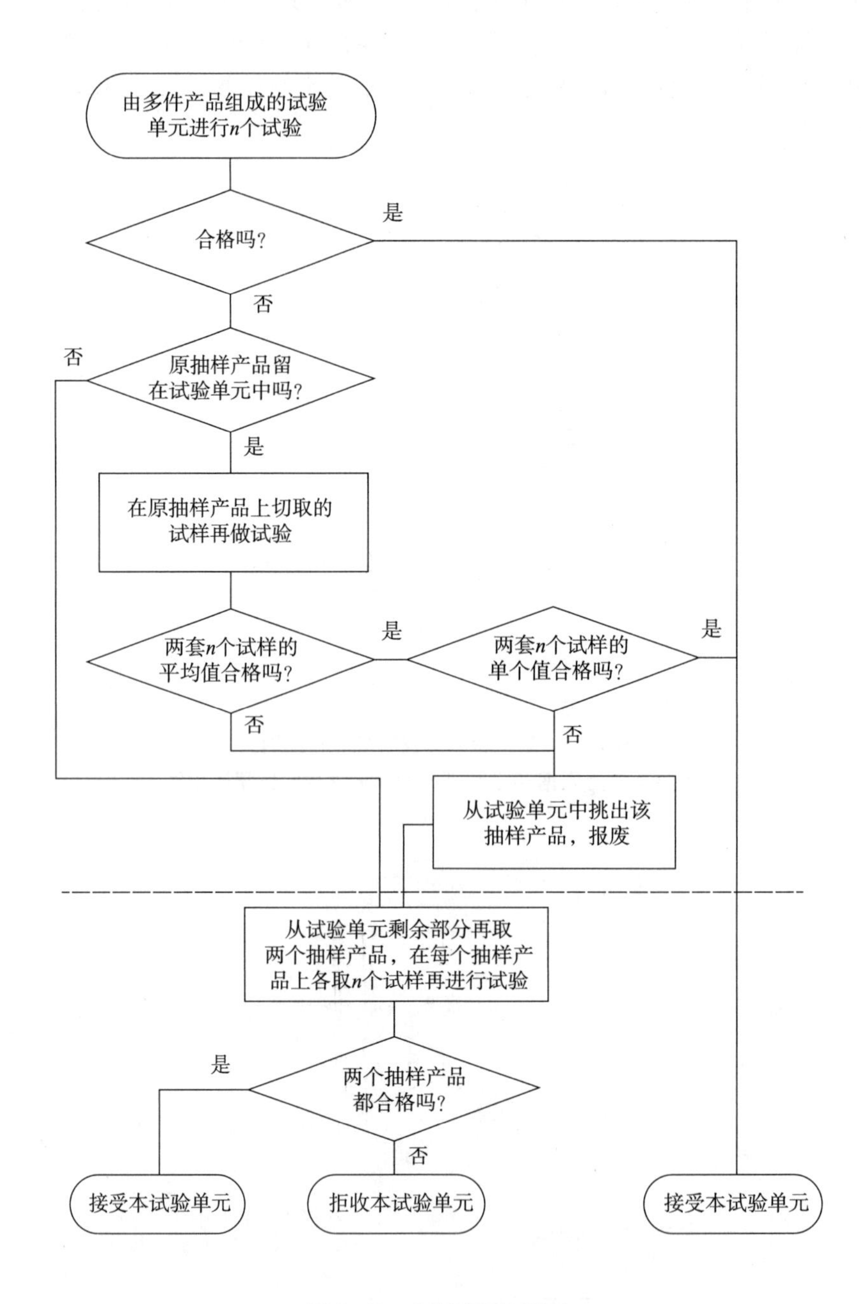
由多件产品组成的试验单元进行n个试验
合格吗？
是
否
原抽样产品留在试验单元中吗？
否
是
在原抽样产品上切取的试样再做试验
两套n个试样的平均值合格吗？
是
两套n个试样的单个值合格吗？
是
否
否
从试验单元中挑出该抽样产品，报废
从试验单元剩余部分再取两个抽样产品，在每个抽样产品上各取n个试样再进行试验
两个抽样产品都合格吗？
是
否
接受本试验单元
拒收本试验单元
接受本试验单元

图 4－5　序贯试验流程图

第5章 标准物质及其在材料分析中的应用

1 标准物质和标准样品的产生

标准物质和标准样品的研究、发布和使用是在20世纪初从冶金标准物质开始的。如果把1906年美国标准局(NBS)正式制备和颁布的第一批铸铁、转炉钢等五种标准物质(当时称标准铁样)作为标准物质问世的标志,则标准物质的研制已经历了110多年的发展。继美国标准局(NBS)在1911年又颁布了铜、铜矿石等标准物质后,英国、法国、德国、日本、苏联也相继开展了标准物质的研究工作。我国于1951年底由上海材料研究所(当时称重工业部综合工业试验所上海分所)等单位研制并发布了第一批钢丝绳、弹簧钢、生铁(两种)和低碳钢等五种钢铁标准样品,迄今标准样品技术在我国也已经有60多年的发展历史了。

在这一个多世纪的时间里,标准物质作为现代计量科学的一个重要分支和标准化技术的一个组成部分,经历了从简单到复杂、由不成熟到成熟,技术不断创新,领域不断拓展的历程。标准物质的广泛使用,使人们认识到标准物质是保存量值和量值溯源的计量标准,它与早已被人们所认识的物理计量标准一样,赋予了各种测量结果溯源性,使得测量结果在时间与空间上的一致性。目前,标准物质已在化学测量、生物测量、工程测量与物理测量领域显示出促进测量技术发展,保证测量结果的可靠性和有效性,保证国家之间、部门之间、商品交换或技术交流之间、生产过程控制的不同时间之间的分析结果的可比性和一致性方面发挥了巨大的作用,从而在国际贸易、环境保护、人民健康和安全防护等方面获得了巨大的经济效益和社会效益。

2 标准物质和标准样品的定义

虽然标准样品作为现代技术标准的一个不可分割的组成部分,其产生和发展历史几乎与技术标准同样悠久,但是真正具有现代意义上的标准样品的定义却经历了反复修改和逐步完善的过程,而且目前这个过程还在继续。这说明:一方面,标准样品的特性随着专业科学检测技术的发展和应用领域的拓宽越来越显现;另一方面,标准物质的概念经过广泛的实践验证而越来越趋于完善。

长期以来,在从事研究、生产标准物质的国家、国际组织或部门中都沿用着各自对标准物质的命名和定义。在美国称其为“标准参考物质”(standard reference material,SRM)。在美国标准局出版的《美国标准物质指南》一书中,定义标准参考物质是“一种成批生产的、具有良好特性的物质,用于校准测量系统,以保证国家范围内测量的准确、一致”。在前苏联的国家标准中则称其为“标准样品”(Стандарный Оьраэец,CO),并定义为“一种以物质或材料形式存在的计量器具,其组成或性质已通过检定、得到确认,并用于计量保证”。1968年,第三届国际法制计量大会通过的标准物质的定义为“具有一种或几种高度稳定的物理、化学或计量学特性的、由行政主管部门正式批准的材料或物质”。存在于不同国家、组织及部门对标准物质的不同命名和定义有碍于标准物质研究、生产和应用方面的国际交流。1978 年，国际标准化组织(ISO)所属的标准物质委员会(ISO/REMCO)批准发布了第一个有关标准物质的国际导则——ISO 导则 6《在技术标准中陈述标准物质的一般规定》，将标准物质定义为“具有一种或多种物理的、化学的、生物的或技术学的合适的特性，它可以广泛应用于测量仪器的校准和检测(分析)方法的验证。在某些情况下，一些材料的特性不能依据目前正在应用的国际单位制(SI)或由其导出的单位进行描述，例如用洛氏硬度计检测钢的硬度，在这种情况下，常常采用具有合适特性值的标准物质”。后来经过几个国际组织(ISO、EEC、IAEA、OIML、IUPAC、IFCC、WHO)的反复协商，1981 年，国际标准化组织(ISO)标准物质委员会(REMCO)第七次会议上提出了国际间比较适用的标准物质定义，并在 ISO 指南 30 中公布了标准物质(RM)和有证标准物质(CRM)的定义。

2.1 标准物质的定义

随着标准物质的广泛应用，人们对它的认识不断深化，1992 年 ISO/REMCO 又对标准物质和有证标准物质的定义做了重大修改，特别强调了均匀性和有证标准物质的计量溯源性。

(1)标准(参考)物质(RM)指具有一种或多种足够均匀和很好确定了的特性值，用以校准仪器，评价测量方法或给材料赋值的材料或物质。

注：标准(参考)物质可以是纯的或混合的气体、液体或固体。例如，校准粘度计用的水，量热法中作为热容校准物的蓝宝石，化学分析校准用的溶液。

(2)有证标准(参考)物质(CRM)指附有证书的标准物质，其一种或多种特性值用建立了溯源性的程序确定，使之可溯源到准确复现的表示该特性值的测量单位，而且每个标准值都附有给定置信度水平下的不确定度。

根据 ISO 指南 30:2015《标准物质　精选术语和定义》，标准物质和有证标准物质有了新的定义。

(3)物质(RM)是一种或多种规定特性足够均匀和稳定的材料，并已被确定其符合测量过程的预期用途。

注：①RM 是一个通用术语。

②特性可以是定量或定性的(例如：物质或物种的属性)。

③其用途可包括测量系统的校准、测量程序的评估、给其他材料赋值和质量控制。

④不能在同一测量过程中将一个 RM 既用作测量的校准，又用作结果(准确性)的验证。

⑤国际通用计量学基本术语(VIM)有相类似的定义(ISO/IEC 指南 99:2007,5.13)，但将“测量”限定为应用于定量值而非定性特性，但 ISO/IEC 指南 99:2007 中 5.13 的注 3 特别包含定性属性的概念，称之为“标称特性(nominal property)。

(4)有证标准物质(CRM)指采用计量学上有效程序测定了一个或多个特性量值的标准物质，并附有证书提供规定特性值及其不确定度和计量溯源性的陈述。

注：①值的概念包括定性属性，如属性或序列，这种属性的不确定度可用概率来表示。

②标准物质生产和定值所采用的计量学上有效程序已在 ISO 指南 34 和 ISO 指南 35 中给出。

③ISO 指南 31 给出证书内容的指南。

④VIM 有相类似的定义(ISO/IEC 指南 99:2007,5.14)。

由于种种原因，对于 RM 或 CRM，目前在我国的不同行业、不同的领域有不同的称谓。计量工作者通常将其称为“标准物质”，又简称为“标物”，在与实验室管理密切相关的现行《检验检测机构资质认定评审准则》和《检测和校准实验室认可准则》中也更多使用它。JJG 1006—1994《一级标准物质技术规范》中的标准物质和有证标准物质等同采用 ISO 指南 30:1992 的定义，JJF 1005—2016《标准物质通用术语和定义》中已基本与 ISO 指南 30:2015 的定义相同。

2.2　标准样品的定义

我国的生产企业、标准化工作者则更习惯将其称为“标准样品”，又简称为“标样”。如，GB/T 15000.2—1994《标准样品工作导则(2)　标准样品常用术语及定义》中对标准样品和有证标准样品作了如下定义：

(1)标准样品(reference material，RM)是具有足够均匀的一种或多种化学的、物理的、生物学的、工程技术的或感官的等性能特征，经过技术鉴定，并附有说明有关性能数据证书的一批样品。

(2)有证标准样品(certified reference material，CRM)是具有一种或多种性能特征，经过技术鉴定，附有说明上述性能特征的证书，并经国家标准化管理机构批准的标准样品。

从以上定义看，就冶金、有色等材料行业而言，二者没有本质区别，其英文的描述也是相同的。对研制工作者来说，其研制程序是相同的，对其内在质量要求也是一样的。对使用者而言，其作用也是基本相同的，所不同的只是管理的程序不同，分属不同的管理机构，强调的侧重点有所差别，故本文后续叙述中不作刻意区分。

3　标准物质分类、分级和管理

3.1　国际 COMAR 数据库

标准物质的种类繁多，应用领域广泛，其名称与分类缺乏一致性。随着全球经济一体化的发展，为了降低跨国溯源风险及成本，减少国际贸易中的技术壁垒，建立全球等效一致的测量体系，逐步建立各国在测量能力上的相互信任机制是国际间经济、贸易和科技活动共同发展的基础。而标准物质是其中非常重要的一环，是国际间量值溯源的关键。因此，标准物质研究与应用迫切需要一个整合各国资源的信息平台。20 世纪 70 年代后期，根据欧洲经济共同体“建立高质量信息服务”的建议，为了便于实验室对所用标准物质的管理，法国国家计量院(LNE)按照易于计算机管理、便于使用者选用的原则对各种不同性能的标准物质进行编目，建立了一个计算机化的标准物质编码系统，由法文名称缩写为 COMAR。这种编码系统被介绍到国际标准化组织/标准物质委员会(ISO/REMCO)后引起广泛关注。ISO/REMCO 建议采用将这个系统作为有证标准物质国际信息系统的基础，供全球的标准物质供应商和使用者查询及使用，以促进标准物质在世界范围的应用与推广，实现高质量的信息服务和进行国际间合作与交流。国际标准物质数据库(COMAR)便是在此前提下应运而生。

1990 年 5 月，法国国家计量院(LNE)、美国国家标准局(NBS)[即现在的美国国家标准技术研究院(NIST)]、英国政府化学家研究所(LGC)、联邦德国材料检验研究院(BAM)、日本通商产业检查所(TT III)、苏联全苏标准物质计量研究所(VNIMSO)以及我国的国家标准物质研究中心(NRCCRM)等在法国巴黎签署了建立 COMAR 国际合作谅解备忘录。

目前,COMAR 已经发展成全球最大最全面的标准物质数据库。在 COMAR 数据库中的有证标准物质按照黑色金属、有色金属、工业品、物理特性、有机物、无机物、生活质量及生物和临床等八大应用领域对标准物质进行了较为全面和权威的分类(一级分类),各类别下共计有70 多小类的标准物质(二级分类),对每一种标准物质的应用领域、CRM 名称、用途、包装、CRM 形状、元素成分、分子成分、物理技术特性、工程特性、CRM 研制者及研制国家等信息进行详细的记录。目前,COMAR 共收录了全球 274 家研制单位的 1.1 万多种标准物质信息,提供信息的国家也由创始时的 7 个国家发展到 25 个国家,分别为中国、比利时、捷克、德国、日本、韩国、墨西哥、荷兰、英国、美国、加拿大、瑞典、澳大利亚、奥地利、法国、波兰、斯洛伐克、南非、俄罗斯、印度、巴西、保加利亚、蒙古、哥伦比亚和白俄罗斯。各国在 COMAR 中标准物质的录入数量基本反映了各国在标准物质研制领域的现状和地位,我国的国家一级标准物质均录入COMAR。2003 年 COMAR 操作系统升级为 windows,经过不断的软件更新和搜索工具的拓展,用户可随时通过网址 www. comar. bam. de 免费查询最新、最齐全的国际权威有证标准物质信息,包括编号、生产年份、包装规格、保持状态、量值、不确定度、生产商的联系方式等,真正实现了 COMAR 数据信息全球共享。

COMAR 信息库中有证标准物质各领域资源量最新分布情况如图 5 -1 所示。

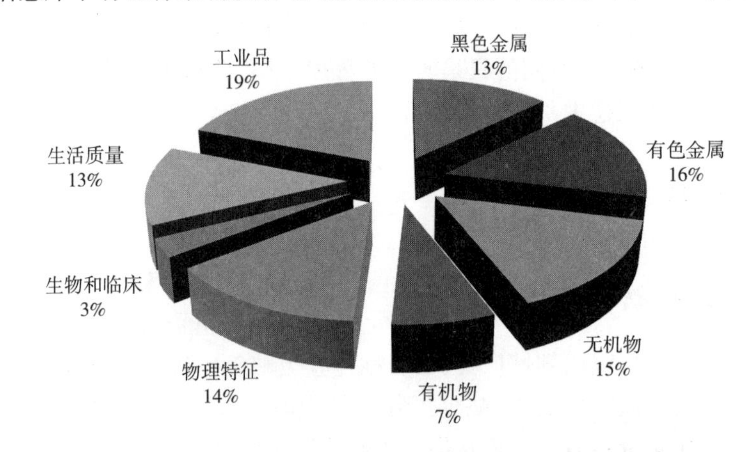

图 5 -1 COMAR 信息库中标准物质各领域资源量分布情况

COMAR 数据库的八大应用领域中,每个领域均包含若干小类。临床化学类的有证标准物质在生物与临床领域中占主导;在钢铁、工业和物理特性传统领域中,低、高合金钢,钢铁厂常用的冶金标准物质,仪器计量和检测用材料标准物质,以及物理特性、放射性和同位素标准物质占主导;常见的铝、镁、铜、锌、铅、锡等是主要的有色金属标准物质;单气体、混合气体及分析检测用的标准物质在无机和有机标准物质领域占的比重较大;在生活质量领域,标准物质的研究侧重环境安全和食品监测方面。

3.2 国内标准物质

标准物质的广泛使用,在保证各个领域里的测试数据可比性与一致性方面发挥了重要作用,确保了产品质量,提高了效率,促进了国际间的协作。我国的金属材料标准物质或标准样品,是我国国民经济的各个领域广泛应用的测量标准之一,也是国内品种及数量最多的标准物质。科学技术的发展和各种新的测试技术的应用,尤其是现代分析仪器及新材料产业的高速发展,大大推动了标准物质的研制工作,到目前为止,仅钢铁和有色金属标准物质(标准样品)就已发布约达 3000 多种。

1985 年我国颁布了《中华人民共和国计量法》等有关法规,按照《中华人民共和国计量法》和《标准物质管理办法》规定,将标准物质作为计量器具实施法制管理。

(1)标准物质分类

我国标准物质分为 13 类,按其定值的特性,也按标准物质的应用部门或领域,或按其生产、使用和管理标准物质的实际情况进行分类。截至 2016 年 12 月底,我国已批准的国家一级标准物质有 2326 种,二级标准物质有 7937 种,详见表 5－1,我国已成为世界上标准物质第一生产大国。

表 5－1　国家标准物质分类

序号	类别	GBW	GBW(E)	序号	类别	GBW	GBW(E)
01	钢铁	342	453	08	环境化学	261	2996
02	有色金属	187	71	09	临床化学与药品	297	822
03	建筑材料	55	2	10	食品	131	402
04	核材料与放射性	236	19	11	煤炭石油	66	96
05	高分子材料	2	9	12	工程技术特性	38	139
06	化工产品	87	2188	13	物理特性与物理化学特性	147	573
07	地质矿产	477	167		合计	2326	7937

(2)标准物质分级

我国的标准物质分为一级和二级,都符合“有证标准物质”定义,但它们在定值方法、结果准确度以及稳定性等方面有所差别。它们的编号由原国家质量监督检验检疫总局统一指定、颁发。

一级标准物质的代号以国家标准物质的汉语拼音中“Guo”“Biao”“Wu”三个字的字头“GBW”表示;二级标准物质在“GBW”后加上二级的汉语拼音中的字头“E”并以小括号括起来,即用 GBW(E)表示。如 GBW02141;GBW(E)020012。

(3)标准物质的编号

一种标准物质对应一个编号。当该标准物质停止生产或停止使用时,该编号不再用于其他标准物质,该标准物质恢复生产和使用时仍启用原编号。见图 5－2。

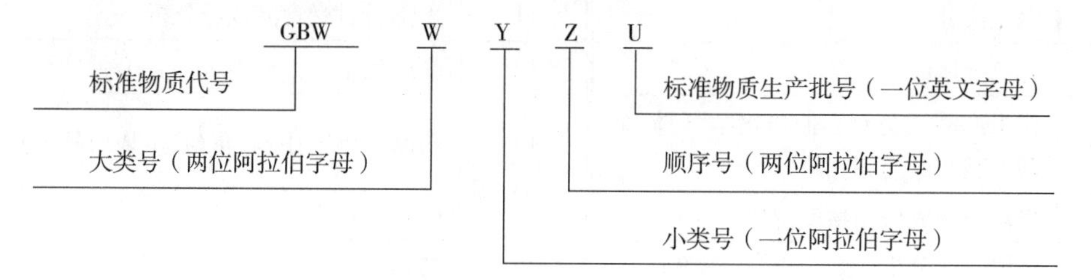

图 5－2　标准物质的编号

标准物质代号“GBW”冠于编号前部，编号的前两位是标准物质的大类号（其顺序与标准物质目录编辑物质顺序一致）。第 3 位数是标准物质的小类号，每大类标准物质分为 1 ~ 9 个小类。第 4 ~ 第 5 位是同一小类标准物质中按审批的时间先后顺序排列的顺序号。最后一位是标准物质的生产批号，用英文小写字母表示，批号顺序与英文字母顺序一致。

（4）标准物质的管理

标准物质管理程序见图 5 – 3。

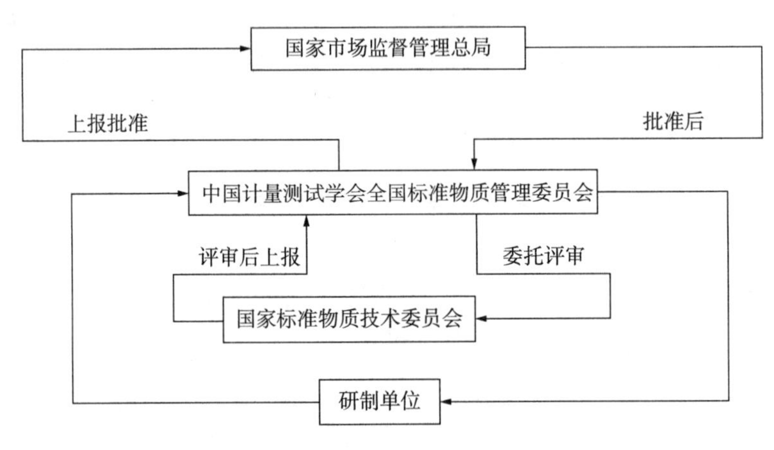

图 5 – 3　标准物质管理程序

3.3　国内标准样品

根据《国家实物标准暂行管理办法》（国标发〔1986〕04 号），国家实物标准（称为标准样品）是国家标准化组织适用于与文字标准有关的以实物形态出现的国家实物标准的管理。

（1）标准样品的分类

国家标准样品分为 16 类，按行业进行分类，由两位阿拉伯数字组成。行业分类编号见表 5 – 2。截至 2017 年 5 月底，我国已批准的国家标准样品有 3341 种。

表 5 – 2　国家标准样品行业分类编号

分类号	分类名称	分类号	分类名称
01	地质、矿产成分	09	核材料成分分析
02	物理特性与物理化学特性	10	高分子材料成分分析（塑料、橡胶、合成纤维、树酯等）
03	钢铁成分	11	生物、植物、食品成分分析
04	有色金属成分	12	临床化学
05	化工产品成分（工业和化学气体、农药、化肥、试剂、助剂）	13	药品（西药、中药、草药、生物药品等）
06	煤炭石油成份和物理特性	14	工程与技术特性
07	环境化学分析（水、空气、土壤等）	15	物理与计量特性
08	建材产品成分分析（水泥、玻璃、陶瓷、耐火材料等）	16	其他（上述未能含盖的）

(2)标准样品的分级。我国标准样品分为国家标准样品和行业标准样品,都属于“有证标准样品”,行业标准样品并非在水平上一定低于国家标准样品,主要是创新性上及批准的主管部门不同而已。

(3)标准样品的编号。国家实物标准样品的编号由国家实物标准的汉语拼音中“Guo”“Shi”“Biao”三个字的字头“GSB”,加上《标准文献分类法》的一级类目、二级类目的代号与二级类目范围内的顺序号、年代号表示。

国家标准样品编号方法如见图5－4。

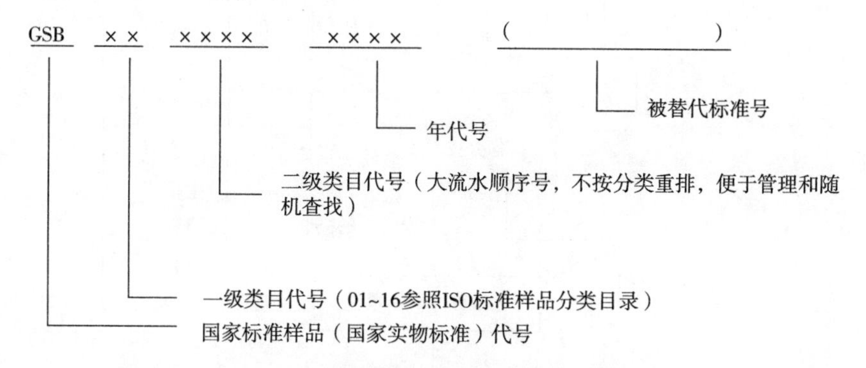

图5－4　国家标准样品编号形式示意图

至于行业标准样品的编号,各个行业标准样品有本行业的编号规则,冶金标准样品以“YSB”代号表示,有色金属标准样品以“YSS”代号表示。目前行业标准样品的品种和数量以冶金行业为最多,就以此为例作简要介绍。

冶金行业标准样品代号(YSB)按国家标准样品代号(GSB)的取义方式进行,即取“冶金行业”的第一个字汉语拼音字母“Y”代替“国家”的第一个字的第一个汉语拼音字母“G”,后面两位汉语拼音与字母“SB”相同,该代号(YSB)同时作为生产审查认可标记,经过审查认可的研制、生产单位生产的标准样品包装、质量证明书上才可使用该标记。

冶金行业标准样品的编号方式见图5－5。

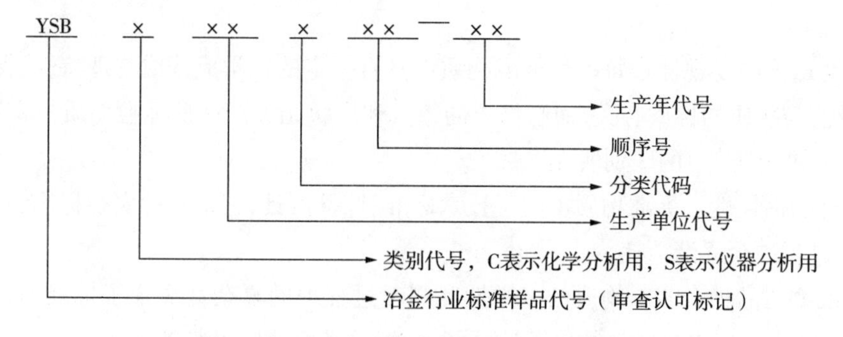

图5－5　冶金行业标准样品编号形式示意图

(4)标准样品的管理。标准样品管理程序见图5-6。

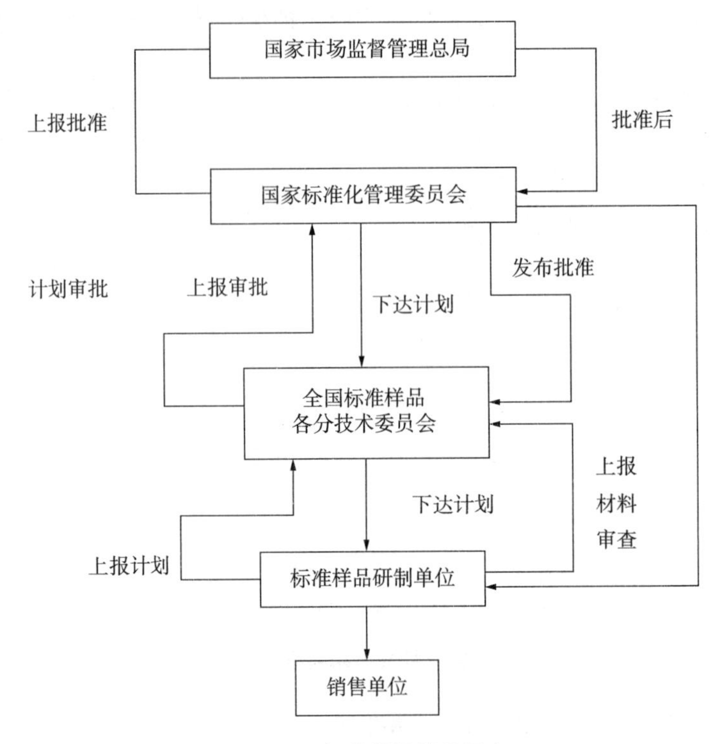

图5-6　标准样品管理程序

4　标准物质和标准样品的特性

标准物质与标准样品的定义及条件基本相同,以下不作严格区分,统称为标准物质。

均匀性、稳定性、可溯源性构成了标准物质的三个基本特性,其具体表现为:

(1)量具作用。标准物质可以作为标准计量的量具,进行化学或其他量值在时间和空间上的传递。

(2)特性量值的复现性。每一种标准物质都具有一定的化学成分或物理特性,保存和复现这些特性量值与物质的性质有关,而与物质的数量和形状无关。这是标准物质与实物量具(如砝码、量块、标准电阻等)的区别所在。

(3)自身的消耗性。标准物质不同于技术标准、计量器具,它是一种实物标准,在进行比对和量值传递过程中会逐渐消耗。

(4)标准物质品种众多。物质的多样性和测量过程中的复杂性决定了标准物质的品种众多,仅冶金化学成分标准物质就数以千计,同一元素其量值范围可跨越十几个数量级。

(5)比对性。标准物质大多采用绝对法等准确、可靠的测定方法协作定值,即采用几个、十几个实验室共同比对的方法来确定标准物质的标准值。高等级标准物质可以作为低等级标准物质的比对参照物,标准物质都是作为"比对参照物"发挥其标准的作用。

(6)使用性强。标准物质有良好的均匀性和稳定性,使用者可在实际工作条件下应用,便于估计实际测量条件下的不确定度(或修正值)。

(7)特定的管理要求。标准物质因其种类和特性不同,对贮存、运输、保管和使用都有不同的特殊要求,满足这些要求才能保证标准物质的标准作用和标准值的准确度,否则就会降低和失去标准物质的标准作用。

(8)可溯源性。溯源性指通过具有规定的不确定度的连续比较链,使得测量结果或标准的量值能够与规定的参考基准,通常是国家基准或国际基准联系起来的特性。实验室应该控制并且校准或检定一定数量的仪器以确保所开展的测量的溯源性,但在所有具体必要的环节中做到这一点是非常困难的。此项工作通过使用已建立了溯源性的有证标准物质可被大大地简化。标准物质作为实现准确一致的测量标准,在实际测量中,用不同级别的标准物质,按准确度由低至高逐级进行量值追溯,直到国际基本单位,这一过程称为量值的“溯源过程”。反之,从国际基本单位逐级由高往低进行量值传递,至实际工作中的现场应用,这一过程称为量值的“传递过程”。通过标准物质进行量值的传递和追溯,构成了一个完整的量值传递和溯源体系,见图5-7。

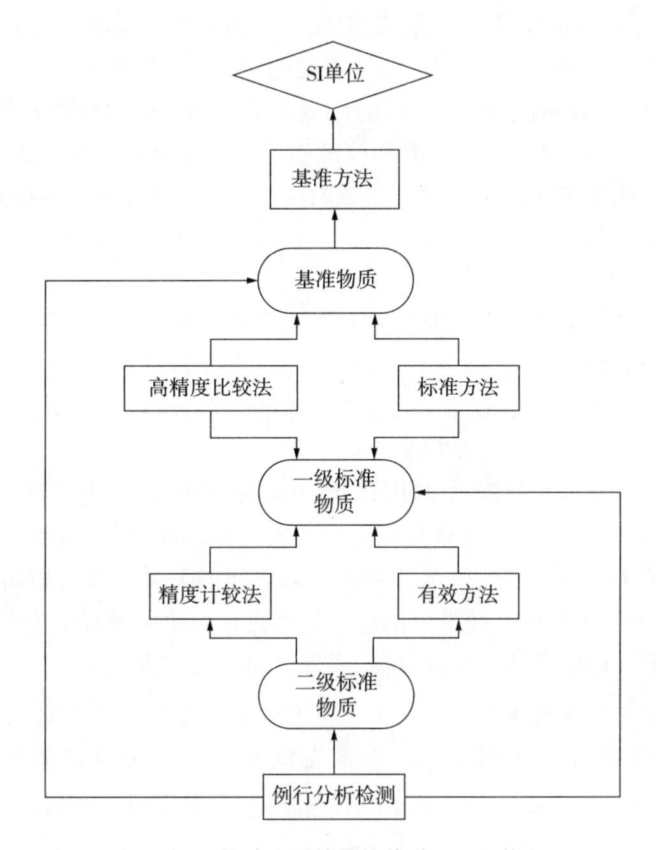

图5-7　标准物质的量值传递和溯源体系

图5-8为由国际标准化组织标准物质委员会(ISO/REMCO)给出的标准物质溯源体系。

National Metrology Laboratories 国家计量实验室
Reference Laboratories 参考实验室
Field Laboratories 现场实验室
Traceability 溯源性
SI 国际单位制
Comparability 可比性
PRM 基准标准物质
CRM 有证标准物质
RM 标准物质

图 5-8 ISO/REMCO 绘制的标准物质溯源体系

5 标准物质和标准样品在测量中的作用

标准物质具有在时间上保存量值、在空间上溯源量值的功能，它与早已被人们所认识的物理计量标准一样，赋予各种测量结果溯源性，用于各种测量的质量控制与质量评价，保证不同时间与空间测量结果的一致性与可比性，统一不同测量手段、不同测量方法的测试结果，从而达到量值的统一，确保实验室间测量的可比性，这些作用在《检验检测机构资质认定评审准则》、ISO/IEC 17025(CNAS-CL01)《检测和校准实验室能力认可准则》以及CNAS-CL10《检测和校准实验室能力认可准则在化学检测领域的应用说明》等文件中都得到充分体现。具体表现在以下几个方面：

(1)刻度和校准仪器

现代仪器分析通常都需要使用标准物质制作工作曲线校准仪器。在连续测量过程中，由于各种因素影响仪器的稳定性，会产生数据漂移，要检查仪器是否产生漂移并加以再校准，同时应采用一个标准物质作为控制标准，并通过其标准值对分析结果加以校正[请注意“校准(calibration)”和“校正(correction)”的区别。]

凡是使用相对测量原理的仪器，如酸度计、红外碳硫分析仪、光电直读光谱仪、X 射线荧光光谱仪(XRF)等，在制造仪器时需要对其响应值按大小顺序作量值“刻度”或“标度”，通常用标准物质的特性量值来决定仪表的显示与特性量值之间的关系。在仪器出厂时，生产者应提供或指明某种标准物质，供使用者校准仪器用。仪器在长期使用过程中或在修理后，需要用标准物质来校准或检定。用标准物质校准仪器，通常采用以下方法：

①只用一个浓度的标准物质校准。用 A ± U 表示该标准物质的保证值；用 $\bar{x} \pm t_{0.05}s/\sqrt{n}$表达被校准仪器测定该标准物质的结果。应首先核实仪器对标准物质作 n 次测定得到的 $t_{0.05}s/\sqrt{n}$是否与该仪器的精密度等级相当。若不相当需查明原因，调整仪器工作状态，使仪器的精密度达到应有水平。当$|A-\bar{x}| \leq [U^2+(t_{0.05}s/\sqrt{n})^2]^{1/2}$时，表明仪器是准确可靠的；而当$|A-\bar{x}| > [U^2+(t_{0.05}s/\sqrt{n})^2]^{1/2}$时，表明仪器测得的值有系统误差，此时$(A-\bar{x})$即为校正值，$[U^2+(t_{0.05}s/\sqrt{n})^2]^{1/2}$为校正值的不确定度。

②用两个浓度分别靠近仪器测量上限与下限的标准物质校准仪器。标准物质的标准值以

A 表示,测得值以 x 表示(最好用 n 次测定的平均值 $\bar{x}$)。将测得值对标准值作图,可得一直线,直线可能有如图 5-9 中的四种情况:

如果属于直线 1 的情况,说明仪器不存在系统误差;属于直线 2 的情况,仪器存在固定的系统误差,可用($A-\bar{x}$)校正仪器观测值,或者找出系统误差源加以消除;直线 3 表明仪器没有固定的系统误差,但有相关性误差,用浓度接近测量上限的那个标准物质的标准值与观测值计算校正系数 f,即 $f=\bar{x}/A$,用校正系数除仪器观测值得到校正后的数值;直线 4 表示仪器既存在固定的系统误差,又存在相关性系统误差,应该用($A-\bar{x}$)校正固定的系统误差,用 $\bar{x}/A$ 校正相关性系统误差。

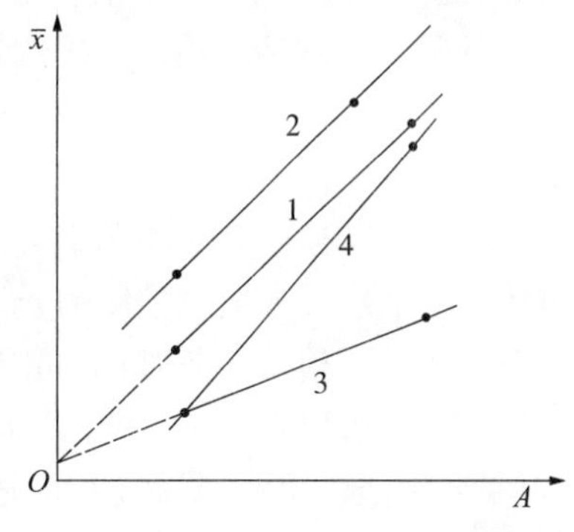

图 5-9　两点法校准仪器示意图

(2)评价测试方法

在实际工作中,除采用国际的、区域的或国家的标准分析方法外,许多实验室也经常采用自行制定的一些检测方法或对标准方法作些改进。ISO/IEC 17025:2017 中 7.2.2.1 要求:实验室应对非标准方法、实验室制定的方法、超出其预定范围使用的标准方法,或其他修改的标准方法进行确认,以满足预期的用途或应用领域的需要。标准物质可以用来研究和评价实验室选择的或自行制定的测量方法。标准物质作为已知物质通过比较,可以校准或评估其制定的(非)标准方法或测试方法的偏倚和精密度。

①标准物质用于估计方法的回收率。分析工作者常用在试样中加入被测组分的方法来研究分析方法的回收率。但由于加入的组分往往是一种简单的离子或化合物,因而测得的回收率有时不能反映样品的实际回收率。因为样品中的被测组分存在形态比较复杂,而且受其他组分的影响。采用与被测样品组成相似的标准物质,对它按分析方法进行处理,从而估计样品的回收率,这是最简便、可靠的方法。但由于标准物质品种的限制,有时很难找到与被测试样组成相近的标准物质,这就需要研制出更多品种的、均匀性、稳定性好、定值准确可靠的标准物质,以满足日益增长的各类分析的需要。

②标准物质用于评价分析结果的准确度。分析测定过程相当复杂,影响因素也较多。对所有影响因素都进行研究,从而对分析结果的准确性进行估计有时是不太可能的。在实际工作中,常用标准物质来评价分析结果的准确度。具体方法是:选择浓度水平、准确度水平、化学组成与物理形态合适的标准物质,若测定方法处于正常的条件下,采用与分析实际样品相同的方法和程序测定标准物质,最好是将标准物质与未知样品作平行测定。如果标准物质的分析结果($\bar{x}\pm t_{0.05}s/\sqrt{n}$)与证书上给出的保证值($A\pm U$)一致,则表明分析测定过程不存在明显的系统误差,未知样品的分析结果是可靠的,可近似地将精密度作为分析结果的准确度。所谓保证值与测定值一致,是指 $|A-\bar{x}|\leqslant[U^2+(t_{0.05}s/\sqrt{n})^2]^{1/2}$。

(3)作为测定工作标准

仪器分析大多是通过工作曲线来建立物理量与被测样品特性量值之间的线性关系,然后根据工作曲线来计算被测组分的含量。工作标准可以用纯试剂配制标准系列,但在许多场合不如使用标准物质来得方便。鉴于标准物质和待测样品有相似的主体成分或特性,所以在同一条件下,采用精度高的测量方法,同时测定标准物质和待测样品,可以减少甚至互相抵消由于主体成分的差异而带来的系统误差,通过比较可以准确地确定待测物质的成份或特性量值。

特别是以固体试样直接测定的方法,如火花光电直读光谱法、X 射线荧光光谱法,可以消除基体影响,提高测定结果的准确度。由于各种分析仪器的不断涌现,推动了标准物质的发展。标准物质的不断丰富又加快了分析仪器的普及和应用。采用标准物质绘制工作曲线,可使日常检验工作更加方便、快捷。

(4)建立测量体系的质量保证

ISO/IEC 17025:2017 中 7.7.1 要求:实验室应有监控结果有效性的程序。首选监控方式就是使用标准物质或质量控制物质。

在完成一项检验任务时,不同岗位相互协调配合而进行的所有检验工作,组成一个测量系统。这个系统可以在一个企业内,也可能存在于不同单位的各实验室间。测量系统的质量保证,就是要保证系统的测量结果准确一致,这是很复杂的工作。标准物质可以在以下几方面发挥作用:

①用以考核、评价分析者和实验室工作质量,也可以用标准物质做质量控制图。对测试人员水平及能力的考核作用选用适应的标准物质作测量时的"监控样品",对检测人员的检测能力及操作水平进行考核、监督、检查。通过考核,严把测试质量关,提高测试人员的测试水平。

②用以评价分析方法、校准仪器。对分析过程中整个测量系统的各参数进行评价;仪器的检定、校准;方法的精密度和准确度的判断。

③检查和消除各实验室间的系统误差。用标准物质作为"盲样"来开展能力验证计划或实验室之间比对活动是监测实验室测试能力的惯用办法。

④控制生产过程中的产品质量,如使用标准物质进行在线分析或炉前分析。质量检验是质量体系中的一个重要因素,只有通过检验才能确定产品的质量状态。在一个实验室内用标准物质做质量控制图,长期监视测量过程是否能控制质量。标准物质可作为生产中间过程或成品后的质量控制标准,防止不合格品转入下一过程或进入市场。

(5)在商业贸易中的应用

商品交易和贸易往来需要建立在对商品的公正评价的基础上,这意味着对商品质量的确认,而检验是确定商品质量的依据。尤其在我国加入 WTO 后,多边贸易更加频繁,为确保在贸易中提供合格的商品,经常会对成品物质或原材料进行检验,这已成为国际贸易中的惯例。但在对商品的质量检验或分析仪器质量评定等工作中,难免发生争执,当供需双方发生争议时,需要一个客观标准作为仲裁依据,标准物质就可作为解决仲裁纠纷的最好标准来维护公平交易。

国际实验室认可合作组织(ILAC)在 2001 年 1 月启动了多边互认协议(ILAC - MRA)。目标是在世界范围内建立认可检验和校准实验室网络,消除非关税贸易壁垒。目前,国际上 90% 以上的贸易活动在参与 MAA/MRA 的那些国家中进行的。国际实验室认可合作组织(ILAC)下多边互认协议(MLA)现有 63 个签约认可机构成员和 3 个签约区域认可合作组织成员,促进认可、检验和校准结果的互认,发展国际合作,减少重复检验,使贸易便利化。

(6)建立计量溯源性

CNAS - CL01:2018 中 6.4.6 要求:当测量准确度或测量不确定度影响报告结果的有效性;和(或)为建立报告结果的计量溯源性,要求对设备进行校准。实验室应通过以下方式确保测量结果溯源到国际单位制(SI)(CNAS - CL01:2018 6.5.2):

①具备能力的实验室提供的校准;或

②具备能力的标准物质生产者提供并声明计量溯源至 SI 的有证标准物质的标准值;或

③SI 单位的直接复现，并通过直接或间接与国家或国际标准比对来保证。

当技术上不可能计量溯源到 SI 单位时，实验室应证明可计量溯源至适当的参考对象（CNAS－CL01：2018 6.5.3），如：

①具备能力的标准物质生产者提供的有证标准物质的标准值；

②描述清晰的参考测量程序、规定方法或协议标准的结果，其测量结果满足预期用途，并通过适当比对予以保证

6　标准物质和标准样品的选用原则

随着经济全球化趋势的持续发展，人类的经济、社会、贸易以及科技创新活动日益增加，判断或决策越来越依赖于分析测试的数量和质量，对有证标准物质的需求量也在日益增加。标准物质作为已准确地确定了一个或多个特性量值，用于校准仪器，评价测量方法，直接作为比对标准的物质，其在分析检测工作中的重要性和必要性是不言而喻的，很多行业和部门都在一些具体工作中规定必须使用标准物质以监控检测结果的可靠性。严格来说，所有测量都应该使用标准物质。但某些标准物质制备工艺相对复杂，流程较长，技术要求较高，质量要求严格，研制成本很高，无论在种类上或数量上都很难完全满足所有检测工作的需要。因此，要保证有证标准物质的合理、有效利用，首先是应选择合适的标准物质，分析工作者除应优先考虑选用国家认可的定点研制单位或通过中国合格评定国家认可委员会（CNAS）标准物质/标准样品生产者（RMP）认可的单位研制的，并经国家批准、颁布的，由权威机构认定的标准物质/标准样品外，还应根据分析方法和被测样品的具体情况来选择合适的标准物质。一般应考虑以下几个因素：

（1）含量和不确定度水平

根据要进行的测量目的选择相应种类的标准物质，其特性量值的量限范围和准确度水平应满足使用要求。无论是估计方法的正确度和精密度还是进行仪器校准，选择、使用标准物质的一个重要考虑是必须满足最终使用要求的不确定度水平，换言之，使用标准物质就是为了保证获得规定准确度水平的测量结果。显然使用者不应选用不确定度超过测量程序所允许水平的标准物质。通常用 1/3 的原则选用测量标准，即所选用的测量标准的不确定度不应大于实际测量的 1/3。这个原则对选用标准物质也有参考价值。但应注意，标准物质的不确定度的表达方式不同，它的意义与数值也不同。

标准物质在常规测量中被作为“参照标准”，其特性值的水平（成分含量）直接影响测量的准确性。在分析测试中，分析方法的精密度是被测样品含量的函数，所以应选择含量水平合适的标准物质。若用标准物质评价分析方法，应选择含量水平接近方法定量上限与下限的两个标准物质，当标准物质作控制标准用时，应选择与被测样品含量相近的标准物质。

在一般工作场所可以选用二级标准物质或行业标准样品。对实验室认可、方法验证、产品评价及仲裁分析等可以选用高水平的一级标准物质或国家级标准样品。

（2）基体组成

选择标准物质要特别注重对预期目的化学和物理特性的适用性。对于化学分析，如果第一种标准物质的定值特性值虽然比第二种的定值特性值的不确定度低一些，但由于其组成更接近于实际被测样品，则只要其不确度水平可以接受，应优先选择第一种标准物质。标准物质

的基体组成与被测样品的组成接近，以消除样品基体或化学效应引入的系统误差。虽然标准物质的品种数以千计，但有时也难以满足基体完全匹配的需要。当选择不到类似样品基体的标准物质时，可选择与被测特性值相当的其他基体的标准物质。

按照标准物质的基体组成与被测样品接近的程度，可把标准物质分成四类：

①基体标准物质。它的基体与被测样品的基体相同，大部分标准物质属于此类。

②模拟标准物质。它的基体与被测样品相近。雨水中痕量元素标准物质属于此类。

③合成标准物质。此类标准物质不能直接使用，用前需按一定程序将它合成所需要的标准。

④代用标准物质。当选择不到类似样品基体的标准物质时，可选用与被测元素或化合含量相当的其他基体的标准物质。

在不得已使用②~④类标准物质时，必须充分认识到其中可能存在的潜在风险，并相应评估所得测量结果的可靠程度。

(3)形态

标准物质的形态也是多样的，应考虑所选用的标准物质的形态是固体、液体、气体，是测试片还是粉末、屑状，是否需要加工等。若用于化学分析，一般选用粒状(或屑状、粉末状)标准物质；用于气体元素分析，可选用球状标准物质；而用于火花光电直读光谱或X射线荧光光谱分析时，则宜选用圆柱状或块状标准物质，同时其表面状态和组织结构也要与待测样品尽量近似。

(4)均匀性和稳定性

均匀性和稳定性是标准物质的重要特性。对于均匀性，主要考虑标准物质证书中规定的最小称样量是否符合使用要求。因为实际称样量小于规定最小称样量时，可能会引入不均匀误差。

对于稳定性，主要考虑标准物质的有效期能否满足要求。所选用的标准物质在整个实验过程中应具有稳定的特性，确保测量过程的实现，测量结果的准确。用标准物质作测量过程的长期质量控制时，更要注意这一点。凡已超过有效期的标准物质切不可随意使用。

(5)经济性

所选择的标准物质除考虑以上因素外，还应考虑到标准物质供应状况、价格、规格尺寸，标准物质的数量应满足整个实验计划使用，必要时应保留一些储备。有些标准物质价格很昂贵，尤其是进口标准物质。随着我国标准物质的发展，有些国内标准物质的水平也达到国外同类标准物质先进水平，并非国外就一定比国内水平高。

7 标准物质和标准样品的正确使用

虽然标准物质在实验室检测活动中具有这么多作用，但如何正确使用标准物质，促进分析技术的发展，保证分析结果准确性、一致性，还有很多需要使用者注意的问题。

(1)在使用标准物质前应仔细、全面地阅读标准物质证书，熟悉其内容。这一点十分重要。只有认真地阅读证书中所给出的信息，才能保证正确使用标准物质，根据使用目的做好试验设计，以测得需要的信息，做出正确的判断或结论。

(2)应重视标准物质证书中所给的“标准物质的用途”信息和应用范围。一般而言，标准物质不应用于预期目的以外的其他用途。如在光电直读光谱分析中，就要特别注意系列标准样品、标准化样品和控制样品三者之间的差异和不同用途，以免误用。

(3)应特别注意证书中所给的标准物质最小称样量，它是标准物质均匀性的重要条件，离开了最小称样量，测量结果的准确性和可靠性也就无从谈起。

(4)根据标准物质的选择原则选择合适的标准物质，在测定标准物质与样品时，应用同一台仪器，同一种方法，并在同样条件与环境中进行，以保证测量的一致性，避免系统误差。应注意检验所用分析方法，操作过程和测量条件是否处于正常状态（在统计控制中），只有分析检测的全过程处于统计控制中，才可以根据被测样品分析检测的随机误差和标准物质保证值的不确定度给出分析结果的准确度。在评价测试方法、校准仪器等应用中，使用标准物质进行测定时，其测量的条件（仪器、人员、环境等）应处于最佳状态，否则，有可能因这些条件的变化而影响评价或测定结果准确度。

(5)在评定测量不确定度时，所用标准物质也是重要不确定度分量。当用户没有充分考虑标准物质定值特性的不确定度时，也可能造成标准物质的误用。标准物质定值特性的合成标准不确定度可能来自标准物质的不均匀性、定值方法、实验室内、实验室间的不确定度，还包括标准物质在有效期内的变化，它是标准物质最佳估计值的不确定的程度。无论是评定方法的准确度和精密度，或者是进行仪器校准，选择标准物质需要考虑的一个重要方面是该方法最终使用要求的不确定度水平。显然用户不应当选用不确定度超过最终使用要求的标准物质。

在实际测量中，单个标准物质之间的偏倚就成为随机不确定度，即标准物质之间的偏差，这个偏差水平是不能直接测定的，仅能从对测量过程的认识中估计。换言之，在测定标准物质过程中，其测量的不确定度应是所使用的标准物质的不确定度和测量过程（测量方法）的不确定度之和，不能简单地以标准物质的不确定度的代替测量过程（测量方法）的不确定度。如在进行仪器分析时，也不能以标准物质的不确定度来判断其仪器分析的测量误差。

(6)使用标准物质后，应按证书规定的方法与要求保存、处理，不得随意处置，以免造成该标准物质的变质和量值变化。实验室应有程序来安全处置运输存储和使用参考标准和标准物质（参考物质），以防止污染或损坏，确保其完整性。

(7)注意标准物质证书中列出的定值方法、定值日期和有效期，可以指导实际测试。选用有证标准物质与所用的分析测量方法密切相关。有证标准物质的不均匀匀程度取决于检验均匀性时所用方法的重复性。当使用者使用有证标准物质评价一个有更好重复性的方法时，有可能会发现物质的不均匀性。在这种情况下，用有证标准物质评价这个方法，其评价基础就有一定问题。同样，当用一个不确定度大的有证标准物质评价具有更好重复性的方法时，对方法的精密度、正确度的评价基础也有一定问题。

(8)实验室应确保所购买的标准物质的适宜性，只有在经检查或证实符合有关检测和（或）校准方法中规定的标准规范或要求之后才投入使用。

标准物质的正确使用与否与采购和使用者有着密切的关系。在许多企业，使用者和采购者常常不能统一，采购员通常是非专业人员，因此应尽可能到国家工业和信息化部认可的定点销售单位去购买金属材料类标准物质，以便获得专业上的帮助。

8 标准物质的期间核查

标准物质的核查是为使标准物质的特性值保持在规定极限内所必须的一组操作,包括对特性值、保存条件、正确使用所做的适当的周期性检查。用户应根据标准物质的不同特性,制定相应的核查措施。应根据规定的程序和日程对参考标准、基准、传递标准或工作标准以及标准物质(参考物质)进行核查,以保持其校准状态的置信度。

8.1 有证标准物质的核查

对于有证标准物质,在按照证书中所规定的条件和方法保存、使用的前提下,可适当简化核查措施,如对包装、标签、证书完好性、保质期、保存条件等的检查。对于可多次使用的有证标准物质,应检查其使用情况,必要时对特性值开展核查。

(1)实验室在不具备核查的技术能力时,可以采用核查其是否在有效期内、是否按照该标准样品证书上所规定的适用范围、使用说明、测量方法与操作步骤、贮存条件和环境要求等信息进行核查,以确保该标准样品的量值为证书所提供的量值。

若上述情况的核查结果完全符合要求,则实验室无需再对该标准样品的特性量值进行测量验证核查。如出现了偏差,则实验室应对标准样品的特性量值进行重新验证,以确认该标准样品是否符合证书上的要求。如其特性量值出现很大的偏差,就不能再使用,可销毁或降级作试剂用。

(2)对在有效期内没有启封且按贮存要求保存的标准样品,可定期核查其包装有无破损、有无泄漏、内容物有无结块、沉淀、混浊、变色等现象。如无异常的可视为完好,可以使用。应做好核查记录。

(3)已启封使用后又重新封口保存的标准样品,在有效期间内的且按贮存要求保存的标准样品,可同上处理。

(4)量小且价贵,在保存期内较快使用完,或技术上无法做核查的标准样品,可同上处理。建议一次少买,尽量不要同时打开多瓶。

8.2 非有证标准物质的核查

(1)定期用有证标准样品对其特性量值进行核查;

(2)如果实验室确实无法获得适当的有证标准样品时,可以考虑采用以下方法进行核查:

①通过实验室间比对确认量值;

②送有资质的校准机构进行校准;

③测试近期参加过能力验证且结果满意的样品或检测足够稳定的,不确定度与被核查对象相近的实验室质控样品。

(3)标准溶液一定要做期间核查。标准溶液的稳定性受溶液组成、介质、浓度、贮存条件等因素影响差异较大。需使用期限较长的储备标液、工作液或易受环境影响的标准溶液,如,氢氧化钠标准溶液,在有效期内,可用基准试剂邻苯二甲酸氢钾标定,也可用盐酸标准溶液滴定之;汞标准溶液,视其他试剂、设备、人等有无变化而定,用 AFS 测定;铅标准溶液,测定质控样品,看结果是否有变化。

8.3　内部标准物质或校准物

对于内部标准物质或由实验室自行制备的校准物，为了确保较早赋予的一个或多个特性值在其不确定度范围内有效，应制定对其特性值的核查或稳定性监测计划，特别是当长期使用该标准物质或校准物时。

特性值的核查或稳定性监测可采取以下方式进行：

（1）直接方式。即将使用中的标准物质或校准物与新制备的、新开启的或量值经确认的标准物质或校准物进行比较测量或采用一种可靠的测量方法对标准物质进行测量，可采用式（5－1）或其简化式（5－2）。

$$|x_{meas} - x_{RM}| \leqslant k\sqrt{u_{meas}{}^2 + u_{RM}{}^2} \tag{5-1}$$

式中，x_{meas}与u_{meas}分别为通过测量得到的标准物质或校准物测得值及其标准不确定度；x_{RM}与u_{RM}分别为标准物质或校准物原赋值的结果及其标准不确定度；k 为包含因子，通常在置信概率为 95% 时，取 $k=2$。

或

$$|x_{meas} - x_{RM}| \leqslant \sqrt{\left(t\frac{s}{\sqrt{n}}\right)^2 + U_{RM}{}^2} \tag{5-2}$$

式中，s 为单次测量实验标准偏差；n 为测量重复次数；t 值可通过查表得到。

当满足式（5－1）或式（5－2）时，表明特性值未检测到显著变化。

（2）间接方式。包括分析采用该标准物质或校准物获得的诸如标准物质、留样、剩余能力验证样品或质量控制物质的测量结果并评估新旧测量结果变化或使用新校准物后的影响；采用质量控制图进行趋势检查或分析实验室间比对结果等。

值得注意的是，并不是所有标准物质都要做期间核查。实验室可根据自身所用的标准物质，按照使用情况、标准物质本身的稳定性、贮存条件、使用频率、使用量等筛选出需做期间核查的标准物质品种，列出核查周期表（表内应有标准样品名称、编号、含量、有效期、期间核查时间、结论，也可利用档案记录表）。编制核查计划，编制作业指导书，内容应包含核查方法、判定依据、判断结论、处理方式及记录表单等。

所采取的特性值核查方式应根据标准物质的不确定度水平、实验室的经济和技术条件等进行选择。如，对于实验室自行制备的校准物，如果校准引起的不确定度分量是日常测量结果不确定度的次要分量，则可采取间接方式进行量值核查。特性值核查的周期和频次应根据标准物质的特点制定，如，对于稳定性预期良好的金属标准物质，可适当放宽核查的时间间隔；而对于溶液类标准物质，特别是经过稀释的标准溶液，要加强核查频次，缩短核查周期。

9　直读光谱分析中标准样品的正确使用

在火花源光电直读光谱和 X 射线荧光光谱化学成分定量分析过程中，需要用已知含量的标准样品事先在欲用的仪器上测量出各元素的谱线强度或强度比，将谱线强度和已知的元素含量构成工作曲线（或称校准曲线），再测量未知试样相应元素的谱线强度，由工作曲线即可计算出待测试样中各元素的含量。可见，这样的分析方法是一种相对测量方法，分析结果的准确性受众多因素的影响，特别是绘制工作曲线所用标准样品标准值的准确性、标准样品的均匀性、谱线干扰和基体的影响。正确地使用各种标准样品才能得到满意的分析结果。

GB/T 14203—2016《火花放电原子发射光谱分析法通则》将标准样品分为标准样品、标准化样品、控制样品和分析样品四种。下面分别介绍其使用要求和需要注意的事项。

9.1 标准样品

标准样品，或称系列标准样品，是绘制工作曲线用的，如选择不当，分析结果就会产生偏差。通常它是由多块标准样品组成（建议至少选用4块，如果4块标准样品中，浓度上下限相差十倍或其中的浓度相互接近，则应采用更多块）。只要可能，应优先选用信誉良好的国家定点研制单位采用权威、准确、可靠的定值分析方法研制的有证标准样品，数据组数一般不少于8组，这样可以使由于元素含量不确定性而导致的校准误差最小化。选用的系列标准样品应包含待分析样品中元素的含量范围，并保持适当的梯度分布，避免外推。主成分元素含量范围应覆盖产品技术条件中规定的上下限，并向两端适当延伸。系列标准样品可以适用于多种牌号材料的分析，但其化学性质和物理性质应与待测样品近似，化学定值准确，无物理缺陷。

材料的化学成分往往是一种产品的重要技术指标。化学成分的符合与否要通过分析来确定。产品化学成分一般是具有一定含量范围的，要满足产品的要求，标准样品应该是能覆盖该范围的一个系列（称其为一套），利用该套标准样品来制成工作曲线从而藉此测定分析样品中待测组分的确切含量。例如：GB/T 5231—2001 中对 H62 黄铜的化学成分要求见表 5－3。

表 5－3　GB/T 5231—2001 中 H62 黄铜的化学成分指标

元素	Cu	Pb	Fe	Ni	Zn
质量分数/%	60.5～63.5	≤0.03	≤0.10	≤0.5	余量

要满足表 5－3 中各元素的分析要求，可以按表 5－4 来设计这套光谱标准样品的化学成分。

表 5－4　H62 黄铜光谱标准样品化学成分的设计

样品编号	元素质量分数/%				
	Cu	Pb	Fe	Ni	Zn
1	60.0	0.01	0.20	0.90	余量
2	61.0	0.02	0.15	0.70	余量
3	62.0	0.03	0.10	0.50	余量
4	63.0	0.04	0.075	0.30	余量
5	64.0	0.05	0.05	0.15	余量

利用仪器测得的标准样品中某元素的强度函数对相应的化学成分的浓度函数绘制工作曲线，见图 5－10。

但应该注意，由于背景干扰系数、分析线自吸收及标准样品可靠性等因素的影响，工作曲线不可能总是直线，有时采用最小二乘法拟合二次方程，通过正确地描绘工作曲线的弯曲部分，将使曲线的描绘更精确；通过更多点参与工作曲线的回归计算，使得到的分析结果更可靠。

现在不少仪器厂商为了提高市场竞争力，往往在仪器出厂前按照用户要分析的材料类型预先绘制好一些通用校准曲线，减少现场分析时对标准样品的需求。可是毋庸讳言，既然是通

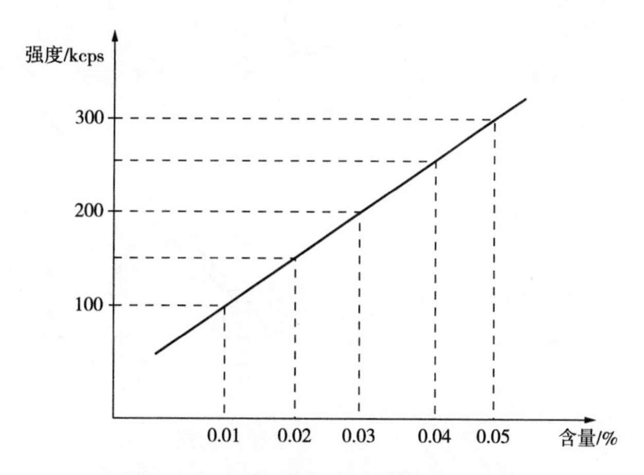

图5-10　H62黄铜中元素铅工作曲线

用曲线，也就是多牌号甚至多品种的综合，通用性强，而要同时达到“精”就很困难。因此，为保证分析精确，还是一个牌号对应一套标准样品为好。一套通用曲线在仪器出厂时或工作伊始就已制好，但在工作现场怎么才能知道其是否与原始状态一致呢？每次分析时再重新绘制工作曲线不太可能，这就需要引入标准化样品的概念。

9.2　标准化样品

标准化样品（也称再校准样品，漂移校准样）是为修正由于仪器随时间变化而引起的测量值对工作曲线的偏离而用的。标准化的目的是修正仪器在中、长期内发生的漂移。有的技术规范将它称为校正样品，这实际上是混淆了校正（correction）和校准（calibration）的含义。在光谱分析中，为直接利用原始工作曲线，就需要定期用标准化样品对原分析曲线进行重新校准。当采用两点进行标准化时，所用两块标准化样品元素含量应有足够大的差异，并确保在元素分析范围的高端和低端。事实上低端标准化样品经常就是采用“纯”基体样品，表示它实际上只含有这种合金基体，其他元素成分含量应接近零、痕量或很少，如校准铁基曲线时就用高纯铁样品作低点。从理论上讲，这样的两个样品足以使仪器再标准化，然而在实际工作中，为了保证仪器精度，一般不可能只用两块标准化样品就能全部涵盖所有待测元素的高端和低端，因此往往需要更多数量的样品用于标准化。另一方面，标准化程序能够用于一种以上的合金，原则上可用于一组合金，这时采用多点标准化就更为便捷、有效。有时我们也可采用单点进行标准化，此时所用标准样品的元素含量应在每个被分析元素校准范围的中间位置，而不是原来一直采用的工作曲线上限附近。如果用一块样品不能对所有元素进行标准化时，可采用一块以上的样品。标准化样品应尽可能均匀，并能得到稳定的谱线强度或谱线强度比，而不一定需要非常准确的定值。从这个意义上讲，控制样品（校正样品）可以用作标准化样品，但反之则不行。标准化样品可以从标准样品中选取，也可以专门冶炼。

针对单一的牌号，可以用制作工作曲线的标准样品当作标准化样品，比如表5-4中的1号、5号就可以。然而，当元素较多或元素的含量不合适的时候就没有办法用这些标准样品作为标准化样品（否则就相当于又制作了一套工作曲线），尤其是在光电直读光谱分析中。专用的标准化样品综合考虑了各元素的情况，用几块标准化样品就可以将同一基体中的诸多牌号牵涉到的元素一一校准，确保各工作曲线与原始状态的一致。标准化原理如图5-11所示。

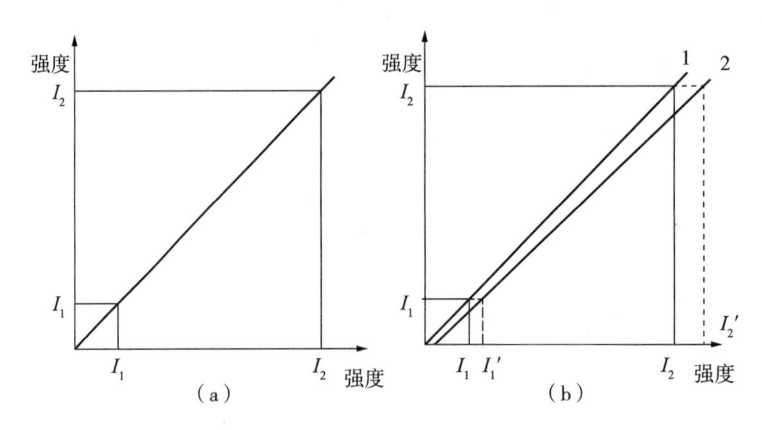

图 5-11　标准化原理示意图

图 5-11(a)为原始强度，选择强度为 I_1、I_2 的两个标准样品或标准化样品 A、B(一个高点，一个低点，就是所谓的“高低标”)。经过一定的时间，A、B 的强度分别变为 I_1'、I_2'，图 5-11(b)，此时要想使工作状态与原来一致就必须进行标准化。标准化分为单点标准化和两点标准化。单点标准化用于基线漂移不大的情况，两点标准化用于综合变化较多的情况。标准化公式如下：

(1)单点式

校准系数

$$\alpha = I_2'/I_2 \tag{5-3}$$

如某样品测得值为 I'，则校准值

$$I = I'/\alpha \tag{5-4}$$

(2)两点式

校准系数 α、β 由两点的数据求出

$$\alpha = (I_2 - I_1)/(I_2' - I_1') \tag{5-5}$$

$$\beta = (I_1 I_2 - I_2 I_1')/(I_2' - I_1') \tag{5-6}$$

需要注意的是，在制作工作曲线时，应将用于标准化的所有样品全部包括进去。这些样品必须在其他标准样品激发的同时激发，以获得更精确的原始谱线强度，以便充当日后短期数据漂移情况的指标。也就是说，通过标准化操作使得某一时刻测得的谱线强度都恢复到程序或合金类型校准时刻的正常强度。然后，用上述公式求出校准系数，分析未知样品时代入系数即可。

9.3　控制样品

控制样品(也有校正样品、内控标样、控样、类型校准样、管理样等不同称谓)是用于控制、校正分析试样结果的标准样品。它一般应是自制的，其材料牌号、元素含量范围、冶炼加工工艺应与分析试样一致，以提高分析结果的准确性。

工作曲线由标准化样品进行了再校准，能够和原始曲线保持一致，然而由于制作曲线用的标准样品要综合考虑某元素的线性范围以及标准样品的制造方法与分析样品的差异，使得试样与标准样品之间存在着物理结构与化学组成的差异，而这些差异可能导致分析结果与期望值之间存在系统误差。要想消除这样的系统误差就需要使用验证过和确保分析结果准确的控制样品。控制样品应该是经准确定值的、化学组成和物理结构与分析试样相近的标准样品。在现今的分析仪器中，有的仪器程序将控样分析的结果与化学定值结果进行计算，得出校正系

数,对分析结果进行修正;有的仪器不具备这种功能,需要人工校正。

如图5-12所示,曲线1为原始曲线,曲线2为校正后曲线。控制样品的定值为c_0,而分析结果为c_1,两者之间存在Δc的系统误差。有的分析程序采用c_0/c_1得出一个系数对曲线进行修正;有的采用Δc对结果进行补正。但采用控制样品分析有一定的局限性:分析与控制样品成分相当的样品时,结果非常准确;待测样品组成及组织结构与控制样品差异较大时,分析结果误差就较大。

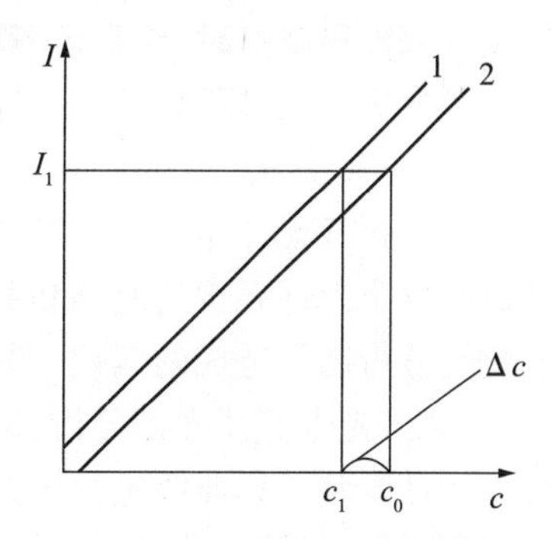

图5-12　控制样品校正示意图

实际上,除分析条件外,影响光谱分析结果准确性的主要因素还有两个:即光谱干扰和基体效应。所谓光谱干扰是指某一元素的一条分析线与其他元素谱线非常接近以致光谱仪无法完全分辨而引起分析线光强增加的现象。光谱干扰的影响可以从测得的光强(比)中扣除一定数量(取决于干扰元素含量)加以消除(即“加和修正法”)。而基体效应则是指由于试样成分的改变引起元素存在形态、晶体结构或基体组织发生变化,进而通过改变蒸气云等离子体温度而改变被测元素光强的现象。基体效应可通过对测得光强(比)乘以一个系数(取决于干扰元素含量)予以消除(即“倍增修正法”)。

目前很多企业都用火花源光电直读光谱仪、X射线荧光光谱仪等仪器控制生产流程,而这些企业无暇自行研制控制样品,因此,近几年控制样品的市场需求越来越大,市售的控制样品品种也越来越多。但是,使用控制样品一定要慎重,因为控制样品一般只有几个实验室参加协作定值,它给出的是推荐值,定值的可靠性相对较低。而且,光电直读光谱、X射线荧光光谱等分析仪器因分析试样和控制样品在冶金过程不同引起的某些物理状态的差异,会对激发和谱线强度带来一定的影响,造成分析误差加大。因此,控制样品最好选用生产线上的均匀样品,自行制备。若使用市售控制样品,使用者应预先用使用的仪器和分析试样对其推荐值进行确认,消除因试样间某些物理状态的差异带来的对谱线强度的影响。用修正后的推荐值来校正分析结果,才能使结果更可靠。

专用标准样品是按材料牌号技术条件研制的,一般是单点,元素含量范围在给定牌号的标准范围内,它的定值程序和系列标准样品一样。它可用在和系列标准样品一起做工作曲线或作为控制样品使用。实际上,控制样品与专用标准样品并没什么差别,因此没有必要专门作为一类样品。只要可能,控制样品和专用标准样品都应按标准样品的程序来定值。

9.4　光谱分析中的注意事项

光谱分析样品必须根据分析目的,在能代表平均化学成分的部位进行取样。

判断光谱分析结果是否发生偏差的一般方法是:对所选试样进行光谱分析后再作化学分析,然后对相应的两种分析数据的差值进行统计检验。在检验结果不一致的情况下,要考虑化学分析结果的正确性。同时,对于光谱分析方法,也要考虑标准样品和控制样品的选用合适与否、分析样品激发得好坏和定量方法正确与否等。

(1)选用的标准样品和控制样品不合适时,可能是由于系列标准样品、控制样品和分析样品的组成显著不同、冶炼过程和非金属夹杂物不同以及标准值定值不准等而引起的影响。对这种情况需要重新选定系列标准样品、控制样品,或者研究校正方法。

(2)样品分析结果不好时,可能是由于取样方法不合适和制备时被污染等。当分析样品产生成分偏析和缺陷时,要重新考虑取样方法;至于制备时被污势,需要重新考虑研磨材料、工具和制备方法,查明原因。

(3)定量方法产生误差的主要原因是工作曲线绘制有误和校正共存元素影响的方法不合适。要重新考虑工作曲线或增加标准样品数目,通过实验予以适当校正。标准样品和分析样品之间由于内标元素的差别和共存元素给分析结果带来偏差时,应预先求出这些元素的含量变化给分析结果造成的偏差,即干扰系数,并予以校正。

总之,光电直读光谱分析、X 射线荧光光谱分析这些方法分析能力强,速度快,可以用系列标准样品绘制工作曲线进行快速分析。仪器厂商在仪器分析程序中预制有很多标准样品绘制的通用工作曲线,虽然可以为用户减少一些工作量和节省购置标准样品的费用,但在分析结果要求较高时,对某一具体牌号的分析仍需要考虑用相应牌号的标准样品或控制样品对某段曲线进行校准。通用工作曲线仅可用于定性和半定量分析。采用质量可靠的有证标准样品仍然是获得准确分析结果的重要保证。

第 6 章　分析化学中的质量保证与质量控制

1　分析化学中的误差与数据处理

1.1　分析化学中的误差

定量分析的目的是通过一系列分析步骤来准确测定试样中待测组分的含量。但是,在分析过程中,由于受某些主观和客观条件的限制,所得结果不可能绝对准确,即使是技术很熟练的分析人员,在相同条件下用同一方法对同一试样仔细地进行多次测量,也不能得到完全一致的分析结果。这表明存在误差,且它是不可能完全避免或消除的。因此,在进行定量测量时,必须对分析结果的可靠性和准确度做出合理的判断和正确的表达。了解分析过程中产生误差的原因及其特点,有助于采取相应措施尽量减少误差,使分析结果达到一定的准确度。

1.1.1　误差与偏差

误差有两种表示方法:绝对误差(absolute error,E)和相对误差(relative error,E_r)。绝对误差是测量值(measured value,x)与真实值(true value,x_T)之间的差值,即

$$E = x - x_T \tag{6-1}$$

绝对误差的单位与测量值的单位相同,误差越小,表示测量值与真实值越接近,准确度越高;反之,误差越大,准确度越低。当测量值大于真实值时,误差为正值,表示测定结果偏高;反之,误差为负值,表示测定结果偏低。

相对误差是指绝对误差相当于真实值的百分率,表示为

$$E_r = \frac{E}{x_T} \times 100\% = \frac{x - x_T}{x_T} \times 100\% \tag{6-2}$$

相对误差有大小、正负之分。相对误差反映的是误差在真实值中所占的比例大小,因此,在绝对误差相同的条件下,待测组分含量越高,相对误差越小;反之,相对误差越大。

无论是计算绝对误差还是相对误差,都涉及到真值 x_T。所谓真值就是指某一物理量本身具有的客观存在的真实数值。严格地说,任何物质中各组分的真实含量是不知道的,用测量的方法是得不到真值的。那么如何计算误差呢? 在分析化学中常将以下的值当做真值来处理。

(1)理论真值,如某化合物的理论组成等。

(2)计量学约定真值,如国际计量大会上确定的长度、质量、物质的量单位等。

(3)相对真值。人们设法采用各种可靠的分析方法,使用最精密的仪器,经过不同实验室、不同人员进行平行分析,用数理统计方法对分析结果进行处理,确定出各组分相对准确的含量,此值称为标准值,一般用标准值代表该物质中各组分的真实含量。这种真值是相对而言的,如科学实验中使用的标准试样及管理试样中组分的含量等。

在实际分析工作中，一般要对试样进行多次平行测定，以求得分析结果的算术平均值。在这种情况下，通常用偏差来衡量所得结果的精密度。偏差(d)表示测量值(x)与平均值(mean, $\bar{x}$)的差值

$$d = x - \bar{x} \tag{6-3}$$

若 n 次平行测定数据为 $x_1, x_2, \cdots, x_n$，则 n 次测量数据的算术平均值 $\bar{x}$ 为

$$\bar{x} = \frac{x_1 + x_2 + \cdots + x_n}{n} = \frac{1}{n}\sum_{i=1}^{n} x_i \tag{6-4}$$

在数理统计中常使用中位数(median, x_M)，即将一组测量数据从小到大排列起来，当测量值的个数 n 是奇数时，排在正中间的那个数据即为中位数；当 n 为偶数时，中间相邻两个测量值的平均值是中位数。中位数与平均值相比，其优点是受离群值的影响较小，且当 n 很大时，求中位数就简单多了，其缺点是不能充分利用数据。

一组数据中各单次测定的偏差(deviation)分别为

$$d_1 = x_1 - \bar{x}$$

$$d_2 = x_2 - \bar{x}$$

$$\cdots$$

$$d_n = x_n - \bar{x}$$

显然这些偏差必然有正有负，还有一些偏差可能为零。如果将各单次测定的偏差相加，其和应为零或接近零。即

$$\sum_{i=1}^{n} d_i = 0$$

为了说明分析结果的精密度，将各单次测定偏差的绝对值的平均值称为单次测定结果的平均偏差($\bar{d}$)

$$\bar{d} = \frac{1}{n}(|d_1| + |d_2| + \cdots + |d_n|) = \frac{1}{n}\sum_{i=1}^{n} |d_i| \tag{6-5}$$

平均偏差 $\bar{d}$ 代表一组测量值中任何一个数据的偏差，没有正负号。因此，它最能表示一组数据间的重现性。在一般分析工作中，平行测定次数不多时，常用平均偏差来表示分析结果的精密度(precision)。

单次测定结果的相对平均偏差($\bar{d}_r$)为

$$\bar{d}_r = \frac{\bar{d}}{\bar{x}} \times 100\% \tag{6-6}$$

当测定次数较多时，常使用标准偏差(standard deviation, s)或相对标准偏差(relative standard deviation, RSD, s_r)来表示一组平行测定值的精密度。单次测定的标准偏差的表达式是

$$s = \sqrt{\frac{\sum_{i=1}^{n} (x_i - \bar{x})^2}{n-1}} \tag{6-7}$$

相对标准偏差亦称变异系数，表达式为

$$s_r = \frac{s}{\bar{x}} \times 100\% \tag{6-8}$$

标准偏差通过平方运算，它能将较大的偏差更显著地表现出来，因此，标准偏差能更好地反映测定值的精密度。实际工作中，都用 RSD 表示分析结果的精密度。

偏差也可以用全距(range, R)或称极差表示,它是一组测量数据中最大值与最小值之差。即

$$R = x_{max} - x_{min} \tag{6-9}$$

用该法表示偏差,简单直观,便于运算。它的不足之处是没有利用全部测量数据。

1.1.2　准确度与精密度

对一个分析方法的评价首先要看准确度如何。准确度(accuracy)表示测量值与真值的接近程度,因此应该用误差来衡量。误差越小,分析结果的准确度越高;反之,误差越大,准确度越低。

精密度表示几次平行测定结果之间的相互接近程度,用偏差来衡量。偏差越小表示精密度越好。在分析化学中,有时用重现性(repeatability)和再现性(reproducibility)表示不同情况下分析结果的精密度。前者表示同一分析人员在同一条件下所得分析结果的精密度,后者表示不同分析人员或不同实验室之间在各自的条件下所得结果的精密度。

准确度与精密度的关系可通过下面的例子形象地加以说明。图16-1表示甲、乙、丙、丁4人用同一方法同时测定一铁矿石中 Fe_2O_3 含量(真值以质量分数表示为50.36%)的结果。由图可见,甲的准确度与精密度都好,结果可靠;乙的精密度虽然很高,但准确度低;丙的精密度与准确度均很差;丁的平均值虽接近真实值,但4次平行测定的精密度很差,只是由于大的正负误差互相抵消才使结果接近真实值,因此这个结果是巧合得到的,是不可靠的。

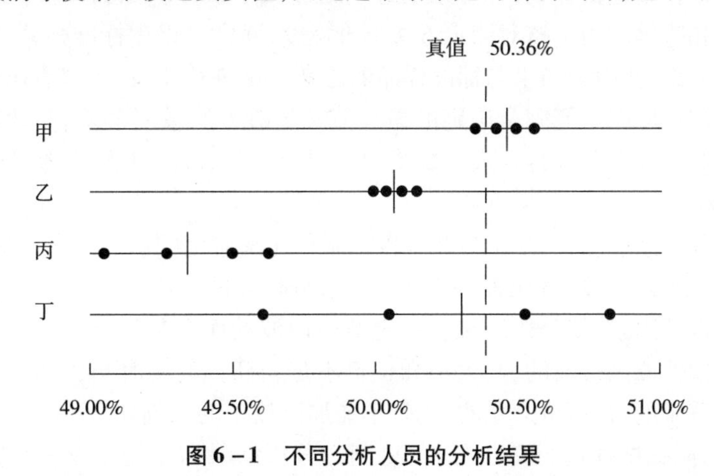

图6-1　不同分析人员的分析结果

上例说明:精密度很高,测定结果的准确度不一定高,可能有系统误差存在,如图6-1中的乙的情况。精密度低,说明测定结果不可靠,此时再考虑准确度就没有意义了。因此,准确度高一定要求精密度高,即精密度是保证准确度的前提。在确认消除了系统误差的情况下,可用精密度表达测定的准确度。

1.1.3　系统误差和随机误差

在定量分析中,对于各种原因导致的误差,根据误差的来源和性质的不同,可以分为系统误差(systematic error)和随机误差(random error)两大类。

(1)系统误差

系统误差是由某种固定的原因造成的,具有重复性、单向性。理论上,系统误差的大小、正

负是可以测定的，所以系统误差又称可测误差。根据系统误差产生的具体原因，可将其分为以下几类：

①方法误差。这种误差是由于不适当的实验设计或所选择的分析方法不恰当所造成的。例如，在重量分析中，沉淀的溶解损失、共沉淀和后沉淀、灼烧时沉淀的分解或挥发等；在滴定分析中，反应不完全、有副反应发生、干扰离子的影响、滴定终点与化学计量点不一致等，都会引起测定结果系统误差偏高或偏低。

②仪器和试剂误差仪器误差。这种误差来源于仪器本身不够精确，如天平砝码质量、容器器皿刻度和仪表刻度不准确等。试剂误差来源于试剂或蒸馏水不纯，如试剂和蒸馏水中含有少量的被测组分或干扰物质，会使分析结果系统误差偏高或偏低。

③操作误差。在进行分析测定时，由于分析人员的操作不够正确所引起的误差。例如，称样前对试样的预处理不当；对沉淀的洗涤次数过多或不够；灼烧沉淀时温度过高或过低；滴定终点判断不当等。

④主观误差，又称个人误差。这种误差是由分析人员本身的一些主观因素造成的。例如，在滴定分析中辨别滴定终点颜色时，有人偏深，有人偏浅；在读取该滴定管刻度时个人习惯性地偏高或偏低等。在实际工作中，没有分析工作经验的人往往以第一次测定结果为依据，第二次测定时主观上尽量使其向第一次测定结果靠近，这样也容易引起个人误差。

系统误差可以粗略地估计到，并可采取适当措施减小误差。例如，对所用仪器进行校正，作空白试验加以扣除等。为了核对测定方法的准确度，通常可以用标准样品，用分析未知物的方法进行同样的分析，测得的结果与标准样品的已知结果进行比较，可以看出所采用的分析方法的准确度。对那些原因不能完全确定的但其值又足够大的系统误差，在计算测量的总误差时应予以估计并和其他误差进行合成。试图增加测量次数来减少系统误差是徒劳的。

(2)随机误差

随机误差亦称偶然误差，它是由某些难以控制且无法避免的偶然因素造成的。例如，测定过程中环境条件(温度、湿度、气压等)的微小变化；分析人员对各份试样处理时的微小差别等。这些不可避免的偶然因素，使分析结果在一定范围内波动而引起随机误差。由于随机误差是由一些不确定的偶然原因造成的，其大小和正负不定，有时大，有时小，有时正，有时负，因此，随机误差是无法测量的，是不可避免的，也是不能加以校正的。例如，一个很有经验的人，进行很仔细的操作，对同一试样进行多次分析，得到的分析结果却不能完全一样，而是有高有低。随机误差的产生难以找出确定的原因，似乎没有规律性，但是当测量次数足够多时，从整体看随机误差是服从统计分布规律的，因此可以用数理统计的方法来处理。

随机误差具有如下的规律：正误差和负误差出现的几率相等；各种大小误差出现的概率遵循着统计分布规律。例如，遵从正态分布的误差具有以下几个特点：

①单峰性：绝对值小的误差出现的概率比绝对值大的误差出现的概率大；

②对称性：绝对值相等的正误差和负误差，其出现的概率相等；

③有界性：绝对值很大的误差出现的概率近于零，亦即误差有一定的实际限度；

④抵偿性：在实际测量条件下对同一量的测量，其误差的算术平均值随着测量次数的增加亦趋于零。

因此，在消除引起系统误差的所有因素后，多次测量的算术平均值最接近真实值。

除了系统误差和随机误差外，在分析过程中往往会遇到由于疏忽或差错引起的所谓“过失”，其实质就是一种错误，不能称为误差。例如，操作过程中有沉淀的溅失或沾污；试样溶解或转移时不完全或损失；称试样时试样洒落在容器外；读错刻度；记录和计算错误；不按操作规程加错试剂等，这些都属于不允许的过失，一旦发生只能重做实验，这种结果决不能纳入平均值的计算中。

1.2　有效数字及其运算规则

在定量分析中，分析结果所表达的不仅仅是试样中待测组分的含量，同时还反映了测量的准确程度。因此，在实验数据的记录和结果的计算中，保留几位数字不是任意的，要根据测量仪器、分析方法的准确度来决定，这就涉及有效数字的概念。

1.2.1　有效数字

用来表示量的多少，同时反映测量准确程度的各数字称为有效数字。具体说来，有效数字就是指在分析工作中实际上能测量到的数字。

在科学实验中，任何一个物理量的测定，其准确度都是有一定限度的。例如，用分析天平称量同一试样的质量，甲得到12.345 6g，乙得到12.345 7g，丙得到12.345 4g，这些6位数字中，前5位数字都是很准确的，第6位数字是由标尺的最小分刻度间估计出来的，所以稍有差别。这第6位数字称为可疑数字，但它并不是臆造的，所以记录数据时应保留它，这6位数字都是有效数字。对于可疑数字，除非特别说明，通常可理解为它可能有±1个单位的误差。

有效数字的位数，直接影响测定的相对误差。在测量准确度的范围内，有效数字位数越多，测量也越准确，但超过了测量准确度的范围，过多的位数是没有意义的，而且是错误的。确定有效数字位数时应遵循以下几条原则：

（1）一个量值只保留一位不确定的数字，在记录测量值时必须记录一位不确定的数字，且只能记录一位。

（2）数字0～9都是有效数字，当0只是作为定小数点位置时不是有效数字。例如，1.0080是五位有效数字，0.0035则是两位有效数字。

（3）不能因为变换单位而改变有效数字的位数。例如，0.0345g是三位有效数字，用毫克(mg)表示时应为345 mg，用微克(μg)表示时则应写成3.45×10^{4}μg，但不能写成34500g，因为这样表示比较模糊，有效数字位数不确定。

（4）在分析化学计算中，常遇到倍数、分数关系。这些数据都是自然数而不是测量所得到的，因此它们的有效数字位数可以认为没有限制。

（5）在分析化学中还经常遇到pH、pM、lg$K$等对数值，其有效数字位数取决于小数部分（尾数）数字的位数，因整数部分（首数）只代表该数的方次，例如，pH＝10.28，换算为H^+浓度时应为$[H^+]=5.2\times10^{-11}$mol/L，有效数字的位数是两位，不是四位。

1.2.2　有效数字的修约规则

在处理数据过程中，所涉及的各测量值的有效数字位数可能不同，因此需要按下面所述的计算规则确定各测量值的有效数字位数。各测量值的有效数字位数确定之后，就要将它后面多余的数字舍弃。修约的原则是既不能因保留过多的位数使计算复杂，也不能因舍掉任何位数使准确度受损。舍弃多余数字的过程称为“数字修约”，按照国家标准采用“四舍六入五成双”规则。

“四舍六入五成双”规则规定，当测量值中被修约的数字等于或小于4时，该数字舍去；等于或大于6时，则进位；等于5时，要看5前面的数字，若是奇数则进位，若是偶数则将5舍掉，即修约后末位数字都成为偶数；若5的后面还有不是“0”的任何数，则此时无论5的前面是奇数还是偶数，均应进位。根据这一规则，将下列测量值修约为四位有效数字时，结果应为：

$$0.245\,74 \Longrightarrow 0.245\,7$$

$$0.245\,75 \Longrightarrow 0.245\,8$$

$$0.245\,76 \Longrightarrow 0.245\,8$$

$$0.245\,85 \Longrightarrow 0.245\,8$$

$$0.245\,851 \Longrightarrow 0.245\,9$$

修约数字时，只允许对原测量值一次修约到所要求的位数，不能分几次修约。例如，将0.574 9修约为两位有效数字，不能先修约为0.575，再修约为0.58，而应一次修约为0.57。

1.2.3 运算规则

不同位数的几个有效数字在进行运算时，所得结果应保留几位有效数字与运算的类型有关。

(1)加减法

几个数据相加或相减时，有效数字位数的保留应以小数点后位数最少的数据为准，其他的数据均修约到这一位。其根据是小数点后位数最少的那个数的绝对误差最大。例如：$0.0121+25.64+1.0578=?$ 在这组数据中，绝对误差最大的是25.64，应以它为依据，先修约，再计算。即

$$0.01+25.64+1.06=26.71$$

(2)乘除法

几个数据相乘除时，有效数字的位数应以几个数中有效数字位数最少的那个数据为准。其根据是有效数字位数最少的那个数的相对误差最大。例如：$0.0121\times25.64\times1.05782=?$ 在这组数据中，0.0121的相对误差最大，应以它为标准先进行修约，再计算。即

$$0.0121\times25.6\times1.06=0.328$$

或先多保留一位有效数字，算完后再修约一次。如 $0.0121\times25.64\times1.058=0.3282$，修约为0.328。

遇到个位数为8或9时，可以多算一位有效数字。如9.13，虽然实际上只有三位，但在计算有效数字时可作为四位计算。

在计算分析结果时，高含量(>10%)组分的测定，一般要求四位有效数字；含量在1%～10%的一般要求三位有效数字；含量小于1%的组分只要求两位有效数字。分析中的各类误差通常取1～2位有效数字。

1.3 分析化学中的数据处理

凡是测量就有误差存在，用数字表示的测量结果都具有不确定性。一位有经验的分析工作者用最好的方法和可靠的仪器对一个试样进行多次测定，得到的结果不可能完全一致。那么，就会提出如何更好地表达分析结果，使其既能显示出测量的精密度，又能表达出结果的准确度；如何对测量的可疑值或离群值有根据地进行取舍；如何比较不同人不同实验室间的结果

以及用不同实验方法得到的结果,等等一系列问题。这些问题需要用数理统计的方法加以解决。用这种方法来处理实验数据能更准确地表达结果,给出更多的信息。因此,近年来,分析化学中愈来愈广泛地采用统计学方法来处理各种分析数据。

1.3.1　平均值的置信区间

用数理统计的方法来处理分析测定所得到的结果,目的是将这些结果作一个科学的表达,使人们能够认识到其精密度、准确度、可信度如何。最好的方法是对总体平均值进行估计,在一定的置信度下给出一个包含总体平均值的范围。

(1)平均值的标准偏差

根据统计学的原理,多次测定的平均值比单次测定值可靠,测定次数愈多,其平均值愈可靠。但在实际中增加测定次数所取得的效果是有限的。

在前面的讨论中,测量的精密度可用标准偏差来度量。但标准偏差本身也是一个随机变量,所以标准偏差也存在精密度问题。通常用平均值的标准偏差来表示

$$\delta_{\bar{x}} = \pm \frac{s}{\sqrt{N}} \tag{6-10}$$

式中:$\delta_{\bar{x}}$——平均值的标准偏差;

s——标准偏差;

N——测量次数。

在实际工作中,当测定次数在20次以内时,用标准偏差 s 作为 δ 的估计值,这样平均值的标准偏差 $\delta_{\bar{x}}$ 改用下式表示

$$s_{\bar{x}} = \pm \frac{s}{\sqrt{N}} \tag{6-11}$$

式中:$s_{\bar{x}}$——平均值的标准偏差;

s——标准偏差;

N——测量次数。

上式表明,平均值的标准偏差按测定次数的平方根成比例关系减小。增加次数可以提高测定的精密度,如图6-2所示。当 $N>5$ 以后,这种提高变化缓慢,即提高不多。因此,在日常分析工作中,重复测定3~4次即可,要求较高时,可测定5~9次。

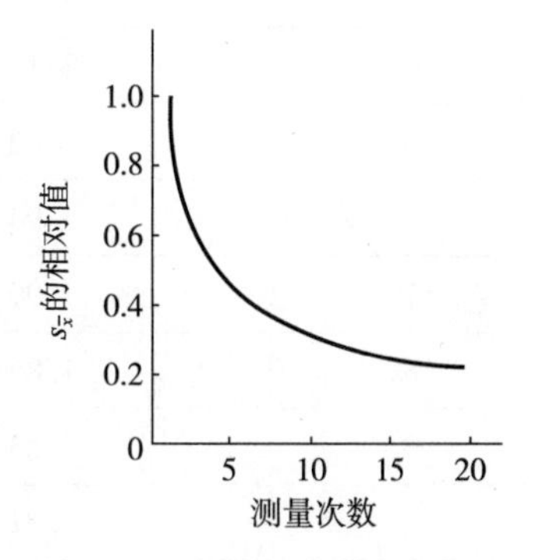

图6-2　平均值的标准偏差与测量次数的关系

(2)平均值的置信区间

在完成一项测定工作以后,通常总是把测定数据的平均值作为结果发出报告,但平均值不是真值,它的可靠性是相对的,仅仅报告一个平均值还不能说明测定可靠性。一个分析报告应当包括测定的平均值,平均值的误差范围以及测得数据有多少把握能落在此范围内,这种所谓把握称之为置信度。

在分析化学中,通常按 $P=95\%$ 的置信度来要求。在此置信度下,分析数据可以落到平均值附近的界限称之为置信界限。为了解决有限次测定的置信界限,W. S. Gosset 提出了一个新的量,即所谓 t 值。其涵义可理解为平均值的误差,以平均值的标准偏差为单位来表示的数值。

$$\pm t = (\bar{x} - \mu)\frac{\sqrt{N}}{s} \tag{6-12}$$

式中：$\bar{x}$——测量数据的平均值；

μ——真值；

s——标准偏差；

N——测量次数。

由此，可以按式(6－13)求真值

$$\mu = \bar{x} \pm \frac{ts}{\sqrt{N}} \tag{6-13}$$

在某一置信度下，以平均值 $\bar{x}$ 为中心，包括总体平均值 μ 在内的可靠性范围，称为平均值的置信区间。对于置信区间的概念必须正确理解，如 μ = 47. 50% ±0. 10%（置信度为95%），应当理解为在47. 50% ±0. 10%的区间内包括总体平均值 μ 的概率为95%。μ 是个客观存在的恒定值，没有随机性，谈不上什么概率问题，不能说落在某一区间的概率是多少。

在实际工作中，可根据测定的数据，按如下步骤求得平均值和它的置信界限：

①求得平均值和标准偏差。

②按规定的置信度（一般取95%），从表6－1中查得 t 值。

③按式(6－13)计算平均值的置信界限。

表6－1　$t_{\alpha,f}$值（双边）

f	置信度、显著性水平		
	P=0. 90	P=0. 95	P=0. 99
	α=0. 10	α=0. 05	α=0. 01
1	6. 31	12. 71	63. 66
2	2. 92	4. 30	9. 92
3	2. 35	3. 18	5. 84
4	2. 13	2. 78	4. 60
5	2. 02	2. 57	4. 03
6	1. 94	2. 45	3. 71
7	1. 90	2. 36	3. 50
8	1. 86	2. 31	3. 36
9	1. 83	2. 26	3. 25
10	1. 81	2. 23	3. 17
20	1. 72	2. 09	2. 84
∞	1. 64	1. 96	2. 58

例6－1　测定某铜矿中铜含量的4次测定结果分别为40. 53%、40. 48%、40. 57%、40. 42%，计算置信度分别为90%、95%和99%时，总体平均值 μ 的置信区间。

解： $$\bar{x}\frac{1}{n}\sum_{i=1}^{n}x_i=\frac{40.53\%+40.48\%+40.57\%+40.42\%}{4}=40.50\%$$

$$s=\sqrt{\frac{\sum_{i=1}^{n}(x_i-\bar{x})^2}{n-1}}=0.06\%$$

置信度为 90% 时，$t_{0.10,3}=2.35$

$$\mu=\bar{x}\pm t_{\alpha,f}\frac{s}{\sqrt{n}}=(40.50\pm0.07)\%$$

置信度为 95% 时，$t_{0.05,3}=3.18$

$$\mu=\bar{x}\pm t_{\alpha,f}\frac{s}{\sqrt{n}}=(40.50\pm0.10)\%$$

置信度为 99% 时，$t_{0.01,3}=5.84$

$$\mu=\bar{x}\pm t_{\alpha,f}\frac{s}{\sqrt{n}}=(40.50\pm0.18)\%$$

从本例可以看出，置信度越低，同一体系的置信区间就越窄；置信度越高，同一体系的置信区间就越宽，即所估计的区间包括真值的可能性也就越大。在实际工作中，置信度不能定得过高或过低。若置信度过高会使置信区间过宽，往往这种判断就失去意义了；置信度定得太低，其判断可靠性就不能保证了。因此，置信度的高低应定得合适，要使置信区间的宽度足够窄，而置信度又足够高。

1.3.2　显著性检验

在分析工作中，常常会遇到这样一些问题，如对标准试样或纯物质进行测定时，所得到的平均值与标准值的比较问题；不同分析人员、不同实验室和采用不同分析方法对同一试样进行分析时，两组分析结果的平均值之间的比较问题；革新、改造生产工艺后的产品分析指标与原指标的比较问题等。由于测量都有误差存在，数据之间存在差异是毫无疑问的。那么，这种差异是由随机误差引起的，还是由系统误差引起的？这类问题在统计学中属于"假设检验"。如果分析结果之间存在"显著性差异"就认为它们之间有明显的系统误差；否则就认为没有系统误，纯属随机误差引起的，认为是正常的。在分析化学中常用的显著性检验方法是 t 检验法和 F 检验法。

1.3.2.1　t 检验法

(1)平均值与标准值的比较

为了检查分析数据是否存在较大的系统误差，可对标准试样进行若干次分析，然后利用 t 检验法比较测定结果的平均值与标准试样的标准值之间是否存在显著性差异。

进行 t 检验时，首先按下式计算出 t 值

$$\mu=\bar{x}\pm t\frac{s}{\sqrt{n}}$$

$$t=\frac{|\bar{x}-\mu|}{s}\sqrt{n} \tag{6-14}$$

再根据置信度和自由度由 t 值表查出相应的 $t_{\alpha,f}$ 值。若算出的 $t>t_{\alpha,f}$，则认为 $\bar{x}$ 与 μ 之间存在着显著性差异，说明该分析方法存在系统误差；否则可认为 $\bar{x}$ 与 μ 之间的差异是由随机误差

引起的正常差异,并非显著性差异。在分析化学中,通常以95%的置信度为检验标准,即显著性水准为5%。

例6-2 采用一种新方法测定基准明矾中铝的质量分数,9次测定结果为10.74%、10.77%、10.77%、10.77%、10.81%、10.82%、10.73%、10.86%、10.81%。已知明矾中铝含量的标准值(以理论值代)为10.77%,试问采用新方法后,是否引起系统误差(置信度95%)?

解:

$$n=9,\ f=9-1=8$$

$$\bar{x}=10.79\%,\ s=0.042\%$$

$$t=\frac{|\bar{x}-\mu|}{s}\sqrt{n}=\frac{|10.79\%-10.77\%|}{0.042\%}\sqrt{9}=1.43$$

查表6-1,$P=0.95$,$f=8$ 时,$t_{0.05,8}=2.31$,$t<t_{0.05,8}$,故 $\bar{x}$ 与 μ 之间不存在显著性差异,即采用新方法后,没有引起明显的系统误差。

(2)两组平均值的比较

不同分析人员、不同实验室或同一分析人员采用不同方法分析同一试样,所得到的平均值经常是不完全相等的。要从这两组数据的平均值来判断它们之间是否存在显著性差异,亦可采用 t 检验法。

设两组分析数据为 n_1、s_1、$\bar{x}_1$ 和 n_2、s_2、$\bar{x}_2$,因为这种情况下两个平均值都是实验值,这时需要先用下面介绍的 F 检验法检验两组精密度 s_1 和 s_2 之间有无显著性差异,如证明它们之间无显著性差异,则可认为 $s_1\approx s_2$,于是可用 t 检验法检验两组平均值有无显著性差异。

用 t 检验法检验两组平均值有无显著性差异时,首先要计算合并标准偏差

$$s=\sqrt{\frac{\text{偏差平方和}}{\text{总自由度}}}=\sqrt{\frac{\sum(x_{1i}-\bar{x}_1)^2+\sum(x_{2i}-\bar{x}_2)^2}{(n_1-1)+(n_2-1)}} \tag{6-15a}$$

或

$$s=\sqrt{\frac{s_1^2(n_1-1)+s_1^2(n_2-1)}{(n_1-1)+(n_2-1)}} \tag{6-15b}$$

然后计算出 t 值

$$t=\frac{|\bar{x}_1-\bar{x}_2|}{s}\sqrt{\frac{n_1n_2}{n_1+n_2}} \tag{6-16}$$

在一定置信度时,查出表值 $t_{\alpha,f}$(总自由度 $f=n_1+n_2-2$),若 $t<t_{\alpha,f}$,说明两组数据的平均值不存在显著性差异,可以认为两个平均值属于同一总体,即 $\mu_1=\mu_2$;若 $t>t_{\alpha,f}$,则存在显著性差异,说明两个平均值不属于同一总体,两组平均值之间存在着系统误差。

1.3.2.2 *F* 检验法

F 检验法是通过比较两组数据的方差 s^2,以确定它们的精密度是否有显著性差异。统计量 F 的定义为:两组数据的方差的比值,分子为大的方差,分母为小的方差,即

$$F=\frac{s_{大}^2}{s_{小}^2}$$

将计算所得 F 值与表6-2所列 F 值进行比较。在一定的置信度及自由度时,若 F 值大于表值,则认为这两组数据的精密度之间存在显著性差异(置信度95%),否则不存在显著性差异。表中列出的 F 值是单边值,引用时应加以注意。

表6-2　置信度为95%时的F值(单边)

$f_{小}$	$f_{大}$									
	2	3	4	5	6	7	8	9	10	∞
2	19.00	19.16	19.25	19.30	19.33	19.36	19.37	19.38	19.39	19.50
3	9.55	9.28	9.12	9.01	8.94	8.88	8.84	8.81	8.78	8.53
4	6.94	6.59	6.39	6.26	6.16	6.09	6.04	6.00	5.96	5.63
5	5.79	5.41	5.19	5.05	4.95	4.88	4.82	4.78	4.74	4.36
6	5.14	4.76	4.53	4.39	4.28	4.21	4.15	4.10	4.06	3.67
7	4.74	4.35	4.12	3.97	3.87	3.79	3.73	3.68	3.63	3.23
8	4.46	4.07	3.84	3.69	3.58	3.50	3.44	3.39	3.34	2.93
9	4.26	3.86	3.63	3.48	3.37	3.29	3.23	3.18	3.13	2.71
10	4.10	3.71	3.48	3.33	3.22	3.14	3.07	3.02	2.97	2.54
∞	3.00	2.60	2.37	2.21	2.10	2.01	1.94	1.88	1.83	1.00

注：$f_{大}$ 是大方差数据的自由度；$f_{小}$ 是小方差数据的自由度。

由于表6-2所列F值是单边值，所以可以直接用于单侧检验，即检验某组数据的精密度是否大于或等于(小于或等于)另一组数据的精密度时，此时置信度为95%(显著性水平为0.05)。而进行双侧检验时，如判断两组数据的精密是否存在显著性差异时，即一组数据的精密度可能大于或等于，也可能小于另组数据的精密度时，显著性水平为单侧检验时的两倍，即0.10。因此，此时的置信度 $P=1-0.10=0.90$，即90%。

1.3.3　可疑值取舍

在日常分析中，一般只对每个试样进行有限次的平行测定，若所得的分析数据的极差值不超过该方法对精密度的规定值，均认为有效，可取平均值报出。但对于一些特殊要求的试样多次测量的数据是否都那么可靠，是否都参加平均值的计算，就必须进行合理评价和舍取。如果在消除了系统误差之后，测得的数据出现显著的大值或小值，这样的数据是值得怀疑的。因此，我们称这些数据为可疑值。对可疑值应做如下处理：在分析过程中已知数据是可疑的，如试样沾污或溶液溅出，燃烧法测碳时试样未燃烧完全，或在复查分析结果时已找到出现可疑值原因的，应即将可疑值弃去；但找不出可疑值原因的，不应随意弃去或保留，而应根据数理统计原则来处理。下面介绍四种检查方法进行判断，决定取舍。

1.3.3.1　4*d* 法

4*d* 法即4倍于平均偏差法。具体做法如下：

(1)除可疑值外，将其余数据求其算术平均值 $\bar{x}$ 及平均偏差 $\bar{d}$。

(2)将可疑值与平均值 $\bar{x}$ 相减，若可疑值减平均值之差大于或等于 $4\bar{d}$，则可疑值应舍去；若可疑值减平均值之差小于 $4\bar{d}$，则可疑值应保留。

例6-3　测得一组321不锈钢中铬的质量分数为：17.18%、17.56%、17.23%、17.35%、17.32%，问5个数据中最大值17.56%是否应该舍去？

解：

$$\bar{x}=\frac{17.18+17.23+17.35+17.32}{4}=17.27$$

$$\overline{d}=\frac{0.09+0.04+0.08+0.05}{4}=0.065$$

$$4\overline{d}=0.26$$

因为 17.56 - 17.27 = 0.29，0.29 > $4\overline{d}$(0.26)，故 17.56 应该舍去。

此法应用时计算比较简单，适用于 4 ~ 6 个平行数据的取舍。

1.3.3.2 格鲁布斯(Grubbs)检验法

其步骤如下：

(1)将所有测量结果的数据按大小顺序排列

$$x_1<x_2<x_3<\cdots<x_n$$

其中，x_1或 x_n 可能是可疑值，需要首先进行判断，决定其取舍。

(2)用格鲁布斯(Grubbs)检验法判断可疑值时，首先计算出该组数据的平均值 $\overline{x}$ 及标准偏差 s，再根据统计量 T 进行判断。统计量 G 与可疑值、平均值 $\overline{x}$ 及标准偏差 s 有关。

设 x_1是可疑值，则

$$G_{\min}=\frac{\overline{x}-x_1}{s} \tag{6-17}$$

设 x_n是可疑值，则

$$G_{\max}=\frac{x_n-\overline{x}}{s} \tag{6-18}$$

如果 G 值很大，说明可疑值与平均值相差很大，有可能要舍去。G 值要多大才能确定该可疑值应舍弃？这就要看我们对置信度的要求如何。表 6 - 3 是临界 $G_{\alpha,n}$表。如果 $G\geqslant G_{\alpha,n}$，则可疑值应舍去；否则应保留。α 为显著性水平，n 为测量次数。

表 6 - 3 临界 $G_{\alpha,n}$ 表

n	显著性水平 α			n	显著性水平 α		
	0.05	0.025	0.01		0.05	0.025	0.01
3	1.15	1.15	1.15	10	2.18	2.29	2.41
4	1.46	1.48	1.49	11	2.23	2.36	2.48
5	1.67	1.71	1.75	12	2.29	2.41	2.55
6	1.82	1.89	1.94	13	2.33	2.46	2.61
7	1.94	2.02	2.10	14	2.37	2.51	2.66
8	2.03	2.13	2.22	15	2.41	2.55	2.71
9	2.11	2.21	2.32	20	2.56	2.71	2.88

格鲁布斯检验法最大的优点是判断可疑值的过程中，将正态分布中的两个最重要的样本参数平均值 $\overline{x}$ 及标准偏差 s 引入进来，故此方法的准确性较好。但相对而言，计算平均值 $\overline{x}$ 及标准偏差 s 比较麻烦。

例 6 - 4 例 6 - 3 中的实验数据，用格鲁布斯检验法判断时，17.56% 这个数据是否需要保留(置信度 95%)？

解： $\overline{x}=17.33\%$，$s=0.147\%$

$$G_{max} = \frac{x_n - \bar{x}}{s} = \frac{17.56 - 17.33}{0.147} = 1.56$$

查表 6－3，$G_{0.05,5} = 1.67$，$G_{max} < G_{0.05,5}$，故 17.56% 这个数据应该保留。此结论与例 6－3 中用 $4\bar{d}$ 法判断所得结论不同。在这种情况下，一般取格鲁布斯检验法的结论，因为这种方法的准确度较高。

1.3.3.3　Q 检验法

其步骤如下：

（1）将所有测量结果的数据按大小顺序排列

$$x_1 < x_2 < x_3 < \cdots < x_n$$

其中，x_1 或 x_n 为可疑数据。

（2）按式（6－19）计算 Q 值

$$Q = \frac{|x_? - x|}{x_{max} - x_{min}} \tag{6-19}$$

式中：$x_?$——可疑值；

x——与 $x_?$ 相邻之值；

x_{max}——最大值；

x_{min}——最小值。

（3）查表 6－4。比较由 n 次测得的 Q 值，与表中所列的相同测量次数的 $Q_{0.90}$ 相比较。$Q_{0.90}$ 表示 90% 的置信度。若 $Q > Q_{0.90}$，则相应的 $x_?$ 应舍去，若 $Q < Q_{0.90}$，则相应的 $x_?$ 应保留。

表 6－4　不同置信度的 Q 值

n	3	4	5	6	7	8	9	10
$Q_{0.90}$	0.94	0.76	0.64	0.56	0.51	0.47	0.44	0.41
$Q_{0.95}$	1.53	1.05	0.86	0.76	0.69	0.64	0.60	0.58

例 6－5　对某 316L 不锈钢试样，测得的一组镍含量数据分别为 13.31%，13.41%，13.32%，14.05%，13.35%，13.42%，其中 14.05% 为可疑值，问是否应舍去？

解：

$$Q = \frac{|14.05 - 13.42|}{14.05 - 13.31} = 0.851$$

由表 6－4 查知，$n = 6$ 时，$Q_{0.90} = 0.56$，$Q_{0.95} = 0.76$。因 $Q > Q_{0.90}$，故可疑值 14.05% 应舍去。

采用 Q 检验法时应注意以下几点：

①该法适用于测定次数在 3～10 之间；

②该法原则上只适用于检验一个可疑值；

③若测量次数仅 3 次，检出可疑值后勿轻易舍去，最好补测 1～2 个数据后再作检验以决定取舍。

1.3.3.4　Dixon 检验法

Dixon 检验法是对 Q 检验法的改进。它是按不同的测量次数范围采用不同的统计量计算公式，因此比较严密。其检验步骤与 Q 检验法相类似。Dixon 检验法的临界值见表 6－5。

其步骤如下：

(1)将所有测量结果的数据按大小顺序排列

$$x_1 \leqslant x_2 \leqslant x_3 \leqslant \cdots \leqslant x_n$$

其中,x_1 或 x_n 为可疑数据。

(2) 按表6-5计算 r_1 和 r_n 值,并查出 $f(\alpha,n)$ 值。若 $r_1 > r_n$,且 $r_1 > f(\alpha,n)$,则判定 x_1 为异常值,应被剔除。若 $r_n > r_1$,且 $r_n > f(\alpha,n)$,则判定 x_n 为异常值,应被剔除。若 r_1,r_n 的值小于 $f(\alpha,n)$,则所有数据均保留。其中,$f(\alpha,n)$ 值为与显著性水平 α 及测量次数 n 有关的数值。

表6-5　Dixon检验临界值

<table>
<tr><th rowspan="2">n</th><th colspan="2">显著性水平</th><th colspan="2">统计量</th></tr>
<tr><th>α=1%</th><th>α=5%</th><th>x_1 可疑值</th><th>x_n 可疑值</th></tr>
<tr><td>3</td><td>0.994</td><td>0.970</td><td rowspan="5">$r_1=\frac{x_2-x_1}{x_n-x_1}$</td><td rowspan="5">$r_n=\frac{x_n-x_{n-1}}{x_n-x_1}$</td></tr>
<tr><td>4</td><td>0.926</td><td>0.829</td></tr>
<tr><td>5</td><td>0.821</td><td>0.710</td></tr>
<tr><td>6</td><td>0.740</td><td>0.628</td></tr>
<tr><td>7</td><td>0.680</td><td>0.569</td></tr>
<tr><td>8</td><td>0.717</td><td>0.608</td><td rowspan="3">$r_1=\frac{x_2-x_1}{x_{n-1}-x_1}$</td><td rowspan="3">$r_n=\frac{x_n-x_{n-1}}{x_n-x_2}$</td></tr>
<tr><td>9</td><td>0.672</td><td>0.564</td></tr>
<tr><td>10</td><td>0.635</td><td>0.530</td></tr>
<tr><td>11</td><td>0.709</td><td>0.619</td><td rowspan="3">$r_1=\frac{x_3-x_1}{x_{n-1}-x_1}$</td><td rowspan="3">$r_n=\frac{x_n-x_{n-2}}{x_n-x_2}$</td></tr>
<tr><td>12</td><td>0.660</td><td>0.583</td></tr>
<tr><td>13</td><td>0.638</td><td>0.557</td></tr>
<tr><td>14</td><td>0.670</td><td>0.586</td><td rowspan="7">$r_1=\frac{x_3-x_1}{x_{n-2}-x_1}$</td><td rowspan="7">$r_n=\frac{x_n-x_{n-2}}{x_n-x_3}$</td></tr>
<tr><td>15</td><td>0.647</td><td>0.565</td></tr>
<tr><td>16</td><td>0.627</td><td>0.546</td></tr>
<tr><td>17</td><td>0.610</td><td>0.529</td></tr>
<tr><td>18</td><td>0.594</td><td>0.514</td></tr>
<tr><td>19</td><td>0.580</td><td>0.501</td></tr>
<tr><td>20</td><td>0.567</td><td>0.489</td></tr>
</table>

Dixon检验法使用极差法剔除可疑值,无需计算平均值 $\bar{x}$ 及标准偏差 s,使用简便。许多国际标准中,如ISO 5725:1994《测量方法与结果的准确度》等都推荐使用Dixon准则,但它原则上适用于只有一个可疑值的情况。

1.4　分析结果的报出

在定量分析中,一般每一个方法标准中都有精密度的规定。在正常和正确操作情况下,如果两个单次测试结果之间的差值超过了相应按精密度公式计算出的重复性和再现性数值,则认为这两个结果是可疑的。

GB/T 6379.6—2009《测量方法与结果的准确度(正确度与精密度)　第6部分:准确度值

的实际应用》中对最终测试结果的确定做了规定。这个标准适用相同的测试方法，并且这一测试方法规定了相应的重复性和(或)再现性标准差时，对相同的试样，在重复性和(或)再现性条件下所得到的测试结果，以及如何将多个测试结果表示为一个最终测试结果的方法。这个标准假设测试结果的误差服从统计学上的正态分布。在计算中的概率水平为近似95%。下面介绍该标准规定的在实际工作中常遇到的情形。

1.4.1　在重复性条件下所得测试结果可接受性的检查方法和最终测试结果的确定

(1)当只取得一个测试结果时，不可能直接与给定的重复性标准差作可接受性统计检验。对测试结果的准确性有任何疑问时都应取得第二个测试结果。

(2)取得两个初始测试结果，两个结果之差的绝对值与重复性限 r 相比较。

①测试费用较低的情形。如果两个测试结果之差的绝对值不大于 r 值，这两个结果可以接受，最终测试结果等于两个结果的平均值。如果两个测试结果之差的绝对值大于 r 值，必须再做2次测试。若4个结果的极差($x_{max}-x_{min}$)小于或等于 $n=4$ 的临界极差 $C_rR_{0.95}(4)$，则取4个结果的平均值作为最终测试结果。临界极差 $C_rR_{0.95}(n)$ 的表达式为

$$C_rR_{0.95}(n)=f(n)\sigma_r$$

式中，σ_r 为重复性标准差；$f(n)$ 值见表6-6。

表6-6　测量次数的倍乘因素 $f(n)$

n	2	3	4	5	6	7	8	9	10
r 的倍乘因素 $f(n)$	1.0	1.2	1.3	1.4	1.4	1.5	1.5	1.6	1.6
σ_r 的倍乘因素 $f(n)$	2.8	3.3	3.6	3.9	4.0	4.2	4.3	4.4	4.5

如果4个结果的极差大于重复性临界极差，则取4个结果的中位数数值作为最终测试结果。

中位数的确定：若 n 个数值按其代数值大小递增的顺序排列，并加以编号1～n，当 n 为奇数时，则 n 个值的中位数为其中第 $\frac{n+1}{2}$ 个数值；当 n 为偶数时，则 n 个值的中位数位于第 $\frac{n}{2}$ 个数值与 $\frac{n+1}{2}$ 个数值之间，取这两个数值的算术平均值。

②测试费用较高的情形。如果两个测试结果之差的绝对值小于 r 值，这两个测试结果可以接受，最终结果等于两个测试结果的平均值。如差的绝对值大于 r 值，应再得一个测试结果。如果3个测试结果的极差值等于或小于临界极差 $C_rR_{0.95}(3)$，则最终测试结果等于三个测试结果的平均值。如果3个测试结果的极差大于临界极差 $C_rR_{0.95}(3)$，则由下列两情况之一来确定最终测试结果。

第一种，不可能取得第4个测试结果时，取中位数数值作为最终测试结果。

第二种，有可能取得第4个测试结果时，应取第4个测试结果。若4个结果的极差($x_{max}-x_{min}$)等于或小于临界极差 $C_rR_{0.95}(4)$，则取4个结果的平均值作为最终测试结果；如果4个结果的极差大于重复性临界极差，则取4个结果的中位数作为最终测试结果。

如果按照上述方法，测试结果和追加结果频频超过临界差，则应对该实验室测量方法的精密度和(或)精密度试验进行调查。

1.4.2 最终结果的报出

最终结果确定后，报出最终结果时应说明以下内容：

(1)测试次数，特别是各测试次数的累计总和。

(2)最终结果是取的平均值还是中位值。

对报出结果的有效位数，应根据测试方法和仪器的准确度而定。

2 质量保证与质量控制概述

2.1 实验室质量保证体系

分析机构要保证分析数据的科学、准确、公正，满足社会的需要，就应加强实验室内部管理，建立质量保证体系。

2.1.1 有关质量体系的基本概念

(1)质量方针

质量方针 (quality policy,QP)是指由某组织的最高管理者正式发布的该组织的质量宗旨和质量方向。质量方针是一个组织的总的质量宗旨和质量方向。因此，它不是一种短期的目标，而是一个比较长远的有关质量方面总的宗旨。质量方针是由组织的最高领导者正式批准颁布的，但其制定与实施是与组织的每一个成员密切相关的。应该依靠组织的全体成员集思广益，并使其成为每一成员的座右铭。

(2)质量管理

质量管理(quality management, QM)是指在质量体系中通过诸如质量策划、质量控制、质量保证和质量改进使其实施全部管理职能的所有活动。质量管理的职责是由组织的领导者或质量职能部门负责，组织内每一个成员的工作都直接或间接地影响着产品或服务的质量，组织内所有成员都必须参与质量管理活动，并承担相应义务和责任，组织中的所有机构都应承担相应的质量职能。

(3)质量控制

质量控制(quality control, QC)是指为达到质量要求所采取的作业技术和活动。“质量要求”需转化为质量特性，这些质量特性可以用定量或定性的规范来表示，以便于质量控制的执行和检查。这些“作业的技术和活动”贯穿于产品或服务的全过程。

(4)质量保证

质量保证(quality assurance, QA)是指为了提供足够的信任表明实体能够满足质量要求，而在质量体系中实施并根据需要进行证实的全部有计划和有系统的活动。质量保证是一种有目的、有计划、有系统的活动。通过质量保证活动，有利于组织的长远效益。质量保证的目的在于取得信任，可分为外部和内部两部分，内部质量保证是质量管理职能的一个组成部分，外部质量保证是为了向顾客或需方提供信任。有效的质量保证必须重视审核和评审，重视验证工作，重视提供证据。

(5)质量体系

质量体系(quality system, QS)是指为实施质量管理所需的组织结构、程序、过程和资源。质量体系不仅包括组织结构、职责、程序等软件,还包括资源等硬件。就是说,质量体系建立和健全的基础在于人和物。质量体系是为了实施质量管理而建立和运行的,是包含在该组织质量管理范畴之内的。一个组织的质量体系只有一个。质量体系的重点是预防质量问题的发生,因此,组织的全体成员对质量方针和质量体系都要充分地理解并贯彻执行,这是质量体系得以有效运行的关键。

(6)质量审核

质量审核是指确定质量活动和有关结果是否符合计划的安排,以及这些安排是否有效地实施并适合于达到预定目标的、有系统的、独立的检查。质量审核应由被审核领域无直接责任的人员进行,但最好在有关人员的配合下进行。质量审核的主要目的是评价是否需采取改进或纠正措施,不能和过程控制的“质量监督”或“检验”相混淆。质量审核活动不仅适合于内部,同时也适合于外部。

(7)管理评审

管理评审是指由最高管理者就质量方针和目标对质量体系的现状和适应性进行的正式评价。管理评审包括质量方针评审。质量体系审核的结果应作为管理评审的一种输入。最高管理者指的是其质量体系受到评审的组织的管理者。

(8)质量计划

质量计划是指针对特定的产品、项目或合同,规定专门的质量措施、资源和活动顺序的文件。质量计划可以使用限定词,如“质量保证计划”“质量管理计划”。

2.1.2　质量保证体系的构成和质量职能的分配

质量保证体系包括硬件部分和软件部分,两者缺一不可。首先,对于一个实验室必须具备相应的检测条件,包括必要的、符合要求的仪器设备、试验场地及办公设施、合格的检测人员等资源,然后通过与其相适应的组织机构,分析确定各检测工作的过程,分配协调各项检测工作的职责和接口,指定检测工作的工作程序及检测依据方法,使各项检测工作能有序、协调地进行,成为一个有机的整体。并通过采用管理评审,内外部的审核,实验室之间验证、比对等方式,不断使质量体系完善和健全,以保证实验室有信心、有能力为社会出具准确、可靠的检测报告。

2.2　质量控制方法和工具

2.2.1　检测质量过程控制

质量控制方法可分为两大类:抽样检验和过程质量控制。抽样检验通常是指对具体的产品或材料进行检验,对产品制造企业来说,主要包括在生产前对原材料的检验或生产后对成品的检验,根据随机样本的质量检验结果决定是否接受该批原材料或产品。而过程质量控制是指对生产过程中的产品(中间产品)随机样本进行检验,也包括对生产过程的特征参数监控,以判断该过程是否在预定标准内生产。

对于检测实验室,理论上也包括这两类质量控制方法。不过,由于检测实验室的“产品”即最终的检测报告，其质量（如结果准确性）很难通过对最终的检测报告的检验来判断，因此，主要是采用过程控制方法。

目前，检查检测质量的方法大多数还是对检测报告的复核和批准，它的作用主要是"把关"。这种方法对于防止不合格的检测报告交付给客户是完全必要的，这是实验室质量管理工作最起码、最基本的职责，必须继续坚持。但是，应该看到，这种质量控制方法不仅仅光靠事后"把关"，而且，这种"把关"也难以真正地起到很好的把关作用，这些复核也只能重点核对一些检测原始记录结果和报告，一些检测过程中潜在的质量问题无法发现。如针对某个样品某项目的化学分析检测，其报告检测结果的准确性（最重要的检测质量）通过查看检测报告是无法检验的，其质量问题不可能得到根本解决。即使依靠重新测试再来判别测试结果的符合性，也往往因破坏性分析难以获得同样的样品，同时，时间、成本上也往往不允许这样操作。

采用检测过程控制是解决上述问题的有效方法。过程控制是一种很好的质量控制方法，它遵循"质量是在过程中制造出来的"这个预防为主的原则，即要在检测"过程"中制造出符合要求的检测质量。在检测过程中制造质量，具体是指要控制过程的各种操作条件，使其能够稳定地提供准确、可靠的高质量检测报告。过程控制是以可以影响或左右过程结果的因素为处置对象的活动。过程的每个节点都可能会出现差错，关键是能迅速检索出来，反馈上来加以纠正。这种方法强调把过程的诸因素用控制图等方法控制起来，掌握问题的全貌，了解薄弱环节所在，及时发现问题，采取有效措施，确保质量的稳定可靠。对于检测过程来说，就是将检测作为一个过程来考虑，通过监视和分析由检测过程获得的数据并采取控制措施，使检测结果的不确定度连续保持在规定的技术要求之内。

检测质量过程控制的有效实施可极大地督促实验室对检测各环节严格把关，促进实验室查找问题、整改不足的活动，使得实验室的检测活动处于一种有效的受控状态，保证检测数据的准确出具。可使实验室出具的检测数据更加准确可靠，从而增加实验室出具的质量证明书的可信度，大大提高实验室的知名度。

过程控制的重要性还表现在它能发现存在于检测过程中的质量规律，提供能够保证检测质量的管理方法。所以，在加强检查的同时，实施预防为主的管理方式，在日常检测过程中就要防止不符合因素的产生，即通过检测质量过程控制保证最终检测结果的准确可靠。

常用的检测质量过程控制方法有很多，具体实施时，应依据各种检测质量控制方法的特点，结合实验室实际制定年度质量控制计划，明确每一检验项目的质量控制方法、资源保证、负责人和完成时间等事项，然后按计划组织检验人员实施检测质量控制活动，并做好活动记录。

2.2.2 控制图

在日常工作中，为了连续不断地监测和控制分析测定过程中可能出现的误差，经常画出质量控制图，实施检测质量控制，以确保该项目或仪器的检验系统出具的数据长期处于受控状态。

"控制图"（control chart）又叫"休哈特控制图"，原名"管制图"，是1924年美国贝尔电话实验室的休哈特（Shewhart）博士在1924年首先提出的。自休哈特首创以来就一直成为科学管理的一个重要工具，特别在质量管理方面成了一个不可缺少的管理工具。它是一种有控制界限的图，用来区分引起质量波动的原因是偶然的还是系统的，可以提供系统原因存在的信息，从而判断生产过程是否处于受控状态。

控制图的基本样式如图6-3所示。

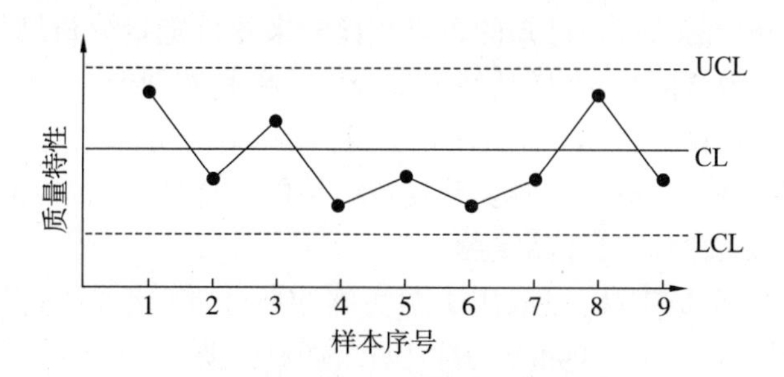

图6-3　检测实验室典型的控制图

图6-3中，横坐标为样本序号；纵坐标为质量特性（如化学分析物质含量）；实线CL为中心线，虚线UCL为上控制界限线；虚线LCL为下控制界限线。

控制图通常以同一样品（通常是质控样品）每间隔适当时间，按同一方进行测定，以检测结果（不同的控制图还可以其他参数）为纵坐标，以样品测定次数（测定时间）为横坐标作图，根据所获得图的特点来检验分析过程是否处于控制状态。在检验前一般先积累足够可靠的数据，统计数据确定中心线和上、下控制线等。随后，在检测过程中，定时抽取样本，把测得的数据点一一描在控制图中。如果数据点落在两条控制界限之间，且排列无缺陷，则表明检测过程正常，过程处于控制状态；否则表明检测条件发生异常，需要对过程采取措施，加强管理，使检测过程恢复正常。

2.3　实验室质量控制技术方法

实验室质量控制技术是指为将分析测试结果的误差控制在允许限度内所采取的控制措施。实验室质量控制技术可分为实验室内质量控制和实验室间质量控制两大类。

实验室内质量控制主要技术方法有：采用标准物质进行核查、实验室内部比对、留样再测、加标回收、空白实验、平行样分析、校准曲线的核查、仪器设备的校准以及使用质量控制图等。它是实验室分析人员对测试过程进行自我控制的过程。

实验室间质量控制，也称实验室外部质量控制，主要技术方法有：参加能力验证、测量审核以及其他实验室间的比对等方式。它是发现和消除一些实验室内部不易核对的误差，特别是存在的系统误差的重要措施。一般由熟练掌握分析方法和质量控制程序的实验室或专业机构承担。

2.3.1　实验室内质量控制技术

（1）采用标准物质进行核查

在日常分析检测过程中，实验室可以定期使用有证标准物质（参考物质）和（或）次级标准物质（参考物质）进行结果核查，以判断标准物质的检验结果与证书上的给出值是否符合，从而保证检测数据的可靠性和可比性。

通常的做法是实验室直接用合适的标准物质作为监控样品，定期或不定期将标准物质以比对样或密码样的形式与样品检测相同的流程和方法同时进行检测，检测完成后上报检测结果给相关质量控制人员。也可由检测人员自行安排在样品检测时同时插入标准物质，验证检测结果的准确性。

用标准样品定量分析的结果与已知的含量相比较来评价定量分析结果的准确度。此时标准样品的已知含量可作为真值,标准样品的定量分析结果是测量值,由此计算出的绝对误差和相对误差可用来评价该定量分析结果的准确度。将检测结果与标准值进行比对,如果结果差异过大,应由检测室查找原因,进行复测。若复测结果仍不合格,应对检测过程进行检查,查到原因后立即进行纠正,必要时同批样品复测。

这种方法可靠性高,但成本高,一般用于刚实施的新标准、新方法、新检测项目、设备的校准和核查等。当然,对于日常检测标准方法和项目,如有必要,也可采用这种方法。

(2)实验室内部比对

实验室内部比对是按照预先规定的条件,在同一实验室内部,由两个或多个人员(或方法、设备)对相同或类似的物品进行测量或检测的组织、实施和评价。根据检验条件的不同,一般有人员比对、方法比对、设备比对等几种方式。

这些比对的一般做法是除了需要比对的条件不同以外,其他条件尽量完全相同(相同的环境条件下),对同一样品进行试验,通过比较分析检测结果的一致性,以评价该比对条件对检测结果的影响。如人员比对,需要采用相同的试验方法或程序,采用相同的检测设备和设施,在相同的环境条件下,仅由不同的检测人员对同一样品进行的试验,通过比较分析检测结果的一致性,以评价人员对检测结果的影响。

实验室内部比对方式多样,操作灵活。不同的比对可适于不同的目的,通过多方面的比对可全面考察实验室内部质量状况,根据比对结果采取相应的措施,达到质量控制的目的。

(3)留样再测

留样再测指仅考虑试验时间先后的不同,用于考核上次测试结果与本次测试结果的差异,通过比较分析检测结果的一致性以评价检测结果的可靠性、稳定性与准确性。事实上,留样再测可以认为是一种特殊的实验室内部比对,即不同时间的比对。

留样再测以密码样或复测样的方式不定期安排进行。试验结束后将检测结果进行比对,以验证原检测结果的可靠性、稳定性以及准确性,若两次检测结果存在显著性差异,实验室应采用有效的方式查找原因,并对于同批检测的样品进行复测。

留样再测作为内部质量控制手段,主要适用于有一定水平检测数据的样品或阳性样品、待检测项目相对比较稳定的样品以及当需要对留存样品特性的监控、检测结果的再现性进行验证等。

(4)加标回收

由于不是任何检测都能找到标准样品来评价定量分析结果的准确度和精密度,在找不到相应的标准样品时,可用测定回收率的方法来评价。

加标回收法,即在样品中加入标准物质,通过测定其回收率以确定测定方法的准确度,反映出本次检测过程的总体质量水平。加标回收是化学分析实验室一个重要的经常使用的质控手段。

具体的做法是:将被测样品分为两份,其中一份加入已知量的欲测组分,然后用同样的方法分析这两份样品,按下式计算回收率:

$$\text{回收率}=\frac{\text{加入欲测组分样品的测定结果}-\text{未加入欲测组分样品的测定结果}}{\text{加入欲测组分量}}\times 100\%$$

通常情况下,回收率越接近100%,定量分析结果的准确度就越高,因此可以用回收率的大小来评价定量分析结果的准确度。

加标回收质量监控的适用于各类化学分析中,如各类产品和材料中低含量重金属、有机化合物等项目检测结果控制、化学检测方法的准确度、可靠性的验证、化学检测样品前处理或仪器测定的有效性等。

2.3.2　实验室间质量控制技术

(1)参加能力验证

能力验证(proficiency testing)是"利用实验室间比对,按照预先确定的准则来评价参加者能力的活动"。对于实验室而言,参加能力验证活动是衡量与其他实验室的检测结果一致性、识别自身所存在的问题最重要的技术手段之一,也是实验室最有效的外部质量控制方法。

由于能力验证通常由相关行业权威专业机构(即能力验证提供者)组织,其评价结果可靠性较高,参加实验室较多。对于化学检测能力验证,通常的做法是,组织机构将性能良好、均匀、稳定的样品分发给所有参加实验室,各实验室采用合适的分析方法或统一方法对样品进行测定,并把测定结果反馈给组织机构,由组织机构负责对这些测定结果进行统计评价,然后将结果和报告通知给各实验室。实验室通过参加能力验证计划,可检查各实验室间是否存在系统误差,及时发现、识别检测差异和问题,从而有效地改善检测质量,促进实验室能力的提高。

(2)参加测量审核

由于能力验证涉及的实验室较多,持续的时间较长,因此,可参加的能力验证计划相对较少,而测量审核是对能力验证的补充,即实验室对被测物品(材料或制品)进行实际测试,将测试结果与参考值进行比较的活动。该方式也用于对实验室的现场评审活动中,可以认为测量审核是一种特殊的,即只有1个参加者的能力验证。相对来说,测量审核更为灵活、快速。

对于化学检测而言,通常测量审核由权威检测实验室组织,由其将样品分发到测量审核申请实验室,回收其测量结果,依据参考值和允许误差对参加实验室结果进行评价,该参考值既可是有证标准物质证书值,也可是能力验证样品指定值,或者是参考实验室的测定值等。

2.4　质量控制方案的设计及实施

2.4.1　方案设计的主要原则

(1)可靠性原则

选择合适的质量控制方案以保证质量控制结果的可靠性是进行方案设计的首要原则。如果方案设计不合理,导致产生错误的质量控制结果,这对检测十分不利。举个简单的例子,采用加标回收试验时,由于添加水平与加标样品含量水平差异很大,可能会得到回收率异常的结果,而这种异常不一定说明该检测方法存在问题。因此,在进行方案设计时,必须掌握各类质量控制技术方法的特点,把握各自的规律,必须在满足其使用范围、符合其限定的条件下使用,以获得可靠的质量控制结果。

此外,由于质量控制结果受多方面因素的影响,在进行质量控制时,需要对质量控制的过程、质量检测点、检测技术人员、检测相关人员、测试方法、测试样品、测试类型和数量、评价方法和指标等各方面进行决策,这些决策完成后就构成了一个完整的质量控制系统。只有这样,才能有效地保证方案设计的可靠性。

(2)灵活性原则

由于质量控制方法很多,每种质量控制方法没有固定不变的操作形式,只有不断符合要求的改进。也没有所谓的先进的质量控制标准方法、标准规程、标准体系,每一种质量控制方法都只有一些原则的方法和其特殊的适用范围、优缺点等,即使世界一流的检测公司适合的质量控制体系和方法未必适合自己。方案的设计既要广泛参考或应用各种各样的质量控制方法,遵循一定的质量控制理念和原则,又必须根据当前的主要目的,结合实验室自身的实际情况来确定。

质量控制过程本身是永不间断的改进过程,在每一项活动中,必须有效地降低成本和提高质量,无论是检测环节,还是后勤供应保障环节,或是领导管理、决策执行、人事更迭、交流培训等相关方面。

此外,在整个质量控制过程中,人始终是最重要的因素,因此,在设计质量控制方案时,必须重点考虑人员这一因素,对人的管理必须基于服务的基础上。质量控制需要的不是强制达标,而是柔性地、系统地、顺畅地达到质量最高境界。

(3)关键性原则

关键性原则是进行质量控制方案设计的重要原则。一个检测实验室,进行的检测项目繁多,每一检测项目的检测过程一般包括从检测原材料投入到检测数据出具整个检测过程的多个检测步骤,涉及诸多影响质量的要素。

具体来说,影响检测质量的因素,主要来自检测人员(对标准/规程的了解,操作的熟练水平,是否经过培训等)、检测设备(检测设备的日常维护保养状态、是否定期校准等)、检测材料(试剂材料的质量情况)、检测方法(标准/规程的采用、作业指导书的制定、方法的确认等)和检验环境(检测场所、能源、照明、采暖、通风等)5 个方面。这些因素,每一项都影响最终的检验结果,但具体到每一因素,不同检测项目要求也存在较大的差异。这就要求质量控制方案的设计必须全面考虑各要素的影响。然而,对检测过程进行质量控制不可能是像产品检验那样对每个产品进行全过程检验,只能是一种基于风险评估的对检测过程一定程度的监督和控制,也即以检测全过程为对象,以对检测结果质量的影响有关因素和质量行为的控制和管理为核心,通过建立有效的关键管理点,制定严格的检测监督、检验和评价制度以及信息反馈制度,进而形成强化的质量保证体系,使整个检测过程中的检测质量处在严格的控制状态。

建立有效的关键管理点是搞好质量管理的关键。关键管理点所管理的特性或对象应尽可能用数据表示。如一个检测试验关键管理点,可以是某类商品的关键质量特性,如钢板的硬度、拉力强度、屈服强度等,可以是材料中的某种元素的含量,某类主成分定性,也可以是一批检测任务的关键要素,如检测用的试剂、环境变量或仪器技术参数、检定校准不确定度等。

一般来说,在化学检测中,以下情况都应建立检测关键点。

①仪器的检测性能,包括:检测灵敏度、精密度、仪器检定给出的不确定度以及对它们有直接影响的零部件的关键质量特性等。

②试验方法本身有特殊要求,或对下一操作步骤有影响的质量特性,以及影响这些特性的支配性操作要素。

③检测人员知识水平和操作技能等。

④检测过程使用的标准物质和试剂等。

⑤检测质量不稳定,出现不满意结果多的质量特性或其支配性要素。

⑥实验室客户反馈来的或内部审核及外部审核不合格的质量项目等。

⑦容易出现干扰的情况。

⑧某些关键的样品制备、样品处理步骤和操作等。

(4)经济性原则

过于追求效益的实验室不利于质量控制,但是,质量控制也必须考虑成本。质量控制的成本和效益两者必须达到一种平衡。

2.4.2　方案实施的主要步骤

(1)确定目的

所有质量控制的目的都是确保检测结果准确、可靠。但是由于不同的质量控制方法的作用有很大差异,实验室应根据检测项目的特点、实验室的情况变化,明确每项质量控制措施的目的。

(2)选择合适的技术方法

综上所述,检测实验室常用的质量控制技术方法归纳如表6-7所示。

表6-7　检测实验室常用的质量控制技术方法

质量控制技术方法	主要用途	特　点
标准物质进行核查	检测方法全程质量控制	可靠性高,但样品少,成本高
实验室内部比对	同一样品不同人员、方法、仪器比对等,特别适合新人员、方法、仪器的评价	形式多样,应用广泛,但结果评价较为复杂
留样再测	实际样品的不同时间结果比对	操作简单,但对样品要求较高
加标回收	评价低含量水平化学物质定量分析方法的准确度和精密度	操作简单,成本低廉,但无法反映某些样品制备及前处理步骤问题
空白实验	监控容器、试剂、水的纯度以及待测物质的污染情况	操作简单,主要用于痕量化学分析
重复测试	监控分析结果的精密度,减少偶然误差	操作简单,但无法发现系统误差
能力验证及测量审核	检查系统误差,识别检测差异	可靠性高,但需要借助外部力量
使用质量控制图	监控仪器或影响结果的各种因素是否处于稳定受控状态	直观反映统计量的变化,但有时中心线、控制限确定困难

实验室负责人及技术人员应定期对所实施的控制方法进行有效性的评审,并研究改进措施,使其不断完善,形成一个适合实验室实际的行之有效的控制方案,并使之规范化与制度化。

(3)制定方案

按实现的频率来考虑,质量控制包括日常质量控制和定期质量控制。对于日常质量控制,一般依据作业指导书或具体的专业检测标准规定来进行,无须针对每次质量控制操作制定方案;而对于定期质量控制,实验室一般需要提前做好质量控制的年度计划,年度计划的制定应结合实验室的实际情况来考虑,如:根据新开展项目、新上岗人员、重要的设备、客户的投诉和反馈等关键点来选择确定。年度计划中规定的每一项质量控制应制定相应的具体的质量控制实施方案,每一质量控制方案设计应重点考虑方案的科学性和可操作性,即"为什么要做"和"怎么做"两个问题,具体来说,一般应考虑选取什么样品、检测什么项目、采用什么检测标准方法、检测仪器、安排谁来做、什么时间做、结果采用什么方法来评价、谁来负责组织实施、质量控制结果处理以及其他注意事项等。通常可以设计一些表格来填写上述内容。不同的质量控制方法重点关注的内容有一定差异,但都是围绕其目的,依据方法特点来确定。

(4)执行操作

这个阶段是实施计划阶段所规定的内容,如根据质量控制方案和相关标准进行抽样、制样、测试、提交结果等。作为组织者应提前与实施相关人员做好沟通和准备。作为实施者,在执行操作前应首先仔细阅读掌握实施方案,根据方案确定的要求来进行,确保质量控制的有效性和可靠性。

(5)检查评价

这个阶段主要是在计划执行过程中或执行之后,检查执行情况,结果如何,是否发现什么问题,是否符合计划的预期结果。

在质量控制实施过程中,有时会发现不符合情况,实验室应该及时启动不符合工作和纠正措施控制程序,杜绝类似不合格项的再次发生。如果是共性问题,在整改完成后,应重视事后的人员培训及宣贯,做到举一反三,可将其列人日常监督计划,在实施一定期限内,如果未发生类似不合格项,则可视为此次纠正行之有效。

(6)质量改进

质量改进就是根据检查评价的结果采取措施、巩固成绩、吸取教训、以利再干。这是总结处理阶段。

实验室应该对质量控制实施的情况及时进行总结,一般至少每年 1 次对质量控制的有效性进行定期评审,并依据反馈的信息对检测能力的水平做出评估,进而对技术能力控制的有效性及改进的可能性和措施做出决定。

2.5 提高测量结果的准确度

分析测试中可从分析技术控制和质量管理两个层面,通过以下一些措施提高和保证测量结果的准确度。

(1)增加重复测定次数,减小随机误差

根据随机误差的抵偿性,增加测量次数,增加消除随机误差的机会。多次重复测量结果平均值分布的分散程度比单次测量结果分布的分散程度要小。测量结果平均值的标准差($s_{\bar{x}}$)与测量结果标准差(s_x)和测量次数(n)有如下关系

$$s_{\bar{x}} = \frac{s_x}{\sqrt{n}}$$

由此,增加重复测量次数,可减小测量结果平均值的标准差,提高测量结果的准确度。

表 6 - 8 表示,随着测量次数增加,平均值标准差显著减小,但随着测量次数逐渐增加,平均值标准差减小的速度随之减慢。虽然增加重复测量次数可减小随机误差,但过多的重复测量必然要增加测量成本,这不是提高精密度的好办法。通常,要求每个样品的测量次数不少于两次,对一些重要的分析测试,$n \leqslant 10$ 即可。

表 6-8　$s_{\bar{x}}$ 与测量次数 n 的关系

测量次数 n	1	2	4	6	9	12	16	20	25
$s_{\bar{x}}$	1.0	0.71	0.50	0.41	0.33	0.29	0.25	0.22	0.20

(2) 选择合适的分析方法

根据分析样品性质、待测组分含量范围、测量准确度要求及实验室条件选择合适的分析方法。例如,对高含量组分分析,多选择滴定法、重量法,在有合适的标准物质校准时,X 荧光光谱法亦有很好的准确度;对中、低含量组分分析,采用光度法、AAS 、ICP - AES 、X 荧光光谱等分析方法,而滴定法、重量法对某些中、低组分的测定亦有很好的准确度;对痕量组分,常选择灵敏度高的光度法、AAS,AFS、ICP - AES、ICP - MS、中子活化、电化学等分析方法。对痕量组分分析除考虑灵敏度外,还要注意基体、共存组分的干扰,干扰消除,空白值的测量和控制等因素的影响;对复杂组分的分析,要考 虑选择性好的分析方法,必要时采用预分离手段,将测量组分与基体及干扰组分分离;对标 准物质的定值分析多采用标准分析方法,或经试验确认具有良好准确度的分析方法。

选择了合适的分析方法后,要重视测量误差对测量结果的影响,特别是高含量组分的分析。例如,滴定分析中一般滴定管读数误差是 ±0.01mL,一次滴定中,需读数两次,造成读数的最大误差是 ±0.02mL,如果要使滴定误差小于 ±0.1%,须控制滴定体积在 20mL 以上,过少的滴定体积将产生较大的滴定误差。同样,采用感量为 0.0001g 分析天平称量,为使称量误差小于 ±0.1%,要求试料质量不小于 0.20g。要注意的是,上述实例只是对单个测量参数的要求,如果总的测量误差要控制在 ±0.1% 以内,则要求每个测量参数误差更小一些。

如果是实验室或分析人员采用新的分析方法(包括非标方法),或使用新分析仪器,或分析组成较复杂,或拓展分析物质品种等,需对分析方法的应用进行确认,检查操作是否规范,测量结果是否符合方法准确度的要求。

(3)空白试验

所谓空白试验就是在不加试料的情况下,按照试样分析同样的操作手续和条件进行试验所得测量结果。测量的空白值来源于试剂、器皿、环境中的待测组分的沾污(正空白),样品待测组分损失(负空白),测量仪器的噪声,基体对待测组分的干扰,测量的随机因素等。从试样分析结果中扣除空白值后就得到更接近于真实含量的分析结果。空白值反映测量过程的系统误差,同时,测量空白值本身也存在不小的随机误差。当试样中待测组分含量与空白值处于同一数量级时,空白值的大小及其变动性将对待测组分测量的准确度产生很大的影响。

痕量分析试验中,分析者往往花费更多时间和精力来研究降低并稳定空白值的方法,使空白值降至最低或可接受水平,再进行空白值的扣除。痕量分析中,降低空白值是提高准确度、延伸测量下限的关键。有数据表明,一般实验室条件下,铅、银空白值很高,而且其变动性又大,即使对空白样品进行多次重复测量,对 1μg 量级铅、银量的分析,其准确度也难以保证,降低实验室环境和试剂的空白值才是提高测量准确度的关键。

为了获得可靠的空白值,分析测试时通常取 n 个空白样品进行重复测定,以求得空白的平均值(通常 $n \geqslant 2$),而不是取一个空白样品重复测量 n 次。

(4)采用合适的校准方法

当今广泛采用的仪器分析方法多为相对测量方法,需在分析条件下绘制相应的校准曲线并计算测量结果。因此，合理绘制校准曲线，正确校准测量结果，是保证测量结果准确度的重要措施，例如：

①根据分析方法的选择性及基体对待测组分测量的影响，确定校准曲线是否需要基体（和共存组分）的匹配及如何进行合理匹配。

②选择合适的同类标准物质绘制校准曲线，以减小共存组分对被测组分的影响。对火花光电光谱分析，同类标准物质可减小样品组织结构对光谱激发状态的影响，必要时再采用控制样品（亦称专用标准样品、类型校正样品）对测量结果进行校正。

③选择适当的校准曲线含量范围，尽可能使待测组分含量在校准曲线范围的中间，以减小校准曲线变动性对测量结果精密度的影响。

④不宜在跨度几个数量级的校准曲线上同时进行高含量和低含量组分的测定。

⑤采用内标法测量，利用分析元素和内标元素谱线强度比绘制校准曲线，抵消由于分析条件波动引起谱线强度波动的影响，提高测量准确度。

⑥光谱分析中注意并合理扣除背景对谱线强度（吸光度）的影响。

⑦采用单点校准时，应选择与样品组成、含量接近的标准物质（或标准溶液）进行校准，以减小比例性的误差。

⑧采用预分离的分析方法，要注意分离的回收率。当测量组分不能定量回收时，应考虑采用同样分离步骤绘制校准曲线。

⑨发射光谱、X 荧光光谱分析中，当存在谱线重叠干扰时，需经试验计算重叠校正系数，进行重叠干扰校正。

⑩有些分析方法有固定的系统误差，可采用适当方法加以校正。例如，用电解重量法测定纯铜和铜合金中的铜，但电解不完全时，可采用光度法、AAS 或 ICP－AES 法测定留在电解液中少量的铜离子，将所得溶液中的铜量加到电解重量法的结果中，消除单纯电解测量的系统误差；又如，用重量法测定耐火材料中高含量二氧化硅，在滤液中仍有少量未被凝聚的硅酸时，通常以光度法测量，将测量结果加到重量法结果中去。

（5）比对试验

测试中采用标准物质，或采用具有可比性的不同分析方法进行比对试验，检查和校正测量结果的准确度。

比对试验包括分析一个样品的不同特性，根据不同特性值的相关性判断测量结果的可靠性。

（6）提高分析人员的技术能力

分析测试是一门实践学科，实验室分析人员除掌握分析测试基础理论和分析操作技术外，还要熟悉所采用检测方法的基本原理和操作技巧。例如，要知道检测方法所加入每一种试剂的作用，会区分哪一些测量条件和操作步骤是关键的，哪一些是次要的。当测试过程中出现异常现象或异常数据时，要能正确分析、判断产生异常现象和数据的原因，并采取适当措施解决测试中的问题。

因此，实验室应制定人员培训计划，培训计划包括检测方法、质量控制方法，分析仪器 原理、操作和维护知识和技能以及有关的化学安全和防护知识。专业知识更新、测试技术 的培训、实践经验的积累是分析人员技术能力提高的保证。

（7）CNAS－CL10《检测和校准实验室能力认可准则在化学检测领域的应用说明》规定，实验室内部质量控制计划包括以下一些内容：

①实验室应建立和实施充分的内部质量控制计划，以确保并证明检测过程受控以及检测结果的准确性和可靠性。质量控制计划应包括空白分析、重复检测、比对、加标和控制样品的分析。

②在日常分析检测过程中使用有证标准物质、次级标准物质或实验室控制样品进行核查，测量结果可用质量控制图进行评价。

③由同一操作人员对保留样品进行重复检测。

④由两个以上人员对保留样品进行重复检测。

⑤使用不同分析方法(技术)或同类的不同仪器对同一样品进行检测。

⑥使用时，实验室应使用控制图监控实验室能力。质量控制图和警戒限应基于统计原理。实验室也应观察和分析控制图显示的异常趋势，必要时采取处理措施。

⑦对非常规检测项目，应加强内部质量控制措施，必要时进行全面的分析系统验证，包括使用标准物质或已知被分析物浓度的控制样品。

⑧实验室应建立计划，尽可能参加能力验证或实验室间比对以验证其检测能力，其频次应与所承担的工作量相匹配。

⑨所有内部质量控制计划结果均应详细记录并进行结果评价，必要时使用质量控制图监控实验室能力。

⑩分析者可根据表6－9选择适当的质量控制技术，检查并提高测量结果的准确性和可靠性。

表6－9　质量控制技术

控制技术	控制方式	控制技术的特点和作用	讨　论
重复测量	自控	检查批内测量和实验室内测量精密度	减小测量的随机误差，但不能检查测量结果的系统误差
空白试验	自控	检查测量条件、环境因素对结果影响的程度；检查空白值来源并降低空白值的影响；减小并合理扣除空白值，提高测量准确度	降低测量过程的空白值是痕量分析结果准确度的关键因素；降低空白值比重复测量空白值对提高测量准确度更有效
期间核查	自控 他控	定期使用含量相近的同类标准物质进行监控，开展内部质量控制	检查测量结果的准确度，检查分析方法和测量过程的可靠性
加标回收	自控	检查测量过程的准确度	不能发现方法固有的系统误差；加标物形态与待测物不同时，不能发现样品分解过程存在的误差
不同分析方法、仪器或人员间对比	自控 他控	有效反映测量结果的正确度，发现不同方法、仪器和人员间是否存在系统误差	注意比对方法的有效性、独立性，通常采用已认可的方法比对，可用统计方法处理比对结果
能力验证	他控	检查测量结果的正确度和精密度	显示实验室检测能力，并为实验室认可活动提供有效证据

续表

控制技术	控制方式	控制技术的特点和作用	讨　论
盲样或保留样分析	他控	检查测量结果的正确度和精密度	可在多个实验室和多个分析人员间进行,盲样可以是日常分析试样、已分析式样或标准物质
质量控制图	自控 他控	对每天(每次)测量结果的正确度和精密度进行评价,发现是否存在异常的测试结果,显示测量结果是有效、可疑,还是无效;痕量分析中对空白值进行监控	有多种质量控制图(如测量平均值 - 极差、平均值 - 标准差、中位值 - 极差、测量值 - 移动极差等)。注意,只有当测量结果符合正态分布时,质量控制图才有效

3　质量控制图

质量控制图是把代表过程状态的样本信息与根据过程固有变异建立的控制限进行比较,以评估生产运行或管理过程是否处于"统计控制状态"。质量控制图是一种简便、直观而有效的质量管理工具标准。最初建立的控制图方法用于工业生产及开发应用,而现在的控制图方法已广泛地应用于服务和检测等活动中。20 世纪 40 年代开始用于实验室的质量管理和控制。

控制图理论认为过程中存在两种变异,一种是过程中由于随机因素引起的变异,其变异是不可避免的;另一种是由于非过程所固有、可识别的,并至少在理论上可加以消除的系统因素,如原材料不均匀、设备或工具的故障、工艺或操作的异常、检测仪器性能或校准的变化等引起的变异。休哈特基于随机因素形成的正态分布的 3σ 原则建立了一组控制界限,任何落在这些界限以外的,或者呈某种异常趋势的观测值都表明可能存在系统因素。由于观测数据按抽样或生产顺序描点表示,所以若存在界外或异常趋势的测量点很容易被观测出来。为此,可利用控制图来合理区分影响产品与工作质量的偶然因素与系统因素。应用质量控制图实施对生产、服务和测试过程不断地进行监控,监测其过程是否正常,判断过程是否处于稳定状态,是否有可察觉的变化,并查找过程变化的原因,继而采取适当的纠正措施,消除异常因素。质量控制图的作用是使生产、服务和测试过程达到统计控制状态,提供生产异常现象的有关信息,并为消除异常原因采取对策 ,为及时进行质量管理提供依据。由于质控图简便、直观和有效,在生产管理、质量监控等方面获得了广泛的应用。

控制图提供了一种评估和监测过程是否达到或维持"统计控制状态"的简单图示方法。从一系列有序子组(或样本)中得到的统计量(或图像)与控制限进行比较对统计状态做出评价。根据评价的方式、数据的性质以及使用统计量的类型设计了不同种类的控制图。"统计量"一词强调,由于受抽取样本或测量过程本身的固有误差影响,样本观测值包含了抽样本身的变动性。

虽然控制图易于绘制和使用,为过程是否存在失控状态提供有效信息,但其只是质量管理全过程的一部分。过程中需进一步查明"失控"原因,继而采取纠正措施。

控制图是一种重要的质量管理工具,因其绘制简单、使用方便、解释容易而得到广泛应用。控制图的采用使质量管理从"事后反应"过渡到"事前预防"。将各种控制图结合起来是用可以得到取长补短的效果。GB/T 4091—2001《常规控制图》介绍了常规控制图的性质和类型、控制图绘制方法、控制程序和不同控制图的识别。

3.1　常规控制图

3.1.1　常规控制图的分类

有两种类型的常规控制图：计量控制图和计数控制图。每一种类型的控制图又可分为标准值未给定和标准值给定两种情况。这里的标准值是指规定的要求或目标值。

(1)计量控制图用于质量特性量值是连续变化的计量值，包括：

①平均值($\bar{x}$) - 极差(R)控制图；

②平均值($\bar{x}$) - 标准差(s)控制图；

③中位值($\bar{x}$) - 极差(R)控制图；

④单值(x) - 移动极差(R_S)控制图。

(2)计数控制图用于质量特性量值是离散变化的计数值，包括：

①不合格品率(p)控制图；

②不合格品数(np)控制图；

③单位缺陷数(u)控制图；

④缺陷数(c)控制图。

分析测试数据多是计量值，经常采用的是计量控制图。其中，平均值 - 极差控制图和平均值 - 标准差控制图用得最多。以下主要介绍计量控制图的绘制和应用。

常规计量控制图的计算都是基于子组大小 n 相等的情况，计算较为简单。当子组大小 n 值不同时，计算相对复杂，其计算读者可参考 GB/T 4091—2001 给出的子组中不同 n 情况下各种控制图的中心线和上、下控制限的计算公式。

3.1.2　计量控制图的性质

质量控制图是对被测试对象量值的变化趋势的一种图形表征。通常，质量控制图的纵坐标为特性量指标，横坐标为抽样时间或子组(样本)序号，控制图由中心线(CL)、上控制限(UCL)和下控制限(LCL)组成，有时还有上警戒限(UWL)和下警戒限(LWL)。中心线所表示的是特性量值的平均值(中位值)，上下控制限与上、下警戒限用来判断生产或分析测试过程是否失控或存在异常情况。通常，上、下控制限与中心线相距三倍标准偏差，上、下警戒限与中心线相距两倍标准偏差。在质量控制图上，中心线用实线表示，上、下控制限以及上、下警戒限用虚线表示。

常规控制图的基础是假定测量数据来自同一正态总体，并用总体平均值 μ 和变差 σ 分别表示其集中趋势和离散度。建立质量控制图要求从过程中抽取一定量的子组，每个子组可得到一个或多个子组特性，子组内的变差 σ 可用其极差 R 或标准差 s 来估计，总体平均值 μ 用平均值 $\bar{x}$ 或中位值 $\tilde{x}$ 估计。在重量控制中，既不希望将异常数据错判为正常数据，也不希望将正常数据判为异常数据，我们的目的是希望将过程总损失减少到最小程度。因此，在质量控制中，通常将距中心线(平均值) $\pm 3s$ 作为上、下控制界限。由于标准差 s 仅包括组内变差，$\pm 3s$ 控制限表明，当过程处于统计控制状态，约有 99.7% 的子组值落在控制限之内。或者说，当过程受控时大约1000次中仅有3次子组值落在控制限之外(相当于只存在0.3%的错判风险)。由于测量的子组数不可能很多,当测量值落在控制限外时,有理由认为过程存在随机因素之外的变异,过程可能存在失控状态,管理者需采取行动对过程进行纠正,故3s控制限有时也称为"行动限"。有时在控制图距中心线±2s作为上、下警戒限,如果有子组测量值落在警戒限之外,预示过程有失控征兆,应引起管理者的注意。

3.1.3 计量控制图的设计

在计量数据情况下,一般绘制两类控制图。第一类讨论位置尺度,如子组(或样本)的平均值或中位数。第二类讨论子组(或样本)中观测值离散的尺度,如极差(R)或样本标准差(s)。为建立一个有效的计量控制图方法,这两类图都有必要。位置图用来评估过程水平是否真正发生明显偏移,离散图用来评估子组(或样本)标准差大小有否明显变化。位置图的控制限是子组(或样本)标准差的函数。验证子组(或样本)标准差这个固有变异参数是否保存在控制状态是重要的。

设计和实施控制图可分为分析用控制图与控制用控制图两个阶段。一个过程开始,由于没有足够的先前累计的统计参数,显示的过程与设计或计算的控制限几乎不会恰好处于统计控制状态,总存在异常波动。如果这种状态继续下去,可能执行的控制限过宽,会导致错误的判断。因此,过程开始时,总要不断调整控制状态(包括过程条件和控制条件的调整),使过程逐渐调整在控制状态。

建立计量控制图的初始阶段可按如下步骤进行:

(1)选择控制图方案所要表征的质量特征。通常所选择的质量特性对产品或服务的质量有决定性的影响,如机械产品加工精度、环境污染物的监测、冶炼合金钢的主要化学成分的含量、奶制品的水分和蛋白质的含量、监控样的测量等。

(2)将所考察的质量特性(观测值)划分为一些子组,使子组内变差可认为仅由随机因素造成,而子组间的变差可以是由控制图所欲调查的因素造成的。由于子组内无异常波动,子组内标准差的估计值一般比较小,确定的上、下控制限的间隔也不大,从而可较为灵敏地检出子组间异常变差(波动)。为此,可以在短时间内抽取一个子组所需的全部个体,或者对连续生产产品进行"块抽样"。由于抽样时间间隔短,避免了异常因素进入子组。在实践中,通常可以按生产时序、产品批号、炉号、班组等确定子组。为计算的方便,尽量使子组大小(容量)的n值不变。

(3)通常,子组的大小取4或5,而子组(抽样)的个数,一般在初期时较高,一旦达到统计控制状态后频数可以低一些。通常抽取20~25个子组为宜。

(4)在确定了控制的质量特性以及子组的抽样频数和子组的大小后,就应收集并分析一些原始的检测数据和测量结果,以提供初始控制图的相关数值。这些用来建立控制图的数据称为预备数据。预备数据可以从连续运作的生产过程或较长时期内累积的子组数据(注意,应该在稳定状态下收集这些原始数据)获得。

(5)根据需要控制的统计量计算控制限。

(6)绘制控制图。计量控制图同时利用子组内和子组间数据的变动性,反映小范围过程内数据的变异和大范围间(过程中)平均值的变异。因此,计量控制图几乎总是成对绘制并加以分析:其中一张是关于位置控制图,另一张是关于离散度控制图。

子组的大小、取样频度(子组数量)和控制界限是控制图设计的三个要素。设计控制图时，除从统计观点出发外，还应考虑管理成本。

可采用手工或借助统计软件(如Minitab、Excel)绘制控制图。如果首次使用控制图，建议先手工绘制简单的控制图，以帮助分析者和管理者了解和熟悉控制图的制作和应用过程。

3.2　计量控制图的建立

3.2.1　平均值-极差控制图

根据各子组观测值的数据：

(1)计算各子组(各样本)的平均值$\bar{x}_i$、极差R_i

$$\bar{x}_i = \frac{1}{n}\sum_{j=1}^{n} x_j \tag{6-20}$$

$$R_i = x_{i,\max} - x_{i,\min} \tag{6-21}$$

式中，n为各子组测定值的数目(设定各子组测定数目相等)；x_j为第i个子组中第j个测定值；x_i为第i个子组的平均值；R_i为i子组的极差。

(2)计算各个子组平均值的平均值$\bar{\bar{x}}$与极差的平均值

$$\bar{\bar{x}} = \frac{1}{m}\sum_{i=1}^{m} \bar{x}_i \tag{6-22}$$

$$\bar{R} = \frac{1}{m}\sum_{i=1}^{m} R_i \tag{6-23}$$

式中，m为子组数目。

(3)计算中心线(CL)，平均值的上、下控制限(UCL、LCL)和上、下警戒限(UWL、LWL)

对于平均值控制图：

$$\mathrm{CL} = \bar{\bar{x}}$$

$$\mathrm{UCL} = \bar{\bar{x}} + A_2\bar{R}$$

$$\mathrm{LCL} = \bar{\bar{x}} - A_2\bar{R}$$

$$\mathrm{UWL} = \bar{\bar{x}} + \frac{2}{3}A_2\bar{R}$$

$$\mathrm{LWL} = \bar{\bar{x}} - \frac{2}{3}A_2\bar{R}$$

对于极差控制图：

$$\mathrm{CL} = \bar{R}$$

$$\mathrm{UCL} = D_4\bar{R}$$

$$\mathrm{LCL} = D_3\bar{R}$$

$$\mathrm{UWL} = \bar{R} + \frac{2}{3}(D_4\bar{R} - \bar{R})$$

$$\mathrm{LWL} = \bar{R} - \frac{2}{3}(D_4\bar{R} - \bar{R})$$

(4)绘制平均值和极差R控制图(图6-4)

纵坐标分别为$\bar{x}_i$和R_i，横坐标为子组序号或抽样时间(序号)。在坐标图上画出中心线和

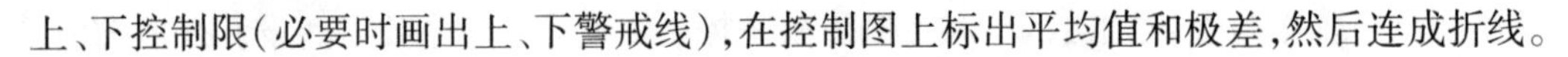
上、下控制限(必要时画出上、下警戒线),在控制图上标出平均值和极差,然后连成折线。

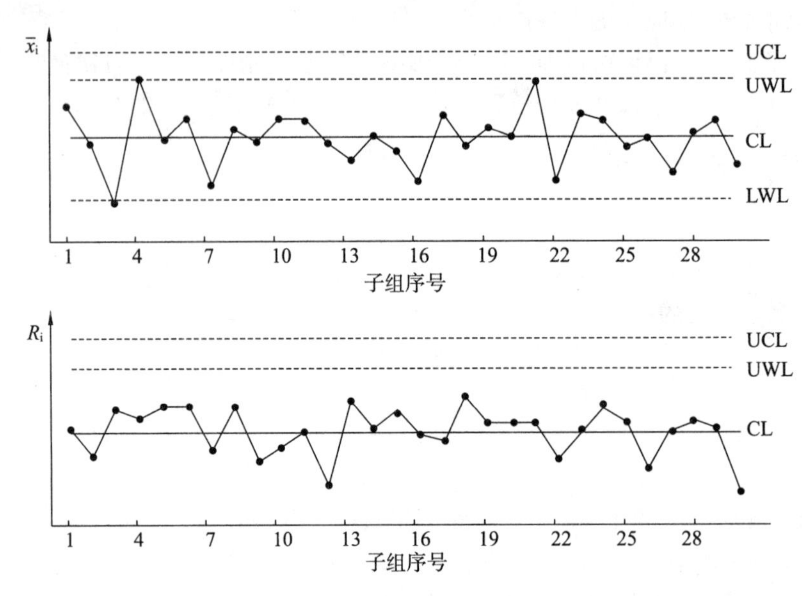

图 6-4　平均值和极差 *R* 控制图

用绘制的平均值图与极差图对过程的变动性进行分析。控制图上散点的分布是过程状态或运行状态的缩影。过程中特性值的波动(正常的和异常的)都可以通过散点状态观察出来。平均值图显示了子组间的波动,表示过程的稳定性;极差图显示了子组内的波动程度。由于平均值图上、下限的计算与极差有关,极差图的异常波动也会影响平均值图的状态。因此,对质量控制图(包括以下介绍的平均值-标准差图、中位值-极差图、平均值-移动极差图),通常先分析极差图,再分析平均值图。

3.2.2　平均值-标准差控制图

平均值-标准差控制图与平均值-极差控制图相似,只是用标准差图代替极差图。极差图常用于子组 $n \leqslant 10$ 的情况(一般取 $n=4 \sim 5$)。当 $n>10$ 时,用极差估计总体标准差的 σ 的效率降低,需用标准差图代替极差图。

(1)计算各子组(样本)的平均值 $\bar{x}_i$ 和标准差 s_i:

$$s_i = \sqrt{\frac{1}{n-1}\sum_{j=1}^{n}(x_j - \bar{x}_i)^2} \tag{6-24}$$

$$\bar{s} = \frac{1}{m}\sum_{i=1}^{m} s_i \tag{6-25}$$

$\bar{x}_i$ 和 $\bar{\bar{x}}$ 的计算同式(6-20)和式(6-22)。

(2)计算中心线,平均值的上、下控制限和上、下警戒限,标准差的上、下控制限和上、下警戒限。

对于平均值控制图:

$$\mathrm{CL}=\bar{\bar{x}}$$
$$\mathrm{UCL}=\bar{\bar{x}}+A_3\bar{s}$$
$$\mathrm{LCL}=\bar{x}-A_3\bar{s}$$

对于标准差控制图：

$$\mathrm{CL}=\bar{s}$$
$$\mathrm{UCL}=B_4\bar{s}$$
$$\mathrm{LCL}=B_3\bar{s}$$

(3)绘制平均值和标准差 s 控制图(图 6－5)，纵坐标分别为 $\bar{x}_i$ 和 s_i，横坐标为子组(样本)序号或抽样序号(时间)。

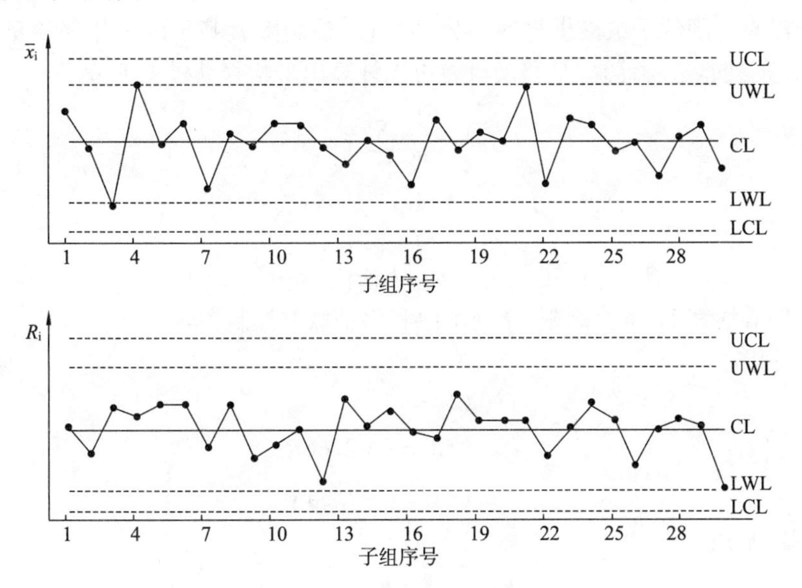

图 6－5　平均值和标准差控制图

3.2.3　中位值－极差控制图

中位值($\tilde{x}$)－极差(R)控制图与平均值($\bar{\bar{x}}$)－极差(R)控制图相似，只是以中位值图代替平均值图。中位值－极差控制图的绘制按以下步骤进行：

(1)将各子组的测量值按大小顺序排列，分别计算第 i 个子组的中位值 $\tilde{x}_i$ 和极差 R_i。

(2)计算各子组中位值的平均值和极差的平均值：

$$\bar{\tilde{x}}=\frac{1}{m}\sum_{i=1}^{m}\tilde{x}_i\qquad\bar{R}=\frac{1}{m}\sum_{i=1}^{m}R_i$$

式中，m 为子组的数目。

(3)计算中位值中心线和上、下控制限：

$$\mathrm{CL}=\bar{\tilde{x}}$$
$$\mathrm{UCL}=\bar{\tilde{x}}+A_4R$$
$$\mathrm{LCL}=\bar{\tilde{x}}-A_4R$$

计算极差中心线和上、下控制限：

$$CL = \overline{R}$$
$$UCL = \overline{R} + D_4 R$$
$$LCL = \overline{R} - D_3 R$$

(4)绘制中位值和极差控制图,纵坐标分别为 $\tilde{x}$ 和 R,横坐标为子组序号或抽样时间(序号)。

3.2.4 单值-移动极差控制图

有些测量过程中,由于单个样品测量时间较长,测量成本太大,任一时间段的输出都相对均匀,或按原料批输入的测量,不可能或不合适每个子组进行 n 次测量,这时只能取单次测量值进行统计计算。这种基于单值的数据的测量控制可以采用单值-极差控制图。

(1)由于没有合理的子组提供组内变异的估计,控制限就基于两个相邻测量值的(移动)极差 R_{sj}所提供的变差进行计算,从移动极差可以计算出平均移动极差 $\overline{R}_s$:

$$\overline{x} = \frac{1}{m}\sum_{i=1}^{m} x_i$$
$$R_{sj} = |x_j - x_j + 1| \quad (j = 1, 2, \cdots, m-1)$$
$$\overline{R}_s = \frac{1}{m-1}\sum_{j=1}^{m-1} R_{sj}$$

(2)计算中心线和上、下控制限,建立单值和移动极差控制图。

对于 x 控制图:

$$CL = \overline{x}$$
$$UCL = \overline{x} + 2.66\overline{R}_s$$
$$LCL = \overline{x} - 2.66\overline{R}_s$$

对于 R_s 控制图:

$$CL = \overline{R}_s$$
$$UCL = 3.27\overline{R}_s$$

LCL 不考虑。

绘制控制图要求抽取子组的容量相同,便于统计量的计算,并给予各子组相同的权。

常规计量控制图的中心线和控制限计算公式见表 6-10。

表 6-10 常规计量控制图的中心线和控制限计算公式

控制图	统计量	CL	UCL	LCL
平均值-极差图	$\overline{x}$、R	$\overline{\overline{x}}$	$\overline{\overline{x}} + A_2 R$	$\overline{\overline{x}} - A_2 R$
		$\overline{R}$	$D_4\overline{R}$	$D_3\overline{R}$
平均值-标准差图	$\overline{x}$、s	$\overline{\overline{x}}$	$\overline{\overline{x}} + A_3\overline{s}$	$\overline{\overline{x}} - A_3\overline{s}$
		$\overline{s}$	$B_4\overline{s}$	$B_3\overline{s}$
中位值-极差图	$\tilde{x}$、R	$\overline{\tilde{x}}$	$\overline{\tilde{x}} + A_4 R$	$\overline{\tilde{x}} - A_4 R$
		$\overline{R}$	$D_4\overline{R}$	$D_3\overline{R}$
单值-移动极差图	$\overline{x}$、R_s	$\overline{x}$	$\overline{x} + 2.66\overline{R}_s$	$\overline{x} - 2.66\overline{R}_s$
		$\overline{R}_s$	$3.7\overline{R}_s$	—

表 6 - 10 中 A_2、A_3、D_3、D_4、B_3、B_4 等系数与子组大小 n 的关系见表 6 - 11。A_4 系数见表 6 - 12。

表 6 - 11　计量控制图计算控制限系数表

n	控制限系数											中心线系数	
	A	A_2	A_3	B_3	B_4	B_5	B_6	D_1	D_2	D_3	D_4	C_4	d_2
2	2.121	1.880	2.659	0.000	3.267	0.000	2.606	0.000	3.686	0.000	3.267	0.7979	1.128
3	1.732	1.023	1.954	0.000	2.568	0.000	2.276	0.000	4.358	0.000	2.575	0.8862	1.693
4	1.500	0.729	1.628	0.000	2.266	0.000	2.008	0.000	4.698	0.000	2.282	0.9213	2.059
5	1.342	0.579	1.427	0.000	2.089	0.000	1.964	0.000	4.918	0.000	2.115	0.9400	2.326
6	1.225	0.483	1.287	0.030	1.970	0.029	1.874	0.000	5.078	0.000	2.004	0.9515	2.534
7	1.134	0.419	1.182	0.118	1.882	0.113	1.806	0.204	5.204	0.076	1.924	0.9594	2.704
8	1.061	0.373	1.099	0.185	1.815	0.179	1.751	0.388	5.306	0.136	1.864	0.9650	2.847
9	1.000	0.337	1.032	0.293	1.761	0.232	1.707	0.547	5.393	0.184	1.816	0.9693	2.970
10	0.949	0.308	0.975	0.284	1.716	0.276	1.669	0.687	5.469	0.223	1.777	0.9727	3.078
11	0.905	0.285	0.927	0.321	1.679	0.313	1.637	0.811	5.535	0.256	1.744	0.9754	3.173
12	0.866	0.266	0.886	0.354	1.646	0.346	1.610	0.922	5.594	0.283	1.717	0.9776	3.258
13	0.831	0.249	0.850	0.382	1.618	0.374	1.585	1.025	5.647	0.307	1.693	0.9794	3.336
14	0.802	0.235	0.817	0.406	1.594	0.399	1.563	1.118	5.696	0.328	1.672	0.9810	3.407
15	0.775	0.223	0.789	0.428	1.572	0.421	1.544	1.203	5.741	0.347	1.653	0.9823	3.472
16	0.750	0.212	0.763	0.448	1.552	0.440	1.526	1.282	5.782	0.363	1.637	0.9835	3.532
17	0.728	0.203	0.739	0.466	1.534	0.458	1.511	1.356	5.820	0.378	1.622	0.9845	3.588
18	0.707	0.194	0.718	0.482	1.518	0.475	1.496	1.424	5.856	0.391	1.608	0.9854	3.640
19	0.688	0.187	0.698	0.497	1.503	0.490	1.483	1.487	5.891	0.403	1.597	0.9862	3.689
20	0.771	0.180	0.680	0.510	1.490	0.504	1.470	1.549	5.921	0.415	1.585	0.9869	3.735
21	0.655	0.173	0.663	0.523	1.477	0.516	1.459	1.605	5.951	0.425	1.575	0.9876	3.778
22	0.640	0.167	0.647	0.534	1.466	0.528	1.448	1.659	5.979	0.434	1.566	0.9882	3.819
23	0.626	0.162	0.633	0.545	1.455	0.539	1.438	1.710	6.006	0.443	1.557	0.9887	3.858
24	0.612	0.157	0.619	0.555	1.445	0.549	1.429	1.759	6.031	0.451	1.548	0.9892	3.895
25	0.600	0.153	0.606	0.565	1.435	0.559	1.420	1.806	6.056	0.459	1.541	0.9896	3.931

表 6 - 12　A_4 系数表

n	2	3	4	5	6	7	8	9	10
A_4	1.88	1.19	0.80	0.69	0.55	0.51	0.43	0.41	0.36

注:由于极差通常在 $n \leq 10$ 时使用,因此,此表只给出 $n = 2 \sim 10$ 的系数。

3.2.5 给定参数的计量控制图

表6－10表述的控制图都是在参数未知情况下讨论的。如果过程的运行已十分正常，工艺条件或检测状态稳定，对过程已有深入的了解并掌握了较多的信息或参数，或者产品或材料的特性值已经通过协同试验确定，或者其目标值已经确定，都可认为过程的相关参数已给定（确定）。由此，当相关参数给定时，可按表6－13计算中心线和控制限。

表6－13 给定参数的计量控制图中心线和控制限计算公式

控制图	统计量	CL	UCL	LCL
平均值－极差图	x_0、R_0	x_0 或 μ	$x_0+A\sigma_0$	$x_0-A\sigma_0$
		R_0 或 $d_2\sigma_0$	$D_2\sigma_0$	$D_1\sigma_0$
平均值－标准差图	x_0、s_0	x_0 或 μ	$x_0+A\sigma_0$	$x_0-A\sigma_0$
		s_0 或 $C_4\sigma_0$	$B_6\sigma_0$	$B_5\sigma_0$
单值－移动极差图	x_0、R_0	x_0 或 μ	$x_0+3\sigma_0$	$x_0-3\sigma_0$
		R_0 或 $d_2\sigma_0$	$D_2\sigma_0$	$D_1\sigma_0$

3.3 常规控制图的识别与判断

如果在质量控制图上子组点没有出现异常排列，就可以认为过程处于统计控制状态。如果控制图在实际应用过程中发现子组点处在控制限之外，或者样本点虽然都在控制限内，但样本点的排列方式不是随机的，出现了异常排列，就认为过程处于统计失控状态。什么样的情况算是异常呢？从统计的观点来看，凡是小概率事件都判为异常。当控制图出现以下任一种情况，就可判断为异常。

①连续25个子组点中有1个点在控制限之外，或者连续35个子组点中有1个以上的点在控制限之外，或者连续100个子组点中有2个以上的点在控制限之外。

②子组点屡屡超出警戒限而接近控制限，例如，连续3个子组点中至少有2个点，连续7个子组点中至少有3个点，连续10个子组点中至少有4个点，落在警戒限与控制限之间。

③连续7个或更多的子组点呈现上升或下降趋势。

④子组点虽然都在控制限内，但排列方式不是随机的，有连续7个或更多的子组点出现在中心线的一侧。

⑤11点中至少有10点在中心线点同一侧。

⑥14点中至少有12点在中心线点同一侧。

⑦17点中至少有14点在中心线点同一侧。

⑧20点中至少有16点在中心线点同一侧。

⑨子组点的排列呈周期性的变化。

GB/T 4091—2001《常规控制图》中列出了判断异常波动的八种模式（也称八种检验），见图6－6。当这些控制图模式的变差可查明原因时，必须加以诊断并纠正。图中上、下控制限分别位于中心线的±3σ处，并将控制图等分为6个区，每个区宽1σ，这6个区分别标为A、B、C、C、B、A，两个A区、B区、C区都与中心线对称。这些控制图的检验适用于$\bar{x}$图和单值(x)图，并假定特性的观测值服从正态分布。

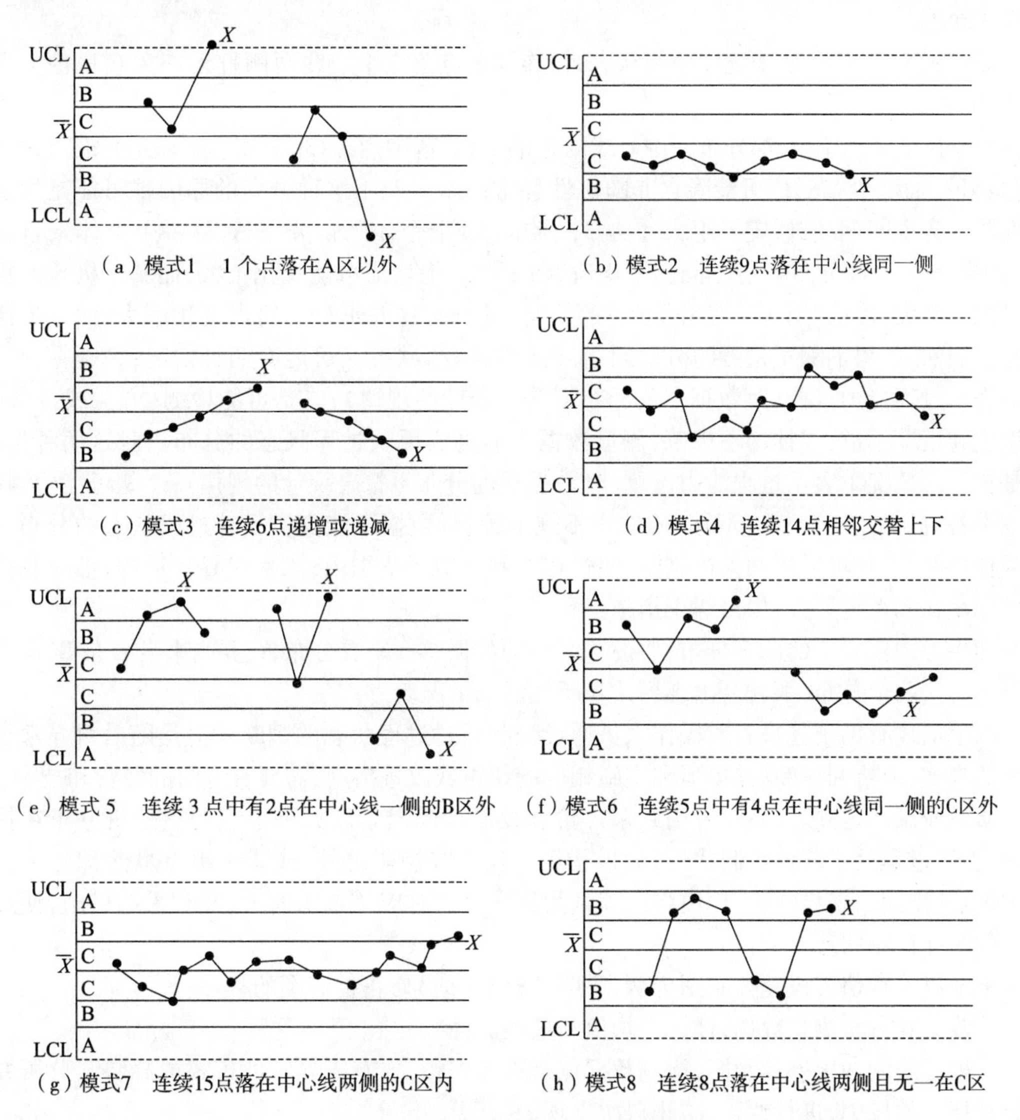

（a）模式1　1个点落在A区以外

（b）模式2　连续9点落在中心线同一侧

（c）模式3　连续6点递增或递减

（d）模式4　连续14点相邻交替上下

（e）模式 5　连续 3 点中有2点在中心线一侧的B区外

（f）模式6　连续5点中有4点在中心线同一侧的C区外

（g）模式7　连续15点落在中心线两侧的C区内

（h）模式8　连续8点落在中心线两侧且无一在C区

图 6－6　可查明原因的控制图模式

统计上可计算出现这八种模式的概率，或者说发生第Ⅰ类错误（虚发警报）的概率。

①模式 1，当过程处于统计控制状态时，点落在一侧控制限外的概率为 0.135%。

②模式 2，当过程处于统计控制状态时，连续 9 点在中心线的同一侧的概率为 0.391%。

③模式 3，当过程处于统计控制状态时，连续 6 点递增或递减的概率为 0.273%。

④模式 4，连续 14 点中相邻点交替上下，其概率大约为 0.4%。例如，两台设备、两套工具交替使用，或两位操作工交替操作，其带来的系统效应就会引发这种现象。

⑤模式 5，当过程处于统计控制状态时，连续 3 点中有 2 点落在中心线一侧的 B 区以外的概率为 0.305%。

⑥模式 6，当过程处于统计控制状态时，连续 5 点中有 4 点落在中心线一侧的 C 区以外的概率为 0.533%。

⑦模式7，当过程处于统计控制状态时，连续15点落在中心线两侧的C区内的概率为0.326%。

⑧模式8，当过程处于统计控制状态时，连续8点落在中心线两侧且无一在C区内的概率为0.0103%。

对于模式7，子组点都分布在中心线附近的$\pm 1\sigma$范围内，这种分布"看上去不错"，过程处于"良好"的控制状态，但可能隐含非随机性异常因素。产生这种分布的原因很可能是检测分层问题。为说明问题，假定子组大小为2，子组中一个个体来自分布A，另一个个体来自分布B。如果分布A和分布B有不同的平均值，则子组的平均值可能变化不大，而基于极差的控制限可能非常大，形成"看上去良好"状态的错觉。因而，这并不是子组点变化不大，而是控制限太宽。当然，如果消除了检测的分层问题，这种"良好"状态又可能有两种情况，一是在正常情况下表示过程能力过剩（其数据点的分布不符合统计的规律）；二是可能检测（方法或设备）的灵敏度和精度不够，或抽样不规范，测量数据不能真实反映过程状态的分布。对这两种情况，一是在正常情况下表示过程能力过剩（其数据点的分布不符合统计的规律）；二是可能检测（方法或设备）的灵敏度和精度不够，或抽样不规范，测量数据不能真实反映过程状态的分布。对这两种情况，一是可适当调整控制限，使过程控制在适当范围内；二是对寻找过程、抽样和检测中可能存在的系统原因，提出纠正措施。

如果考虑模式7的两个分布，假设子组中的数据要么来自分布A，要么来自分布B，而不是同时来自这两个分布，那就会出现模式8所显示的情况。

以上描述有助于管理者或操作人员通过控制图对过程状态的判断。但是随后对异常现象原因的查找、分析和诊断，并提出和实施相应的纠正或改进措施，需要有专门的经验和技术。

质量控制图建立之后，就可用它来评价和控制产品质量。如果子组的点随机分布在控制限内，表明过程处于统计控制状态；如果子组点位于控制限之外，或者子组点虽然都位于控制限内，但其排列出现异常，有理由将过程判为异常。这时应该查明原因，及时采取措施，使过程调整到统计控制状态。

下面以平均值－极差控制图为例，说明调整和（或）修正控制图的程序：

①收集和分析测量数据，计算平均值和极差。

②根据绘制的极差控制图，检测数据点是否有失控，或有无异常的模式或趋势。分析并找不异常情况的原因，进行纠正，防止再次出现。

③剔除所有已识别并查明原因的子组，重新计算并点绘新的平均极差（$\overline{R}$）和控制限。当与新控制限进行比较时，要确认是否所有的点都显示为统计控制状态，如有必要，重复"识别－纠正－重新计算"程序。

④若已识别并查明原因，从极差图中剔除了任何一个子组，则也应该将它从平均值控制图中除去。用修正过的$\overline{R}$和$\overline{\overline{x}}$值重新计算品平均值的控制限（$\overline{\overline{x}} \pm A_2\overline{R}$）。

⑤当极差控制图表明过程处于统计控制状态时，则认为过程的离散程度（组内变差）是稳定的，就可以对平均值进行分析，以确定过程的位置是否随时间而变动。

⑥点绘平均值控制图，与控制限比较，检验数据点是否有失控点，或有无异常的模式或趋势。与极差控制图一样，分析任何失控的情况，然后采取纠正措施或预防措施。剔除已找到可查明原因的失控点，重新计算平均值并点绘新的控制限。当与新的控制限进行比较时，要确认所有数据点是否都显示为统计控制状态，如有必要，重复"识别——纠正——重新计算"程序。

⑦当所有的原始测量数据都在建立的控制限以内，则在随后时间内科继续采用该控制限。当然，如果在随后的时间内发现有异常数据出现，则查明原因并纠正后剔除，重复“识别——纠正——重新计算”程序，采用新的控制限进行过程状态的判断。

⑧质量控制图在使用一段时间之后，有时可根据实际质量水平和质量要求，对中心线和控制限进行修正。

剔除质控状态的子组数据，计算新的控制限，并不意味着“扔掉坏数据”。确切地说，重复进行“识别——纠正——重新计算”程序，剔除已查明原因影响的数据，并对过程采取必要的纠正措施，在以后的过程中不再犯“类似原因”的错误，并按新的控制限评价，有利于产品、服务或检测质量的提高，这也是进行质量控制的预期目的。

第7章 原子光谱分析

1 原子光谱分析理论基础

1.1 光谱与光谱分析

谱，是按一定的规律进行排列。光是电磁波，按电磁波的波长或频率排列，就是光谱。太阳光是各种波长光的混合，不是光谱；经分光得到红、橙、黄、绿、蓝、靛、紫不同颜色的光带是按波长排列显示出来的，是光谱；虹也是光谱。

根据光谱中的波长和强度进行化学组分分析的方法称为光谱分析。

1.2 分子光谱和原子光谱

根据产生光谱的物质状态和机理的不同，光谱分为分子光谱和原子光谱两类。分子产生分子光谱，呈带状光谱；原子光谱由原子产生，呈线状光谱（图7-1）。紫外可见吸收光谱、红外光谱、拉曼光谱、分子荧光光谱、燐光光谱、化学发光光谱等，都是分子光谱。在普通光谱仪分辨率条件下，带状的分子光谱不能显示其光谱的精细结构而呈“峰”的形状。原子光谱包括原子发射光谱、原子吸收光谱、原子荧光光谱三个分支，它们都是由原子外层电子跃迁产生的。广义地说，原子光谱还包括X光荧光光谱，它是由原子内层电子的跃迁产生的。

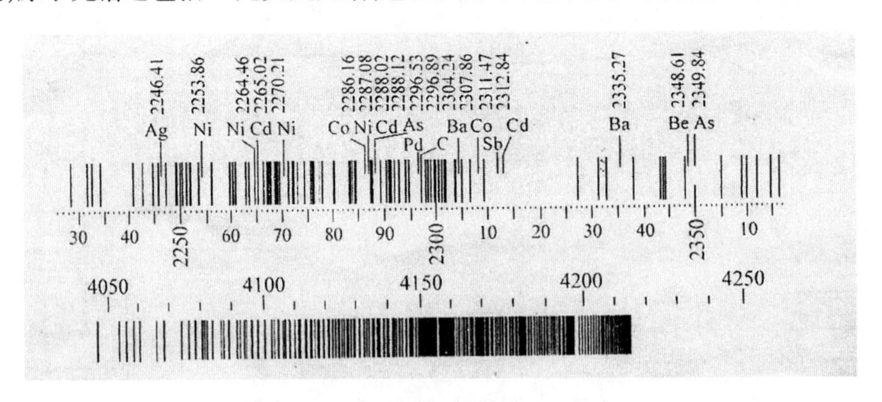

图7-1 原子光谱(上)和分子光谱(下)

1.3 原子发射光谱概述

原子发射光谱分析(atomic emission spectrometry, AES)按照激发光源的不同，形成了许多方法和商品仪器。

1.3.1　火焰

火焰是最古老的原子光谱激发光源。节日焰火是火焰激发产生的。焰色反应用于定性鉴别钠、钾等盐类。火焰由于激发温度低，激发能力差，只适用于锂、钾、钠、钙等少数几种激发能较低的碱金属、碱土金属元素。

1.3.2　电弧

电弧有直流电弧和交流电弧两种。电弧光源用于分析非导电的样品，如矿物以及粉末、碎粒状样品。电弧激发通常需要用光谱纯石墨电极作载电极。石墨电极成本和价格便宜，光谱简单，仅在355.0～421.6nm之间有氰分子带光谱和一条波长为247.85nm的碳线，有时还有痕迹量的Si和Mg的谱线。常用的是直径6mm的电极，下电孔加工有孔穴装载试样，另一端头加工成圆锥形或细棒形的石墨电极作为上电极（亦称对电极）。用直流电弧时，下电极接阳极，用简单接触引燃放电或由小功率火花引燃并维持放电。交流电弧则由小功率火花引燃和维持。两电极间电弧放电时，载电极温度由室温升至3000℃（交流电弧）～3800℃（直流电弧），孔穴中试样组分通过热蒸发进入电弧中被激发。

直流电弧有较大的蒸发能力，但放电稳定性比交流电弧差；交流电弧的电极温度较低因而蒸发能力不如直流电弧，影响高沸点元素的分析灵敏度，但放电稳定性较直流电弧好。

1.3.3　火花

火花光源用于导电的金属或合金样的分析。试样本身作为一个电极，可用端头磨尖的光谱纯石墨电极或高纯电解铜作对电极。火花放电时，电极表面升温，放电点局部温度很高，组分受热蒸发进入火花的放电通道中被原子化和激发。

火花放电较电弧稳定，试样蒸发耗损的量也较少。

1.3.4　激光微探针

激光光束通过显微镜聚焦到试样的采样点上使之烧蚀（abelation）而蒸发。蒸气由辅助电极产生的火花激发（图7－2）。

激光探针在试样表面的烧蚀斑直径约0.1～0.2mm，肉眼勉强可辨。试样耗损很少，用于文物、疵斑等微区的分析。

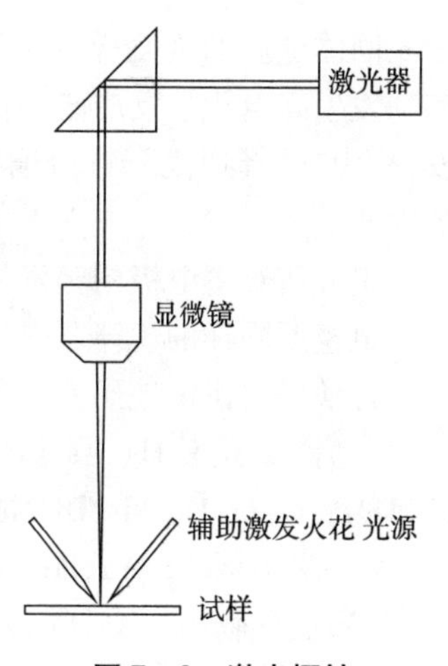

图7－2　激光探针

1.3.5　辉光放电

试样表面在辉光放电光源的真空系统中作为阴极。导入少量氩气，在高电压下，产生Ar^+离子。Ar^+在电场作用下轰击试样表面而发生溅射。试样表面被溅射而剥离并被激发。随着放电时间延长，试样表面被逐层剥离。因此，辉光放电用于表层组成的分析和深度分布分析（也称剖层分析）。

辉光放电除了用原子发射光谱法检测外，还可用质谱法检测（GD－MS，glow discharge－mass spectrometry），并已有商品仪器。

1.3.6 ICP 炬

另章叙述。

1.4 原子光谱分析中的进样

1.4.1 概述

进样,就是将样品引入光源分析区的方法和过程。对于一个实际的分析任务,要考虑的因素包括:

(1)样品的类型;

(2)被测组分的含量水平;

(3)可用于分析消耗的样品的量;

(4)对准确度的要求;

(5)对精密度的要求;

(6)对分析速度的要求;

(7)可采用的制样方法和富集方法;

(8)可使用的仪器和测定方法;

(9)化学形态、无损、微损、剖层分析、疵斑分析等特殊要求。

实际试样千种万别,分析要求各不相同,分析工作者要采用的制样进样方法也随之不同。进样方法在原子光谱分析中历来被喻为"Achilles' heel"。Achilles 是希腊神话中的战神,出生时他母亲把他提浸于天河中而长大后刀枪不入,但因提浸时脚跟未触及天河水,成为他唯一的薄弱环节。Achilles' heel 现译为"瓶颈",指唯一薄弱的环节。

原子光谱分析中的进样过程主要有固体蒸发进样、溶液雾化进样和氢化物发生气体进样。

1.4.2 固体试样的蒸发

固体试样的蒸发行为主要取决于样品所处环境的温度和试样中组分的沸点,也可因与共存物发生高温化学反应改变化学形态而改变蒸发行为。试样中各种组分按沸点高低而先后蒸发,称为"选择挥发"或"分馏"。图7-3是模拟试样中各组分从石墨载电极孔穴中蒸发的选择挥发曲线。

组分从石墨电极中蒸发的次序在原子光谱分析中具有典型意义。石墨炉原子吸收光谱分析中也遵循同样的规律。表7-1是 Ahrens 总结的各种元素从直流碳弧中蒸发的次序。

鲁沙诺夫系统地研究了各种元素、氧化物及盐类的蒸发次序,结果如下:

(1)游离元素 Hg,As,Cd,Zn,Te,Sb,Bi,Pb,Tl,Mn,Ag,Cu,Sn,Au,In,Ga,Ge,Fe,Ni,Co,V,Cr,Ti,Pt,U,Zr,Hf,Nb,Th,Mo,Re,Ta,W,B

(2)贵金属 Ag,Au,Pd,Rh,Pt,Ru,Ir,Os

(3)氧化物 Hg,As,Cd,Zn,Bi,Sb,Pb,Tl,Sn,Mn,Mg,Cu,Ge,In,Ga,Fe,Co,Ni,Ba,Sr,Ca,Si,Al,V,Be,Cr,Ti,U,Sc,Mo,Re,Zr,Hf,稀土,Th,Nb,Ta,W,B

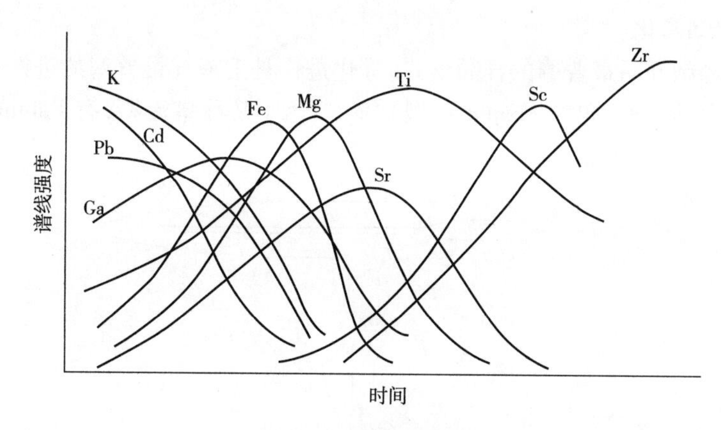

图 7-3　选择挥发曲线

表 7-1　元素在直流电弧中的蒸发次序

元素	硫化物	氧化物与盐类		
		易挥发	中等挥发	难挥发
Hg > As > Cd > Zn > Sb > Bi > Tl > Mn > Ag > Sn,Cu > In,Ga > Ge > Au > Fe,Co,Ni > Pt ≥ Zr,Mo,Re,Ta,W	As,Hg > Sn,Ge ≥ Cd > Sb,Pb ≥ Bi > Zn,Tl > In > Cu > Fe,Co,Ni,Mn,Ag ≥ Mo,Re	As,Hg > Cd > Pb,Bi,Tl > In,Ag,Zn > Cu,Ga > Sn > Li,Na,K,Rb,Cs >	Mn > Cr,Mo? W? Si,Fe,Co,Ni > Mg > Al,Ca,Ba,Sr,V >	Ti > Be,B?,Ta,Nb > Sc,La,Y 及其他稀土元素 > Zr,Hf

注：“ > ”表示由易挥发到难挥发次序；“?”表示次序位置可能变动。

(4)碳酸盐 Cd,Zn,(K,Na,Li),Pb,Tl,Mn,Mg,Cu,Fe,Co,Ni,Ba,Sr,Ca

(5)磷酸盐(Cd,Zn,Bi,Sn,Pb,Na),(Mn,Mg,Ca),(Fe,Co,Ni),Ca,Al,Cr,(La,Y,Th,Zr)

(6)硫化物 Hg,As,Ge,Sn,Cd,Pb,Sb,Bi,Zn,Tl,In,Ag,Cu,Ni,Co,Mn,Fe,Mo,Re

(7)氯化物(Li,Na,K,Rb,Cs),Mg,(Ca,Sr,Ba)

(8)硫酸盐 K,Na,Mg,Li,Ca,Ba

金属、合金样在火花光源中的蒸发也同样表现有选择挥发行为。

在大气环境条件下，火花放电时金属电极表面熔化并在熔液表面形成氧化物膜，蒸发行为决定于膜的组成。氧化物膜组成与熔融液之间的扩散与膜层组成的蒸发达到稳态平衡需要较长时间，因此，分析时需经过较长时间的预燃，然后曝光测定。当放电在氩气气氛中进行时，熔融液不再形成氧化物膜，达到平衡所需的预燃时间缩短。很多商品仪器采用这种“控制气氛”下激发的工作方式。

原子光谱分析常采用加入添加剂的方法改变被测元素或基体的蒸发行为，如光谱载体(spectrochemical carrier)、光谱缓冲剂(spectrochemical buffer)、基体改进剂(matrix modifier)等。

1.4.3　溶液的雾化

溶液的雾化进样有气动雾化和超声雾化两种，而以气动雾化为主。在 ICP 光谱分析和火焰原子吸收光谱分析中，气动雾化是常规进样方式。

1.4.3.1 气动雾化

溶液是试样经制样后最普遍的样品形式,雾化进样是溶液样最普遍的进样技术。

商品雾化器有同心型(也称 Meinhard 型)和交叉型(又称错流型,有 Babinton 型等),以同心型使用更普遍,见图 7-4。

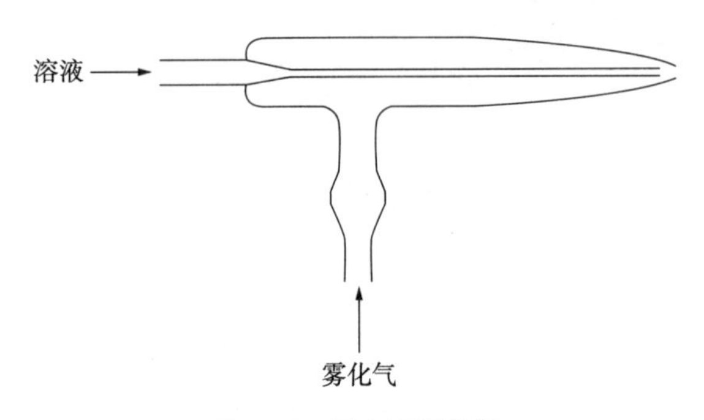

图 7-4 同心型雾化器

同心型雾化器通常用硬质玻璃制成,也有聚四氟乙烯、贵金属材料制作的雾化器用于含氢氟酸的溶液的雾化。同心型雾化器中,流动溶液的内管和流通雾化气的外管有共同的轴心。在喷嘴口,内管直径及内管与外管间的距离仅 15~25μm。有的雾化器内管与外管口齐平,也有的内管略缩在外管口之内。所用的雾化气在火焰原子吸收光谱分析中是空气,在 ICP 光谱分析中是氩气。雾化气兼作载气,将雾化产生的雾珠送入分析区。当雾化气从喷嘴口高速流出时,管口形成文丘里效应,对管内产生负压,使溶液吸入内管并在管口被气流吹散形成雾珠。有些仪器用蠕动泵将溶液以一定流速送入雾化器雾化,流速决定于泵的转速和硅橡胶导管的直径。单位时间内被雾化的溶液的量称为吸喷速率,也称雾化速率,以前称提升率,通常为 1~3mL/min。吸喷速率 Q 与雾化器毛细管半径 R,毛细管长度 L,溶液的粘度 η 及气流文丘里效应产生的负压 ΔP 有关:

$$Q=\frac{\pi R^4}{8\eta l}\Delta P$$

式中,Q 的单位是 $mL \cdot s^{-1}$;η 的单位是 $dyn \cdot cm^{-1}$($1dyn=10^{-5}N$);R 及 l 的单位是 cm。

拔山给出雾珠 Sauter 平均直径的经验表述式,所谓 Sauter 平均直径是全部雾珠的总体积除以总表面积

$$d_0=\frac{585}{V_{气}-V_{液}}\left(\frac{\sigma}{\rho}\right)^{0.5}+597\left[\frac{\eta}{(\sigma\rho)^{0.5}}\right]^{0.45}\left(1000\frac{Q_{液}}{Q_{气}}\right) \tag{7-1}$$

式中:$V_{气}$、$V_{液}$——雾化气及溶液的流速,$m \cdot s^{-1}$;

$Q_{液}$、$Q_{气}$——溶液和雾化气的体积流量,$mL \cdot s^{-1}$;

σ——表面张力,$dyn \cdot cm^{-1}$;

ρ——溶液密度,$g \cdot mL^{-1}$;

η——黏度系数,$dyn \cdot cm^{-2}$。

此公式适用于 $0.8<\rho<1.2$,$30<\sigma<73$,$0.01<\eta<0.3$ 范围内的溶液,绝大多数水溶液满足上述条件。

当溶液的温度不同,或含有有机溶剂(如酒样中含有乙醇)、有机试剂,或含有硫酸、磷酸等组分时,溶液的黏度发生显著变化,即使使用蠕动泵进样,雾化条件也有显著不同,以致改变送

入分析区的试样量不同，光谱信号发生改变。这要求校准用的标样和被测样的溶液的组成和温度要适当地匹配，以及制样时避免使用硫酸、磷酸。

同心型雾化器吸喷的溶液含量不能超过 $10mg \cdot mL^{-1}$。雾化器喷口的溶剂蒸发和吸热降温会导致盐分在喷口析出，使喷雾速率逐步减小，甚至堵塞。溶液中的悬浮微粒、尘埃、滤纸纤维也会引起内管口堵塞。内管堵塞时，决不可用针通毛细内管，应将喷口浸入去离子水中，用针筒倒抽，必要时用稀盐酸（约 $1mol \cdot L^{-1}$）煮浸后，再抽吸。同心型雾化器进样结束后，应当再吸喷稀盐酸（约 $0.1mol \cdot L^{-1}$）2～3min，清洗雾化系统。

交叉型雾化器（图7－5）适用于高盐分，高黏度的溶液，雾化时气流和溶液流动的方向互相垂直。交叉型雾化器不容易堵塞，甚至可用于雾化悬浮液样品。Babington 型雾化器（图7－6）也是一种交叉型的雾化器，溶液从一个 V 形槽流下，经过一个小气孔时被背后吹出的气流雾化。

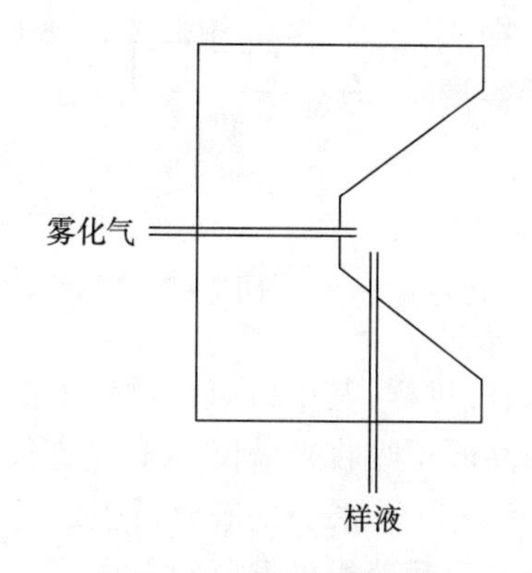

图7－5　交叉型雾化器

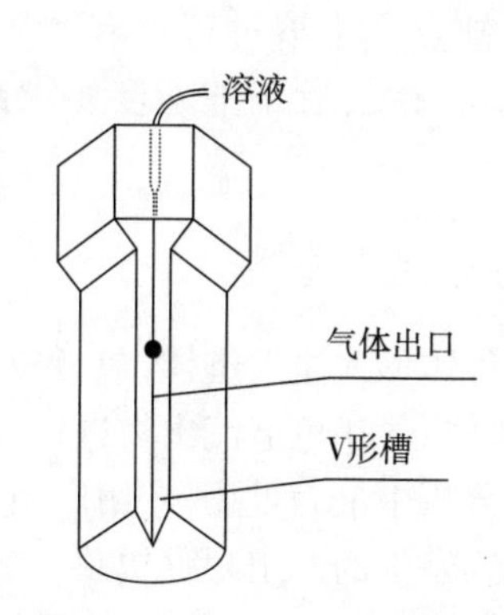

图7－6　Babington 型雾化器

被雾化的雾珠须先经过雾化室（spray chamber），使大的雾珠留下成废液排去，仅直径小于 10μm 的细雾珠被带入分析区。大雾珠在分析区中来不及完成去溶、蒸发和原子化过程，反而产生背景光谱，因此必须除去。雾化室有挡板式和旋流式两种。挡板式通过碰撞使大雾珠留下，旋流式通过旋转的气流使大雾珠产生较大离心力而被甩在壁上，细的雾珠则被雾化气带入分析区。

雾化效率是指送入分析区（火焰，ICP 炬）的雾珠的量占被吸喷的溶液的量的比例

$$雾化效率 = \frac{溶液吸喷量 - 废液量}{溶液吸喷量} \times 100\%$$

气动雾化的效率较低。同心型雾化器的雾化效率通常为 2%～3%，95% 以上成为废液被排去。交叉型雾化器效率更低，因此不能通过增大溶液的浓度并改用交叉型雾化器使检出限获得改善。

1.4.3.2　超声雾化

超声雾化利用超声波使溶液雾化，产生的雾珠由载气带入分析区（图7－7）。

当超声波的纵波作用于溶液时，液面变得不稳定。功率增大时，液面出现喷泉状并进一步雾化。小雾珠被载气带入分析区，大雾珠回落被继续雾化。

超声雾化的雾珠直径

$$d = 0.34\lambda \tag{7-2}$$

式中,λ 为超声波驻波波长,它与溶液表面张力 σ、溶液密度 ρ 和超声频率 f 的关系为

$$\lambda = \left(\frac{8\pi\sigma}{\rho f^2}\right)^{\frac{1}{3}} \tag{7-3}$$

超声雾化产生的雾珠细而均匀。雾化速率决定于超声发生器的功率而与载气气流无关(这与气动雾化不同)。超声雾化可用于高盐分溶液,雾化速率较大,但由于雾化速率大而带入过多的水分子,必须先经过溶装置去溶(desolvation,也称去溶剂),使雾珠转变为干气溶胶(干的固体微粒)送入分析区。使用去溶装置的缺点是气溶胶输运途径长,造成较大的记忆效应,需要加长清洗的时间。另一个缺点是去溶过程伴有溶质损失,且损失与基体及被测元素有关,对于准确度要求高的分析需要一定的实验校正。

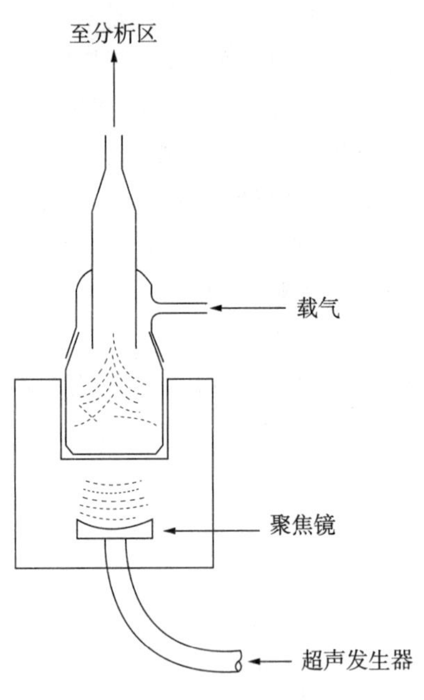

图 7-7 超声雾化

1.4.4 氢化物发生法进样

被测组分以气体形式注入进样,包括氢化物发生法进样、冷原子蒸气进样、气相色谱流出物进样及化合物蒸气进样,其中以氢化物发生法、冷原子蒸气法在原子光谱分析中最为重要,应用广泛。许多商品原子吸收光谱仪、ICP 光谱仪、原子荧光光谱仪都有氢化物发生的专用附件提供。氢化物发生法进样原子光谱分析正成为材料科学、环境科学、人体健康与致病关系研究等领域中氢化元素痕量分析最重要的方法。

1.4.4.1 氢化物发生法与氢化元素

氢化物发生(hydride generation,HG)是指某些元素可通过与氢化物发生反应生成气态的共价氢化物,由载气将氢化物带入分析区进行光谱检测。能生成氢化物的元素称为“氢化物生成元素”或“氢化元素”(hydride forming element)。这些元素是:IV A 族的 Ge、Sn、Pb,V A 族的 As、Sb、Bi 和 VI A 族的 Se、Te,共 8 个元素。进行氢化物发生反应时汞生成冷原子蒸气而不是氢化物,因此有时不恰当地称氢化元素为 9 个。近年已有报道 P、Zn、Cd、In、Tl 等元素也可通过与氢化物发生反应生成气态化合物,但化学形态尚未阐明,有关研究动向值得关注。

氢化物发生法进样的主要优点是:(1)与常规的气动雾化进样相比,检出限显著改善,可改善约 2 个数量级;(2)产生的氢化物在室温下是气体,可由载气携带至分析区而与基体分离,因而基体对光谱检测的影响及光谱干扰显著减轻。

氢化元素生成的相应氢化物及其沸点见表 7-2。

表 7-2 氢化元素生成的氢化物及其沸点

氢化元素		氢化物	沸点/℃
IV A	Ge	GeH_4,锗烷	-88.4
	Sn	SnH_4,锡烷	-52.5
	Pb	PbH_4,铅烷	-13

续表

氢化元素		氢化物	沸点/℃
VA	As	AsH_3	-62.5
	Sb	SbH_3	-18.4
	Bi	BiH_3	-22
VIA	Se	H_2Se	-42
	Te	H_2Te	-4

1.4.4.2　氢化物发生的反应体系

(1)活泼金属——酸反应体系

一百多年前,Marsh采用锌和盐酸或稀硫酸反应,使试样溶液中砷生成AsH_3的砷境试验是定性检定砷的经典方法。1969年,Holak用锌与盐酸反应产生的AsH_3经液氮冷阱冷凝捕集后,导入火焰原子吸收光谱法测定,成为氢化物发生法进样的首创工作。

用锌加盐酸的方法使砷转变为AsH_3测定砷涉及我国三十多个国家标准测定痕量砷的方法。在盐酸酸性样品溶液中先加入$SnCl_2$-KI溶液使As(V)预还原为As(Ⅲ),再加入无砷锌粒,使As(Ⅲ)生成AsH_3,随产生的过量氢气导入二乙基二硫代氨基甲酸银(DDTC-Ag)溶液中。AsH_3使DDTC-Ag还原产生红色的新生态银胶体溶液,在波长540nm处用光度法测定。测定限约1μg砷。

活泼金属盐酸体系能使VA族砷、锑、铋和VIA族硒、碲产生氢化物。

自1972年Braman采用硼氢化钠(钾)作发生氢化物的还原剂后,活泼金属酸体系就很少有人研究了。

(2)硼氢化物——酸反应体系

目前,氢化物发生的常规方法采用硼氢化钠(钾)为试剂。硼氢化物酸反应体系不仅可使砷、锑、铋、硒、碲发生氢化物,还能使ⅣA族锗、锡、铅产生氢化物锗烷、锡烷和铅烷。

硼氢化物酸反应体系按酸性试样溶液或碱性试样溶液分为酸性反应模式和碱性反应模式。

①酸性模式。酸性试样溶液与硼氢化钠(钾)反应,产生氢化物及过量氢气,用载气将它们带入原子光谱分析区。Caruso给出反应式

$$NaBH_4 + HCl + 3H_2O \rightarrow NaCl + H_3BO_3 + 8H$$

$$H + E^{m+} \rightarrow EH_n + H_2\uparrow(\text{过量})$$

式中,H是新生态氢即氢原子;E为氢化元素;m可等于或不等于n。这个反应式表示氢化物发生反应是由新生态氢完成的,因此,氢化物发生反应的机理被称为新生态氢机理,这与活泼金属酸体系的新生态氢机理相同。但是,这两种反应体系有不同的氢化反应能力,硼氢化钠酸体系还能使ⅣA族元素产生锗烷、锡烷、铅烷。从这个实验事实出发,邱德仁研究组进一步的研究得到结论:对于锡和锗,氢化物发生反应是受到HCl与NaOH的中和反应诱导的,铅烷的发生反应是由硼氢化钠-酸-氧化剂的氧化还原反应的诱导而进行的。

早期实验以$NaBH_4$压片形式加入,现在则使用溶液。硼氢化钠溶液中须含有低浓度(0.05~0.10mol·L^{-1})NaOH作稳定剂,盛于聚乙稀瓶中,存放在4℃冰箱中,可使用1个月。

氢化物发生反应的实验参数因样品、发生方法、检测方法而不同,需通过实验予以优化。

要优化的实验参数包括硼氢化物浓度、酸度和 NaOH 浓度等。NaOH 的浓度常被忽视，但因参与反应，浓度应予优化，并保持一定，尤其是锗烷、锡烷、铅烷的发生反应中更须严格控制。在锗烷、锡烷发生中，酸度应当与 NaOH 浓度相同，或稍大于 NaOH 浓度而小于 NaOH 与 $NaBH_4$浓度之和，使反应后有 $NaBH_4$剩余，或反应后有剩余弱酸，即反应后反应物 pH 在 2 ~ 11 之间，则可获得最大的锗烷或锡烷产率。

As 和 Se 在进行氢化物发生反应前须进行预还原至低价化学态。As(Ⅴ)用 KI - $SnCl_2$ 预还原为 As(Ⅲ)，Se(Ⅵ)在 6mol · L^{-1}盐酸中加热至沸预还原为 Se(Ⅳ)。Sn(Ⅱ)和 Sn(Ⅳ)的氢化行为相同。Pb(Ⅱ)需在氧化剂如 $K_3Fe(CN)_6$、$K_2Cr_2O_7$、H_2O_2等存在下才会发生铅烷。

酸性模式发生氢化物时，共存的过渡金属(Fe、Co、Ni、Ru、Rh、Pd、Os、Ir、Pt)和 IB 族 Cu、Ag、Au 有严重的化学干扰。实样分析时，试样中可能引入这些元素，特别是常见元素铁。报道过各种采用掩蔽剂(硫脲、EDTA、抗坏血酸等)的方法消除或减轻干扰。采用标准加入法对影响因素进行补偿是解决的办法之一。然而，化学干扰毕竟是严重影响氢化物发生法进样实际应用的原因。

②碱性模式。邱德仁提出的碱性模式氢化物发生法是在试样的碱性溶液中加入 $NaBH_4$溶液，然后与酸反应产生氢化物。碱性模式发生氢化物的一个显著优点是上述各种化学干扰的元素在碱性溶液中都不存在，从而避免了干扰。

采用碱性模式测定氢化元素时，试样前处理须用碱性溶液消解，或用碱性溶剂熔融，浸出，过滤，然后在滤液中加入 $NaBH_4$溶液。若试样用酸性方法处理后再用 NaOH 碱化，则氢化元素可能被生成的氢氧化物沉淀吸附或共沉淀而损失，更不可在试样的酸性溶液中直接加入 $NaBH_4$溶液以致氢化元素转变为氢化物而损失。

1.4.4.3 氢化物发生的实验方法

(1)批式发生(间歇发生)

图 7 - 8 是批式发生装置示意图。$NaBH_4$ - NaOH 溶液用电磁阀定量加入。按王小如的计算，$NaBH_4$的酸分解反应在微秒内就可完成。载气将产生的氢化物带到分析区检测。检测完成后放去样液，清洗试样瓶。注入新的试样溶液，重新发生氢化物、检测。

批式发生可用于原子吸收光谱分析和原子荧光光谱分析，但不能用于 ICP 光谱分析。

批式发生产生的光谱信号为峰形的瞬态信号。

(2)连续发生

在批式发生中，$NaBH_4$是一次性瞬间加入的，产生的过量氢气和微量的氢化物气体随载气涌入 ICP 炬。由于氢气是双原子分子，在 ICP 炬中解离耗用能量，引起炬焰剧烈收缩，射频发生器反射功率急速增大，严重时会使炬焰熄灭。因此，批式发生不能用于 ICP 光谱分析。Thompson 首先采用连续氢化物发生的实验方法与 ICP - AES 联用(图 7 - 9)。用蠕动泵将试样溶液和 $NaBH_4$ - NaOH 溶液连续而均匀地输入发生器，由于单位时间内输入发生器的反应物保持一定，产生的氢化物和过量氢气也保持一定。当单位时间内带入炬焰的氢气的量保持一定时，ICP 光谱仪的射频发生器的自动阻抗匹配功能能够自动调整匹配而保持炬焰的放电稳定，反射功率仅稍许增大。采用连续氢化物发生法时，单位时间内输入炬焰通道分析区的氢化物的量保持恒定，因此获得的氢化元素谱线的稳态光谱信号。

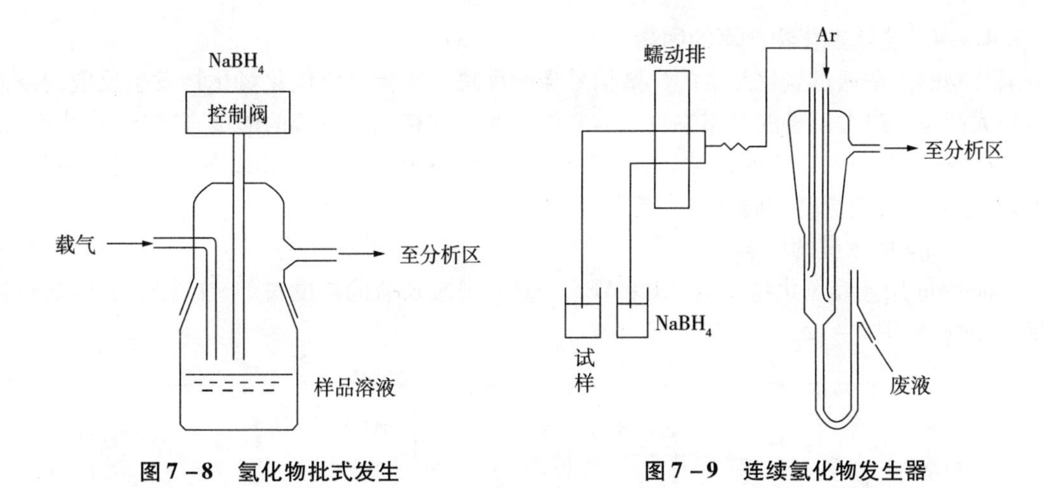

图7-8　氢化物批式发生　　　图7-9　连续氢化物发生器

(3)流动注射发生

流动注射发生也称流动注入发生。在一个流动的载流溶液中,将试样溶液注射到载流中去形成一段液塞,并被推到反应圈中与试剂反应,反应物在气液分离器中进行分离,氢化物、过量氢气被氩气携带送入原子化器,废液排去(图7-10)。

流动注射发生所产生的光谱信号呈峰形。

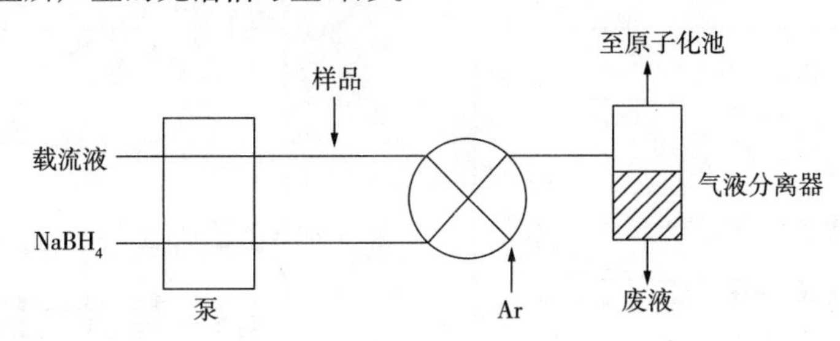

图7-10　流动注射氢化物发生器

(4)断续流动发生

郭小伟提出一种介于连续发生和流动注射发生之间的断续流动发生的实验方法(图7-11)。其利用一个间歇泵定时定量采集样品溶液,进行氢化物发生,具有工作稳定性好、测量精密度高、耗样量小、便于操作的优点。该实验方法已成功应用于国内生产的氢化物发生原子荧光光谱分析仪中。

断续流动发生法产生的光谱信号呈峰形。

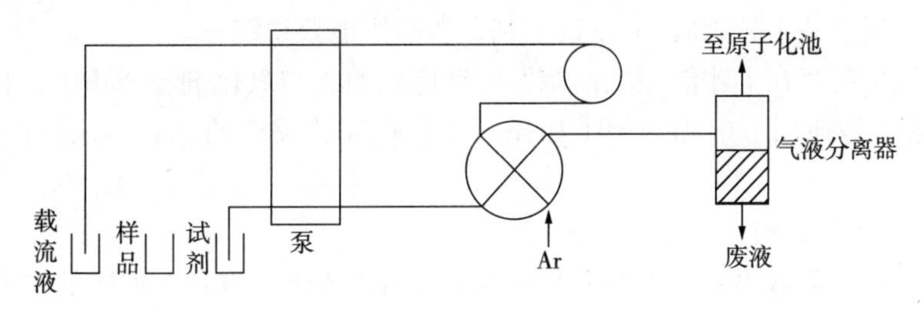

图7-11　断续流动氢化物发生

1.4.4.4 影响氢化物产率的因素

氢化物的产率通过氢化元素的光谱信号强度反映。实验上由优化氢化物发生反应的条件获得最大产率或最大信号的工作参数。需要优化的条件有试样溶液的酸度、硼氢化物浓度，以及 NaOH 浓度，但 NaOH 浓度常被忽视，错误地认为 NaOH 仅作为 $NaBH_4$的保护剂而不重要。此外，价态也是影响产率和信号的重要因素。

（1）酸和酸的浓度的影响

Thompson 用连续氢化物发生 ICP－AES 法研究了酸及酸的浓度对砷、锑、铋、硒、碲氢化物产率的影响，见图 7－12。

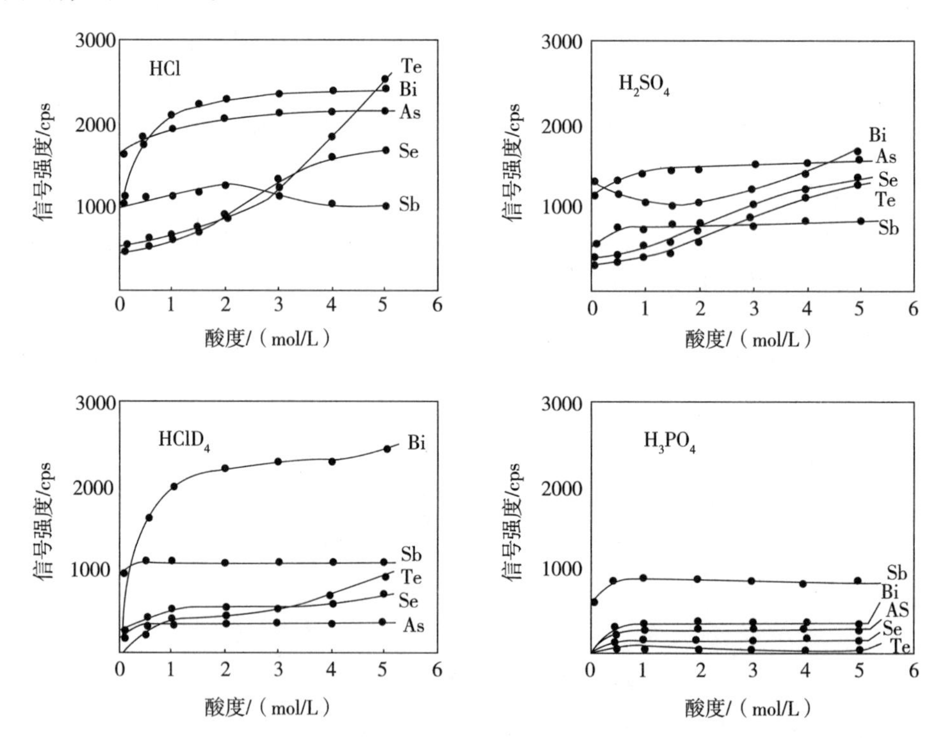

图 7－12 不同酸及其浓度对氢化元素光谱信号的影响

酸度对Ⅳ族元素锗、锡、铅氢化物发生反应的影响因与Ⅴ族、Ⅵ族元素的发生反应机理不同，影响也不同。锗烷、锡烷的发生反应中，酸的浓度应当与 NaOH 和 $NaBH_4$的浓度匹配。邱德仁等报道，当反应后，反应物的 pH 在 2～11.5 之间可获得锡烷或锗烷的最大产率。这意味酸度应与 NaOH 浓度相同，或者反应后有 $NaBH_4$剩余，或者有弱酸剩余。文献报道中锡烷、锗烷发生反应的酸度条件十分矛盾，但以这个判据考察则能获得统一。

铅需要在氧化剂存在下才能完成铅烷发生反应。酸参与氧化剂与 $NaBH_4$之间的氧化还原反应，当酸的浓度是耗用于中和 NaOH 和耗用于氧化还原反应的总和时，铅烷发生有最大的产率。

（2）NaOH 浓度的影响

当试样溶液中酸和 $NaBH_4$－NaOH 溶液发生氢化反应时，酸和 NaOH 的中和反应比酸对 $NaBH_4$的分解优先进行。因此，NaOH 耗用了酸。当氢化反应的酸度不大时，NaOH 浓度显著影响氢化反应的产率，因为中和反应降低了酸的有效浓度。

(3) $NaBH_4$浓度的影响

Thompson 研究 $NaBH_4$对砷、锑、铋、硒、碲氢化反应的影响得到的结果是，$NaBH_4$的浓度为0.5%～1.0%时最适宜。$NaBH_4$浓度高会产生过多的氢气，稀释了氢化物，在 ICP 检测的情况下还引起炬焰的不稳定，增大噪声，降低信噪比。

(4)氢化元素的价态

氢化元素中，As、Sb、Se、Te 在低价态有较大的氢化反应速率和氢化物产率。测定总量时，采用预还原的方法使还原到低价然后测定。As(Ⅴ)用 KI 或 KI－$SnCl_2$、KI－抗坏血酸预还原为 As(Ⅲ)。方法同样适用于预还原 Sb(Ⅴ)。Se(Ⅵ)在4～6mol/L 盐酸介质中沸水浴加热预还原到 Se(Ⅳ)。Te(Ⅵ)用 $TiCl_3$预还原为 Te(Ⅳ)。

Sn(Ⅱ)和 Sn(Ⅳ)有相同的氢化行为，无需预还原。Ge、Bi、Pb 在溶液中只有一种价态的离子。Pb(Ⅱ)需要在氧化剂存在下才能产生铅烷，所用氧化剂有铁氰化钾、重铬酸钾、过氧化氢等。

(5)有机物的影响

Fernandez 发现试样溶液中存在 DDAB 时，As 的氢化物产率提高约2倍，其认为是 DDAB 的束胶介质改变了氢化物发生反应的动力学速率所致。

1.4.4.5　干扰

按照 Dedina 的意见，氢化物发生法的干扰分为发生在溶液内氢化反应中的液相干扰和发生在输运过程及发生在原子化器内的气相干扰两类。

(1)液相干扰

液相干扰发生在进行氢化反应的溶液中。Smith 系统地研究过48种元素对氢化物发生反应的干扰。碱金属、碱土金属、B、Al、Ga、Ti、Zr、Hf、Hg、La、Mn、V 和 Y 对氢化物发生反应没有明显的干扰，而Ⅷ族元素 Fe、Co、Ni 和铂金属、ⅠB 铜分族以及 Cr 有严重的化学干扰。对氢化物发生反应产生负干扰，即使氢化物产率或释放量降低。Kirkright 认为，镍及铂系金属是氢化作用的催化剂，被还原成金属后会大量吸收氢气和捕集、分解氢化物。Welz 也证明了 Cu、Fe、Co、Ni 等干扰元素被 $NaBH_4$优先还原成细小的金属沉淀，捕集和分解了 H_2Se。Mayer 认为，在溶液中生成的 H_2Se 在逸出时，同溶液中干扰金属离子生成溶液解度小的硒化物，从而降低了释放量。也有意见认为，干扰元素与氢化元素之间存在“还原竞争”，干扰元素被优先还原而耗费了 $NaBH_4$，导致用于氢化物发生反应的 $NaBH_4$有效浓度降低，从而降低了氢化物形成的反应速率和产率，使反应不充分。

氢化元素与氢化元素之间的干扰也属于“还原竞争”性质。

化学干扰大多表现为负干扰，但也有报道 Be、Ti、Tl 使氢化元素光谱信号增强20%～50%。

报道了各种消除化学干扰的措施。最常用的方法是采用掩蔽剂、络合剂，如测定铜合金中 As、Sb、Sn 时用硫脲与巯基乙酸消除 Cu^{2+} 和 Fe^{3+} 的干扰，用 EDTA 消除过渡金属的干扰；测定合金钢中 As 时用氨基硫脲和邻菲罗啉掩蔽铁；测定地质时用硫脲和草酸作混合掩蔽剂；测定 Sn 时使用过的试剂有硫脲、苹果酸、琥珀酸、酒石酸、草酸等。邱德仁报道 Sn 即使在强碱性介质中及 EDTA 存在下被强烈络合($pK>25$)，也能高产率地发生锡烷。因此，在酸性介质中用 EDTA 络合掩蔽干扰离子可消除氢化法测定锡的干扰。

采用碱性模式氢化物发生法可消除所有重金属离子引起的化学干扰。在强碱性介质中，重金属都形成氢氧化物而分离除去。但碱性模式要求制样也采用碱性消解或碱性溶样、碱性熔融。若采用常规酸性制样然后碱化沉淀重金属时,氢化元素会被共沉淀或吸附而引起损失。邱德仁用碱性制样继用碱性模式氢化物发生测定了精铜矿中的锗、锌渣中锗、土壤中砷、锑、硒、锡和电解铜阳极泥中的砷等复杂试样,在测定阳极泥中砷时,用标准加入法和校准曲线法做了比较,结果完全一致,表明化学干扰已经消除。采用碱性模式发生氢化物时,碱性溶液中加入 $NaBH_4$时会出现微少量黑色沉淀;氢化物发生时在反应口也会出现微量淡灰色沉积物,经分析这些黑色沉淀和沉积物是铁和铜。这说明碱性制样时可产生少量 $NaFeO_2$和 Na_2CuO_2可溶物,但不干扰氢化物发生。

碱性制样的附带好处是不引起氢化元素的挥发损失,无需在密闭系统中进行消解,而氢化元素几乎都有明显的易挥发倾向。

氢化物发生反应中,有报道称重金属被 $NaBH_4$还原的产物是金属硼化物 Ni_2B、Co_2B、Fe_6B等。但邱德仁用各种加试剂顺序使 Fe(Ⅱ)、Fe(Ⅲ)与 $NaBH_4$反应,沉淀经充分水洗,高分辨率光谱分析沉淀为纯铁,认为铁并未形成硼化物。

还有人认为溶液发生的氢化反应可能因副反应生成沸点较高不能挥发的 As_2H_2、As_2H_4、Sb_2H_2、Sb_2H_4、Ge_2H_6、GeH_3OH 等化合物,因而降低了释放量。但这种假设尚无深入研究的实验数据支持。

(2)气相干扰

气相干扰发生在氢化反应已完成,氢化物随载气带入原子化器中并被原子化的过程中。

氢化物在传输过程中可能被管壁吸附而产生记忆效应影响后继测定的信号强度,是一种气相干扰。有报道称,Te、Pb、Sn 的氢化物不稳定,易于沉积在管道壁,产生记忆效应。

近年“新发现”的在氢化物发生法中能生成气态物的“新氢化元素”Zn、Cd、In、Tl、Cu、Ag、Au 等,输运过程中有显著的被管壁吸附倾向和记忆效应,因此,输运管道应尽可能短。它们形成的气态物的化学形态究竟是冷原子蒸气还是不稳定氢化物尚未阐明。

Pielce 用氩氢火焰、加热石英管、石墨炉三种原子化方法研究砷、硒的氢化反应,认为干扰与原子化方法有关,石英管原子化的干扰较轻。

对氢化物在石英管内原子化的机理的研究表明,石英管内壁 SiO_2参与了氢化物的原子化,因此,在石英管内原子化所需温度要比在石墨炉中低很多。例如,As、Se 的氢化物在石英管中只要 800℃就能完全原子化,但在石墨炉中要 1800℃以上才完全原子化。由于石英管内壁参与了原子化,原子化气氛组成、石英管内壁老化发白等因素都产生气相干扰。

在 ICP 炬的中心通道内氢化物的原子化被认为是简单的热分解,气相干扰可以忽略。

(3)与氢化物发生法有关的光谱干扰

光谱干扰属于检测过程中的干扰。

氢化元素的光谱都比较简单,不考虑它们谱线之间的光谱重叠干扰。

氢化物发生法进样使被测元素与基体实现了分离,因此,由基体谱线重叠引起的光谱干扰也不予考虑。

氢化元素的分析线大多在短波紫外区,由 $NaBH_4$、NaOH 所吸收的 CO_2在氢化反应中被释放出来,ICP-AES 检测时产生结构背景。

在 ICP-MS 检测中,氯离子与氩结合产生$^{40}Ar^{35}Cl^+$对^{75}As 的检测造成光谱干扰;$^{37}Cl^{37}Cl^+$对^{74}Se,$^{40}Ar^{37}Cl^+$对^{77}Se 的光谱干扰,也是氢化物发生法难以避免的。

1.5 原子化过程

原子光谱分析中,被测元素必须转变成为原子状态或离子状态,才会产生原子光谱。在高温的等离子体(火焰、电弧、火花、ICP炬等)中的离子与溶液中的离子不同,高温等离子体中的电离是逐次电离,在这些光源分析区温度条件下,只考虑一次电离,高次电离极少而不予考虑。因此,等离子体中的离子是M^{+}形式,如Na^{+}、Mg^{+}、Al^{+}等,而溶液中不存在Mg^{+}、Al^{+}形态的离子。在等离子体中,离子的光谱行为与原子相同,但不称为离子光谱,某些专著及光谱专业工具书中也称之为"离子化原子"。由中性原子产生谱线称为原子线,以Ⅰ标记之,M^{+}离子产生的谱线称为离子线,以Ⅱ标记之,M^{2+}的离子线以Ⅲ标记之。早期文献中分别称之为弧光线、火花线,20世纪70年代国际理论化学与应用化学联合会(IUPAC)已规定废止。

原子化过程是原子光谱分析的基本机理过程,它包括分子解离为原子和原子电离为离子两个相互联系的过程。分子、原子、离子的粒子浓度之间的关系直接与光谱中原子线、离子线的强度、检出限与背景等分析问题相关。

在电弧、火花、火焰、石墨炉等分析区的高温等离子体中各种粒子处在一个所谓"局部热平衡"(local thermal dynamic equilibrium)或"局部热力学平衡"(local thermal dynamic equilibrium)的体系中,光谱文献简称为LTE体系。在LTE体系中,分子解离为原子,原子电离为离子,乃至原子离子的激发,都是由粒子的热运动碰撞引起,遵循统计分布的规律,并可以用一个统一的温度表述等离子体的特性。所谓局部,是指整个等离子体的温度可能不均匀,但每一个局部的小体积单元认为是均匀的,可用LTE体系来表述。

1.5.1 解离

分子解离为原子的过程

$$MX = M + X$$

解离的百分数即解离度β为

$$\beta = \frac{[M]}{[M]+[MX]} = \frac{n_M}{n_M + n_{MX}} = \frac{1}{1+\frac{[X]}{K_{解}}}$$

式中,$[M]$、$[MX]$分别是平衡时M原子和未解离MX分子的密度。上式表明,解离平衡常数$K_{解}$越大,或者X的密度越小,解离产生的原子M越多。

解离常数$K_{解}$是温度的函数,有

$$K_{解} = \frac{[M][X]}{[MX]} \approx 5\times10^{24}\times10^{-\frac{5040}{T}E_{解}}$$

式中,$E_{解}$是分子MX的解离能。$E_{解}$越大,越难解离。

在原子光谱分析中,主要考虑的分子是高温等离子体中的双原子氧化物分子MO(如AlO,SiO,YO,LaO,ZrO等,不管M的正常价态如何)。在需要空气助燃的火焰、在大气环境中放电的电弧、火花中,氧气的密度直接影响被测元素的解离度从而影响谱线的强度。

1.5.2 电离

在LTE体系中,原子的电离遵守Saha电离平衡

$$M = M^{+} + e$$

电离度

$$\alpha = \frac{[M^{+}]}{[M^{+}] + [M]} = \frac{1}{1 + \frac{[e]}{K_{电}}}$$

电离常数

$$K_{电} = \frac{[M^{+}][e]}{[M]} = \frac{n_{离} \cdot n_{电}}{n_{原}} \approx 4.83 \times 10^{15} T^{\frac{3}{2}} \frac{Z_{离}}{Z_{原}} 10^{-\frac{5040}{T}V}$$

其对数形式

$$\lg K_{电} = \frac{3}{2}\lg T - \frac{5040}{T}V + \lg \frac{Z_{离}}{Z_{原}} + 15.684$$

在大气压条件下，各种粒子的密度用其分压表示更便于光谱学理论处理，则

$$\lg K_{电}^{分压} = \lg \frac{P_{离} \cdot P_{电}}{P_{原}} \approx \frac{5}{2}\lg T - \frac{5040}{T}V + \lg \frac{Z_{离}}{Z_{原}} - 6.18$$

上述各式中 V 是元素的电离电位；T 是等离子体温；$Z_{离}$、$Z_{原}$ 分别是该元素的离子和原子的配分函数。

在原子光谱分析中，电离平衡涉及电离干扰。低电离电位的元素如碱金属易于电离生成离子，另一方面，分析区中的电子可抑制电离，从而影响被测元素原子线、离子线的强度。

图 7－13 是各种电离电位的元素在不同温度下的 Saha 电离度理论计算值。

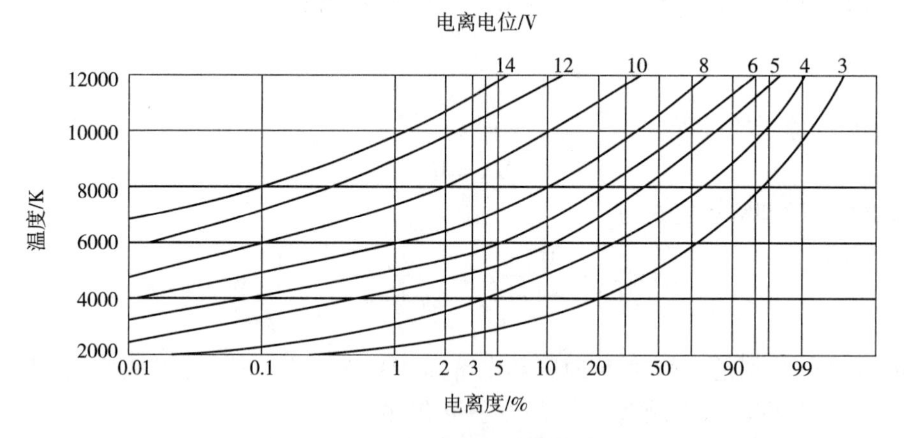

图 7－13　各种电离电位的元素在不同温度下的 Saha 电离度

1.5.3　解离电离综合平衡

解离平衡、电离平衡两个过程同时发生在高温分析区，是互相联系的。有

$$[M]_{总} = [M]_{分} + [M]_{原} + [M]_{离}$$

$$或\ n_{总} = n_{分} + n_{原} + n_{离}$$

在综合平衡下，可以导得

$$n_{原} = \frac{(1-\alpha)\beta}{1-\alpha(1-\beta)} n_{总}$$

$$n_{离} = \frac{\alpha\beta}{1-\alpha(1-\beta)} n_{总}$$

式中,α、β 分别是电离度和解离度。

各种元素由于分子 *MO* 的解离能和原子的电离能各不相同,分析区中的原子化行为也各不相同,以致有不同的分子、原子、离子的密度,表现为光谱中分子光谱、原子线、离子线的强度随元素而不同。B、Al、Ti、Zr、Hf、Nb、Ta、La 等元素的双原子氧化物分子的解离能较大,解离不充分。光谱中出现的 *MO* 分子光谱是造成结构背景光谱和产生光谱干扰的重要原因。在原子吸光谱分析中,这些分子解离不充分,原子化效率不高,是火焰原子吸收光谱法分析灵敏度低的主要原因。解离不充分也是造成背景干扰的原因。碱金属元素如 Li、Na、K 几乎不形成分子,是原子光谱分析有较高灵敏度的原因之一,但它们的电离能也很小,因而又表现为易受到电离干扰。更多的元素介于极端情况之间,原子化过程随温度而变化,各种粒子的密度在某温度出现极大。图 7-14 是 Cd、Ca、Ti 的典型情况。粒子密度达到极大的温度,光谱学上称为标准温度。

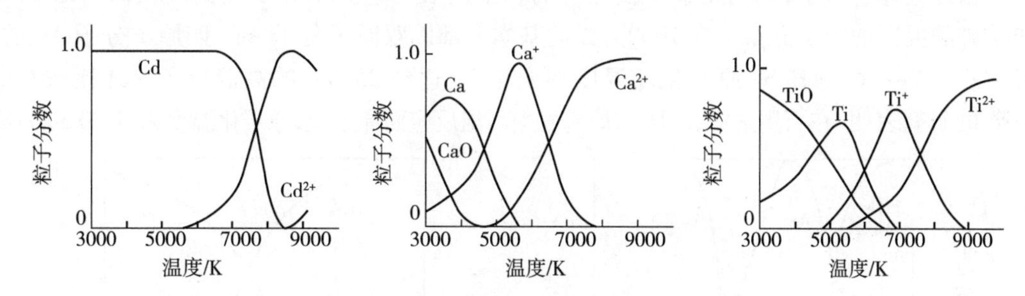

图 7-14 Cd、Ca、Ti 粒子分数随温度的变化

1.5.4 氢化物的原子化

(1)氢化物的原子化方法

氢化物的原子化方法与引入分析区检测的方法有关:

①引入 ICP 炬中用 ICP-AES 或 ICP-MS 检测;

②在加热的石英管中原子化,AAS 检测;

③在石墨炉中原子化,AAS 检测;

④在 Ar-H 焰中原子化,AFS 检测;

(2)在 ICP 炬中心通道中原子化

ICP 炬的中心通道为高温无氧环境,氢化物在通道中热分解而原子化。氢化元素原子进一步通过 Penning 反应产生更多的离子供 ICP-AES 或 ICP-MS 检测。

(3)在石英管中原子化

氢化物用载气导入 T 形石英管中加热原子化的方法用于原子吸收光谱检测,空心阴极灯光速贯穿通过石英管,被管内原子化产生的基态原子吸收而实现原子吸收光谱测定。

早期加热的方法是管内火焰。由于氢化元素分析线都位于短波紫外区,火焰的背景吸收很大,火焰波动产生的噪声也很大,氢化物又被燃气助燃气稀释,因此,检出限很低。

石英管管外火焰加热可克服上述弊病,但是,管外火焰温度约可达到 1100℃,管内温度却显著低于管外温度,因而除 Pb、Bi 外,多数氢化元素的原子化不充分。

目前,多采用石英管管外电热的方法原子化。绕在石英管外的电热丝用调压变压器加电压通电,温度得到可重复、稳定的调控,管内的温度也较为均匀。这种电热石英管原子化器已有商品供应。

石英管内的原子化过程不是简单的热分解。游离氢参与了氢化物的原子化

$$H_2Se + H \rightarrow HSe + H_2$$

$$HSe + H \rightarrow Se + H_2$$

以及

$$AsH_3 + H \rightarrow AsH_2 + H_2$$

$$AsH_2 + H \rightarrow AsH + H_2$$

$$AsH + H \rightarrow As + H_2$$

石英管内壁可因 SiO_2 与 H 反应产生 OH 而干扰氢化物的原子化过程,氢化元素的原子也可能与内壁发生反应而导致氢化元素原子的损失。

(4)在石墨炉中原子化

在惰性气体气氛中,氢化元素单质蒸气的相平衡表明达到单原子的温度很高。图 7 - 15 是单质砷随温度的粒子分布。在 1000℃以前基本上都以双原子分子 As_2、四原子分子 As_4 的形式存在。图 7 - 16 是 H_2Se 原子化随温度的变化,要达到 2500℃的高温原子化才比较充分。Akman 的研究表明,在石墨炉中,AsH_3 与炉壁发生高温反应而原子化,原子化温度为(1130 ±20)K。

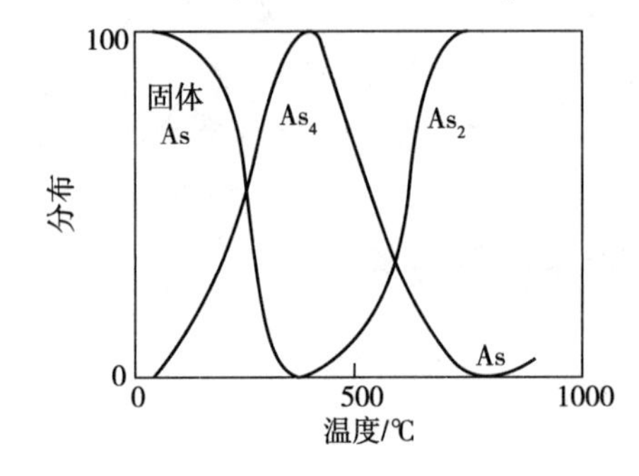

图 7 - 15　砷在氩气中的原子化曲线

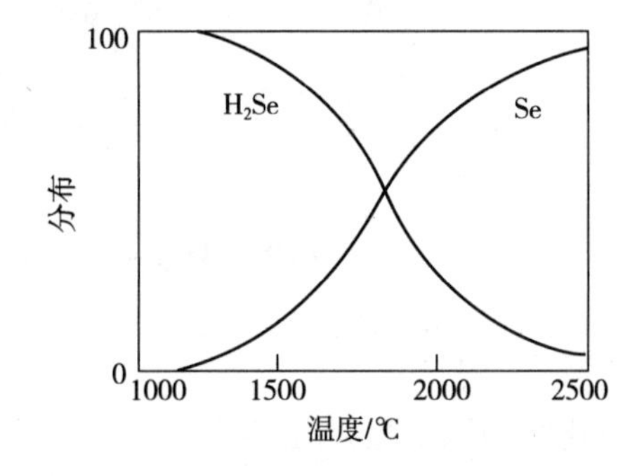

图 7 - 16　H_2Se 在氩气中的原子化曲线

(5)在氩氢焰中原子化

氢化物发生法用原子荧光光谱法检测时,氢化物在氩氢焰中原子化。载气氩携带氢化物及氢气至石英管原子化器,管口点火,在氩氢焰中原子化,见图 7 - 17(a)。双层同心型石英管原子化器与 ICP 炬管有些相似,载气携带氢化物由内管输入,外管切向通入氩气盘旋而上,用作屏蔽气使火焰免受周围空气中氧的扩散侵入,见图 7 - 17(b)。

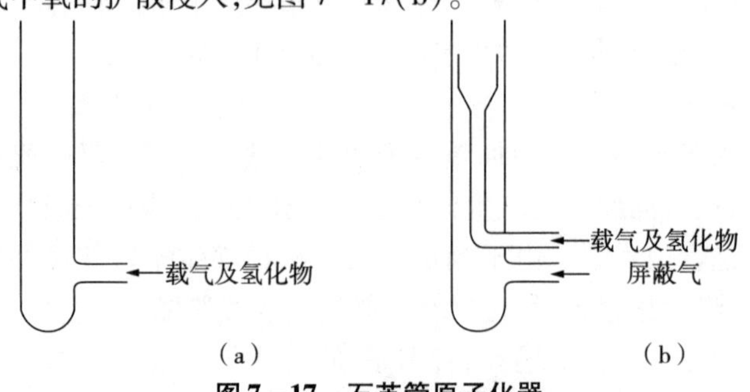

图 7 - 17　石英管原子化器

“原子化温度”的“高温”或“低温”实际指石英管的加热方式。“低温”指在石英管口由点火装置点火，在氩氢焰中原子化。“高温”指石英管本身绕有电热丝加热至800～1000℃，或者置于电炉中加热，再流至管口火焰中原子化。电热加热温度可调控。

1.5.5　化学原子化

原子光谱分析中用化学方法使被测元素转变成原子最典型的方法是冷原子发生法测汞。测定食品、土壤、水质等试样中总汞时，试样经酸性氧化消解，使各种化学形态的汞化合物转变为Hg(Ⅱ)，然后用$SnCl_2$在室温下还原为原子汞，所以也称冷原子发生。用载气将汞从溶液中鼓泡带出，进行原子吸收光谱法或原子荧光光谱法测定。方法极为灵敏，检出限达0.01ng甚至更低。

除用$SnCl_2$作还原剂外，也可用$NaBH_4$在室温下将Hg(Ⅱ)还原成汞原子。

1.6　激发

1.6.1　波尔茨曼分布

在LTE体系中，激发是通过热运动碰撞完成的。每种元素有很多能级，包括基态和激发态，在温度为T的分析区中，分布在基态和各激发态上的粒子(中性原子或离子)数服从波尔茨曼分布

$$\frac{N_{\mathrm{i}}}{N_0}=\frac{g_{\mathrm{i}}}{g_0}\mathrm{e}^{-\frac{E_{\mathrm{i}}}{kT}} \tag{7-4}$$

式中：N_{i}——处于i激发态的粒子数；

N_0——处于基态的粒数；

g_{i}、g_0——i态和基态的统计权重；

E_{i}——i态的激发能；

k——玻耳兹曼常数；

T——光源分析区的绝对温度。

上式表明，分布在各激发态上的粒子数，或称为粒子在各能态上的布居数，随激发能E_i增高而指数衰减减少。激发能越大，激发态粒子布居数越少，谱线强度越弱。当等离子体T升高时，同一激发态上的布居数迅速增多，但由于T的升高又引起电离度增大，因而可能表现为粒子数增多至一最大值后而又减少。

Walsh计算过若干典型元素在原子吸收光谱分析区温度条件下第一激发态原子与基态原子的比率，见表7-3。从表中可以看到：在同一温度下，激发能越高的谱线，激发原子的比率越小；同一条谱线即同一激发态能级上的激发态原子比率随温度升高而迅速增多。从表中还可以看到，激发态原子所占的比率极小，何况第一共振激发态是该元素最低激发能的能级，布居在其他激发态能级上的原子更少，总的被激发的原子数仍占极小一部分，因此，可以合理地假定，原子化产生的原子可近似地看成都处于基态，全部是基态原子，这是原子吸收光谱分析的基本前提。将含有钠盐的溶液喷雾送入火焰用火焰原子吸收光谱法测定钠时，虽然火焰呈现明亮的黄光(波长为589.0nm和589.6nm的钠共振发射线)，表明存在钠的激发态原子，但由于比率很小，仍把原子化产生的原子全部看成是基态原子。

表 7-3 某些元素在不同温度下第一激发态原子与基态原子的比率

元素	共振线波长/nm	激发能/eV	g_i/g_0	N_i/N_0		
				2000K	2500K	3000K
Na	589.0	2.104	2	0.99×10^{-5}	1.14×10^{-4}	5.83×10^{-4}
Sr	460.7	2.690	3	4.99×10^{-7}	1.32×10^{-5}	9.07×10^{-5}
Ca	422.7	2.932	3	1.22×10^{-7}	3.67×10^{-6}	3.55×10^{-5}
Fe	372.0	3.332		2.99×10^{-9}		1.31×10^{-6}
Ag	328.1	3.778	2	6.03×10^{-10}	4.84×10^{-8}	8.99×10^{-7}
Cu	324.8	3.817	2	4.82×10^{-10}	4.04×10^{-8}	6.65×10^{-7}
Mg	285.2	4.346	3	3.35×10^{-11}	5.20×10^{-9}	1.50×10^{-7}
Pb	283.3	4.375	3	2.83×10^{-11}	4.55×10^{-9}	1.34×10^{-7}
Zn	213.9	5.795	3	7.45×10^{-15}	6.22×10^{-12}	5.50×10^{-10}

1.6.2 配分函数

体系中总粒子数(总原子数或总离子数)是基态粒子和各激发态粒子数的总和,即

$$N_{总} = N_0 + N_1 + N_2 + \cdots$$

考虑到波尔茨曼分布

$$N_i = N_0 \frac{g_i}{g_0} e^{-\frac{E_i}{kT}}$$

则

$$N_{总} = \frac{N_0}{g_0}\sum_{i=0}^{i} g_i e^{-\frac{E_i}{kT}} = \frac{N_0}{g_0} Z$$

式中,$Z = \frac{N_0}{g_0}\sum_{i=0}^{n} g_i e^{-\frac{E_i}{kT}}$,称为配分函数。同一元素的中性原子和离子有不同的配分函数,分别记为 $Z_{原}$ 和 $Z_{离}$。由配分函数概念,激发态粒子的波尔茨曼分布表述为

$$\frac{N_i}{N_{总}} = \frac{g_i}{Z} e^{-\frac{E_i}{kT}} = \frac{g_o}{Z} 10^{-\frac{5040}{T}E_i}$$

配分函数是温度的函数。图 7-18 给出了几种元素的中性原子 3000K~7000K 温度范围内的 $Z_{原}$ 值。

1.6.3 ICP 炬中 Penning 碰撞的附加激发

ICP 光谱分析中,试样气溶胶被氩气带入炬焰的通道和分析区中被原子化和激发。由于 Ar-ICP 中存在大量的亚稳态氩原子 Ar^m 是既具有较高的能量又具有较长的寿命(毫秒级)的激发态原子,可以通过 Penning 碰撞(又称第二类非弹性碰撞)产生附加的激发和电离,形成更多的激发态粒子和离子,因而谱线,尤其是离子线和激发电位高的谱线异常地增强。

$$Ar^m + M \rightarrow Ar + M^*$$

$$Ar^m + M \rightarrow Ar + M^+ + e$$

$$Ar^m + M \rightarrow Ar + (M^+)^* + e$$

式中,M^*、$(M^+)^*$ 分别代表激发态原子和激发态离子。

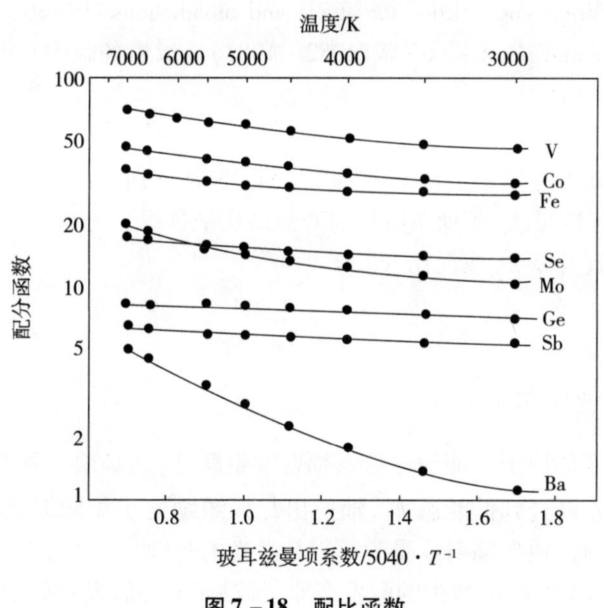

图7－18 配比函数

1.7 激发态粒子的辐射

原子获得能量从低能级到高能级或者失去能量从高能态到低能级，都称为跃迁，也称渡越。激发态原子从高能级跃迁到低能级释放出能量的形式有两种：一种以光子形式辐射能，称为辐射跃迁，即光谱辐射；另一种以热运动形式释放能量，称为无辐射跃迁或非辐射跃迁。

辐射跃迁分为以下几类：

1.7.1 自发辐射

激发态原子在原子内部电场作用下从高能级跃迁至低能级并辐射出光子，称为自发辐射。

(1)谱线的波长

$$E_q - E_p = h\nu = hc/\lambda$$

式中，E_q、E_p 分别是高能级 q 和低能级 p 的激发能，对于共振线，p 为基态，$E_q=0$；h 是普朗克常数；ν 是光子频率；c 是光速；λ 是谱线波长。

(2)跃迁几率

发生辐射跃迁时，激发态原子数减少。单位时间 dt 内减少的激发态原子数 $-\mathrm{d}N_q$ 与能级 q 上的激发态原子数 N_q 成正比，即

$$-\mathrm{d}N_q = A_{qp}N_q\mathrm{d}t$$

式中，比例系数 A_{qp} 是由 q 态跃迁到 p 态的爱因斯坦跃迁几率，简称跃迁几率。

另一个物理量振子强度与跃迁几率成正比，即

$$f_{qp} = \frac{mc}{8\pi^2 e^2} \cdot \lambda^2 \cdot A_{qp}$$

式中，m 和 e 分别是电子的质量和电荷。

跃迁几率和振子强度的数据可从美国国家标准局 Readers, Corliss, Weise 和 Maltin 编的

《Wavelengths and transition possibilities for atoms and atomic ions》(1980)中查得,也可从CRC《Handbook of chemistry and physics》63版(1982－1983)或以后各版中查得,它编有全部元素的5000多条主要谱线的数据。

(3)平均寿命

激发态原子的平均寿命以辐射而衰减到1/e即36.79%所需的时间称为平均寿命。多数激发态的寿命在10^{-8}s数量级,亚稳态原子的寿命高达毫秒级。

平均寿命τ与跃迁几率A_{qp}成反比,即

$$\tau = \frac{1}{A_{qp}}$$

1.7.2 诱导辐射(受激辐射)

处于亚稳态激发态的原子不能通过自发辐射发生跃迁,它必须受到$h\nu = E_q - E_p$的光子的激励或诱导而释放能量跃迁到低能态E_p,辐射出与该激励光子相同波长(或频率)的光,这称为受激辐射或诱导辐射。诱导辐射或受激辐射是激光的基础。

诱导辐射时,单位时间dt内减少的激发态原子数$-\mathrm{d}N_q$与激发磩原子数N_q、诱导光子的密度ρ和时间dt成正比,即

$$-\mathrm{d}N_q = B_{qp}\rho N_q \mathrm{d}t$$

式中,系数B_{qp}为受激辐射跃迁几率。

1.7.3 复合辐射

复合是电离的逆过程。高温等离子体中的离子和电子碰撞而发生复合,同时辐射出连续背景及谱线。

$$A^+ + e \rightarrow A + h\nu_1$$

$$A^+ + e \rightarrow A^* + h\nu_1$$

$$\hookrightarrow A + h\nu_2$$

式中,$h\nu_1$为连续背景,通常短波较弱,长波较强;$h\nu_2$由激发态原子A^*产生,为谱线。

1.8 谱线的强度

考虑到原子化过程、激发过程和辐射过程,原子光谱的谱线强度可表述为:

原子线

$$I_{原} = \frac{h\nu}{4\pi} \cdot \frac{gA}{Z_{原}} \cdot n_{原} \cdot e^{-\frac{E_i}{kT}}$$

$$= \frac{h\nu}{4\pi} \cdot \frac{gA}{Z_{原}} \cdot \frac{(1-\alpha)\beta}{1-\alpha(1-\beta)} \cdot n_{总} \cdot 10^{-5040E_i/T}$$

离子线

$$I_{离} = \frac{h\nu}{4\pi} \cdot \frac{gA}{Z_{离}} \cdot n_{离} \cdot e^{-\frac{E_i}{kT}}$$

$$= \frac{h\nu}{4\pi} \cdot \frac{gA}{Z_{离}} \cdot \frac{\alpha\beta}{1-\alpha(1-\beta)} \cdot n_{总} \cdot 10^{-5040E_i/T}$$

式中,强度以在4π立体角中辐射的总能量来表述。谱线波长可通过光子$h\upsilon$算得,式中包含了

原子化综合平衡、激发态粒子的波尔茨曼分布和配分函数等各项因素。可以看到，上述两个谱线强度的表述式与 Scheibe - Lamakin 公式

$$I = ac^b$$

相比，已经过深入的讨论。在原子发射光谱分析中采用内标法时，选择内标元素和内标线应当考虑所有有关的因素。

2　ICP 原子发射光谱分析

2.1　ICP - AES 的实验装置和实验方法

在20世纪60年代发展起来的电感耦合等离子体(inductively coupled plasma，简称 ICP)光源现已成为原子发射光谱分析最主要的，应用最广泛的常规分析光源。

图7 - 19是 ICP 光谱分析仪器装置示意图。它的工作过程是：溶液样品经雾化器雾化后，由载气带入炬管中。炬管是一个三层同心的石英管，分别都通以高纯氩气作工作气体。内管通入载气和样品气溶胶。中层通入辅助气，在点火时需要，点火后可以切断不用，但溶液中有有机物时仍用一定量辅助气。外管是切向通入并盘旋而上的冷却气(图7 - 20)。注意早先将辅助气称作等离子气，之后 Fassel 将冷却气称为等离子气。为了避免混淆，现在倾向于采用冷却气、辅助气(简称辅气)和载气。炬管口绕有2 ~ 3匝空心镀银紫铜管，称为感应线圈或负载线圈，与一个射频发生器(radio frequency generator，RF 发生器，又称高频发生器 high frequency generator，HF 发生器)相联接，管内则通以冷却水。RF 发生器的工作频率有27.12MHz 和40.68MHz 两种，为 ICP 炬提供能量。发生器必须接地优良。炬管口点火时，暂先关闭载气。点火后，管口形成一个火焰状的放电炬，即 ICP 炬。然后开通载气，可观察到(用深色玻璃观察)炬焰中间稍暗的中心通道，试样的气溶胶在通道内被原子化和激发。单透镜照明系统将分析区成像于光谱仪狭缝上，光谱仪测量光谱信号。

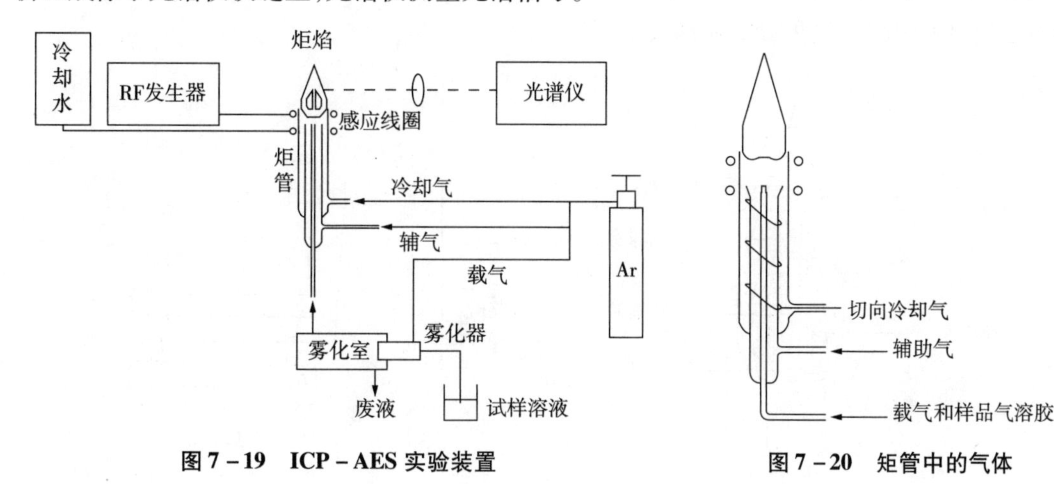

图7 - 19　ICP - AES 实验装置　　**图7 - 20　矩管中的气体**

若将一个浓度约1mg · mL^{-1}的钇溶液喷雾送入 ICP 炬中，可看到炬焰各个部分色彩鲜艳的形貌。所用的工作气体氩气应具有99.995%以上的高纯度，否则点火困难。一般采用99.995%的纯氩，纯度大于99.999%的称高纯。

2.2 ICP 炬的形成和 ICP 炬的环状结构

2.2.1 ICP 炬的形成和涡流稳定技术

当射频发生器的能量输到感应线圈而尚未点火时,炬管口空间产生高频磁场,磁力线在炬管内是轴向的,在线圈外则呈闭合曲线。该磁场在方向与强度上是交变的。若用特斯拉线圈(打火枪)在管口打火花产生局部的离子和电子,则带电粒子在电磁场中被加速并形成涡流,产生更多的带电粒子。气体的导电性增加到足够大时,形成能够自行维持的高温等离子体,即 ICP 炬焰。感应线圈的能量通过电感的方式耦合到 ICP 炬的放电区,因此,炬焰称为电感耦合等离子体。

ICP 炬是一个高频放电。高频放电具有趋肤效应,即电流密度趋向在放电的表面最大,而向放电中心按指数衰减,这导致炬焰扩散,使石英炬管熔毁。为此,用一个氩气气流以沿炬管壁切线方向盘旋而上流出管口,使炬管得到保护,炬焰得以稳定。这称为涡流稳定技术。然而其作用不单是冷却,还与 ICP 的激发性能有关,所以不可简单地用空气代替。

2.2.2 中心通道和环状结构

形成具有环形高温感应放电区和轴向的中心通道结构的必要条件是足够高的频率和中心气流。现今商品 ICP 光谱仪都能满足条件。将一个浓度约 1mg · mL^{-1} 的钇溶液雾化进样并用深色玻璃观察炬焰,可清楚看到炽亮的放电区和中间稍暗的通道(图 7-21)。ICP 炬的环状结构和中心通道(也称轴向通道)是产生 ICP 光源许多优良分析性能的重要原因。

2.2.3 ICP 炬的标准术语及温度分布

ICP 炬各部分的标准术语见图 7-21。图 7-22 是炬焰中各部分的温度分布。感应放电区温度在 10000K 以上,标准分析区温度为 6000K ~ 6500K,中心温度比周围低,周围受感应区高温的影响,但到尾焰,这种影响便消失了。

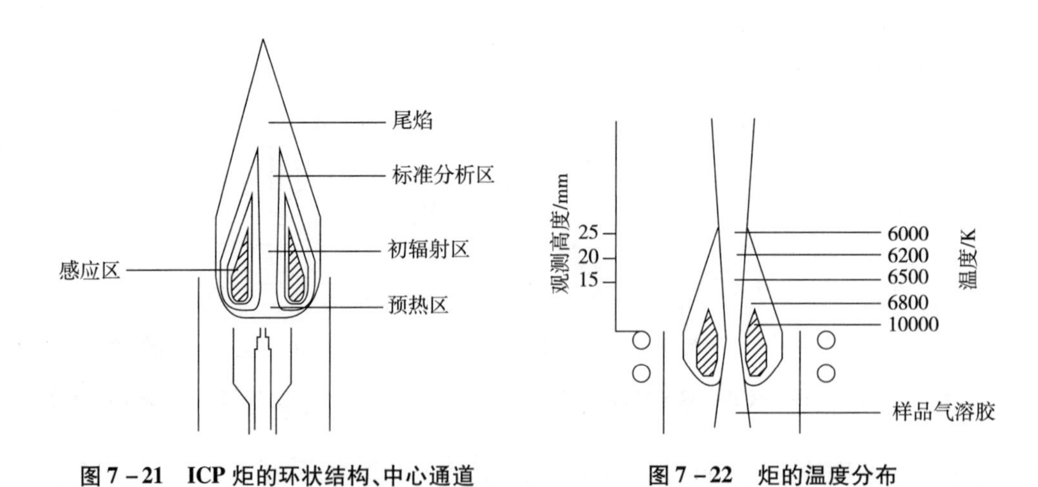

图 7-21 ICP 炬的环状结构、中心通道　　图 7-22 炬的温度分布

2.3 ICP的工作参数

在ICP－AES中，工作参数按分析需要优化和折衷。多数商品ICP光谱仪给出折衷的工作参数大同小异，见表7－4。

表7－4 氩ICP的工作参数

参数	水溶液	含有机试剂或有机溶剂	氢化物进样
工作气体	高纯氩	高纯氩	高纯氩
RF功率/kW	1.0～1.1	1.1～1.3	1.3
雾化气（载气）/（$L\cdot min^{-1}$）	0.5～1.0	0.5～1.0	1.0
辅气/（$L\cdot min^{-1}$）	0～0.5	0.5～1.0	0～0.5
冷却气/（$L\cdot min^{-1}$）	12～18	12～18	12～16
观测高度/mm	14～18	14～18	15
进样速率/（$mL\cdot min^{-1}$）	1.0～2.0	1.0～2.0	—

2.4 ICP的激发机理

ICP－AES的一个显著的特殊实验事实是离子线强度异常增强。对ICP炬的温度测量发现，电离温度＞激发温度＞气体的动力学温度，甚至用不同的温标测得的结果也不同，而在LTE体系中，这几个温度应是相同的。这表明ICP的激发机理不能用LTE体系来描述。

Boumans观测到了Ar－ICP中8种元素的离子线与原子线的强度比（$I_{离}/I_{原}$），又按下式计算了这些谱线对在LTE条件下的理论强度比$(I_{离}/I_{原})_{LTE}$

$$(I_{离}/I_{原})_{LTE}=\frac{4.83\times10^{15}}{n_e}\left(\frac{gA}{\lambda}\right)_{离}\left(\frac{\lambda}{gA}\right)_{原}T^{\frac{3}{2}}10^{-5040(V_{电离}+E_{离}-E_{原})}$$

实验测得的强度比的值要比LTE计算得到的强度比值高30～1900倍。Boumans说，离子线强度异常增大说明离子能级比原子能级过布居（overpopulation），即超过波尔茨曼分布的布居数。

Boumans还比较了不同激发能的离子线强度的实验值与LTE计算值之比，结果表明，谱线的激发能越高，强度增大的倾向越显著。在离子能级中，高能级比低能级过布居。

1974～1975年，Mermet提出了亚稳态氩原子的Penning反应理论。

在通常的激发光源的激发温度条件下，按波尔茨曼分布处于激发态的原子很少，它们的平均寿命仅10^{-8}s数量级。因此，这些激发态粒子通过Penning碰撞（又称第二类非弹性碰撞，Penning反应）使分析元素的原子发生电离或发生激发的几率很小，在电弧、火花、火焰等经典光源中是忽略不予考虑的。但在以氩气为工作气体的ICP炬中，氩存在激发能为11.5eV和11.72eV的亚稳态能级（图7－23）。这些亚稳态的氩原子具有毫秒级的较长寿命，可以通过Penning碰撞使分析物原子发生附加的电离和激发

$$Ar^m+X\rightarrow Ar+X^++e$$

$$Ar^m+X\rightarrow Ar+(X^+)^*+e$$

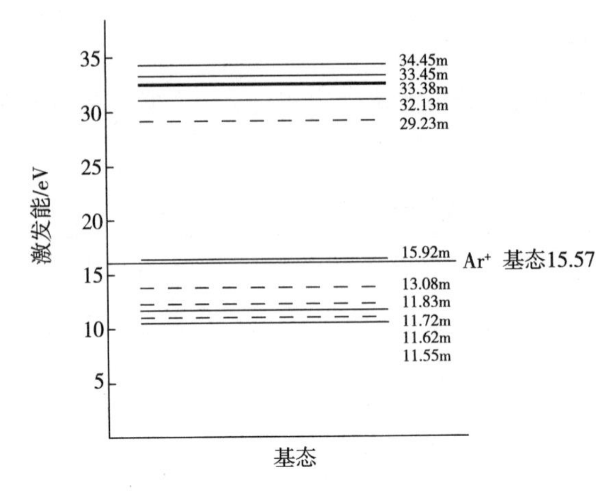

图 7－23 Ar 原子能级图

其中，m 代表亚稳定。

Penning 碰撞过程解释了 ICP 光谱中离子线及激发能较大的谱线的强度增大的原因。Robins 甚至解释，氩的能级中激发能 32eV～34eV 的亚稳态足以激发 $E=26\text{eV}\sim30\text{eV}$ 的难激发谱线，以致光谱中出现硫、卤素、Ti(Ⅲ)等激发能很高的谱线。

Boumans 进一步阐述，亚稳态氩原子除了具有上述进行 Penning 碰撞的电离者(ionizer)的作用外，还具有电离剂(ionizant)的作用，即 Ar^m 本身是容易电离的粒子，可通过与电子碰撞而电离，产生氩离子

$$Ar^m + e \rightarrow Ar^+ + 2e$$

Ar^m 的表观电离能为

$$E_{电离} - E_{亚稳} = 15.76 - 11.55 = 4.21\text{eV}$$

是比 Na(5.14eV)，K(4.34eV)更容易电离的粒子。这是 ICP 炬中高密度的电子和 ICP 炬光源中的电离干扰轻微的原因。

这样，在 ICP 炬中，存在一个由高密度的 Ar^m、Ar^+ 和电子组成的、缓冲容量很大的缓冲体系，这个缓冲体系决定了 ICP 的激发性能，并保持基本不变

$$Ar^m + e = Ar^+ + 2e$$

亚稳态氩原子通过 Penning 碰撞产生附加的电离和激发

$$Ar^m + M = M^+ + e + Ar$$

$$Ar^m + M = (M^+)^* + e + Ar$$

Penning 碰撞引起 Ar^m 的消耗和自由电子的增多，而自由电子的增多引起 Ar^m 电离反应平衡向左移动，恢复产生 Ar^m 补偿它的消耗，因而该缓冲体系保持基本稳定。这里，Ar^m 本身易电离，电离与复合的平衡所交换的能量很小是重要的原因。

2.5 ICP 光源的分析性能

2.5.1 适合分析的样品形式及样品的量

ICP－AES 常规方法是水溶液进样，各种样品中被测元素要制样转变为水溶液而后测定。

同心型雾化器雾化进样时，含盐量应不超过 $10mg \cdot mL^{-1}$。制样应避免用硫酸、磷酸溶解，制备成硝酸盐或氯化物溶液并有盐酸或硝酸过量。含有有机试剂和有机溶剂的样品要考虑校准用标样的匹配，或采用 $HNO_3 - H_2O_2$ 或其他氧化方法消解除去有机物。食品、植物类、血液体液类等样品须先经消解除去有机物，测定 As、Se、Hg、Pb 等元素要考虑制样时避免挥发损失，不采用灰化等手段消解，建议使用密闭加压的微波消解防止这类元素的制样损失。

目前，商品 ICP 光谱仪无固体样品直接进样装置。悬浮液或浆液的雾化进样须使用交叉型雾化器，氢化物发生法进样须采用连续发生法并卸除雾化器。

多元素同时分析时样品溶液耗用量 2 ~ 5mL。多元素顺序分析耗用量与测定元素分析线的数目、波长间隔与扫描速度，以及雾化器的吸喷速率有关。微量溶液注射附件结合光谱仪瞬态信号捕捉软件可分析微升量的溶液样品。连续氢化物发生进多元素同时测定耗样约 5 ~ 10mL。

2.5.2 可分析的元素

原则上可分析全部金属元素和部分非金属元素，如 B、Si、P、As、S、Se、Te 等。低浓度 K、Rb、Cs 的测定有困难，因它们的分析线在近红外区，检测不灵敏。B、C、P、S、N 的主要分析线在真空紫外区，需用真空光谱仪测定。F、Cl、Br、Ar、H、O 通常不在被测定之列。

2.5.3 多元素分析能力

原子发射光谱本身是一个典型的多元素分析技术。ICP 光源实际上可在同一折衷工作条件下实现多元素的激发和测定。用多道或全谱光谱仪作多元素顺序测定；用单道扫描光谱仪作多元素顺序测定而并不需要改变 ICP 工作参数。

2.5.4 检出限

（1）ICP – AES 的检出限

大多数元素的检出限可达到 $10^{-3}\mu g/mL$ 至 $10^{-2}\mu g/mL$，个别元素如铍、镁、钙、锶、钡、锰等甚至可达到 1ng/mL 以下。

（2）ICP – AES 检出限良好的原因

炬焰的中心通道内温度足够高，又是无氧环境，气溶胶在通道的滞留时间足够长，原子化充分；亚稳态氩原子参与附加的激发和电离，离子线增强尤为显著。

（3）检出限的定义

在非结构的光滑背景光谱上的分析线波长，基线（空白或背景）噪声的标准偏差 σ_B 的 K 倍所相应的分析物浓度被定义为检出限。对于诸如 Ca、Mg、Al、Fe、Cu、Zn、Mn、Na、Si 等容易在空白中引入的元素，还要注意检出限应加以空白浓度才是实际检出限。

系数 K 代表包含概率水平。$K = 2$ 时包含概率为 95%，$K = 3$ 时为 99.6%，IUPAC 推荐取 $K = 3$。标准偏差 σ_B 数学上是无限多次测量的结果，实测时为有限次数，应取 10 次以上，用符号 SD 或 s 代表。

（4）检出限的实验测定

分析线波长测定空白的光谱信号值 10 次以上，得 $x_1, x_2, x_3, \cdots$，计算空白信号的平均值 $\bar{x}$ 及标准偏差 s

$$\overline{x} = (x_1 + x_2 + x_3 + \cdots)/n$$

$$s = \sqrt{\frac{\sum(\overline{x} - x_i)^2}{n-1}}$$

取一个浓度已知(c_A)的分析元素标准溶液，例如1μg/mL的标准溶液，测定它的光谱信号，得信号平均值x_A，则检出限按下式计算

$$DL = \frac{3s \cdot c_A}{x_A}$$

DL的单位与c_A相同，单位通常为μg/mL或ng/mL。

2.5.5 测定限

测定时的相对标准偏差(relative standard deviation，RSD)不仅与光谱仪器尤其是射发生器的工作稳定性有关，也与被测物浓度产生的光谱信号大小有关。当测定的相对标准偏差为10%时相应的分析物浓度被定义为测定限。当分析线位于光滑的非结构背景上时，该分析线的测定限约为检出限的5倍。当分析线受到光谱干扰时，测定限(以及检出限)变差，甚至可增高一两个数量级。改善的途径是另选分析线，另选高分辨率光谱条件(如高谱级光谱、高分辨率光谱仪)，化学分离干扰物等。

2.5.6 精密度

由于雾化稳态进样以及试样气溶液在中心通道中不进入放电区，不影响放电，因此，ICP－AES有良好的测量精密度。在分析元素浓度高于检出限数百倍的情况下，测量的RSD在0.5%～3%范围内。

2.5.7 准确度

影响ICP－AES分析准确度的主要因素是校准标准溶液与被分析样品溶液组成匹配的程度。用简单水溶液标样校准分析实样可达到相对误差不大于10%的准确度。痕量分析的准确度受分析线光谱干扰的严重影响。

2.5.8 动态范围

动态范围即工作曲线线性范围，是试样中被测元素浓度可变动的范围。ICP－AES校准曲线(俗称工作曲线)的动态范围可达到4～6个数量级。因此，可分析痕量、微量、少量和大量的组分。

动态范围宽的原因是分析区受环形热区的包围，谱线辐射途中不发生自吸，所以能保持浓度与谱线强度的线性关系。

2.5.9 基体效应与电离干扰

(1)ICP－AES的基体效应轻微

与电弧、火花、化学火焰等经典光源相比，ICP的基体效应轻微得多。在电弧、火花放电光源中，试样中组分的蒸发进样有分馏效应，不同基体对被测元素的蒸发行为影响很大。电弧、火花放电光源中，基体直接进入放电区，影响放电参数(电流密度、电场强度等)和弧焰的温度。

因此,不同基体对原子化过程和激发态粒子的波尔茨曼分布有不同的影响。易电离元素的存在使光源中产生大量的电子从而改变分析元素原子数和离子数,改变原子线和离子线的强度。经典光源特别是火焰中,还有被称为溶质蒸发干扰(前称凝聚相干扰)的基体效应。磷酸盐或硅酸盐、铝盐等基体在火焰中形成难挥发的化合物如焦磷酸盐,以致包裹了被测元素使之蒸发不完全,光谱信号降低。至于多谱线基体引起光谱干扰是原子发射光谱分析的共同特点。所有上述这些基体影响和电离干扰,除了光谱干扰之外,在ICP中都不再存在,因此,ICP光源表现为基体效应和电离干扰轻微。

(2)ICP光源基体效应轻微的原因

①稳态进样,分析区中的组成不随时间而变化;

②分析区温度高,无氧环境,因此原子化充分;

③分析区受环形热区包围,分析区温度充分高,因而不产生溶质蒸发干扰;

④炬焰具有环状结构和中心通道,试样组分不进入放电区,不影响放电参数;

⑤炬焰分析区存在高密度($5 \times 10^{14} \sim 5 \times 10^{16} cm^{-3}$)电子,易电离元素产生的电子相对很少,因而抗电离干扰能力强;

⑥存在一个 $Ar^m - Ar^+ - e$ 缓冲体系,这三种粒子都有较大密度并处于平衡之中,保持其激发性能基本不变。

(3)ICP－AES中的基体影响

①气动雾化进样过程中,影响标准溶液与试样溶液雾化时吸喷速率和雾化效率不一致的因素有:酸和酸浓度,盐酸和硝酸的影响较小,但硫酸和磷酸的影响比较严重;共存盐及盐的浓度不一致;含有有机溶剂(如酒精)、有机络合剂掩蔽剂等使溶液表面张力、粘度与标准溶液不一致;温度不一致等。这些不一致因素使单位时间内输入通道内的气溶胶的量发生改变,而雾化进样时这些基体影响不易被察觉,结果表现为影响测定值的精密度与准确度。

采用蠕动泵进样和采用内标法有助于减轻这类影响。

②超声雾化进样时,除了上述因素外,由于必须先除去溶剂而后输入炬焰,去溶过程中伴随溶质的损失,而溶质的损失与基体及基体浓度有关。采用标准加入法有助于补偿这类基体影响。

③蒸发过程中,在标准分析区由于受环形热区包围,温度足够高(5000K～7000K),不存在溶质蒸发干扰,气溶胶蒸发完全,但在尾焰部分温度降低,环形热区消失,重新表现为溶质蒸发干扰。

④高浓度碱金属仍表现有电离干扰。

⑤大浓度的硼酸盐会引起炬焰中心通道的降低以及B－O键对亚稳态氩原子的猝灭,从而引起炬焰激发性能的显著改变,特别是那些激发电位在10～12eV的原子线或激发电位加电离电位在10～12eV的离子线的强度显著降低。因此,试样中若共存大量的硼酸盐,需要用标准加入法验证分析结果的可靠性。

2.5.10　可以用简单水溶液标样或混合标样进行校准

基体影响轻微,所以用水溶液单元素标样或多元素混合标样分析各种基体中的被分析元素,而无需像电弧、火花光源那样须有严格的基体匹配标样。

由于微量元素的测定允许较宽的误差,在大量元素的测定时,较大的相对误差仍是不容许的。在这样情况下,适当的匹配和适当的稀释是减少误差的有效措施。

2.5.11 定量测定通常不用内标法

由于基体影响轻微和精密度优良,ICP－AES 定量分析通常不用内标法以减少制样步骤及测量步骤。采用标准加入法作定量分析时,须正确扣除背景与空白,否则背景与空白等效地计入试样测定结果而偏高。

2.5.12 ICP 炬是一个性能良好的离子化源,因而可与质谱检测联用。ICP－MS 是元素痕量分析最重要的方法

2.5.13 光谱干扰是最重要的限制

2.6 光谱干扰与校正

2.6.1 光谱干扰的类型

叠加于分析元素的分析线上的任何光谱信号都是光谱干扰。实际情况有以下几种类型,见图 7－24。

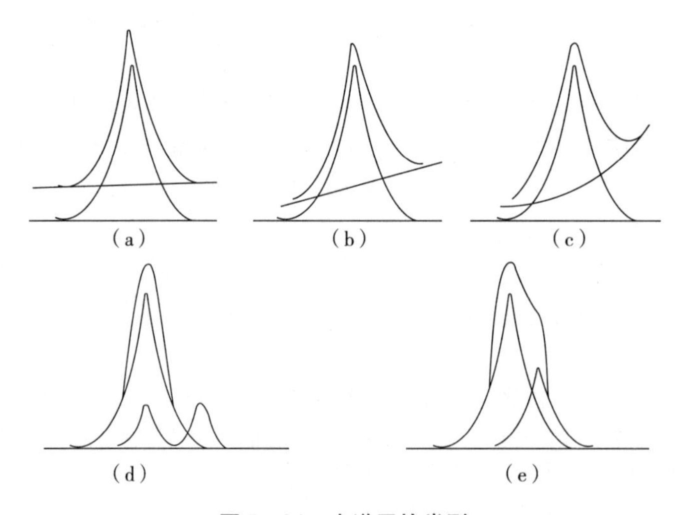

图 7－24 光谱干扰类型

第一类为连续背景,其中,图 7－24(a)为平滑背景,图 7－24(b)为斜坡背景,图 7－24(c)为弯曲背景;

第二类为结构背景,分析线与背景组分重叠或部分重叠,见图 7－24(d);

第三类为谱线重叠或部分重叠干扰,见图 7－24(e)。

2.6.2 光谱焦面上的轮廓

光谱干扰的程度与所用光谱仪的实际分辨率有关,分辨率越低,干扰越严重。这可以从光谱仪光谱焦面上分析线、干扰线的轮廓和观测窗(出射缝)的测量关系来理解(图 7－25)。

所有的光谱线实际上不是几何线，而是有一定的轮廓和宽度。这不是由光谱仪的成像缺陷造成的。在光谱仪焦面上的谱线轮廓是由谱线的物理轮廓（也称本征轮廓）和光谱仪的光谱带宽轮廓积卷（convolution，也称卷积）而成的，其数学关系不在此展开讨论。

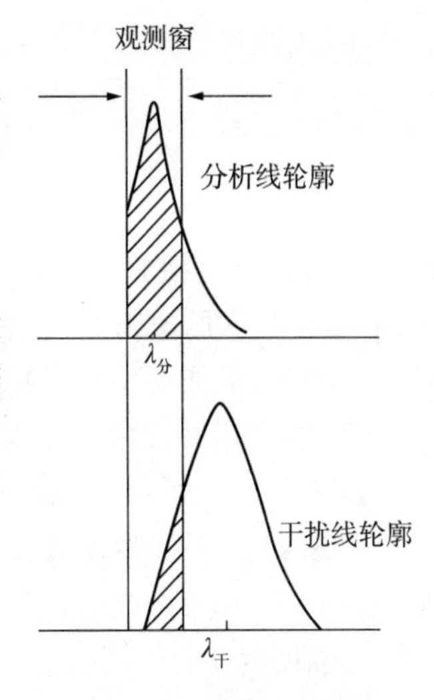

图7-25　观察窗测得的干扰线强度

各种光谱仪有不同的色散率、分辨率以及入射缝宽、出射缝宽，所谓观测窗（即出射缝）的光谱通带宽度，代表实际光谱分辨率，它等于光谱仪共轭缝宽（即出射缝宽度等于入射缝的宽度）与倒线色散率的乘积

$$\Delta\lambda = W \cdot \frac{d\lambda}{dl}$$

式中：$\Delta\lambda$——带宽，nm；

W——宽，mm；

$\frac{d\lambda}{dl}$——倒线色散率，nm/mm。

当入射缝宽与出射缝宽不相等时，W 取两缝宽度的平均值。

可见，光谱仪色散率不同，缝宽不同，就有不同的测量光谱带宽，即有不同的实际分辨率，在光谱仪焦面上就有不同的谱线轮廓。因此，在一台光谱仪上扫描得到的谱线轮廓及干扰情况，不能直接用在另一型号的光谱仪上。光谱仪的带宽越大，分辨率越差，干扰越严重。

2.6.3　光谱干扰校正的一般原理

（1）单考虑分析线受邻近线的重叠或部分重叠的干扰，背景干扰予以忽略的情况

如图7-25所示的情况。在这种情况下，干扰线被“切出”的阴影部分即干扰线的干扰强度，该干扰强度一方面与共存的干扰元素的浓度成正比，另一方面又与光谱仪的通带宽度有关，即与实际光谱分辨率有关。通带越宽，分辨率越差，干扰越严重。

Boumans 编著的《Line coincidence tables for ICP-AES》是现今 ICP 光谱分析干扰最详细的专业工具书。该书列出了67种元素892条分析线（第1版896条分析线）的光谱干扰数据。干扰线的干扰程度是以“临界浓度比”（critical concentration ratio，简称 CCR 值）表示的。CCR 值的定义是：当干扰线在分析线波长位置上产生的干扰强度与分析线强度相等时，干扰元素与分析元素的浓度比。因此，CCR 值越小，干扰越严重；CCR 值达到10000或更大时，干扰可以忽略。该书中每条分析线有一张干扰表，列出了分析线中心波长两侧 ±0.080nm 范围内的干扰线的 CCR 值及 ±0.250nm 范围内强线翼部引起的背景干扰的 CCR 值。由于 CCR 值与所用光谱仪的带宽有关，因此，对每条干扰线列出带宽分别为0.010nm、0.015nm、0.020nm、0.025nm、0.030nm、0.035nm、0.040nm 7种条件下的 CCR 值，供用户选用。

（2）多元素多条分析线相互有重叠干扰，背景很小不予考虑的情况

若 n 个组分元素在 n 条分析波长测定时时都有干扰。在元素 i 的分析线波长测得的总信号为

$$x_i = S_{ii}c_i + \sum S_{ij}c_j$$

式中，S_{ii} 和 S_{ij} 分别是元素 i 和元素 j 在波长 i 处的灵敏度；c 是浓度。于是有联立方程

$$x_1 = S_{11}c_1 + S_{12}c_2 + \cdots + S_{1n}c_n$$
$$x_2 = S_{21}c_1 + S_{22}c_2 + \cdots + S_{2n}c_n$$
$$\vdots$$
$$x_n = S_{n1}c_1 + S_{n2}c_2 + \cdots + S_{nn}c_n$$

通过 n 个纯组分标准溶液和空白溶液在 n 个分析线波长上测定信号可得到 $n \times n$ 个灵敏度,解多元一次联立方程得各元素的浓度结果。用这种方法所得的灵敏度数据与光谱仪带宽有关。因此,不能通用于其他光谱仪。

(3)既有谱线重叠干扰又有连续背景干扰的情况

如图7-26所示,分析元素在分析线波长 λ_1 处的净信号为 x_A,在 λ_1 处的连续背景为 x_C,图7-26(a)。干扰线在波长 λ_1 处的干扰强度为 x_1,在附近波长 λ_2 处有干扰元素线,信号强度为 x_2,图7-26(b),同时产生新的连续背景 Δx_C,则总轮廓如图7-26(c)所示,在分析线波长测得总强度为

$$x = x_A + x_C + x_1 + \Delta x_C$$

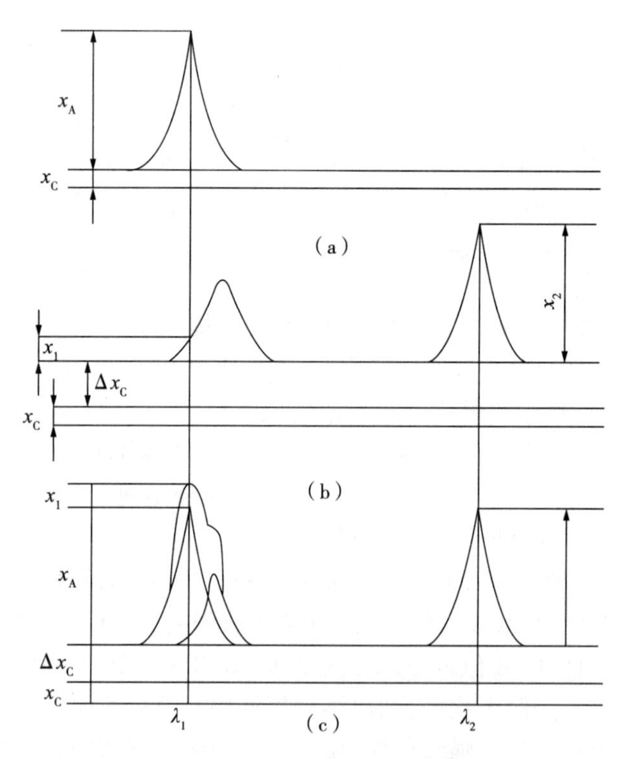

图7-26 背景及干扰线的干涉校正

用干扰元素纯标样可测得干扰校正系数

$$k = \frac{x_1}{x_2}$$

即 $x_1 = kx_2$。在分析线两侧选择背景测量点作连续背景的校正扣除。实际上所有的光谱干扰校正都是上述方法的变化形式。

3 原子吸收光谱分析

3.1 基态原子的共振吸收

3.1.1 共振跃迁和共振吸收

每种元素的能级中,有基态和多种激发态。处在基态的原子是基态原子,处在激发态的原子是激发态原子。在两个能级之间发生跃迁而其中能级之一是基态时,称为共振跃迁,相应发射或吸收光子的光谱线称为共振线(图7-27)。每个元素有多条共振线,激发能最低的激发态与基态之间的跃迁是第一共振线。原子发射光谱中激发态原子跃迁至基态辐射出光子,是共振发射线。原子吸收光谱是基态原子的光谱行为,通常利用第一共振吸收线进行光度测量。

某些基态离子也表现出共振吸收。例如,Ca^+、Sr^+、Ba^+的基态离子(注意高温条件下的离子是一价离子,与溶液中的情况不同,能明显吸收 Ca Ⅱ 393.3、Sr Ⅱ 407.8、Ba Ⅱ 455.4,但仍属于原子吸收光谱,并不称为离子吸收光谱。

3.1.2 谱线轮廓宽度

早在1814年,Fraunhofer 就已观察到太阳光谱中的暗线。理论上也早已认识到暗线由基态原子的光选择吸收所产生。但直到140年以后,在1955年,由于对谱线的光谱宽度和提供用于光度测量的单色光的光谱宽度之间关系的阐明,原子吸收光谱才发展成为实用的分析技术。

光谱线不是几何线,它具有一定的轮廓和宽度。谱线轮廓必须区分两种完全不同的概念:一种是“物理轮廓”,又称“本征轮廓”,是取决于原子光谱物理理论上的各种因素而与光谱仪器无关;另一种是在光谱仪焦面上谱线像的轮廓,与分光系统色散率、狭缝宽度及成像质量等因素有关。在原子吸收光谱中,要讨论的是谱线的物理轮廓及其宽度。

无论物理学理论上的谱线宽度还是光谱仪焦面上谱线像的实际宽度,都以峰值强度的一半轮廓所覆盖的波长范围或频率范围来度量,称为“半宽度”或“半峰宽度”,简称宽度,以 $\Delta\lambda$ 和 $\Delta\upsilon$ 标记,有时也记为 $\Delta\lambda_{Y_2}$、$\Delta\upsilon_{Y_2}$(图7-28)。文献上用 HMLM(half maximum line width)或 HILM(half intensity line width)表示。特殊情况下以峰高1/10所覆盖的波长范围表示,记为 $\Delta\upsilon_{Y_{10}}$。

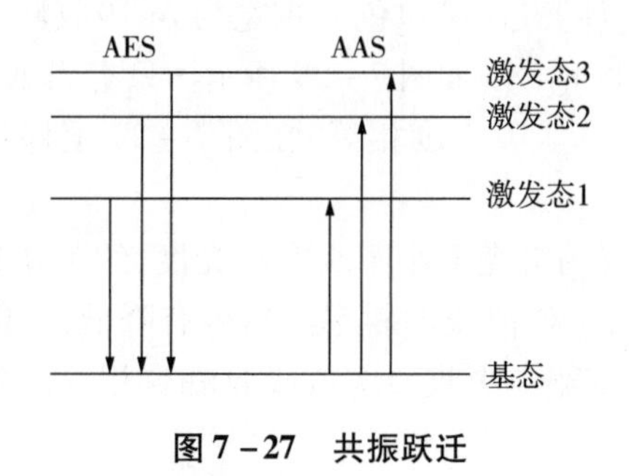

图7-27 共振跃迁

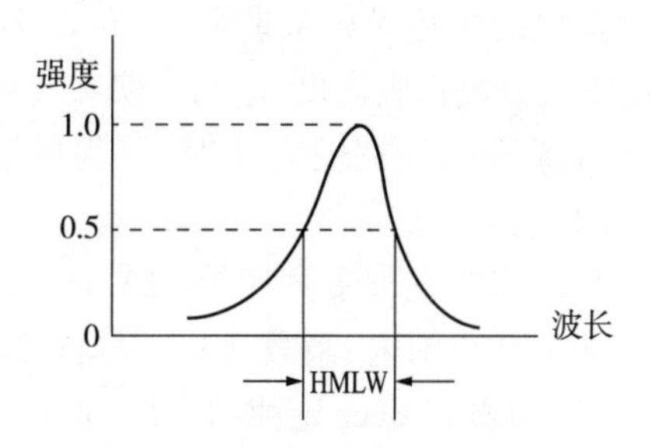

图7-28 谱线宽度的定义

对于吸收线,宽度以吸收系数或吸收强度的一半所覆盖的波长范围度量。

影响谱线的物理宽度包括以下一些因素：

(1)自然宽度在能级图上。能级是一条有确定能量的线，没有宽度。按照量子力学原理，除了基态外，能级有一定宽度，因此，跃迁后的谱线有一定宽度。自然宽度仅0.01pm数量级，其他因素比它大得多。

(2)Doppler宽度谱线的Doppler宽度由原子相对于光谱仪观测方向的随机热运动引起，与温度、原子质量及谱线波长等因素有关。谱线的Doppler宽度在1~8pm范围内。

(3)Lorentz宽度正在进行跃迁的原子与其他粒子碰撞会引起谱线变宽、中心波长位移和谱线轮廓不对称，所产生的谱线变宽称为Lorentz变宽或碰撞变宽，又称压力变宽，因为压力越大，粒子密度越大，碰撞越频繁。谱线的Lorentz变宽为几个pm。

(4)Holtsmark宽度原子与同种基态原子碰撞而引起。只有共振线会产生Holtsmark变宽，所以又称共振变宽。它是Lorentz宽度的特例。在原子吸收光谱分析和原子荧光光谱分析中，被测元素的原子很小，共振宽度因而很小，可以忽略。

(5)Stark变宽由电场引起谱线分裂和变宽，又称场致变宽。

(6)Zeeman变宽由外磁场引起的谱线分裂，分裂为波长不变的π组分和波长不同的+σ组分及-σ组分；π组分和σ组分有不同的偏振方向，分裂的大小正比于磁场强度。当磁场调制变化时，Zeeman效应表现为谱线变宽。Zeeman效应中文译称塞曼效应。

(7)自吸变宽共振发射线在传播途中被同种元素基态原子所吸收而改变轮廓，轮廓中心部分减弱较明显，因此，总轮廓表现为变宽。

(8)超精细结构谱线的超精细结构由原子核自旋或同位素引起，是谱线本身的特征，与外场存在与否无关。如Cu 324.7由324.735和324.757两个组分组成，In 285.814由285.805、285.808、285.818、285.821 4个组分组成。在普通光谱仪条件下不能分辨，表现为一条线。上述各种影响谱线轮廓的因素分别影响其组分，而原子吸收也是其组分吸收的总和。

综上所述，各种因素的总影响产生谱线的总的物理轮廓。在原子吸收光谱中，吸收线的物理轮廓宽度大多在2~5pm。光谱仪焦面上的谱线像的光谱宽度通常为10~30pm，远大于谱线的物理宽度。

3.1.3 原子吸收光谱的光源

实际的单色光有一定的波长范围，称为光谱带宽，也称光谱通带宽度。通常的紫外可见分光光度计提供的单色光典型带宽为1nm。Broderson计算过，设单色光带宽为σ，吸收峰或吸收线的宽度$\Delta\lambda$，则测得吸光度$A_{测}$与真实吸光度$A_{真}$之比$A_{测}/A_{真}$如图7-29所示。只有当$\Delta\lambda/\sigma=1$，即吸收线或吸收峰宽度为0时，测得的吸光度与真实吸光度相等，在图7-29上保持$A_{测}/A_{真}=1.0$的直线。

当吸收线宽与光谱带宽相等($\Delta\lambda/\sigma=1$)时，测得的吸光度小于真实吸光度，约为$0.92A_{真}$，但$A_{测}$在0~1.0范围内，系数0.92保持恒定。因此，工作曲线的斜率虽然稍有降低，仍能保持直线，即表现为遵守Beer定律(图7-30)。单色光带宽与吸收线宽或吸收峰宽相等的条件可作为吸光度测量遵守Beer定律的临界条件。

单色光带宽更大时，$A_{测}/A_{真}$的比率不能保持恒定，即工作曲线不能遵守Beer定律。

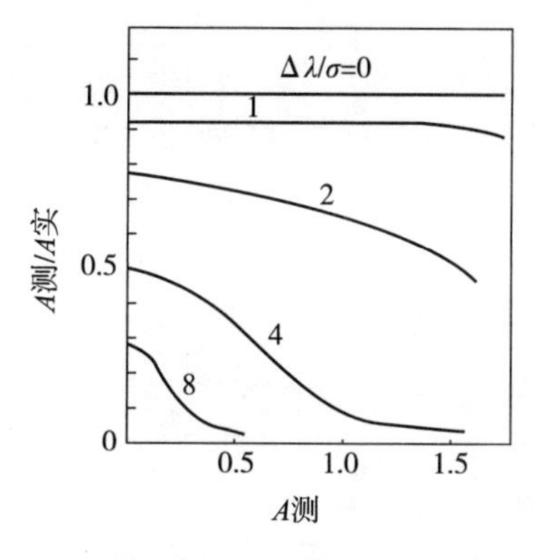

图7-29　单色光带宽与吸收线(峰)宽不同比率时,吸光值测量值与真实值的关系

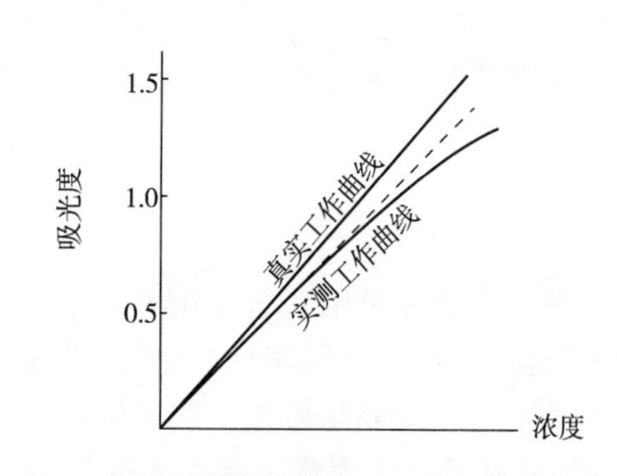

图7-30　单色光带宽等于吸收线(峰)宽时,实测工作曲线与真实工作曲线的比较

Broderson 在1950年从理论上推得的结论成为1955年 Walsh 和 Alkemade 分别提出用锐线光源作原子吸收光谱测量的先导。所谓锐线,是光谱宽度的"锐线",不是光束几何宽度的锐线。锐线光源至少要满足两个必要的条件:(1)提供光谱宽度与吸收线宽度相同或相当的光,用于吸收测量;(2)提供被测元素共振吸收线波长相同的共振发射线。空心阴极灯是满足此条件的常用锐线光源。空心阴极灯的阴极材料是被测元素,在施加电压的情况下,灯内惰性气体产生 Ne^+ 或 Ar^+ 离子轰击阴极,发生溅射并被激发,辐射出共振发射线。又因阴极温度较低,谱线 Doppler 宽度小,共振发射线的光谱宽度与吸收线相当,满足原子吸收光谱的测量需要。当工作电流增大时,共振发射线变宽,有些元素,如镉的发射线变宽严重,引起工作曲线斜率降低和高浓度的吸收对 Beer 定律产生负偏离。

3.1.4　峰值吸收

用锐线光源测得的原子吸收称为峰值吸收或 Walsh 峰值吸收,与原子光谱物理推导的理论上吸收线轮廓范围内总的积分吸收有所区别。如图7-31所示,实际原子吸收光谱测量都是峰值吸收

$$A_{峰} = K_{峰} N_0 L$$

式中,N_0是基态原子数;L 是吸收光程长;$K_{峰}$是峰值吸收系数,也是工作曲线的斜率。空心阴极灯工作电流增大到一定程度,所辐射的共振发射线光谱宽度超过吸收线宽度时,$K_{峰}$变小,表现为工作曲线斜率降低,高浓度偏离 Beer 定律。

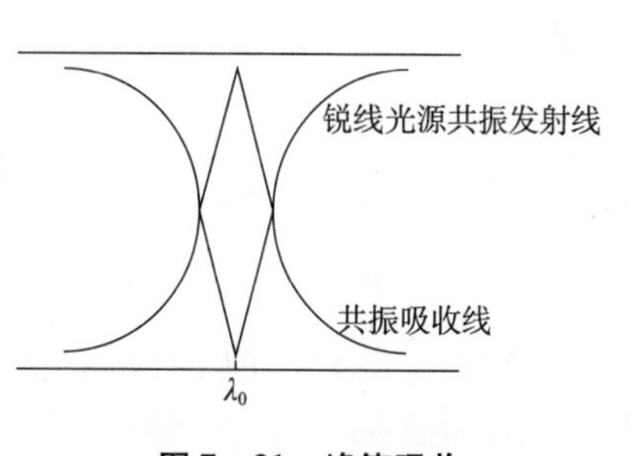

图7-31　峰值吸收

3.1.5　基态原子数

原子吸收光谱测量基态原子对共振发射线的共振吸收,而待测元素通常以离子形式存在,如溶液样中的 Na^+、Mg^{2+}、Al^{3+} 等,须转变为原子才可测定。固体试样以浆液、悬浮液在石墨炉中进样,待测元素化合物通过蒸发成蒸气分子后再转变成原子才可被测定。所有转变成的原子,全部考虑是基态原子,激发态原子所占比率极少,可不予考虑。另一方面,试样中待测元素未必能全部转变为原子,转变为原子的比率越大,方法的灵敏度越高。

3.2 火焰原子化

火焰原子化是原子吸收光谱分析中使用最广泛的原子化方法。各种火焰中，目前又以空气乙炔焰使用最普遍，其次是笑气乙炔火焰，其他火焰现在已很少在实际中使用。

3.2.1 火焰原子化的实验方法

火焰原子化常规采用气动雾化进样。空气作雾化气，溶液样经同心型雾化器雾化。空气、雾珠和燃气乙炔在雾化室（spray chamber）按一定比例混合后送入缝式燃烧器，在缝口点火燃烧。空心阴极灯光束通过火焰，被火焰中基态原子吸收，测量吸收前后共振线光强的变化（图7－32）。

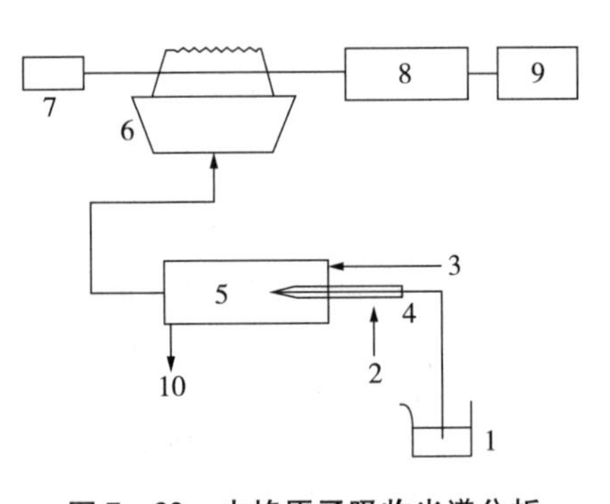

图7－32 火焰原子吸收光谱分析

1—试样溶液；2—空气；3—乙炔；4—同心型雾化器；5—雾化室；6—燃烧头；7—空心阴极灯；8—分光系统；9—检测记录系统；10—废液

用于空气乙炔焰的燃烧器缝长10cm或4in（1in = 2.54cm）。

空气由压缩空气钢瓶或空气压缩泵提供。乙炔由分析纯乙炔钢瓶供气。

3.2.2 空气乙炔焰的燃烧反应

空气乙炔焰的燃烧化学反应为

$$2C_2H_2 + 5O_2 \rightarrow 4CO_2 + 2H_2O$$

它包括一系列机理过程

$$H_2 + O_2 \rightarrow OH + O$$

$$OH + C_2H_2 \rightarrow H_2O + C_2H$$

$$O + C_2H_2 \rightarrow OH + C_2H$$

$$C_2H + C_2H_2 \rightarrow C_4H_2 + H$$

$$C_2H + O_2 \rightarrow CO_2 + CH^*$$

$$CH^* + O \rightarrow CO^* + H$$

$$C_2H + O \rightarrow CO + CH^*$$

其中，反应$H_2 + O_2 \rightarrow OH + O$控制整个燃烧反应。上述各反应式中带星号＊者是与原子化有关的还原性游离基。空气乙炔焰温度最高可达2300℃。空气乙炔焰使用大量空气，以致波长220nm以下短波紫外区火焰的透光率显著降低。空气比例越大，波长越短，透光率越小。对于分析线波长位于短波区的As、Se、Zn、Cd、Pb等元素是不利的。

3.2.3 燃助比

火焰的原子化性能与燃气助燃气的比例有关。按照乙炔（燃气）和空气（助燃气，其中氧气占21%）的比例，火焰分化学计量焰、贫燃焰、富燃焰三种。空气和乙炔恰好按燃烧的化学反应计量比的火焰称为化学计量焰。乙炔比例少于化学计量焰的是贫燃焰，乙炔燃烧充分，火焰呈氧化性，又称氧化焰。贫燃焰温度稍高于计量焰，适合于*MO*类型分子解离能较小的元素，但对于电离能较低的碱金属元素有明显的电离，需加入电离抑制剂抑制电离。富燃焰中乙炔比例高于计量焰,燃烧不完全,火焰呈还原性,又称还原焰。富燃焰温度稍低于计量焰,但含有还原性基因,CH、CO 和碳蒸气有利于 *M*O 解离能较大的元素,如 Ca、Ba、Cr 等原子化

$$2MO + C \rightarrow 2M + CO_2$$

$$5MO + 2CH \rightarrow 5M + 2CO_2 + H_2O$$

还原焰中含有未烧尽的白炽碳粒,背景较大。

3.2.4　原子化效率

雾珠进入火焰中原子化须经历溶剂蒸发、溶质蒸发、解离等过程,使待测元素转变为原子。但雾珠在火焰中滞留时间仅约 1ms,因此,只有直径 10μm 以下的细雾珠才能完成原子化过程。大雾珠形成大微粒,蒸发不完全,火焰中成为白炽微粒,引起对空心阴极灯共振发射线的散射,测量上表现为假吸光度,并产生连续光谱背景。实际上仅 1% ~5% 的吸喷溶液被带入火焰,其余都成为废液被排去。

严格意义上的原子化效率不包括雾化的效率,而是指待测元素分子有多少百分比转变成为原子。由此可见,原子化效率越高,方法越灵敏。实验上优化工作条件以获得最大的原子化效率,获得最好的检测限。

各种元素在火焰中的原子化效率与火焰种类、燃助比、温度、分子(尤其是双原子氧化物分子 *M*O)的解离能等因素有关。*M*O 分子的解离能越大,原子化效率越小,原子吸收光谱分析的灵敏度越低。解离能大于 5eV 的元素实际上不能用空气乙炔焰进行分析。表 7 -5 是部分元素的分子解离能。表 7 -6 列出一些元素在火焰中的原子化效率。

表 7 -5　部分元素的双原子分子的解离能　　单位:eV

分子	解离能	分子	解离能	分子	解离能	分子	解离能
AgCl	3.2	CdCl	2.1	LiO	3.5	SiF	5.0
AgO	2	CdO	<3.8	LiOH	4.55	SiO	8.1
AlCl	5.1	CeO	8.03	MgCl	3.5	SnCl	3.2
AlF	6.85	CrCl	3.75	MgF	4.5	SnO	5.40
AlO	4.6	CrO	4.3	MgO	4.1	SrO	4.2
AsO	4.9	CsCl	4.55	MnCl	3.7	SrOH	4.45
AuCl	3.5	CsOH	3.9	MnO	4.1	TaO	8.4
BF	7.85	CuCl	3.6	MoO	5.0	TeO	3.9
BO	8.0	CuO	4.1	NaCl	4.25	ThO	8.5
BaCl	5.0	FeCl	3.6	NaF	4.9	TiO	7.2
BaO	5.75	FeO	4.3	NaOH	3.45	TlCl	3.8
BaOH	4.9	GaCl	4.94	NiCl	3.8	VO	6.4
BeCl	4.0	GaO	3.0	NiO	4.2	WO	6.8
BeF	5.9	GeCl	3.5	PO	6.4	YO	7.3
BeO	4.6	GeO	6.78	PbCl	3.1	YbO	5.3

续表

分子	解离能	分子	解离能	分子	解离能	分子	解离能
BiCl	3.13	InCl	4.5	PbO	3.87	ZnO	2.8
BiO	3.1	InO	3.3	RbCl	4.4	ZrO	7.8
CaCl	4.55	KCl	4.36	RbOH	3.75		
CaF	5.4	KF	5.07	SbO	4		
CaO	4.3	KOH	3.7	SeO	4.3		
CaOH	4.5	LiCl	4.9	SiCl	4.5		

表 7-6　空气乙炔焰和笑气乙炔焰中的原子化效率

元素	空气乙炔焰	笑气乙炔焰	元素	空气乙炔焰	笑气乙炔焰
Ag	0.70	0.57	In	0.67	0.93
Al	0.00005	0.13	K	0.32	0.12
Au	0.40	0.27	Li	0.12	0.34
B		0.0035	Mg	1.0	0.88
Ba	0.0018	0.17	Mn	0.62	0.77
Be	0.00005	0.095	Na	1.0	0.97
Bi	0.17	0.35	Pb	0.77	0.84
Ca	0.07	0.52	Si	0.001	0.06
Cd	0.38	0.56	Sn	0.043	0.82
Co	0.28	0.25	Sr	0.063	0.26
Cr	0.071	0.63	Ti	0.001	0.11
Cu	0.88	0.66	Tl	0.52	0.55
Fe	0.84	0.83	V	0.15	0.32
Ga	0.16	0.73	Zn	1.0	0.60

3.2.5　火焰中的温度分布和原子化的空间分布

空气和乙炔在雾化室中混合后在燃烧器缝中流出并燃烧,火焰称为“预混型火焰”。预混焰的结构如图 7-33 所示。

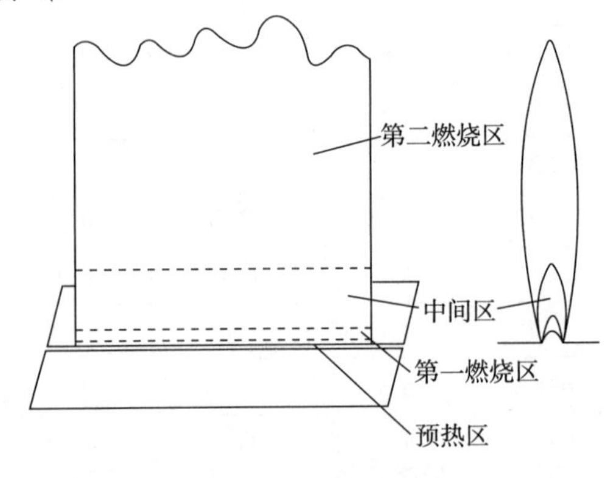

图 7-33　预混焰结构

图 7-34 是预混型空气乙炔焰的温度空间分布图。燃助比不同时,温度的分布会发生很大的变化。雾珠中含有有机溶剂或有机试剂时,燃助比发生改变,同时也改变温度的空间分布。

各种元素在火焰中原子的空间分布受到火焰中温度的空间分布、还原性基团的空间分布的控制。图 7-35 是铜原子和钙原子在富燃焰及贫燃焰中的空间分布,以等吸光度线代表原子等浓度线。

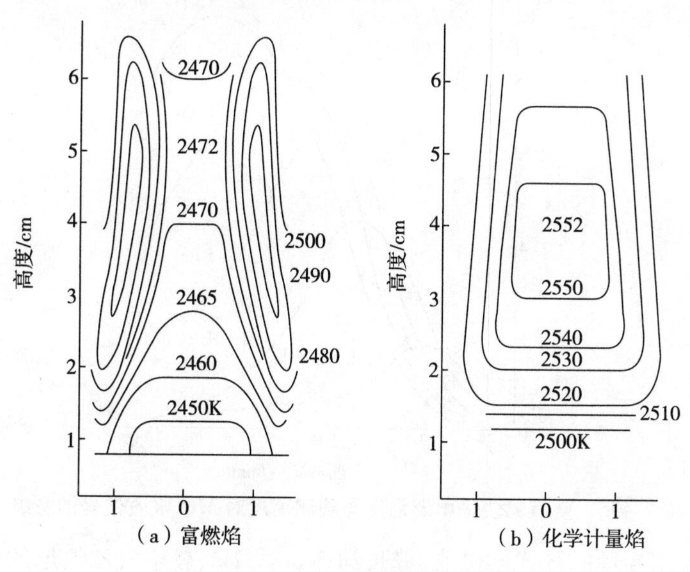

图 7 - 34　空气乙炔焰温度分布

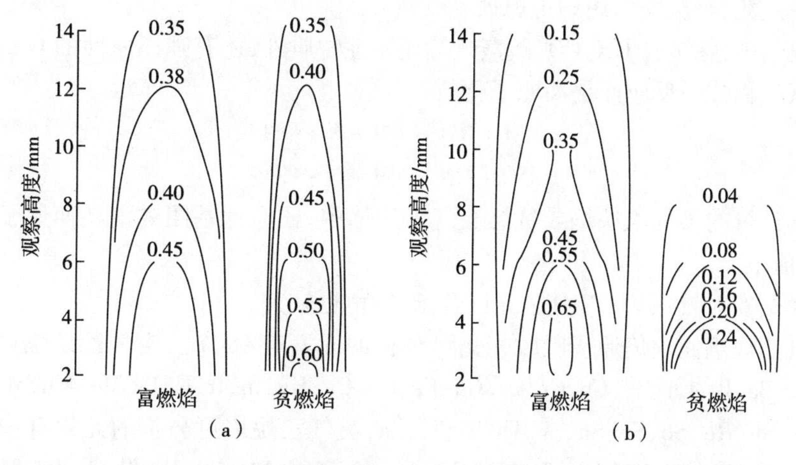

图 7 - 35　空气乙炔焰中铜原子和钙原子的空间分布(以等吸光度曲线表示)

分析元素原子在火焰中的空间分布表明原子吸收光谱分析要选择最合适的观测高度以取得最好的灵敏度。所谓观测高度,指燃烧缝以上的高度,实验上用升降燃烧器来调置。观测高度不是一项独立的工作参数,要结合燃助比等实验条件的优化来进行。图 7 - 36 以钼为例说明实验参数的优化。

3.2.6　笑气乙炔火焰

分子解离能很大的元素,即使采用富燃的空气乙炔焰,原子化效率仍然太小,采用高温而又有还原性的笑气乙炔焰可大大改善原子化效率。

笑气学名氧化亚氮,分子式为 N_2O。笑气乙炔焰温度可达到 3000℃,通常采用富燃的笑气乙炔焰或部分空气的富燃笑气乙炔焰。

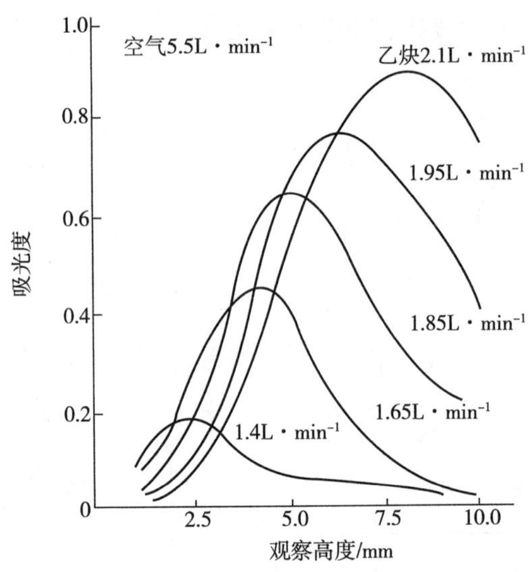

图 7-36 空气乙炔焰中燃助比与观测高度对 *M*O 吸收信号的影响

笑气乙炔焰使用专用的缝式燃烧器,缝长约 5cm 或 2in,较空气乙炔焰的缝短。点火时,须用空气乙炔焰过渡与切换。先点燃空气乙炔焰,然后逐步减小空气流量,增加笑气流量。熄火时按相反顺序过渡,至空气乙炔焰再熄火。

笑气乙炔焰中,除了有 CH、CO、碳蒸气等还原性物质外,还有强还原性的 CN 基和 NH 基,能有效地与氧化物分子反应而提高原子化效率

$$MO + NH^{*} \rightarrow M + N + OH$$

$$MO + CN^{*} \rightarrow M + N + CO$$

但在化学计量的笑气乙炔焰或贫燃笑气乙炔焰中,还原性基团被消耗而原子化效能急剧下降,使用价值不大。

笑气乙炔焰发射较强的 CN 分子光谱背景,噪声也较大。

使用笑气乙炔焰使火焰原子吸收光谱可分析的元素有 68 个。空气乙炔焰可分析的元素有:Ag、As、Au、Ba、Bi、Ca、Cd、Co、Cr、Cs、Cu、Fe、Ga、Ge、Hg、In、Ir、K、Li、Mg、Mn、Mo、Na、Ni、Os、Pb、Pd、Pt、Rb、Rh、Ru、Sb、Se、Sn、Sr、Th、Ti、Tl、Zn;笑气乙炔焰可分析的元素有:Al、As、B、Ba、Be、Ca、Cr、Dy、Er、Eu、Ga、Gd、Ge、Hf、Ho、La、Lu、Mg、Mo、Nb、Nd、Os、P、Pr、Re、Rh、Sc、Se、Si、Sm、Sn、Sr、Ta、Tb、Ti、Tm、U、V、W、Y、Yb、Zr;两类火焰都可分析的元素有:As、Ba、Ca、Cr、Ga、Ge、Mg、Mo、Os、Rh、Se、Sn、Sr、Ti 等。但用笑气乙炔焰时灵敏度更高,如表 7-7 所示。

表 7-7 若干元素空气乙炔焰与笑气乙炔焰特征浓度比较

单位:$\mu g \cdot mL^{-1}$(1% 吸收)

元素与分析线 λ/nm	笑气乙炔焰	空气乙炔焰	倍数
Ba 553.5	0.4	4	10
Ca 422.7	0.03	0.06	2
Mo 313.3	0.2	0.5	2.5
Sr 460.7	0.04	0.14	3.5
Ti 365.3	1.5	71000	>1000

3.2.7　原子捕集技术

原子捕集技术是一种提高火焰原子吸收光谱分析灵敏度的实验方法。有冷凝捕集和缝式捕集两类基本方法。

(1)冷凝捕集

冷凝捕集器是一根外径3～5mm的石英管或不锈钢管,管内通以冷却水,冷凝管置于燃烧器缝的上方约5～10mm处,与缝平行。当试样气溶胶随空气乙炔预混气流从缝中流出在火焰中原子化,产生的原子和某些未原子化的分子化合物遇冷凝管而冷凝在管子外壁上。捕集一段时间后,用压缩空气排去冷凝水,石英管被加热,冷凝捕集物气化而重新原子化。通过冷凝管上方的空心阴极灯光束被重新原子化的原子所吸收,测得峰形的吸收信号(图7－37)。原子捕集管的外径、壁厚、捕集管与燃烧缝的距离、火焰燃助比、冷却水流量、捕集时间等实验参数对改善灵敏度的效果有显著影响,并随分析元素而不同。

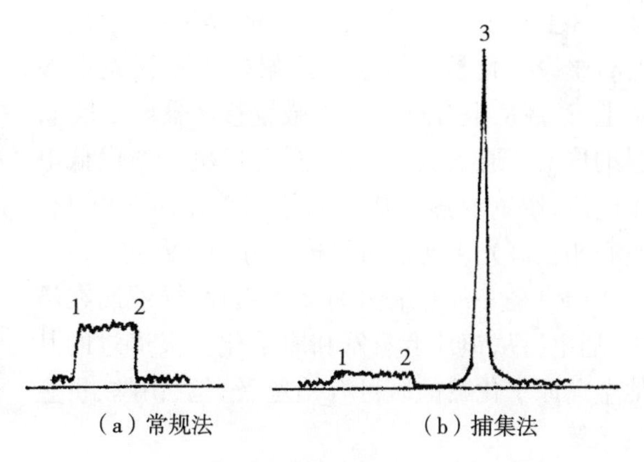

图7－37　常规法和捕集法原子吸收信号

1—喷雾;2—停喷;3—重新原子化

(2)缝式捕集

缝式捕集器是一根长15cm,内径5mm的石英管,管壁开有宽1mm,长50mm的缝。缝口向下,正对燃烧器缝。也有开两条缝,上缝较短,下缝较长的双缝管。开缝的石英管安置在离燃烧缝约2cm处。火焰中原子化产生的蒸气由狭缝进入石英管。空心阴极灯光束通过石英管内被原子吸收而测定。由于延长了停留时间,又有较长的吸收光程,因而提高了测定灵敏度。

原子捕集技术可提高灵敏度半个到两个数量级。

3.2.8　火焰原子吸收光谱分析中钢瓶使用安全事项

乙炔钢瓶中装有多孔性填料和丙酮,乙炔溶于丙酮中,因此,乙炔钢瓶不可横放,以免丙酮流入阀门。乙炔钢瓶使用剩余2个标准大气压时,应重新加压充气。充气应充分析纯乙炔,不可充含有磷化氢、硫化氢等杂质的工业乙炔。钢瓶应放在通风、避免日光暴晒的地方。

点燃空气乙炔焰时,先开空气,然后开启乙炔钢瓶,调节阀门,点火。熄火时,先关乙炔钢瓶,待管道内乙炔燃尽而自动熄灭。不遵守次序必定引起燃烧器爆炸。

用笑气乙炔焰时要更换专用燃烧器。点火时,先点燃空气乙炔焰,再增大乙炔,然后逐步减小空气,增加笑气,过渡至所需燃助比。熄火时次序相反。

3.3　石墨炉原子化

3.3.1　电热原子化

原子吸收光谱分析中除了常规的火焰原子化外,还有非火焰的电热原子化、用于冷原子吸收测汞的化学化和氢化物石英管原子化。

电热原子化有金属原子化器和石墨炉原子化器，目前石墨炉原子化是广泛使用的、仅次于火焰原子化的商品化仪器。电热原子化以电加热的方法使样液(溶液或浆液)完成溶剂蒸发、溶质蒸发和原子化过程。

金属原子化器在电加热的金属棒、金属丝、金属片上原子化试样。图7－38是West使用过的石墨原子化器。石墨细棒架持于不锈钢电极架上，试液从上方进样口用微量移液器滴加在石墨细棒上。通入氩气驱除空气，石墨棒通以低电压电流，产生的焦耳热使石墨棒升温而原子化。空心阴极灯光束通过石墨棒上方而被测定。

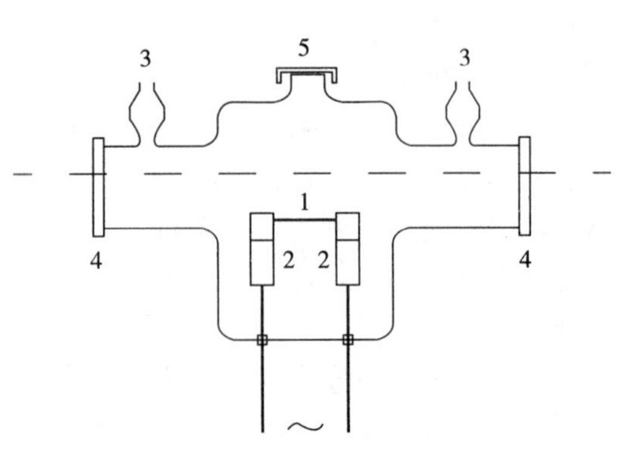

图7－38　石墨棒原子化器

1—石墨棒；2—不锈钢电极架；3—氩气进气口；4—石英窗；5—进气口

钽舟是一片有细漕的金属钽片，样液滴在漕中，通电后从钽片上蒸发和原子化。报道过的其他金属原子化器的质材有铂丝、钨丝、钼丝、贵金属铱等。

金属原子化器结构简单，高效，易快速升温，但工作温度受材质熔点的限制，金属材料还可能受到试液中酸的腐蚀，温度条件不易调控重复。

3.3.2　石墨炉原子化过程

图7－39是一种商品石墨炉示意图，它包括通电的石墨炉架、冷却水进出口、惰性气体进出口，以及可以装卸或更换的石墨管。

试样用微量注射进样器通过进样口从石墨管的侧孔注入。启动干燥—灰化—原子化加热程序升温，升温是由低电压大电流通过石墨管时电阻产生热量而实现的。升温方式有阶跃升温和斜坡升温两种(图7－40)，升温方式、温度及时间由分析人按需要设定。吸光度测量在“原子化”阶段进行。测量完毕后，启动清扫程序，高温(2950℃，或比原子化温度高200℃)清除残留试样，消除记忆效应，再作后一个试样的分析。所谓记忆效应，就是前一个试样对后继试样测定的残留影响。

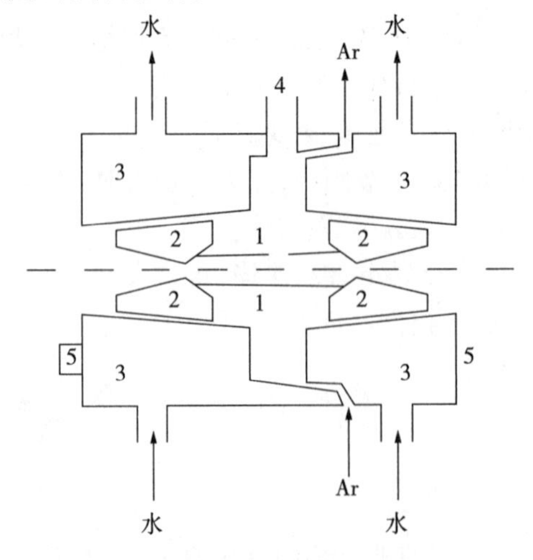

图7－39　石墨炉示意图

1—石墨管；2—石墨架；3—金属炉体；4—进样口；5—电缆

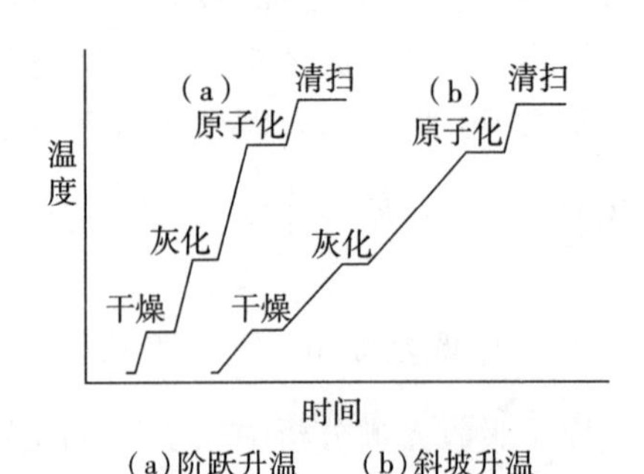

(a)阶跃升温　(b)斜坡升温

图7－40　石墨炉原子化的升温方式

（1）干燥。通常干燥温度90～120℃，干燥时间15～30s。先升温至稍低于沸点温度，然后缓慢升到稍高于沸点的温度，保持10s，使水和其他溶剂蒸发，试样干涸留在石墨管内壁。注意避免升温过快以致样液在管内飞溅，使分析结果难以重现。

（2）灰化。在被测元素不致挥发损失的前提下，设置尽可能高的灰化温度和充分的时间，以破坏基体组分，除去试样中易挥发的组分，达到消除或减轻基体对被测元素的干扰的目的。当被测元素与基体的挥发温度相近时，通常采用添加改进剂的方法使被测元素形成挥发温度较高的化合物，或使基体转变为挥发温度较低的化合物。

（3）原子化。原子阶段作吸光度测定，温度和时间由实验确定。图7－41中，*a*、*b*、*c*是灰化温度曲线，*a*、*b*之间是合适的灰化温度，温度高于*b*时灰化有损失。*d*、*e*是原子化温度曲线，*e*是适合原子化的温度的起点，实际要比*e*提高50～100℃。对于原子化温度在2000℃以下的易挥发元素，原子化时间取3～4s；原子化温度在2500℃或更高的高温元素，原子化时间取4～6s。

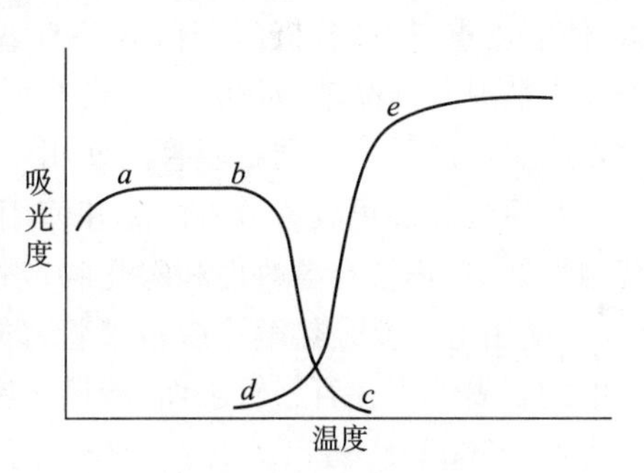

图7－41　灰化温度曲线和原子化温度曲线

（4）石墨炉原子化的保护气氛。在干燥、灰化及清扫阶段，用流通的惰性气体Ar作保护气，使石墨炉、石墨管免受高温下氧的侵袭而氧化变疏松。在原子化阶段测量吸光度时停气有利于峰形尖锐而稳定。用高纯氮作保护气并不合算。石墨在高温下与氮作用生成氰$(CN)_2$，损伤石墨炉，同时，在350～422nm产生背景吸收和严重噪声。此外，用氩作保护气氛，分析灵敏度普遍改善1～2倍。

3.3.3　石墨炉原子化的分析特点

（1）耗样量小。一次测量通常进样量20μL，最少可5μL。火焰原子化一次测量耗样约3mL。

（2）分析绝对灵敏度高。石墨炉法的检测限量以分析元素绝对量表述，以pg为单位（$1pg = 10^{-12}g$），少量元素达pg级以下。石墨炉法比火焰法灵敏度高的主要原因是：石墨炉法的原子化在无氧环境中进行，原子化充分，而火焰需要氧气助燃，限制了双原子氧化物分子的原子化；基态原子在石墨管内的滞留时间比在火焰中长得多，达秒级，而在火焰中仅毫秒级；试样在火焰中被燃气、助燃气高倍稀释，而在石墨管中被集中，不被稀释。

（3）火焰原子化时溶液样用同心型雾化器雾化，因此样液必须是真溶液，悬浮液会使雾化器堵塞，不能雾化进样，但石墨炉可以浆液进样（slurry introduction），这对于某些消解麻烦的试样，如耐熔金属样ZrO_2、HfO_2、Nb_2O_5、Ta_2O_5、土壤、矿物、沉积物等，特别有实际意义。

（4）生物样、有机物样可以不预先消解处理，利用升温中的灰化阶段在石墨管内在线消解。

（5）精密度比火焰法差。RSD通常在2%～5%。

（6）可利用真空紫外区的分析线。氧气对短波紫外区特别是波长小于195nm短的区域吸收很大，火焰必须有氧气助燃，所以不能利用真空紫外区的共振线，石墨炉则可利用，如I 138.0nm、P 177.5nm、S 180.7nm等。

(7)基体组分对被元素的影响比火焰法轻,常常可实现用同一组标准溶液分析不同基体组成试样中的同一被测元素。

3.3.4 石墨管的改性

石墨是良好的导体,高温下不会熔化变形,化学上也很稳定,热膨胀系数很小,高温下管内呈还原气氛,有利于原子化。但石墨管在含氟的高温条件下纯化时,产生许多毛细孔,以致使用时试样溶液渗入毛细孔,影响分析结果的重复性。在使用过程中,疏松状况更进一步趋于严重,使温度重复性、分析信号和结果的重复性变差,疏松的石墨管壁在高温还会溅出石墨微粒增加光散射。样品溶液渗入管壁还会增大记忆效应,特别是一些会生成高温碳化物的元素记忆效应更加严重。普通石墨管的使用寿命约 30~50 次。

石墨管改性可改善分析性能和使用寿命,包括改进测定的灵敏度和精密度。石墨管改性有两种类型:热解石墨改性和碳化物改性。热解石墨管分热解涂层石墨管和全热解石墨管两种,但使用上主要是热解涂层石墨管,即在一定温度和真空度条件下使某些烃类化合物分解,产生的石墨沉积在石墨管表面,涂层致密,呈灰亮金属光泽。热解石墨改性的石墨管有更高的升华点(3700℃),溅出的石墨微粒引起的光散射不显著,样液渗透性低,改善了分析灵敏度和精密度,抗氧化能力比普通石墨强,使用寿命大大延长。但实验表明,有的元素如 Ge、Si、Sn、Al、Ga、Pb 使用普通石墨管分析可能灵敏度更好。碳化物涂层管是将石墨管用会形成高温碳化物的元素的盐类溶液处理,使管的表面形成碳化物涂层,堵塞石墨管的毛细孔,改善管表面的物理化学性质,阻止试样中组分与石墨直接接触形成碳化物,从而改善分析性能。常用于碳化物改性的有碳化钽涂层、碳化锆涂层、碳化钨涂层,其他用于改性的还有铪、钼、钒、钛、铌、镧等。涂碳化钽的改进石墨管的原子化温度可达 2700~2800℃,几乎没有记忆效应。但放置过夜后灵敏度下降,高温下原子化可恢复性能,原因不明。钽、钨的碳化物涂层石墨管不适用于测定铁和其他Ⅷ族元素。

3.3.5 平台石墨炉

在石墨炉原子化中,试样溶液从侧孔加入到石墨管内壁,试样从壁上灰化和蒸发、原子化,发生对共振线的光吸收。石墨管体与管壁温度迅速升高有利于分析元素瞬间蒸发,减少在温度较低的管壁处冷凝,而气相温度较高则有利于充分原子化并减轻基体的影响。

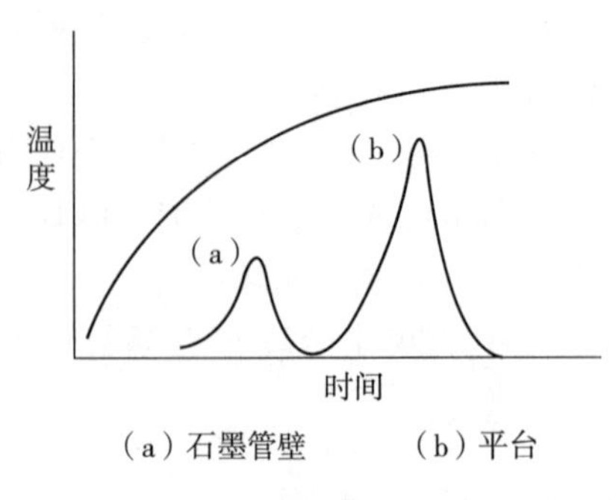

图 7-42 分析元素从石墨管壁和平台上蒸发的吸收信号

石墨平台技术是在石墨管中插入一块石墨片,片上刻有一条凹漕,可容纳 50μL 溶液。平台与石墨管内壁只有几个点的接触。试样溶液从侧孔加入到平台的凹漕中。石墨管升温时,平台受管壁热辐射间接加热,平台的升温总是滞后于管壁并比管壁低。因此,试样从平台上蒸发和吸收被延后(图 7-42)。蒸气在温度更高的和稳定的气相中的原子化更充分,基体的影响降低。

采用平台技术至少具有 3 个优点:明显减轻基体干扰;提高易挥发元素测定的灵敏度与精密度,减少对管壁的侵蚀从而延长石墨管使用寿命。

Slavin进一步提出了恒温平台炉(stabilized temperature plate form furnace,STPF)技术,探索不用标样作原子吸收光谱绝对分析的可能并取得初步成功。其要点是:(1)采用平台技术使分析元素蒸发到稳定高温的气相中原子化;(2)采用快速数字电路连续跟踪监测原子吸收信号和背景吸收信号;(3)采用峰面积积分测量而不用峰高测量,以减轻不同基体、不同原子化温度对被测元素蒸发的影响;(4)使用基体改进剂改善分析元素灰化阶段的稳定性;(5)采用优质热解涂层石墨管使石墨管与分析元素或基体的化学反应降到最低;(6)快速升温;(7)原子化阶段停气;(8)保护气用氩气,不用氮气;(9)测定采用塞曼法扣除背景吸收。

采用这些技术措施可显著消除干扰,建立通用方法分析各种基体中的分析元素,并且可以使用简单水溶液标样作校准,不考虑共存组分的影响。

3.4　工作参数的设置

原子吸收光谱分析的工作参数包括两个方面:一是供吸收测量的共振线的能量满度的有关参数,有分析线波长、空心阴极灯灯电流、单色器带宽、光电倍增管的增益(负高压);二是原子化的工作参数,包括火焰的燃气、助燃气流量、观测高度、石墨炉的干燥—灰化—原子化升温方式、温度、保持时间等。

3.4.1　共振线能量满度

原子吸收光谱通常采用第一共振线作分析线,这适合微量分析元素的测定,但测定较大含量的分析元素时,也可换用振子强度较小因而灵敏度较差的共振线作分析线。设置分析线波长时应注意光谱仪的波长标示值可能有小的误差,因此,要微调波长鼓轮达到最大能量表示中心波长已准确设置为止。新近生产的仪器有自动微调功能。

空心阴极灯发射的共振线的强度约与灯电流的指数关系增大。易挥发元素如砷、锑、铋、硒、碲、铅、锗等的灯不宜使用大的工作电流,以免严重影响使用寿命甚至损坏。注意灯上标示的最大工作电流值不是常规工作的电流值,而是脉冲供电短时间使用的限值。另一方面,工作电流增大时,共振发射线物理轮廓变宽,翼部不被基态原子吸收的部分增多,使工作曲线的斜率降低,高浓度的工作曲线负偏离比尔定律(弯向浓度轴)。易挥发元素的情况尤为明显,图7-43是Cd的典型例子。

单色器的通带宽度(简称带宽,有时不适当地称为缝宽)越大,能量越大。带宽等于单色器的线色散率倒数与缝宽的乘积,以nm为单位。原子吸收光谱仪的单色器采用Czerny-Turner分光系统,入射缝、出射缝取相等的宽度,称为共轭宽度。带宽可看成分析线波长两侧供吸收测量的波长范围,落在此范围内的非吸收线(也称寄生辐射)对基态原子的共振吸收没有贡献,反而导致校准曲线(即工作曲线)斜率降低和高浓度时弯曲,弯向浓度轴。过渡元素Fe、Co、Ni及其他多谱线元素都明显表现这种特性,因此,要采用较小的带宽,甚至用小带宽仍不能完全隔除邻近的非吸收线。图7-44以Ni为例说明非吸收线进入带宽对校准曲线的影响。

光电倍增管用于检测光的强度,它在负高压条件下工作。负高压越大,信号放大或增益越大,但热噪声也同时增大。通常负高压在300~500V时热噪声不显著增大的情况下充分提高和利用增益。

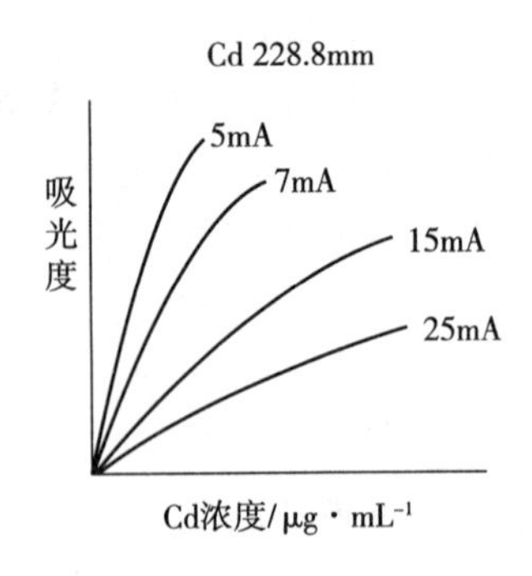

图 7-43　灯电流对 Cd 标准曲线的影响

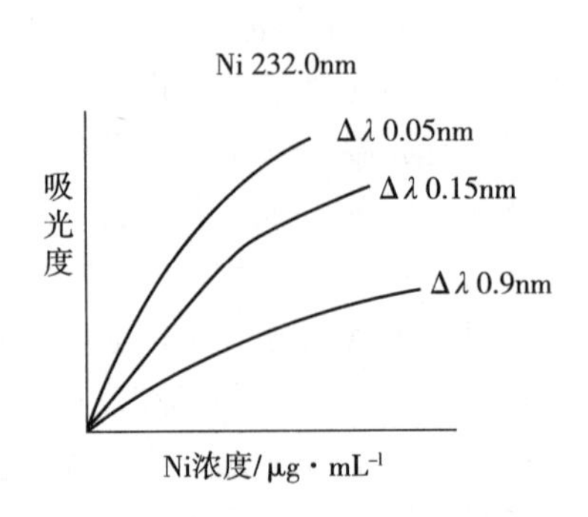

图 7-44　带宽对 Ni 标准曲线的影响

综如上述,设置能量满度的合理原则是:在确定分析线的情况下,尽可能采用合理高的增益,如 350V 或 400V 负高压,调整空心阴极灯位置和中心波长位置使能量最大;然后对带宽和灯电流之间进行折衷,对易挥发元素采用尽可能合理大的带宽和尽可能合理小的灯电流;而对多谱线元素则采用尽可能合理小的带宽和尽可能合理大的灯电流。

火焰原子化时,在点火的情况下设置能量满度。燃助比调整后,通常要核对能量满度检查火焰的透明度,尤其是分析线在短波紫外区的情况。

石墨炉原子化或石英管原子化时,在安置好石墨管或石英管的情况下调置能量满度。

当一个元素测量完毕换测另一个元素时,能量满度应重新设置。

3.4.2　原子化条件的设置

火焰原子化时,对被测元素各别优化燃气、助燃气流量和观测高度。通常助燃气兼作雾化气并对一台仪器固定不变,只改变燃气的流量。注意观测高度与所用燃气、助燃气的流量有关。

石墨炉原子化时,被测元素的升温方式和温度设置可参见附录。添加合适的改进剂有利于提高灰化温度,有利于原子化阶段的测量,减轻干扰,改善吸收信号。

3.5　干扰

按照国际理论化学与应用化学联合会(IUPAC)的意见,原子吸收光谱分析中的干扰分为非光谱干扰和光谱干扰两类。

3.5.1　非光谱干扰

(1)输运干扰。发生在雾化过程。共存物(包括制样时的酸)通过改变试样溶液的粘度、表面张力、温度而改变吸喷率和实际进入火焰分析区的试样量。试样溶液的雾化与用简单水溶液标准溶液建立校准曲线时的雾化不同,导致分析结果不准确,这种干扰不易被直观发觉。采用内标法或标准加入法有助于补偿雾化条件不同引起的输运干扰造成的误差。制样时要尽量避免使用硫酸和磷酸。

(2)溶质蒸发干扰。以前称凝聚相干扰,发生在火焰中气溶胶的蒸发过程。典型例子是磷酸盐和钙共存时,火焰中生成高沸点的焦磷酸钙 $Ca_2P_2O_7$ 凝聚相,蒸发不完全,并造成其他被测元素被包裹也同时蒸发不完全,分析结果偏低。Al、B、Be、Cr、Fe、Mo、Si、Ta、Ti、V、W 及稀土元素的存在也会产生溶质蒸发干扰。

(3)气相干扰。发生在蒸气分子解离阶段,共存物通过高温气相反应影响被测元素的原子化,属于化学干扰。例如,少量 Al 可使 Fe、Co、Ni、Cr 的测定增敏。这是因为这些元素的双原子氧化物分子 *MO* 解离时,Al 对氧有更大的亲和力,从 *MO* 中夺取氧,有利于产生更多的 *M* 原子。同样,少量的 Ti 或 V 对测定 Al 有增敏作用。当然,这些元素大量存在时发生溶质蒸发干扰,不再有增敏的作用。

(4)电离干扰。低电离电位元素如碱金属、碱土金属和Ⅲ族稀土元素在原子化阶段中,部分原子可进一步电离,生成单电荷离子 M^+(注意与溶液中离子状态不同),使原子浓度降低,且总原子浓度越低,电离的影响越大,这造成校准曲线的低浓度部分偏离直线,称为电离干扰。添加另一种低电离电位元素使之在分析区产生较多电子,可抑制被测元素的电离。

(5)空间分布干扰。分析区中温度、还原性基团、电子密度等参数的空间分布是不均匀的,试样中共存物引起如燃助比、温度、电子密度等参数空间分布的改变,从而造成分析结果的改变,这种干扰称为空间分布干扰。

3.5.2　光谱干扰

(1)与共存物的吸收线重叠或通带中有不止一条吸收线。Fassel 报道过吸收线 Al 308.2155与 V 的吸收线 V308.2111 重叠的例子。在 V 存在时,Al 的测定结果随共存的钒的含量增加而增大。但是,这类情况是难得遇到的,即使发生这种情况,可另选分析线测定,避免干扰。

(2)通带中存在非吸收线或非吸收辐射。这种非吸收谱线和非吸收辐射称为寄生辐射。多谱线元素的空心阴极灯辐射大量谱线,共振线附近常存在非吸收的谱线。采用过小带宽时,共振线强度太弱,以致信号噪声很大;适当增大带宽则非吸收线进入通带,如 Ni 的共振线 Ni 232.0附近有 Ni 231.98 和 Ni 232.14 两条非吸收线,难以用设置小带宽的方法隔除。寄生辐射的光谱干扰引起校准曲线斜率降低,线性范围变小,高浓度弯向浓度轴。

空心阴极灯的灯电流增大时,发射线轮廓变宽,两翼非吸收辐射增大,产生的影响与非吸收线的影响相同。这种情况不能用限制带宽的方法来克服。

(3)分子或基团的背景吸收。火焰中的分子与基团的吸收在点火调置能量满度时已予扣除,试样中共存物分子或基团在分析线波长处的吸收是背景吸收的主要部分,在背景吸收部分讨论。

(4)激发态原子辐射共振发射的影响。以测定钠为例,钠空心阴极灯辐射 589.0nm 和 589.6nm 的黄光供分析区中试样的钠基态原子吸收,进行测定。但是在分析区除了钠的基态原子外,还存在少数钠的激发态原子,这些激发态钠原子发射的谱线也是 589.0nm 和 589.6nm 的黄光。分光系统无法区分波长相同的光。为了消除激发态原子发射的干扰,仪器采用调制的方法,即空心阴极灯用脉冲供电的方法调制,因而分析区基态原子的吸收信号也是脉冲信号,分析区的激发态原子发射不经脉冲调制,是直流稳态信号。检测系统作交流放大处理时,直流的发射信号被滤去,仅脉冲的吸收信号被检测。但是发射信号的波动仍被检测器检测,成为吸收信号噪声的一部分。原子吸收光谱仪将原子化器置于分光系统之前,是为了降低噪声。紫外可见分光光度将被测溶液比色皿放在分光系统之后,是为了防止光分解和光化学反应。

(5)白色微粒散射光。分析区存在凝聚相难挥发微粒、大雾滴未充分除去而形成大颗粒气溶胶蒸发不完全、疏松石墨管产生的石墨微粒都会引起对空心阴极灯辐射的散射，造成假吸收，这种吸收通过对背景吸收的校正来扣除。

3.6 背景吸收与校正

3.6.1 背景吸收

原子吸收光谱分析通过测量基态原子的光吸收测定被测元素的量。但是，实际测得的光吸收中除了被测元素基态原子的光吸收外，还常常伴有其他吸收，这些其他吸收统称为背景吸收，必须予以扣除，才得到基态原子的吸收，这种扣除称为背景校正。背景吸收有以下几种：

(1)有共存组分的分子吸收叠加在分析线波长上

实例如测定 Ba 时，分析线 Ba 553.6 落在 CaOH 分子吸收带中，测得的吸光度为样品中的 Ba 的基态原子的吸收和 CaOH 分子对 Ba 553.6 吸收的总和；同样，Li 670.7 落在 SrO 的吸收带 640nm ~ 690nm 中；Cr 357.9 落在 MgOH 吸收带 350nm ~ 390nm 中。在笑气乙炔焰中，分子解离比较充分，分子吸收带引起的背景吸收可大大减弱。

水溶液中水分子解离及燃烧产生的水分子的解离生成的 OH 分子在 281nm ~ 307nm 和 309nm ~ 330nm 有两个吸收带。烃类火焰在波长小于 230nm 的短波区有明显背景吸收。CH 带在 387nm ~ 410nm，C_2带在 468nm ~ 474nm。笑气乙炔焰中生成的氰分子的吸收带峰值波长在 386.2nm、387.1nm、388.3nm。试样溶液中存在的一些有机物会产生一些分子的吸收带。

碱金属、碱土金属和其他一些试样中经常可能共存的元素的分子吸收带列于表 7-8。

表 7-8 空气乙炔焰中的分子背景吸收

分子吸收带	吸收波长范围/nm	最大吸收波长/nm
Li、LiCl	190 ~ 270	226
LiBr	190 ~ 310	190、250
LiI	190 ~ 350	190、225
LiOH	190 ~ 340	200、260
Na、NaCl	190 ~ 300	236
NaBr	190 ~ 350	190、250
NaI	200 ~ 380	220
NaOH	200 ~ 400	234、332
K、KCl	190 ~ 285	243
KBr	200 ~ 320	210
KI	190 ~ 380	190、240
KOH	200 ~ 400	200、329
Rb、RbCl	190 ~ 295	190、250
RbBr		215
RbI	190 ~ 380	190、245

续表

分子吸收带	吸收波长范围/nm	最大吸收波长/nm
Cs、CsCl	190～285	190、248
CsBr	190～330	190、275
CsI	190～380	200、245
Be、BeO、BeOH	190～400	217
Mg、MgOH	200～400	270
Ca、CaO、CaOH	200～400	200
CaOH	540～600	553.16
Sr、SrO、SrOH	590～660	625
	200～400	200
SrOH	620～700	670
Ba、BaO、BaOH	200～350	200
La、LaO、LaOH	200～430	200
Ce、CeO	200～400	
Ti、TiO	200～400	
V、VO	200～400	250、300
Cr、CrO	200～400	219、297.5
Mo、MoO	200～380	208
W	200～400	220
Mn、MnOH	200～400	
Fe	200～400	
Co	200～400	
Ni	200～400	
Pt	200～350	205
Au	200～400	
Al、AlO	200～430	241
Ga、GaCl、GaO	200～300	240
In、InCl、InO	200～340	267
C、C_2	468～474	
Si	200～400	225
Sn、SnO	200～380	322
N、NO	190～230	214.9
PPO	200～390	246.3
S、SO_2	180～350、200～400	207
Tl	200～250	216

(2)制样时引入的酸引起的背景吸收

硫酸和磷酸不仅影响雾化过程,还在波长250nm的短波区产生分子吸收。石墨炉中,在约450℃,硫酸盐分解,产物会发生分子吸收

$$SO_3 + h\upsilon \rightarrow SO_2 + O \quad (临界吸收波长330nm)$$

$$SO_2 + h\upsilon \rightarrow SO + O \quad (临界吸收波长190nm)$$

$$SO + h\upsilon \rightarrow S + O \quad (临界吸收波长245nm)$$

硝酸盐的分解反应发生在约150℃,吸收峰在204.6nm、214.6nm、226.0nm,这些分子吸收在时间上与原子化过程是分开的,因此不影响被测元素基态原子的吸光度测量。

(3)原子化区中未完全蒸发的固体微粒的光散射产生的假吸收。

3.6.2 背景吸收的校正

背景吸收的校正有多种方法,其原理是:基态原子只对共振线轮廓中的中心波长部分产生特征吸收,而背景吸收不具有特征性质,吸收可发生在共振线附近若干纳米的范围内并可看成吸收值相同。吸光度测量值具有加和性,总吸光度扣去背景吸光度就得到基态原子的吸光度。

(1)邻接非吸收线法

在被测元素共振线测得

$$A = A_{原} + A_{背}$$

在分析线附近波长选取一条非吸收线,该非吸收邻接线可从同一空心阴极灯中选取,也可用其他元素的空心阴极灯选取。在邻接线,测得$A_{背}$,基态原子的吸收由两个测量值由差减法算得。

(2)氘灯法

如图7-45所示,当转镜转动时,空心阴极灯光束和氘灯光束交替通过火焰(或石墨管)同一区域,到达光谱仪而被检测。当空心阴极灯光束通过分析区时,测得$A_{原} + A_{背}$;当连续光源氘灯光束通过分析区时,等同于分光光度计的单色光在带通范围内测量分子吸收,因带宽远大于吸收线物理宽度,基态原子的吸收可视为零,即测得$A_{背}$,两者之差通过电子学系统进行差减运算,读出$A_{原}$数值。

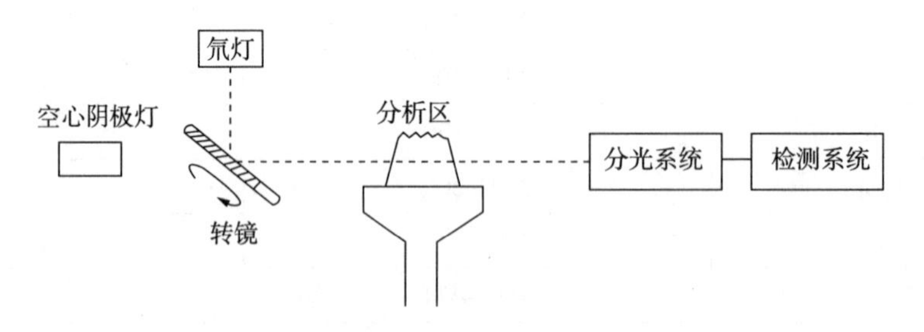

图7-45 氘灯法背景吸收校正

在可见光,连续光源改用卤钨灯,但习惯上都称为“氘灯法扣背景”。

(3)自吸收法

利用同一个空心阴极灯同一条共振线在不同工作电流时测得的吸光度进行背景吸收校正,文献上称S-H(Smith-Hieftje)法。其实,中科院上海冶金所刘瑶函在1978年桂林会议上最先提出此方法原理,比S-H法早5年。

刘-S-H法将空心阴极灯交替进行小电流-大电流脉冲供电。小电流工作时，光谱仪作正常原子吸收光谱测量，测得$A_{原}+A_{背}$。当空心阴极灯大电流工作时，共振线发生自吸（图7-46），这时中心波长强度因自蚀而减弱，两侧轮廓翼部相当于两条邻接线，测定背景吸收；但自蚀后中心波长仍有一定强度，产生一定的基态原子吸收$A_{蚀原}$，即大电流时测得的吸收为$A_{背}+A_{蚀原}$。仪器给出两者之差为：$(A_{原}+A_{背})-(A_{背}+A_{蚀原})=A_{原}-A_{蚀原}$。这表明，该方法扣除了背景吸收，但伴有灵敏度受损，校准曲线斜率降低。对于低沸点元素，空心阴极灯使用寿命受损；对于高沸点元素，阴极材料蒸发量小，自蚀不严重，则校准曲线斜率降低损失很小，甚至扣除背景吸收无效。

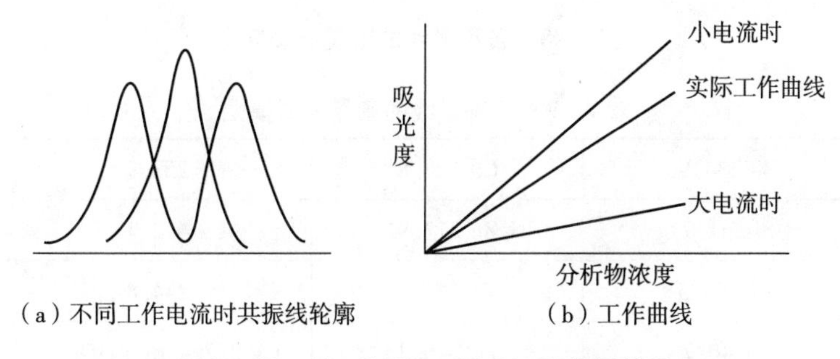

（a）不同工作电流时共振线轮廓　　（b）工作曲线

图7-46　刘-Smith-Hieftje法背景校正

（4）波长调制法背景校正

这种背景校正采用连续光源和高分辨率分光系统。在分光系统出射狭缝前，安置一块平行度良好的石英片，见图7-47（a）。该石英片转动时，出射缝中射出并被测量的光的波长在一个小范围内扫描变动，图7-47（b）。当中心波长射出时，测得$A_{原}+A_{背}$，偏离中心波长时测得$A_{背}$，从而实现背景吸收的校正。

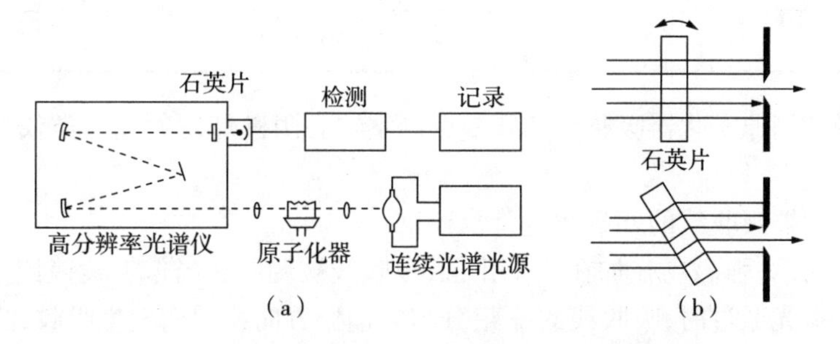

图7-47　用石英片波长扫描调制作背景吸收校正

（5）塞曼调制法

采用塞曼效应法作背景吸收校正的商品仪器称为塞曼原子吸收光谱仪。

1986年Zeeman发现，不论发射线或是吸收线，谱线在磁场中发生分裂，分裂为波长不变的π组分和波长不同的σ+和σ-组分，且π组分和σ±组分有互相垂直的偏振方向，称为Zeeman效应，译称塞曼效应。分裂的大小与磁场强度成正比。

$$\Delta v=\frac{eH}{4\pi mc}=0.4668B$$

式中，Δv为分裂的裂距，cm^{-1}；H为磁场强度，GS；B为磁感强度，T。

Zeeman 分裂有多种模型，各种谱线的塞曼分裂模型见图 7－48、表 7－9。

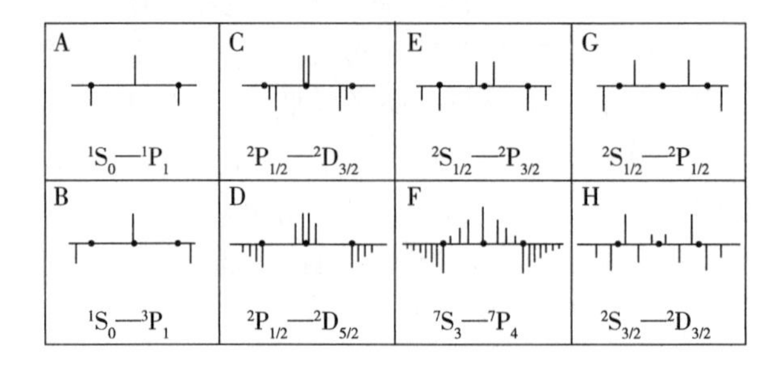

图 7－48　各种谱线的塞曼分裂模型

表 7－9　各种谱线的塞曼分裂模型

A、B 类	Be 234. 9	Cd 228. 8	Hg 253. 7	Pb 283. 3
	Si 251. 7	Zn 213. 9	Ca 422. 7	Sr 460. 7
	Ba 553. 5	Mg 285. 2	Pd 244. 8	
C、D 类	Co240. 7	Fe 248. 3	Ga 287. 4 In 303. 9	
	Ni 232. 0	Pt 265. 9	Sn 224. 6	Te 214. 3
E、F 类	Ag 328. 1Au 242. 8	As 193. 7	Bi 303. 6	
	Cr 357. 9	Mn 279. 5	Cu 324. 8 Mo 313. 3	
	Sb 217. 6	Se 196. 0	Li 670. 8	Na 589. 0
	K 766. 5	Rb 780. 0	Cs 852. 1	
G、H 类	Al 309. 3			

下面用塞曼调制原子化器吸收线和塞曼调制室空心阴极灯发射线两类仪器说明背景校正的原理。

①调制原子化器吸收线的塞曼效应背景校正

如图 7－49 所示，强磁场施加在原子化区，吸收线被调制。当偏振棱镜使空心阴极灯光束平行于磁场的偏振光通过时，吸收线的 π 组分与它偏振方向相同而发生吸收，测得 $A_{原}+A_{背}$；当垂直于磁场的偏振光通过时，吸收线的 σ ± 组分与空心阴极灯共振线中心波长不同，不发生吸收，吸收线的 π 组分与空心阴极灯共振线的偏振方向不同也不发生吸收，分子光谱不受塞曼效应调制，因此测得 $A_{背}$。偏振光交替进行检测，差减法得 $A_{原}$。

②调制空心阴极灯发射线的塞曼效应背景校正

如图 7－50 所示，强磁场施加在空心阴极灯上，使共振发射线产生塞曼分裂。分裂组分 π 和 σ ± 有互相垂直的偏振方向，并经偏振棱镜交替通过分析区。当 π 组分通过时，中心波长与吸收线一致，测得 $A_{原}+A_{背}$；当 σ ± 组分通过时，波长偏离吸收线，测得 $A_{背}$。两者之差为分析元素的原子吸收 $A_{原}$。

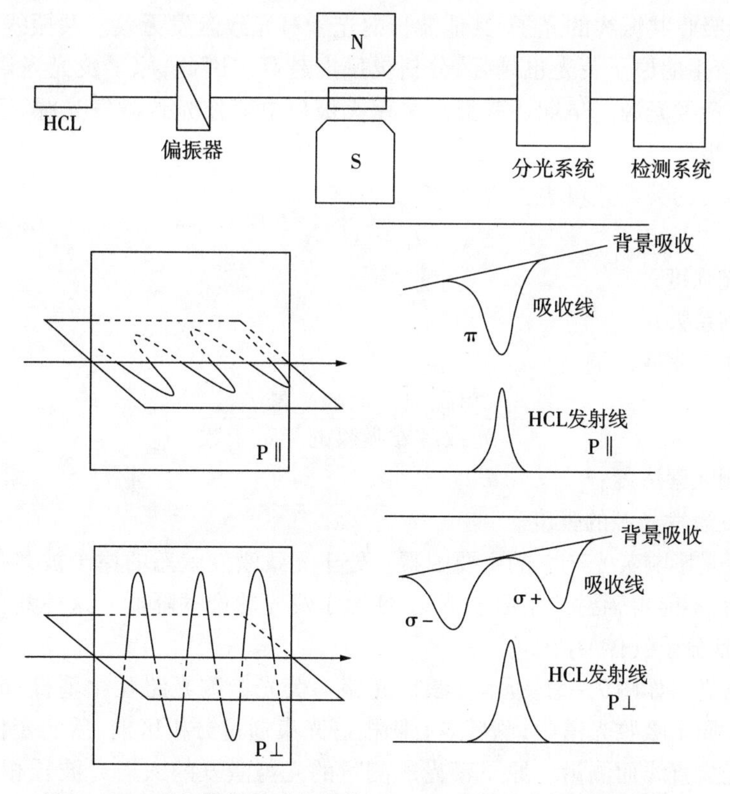

图 7－49　磁场调制原子化器的 Zeeman 原子吸收光谱背景校正

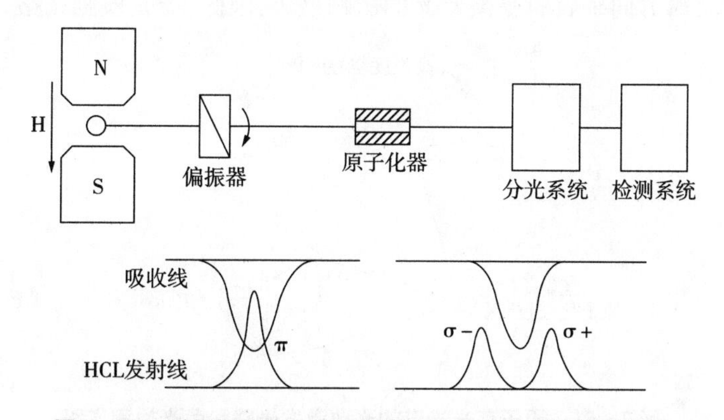

图 7－50　磁场调制空心阴极灯的 Zeeman 法原子吸收光谱

4　原子荧光光谱分析

4.1　原子荧光

分析物吸收光子而达到激发态,称为光致激发。光致激发是一种选择性激发,吸收共振线光子而激发。光致激发的激发态原子辐射光子,称为再辐射。原子受光致激发后的再辐射产生原子荧子光谱,原子荧光光谱为线光谱。

基态原子只吸收共振线的光子,其他波长的光子对光致激发无效。共振线越强,受光致激发的原子越多,产生的原子荧光也越强,分析灵敏度越高。因此,原子荧光光谱分析采用高强度空心阴极灯作激发光源。早期还盛行过采用无极放电灯作光致激发光源,但强度稳定性不如高强度空心阴极灯。

原子荧光强度的关系式可表述为

$$I_F = kyI_0C$$

式中:I_F——荧光强度;

k——比例系数;

y——荧光产率或产额

$$y = \frac{再辐射发射的光量子数}{光致激发吸收的光量子数}$$

C——被测元素浓度;

I_0——光致激发光源的强度。

荧光的猝灭是影响荧光产率的主要因素。处于光致激发状态的原子被共存的其他原子或分子碰撞而失活,不能再辐射产生原子荧光,使原子荧光的产率降低。这种共存物指在分析区的共存物,也包括分子气体 O_2、H_2等。

原子荧光的光路如图 7－51 所示。激发光路与荧光检测光路互相垂直,这与原子吸收光谱的光路不同。原子吸收光谱中,测量空心阴极灯光束通过分析区前、后的变化,测量吸光度,入射光与透射光成直线而测量。原子荧光所测量的光与激发的入射光波长相同,所以不可能通过分光系统加以分离,要避免入射激发光的影响必须避开透射方向。由于荧光辐射是各方向等同的,与入射透射方向垂直时受激发光的影响最小,因此,荧光检测光路垂直于激发光路。

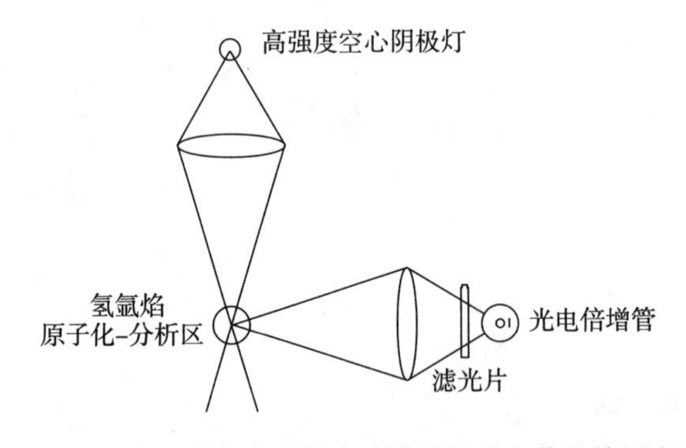

图 7－51　原子荧光光谱的光致激发光路和荧光检测光路

4.2　氢化物发生原子荧光光谱分析

氢化物发生与原子荧光光谱分析联用是我国分析化学发展的一个特色。20 世纪 70 年代美国曾推出过原子荧光光谱仪,但由于和原子吸收光谱分析相比,分析性能没有特殊优点,以致被淘汰。我国在流动注射技术、氢化物发生法研究领先的基础上,与原子荧光检测联用,并推出了商品仪器,成为氢化元素痕量分析,尤其是砷、硒、汞痕量分析的重要手段。商品仪器出口,在国外建立了一定的影响,冷原子发生原子荧光光谱法测定汞已被美国环境保护总署列为 USEPA 标准方法。

用连续流动注入法或间歇(断续)流入注入法发生氢化物的内容参阅氢化物发生法部分。将制备好的试样溶液、$NaBH_4$试剂溶液按设置好的程序依次注入到载流中,在反应圈内发生氢化物。在气液分离器,载气氩将产生的氢化物和冷原子汞蒸气及过量的氢气带入氢氩焰中原子化,废液排去。火焰中氢化元素原子受到高强度空心阴极灯的激发,由于光致激发产生的激发态很少,原子荧光光谱简单,因此,可不用分光系统(分光系统包括两个狭缝,光通量利用率较低)而使用波长与荧光线波长一致的窄带滤光片去杂散光,进行检测。检测的光电转换元件是光电倍增管,其工作波长范围与氢化元素共振荧光线的波长相适应。

氢化物发生法与原子荧光检测联用使得被测元素转变为氢化物而送入氢氩焰中原子化,原子化及光致激发、再辐射过程都已同试样中基体及大多数共存物分离,显著减轻了猝灭;火焰中也不存在由雾化而引入的固体微粒和微粒引起的光散射,这种光散波长与共振荧光相同而造成假荧光。氢氩焰的背景也较空气乙炔焰低。因此,HG - AFS联用技术对氢化元素测定结果的检出限、精密度有了很大的改善。

采用HG - AFS联用技术分析痕量氢化元素的一个重要问题是试样制备。灰化、敞口酸式消解常带来显著或不显著的挥发损失,要避免采用。密封的微波消解装置可有效防止Hg、As、Se及其他氢化元素的挥发损失。

第 8 章　力学性能的仪器化检测

力学性能试验是通过适宜的力学试验和相应的测量求得各种力学性能判据（指标）的实验技术。随着最新的微电子技术、计算机技术、自动控制技术等高新技术在力学性能试验技术和设备中的广泛应用，一方面改进了试验设备，使得一些复杂的控制、测量和记录得以自动化，减少了人为误差；另一方面促进了力学试验技术的发展，使得一些原来只能定性或半定量测量的力学性能指标能够精确地测量。当前的力学性能试验技术正向着试验条件不断繁杂化（更加接近材料或构件的实际服役条件）、试验范围逐渐扩大化（满足新材料的试验）、试验数据更趋精确化和试验过程日益自动化的方向发展。在这方面，金属材料拉伸试验走在了前面。目前，拉伸性能的许多指标从试验方法到试验设备，都已能满足自动精确测量的要求，而金属材料冲击试验和硬度实验也正沿着这一方向发展。新的自动精确的测量设备已被发明，其相应的标准测试方法也被提出。为了区别原来的试验方法，国际上把这些新的试验方法取名为仪器化试验方法（instrumented test method），如仪器化冲击试验（instrumented impact test）和仪器化压痕试验（instrumented indentation test）。

1　仪器化冲击试验

1.1　概述

冲击试验是根据许多构件和零件在服役时承受冲击载荷作用而提出的。构件或零件在冲击载荷的作用下，形变速率增加，因而限制了塑性变形的发展，使塑性变形极不均匀，塑性变形抗力提高，并使局部高应力区形成裂纹，增加了材料的变脆倾向，使服役中的构件或零件发生无预兆的突然断裂。因此，研究构件在冲击载荷作用下的力学性能具有重要的现实意义。冲击试验方法，按试样的支承方式可分为简支梁夏比（Charpy）冲击试验和悬臂梁艾氏（Izod）冲击试验，其中夏比冲击试验的应用更为广泛。

夏比冲击试验是在 20 世纪初由法国工程师 G. Charpy 提出并建立起来的。其原理是：将具有规定形状、尺寸和缺口类型的试样放置在摆锤式冲击试验机的试样支座上（缺口背向打击面），使之处于简支梁状态，把一定重力 G 的摆锤举至一定高度 H_1，使其获得一定的重力势能 GH_1。释放摆锤使其沿圆周自由下摆，当摆锤下摆至圆周的最低点冲击试样的瞬间，重力势能 GH_1刚好全部转化为动能。此时一部分能量传递至试样，使试样在缺口附近产生局部弹性和塑性变形，进一步由缺口根部萌生裂纹，最终导致裂纹快速扩展、试样断裂。与此同时，摆锤的剩余动能使摆锤继续沿圆周向前（上）运动，当摆锤运动至高度 H_2时，其速度降至零，剩余动能又全部转化为重力势能 GH_2，试验结束。将试验过程中摆锤前后两个高度的重力势能差 $GH_1 - GH_2 = G(H_1 - H_2)$ 视为试样变形和断裂所消耗的能量，称为试样的冲击吸收功，以符号 K 表示。这种试验方法，由于采用能量守恒原理进行计算，避免了对试样所受的瞬间作用力和位移的测量,试验和试样加工都很简便,已成为评价金属材料冲击韧性应用最广泛的一种传统力学性能试验。目前国内外常用的夏比冲击试验标准有:GB/T 229—2007《金属材料　夏比摆锤冲击试验方法》、ISO 148 - 1:2016《金属材料　夏比摆锤冲击试验　第 1 部分:试验方法》、ASTM E23 - 2016b《金属材料缺口试棒冲击试验方法》等。

夏比冲击试验自诞生的 100 多年以来,人们一直没有停止对其方法的研究和改进。随着对冲击试验过程日趋精细化和试验结果更为准确化的要求,人们逐渐发现了这一试验方法的两方面缺陷:

第一,摆锤的重力势能差(即能量损失)K 并不等于冲断试样所消耗的功,其中还包含摆锤轴摩擦、空气阻力、试验机机座振动、试样抛出等因素所消耗的能量。一般情况下,由于后几项功很小,K 近似等于试样变形断裂所消耗的功,但对脆性材料和韧性很好的材料误差则较大,因为脆性材料试样的变形断裂所吸收的功很小,后几项能量的相对量增大;而韧性很好的材料做冲击试验时试验机机座振动很大,后几项能量的绝对量增大。

第二,试样的冲击吸收功并不能完全反应材料的韧脆性能。例如,两个试样的冲断过程中,一个冲断力很大位移很小;另一个冲断力较小但位移很大,两者的冲击能量可能是相等的,见图 8 - 1 所示。图 8 - 1 为冲击力 - 试样位移曲线,曲线下方包含的面积(力对位移的积分)即为材料的冲击吸收能量。图中两个试样曲线下方的面积,除去网状阴影部分外余下部分相等,即两者冲击能量相等,但①的冲击力在断裂前呈线性增长,断裂时突然下降,试样断裂前的位移较小,宏观表现为脆性材料;②的冲击力在初期线性增长后逐渐变缓,试样断裂末期的冲击力下降速率也较缓,断裂前的位移较大(即材料的塑性变形较大),材料为韧性材料。由此可见,冲击能量不能完全反映材料的韧脆性能,它没有反应材料在冲击过程中的受力和变形的大小及试样断裂的过程,因而不能完全作为设计和材料检验的定量依据。

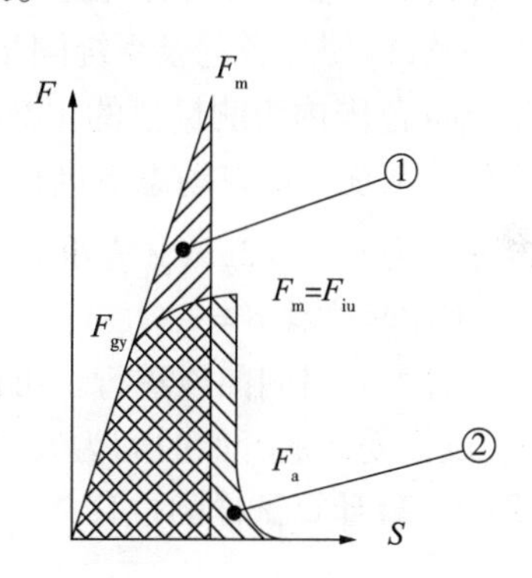

图 8 - 1　冲击力 - 位移曲线

20 世纪 50 年代起,欧美等西方先进国家开始尝试将应变计贴在摆锤锤头上,对冲击过程中试样承受的载荷和位移进行测量。由于冲击过程持续时间短,对瞬间冲击力的测定是非常困难的,因此,试验设备严重制约了冲击试验方法和试验技术的进步。随着科学技术的发展,尤其是现代微电子技术和计算机技术的发展,试验设备的障碍逐渐被克服,同时,新的试验方法标准也伴随着试验技术和方法的发展应运而生。1993 年 ESIS(European Structural Integrity Society)制定出"仪器化夏比 V 型冲击试验方法"。试行一段时间后,国际标准化组织于 2000 年 5 月 1 日发布 ISO 14556:2000《钢材　夏比 V 型缺口摆锤冲击试验　仪器化试验方法》,2015 年修订并重新发布,编号 ISO 14556:2015。2005 年 5 月 13 日,我国根据 ISO 14556:2000 制定的国家标准 GB/T 19748—2005 发布,标志着我国进入了冲击试验发展的新时代。

1.2　仪器化冲击试验机

与传统的冲击试验机相比,仪器化冲击试验机在以下三方面进行了改进:

(1)增加了力测量系统

力测量系统包括力传感器、放大器、A/D 模数转换器及显示和记录系统。力传感器通常使用电阻应变计粘贴到锤刃侧面相对的边上，与两个补偿应变计组成电桥（补偿应变计不应贴到试验机上受振荡作用的任何部位）。为了不遗漏信息，准确测定冲断试样过程中力的特征值、位移特征值及能量特征值，由力传感器、放大器及记录仪等组成的力测量系统至少应有100kHz频率响应，对钢试样，其信号上升时间应不大于3.5μs。

力传感器通常在静态下标定，动态下使用。校准时，将力传感器装在锤头上。全部测量系统的静态线性及滞后误差的要求如下：力范围在10%～50%之间时为±1%，在50%～100%之间时为±2%。当力传感器单独校准时，在标称范围的10%～100%之间为满量程的±1%。力传感器一般在其满量程的20%～80%之间使用。

（2）增加了试样位移测量系统

试样位移（试样与平台的相对位移）的测量有两种方式：一是用位移传感器直接测定；二是通过力－时间曲线进行计算确定。一般来说，用位移传感器直接测定试样位移的精度较高。

冲击试样位移传感器有光学式、感应式或电容式，位移传感器系统信息的特性应与力测量系统一致，以使二者记录系统同步。位移测量传感器的名义值应不低于30mm，其线性误差在1～30mm范围内为测量值的±2%。

位移系统一般在动态下进行校准，方法是：在不放试样条件下释放摆锤，摆锤在最低处的冲击速度为$v_0=\sqrt{2gh}$（g为重力加速度）。由于位移很小时（0～1mm之间）可以认为冲击速度不变，则此时位移$S=v_0(t-t_0)$。用S对位移传感器进行校准。

通过力－时间曲线进行也可以计算试样的位移：假定摆锤的有效质量为m，初始冲击速度为v_0，试样变形的开始时间为t_0，根据力传感器测出的力与加速度成比例的关系，由式（8－1）和式（8－2）计算试样的位移

$$v(t)=v_0-\frac{1}{m}\int_{t_0}^{t}F(t)\mathrm{d}t \tag{8-1}$$

$$S=\int_{t_0}^{t}v(t)\mathrm{d}t \tag{8-2}$$

（3）试验过程自动化

仪器化冲击试验机一般都采用数字控制技术，数据的采集、处理和报告的编制全部实现自动化。为了满足试验准确度的要求，数据的采集应至少使用8位模拟－数字转换器（推荐采用12位模拟－数字转换器），其采样频率应不低于250kHz。对于每个8ms的信号周期，应至少存储2000个数据点。显示载荷信号的测量放大器的频带宽应为0～100kHz。

1.3 仪器化冲击试验所引入的新术语

仪器化冲击试验由冲击力的测量及试样弯曲位移的测量组成。像拉伸试验给出力－位移曲线（或应力－应变曲线）一样，仪器化冲击试验也能给出冲击力－位移曲线（见图8－2）。在冲击力－试样位移曲线上，我们不但能求出冲断试样时吸收的能量即冲击能量（力－位移曲线下的面积），还可以像在拉伸应力－应变曲线上求出许多力学性能指标一样，在冲击力－试

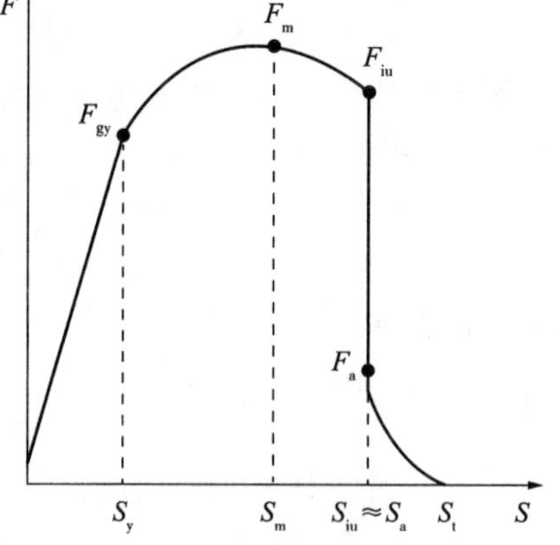

图8－2　力和位移的定义

样位移曲线求出许多与力、位移和能量相关的物理量(特征值),如冲击屈服力、最大力、不稳定裂纹扩展起始力、不稳定裂纹扩展终止力、最大力时冲击能量(近似等于裂纹形成能量)、不稳定裂纹扩展起始能量、不稳定裂纹扩展终止能量、总冲击能量、裂纹形成能量、裂纹扩展能量及相应的位移等。这里,特征力是最基本的,其他参数,例如屈服位移、最大力时位移、最大力时的能量等均与特征力有关。这些力、位移和能量特征值的物理意义和符号见表 8－1。

表 8－1　力、位移和能量特征值的物理意义和符号

名称	符号	单位	物理意义
屈服力	F_{gy}	N	力－位移曲线从直线增加向曲线增加转变时的力。它表征穿过试样全部不带裂纹试样的韧带发生屈服时的近似值,实质上是试样缺口根部发生屈服时相应的冲击力
不稳定裂纹扩展起始力	F_{iu}	N	力－位移曲线(或力－时间曲线)急剧下降开始时的力。它表示不稳定扩展开始时的特性
不稳定裂纹扩展终止力	F_{a}	N	力－位移曲线(或力－时间曲线)急剧下降终止时的力
最大力	F_{m}	N	力－位移曲线(或力－时间曲线)上力的最大值。通常以最大力作为裂纹形成与扩展的分界。因此,在最大力点之前所消耗的能量,称为裂纹形成能量,其后称为裂纹扩展能量
屈服位移	S_{gy}	mm	与屈服力相对应的位移
不稳定裂纹扩展起始位移	S_{iu}	mm	不稳定裂纹扩展开始时的位移
不稳定裂纹扩展终止位移	S_{a}	mm	不稳定裂纹扩展终止时的位移
最大力时的位移	S_{m}	mm	与最大力相对应的位移
总位移	S_{t}	mm	力－位移曲线结束时的位移
不稳定裂纹扩展起始能量	W_{iu}	J	力－位移曲线下从 $S=0$ 到 $S=S_{iu}$ 部分的面积
不稳定裂纹扩展终止能量	W_{a}	J	力－位移曲线下从 $S=0$ 到 $S=S_{a}$ 部分的面积
最大力时的能量	W_{m}	J	力－位移曲线下从 $S=0$ 到 $S=S_{m}$ 部分的面积
裂纹形成能量	W_{i}	J	近似地认为,力－位移曲线下从 $S_0=0$ 到 $S=S_{m}$ 部分的面积,即 $W_{i}\approx W_{m}$
裂纹扩展能量	W_{P}	J	力－位移曲线下从 $S=S_{m}$ 到 $S=S_{t}$ 的面积,即 $W_{P}=W_{t}-W_{i}$
总冲击能量	W_{t}	J	力－位移曲线下从 $S=0$ 到 $S=S_{t}$ 的面积

1.4 力、位移和能量特征值的测量

1.4.1 力 - 位移曲线的处理

仪器化冲击试验时，由于力传感器、试样与支座之间的相互作用而在力 - 位移曲线上叠加有振荡信号，见图 8 - 3。曲线上的第一个振荡峰来自于试样与支座端面的间隙，因此第二个峰是材料弹性变形引起的，其后的振荡则是在塑性变形和断裂过程中力传感器与试样之间相互作用而产生的。为了减小或为了去掉振荡的影响，可采用拟合试验曲线方法，使之再现曲线的原始状态，如图 8 - 3 所示，然后用拟合后的曲线再现力、位移和能量特征值。

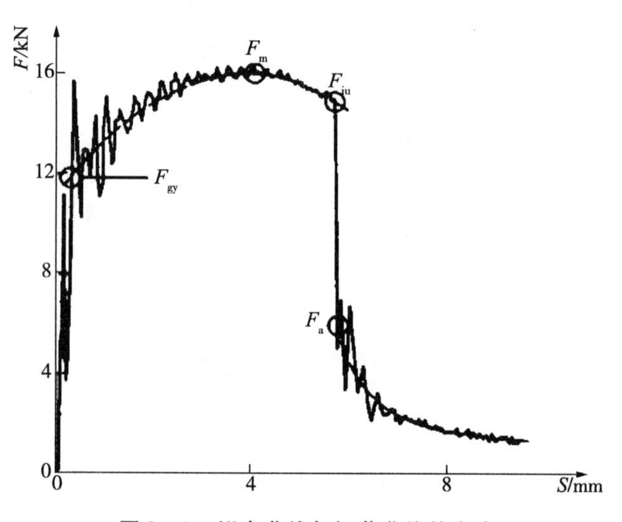

图 8 - 3 拟合曲线与振荡曲线的合成

1.4.2 冲击曲线的分类

按冲击曲线近似关系，通常将力 - 位移曲线分为 A ~ F 六种类型（见表 8 - 2）。在最大载荷前不存在屈服（即几乎不存在塑性变形）且只产生不稳定断裂扩展的为 A 型；在最大载荷前不存在屈服力，但有少量稳定扩展的为 B 型；在最大载荷前存在塑性变形，并有稳定和不稳定扩展，根据其稳定或不稳定扩展所占比例的大小分为 C、D、E 型；产生稳定扩展的为 F 型。这六种曲线类型中，A 型和 B 型为脆性断裂，二者之差别在于 B 型曲线形状有少量的稳定扩展；F 型为韧性断裂，它只产生稳定扩展；C、D 和 E 型为半韧性断裂，既存在稳定扩展又有不稳定扩展，但各种曲线形状中稳定的和不稳定的扩展所占比例不同。

1.4.3 力特征值的测量

（1）屈服力

屈服力 F_{gy} 为力 - 位移（或力 - 时间）曲线第二个峰值上升部分与拟合曲线的交点所对应的力，见图 8 - 3。

（2）最大力

最大力 F_m 为穿过振荡曲线的拟合曲线上最大值所对应的力，见图 8 - 3。

表 8-2　力-位移特征曲线的分类

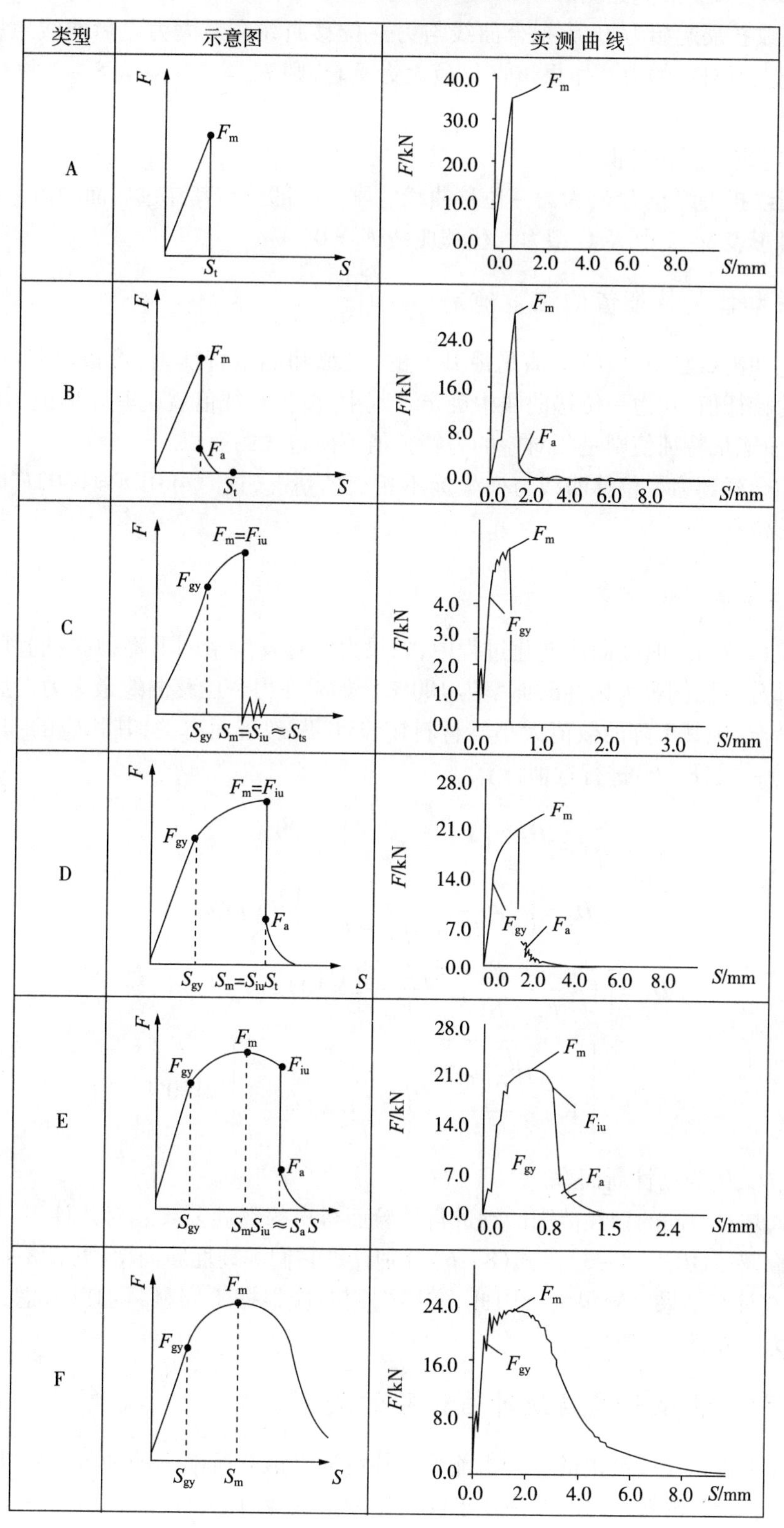

(3)不稳定裂纹扩展起始力

不稳定裂纹扩展起始力 F_{iu} 为拟合曲线与力－位移曲线在最大力之后曲线急剧下降时与振荡曲线的交点所对应的力。如果该点与最大力重合,则 $F_m = F_{iu}$(见表 8－2 的 C 型和 D 型力－位移曲线)。

(4)不稳定裂纹扩展终止力

不稳定裂纹扩展终止力 F_a 为力－位移曲线急剧下降部分与其穿过后面的力－位移拟合曲线的交点。对于表 8－2 中 A、C 型力－位移曲线 $F_a = 0$。

1.4.4 位移和能量特征值的测量确定

在仪器化冲击试验中,力特征值是最基本的,位移和能量特征值,可根据其定义和 1.4.3 中确定的力的特征值,在力－位移曲线中确定。其中,位移特征值就是其相应的力特征值所对应的横坐标,而能量特征值则是相对应的力特征值下所包含的面积。

有时我们会碰到力－位移曲线与横坐标不相交的情况,这时可用 $F = 0.02F_m$ 所对应的横坐标来计算总位移。

1.4.5 韧性断面率的测量

在力－位移或力－时间曲线变化过程中,如果力没有发生急剧下降,则我们可把此时断裂表面的韧性部分的比例定为韧性断面率为 100% 。如果在力－位移曲线最大力之后,力发生了急剧下降的情况,则其下降的数值大小与材料韧脆性、断裂表面有关,其相应的韧性断面率可通过式(8－3)～式(8－6)进行近似计算。

$$D_1 = \left(1 - \frac{F_{iu} - F_a}{F_m}\right) \times 100\% \tag{8-3}$$

$$D_2 = \left[1 - \frac{F_{iu} - F_a}{F_m + (F_m - F_{gy})}\right] \times 100\% \tag{8-4}$$

$$D_3 = \left[1 - \frac{F_{iu} - F_a}{F_m + K(F_m - F_{gy})}\right] \times 100\% \quad (K = 1/2) \tag{8-5}$$

$$D_4 = \left[1 - \sqrt{\frac{\frac{F_{gy}}{F_m} + 2}{3}} \times \left(\frac{\sqrt{F_{iu}}}{\sqrt{F_m}} - \frac{\sqrt{F_a}}{\sqrt{F_m}}\right)\right] \times 100\% \tag{8-6}$$

式中,D_1、D_2、D_3、D_4 为韧性断面率。

这些公式是对不同的韧性范围的钢进行试验而得出的经验公式。对几种不同的钢进行仪器化冲击试验,然后用式(8－3)～式(8－6)分别计算它们的韧性断面率,见表 8－3。由表 8－3 可知,各公式计算结果差异很大。因此,实际选用时应根据不同材料加以考虑,其中式(8－5)适用于压力容器钢。

1.5 仪器化冲击试验与传统冲击试验的关系

用仪器化冲击试验所测出的总冲击能量与传统冲击试验所测出的冲击吸收功应该是接近的,一般不超过 ±5J,两者之间的差别在于仪器化冲击试验所测出的总冲击能量不包含摆锤轴磨擦、机座振动、空气阻力、试样抛出等因素所消耗的能量。

表 8-3　韧性断裂表面比例计算公式的比较

材料	力特征值				公式计算			
	F_{gy}	F_m	F_{iu}	F_a	D_1	D_2	D_3	D_4
A1-01	14.57	21.89	19.73	3.94	27.87	45.94	38.41	53.51
OHA-1	13.23	22.54	22.09	10.71	49.51	64.27	58.15	74.67
450-28	15.44	22.89	22.16	2.01	11.97	33.58	24.29	38.70
JB785-A2	15.16	20.31	19.97	6.16	32.00	45.75	39.65	59.64

通过选择正确的经验公式,将仪器化冲击试验所测量力特征值代入计算所得出的韧性断面率与采用对比、尺寸测量等传统方法求出的韧性断面率也很相近,例如,式(8-5)对于压力容器用钢就很相符。

1.6　仪器化冲击试验的意义

仪器化冲击试验中所引入的冲击能量特征值是一个新的概念,它表征了材料在冲击试验过程中能量变化的特征。由于材料在达到冲击最大力之前只产生弹塑性变形,随着塑性变形的发展逐渐形成裂纹,而一旦有裂纹产生,力将会下降,因此,人们把冲击最大力作为裂纹形成的判据:

以最大力为分界点,最大力之前,是裂纹形成消耗的能量,称为裂纹形成能量,即 $W_m \approx W_i$;

最大力之后所消耗的能量,称为裂纹扩展能量,即 $W_p = W_t - W_m$。

由于裂纹扩展能量是判断材料韧脆性以及断裂行为的依据,因此,裂纹扩展能量又被分为以下几种情况:

(1)韧性材料。裂纹扩展能量较大,裂纹扩展很慢,力-位移曲线不存在陡然下降现象。

(2)脆性材料。裂纹扩展能量很小,甚至不存在不稳定裂纹扩展终止点。

(3)半韧性材料。冲击达到最大力之后,裂纹将缓慢扩展一段距离,当裂纹尺寸达到裂纹扩展临界尺寸时,载荷产生陡然下降。因此,又可把这种材料的裂纹扩展能量分成裂纹稳定扩展能量和不稳定扩展能量,由此引出韧性断面率计算问题。

仪器化冲击试验是传统冲击试验的补充、扩展和本质飞跃。它填补了传统冲击试验的不足,使冲击试验从过去对材料的冲击性能的定性评定上升到定量的评估。它不仅仅给出了冲击能量,而且把冲击能量分解成裂纹形成能量及裂纹扩展能量(进一步还可分解成稳定扩展能量和不稳定扩展能量),使冲击吸收能量变为具有明确物理意义的冲击参数,为设计和检验提供了明确的性能指标。与此同时,仪器化冲击试验还给出了屈服力、最大力、不稳定裂纹扩展起始力和不稳定裂纹扩展终止力。这些特征力将为今后衡量材质抗冲击破坏能力及设计应用提供数值依据。

2　仪器化压痕试验

2.1　概述

我们知道,材料在三向不等压缩应力作用下,其应力状态最软,即最大切应力远大于最大正应力。在这样的应力状态下几乎所有的常见材料都会产生塑性变形。于是,人们就设计了这种名为压痕硬度的试验方法,即用载荷将压头压入材料表面,通过材料变形量的大小来反映材料的软硬程度。压痕硬度有十几种试验方法,它们的区别在于压头材料、形状及尺寸、试验力的大小及加载方式的不同,不同的试验方法所获得的硬度值是不统一的,这是因为不同的压痕试验方法,材料压痕附近局部体积内的弹性、微量塑变抗力、应变硬化能力以及大量塑变抗力等物理量在硬度值中所起的作用不同。压痕硬度因试验方便简单,硬度值与材料强度,耐磨性和工艺性能之间存在相互联系,而成为和拉伸试验一样应用最广泛的材料力学性能试验方法。

目前常用的压痕硬度试验有两类,一类是用卸载后单位压痕表面积上所承受的平均压力(F/A)来表示材料硬度值的大小,如布氏硬度、维氏硬度和努氏硬度;另一类是用压痕深度来表示材料硬度值的大小,如洛氏硬度。洛氏硬度试验的压痕深度的测量基准为初试验力下压入深度,硬度值用主试验力所产生的压痕深度的残余增量来表示(即主试验力所产生的塑性变形深度),其物理意义不够明确,用不同的标尺(即试验力和压头不同时)测得的硬度值彼此没有联系。而布氏硬度和维氏硬度则不同,它们与强度有共同的量纲(N/mm^2),当试样均匀时,采用不同的试验力所获得的维氏硬度值相同并且和布氏硬度值也相同。因此,自 1900 年发明布氏硬度和 1925 年发明维氏硬度试验方法以来,虽然它们的原理基本未变,但试验技术却得到长足的发展,这一方面体现在压痕面积的自动捕捉和测量导致了全自动布氏硬度计和维氏硬度计的诞生,另一方面就是下面所提到的仪器化压痕硬度的发展。

仪器化压痕试验(instrumented indentation testing,IIT),也被称为深度敏感压痕试验(depth - sensing indentation)、连续记录压痕试验(continuous - recording indentation)、超小负荷压痕试验(ultra - low - load indentation)、纳米压痕试验(nanoindentation)等,它是在传统的布氏和维氏硬度试验基础上发展起来的新的力学性能试验方法。早在 20 世纪 80 年代中期,由于计算机技术、微电子技术和机电控制技术的发展,人们可以使用高分辨率仪器,连续控制和记录样品上压头加载和卸载时的载荷和位移数据,通过对这些数据进行分析可得出许多材料的力学性能指标,其中,最常用的是硬度,其次是杨氏模量。此外,仪器化压痕试验还用来测试金属的屈服强度和应变硬化特性,高分子材料的阻尼特性、内耗、贮存和损失模量,以及材料的蠕变特性和断裂韧性等。

仪器化压痕硬度是按载荷和压痕深度来分类的(见表 8 - 4),它们的试验原理是相同的。由于不需要测量压痕的面积就可以从载荷 - 位移曲线中直接测出材料的力学性能,因此,只要载荷和深度位移的测量精度足够高,即便压痕的深度在纳米范围,我们也可以方便地得到材料的力学性能。这样,仪器化压痕试验就成为薄膜、涂层和表面处理材料力学性能测试的首选工具。目前,大多数商业化的仪器化压痕试验装置都主要用于微观力学性能的测定,特别是在微米和纳米尺度上精确力学性能的测量,如微电子和磁性贮存行业,其载荷分辨力可达到 1nN,位移分辨力可优于 0. 1nm。

表 8 - 4 仪器化压痕硬度的分类

压痕分类	宏观压痕	微观压痕	纳米压痕
应用范围	$2N \leq F \leq 30kN$	$F < 2N; h > 0.2\mu m$	$h \leq 0.2\mu m$

下面,从试验原理和试验技术等方面,对仪器化压痕试验进行简单的介绍。

2.2　试验设备

2.2.1　仪器化压痕试验装置组成与原理

如图 8－4 所示，商品化的仪器化压痕试验装置主要由以下三部分组成：一个特定形状的压头，它被固定在可以加载的刚性框架上；一个提供动力的致动器以及一个位移感应器。这些装置我们通常在拉伸试验机上也能看到，因此，高精度的拉伸试验机也能用来进行仪器化压痕试验。

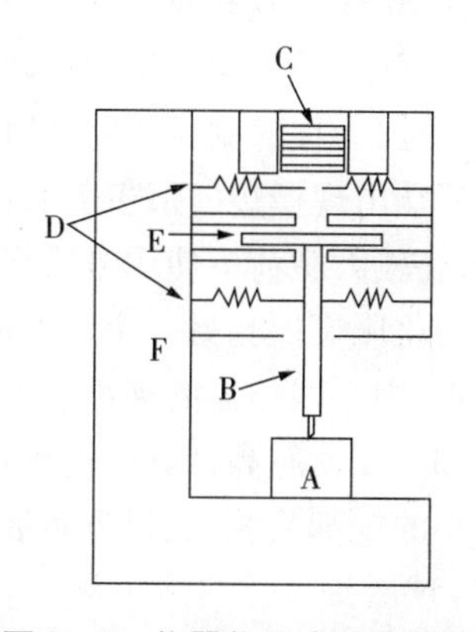

图 8－4　仪器化压痕试验装置及其动力学模型

A—试样；B—压杆；C—加载线圈；D—支撑弹簧；E—电容式位移传感器；F—加载框

目前，各种商业应用的仪器化压痕试验装置原理基本相同，它们的差别主要表现在加载的方式和位移的测量方式上。加载方式主要有电磁加载、静电加载和压电加载；位移测量主要采用电容传感器和 LVDT(linearly variable differential transformer)。位移传感器测量的位移包含了仪器本身的变形，因此，必须对仪器的刚度进行仔细的校准，然后从测量的位移中减去仪器本身的变形量。

许多仪器化压痕试验试验装置都配备自动化样品台，因此，样品能被自动定位，其定位精度一般为微米级。

2.2.2　仪器化压痕试验装置的压头

仪器化压痕试验装置的压头材料最常用的是金刚石，因为其硬度高，弹性模量小，受力时自身位移变化小。其他材料，如蓝宝石、碳化钨、淬火钢等也可用作压头材料，但此时分析载荷－位移数据时必须扣除压头的弹性变形。压头的形状有以下几种(图 8－5)：

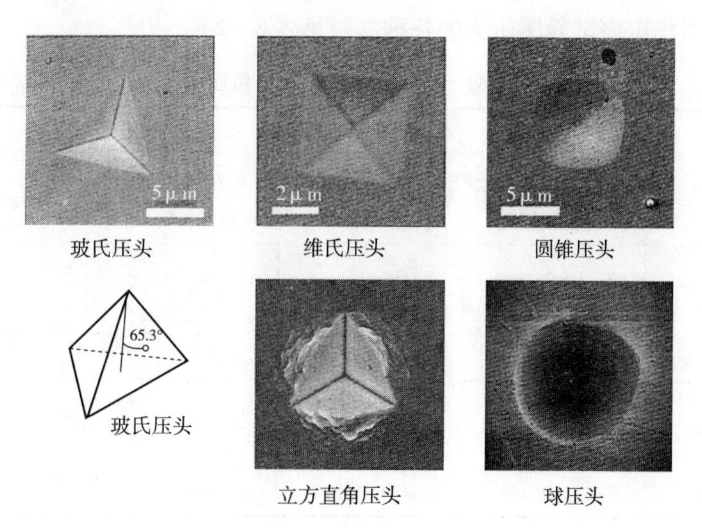

图 8－5　各种压头的几何形状

(1)棱锥形压头

仪器化压痕试验中最常用的压头是玻氏(Berkovich)压头,它是一个正三棱锥,棱与棱之间的夹角为76°54′,这样该压头所获得的压痕深度与显微硬度计中的维氏压头在同一负荷下所得的压痕深度相同,这时我们称两者有相同的面积函数。选用玻氏压头,而不用我们熟悉的维氏压头,是因为在磨制压头时,玻氏压头的三个面容易交于一点,而维氏压头的四个面容易导致压头顶端出现楔边(顶端横刃,chisel edge),甚至最好的维氏压头的楔边长度也有1μm。因此,只有在较大载荷下使用维氏压头,纳米压痕试验多用玻氏压头。

仪器化压痕试验另一个常用的正三棱锥压头是立方直角(cube - corner)压头,它的三个面相互垂直,中心线与面的夹角为34.3°,而玻氏压头是65.3°。压头越尖,在其接触区附近产生的应力和应变就越高,因此,这种压头主要用于断裂韧性的研究,它能在脆性材料的压痕周围产生很小的规则裂纹,通过测量裂纹长度,我们可以估算材料微观区域内的断裂韧性。

(2)球压头

仪器化压痕试验中另一个重要的压头是球(spherical)压头。在压入时,球压头所产生的应力大小和分布与玻氏或维氏等“尖”压头不同。对球压头来说,最初的接触应力是很小的,此时样品只有弹性变形。随着压入深度的增加,样品表面由弹性变形向弹塑性变形转变,从理论上讲,出现屈服和应变硬化现象,因此,我们就有可能在一次压痕试验中获得完整的应力应变曲线。在宏观仪器化压痕试验中,球压头已经得到成功的应用,但在微观和纳米范围内,几乎很少采用球压头,这主要是微米直径的高精度球形压头很难制作的缘故。因此,尽管玻氏压头无法用来研究材料的弹塑性转变,但它还是被广泛用于材料的微观和纳米硬度测量。

(3)圆锥压头

圆锥压头(conical)具有尖的自相似几何形状。由于它的轴对称性,压痕试验中常用它来作为理论模型。事实上,仪器化压痕试验的理论基础是建立在圆锥压头基础上的。圆锥压头另一个重要的优势是其应力分布均匀。但在纳米压痕试验中很少应用圆锥压头,其主要原因也是难以加工出尖的圆锥金刚石压头。

以上几种仪器化压痕试验用压头的各种参数见表8-5。

表8-5 仪器化压痕试验用压头

参数	压头名称					
	维氏	玻氏	修正玻氏	立方直角	圆锥	球
α	68°	65.03°	65.27°	35.27°	α	
A_s	$\frac{4\sin\alpha}{\cos^2\alpha}\times h^2$	$\frac{3\sqrt{3}\sin\alpha}{\cos^2\alpha}\times h^2$	$\frac{3\sqrt{3}\sin\alpha}{\cos^2\alpha}\times h^2$	$4.5h^2$		$2\pi Rh$
	$\approx 26.43h^2$	$\approx 26.43h^2$	$\approx 26.97h^2$	$=4.5h^2$		$2\pi Rh$
A_p	$4\tan^2\alpha\times h_c^{\ 2}$	$3\sqrt{3}\tan^2\alpha\times h_c^{\ 2}$	$3\sqrt{3}\tan^2\alpha\times h_c^{\ 2}$	$\frac{3\sqrt{3}}{2}\times h_c^{\ 2}$	$\pi\tan^2\alpha\times h_c^{\ 2}$	$\pi(2Rh_c^{\ 2}-h_c^{\ 2})$
	$\approx 24.50h_c^{\ 2}$	$\approx 23.96h_c^{\ 2}$	$\approx 24.50h_c^{\ 2}$	$\approx 2.598h_c^{\ 2}$		

表8-5中,α为中心线与面夹角;A_s为压痕的接触表面积;A_p为压痕的投影接触面积;h为压痕深度;h_c为压痕的接触深度;R为球压头的球半径。

2.3　硬度和弹性模量的测量

硬度和弹性模量是仪器化压痕试验最常测量的力学性能指标。对于各向同性材料，如果不存在蠕变、粘弹性以及压痕试验过程中材料不产生凸起(pile - up)，则硬度和弹性模量的测量精度可优于 ±10%。

为了便于理论分析，通常用一个轴对称压头作为仪器化压痕试验的理论模型，图 8 - 6 为试验过程中压痕剖面的变化的示意图。当压头压入样品时，压头附近的材料首先产生弹性变形，随着载荷的增加，试样开始产生塑性变形，加载曲线呈非线形，样品中出现一个与压头形状匹配的压痕，压痕的接触半径为 a。当压头卸载时，仅仅弹性变形得到恢复。图 8 - 7 给出了加载 - 卸载循环过程中的载荷 - 位移曲线。这里，F_{max} 为最大载荷；h_{max} 为最大位移；h_p 为完全卸载后的残余位移；S 为卸载曲线顶部的斜率，即 $S = \frac{dF}{dh}$，又称弹性接触刚度。材料的硬度 H 可由式(8 - 7)计算

$$H = \frac{F_{max}}{A} \tag{8-7}$$

式(8 - 7)是硬度的普遍定义，其中 A 为压痕的面积。

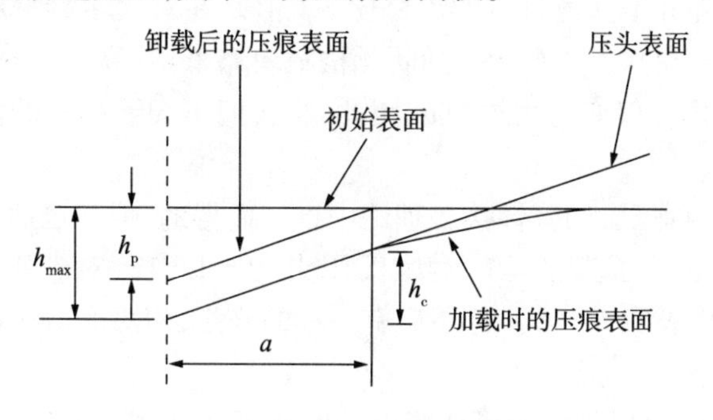

图 8 - 6　压痕试验过程压痕剖面的变化

这里需要指出的是，根据面积 A 的不同，仪器化压痕试验可给出两种硬度：压痕硬度 H_{IT} 和马氏(Martens)硬度 HM[以前叫通用硬度(universal hardness)，符号为 HU]。测量压痕硬度 H_{IT} 时，面积为最大载荷下的压头与试样接触表面的投影面积 $A_p(h_c)$；测量马氏硬度 HM 时，面积为最大载荷下的压痕的表面积 $A_s(h_{max})$。这里的压痕表面积 A_s 与我们目前常用的维氏硬度的压痕表面积是不一样的，A_s 是将 h_{max} 带入压头面积函数中计算出来的，而维氏硬度是假设卸载后残余压痕与压头形状一致，通过测量卸载后残余压痕的对角线长度，然后计算出压痕的表面积。因此，我们必须区分压痕硬度 H_{IT}、马氏硬度 HM 与传统维氏硬度 HV 的差别。HM 包含弹性和塑性变形，而 HV 主要是塑性变形，对于塑性

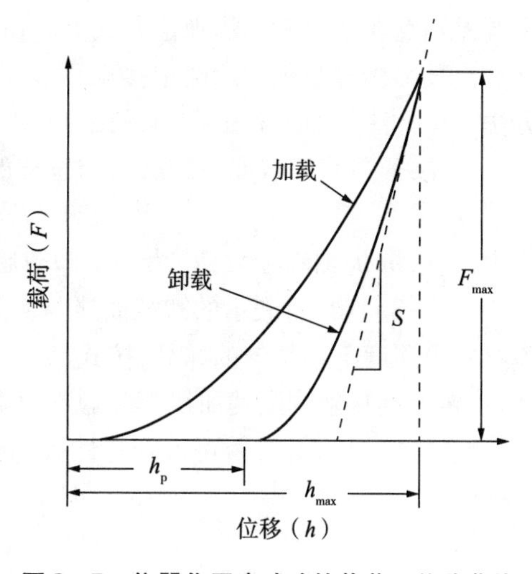

图 8 - 7　仪器化压痕试验的载荷 - 位移曲线

形变起主要作用的压痕过程，HM 与 HV 相近；对于弹性形变为主的压痕过程，残余接触面积非常小，HM 将远大于 HV。这一微小的差别对球压头至关重要，因为它在压入试样时主要产生弹性变形，而对“尖”压头，压痕深度越小，两者差别越大。压痕硬度 H_{IT}与传统维氏硬度 HV 的差别见后文。

被测系统的弹性模量可从式(8－8)得出

$$E_r = \frac{\sqrt{\pi}}{2\beta}\frac{S}{\sqrt{A}} \tag{8-8}$$

式中，β 是与压头几何形状相关的常数；A 为最大载荷下的压头与试样接触表面的投影面积；E_r为约化弹性模量。E_r被用来解释压头和试样的复合弹性形变，由 E_r可通过式(8－9)得出被测材料的压痕弹性模量 E_{IT}

$$\frac{1}{E_r} = \frac{1-\nu^2}{E_{IT}} - \frac{1-\nu_i^2}{E_i} \tag{8-9}$$

式中，ν 为被测材料的泊松比；E_i、ν_i分别为压头的弹性模量和泊松比。对于金刚石压头，E_i = 1114GPa，ν_i = 0.07。

从式(8－8)和式(8－9)得知，要计算弹性模量，必须知道材料的泊松比，这似乎是违反常规的，因为我们往往事先并不知道材料的泊松比 ν。但好在对大多数材料来说，泊松比 ν 变化不大，一般金属材料的 ν 在 0.25～0.35 之间，无机材料略低些，高分子材料相对大些。当材料的 $\nu = 0.25 \pm 0.1$，弹性模量仅变化大约 5%，因此，当我们不知道材料的泊松比时，一般都假设它等于 0.25。

式(8－8)是从轴对称压头的弹性接触理论中推导而得的，但它也适合其他形状的压头，只不过 β 值不同，对圆锥和球压头，$\beta = 1$，对维氏压头，$\beta = 1.012$，对玻氏和立方直角压头，$\beta = 1.034$。最近的研究工作表明，式(8－8)还应有一小的修正，但除非对于高精度测量，一般我们可不予考虑。

由式(8－7)和式(8－8)得知，为了计算出压痕硬度 H_{IT}和压痕弹性模量 E_{IT}，必须精确地测量弹性接触刚度 S 和加载时的投影接触面积 A_p。仪器化压痕硬度 H_{IT}和传统压痕硬度之间的主要差别是在接触面积的确定方式上。仪器化压痕硬度是通过对载荷－位移曲线进行分析后计算出投影接触面积的。确定接触面积的方法有多个，但目前应用最广泛的是 Oliver－Pharr 方法。该方法的原理和过程如下：

首先，通过将卸载曲线的载荷与位移的关系拟合为一指数关系

$$F = B(h - h_p)^m \tag{8-10}$$

式中，B 和 m 为拟和参数；h_p 为完全卸载后的位移。

由式(8－10)所表示的卸载曲线与实际卸载曲线往往有一些偏差，特别是对梯度材料和薄膜材料等深度上不均匀的样品，按式(8－10)对整条卸载曲线拟合常常导致非常大的误差。因此，确定弹性接触刚度的曲线拟和通常只取卸载曲线顶部的 25%～50%。

对式(8－10)微分就可得到弹性接触刚度

$$S = \left(\frac{dF}{dh}\right)_{h=h_{max}} = Bm\,(h_{max} - h_p)^{m-1} \tag{8-11}$$

为了确定接触面积 A_p，我们首先必须知道接触深度 h_c，对于弹性接触，接触深度总是小于总的穿透深度（即最大位移 h_{max}）。根据有关弹性接触理论，我们可得出接触深度 h_c

$$h_c = h - \varepsilon \frac{F_{max}}{S} \tag{8-12}$$

式中，ε 是一个与压头形状有关的常数，对于球形、玻氏和维氏压头，$\varepsilon = 0.75$，对于圆锥压头，$\varepsilon = 0.72$。

大量的试验证明，式(8-12)虽来源于弹性接触理论，但它对塑性变形也解释得得相当好，不过它不能说明凸起的塑性现象，因为此时的假设接触深度总是小于压入深度。

有了 h_c，我们就可以根据表8-5给出的仪器化压痕试验常用压头的面积函数计算出投影接触面积 A_p。但这些压头面积函数往往仅适合于压痕深度≥6μm时的情况，这是由于实际压头的形状和尺寸与理想压头有偏差，压痕深度越浅，这一偏差所占的比重越大。例如，对于纳米压痕常用的修正玻氏压头，理想 $A_p = 24.50{h_c}^2$，实际压头的投影接触面积表示为一个级数

$$A_p = 24.50h_c^2 + \sum_{i=0}^{7} C_i h_c^{1/2} \tag{8-13}$$

式中，C_i对不同的压头有不同的值，它可通过实验求出。

有了式(8-7)到式(8-13)，我们就可计算出压痕硬度 H_{IT}和压痕弹性模量 E_{IT}。

上述确定弹性接触刚度的方法是根据卸载曲线顶端的斜率来计算的，它只能给出最大压痕处的硬度和弹性模量。Oliver 和 Pharr 等还提出了一个在加载过程中连续计算接触刚度的方法。其原理是将一相对较高频率的简谐力叠加在准静态的加载信号上，其中简谐力的振幅保持在较小的水平(一般1~2nm)，这种技术的成功关键取决于所采用的动力学模型是否能够准确地描述压痕系统的动力学响应。图8-5给出了该系统的动力学模型，其中，压杆质量 m 由刚度为 K_s的两个叶片弹簧支撑，弹簧的特点为叶片平面内刚度很高而在垂直方向上刚度很低。压头上的准静态载荷由加载线圈控制，并通过振荡器在准静态载荷上叠加小的简谐力，位移由电容传感器测量，所有的运动都被严格地限制在一个自由度上。因此，该系统可以用一维简谐振子模型描述，其运动方程可表达为

$$m\ddot{Z} + D\dot{Z} + KZ = F(t) \tag{8-14}$$

式中，m 为等效质量；$D = D_i + D_s$ 为等效阻尼，其中，D_i为电容传感器的阻尼系数，D_s为压头压入试样过程中的阻尼系数；$K = (S^{-1} + K_f^{-1})^{-1} + K_s$ 为等效刚度，而 K_f 和 K_s 分别为加载框和支承弹簧的刚度；$F(t)$为总的试验力，假设力函数可表达为

$$F(t) = F_0 e^{i\omega t} \tag{8-15}$$

该力产生的位移则为

$$Z(t) = Z_0 e^{i(\omega t - \phi)} \tag{8-16}$$

式中，$\omega = 2\pi f$，为角频率；ϕ 为位移滞后载荷的相位角。

将式(8-15)和式(8-16)代入式(8-14)，我们就可以得到接触刚度 S

$$S = \left[\frac{1}{\frac{F_0}{Z_0}\cos\phi - (K_s - m\omega^2)} - \frac{1}{K_f}\right]^{-1} \tag{8-17}$$

式中，F_0、Z_0和 ω 均为试验设置参量；ϕ 由琐相放大器给出。

以上这一方法，可对接触刚度的方法进行动态测量，因此称之为连续刚度测量法(continuous stiffness measurements，CSM)。CSM 技术的一个重要的应用就是可以在连续加载过程中能获得硬度和弹性模量作为压痕深度的连续函数，从而极大地简化了薄膜材料力学性能的表征，

对某些时间相关材料,也就是力学性能随时间变化的材料,由于接触刚度在卸载曲线最大位移处出现负值,因此,利用准静态方法将无法得到材料的硬度和弹性模量,而 CSM 技术可以有效地解决这一难题。

2.4 仪器化压痕试验技术

仪器化压痕硬度试验的操作技术是获得准确可靠试验数据的关键一环。

2.4.1 选择合适的压头

尽管仪器化压痕试验中位移的测量考虑了压头材料的变形,但高硬度和高弹性模量的金刚石仍为纳米压痕试验中压头材料的首选,而球压头(材料用碳化钨或淬火钢制造)只用于大尺度(宏观和微观)压痕硬度试验。由于压头顶端越尖,应力状态越硬,材料则越易产生脆性开裂,因此玻氏压头常用于小尺度的压痕试验,而立方直角压头则用于断裂韧性试验。

2.4.2 样品的制备

仪器化压痕硬度试验中接触深度和面积函数的计算是在假设试样表面为平面的基础上的,事实上,试样的物理表面具有一定的粗糙度,且往往会附着几个纳米厚的水膜,样品的表面制备就至关重要了。对样品的粗糙度的要求取决于位移测量的精度要求和接触面积的不确定度要求,CEN/TS 1071 -7:2003 推荐样品表面的粗糙度 Ra 应小于最大压痕深度的 5%,同时,粗糙度的特征波长最好远大于压头尖部的直径,为此,压痕样品的制备推荐按照金相样品的制备规程,这样试验结果的离散度可能会减小。另外,样品制备过程中,应注意避免加工硬化等造成其性能的改变。

2.4.3 试验环境的控制

仪器化压痕试验位移的测量精度要求很高,因此,温度波动所造成样品和试验装置的热胀冷缩以及振动是试验不确定度的主要来源。为减少振动,试验装置应安装在安静、坚固的基础上并配备特殊的减振台。同时,试验室的环境温度控制最好在 ±0.5℃,试验装置的样品腔应封闭。为减少样品表面的水膜,试验室的湿度最好在 50% 以下。此外,可通过仪器自带的热漂移修正程序,对位移测量过程中压头和试样的热胀冷缩进行自动修正。

2.4.4 压痕的间距

与布氏、洛氏、维氏等传统的压痕硬度试验一样,在仪器化压痕试验中适当地保持压痕之间的距离或压痕距试样边缘的距离,避免压痕周围的应变硬化使相邻压痕硬度值增高,这对于获得正确的试验结果是十分重要的。一般,当使用玻氏或维氏压头时,压痕的间距应为最大压痕深度的 20 ~ 30 倍,其他形状的压头,压痕间距应为最大接触半径的 7 ~ 10 倍。

2.4.5 标准样品

仪器化压痕试验中的标准样品应无磁性,并具备一定的均质性、组织稳定性和表面性能的均匀性,其厚度和试验表面的粗糙度要求见表 8 -6。

表 8－6　仪器化压痕硬度的分类和技术要求

压痕分类	宏观压痕	微观压痕	纳米压痕
标准样品的厚度	≥16mm	≥16mm	≥2mm
标准样品测试表面的粗糙度 *Ra*	≤15nm	≤15nm	≤10nm

仪器化压痕试验标准样品常用钢、玻璃、陶瓷、钨和熔融石英等材料制成，其硬度范围见表 8－7。

表 8－7　常用仪器化压痕试验标准样品的标准值

材　料	HM 0.25 N/mm^2	E_{IT} N/mm^2
钢	1000～8400	210000
玻璃	3000～5000	65000～85000
BK7 玻璃	4200	8200
SF6 玻璃	2800	5600
陶瓷	10000～18000	200000～380000
钨	4000～5000	411000
熔融石英	4800～5200	72000

对纳米压痕试验，熔融石英（fused silicon）是常用的标准样品，其主要优点是表面光滑，抗氧化，非晶，各向同性，无加工硬化，中等范围的力学性能，典型的陶瓷行为，在卸载时有较大的弹性恢复，无明显的时间相关性，价格较便宜等。日常的试验没必要都进行标准样品的校准，但隔一段时间在标准样品上做 5～10 个压痕，可检查仪器或操作是否正常。

2.4.6　接触零点的确定

为了准确测量位移，必须能准确确定压头第一次接触到试样表面的那一点，或者说（载荷－位移曲线上载荷为 0 的那一点），尤其是在对小压痕的测试上，因为此时深度数据的微小偏差将导致样品力学性能很大的误差。通常采用对某个与试样接触敏感的参数进行连续的测量来确定样品的表面，对硬和刚性的材料，如淬火钢和陶瓷，常采用对载荷或接触钢度是否增加来判定试样零位移点，此时力或位移的增加速率应足够小，以便试样表面的确定满足所需的不确定度。但对软和塑性材料，如高分子材料和生物材料，载荷和接触刚度的增加是很小的，以至于难以精确确定试样表面，此时，最好的办法是采用连续动态刚度测量技术。

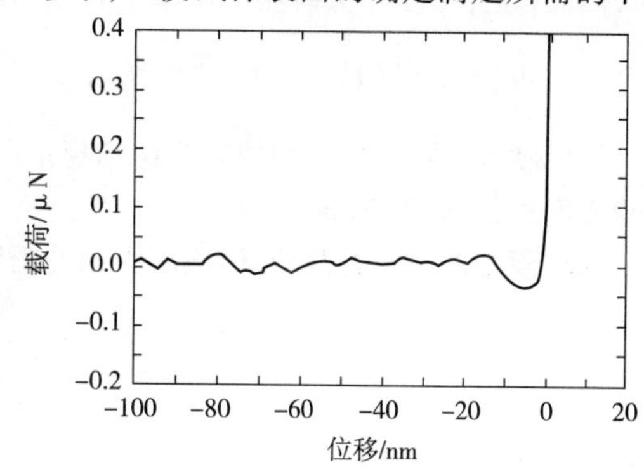

图 8－8　压头逼近试样表面的曲线

实际样品的表面往往会附着几个纳米厚的水膜，由于表面的黏着特性，当压头逼近试样表面时，会将压头拉近试样表面，从而在几十到几百纳米范围内出现负载荷，如图 8－8 所示，高分子材料的吸附作用大于熔融石英，此时确定表面的通常做法是选择曲线重新回到零点的位置作为压头与试样的实际接触点。

2.4.7 仪器的检定和校准

要想利用仪器化压痕试验获得精确的测量数据，正确的仪器检定和校准是不可缺少的，从而保证其测量数据能溯源到国家或国际基准。仪器的检定和校准包括压头的检定，力传感器的校准，位移传感器的校准，仪器的刚度的检定和校准以及压头面积函数检定。

压头的检定是采用有关计量器具对压头几何形状和尺寸进行直接测量。力传感器的校准可采用基准砝码、悬臂梁或微天平。位移传感器校准可采用已校准的高精度传感器、基准长度或激光干涉仪。仪器的刚度校准是通过对已知弹性模量和硬度的标准样品进行测量，然后根据不同的试验仪器设备所采用的刚度计算方法确定仪器的刚度，试验仪器的制造者应在交货前确定仪器的刚度。压头面积函数校准是指确定压头的投影接触面积与接触深度的关系或压痕表面积与压痕深度的关系，由于任何压头在很小的尺寸范围内都是偏离其理想形状的，例如，玻氏、Vickers 和立方直角等尖压头在很小尺寸范围内都是球形的，对压痕深度 $<6\mu m$ 的试验，必须对压痕的面积函数进行校准，以免产生较大的数据结果误差。压头面积函数的校准方法有：

(1)采用已校准过的原子力显微镜(AFM)、扫描电子显微镜(SEM)甚至光学显微镜对压头的形状和尺寸进行直接测量，然后得出压头面积函数。

(2)对已知杨氏模量的标准物质进行压痕试验，再根据有关公式计算出面积函数。

(3)对已知硬度的标准物质(硬度与压痕深度无关)进行压痕试验，再根据有关公式计算出面积函数。

对检定合格的压头，压痕深度 $\geqslant 6\mu m$ 的试验可以不进行面积函数校准工作，而是直接将压头几何形状所确定的面积与深度的数学关系式作为压头面积函数，因为这样一般就能满足试验不确定度的要求。

以上这些检定和校准工作，应按照 ISO 14577 - 2:2015《金属材料　硬度和材料性能的仪器化压痕试验　第 2 部分：试验机的检定和校准》的要求进行。

2.5 仪器化压痕试验的应用

从仪器化压痕试验所得到的载荷 - 压痕深度数据中，我们可以获得材料一系列的力学性能。因此，它是一个十分有用的试验工具。

2.5.1 马氏硬度(HM)

马氏硬度是在压痕试验中载荷达到规定的试验力后，试验力除以压头压入试样表面后的压痕表面积，单位为 N/mm^2。

马氏硬度的压头有两种，维氏压头和玻氏压头，采用维氏压头时，有

$$HM = \frac{F}{A_s(h)} = \frac{F}{\frac{4\sin(\alpha/2)}{\cos^2(\alpha/2)}h^2} = \frac{F}{26.43h^2} \tag{8-18}$$

当采用玻氏压头时，有

$$HM=\frac{F}{A_s(h)}=\frac{F}{\frac{3\sqrt{3}\tan\alpha}{\cos(\alpha)}h^2}=\frac{F}{26.43h^2} \tag{8-19}$$

为了便于比较,试验力应选择1N、2.5N、5N以及它们的10倍或1/10倍数,试验力有时还应在最大力时保持一定的时间。马氏硬度的表示方法为:

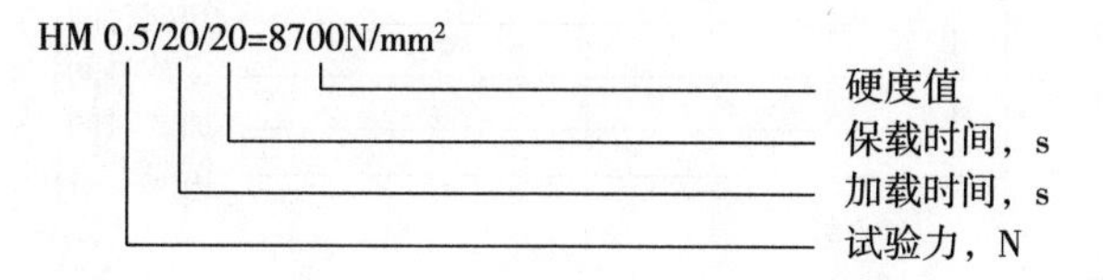

马氏硬度包含有弹性和塑性变形,它适合所有的材料,见图8-9。

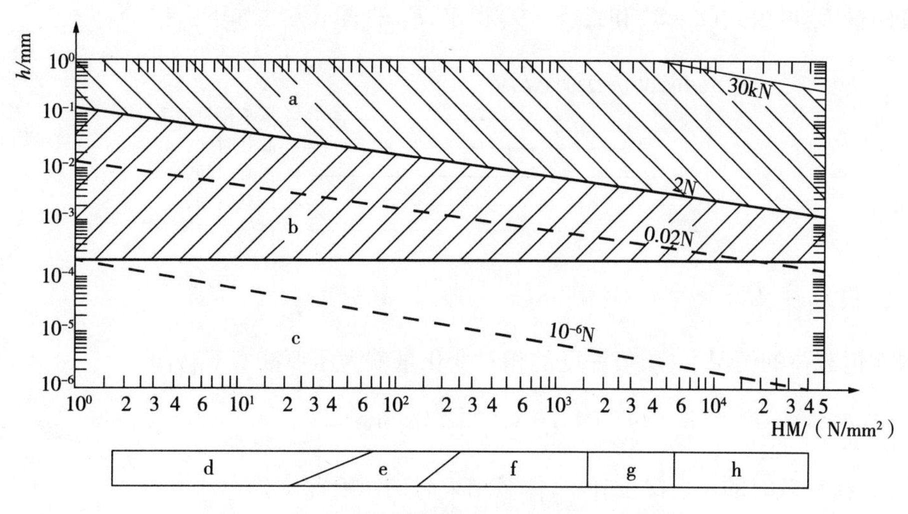

图8-9 马氏硬度、压痕深度和试验力之间的关系

a—宏观范围;b—微观范围;c—纳米范围;d—橡胶;

e—塑料;f—有色金属;g—钢;h—硬质合金,陶瓷

2.5.2 马氏硬度(HM_s)

HM_s也是一种马氏硬度,其测量方法如下:对加载时载荷-位移数据以位移h为纵坐标,试验力$\sqrt{F}$为横坐标,50% F_{max}和90% F_{max}间的曲线进行线形回归,求出其斜率m,即$m=\frac{h}{\sqrt{F}}$,然后通过式(8-20)计算HM_s

$$HM_s=\frac{1}{m^2A_s(h)/h^2}=\frac{1}{26.43m^2} \tag{8-20}$$

HM_s避免了试样表面(零位移点)的确定,它适合于均匀的材料。除硬度符号外,它的表示方法和HM一致。

2.5.3 压痕硬度 H_{IT}

由式(8-7)得知,压痕硬度H_{IT}是最大试验力F_{max}除以压头与试样接触表面的投影接触面

积 A_p，对玻氏压头，$A_p = 23.96h_c^2$；对维氏压头和修正的玻氏压头，$A_p = 24.50h_c^2$，这里 h_c 为压头的接触深度。

H_{IT}的表示方法如下：

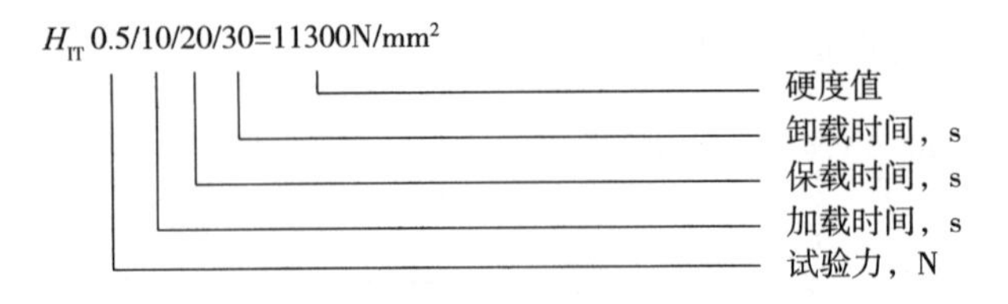

2.5.4 压痕模量 E_{IT}

压痕模量 E_{IT}可由式(8-8)和式(8-9)得出，E_{IT}的表示方法如下：

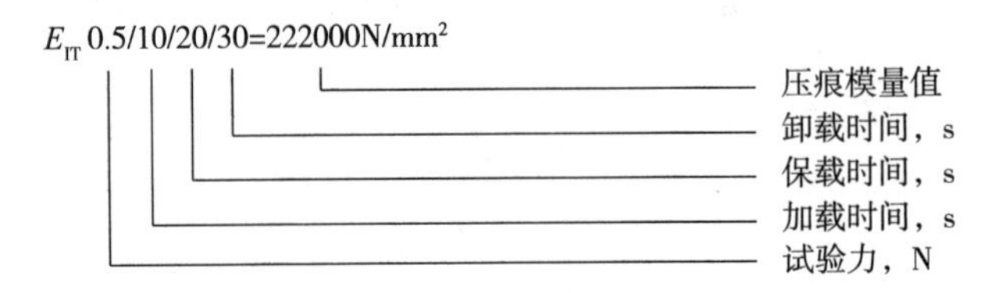

2.5.5 压痕蠕变 C_{IT}

材料在恒载荷的情况下，压痕深度的相对变化量就为压痕蠕变 C_{IT}，即

$$C_{IT} = \frac{h_2 - h_1}{h_1} \times 100 \tag{8-21}$$

式中，h_1为开始保载时的压痕深度；h_2为保载结束时的压痕深度。

压痕蠕变与传统上的拉伸蠕变是不同的。在拉伸蠕变试验中，试样横截面的变化是很小的，恒载荷往往就意味着恒应力；而在压痕蠕变试验中，随着压痕深度的变化，其接触面积也在变化，试验过程中应力和应变都在变化，使得压痕蠕变比拉伸蠕变复杂得多。

压痕蠕变 C_{IT}的表示方法为：

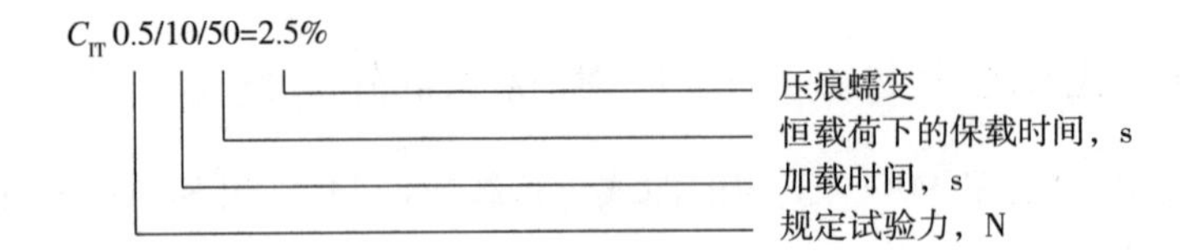

2.5.6 压痕松弛 R_{IT}

材料在保持恒压痕深度的情况下，试验力的相对变化量就为压痕松弛 R_{IT}，即

$$R_{IT} = \frac{F_1 - F_2}{F_1} \times 100 \tag{8-22}$$

式中，F_1为达到规定压痕深度的试验力；F_2为压痕深度保持时间结束时的试验力。

在压痕松弛试验中，通过载荷控制系统的反馈，压痕深度保持恒定。由于压痕深度与应变相关，恒定的压痕深度就意味着恒定的应变，这就与传统上的应力松弛试验相类似，使得两者之间可以相互比较。

压痕松弛 R_{IT}的表示方法为：

2.5.7　断裂韧性 K_C

按上述方法，用玻氏压头测得材料的压痕硬度值和压痕弹性模量值，然后用立方直角压头进行压痕试验，由于立方直角压头比玻氏压头尖得多，在周围材料中可产生较大的应力和应变，易于压痕裂纹的形成和扩展，如图 8－10 所示，测量在最大载荷 F 下的径向裂纹的长度 C，则断裂韧性 K_C为

$$K_C = \alpha\left(\frac{E}{H}\right)^{\frac{1}{2}}\left(\frac{F}{C^{\frac{3}{2}}}\right) \tag{8-23}$$

式中，α 为与压头形状相关的经验参数。一般情况下，即使用较小的载荷，立方直角压头也可在许多脆性材料中产生带有径向裂纹的亚微米压痕，因此，特别适合于薄膜或材料微小区域内的断裂韧性的测量。

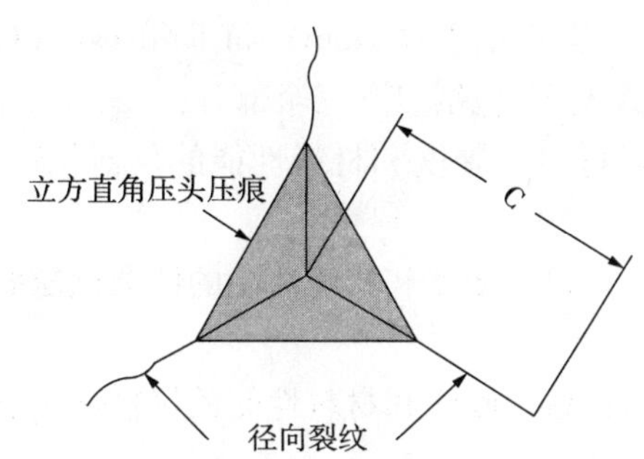

图 8－10　立方直角压头在材料中产生径向裂纹

2.5.8　压痕硬度 H_{IT}与传统维氏硬度 HV 的关系

由压痕硬度 H_{IT}与传统维氏硬度 HV 的定义，我们得到：

$$HV = 0.102\frac{F}{A_s} = 0.102\frac{F \times A_p}{A_p \times A_s} = 0.102H_{IT}\frac{A_p}{A_s} \tag{8-24}$$

对不同的压头，我们得到压痕硬度 H_{IT}与传统维氏硬度 HV 的关系见表 8－8。

表 8－8　压痕硬度 H_{IT}与传统维氏硬度 HV 的换算关系

参数	压头名称			
	维氏	玻氏	修正玻氏	立方直角
A_s	$26.43h^2$	$26.43h^2$	$26.97h^2$	$4.5h^2$
A_p	$24.50h_c^2$	$23.96h_c^2$	$24.50h_c^2$	$2.598h_c^2$
HV	$0.09455H_{IT}$	$0.09247H_{IT}$	$0.09266\mathrm{H}_{IT}$	$0.05889H_{IT}$

2.6 仪器化压痕试验的标准化

仪器化压痕试验的标准化开始于1993年。1995年,国际标准化组织发布了技术报告(Technical Report)ISO/TR 14577:1995《金属材料　硬度试验　通用试验》。1997年,国际标准化组织金属力学性能技术委员会硬度试验分技术委员会(ISO/TC 164/SC 3)决定把其上升为国际标准,并在1998年由工作组提出第一个标准草案,该草案包括:

- 标题:硬度和其他性能的仪器化压痕试验;
- 应用范围描述;
- 试验力和压痕深度的范围;
- 压头的类型;
- 试验程序;
- 测量压痕深度时零位移点的确定;
- 试验速率;
- 仪器刚度和压头面积函数;
- 样品的粗糙度及相关的不确定度;
- 材料的通用硬度(HU)、压痕的塑性功和弹性功、压痕硬度、压痕模量、压痕蠕变和松弛等力学性能的测试。

2001年,ISO/TC 164/SC 3决定把名词"universal hardness"(HU)改为"martens hardness"(HM)。该标准2002年被正式发布,包括以下三个部分:

ISO 14577-1:2002《金属材料　硬度和材料性能的仪器化压痕试验　第1部分:试验方法》

ISO 14577-2:2002《金属材料　硬度和材料性能的仪器化压痕试验　第2部分:试验机的检定和校准》

ISO 14577-3:2002《金属材料　硬度和材料性能的仪器化压痕试验　第3部分:标准块的标定》

与此同时,国际标准化组织金属与无机覆盖层技术委员会试验方法分技术委员会(ISO/TC 107/SC 2)显微硬度工作组和欧洲标准化组织先进技术陶瓷技术委员会(CEN/TC 184)陶瓷覆盖层试验工作组也加入到仪器化压痕硬度的标准化工作中。2001年,其与ISO/TC 164/SC 3决定共同起草ISO 14577的第4部分"覆盖层的试验方法",并于2003年10月提交出工作组草案ISO/WD 14577-4《金属材料　硬度和材料性能的仪器化压痕试验　第4部分:覆盖层的试验方法》,该部分于2017年正式发布,编号ISO 14577-4:2007。2003年,欧洲标准化组织发布了一个技术规范(Technical Specification)CEN/TS 1071-7:2003《先进技术陶瓷　陶瓷覆盖层的试验方法　第7部分:用仪器化压痕试验测量硬度和杨氏模量》。2004年2月,ISO 14577的第5部分的国际工作组协议(International Workshop Agreement)ISO/AWI 14577-5《金属材料　硬度和材料性能的仪器化压痕试验　第5部分:压痕拉伸性能》也被提出,但由于种种原因该部分至今未能作为正式标准发布。2015年至2016年,国际标准化组织先后发布了修订后的ISO 14577标准,包括ISO 14577-1:2015、ISO 14577-2:2015、ISO 14577-3:2015、ISO 14577-4:2016等4部分内容。

2.7　发展趋势

仪器化压痕试验是一个正在成长的试验方法，可以预料，在不久的将来，其将取得更大的进展。传统的显微硬度仪可能会被仪器化压痕仪取代，从而导致新一代相对便宜的仪器化压痕仪主要应用在显微硬度领域。更多的仪器化压痕仪将配备原子力显微镜，使得人们可以通过观察微小压痕的三维图象来确定接触面积和研究凸起现象。激光干涉法可能成为新的位移测量方法，从而提高位移测量的分辨率，减少仪器刚度和热漂移对所测力学性能的影响，同时也使非室温仪器化压痕试验成为现实。

人们也能预计，测试和分析技术也将取得新的进展，有限元模拟将成为测试技术中的一部分，用于解释凸起的影响，把基体的影响从薄膜性能数据中分离出来。有限元技术还能用于分析球压痕的试验数据，确定材料的拉伸应力－应变行为。基于动态测量技术的新的试验和分析方法，还将在更大的范围内描述高分子材料的粘弹性行为。

仪器化压痕试验所面临的更大的挑战之一是：开发测量超薄膜（如5nm厚的薄膜）力学性能的试验仪器和技术，用于测量磁盘的硬保护涂层的性能。在这一尺度上，由于表面吸附液体膜非常严重，表面污染和表面张力使得压头与表面的接触现象复杂化，原有的分析方法无法应用，必须开发新的方法。

第9章　金属的疲劳

1　金属疲劳的基本特性

1.1　循环载荷

工程结构和零部件在使用过程中,由于受到循环载荷的作用,以致造成裂纹的萌生和扩展,直至最后断裂的整个过程,通常称为金属的疲劳。所谓循环载荷是指载荷的大小、方向,或大小和方向都随时间发生周期性变化(或无规则变化)的一类载荷。在循环载荷作用下,结构或零部件内部所产生的应力称为循环应力。

循环载荷按其幅值随时间的变化情况可分为等幅载荷和变幅载荷两类。载荷幅值不随时间而变化的称为等幅循环载荷,等幅循环载荷按其波形又可分为正弦波、三角波、矩形波和梯形波等,见图9-1。变幅载荷是指其幅值随时间而变化的循环载荷,它可分为程序载荷和随机载荷两种,见图9-2。

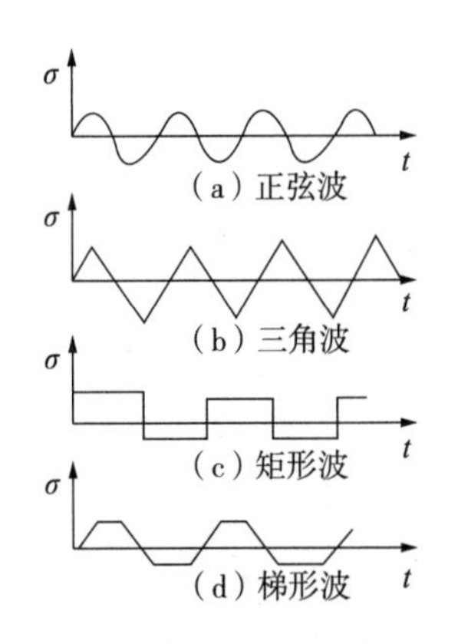

图9-1　等幅循环载荷的波形

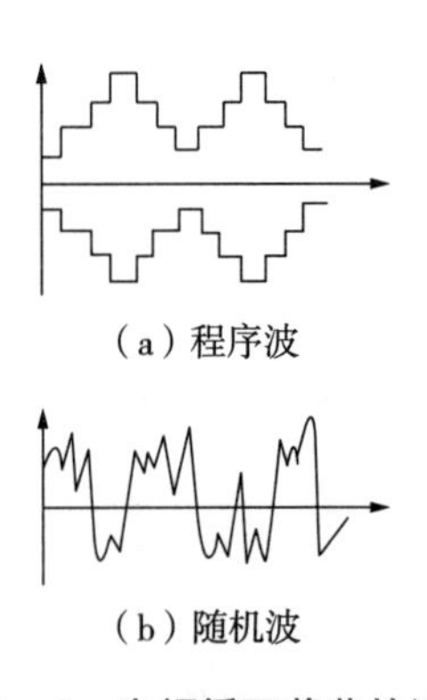

图9-2　变幅循环载荷的波形

由于金属的疲劳是在循环应力作用下经过一定循环周次之后才出现的,所以首先需要了解循环应力的特性。按正弦曲线变化的等幅循环应力是最简单的循环应力,它具有循环应力最基本的特征,材料的基本疲劳性能数据一般是在这种应力下测得的。循环应力下应力-时间函数的最小单元称为应力循环,一个应力循环所需的时间称为周期,用 T 表示,图9-3为应力循环示意图。

在应力循环中,具有最大代数值的应力称为最大应力,以拉应力为正,压应力为负,用 σ_{max} 表示。在应力循环中,具有最小代数值的应力称为最小应力,以拉应力为正,压应力为负,用 σ_{min} 表示。

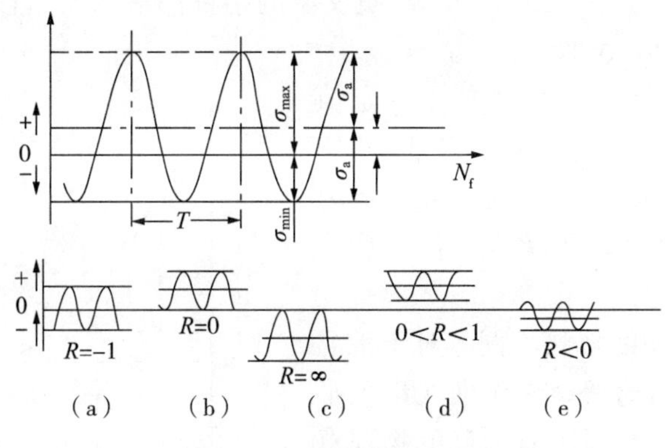

图 9－3　应力循环示意图

最大应力与最小应力代数差的一半称为应力幅，用 σ_a 表示，即

$$\sigma_a = \frac{\sigma_{max} - \sigma_{min}}{2} \tag{9-1}$$

式中，σ_a 为应力的动载分量，是疲劳失效的主要因素。

最大应力与最小应力的代数平均值称为平均应力，以拉应力为正，压应力为负，用 σ_m 表示，即

$$\sigma_m = \frac{\sigma_{max} + \sigma_{min}}{2} \tag{9-2}$$

式中，σ_m 为应力的静载分量，是疲劳失效的次要因素。

最小应力 σ_{min} 与最大应力 σ_{max} 的比值称为应力循环对称系数，即应力比，用 R 表示，即

$$R = \frac{\sigma_{min}}{\sigma_{max}} \tag{9-3}$$

应力幅 σ_a 与平均应力 σ_m 之比称为应力分量比，用 A 表示，即

$$A = \frac{\sigma_a}{\sigma_m} \tag{9-4}$$

式中，R 和 A 都表示应力循环的特性，即应力循环的不对称性。现在一般使用应力比 R。

对于对称应力循环，$R = -1$，如火车轴的弯曲、曲轴轴颈的扭转等。旋转弯曲疲劳试验也属于这一类，见图 9－3(a)。当 $R = 0$ 时，称为脉动循环，例如齿轮齿根的弯曲，见图 9－3(b)。滚动轴承的滚珠承受循环压应力，$R = \infty$，见图 9－3(c)。汽缸盖螺栓受较大拉应力及较小拉应力循环应力，$0 < R < 1$，见图 9－3(d)。内燃机连杆受较大压应力及较小拉应力循环应力，$R < 0$，见图 9－3(e)。静载可看做是循环应力一种特殊情况，这时，$\sigma_a = 0$，$R = 1$。

1.2　疲劳曲线

在循环载荷作用下，金属承受的循环应力和断裂循环周次之间的关系，通常用疲劳曲线来描述。多年来，人们通过对疲劳试验的研究发现，在应力比不变的条件下，金属承受的最大循环应力(σ_{max})越大，则疲劳寿命越小；反之，σ_{max} 越小，则 N 越大。如果将所加的应力(σ_{max})和对应的疲劳寿命对数值绘成图，如图 9－4 所示，此曲线称为疲劳曲线，通常用 $\sigma - N$ 表示。如为扭转疲劳试验，就可得到扭转的 $\tau - N$ 曲线。同理，在控制应变的条件下，可得到应变寿命曲

线,即 $\varepsilon-N$ 曲线。由于“应力”和“应变”在英文中的字首都是“s”,所以 $\sigma-N$ 曲线、$\tau-N$ 曲线和 $\varepsilon-N$ 曲线统称为 $S-N$ 曲线。

从图 9-4 中可以看出,当应力低于一定值时,试样可以经受无限周次循环而不破坏,此应力值称为材料的疲劳极限,用 σ_R 表示。R 为应力循环对称系数。对于对称循环,$R=-1$,故疲劳极限用 σ_{-1} 表示。

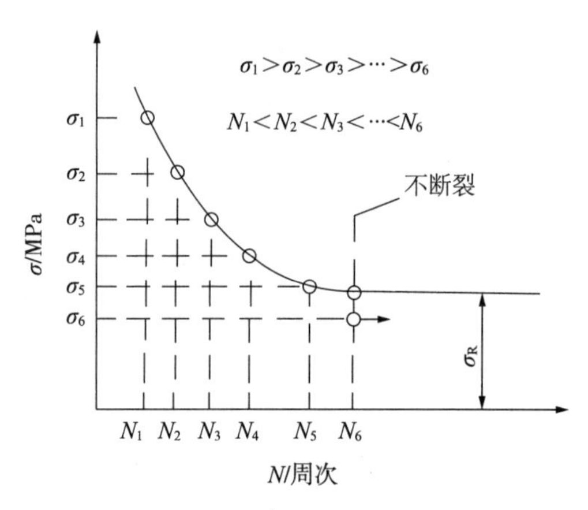

图 9-4 $S-N$ 曲线示意图

不同材料的 $S-N$ 曲线形状不同。对于常温下的钢铁材料、钛及其合金等,$S-N$ 曲线出现平行于横轴的水平部分,疲劳极限有明确的物理意义。而对于非铁金属、在高温下或腐蚀介质中工作的钢等,曲线没有水平部分,逐渐趋近于横轴,这时就规定某一 N_0 值所对应的应力作为“条件疲劳极限”。N_0 称为循环基数。对于钢铁材料,一般规定经历 10^7 循环周次而不失效的最大应力为疲劳强度;对于非铁金属、有色金属及合金一般规定 10^8 循环周次。

1.3 疲劳宏观断口

在进行疲劳宏观断口分析时,一般把断口分成 3 个区。这 3 个区与疲劳裂纹的形成、扩展和最后断裂 3 个阶段相对应,分别称为疲劳源区、疲劳扩展区和瞬时断裂区(图 9-5)。

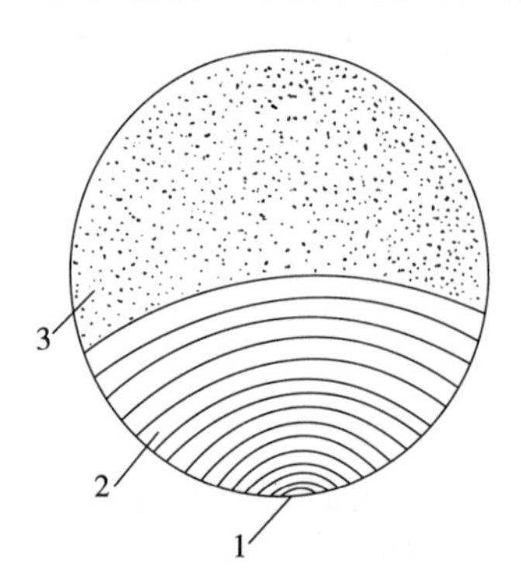

图 9-5 疲劳断口上的 3 个特征区

1—疲劳源区;2—疲劳扩展区;3—瞬时断裂区

(1)疲劳源区。构件在循环载荷作用下,由于材料的质量、加工缺陷或结构设计不合理等原因,在零件或试样的局部区域造成应力集中,这些区域就是疲劳裂纹最初萌生的地方。疲劳源区是疲劳裂纹形成过程在断口上留下的真实记录,疲劳源区所占而积很小,多呈半圆形或半椭圆形。由于疲劳源区的特征与形成疲劳裂纹的原因有关,所以当疲劳起源于原始的宏观缺陷时,准确判断原始宏观缺陷的性质,将为分析断裂事故的原因提供重要依据。

(2)疲劳扩展区。疲劳扩展区最主要的宏观特征是疲劳条纹和疲劳台阶。疲劳条纹是一些相互近似平行的弧线,有的像贝壳花样,有的像海滩标记。一般认为,零件在工作过程中,出现间隙加载,应力有较大变化或疲劳裂纹在扩展中受阻而暂时停歇等情况,都可能在断口上产生疲劳条纹。疲劳条纹是零件在循环应力作用下,于裂纹前沿留下的塑性变形痕迹。

疲劳条纹的形状,是由疲劳裂纹在零件内部不同位向上的扩展速度决定的。对缺口敏感的高强度材料,疲劳裂纹沿外周的扩展速度较内部快,所以疲劳条纹比较平坦,扩展到一定程度后,甚至以反弧度向前扩展直至断裂。对缺口不敏感的韧性材料,疲劳裂纹沿外周的扩展速度较内部慢,故疲劳条纹围绕疲劳源呈同心圆形状。见图 9-5。

疲劳条纹的数量和间距主要与材料的抗疲劳性能、循环应力的大小、环境介质和温度等因素有关。应力突变的次数越多、间隙加载越频繁，则疲劳条纹的数量越多。材料的抗疲劳性能越低，应力越大，工作温度越高，存在腐蚀介质，则疲劳条纹的间距越大。同一疲劳断口上，离疲劳源越远，则疲劳条纹的间距越大。

由疲劳源区出发向前扩展的裂纹，由于裂纹前沿的阻力不同，而发生扩展方向上的偏离，此后裂纹开始在各自的平面上继续扩展，不同的裂纹面相交而形成台阶，这些台阶在断口上构成了放射状射线。

(3)瞬时断裂区。对于塑性材料，当疲劳裂纹扩展至净断面的应力达到材料的抗拉强度时，便发生断裂。对于脆性材料，当裂纹扩展至材料的临界裂纹长度时，便发生脆性断裂。瞬时断裂是一种静载断裂，它具有静载断裂的断口形貌。靠近零件表面的瞬断区往往是斜断口，而处于断口中部的瞬断区往往呈平断口，与其他两个区相比，其不平坦的粗糙表面是它的明显特征。

试样承受的载荷类型、应力水平、应力集中程度及环境介质等均会影响疲劳断口的宏观形貌，包括疲劳源产生的位置和数量、疲劳前沿线的推进方式、疲劳裂纹扩展区与瞬时断裂区所占断口的相对比例及其相对位置和对称情况等。不同条件下的疲劳断口宏观特征见表9-1。

表9-1 疲劳断口宏观特征

应力状态	高名义应力		低名义应力	
	光滑	缺口	光滑	缺口
拉-压				
单向弯曲	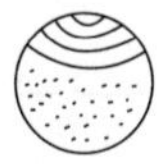			
反复弯曲	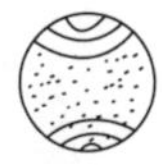			
旋转弯曲	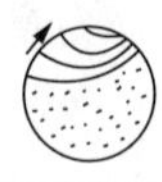			
扭转	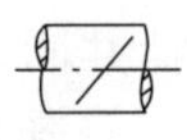	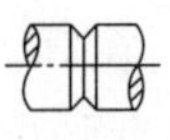		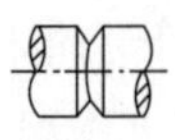

应力集中往往促进裂纹的萌生和发展，因此，在缺口试样的宏观断口上，疲劳源数目可能增多，缺口使裂纹在两侧翼的扩展速度加快，使前沿线变成波浪形或凹形。

应力状态也会改变疲劳源的数目、位置和前沿线的形状。在拉压和单向弯曲应力下，疲劳源和前沿线常常在一侧发展，而在反复弯曲应力下，疲劳源和前沿线则在两侧发展。旋转弯曲时，疲劳源和前沿线的位置相对发生了改变，沿着与旋转方向相反的方向疲劳前沿线推进速度快，而疲劳源则偏向于旋转方向一边。在扭转载荷下，由于最大切应力和最大拉应力的作用不同，断口可能呈45°状、锯齿状或台阶状，断口上疲劳源和前沿线的情况与上述又有所不同。

2 金属疲劳的分类

金属的疲劳有各种分类方法。从宏观角度看,在疲劳的整个过程中,弹性应变和塑性应变是同时存在的。当循环加载的应力水平较低时,弹性应变起主导作用。当应力水平逐渐提高,塑性应变达到一定数值时,塑性应变的作用逐渐成为疲劳破坏的主导因素,此时,疲劳寿命较低,且应力-寿命($\sigma-N$)曲线随着应力水平的提高趋于平坦,见图9-6(a)。这表示当应力水平有少量的变化时,会导致寿命有很大的改变,或者说,用应力很难描述实际寿命的变化。如将纵坐标σ用应变ε来代替,则由疲劳试验可得到一条光滑的应变-寿命($\varepsilon-N$)曲线,见图9-6(b)。因此,根据疲劳破坏时的循环周次的高低,疲劳可分为高周疲劳(或称高循环疲劳)和低周疲劳(或称低循环疲劳)。高周疲劳受应力幅控制,故又称应力疲劳。因高周疲劳是工程结构中最常见的,故简称疲劳。低周疲劳受应变幅控制,故又称应变疲劳。压力容器、炮筒和飞机起落架等零部件,在循环加载过程中,应力水平很高,峰值应力进入材料的塑性区,疲劳寿命低,是典型的低周疲劳。一般以5×10^4循环周次作为高周疲劳与低周疲劳的分界点。

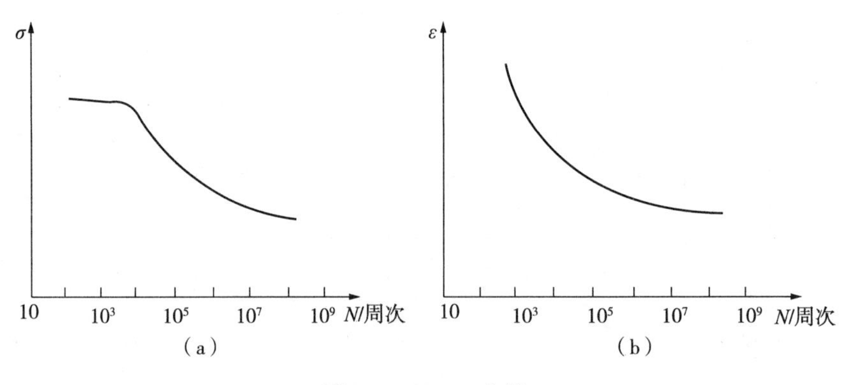

图9-6 $S-N$曲线

根据不同的工作环境(如温度、介质、载荷情况等),疲劳还可分为室温空气中的疲劳、高温疲劳、低温疲劳、热疲劳、腐蚀疲劳、接触疲劳和微动磨损疲劳等。

由于金属在低温下的疲劳极限通常稍有提高,所以工程上仅注意金属在静载荷下会产生低温脆性,而不十分注意低温疲劳。但是金属在高温和循环载荷共同作用下,情况要严重得多。当工作温度从室温升高时,开始材料的疲劳强度降低不多,一旦到达某一温度,疲劳强度急剧下降,就以此温度来划分高温疲劳和常规疲劳。高温疲劳强度之所以降低,是因为高温下的疲劳破坏过程总伴随着蠕变过程,当温度升高或时间增长时,蠕变因素对疲劳的影响就增大。

零件在反复加热和冷却时,会在内部形成不均匀分布的温度场,产生循环热应力而导致疲劳破坏,这就是热疲劳。热应力除由温度分布不均匀引起外,也可能是因零件在热胀冷缩方面受到限制或不协调造成的。

很多设备和工程结构是在腐蚀环境下工作的。桥梁受风雨的侵蚀,船舶长期接触江河水或海水,化工、石油、冶金等工业的很多设备常接触比自然环境更强的腐蚀介质。在腐蚀与静拉力联合作用下出现的一种脆性断裂称为应力腐蚀。在腐蚀与循环应力联合作用下出现的一种脆性断裂称为腐蚀疲劳。腐蚀疲劳是一种经常发生的疲劳破坏形式。如在江河水下工作的水轮机转轮的叶片,受淡水腐蚀和循环应力的联合作用会产生疲劳裂纹;海洋平台焊管结构受海水腐蚀和海浪冲击等联合作用会产生腐蚀疲劳;船舶推进器的有关零件和海上飞机的铝合金构件,都可能产生腐蚀疲劳。

一对齿轮的齿面、滚动轴承的滚动体与座圈、凸轮与从动滚子、车轮与钢轨等,由接触表面来传递运动和动力。两物体受载后,在距物体接触表面某一层深度处产生循环变化的切应力,当该切应力达到材料的接触疲劳极限时,在工作表面的局部区域会产生小片或小块剥落的现象,形成麻点或凹坑,使机器在工作中产生噪声、振动、磨损和温升,导致接触疲劳失效。

此外,按照机件受力方式不同,还可分为拉压疲劳、弯曲疲劳、扭转疲劳和复合应力疲劳;从载荷与时间的关系,又可分为定常疲劳(即载荷与时间有确定的函数关系)和随机疲劳。此外,还有由噪声引起的声疲劳等。

3　金属高周疲劳

在机械设计中,材料的疲劳性能评定指标有疲劳极限、过载持久值和疲劳缺口敏感度等,下面分别介绍它们的意义和测定原理。

3.1　疲劳极限和疲劳强度

3.1.1　疲劳强度的测定

疲劳极限是 $S-N$ 曲线水平部分所对应的应力,它表示材料无限寿命下的疲劳强度,是材料经受无限多次应力循环而不断裂的最大应力。材料的疲劳强度是指在指定疲劳寿命下,试样发生失效时的应力水平 S 值,单位为 MPa,通常可以在旋转弯曲疲劳试验机、高频疲劳试验机或其他类型的试验机上用升降法测定。

3.1.2　非对称循环应力下的疲劳极限

上述疲劳极限是在对称循环应力下测定的,但实际上有不少零件是在非对称循环应力下工作的。实验表明,在最大应力相同的情况下,应力循环不对称度越大(即 σ_m 越高),则金属断裂前所能承受的循环周次越多。因为材料的疲劳损伤是由交变应力长期作用所形成的,应力循环不对称度越大,即 $R=\sigma_{min}/\sigma_{max}$ 越大,表示应力交变幅度占最大应力的比例越小,疲劳损伤就小,因此,到达断裂的应力循环周次就多,即疲劳寿命长。

实践证明,对于某一零件或试样,当平均应力 σ_m 越大时,则可允许的应力幅值 σ_a 越小;反之,σ_m 越小,则 σ_a 越大。这样才能保证使用寿命。各种非对称应力循环下的 $S-N$ 曲线见图 9-7。

怎样表示平均应力与非对称循环应力下的疲劳极限之间的关系呢?常用的方法就是疲劳图。

一种疲劳图如图 9-8(a)所示,以 σ_{max} 及 σ_{min} 为纵坐标,而以 σ_m 为横坐标,过原点 O 作直线 OA 和坐标轴成 45°,则 OA 线上所表示的应力均为交变平均应力。当 $\sigma_m=0$ 时,表示对称应力循环,故纵坐标上 OB 及 OC 表示 σ_{-1};而当 $\sigma_m=R_m$ 时,相当于静拉伸强度,这时材料已不能

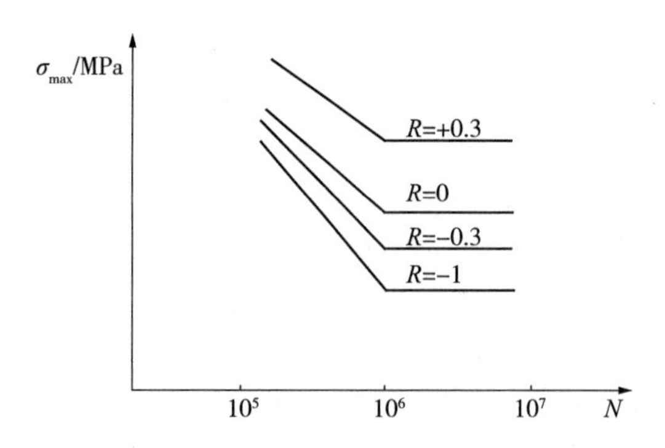

图 9-7　应力循环对称系数 R 对疲劳极限的影响

再承受交变应力，故 $\sigma_a=0$。已知平均应力越高，则循环应力的最大值也越高。假设 σ_{max} 随 σ_m 按直线规律增加，连接直线 AB 及 AC，便得到了疲劳图。AB 及 AC 分别表示不同平均应力下循环应力的最大值及最小值。如 $\sigma_m=OE(\sigma_m=EG)$，则应力幅 σ_a 为 GH 及 GF，EH 便是平均应力为 OE 时循环应力的疲劳极限 σ_{max}，当外加应力低于 EH 时材料不发生疲劳断裂；反之，则造成疲劳断裂。这种疲劳图可以告诉我们，不同的平均应力下材料所能承受的最大循环应力 σ_{max} 及应力幅 σ_a，σ_{max} 即为非对称循环应力下的疲劳极限。

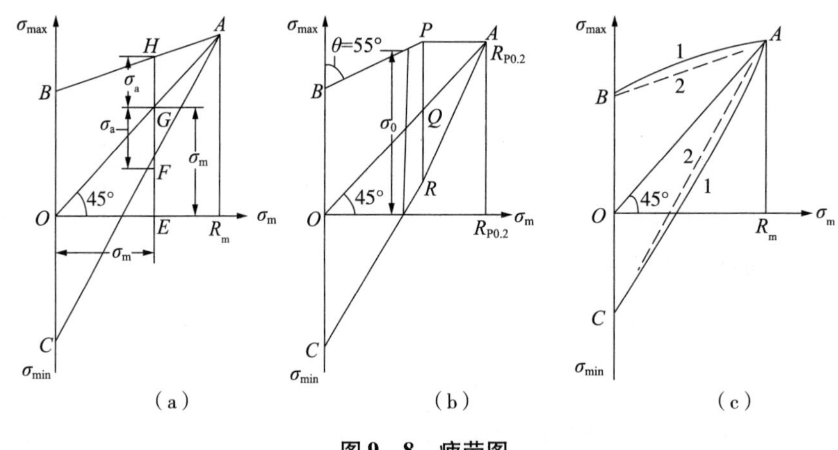

图 9-8　疲劳图

对于塑性材料，应力超过屈服强度时发生塑性变形，零件便失效。因此，必须对疲劳图进行修正，见图 9-8(b)，图中最大循环应力及平均应力都以屈服强度为界。根据有关的试验研究结果指出，对于钢，图中 $\theta\approx55°$。这样绘制疲劳图就更简单了，只要知道材料的 σ_{-1} 和 $R_{P0.2}$ 即可简便地做出这种疲劳图。应该指出，无论对脆性材料还是塑性材料，按上述方法做出的疲劳图都是近似的，实际上 AB、AC 都不是直线，见图 9-8(c)。但用直线来近似建立的疲劳图偏于安全。因此，要取得准确、可靠的非对称循环应力下的疲劳极限，必须通过试验测定。

3.2　过载持久值

$S-N$ 曲线上的倾斜部分各点的应力水平所对应的疲劳寿命叫过载持久值。它表示材料对疲劳过载(应力超过疲劳极限)的抗力。此斜线愈陡直，表示在相同的过载条件下能经受的应力循环周次愈多,即过载抗力愈高。$S-N$ 曲线的测定通常采用成组法测定。

3.3 疲劳缺口敏感度

机件由于使用的需要,常常带有台阶、拐角、键槽、油孔、螺纹等,这些地方因为有应力集中,应力集中就是在试样外形突然变化或材料不连续的地方所发生的应力局部增大现象,如图9-9(a)所示。可以看到,当试样受拉时,在缺口处存在很大的局部应力 σ_{max},但稍微离开缺口的地方,应力的变化就趋于缓和。在离缺口较远处的截面上,应力基本上是均匀分布的,由于应力集中以致试样在更低或更短的寿命下产生疲劳断裂,使疲劳极限降低。其降低程度表征材料对应力集中的敏感程度,称为材料的疲劳缺口敏感度(或疲劳缺口敏感系数),通常用 q 表示。

$$q=\frac{K_f-1}{K_t-1} \tag{9-5}$$

$$K_f=\frac{\sigma_{-1}}{(\sigma_{-1})_K}$$

式中:K_t——在材料的弹性范围内,最大局部应力 σ_{max} 与名义应力 σ_n 的比值,称为理论应力集中系数;

K_f——在循环应力条件下,体现实际衡量应力集中对疲劳强度影响的系数,称为有效应力集中系数,在载荷条件和绝对尺寸相同时,循环应力下的有效应力集中系数等于光滑试样与有效应力集中试样的疲劳极限之比;

σ_{-1}——光滑试样的疲劳极限,MPa;

$(\sigma_{-1})_K$——缺口试样的疲劳极限,MPa。

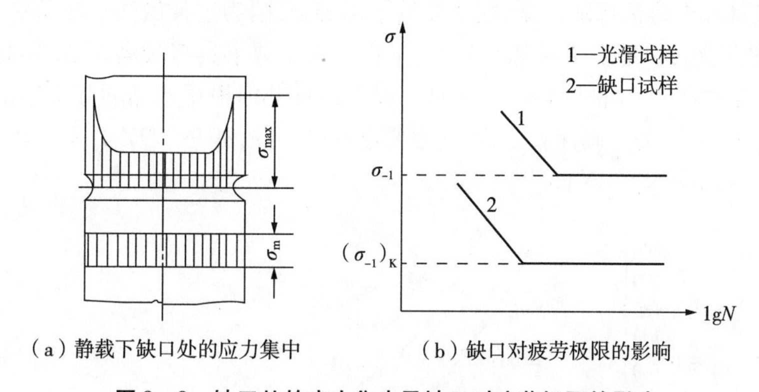

(a)静载下缺口处的应力集中　　(b)缺口对疲劳极限的影响

图9-9 缺口处的应力集中及缺口对疲劳极限的影响

在弹性范围内及静载下,K_t 仅与缺口的几何形状有关,而与材料无关。因此,不管什么材料,只要缺口的几何形状一定,即可在有关手册中根据缺口的几何形状查得理论应力集中系数 K_t 值。

通常 K_f、K_t 均大于1,而 q 值在0~1范围内变化。当 $q=0$ 时,则 $K_f=1$,即 $\sigma_{-1}=(\sigma_{-1})_K$,材料对缺口最不敏感;当 $q=1$ 时,$K_t=K_f$,即材料对缺口非常敏感。因此,希望材料的 q 值越小越好。

由试验可知,一般结构钢的 q 值为0.6~0.8,粗晶粒钢 q 值为0.1~0.2,球铁的 q 值为

0.11 ~0.25,而灰铸铁的 q 值为 0 ~0.05。灰铸铁的 q 值很低,是因为其组织内分布有片状石墨,它本身就是一种缺口,因此,试样表面的缺口对疲劳极限的影响就无足轻重了,对缺口很不敏感。

3.4 高周疲劳标准试验方法简介

常用的国内、外高周疲劳试验标准主要有 GB/T 3075—2008《金属材料　疲劳试验　轴向力控制方法》、GB/T 4337—2015《金属材料　疲劳试验　旋转弯曲方法》、HB 5152—1996《金属室温旋转弯曲疲劳试验方法》、HB 5153 - 1996《金属高温旋转弯曲疲劳试验方法》、HB 5287—1996《金属材料轴向加载疲劳试验方法》、ASTM E466 - 2015《金属材料等幅轴向力控制疲劳试验方法》(Standard practice for conducting force controlled constant amplitude axial fatigue tests of metallic materials)

试验标准一般按试样类型、试样加工要求、试验设备要求、载荷要求、试验原理和试验过程等几个方面对试验进行规定。不同标准之间的具体规定会有所不同,但其主要目的都是为了保证试验的精度、稳定性和试验数据的可重复性、可比性,旨在揭示材料的本征规律。

3.5 疲劳试验结果的统计处理

疲劳试验数据处理方法可参照 GB/T 24176—2009《金属材料　疲劳试验　数据统计方案与分析方法》,或 ASTM E739 - 10《线性或线性化应力 - 寿命($S-N$)和应变 - 寿命($\varepsilon-N$)疲劳数据统计分析规程》。

3.5.1 $P-S-N$ 曲线的绘制

通常由常规试验法所得到的 $S-N$ 曲线是具有 50% 存活率的中值 $S-N$ 曲线,如果以这种曲线作为产品设计和寿命估算的依据,则往往偏于不安全,因为这种做法意味着有一半产品在达到预期寿命 N 之前会过早地发生破坏。为此,工程上需要寻求具有较高存活率的应力 - 寿命曲线,如 99.9% 存活率的 $S-N$ 曲线(图 9 - 10)。通常设计部门根据产品的要求给出存活率,如航空工程所使用的零部件,为了确保安全,存活率要求更高一些,如 99.99% 以上。$P-S-N$ 曲线指的就是具有某一存活率的 $S-N$ 曲线。

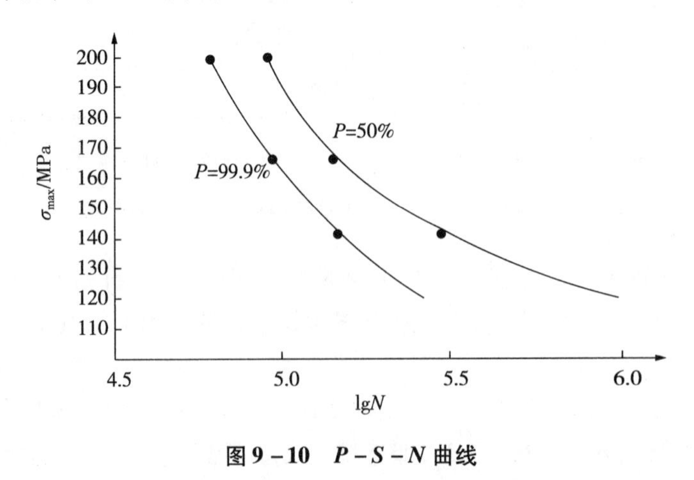

图 9 - 10　$P-S-N$ 曲线

测定 $P-S-N$ 曲线时,通常采用成组法,应力水平级数和选择方法均与测定 $S-N$ 曲线相同，但每组的有效试样数不得少于6个。数据分散性小，试样可以少取一些；数据分散性大，试样要多取一些。每组的最少试样数 n 应满足式(9-6)

$$\frac{\delta}{t_r\sqrt{\frac{1}{n}+u_P^{\,2}(\beta^2-1)}-\delta\beta u_P}\geqslant\frac{s}{\bar{x}} \tag{9-6}$$

式中：t_r——t 分布值，由 $\nu=n-1$ 和 $\alpha=1-r$ 查 t 分布函数表得出；

β——标准差修正系数，查附表5得出；

u_P——标准正态偏量，查 u_P 和 P 数值表得出。

通常取误差限度 $\delta=5\%$，这时可按式(9-6)或根据变异系数(C_ν)和给定的置信度 r 及存活率查附表1~4确定最少试样数 n。

在测定 $P-S-N$ 曲线中的疲劳强度下极限时，通常采用升降法，在不同应力水平下按照被测试样"失效"或"非失效"的计算频率安排试验数据，仅对"失效"和"非失效"事件进行统计分析。首先将应力水平按升序排序，$S_0\leqslant S_1\leqslant\cdots\leqslant S_l$（这里 l 为应力水平数），指定事件数 f_i，指定应力台阶 d，对最少的观测数进行分组分析最终获得疲劳强度值。对"非失效"事件（或"失效"事件）进行疲劳强度统计估计如式(9-7)，式(9-8)所示。假定疲劳强度符合正态分布，在置信度为 $1-\alpha$、失效概率为 P 下的疲劳强度下极限按式(9-9)估计

$$\hat{u}_y=S_0+d\left(\frac{A}{C}+\frac{1}{2}\right) \tag{9-7}$$

$$\hat{\sigma}_y=1.62d(D+0.029) \tag{9-8}$$

$$\hat{y}_{(P,1-\alpha)}=\hat{u}_y-k_{(P,1-\alpha,\nu)}\hat{\sigma}_y \tag{9-9}$$

式中，$\hat{u}_y$ 为疲劳强度；$\hat{\sigma}_y$ 为标准偏差；$k_{(P,1-\alpha,\nu)}$ 为正态分布单边误差限；ν 为自由度；$A=\sum_{i=1}^{i} if_i$，$B=\sum_{i=1}^{i} i^2f_i$，$C=\sum_{i=1}^{i} f_i$，$D=\frac{BC-A^2}{C^2}$（仅当 $D>0.3$ 时才有效），i 为试样数。

$P-S-N$ 曲线由测定的安全寿命、安全疲劳强度和安全疲劳极限各数据点根据下式拟合而成

$$\lg N_P=a_P+b_P\lg\sigma$$

在绘制 $P-S-N$ 曲线时，一般以应力 σ 为纵坐标，对数疲劳寿命 $\lg N$ 为横坐标。用曲线拟合各数据点，即可绘制出某一存活率的 $P-S-N$ 曲线，见图9-10。

在实验室中，绘制 $P-S-N$ 曲线也常常使用双对数坐标($\lg\sigma-\lg N$)。应该指出，用上式进行线性拟合时，只有当两个变量之间存在线性关系，拟合曲线才有意义。因此，必须进行线性相关检验，若两个变量线性相关，则可由曲线方程求出某一存活率的安全寿命。

3.5.2　可疑观察值的取舍

3.5.2.1　从物理现象判断

在一组疲劳寿命中，当发现某一观察值过小时，有可能是由试样本身材质异常、加工刀痕、划伤或锈蚀所致，此时应观察试样断口以取得充分证据。此外，载荷偏心、机器的侧振以及跳动量过大等也会导致疲劳强度降低。对于过小观察值的舍弃，应慎重对待。

过大观察值的产生，有可能是由于操作不慎，在安装试样调试设备过程中施加了一两次过大载荷，从而引起强化效应所致。此外，如果载荷没有完全施加在试样上也会导致过大观察值的产生。

3.5.2.2 数学方法——肖维奈准则

对于疲劳对数寿命值遵循正态分布的情况,如已知一组对数疲劳寿命的子样平均值 $\bar{x}$ 和标准差 s,当根据某一可疑值 x_m 求出的绝对值 $|x_m - \bar{x}|/s$ 超出一定限度时(表 9 - 2),即可舍弃 x_m。

在第一个观察值舍弃后,若再考虑第二个可疑值时,应重新计算 $\bar{x}$ 和 s。

表 9 - 2 子样大小 n 与 $\left(\frac{x_m - \bar{x}}{s}\right)$ 关系表

子样大小 n	$\frac{x_m - \bar{x}}{s}$	子样大小 n	$\frac{x_m - \bar{x}}{s}$
4	1.53	13	2.07
5	1.64	14	2.10
6	1.73	16	2.15
7	1.80	18	2.20
8	1.86	20	2.24
9	1.91	25	2.33
10	1.96	30	2.39
11	2.00	40	2.50
12	2.04	50	2.58

3.5.3 安全寿命的测定

3.5.3.1 按对数正态分布估计安全寿命

利用小子样估计正态分布母体参数,并求得某一存活率下的安全寿命时,可采用解析法或作图法。

(1)解析法。当对数疲劳寿命符合正态分布时,可用对数疲劳寿命的子样平均值 $\bar{x}$ 和子样标准差 s 分别作为母体平均值和母体标准差的估计量。在进行数据处理时,首先将各级应力水平下测得的疲劳寿命 N_i,按由小到大顺序排列,并取相应的对数值,见表 9 - 3。

①存活率 P_i 的计算。由下式计算出各试样的存活率 P_i

$$P_i = 1 - \frac{i}{n+1} \tag{9-10}$$

②相关性检验。为了检验 P_i 和对数疲劳寿命 x_i 在正态坐标纸上是否为线性关系,以确定 x_i 是否服从正态分布。用式 9 - 11 计算相关系数 r,并由相关系数检验表 9 - 4 查得 r_{min},当 $|r| > r_{min}$ 时,疲劳寿命服从对数正态分布。

$$r = \frac{L_{ux}}{\sqrt{L_{uu}L_{xx}}} \tag{9-11}$$

$$L_{uu} = \sum_{i=1}^{n} u_{P_i}^2 - \frac{1}{n}\left(\sum_{i=1}^{n} u_{P_i}\right)^{22}$$

$$L_{xx} = \sum_{i=1}^{n} x_i^2 - \frac{1}{n}\left(\sum_{i=1}^{n} x_i\right)^2$$

$$L_{ux} = \sum_{i=1}^{n} u_{P_i} x_i - \frac{1}{n}\left(\sum_{i=1}^{n} u_{P_i}\right)\cdot\left(\sum_{i=1}^{n} x_i\right)$$

表 9－3　某应力水平下的一组疲劳寿命

序号	疲劳寿命 N_i 周次	对数疲劳寿命 $x_i = \lg N_i$	存活率 P_i %
1	124000	2.0934	90.91
2	134000	2.1271	81.82
3	135000	2.1303	72.73
4	138000	2.1399	63.64
5	140000	2.1461	54.55
6	147000	2.1673	45.45
7	154000	2.1875	36.36
8	160000	2.2041	27.27
9	166000	2.2201	18.18
10	181000	2.2577	9.09

表 9－4　相关系数检验表

$n-2$	起码值	$n-2$	起码值	$n-2$	起码值	$n-2$	起码值
1	0.997	11	0.553	21	0.413	35	0.325
2	0.950	12	0.532	22	0.404	40	0.304
3	0.878	13	0.514	23	0.396	45	0.288
4	0.811	14	0.497	24	0.388	50	0.273
5	0.754	15	0.482	25	0.381	60	0.250
6	0.707	16	0.468	26	0.374	70	0.232
7	0.666	17	0.456	27	0.367	80	0.217
8	0.632	18	0.444	28	0.361	90	0.205
9	0.602	19	0.433	29	0.355	100	0.195
10	0.576	20	0.423	30	0.349		

③平均值 $\bar{x}$ 和标准差 s 的计算。按式(9－12)、式(9－13)计算出子样的对数疲劳寿命平均值 $\bar{x}$ 和标准差 s

$$\bar{x} = \frac{1}{n}\sum_{i=1}^{n} x_i = 2.1674 \tag{9-12}$$

$$s = \sqrt{\frac{\sum_{i=1}^{n} x_i^2 - \frac{1}{n}\left(\sum_{i-1}^{n} x_i\right)^2}{n-1}} = 0.05 \tag{9-13}$$

④估计安全寿命。指定存活率 P 下的安全寿命 N_P 由式(9－14)计算

$$\lg N_P = \bar{x} + u_P s \tag{9-14}$$

式中，u_P 为标准正态偏量。

(2)作图法。利用正态概率坐标纸估计安全寿命。当已知母体为正态分布时，子样大小至

少为6个;如果需要通过作图法近似地检验母体是否符合正态分布或估计安全寿命,则子样大小至少为10个。与解析法相同,将试样的疲劳寿命按由小到大顺序排列,取对应的对数疲劳寿命值,并求出各试样对应的存活率 P_i,见表9-3。

①作 $P-N$ 图。以 $x=\lg N$ 为横坐标,P 为纵坐标,在正态概率坐标纸上拟合各数据点所做出的图形称为 $P-N$ 图(存活率-寿命图),如各数据点近似为一直线关系,则表明该组疲劳寿命遵循对数正态分布,见图9-11。

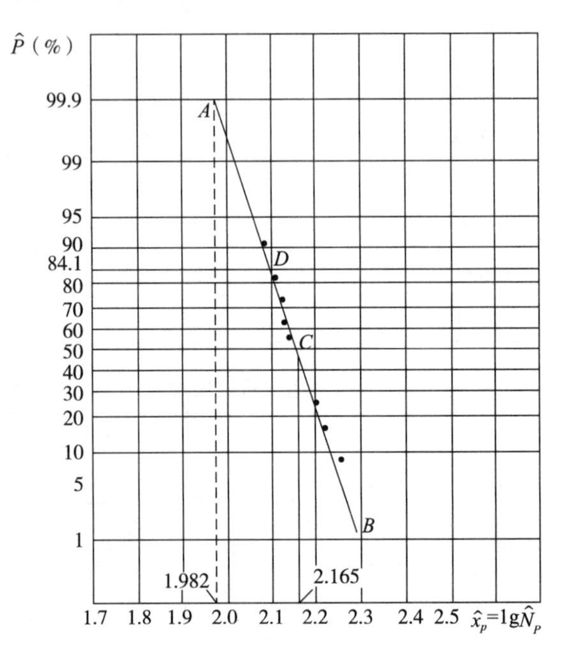

图9-11 $P-N$ 图

②估计母体平均值。从 $P-N$ 图中的 C 点,得50%存活率的对数疲劳寿命 x_{50},即母体平均值估计量 $\mu=x_{50}=2.165$,从而可得50%存活率的中值疲劳寿命 N_{50},即 $\lg N_{50}=2.165$,则 $N_{50}=\lg^{-1}2.165=146000$(周次)。

③估计母体标准差 σ 指定存活率 P 的对数疲劳寿命 x_P,按式(9-15)计算

$$x_P=\mu+u_P\sigma \tag{9-15}$$

当存活率 $P=84.1\%$ 时,由表查得 $u_P=-1$,由式(9-15)有 $x_{84.1}=\mu-\sigma$,于是母体标准差估计量可由式(9-16)求得

$$\sigma=\mu-x_{84.1} \tag{9-16}$$

从 $P-N$ 图中的 D 点得84.1%存活率的 $x_{84.1}$ 值 $x_{84.1}=2.105$,将 μ 和 $x_{84.1}$ 代入式(9-16),则得母体标准差估计量 $\sigma=2.165-2.105=0.06$。

④估计安全寿命。根据 $P-N$ 图,可以求出对应任一存活率的对数安全寿命 x_P。如取存活率为99.9%,只要将直线外推至 $P=99.9\%$ 的位置,即可得到对应的 $x_{99.9}$ 值,$x_{99.9}=\lg N_{99.9}=1.982$,$N_{99.9}=\lg^{-1}1.982=95940$(周次)。

3.5.3.2 按威布尔分布估计安全寿命

由威布尔函数可得超值累积频率函数或存活率 P

$$P = \exp\left[-\left(\frac{N_P - N_0}{N_a - N_0}\right)^b \right] \tag{9-17}$$

式中，N_P为安全寿命；N_0为最小寿命；N_a为特征寿命；b 为形状寿命。

由疲劳统计学可知，威布尔变量的母体平均值μ 和方差 σ^2可用威布尔分布的3个参数来表达

$$\mu = N_0 + (N_a - N_0)\Gamma\left(1 + \frac{1}{b}\right) \tag{9-18}$$

$$\sigma^2 = (N_a - N_0)^2\left[\Gamma\left(1 + \frac{2}{b}\right) - \Gamma^2\left[1 + \frac{1}{b}\right]\right] \tag{9-19}$$

式中，$\Gamma(\alpha)$为伽马函数，查附表6。

利用小子样估计威布尔分布母体参数，并求得对应任一存活率的安全寿命 N_P时，同样也有解析法和作图法。

（1）解析法。当疲劳寿命符合威布尔分布时，按点估计理论可用疲劳寿命N的子样平均值$\overline{N}$、子样中值 M_e和子样标准差 s 分别作为母体参数的估计量。其估计式分别为

$$\overline{N} = \frac{1}{n}\sum_{i=1}^{n} N_i = \mu \tag{9-20}$$

$$M_e = N_{50} \tag{9-21}$$

$$s = \sqrt{\frac{\sum_{i=1}^{n} N_i^2 - \frac{1}{n}\left(\sum_{i=1}^{n} N_i\right)^2}{n-1}} = \sigma \tag{9-22}$$

设在某一应力水平下，测得一组试样的疲劳寿命 N_i，将其按由小到大顺序排列，见表9-5。

表9-5　某应力水平下的一组疲劳寿命

序号	疲劳寿命 N_i 周次	对数疲劳寿命 $\lg N_i$	存活率 P_i %
1	350000	2.54	95.24
2	380000	2.58	90.48
3	400000	2.60	85.71
4	430000	2.63	80.95
5	450000	2.65	76.19
6	470000	2.67	71.43
7	480000	2.68	66.67
8	500000	2.70	61.90
9	520000	2.72	57.14
10	540000	2.73	52.38
11	550000	2.74	47.62
12	570000	2.76	42.86
13	600000	2.78	38.10

续表

序号	疲劳寿命 N_i 周次	对数疲劳寿命 $\lg N_i$	存活率 P_i %
14	610000	2.79	33.33
15	630000	2.80	28.57
16	650000	2.81	23.81
17	670000	2.83	19.05
18	730000	2.86	14.29
19	770000	2.89	9.52
20	840000	2.92	4.76

由式(9－20)求出子样平均值 $\overline{N}=557000$(周次),子样中值 M_e是第10个试样寿命与第11个试样寿命的平均值,$M_e=\dfrac{540000+550000}{2}=545000$(周次),再由式(9－22)求出子样标准差 $s=131900$(周次)。

将 $P=50\%$,$N_P=N_{50}$代入式(9－17)可得中值疲劳寿命 N_{50}与各参数之间的关系式,令 $N_{50}=M_e$,并将式(9－18)、式(9－19)中的μ、σ分别用各估计量 $\overline{N}$、s 值代入,可得3个关系式

$$0.5=\exp\left[-\left(\frac{545000-N_0}{N_a-N_0}\right)^b\right] \tag{9-23}$$

$$557000=N_0+(N_a-N_0)\Gamma\left(1+\frac{1}{b}\right) \tag{9-24}$$

$$131900^2=(N_a-N_0)^2\left[\Gamma\left(1+\frac{2}{b}\right)-\Gamma^2\left(1+\frac{1}{b}\right)\right] \tag{9-25}$$

借助计算机解以上三元联立方程,即可求出威布尔分布的3个参数估计量 N_a、N_0和 b。再由式(9－17)即可求得对应于任一存活率的安全寿命估计量 N_P。

(2)作图法。用威布尔概率坐标纸的作图法估计安全寿命时,所需的子样大小与使用正态概率坐标纸基本一致,具体步骤说明如下:

①估计存活率。母体存活率估计式(9－10)对威布尔分布同样适用。表9－5中的存活率估计量由式(9－10)计算。

②估计最小寿命 N_0。以 $\lg N_i$为横坐标,P 为纵坐标,在威布尔概率坐标纸上作 $P-N$ 图,见图9－12。将各数据点用一条曲线拟合,并绘出该曲线的垂直渐近线。最小寿命 N_0的估计量是由渐近线的横坐标位置来确定的。由图9－12可知,$\lg N_0=2.477$,$N_0=300000$(周次)。

③作 $P-\lg(N_P-N_0)$直线确定 N_0后,将各个疲劳寿命 N_i减去 N_0,再取对数 $\lg(N_i-N_0)$,计算结果列于表9－6中。然后以 $\lg(N_i-N_0)$为横坐标,P 为纵坐标,作 $P-\lg(N_P-N_0)$直线,见图9－13。由图9－13可见,各数据点近似在一条直线上,表明疲劳寿命大体遵循威布尔分布。

作图时,若各数据点不成直线关系,则有两种可能情况:一种是试验结果根本不符合威布尔分布;另一种是 N_0估计得不准确(N_0值第一次不容易估计准确),此时可用不同的 N_0连续估计,直到使各数据点最接近一条直线为止。由图9－13可以看出,上述选用 $N_0=300000$(周次)是适宜的。

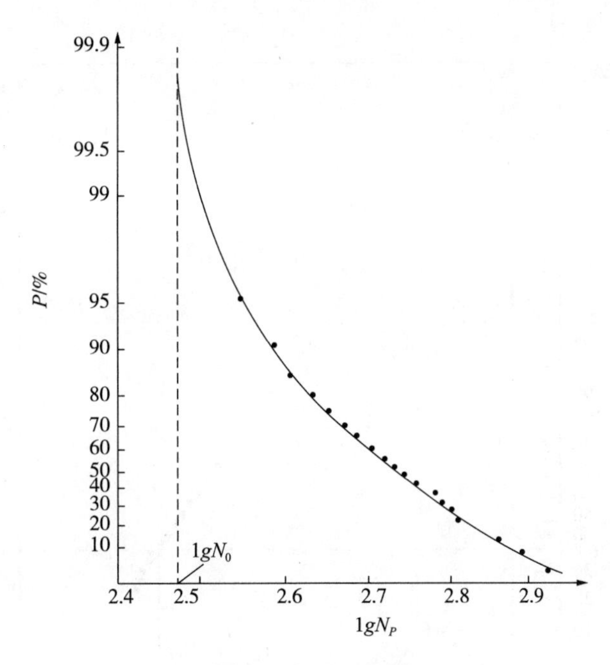

图 9－12　$P-N$ 图

表 9－6　$\lg(N_i-N_0)$ 数据与存活率

疲劳寿命 N_i/周次	N_i-N_0	$\lg(N_i-N_0)$	存活率 P_i/%
350000	50	1. 71	95. 24
380000	80	1. 90	90. 48
400000	100	2. 00	85. 71
430000	130	2. 11	80. 95
450000	150	2. 18	76. 19
470000	170	2. 23	71. 43
480000	180	2. 26	66. 67
500000	200	2. 30	61. 90
520000	220	2. 34	57. 14
540000	240	2. 38	52. 38
550000	250	2. 40	47. 62
570000	270	2. 43	42. 86
600000	300	2. 48	38. 10
610000	310	2. 49	33. 33
630000	330	2. 52	28. 57
650000	350	2. 54	23. 81
670000	370	2. 57	19. 05
730000	430	2. 60	14. 29
770000	470	2. 67	9. 52
840000	540	2. 73	4. 76

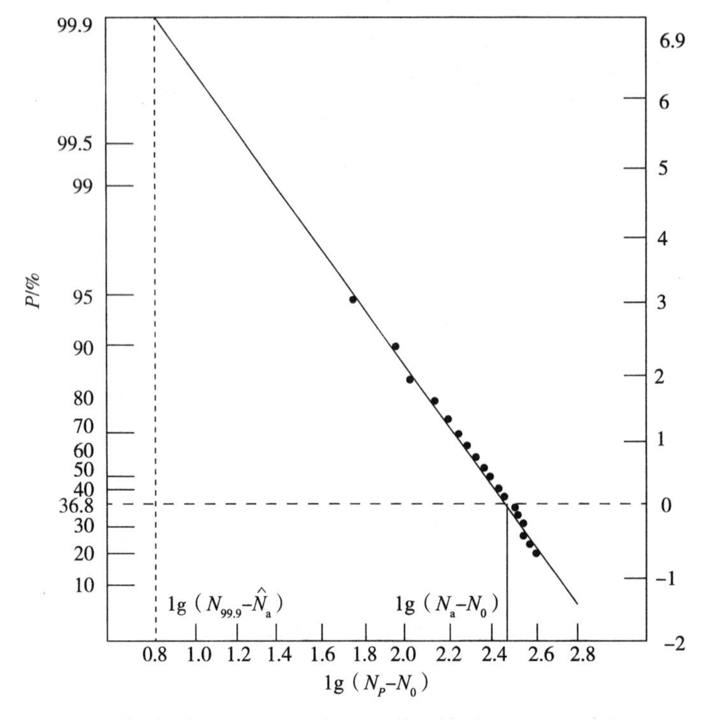

图 9－13　$P-\lg(N_P-N_0)$

④估计安全寿命。根据图 9－13 中的 $P-N$ 图，可以求出任一存活率的安全寿命。如取存活率为 99.9%，则由图中查得对应的 $\lg(N_{99.9}-N_0)$ 的值为 $\lg(N_{99.9}-N_0)=0.76$，则 $N_{99.9}=305800$（周次）。

⑤估计中值疲劳寿命。取 $p=50\%$，由图 9－13 查得相应的 $\lg(N_{50}-N_0)$ 值为 $\lg(N_{50}-N_0)=2.39$，则 $N_{50}=546000$（周次）。

4　金属低周疲劳

4.1　低周疲劳现象和特点

金属在循环载荷作用下，由于塑性应变的循环作用而产生的疲劳失效称为低周疲劳。在低周疲劳中，金属所承受的应力接近甚至超过其屈服强度，当应变应力值稍有变动时，其相应的应变力值变化很大（屈服平台除外）。此外，低周疲劳的加载频率也较低，且每一个循环都会产生一定量的塑性变形。由于服役条件的这些特点，使得其疲劳寿命很低，一般在只有几十到几万循环周次就失效了。低周疲劳和高周疲劳的区分大约以 5×10^4 循环周次为界。但这样定义并没有表达其实质，确切地说，低周疲劳是研究材料或零件在屈服附近的循环载荷作用下，其关键部位如拐角、孔边、沟槽、过渡截面等应力或应变集中区域材料的循环应力－应变行为，从而定量地描述材料或零件疲劳寿命的一种方法。低周疲劳也称为应变疲劳。

4.1.1　迟滞回线

材料在接近或超过其屈服强度的循环载荷作用下产生一定的塑性应变,得到的应力－应变曲线称为迟滞回线,见图 9－14。图中,当拉伸应变加到 B 点(最大应变)后卸载至零,再施加绝对值相等的压缩应变,则曲线从 B 点开始先以斜率为卸载弹性模量 E 的斜直线下行,然后开始反向屈服直到 D 点(最小应变)。如到 D 点后又重新加载,则以拉伸弹性模量 E 为斜率上升然后屈服,返回到 B' 点,实际的应变疲劳试验过程中 B 和 B' 点有可能重合也有可能不重合,这与材料本身的特性有关。加载和卸载的应力－应变曲线 BDB' 形成一个闭环,这就是迟滞回线。迟滞回线在恒幅加载下,初始阶段是变化的,随着循环次数的增加逐渐趋向稳定。当加载达到疲劳失效循环数的 20% ~50% 时形成稳定迟滞回线。

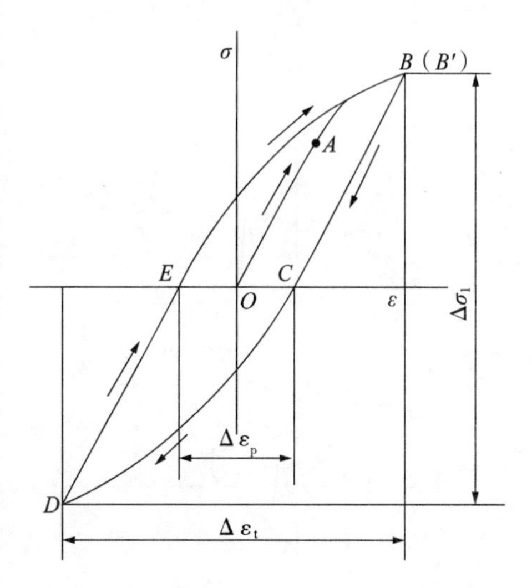

图 9－14　循环加载时的应力－应变曲线

材料在循环加载时的应力－应变关系可用迟滞回线表征,见图 9－14。每一应力产生的总应变 $\Delta\varepsilon_t$ 为

$$\Delta\varepsilon_t = \Delta\varepsilon_e + \Delta\varepsilon_p \tag{9-26}$$

式中,$\Delta\varepsilon_e$ 为弹性应变范围;$\Delta\varepsilon_p$ 为塑性应变范围。

4.1.2　循环硬化和软化

如前所述,金属在低周疲劳的初期,由于循环应力的作用,金属的性能发生变化,出现循环硬化和循环软化现象。当控制应变幅 $\Delta\varepsilon/2$ 恒定进行试验时,发现应力随循环次数的变化有两种现象:一种是应力随循环次数的增加而增大,然后达到稳定状态;另一种是应力随循环次数的增加而减小,然后也达到稳定状态。反之,控制应力幅 $\Delta\sigma/2$ 恒定进行试验时,应变也产生类似的变化:一种是应变随循环次数的增加而降低,另一种是应变随循环次数的增加而增大,然后都达到稳定状态。这种随循环次数而变化的现象,前者称为循环硬化,后者称为循环软化,见图 9－15。

试验表明,循环硬化和软化现象,一般在达到一定循环次数(失效循环次数的 20% ~ 50%)后就趋于稳定。但也有个别情况,在同一次试验中出现几次硬化和软化现象,这可能与材料在循环载荷作用下组织的变化有关。

出现循环硬化或软化现象,决定于材料的原始状态、结构特征以及应变幅和温度等。一般来说,原来较软的材料,如退火状态的钢在循环过程中将产生硬化。初始状态较硬的材料,如淬硬的钢则会产生软化趋势。很多学者通过试验发现,屈服比小于 0.7 时,材料产生循环硬化;屈强比大于 0.8 时,材料产生循环软化。当屈强比介于 0.7 ~0.8 之间时,就很难预测是产生循环硬化还是产生循环软化。对于同一种原始状态材料,循环硬化时所达到的应力水平随应变幅 $\Delta\varepsilon/2$ 的增加而增大,但随试验温度的上升而下降。

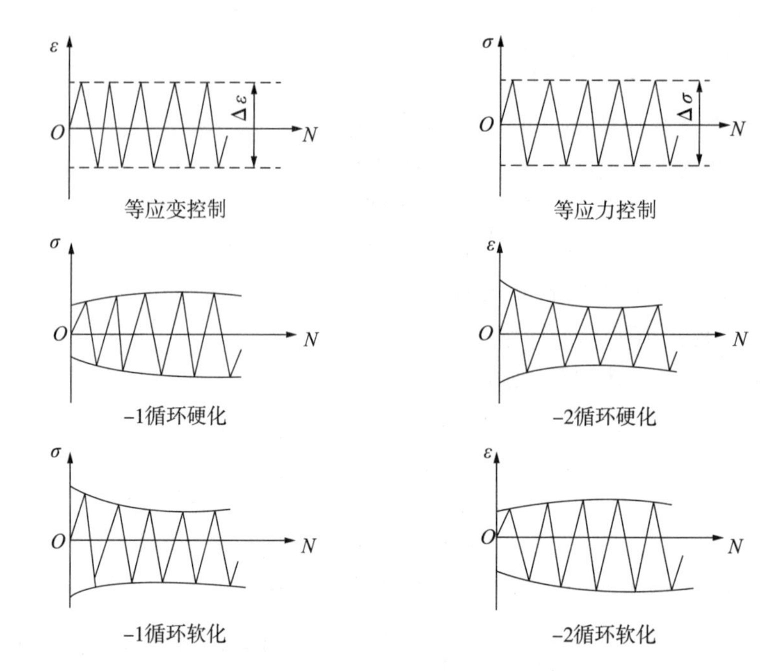

图 9-15　循环硬化和循环软化

4.2　循环应力-应变曲线

通常所说的材料应力-应变曲线是指由一次静拉伸试验确定的曲线，此曲线也称单调应力-应变曲线。但在循环载荷作用下，由于材料的循环硬化（或循环软化）效应，应力-应变关系在逐渐变化，直到进入循环稳定状态为止。大量试验结果表明，大多数金属材料经受很少次数的循环（相对于疲劳寿命而言）后就达到了稳定状态。稳定状态下的应力-应变曲线称为循环应力-应变曲线。

循环应力-应变曲线是通过低周疲劳试验确定的。其基本作法是：把应变幅 $\Delta\varepsilon/2$ 控制在不同的水平上，在保持应变比 $R = \varepsilon_{min}/\varepsilon_{max} = -1$ 的条件下进行循环加载，得到一系列大小不同的稳定迟滞回线，连接这些迟滞回线的顶点就得到材料的循环应力-应变曲线，见图 9-16。

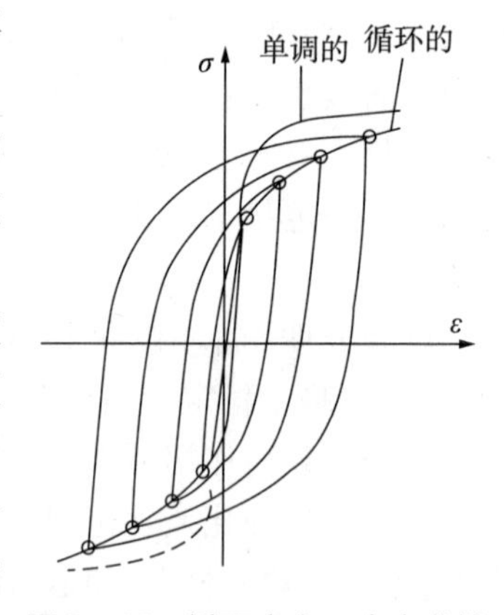

图 9-16　循环应力-应变曲线

循环应力-应变曲线随材料而不同，它反映材料在低周疲劳时的稳定应力与应变的响应特性，同时也是与静态拉抻或压缩时得到的单调应力-应变曲线进行比较的一种有效参量。当把循环应力-应变曲线和单调拉伸应力-应变曲线绘在同一个坐标系中时，还可以判断材料是循环硬化还是循环软化。若材料的循环应力-应变曲线高于单调拉抻应力-应变曲线，则该材料为循环硬化材料，反之则为循环软化材料。

循环应力-应变曲线的测定目前有多种方法，最常用的有以下几种：

（1）单试样多级试验法

用一根试样在一组应变水平下循环加载，见图 9-17，每一应变水平下的循环周次 N_i 必须足以使迟滞回线达到稳定，但次数不能过多，以免产生严重的疲劳损伤，然后通过这些迟滞回线的顶点拟合一条光滑的曲线，即循环应力－应变曲线，见图9－18。

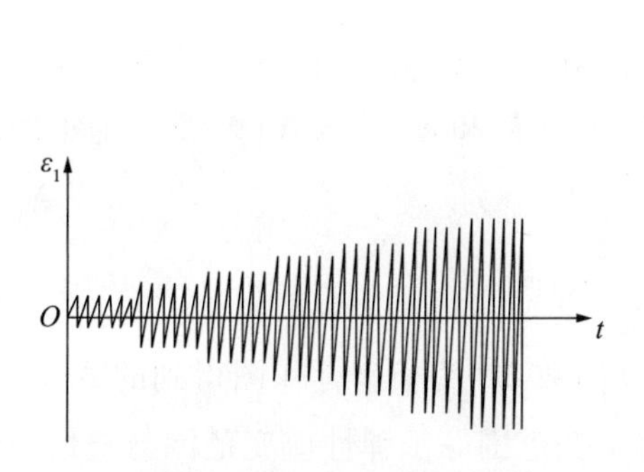

图9－17　单试样多级应变加载程序

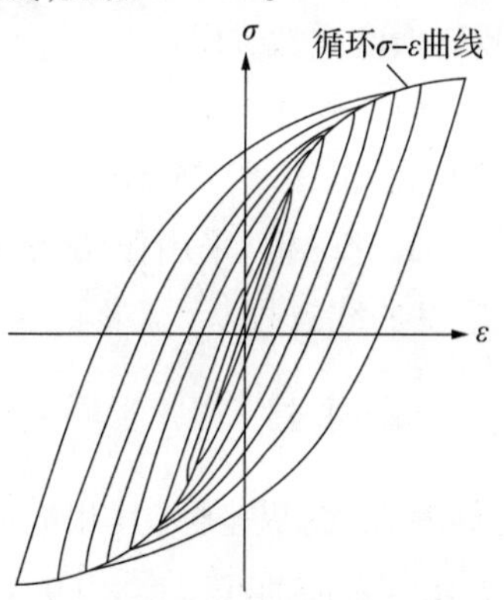

图9－18　单试样多级法测循环应力－应变曲线

(2)单试样降级－增级试验法

用一根试样在应变控制下试验，使试样承受的应变幅 $\Delta\varepsilon/2$ 逐渐减少，然后再逐渐增加，这种加载方式与程序块试验相似，其所加应变程序见图9－19。连续记录各应变程序块下的迟滞回线，经过一定次数加载程序块后，可以发现材料的迟滞回线趋于稳定，见图9－20，这些重叠的稳定迟滞回线顶点的轨迹即为所求的循环应力－应变曲线。

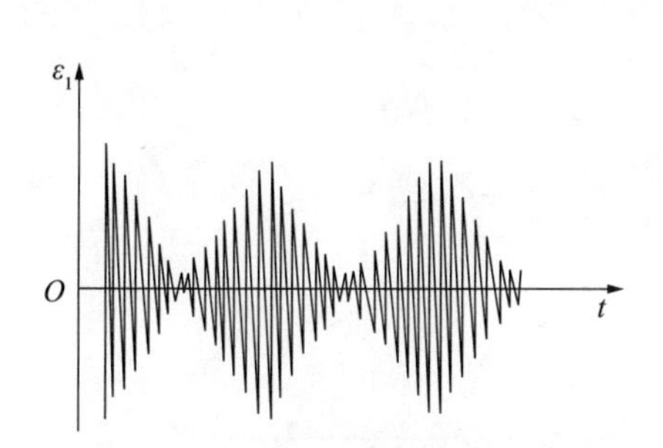

图9－19　单试样应变降－增应变加载程序块

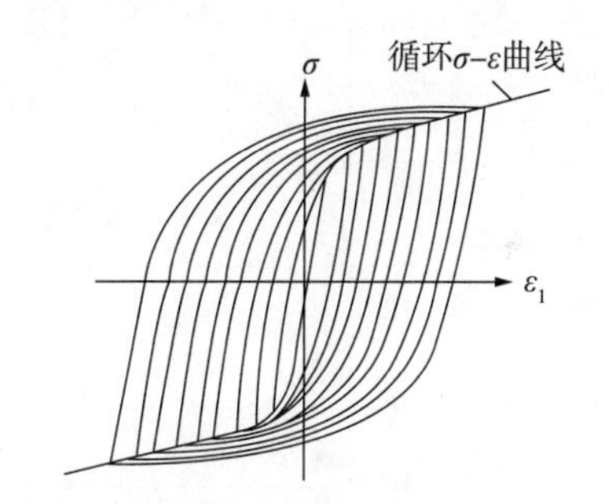

图9－20　单试样应变降－增法测循环应力－应变曲线

(3)多试样多级试验法

这种方法实际上是做应变疲劳寿命试验。每一级应变水平下试一根或一组试样，从而得到各应变水平下的循环稳定迟滞回线，连接各应变水平下相应的稳定迟滞回线的顶点，即为所求的循环应力－应变曲线，见图9－16。

大量试验结果表明，循环应力－应变曲线符合以下表达式

$$\frac{\Delta\varepsilon_t}{2}=\frac{\Delta\sigma}{2E}+\left(\frac{\Delta\sigma}{2K'}\right)^{\frac{1}{n'}} \tag{9-27}$$

循环稳定应力幅 $\Delta\sigma/2$ 与塑性应变幅 $\Delta\varepsilon_p/2$ 之间符合下式

$$\frac{\Delta\sigma}{2}=K'\left(\frac{\Delta\varepsilon_p}{2}\right)^{n'} \tag{9-28}$$

即
$$\lg\frac{\Delta\sigma}{2}=\lg K'+n'\lg\frac{\Delta\varepsilon_p}{2} \tag{9-29}$$

式中：K'——循环强度系数，MPa；

n'——循环应变硬化指数。

由式(9－29)可知，$\Delta\sigma/2$ 与 $\Delta\varepsilon_p/2$ 在双对数坐标系中成直线关系，故可根据上述方法测得各成对的($\Delta\sigma/2$，$\Delta\varepsilon_p/2$)值，采用作图法或线性拟合法求出 K'和 n'，代入式(9－27)即得所求的循环应力－应变曲线方程。

4.3 应变－寿命曲线

以总应变范围 $\Delta\varepsilon$ 为纵坐标，其相应的到达失效反向数 $2N_f$ 为横坐标作图得到的 $\Delta\varepsilon_t/2-2N_f$ 曲线称为应变－寿命曲线。由式(9－26)可知，总应变范围等于弹性应变范围与塑性应变范围之和，为此可根据材料力学理论，从总应变范围 $\Delta\varepsilon_t$ 中计算出弹性应变范围 $\Delta\varepsilon_e$ 和塑性应变范围 $\Delta\varepsilon_p$，并相应地画出 $\Delta\varepsilon_e/2-2N_f$ 和 $\Delta\varepsilon_p/2-2N_f$ 曲线，见图 9－21。在双对数坐标中，上述两条曲线都可近似地作为直线，这两条直线有一交点，交点的左边区域属于低周疲劳。

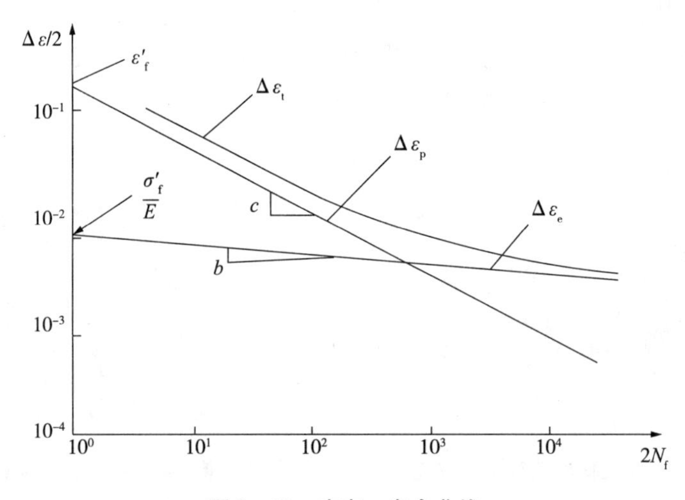

图 9－21 应变－寿命曲线

图 9－21 中 3 条曲线可用下列方程表示

$$\Delta\varepsilon_e/2=\sigma'_f/E(2N_f)^b \tag{9-30}$$

$$\Delta\varepsilon_p/2=\varepsilon'_f(2N_f)^c \tag{9-31}$$

$$\Delta\varepsilon_t/2=\frac{\sigma'_f}{E}(2N_f)^b+\varepsilon'_f(2N_f)^c \tag{9-32}$$

式中：σ'_f——疲劳强度系数，MPa；

b——疲劳强度指数；

ε'_f——疲劳延性系数；

c——疲劳延性指数。

式(9－32)为 Manson－Coffin 关系式。对式(9－30)和式(9－31)取对数可得

$$\lg \frac{\Delta \varepsilon_e}{2} = \lg \frac{\sigma'_f}{E} + b\lg(2N_f) \tag{9-33}$$

$$\lg \frac{\Delta \varepsilon_p}{2} = \lg \varepsilon'_f + c\lg(2N_f) \tag{9-34}$$

可见，$\Delta\varepsilon_e/2 - 2N_f$ 和 $\Delta\varepsilon_p/2 - 2N_f$ 两条曲线在双对数坐标系中为直线，可用作图法或线性拟合法求出材料的疲劳强度系数 σ'_f、疲劳强度指数 b、疲劳延性系数 ε'_f 和疲劳延性指数 c。

上述的 σ'_f、b、ε'_f、c、K'、n' 统称为应变疲劳参量，这些参量是综合评定材料疲劳性能的指标，σ'_f、b 两个参量反映材料的应力疲劳性能，若 σ'_f 高、$|b|$ 低，则材料具有高的循环应力阻力。ε'_f、c 两个参量反映材料的应变疲劳性能，若 ε'_f 高、$|c|$ 低，则材料具有比较高的循环应变阻力。

在进行应变 - 寿命曲线测定时，应采用一组相同的试样，选取一组总应变幅 $\Delta\varepsilon_t/2$ 值，对每个试样进行恒应变幅循环加载试验。这样，每个试样可以测得一对（$\Delta\varepsilon_t/2, 2N_f$）数据。根据不同试验目的，每级应变幅水平下可以对一个或几个试样进行试验。测定应变 - 寿命曲线时，通常采用 5 ~ 9 级应变幅水平。

试验时，每根试样可以测得一对（$\Delta\varepsilon_{ti}/2, 2N_{fi}$）数据，并由相应的迟滞回线把 $\Delta\varepsilon_{ti}/2$ 分解为弹性应变幅 $\Delta\varepsilon_{ei}/2$ 和塑性应变幅 $\Delta\varepsilon_{pi}/2$，然后由一组（$\Delta\varepsilon_{ei}/2, 2N_{fi}$）和一组（$\Delta\varepsilon_{pi}/2, 2N_{fi}$）数据分别用线性拟合法求出弹性线方程式（9 - 30）和塑性线方程式（9 - 31），再把该两式相加即得总应变 - 寿命曲线方程式（9 - 32）。同样，也可采用作图法，根据上述试验数据直接在双对数直角坐标系中绘制出应变 - 寿命曲线。

附 表

附表1 最小观察值个数①

变异系数 $\frac{s}{\bar{x}}$ 范围	最小观察值个数
<0.0201	3
0.020 1 ~ 0.031 4	4
0.031 4 ~ 0.040 3	5
0.040 3 ~ 0.047 6	6
0.047 6 ~ 0.054 1	7
0.054 1 ~ 0.059 8	8
0.059 8 ~ 0.065 0	9
0.065 0 ~ 0.069 9	10
0.069 9 ~ 0.074 4	11
0.074 4 ~ 0.078 7	12
0.078 7 ~ 0.082 7	13
0.082 7 ~ 0.086 6	14
0.086 6 ~ 0.090 3	15

①$P = 50\%$，$1 - \alpha = 95\%$，$\delta_{max} = 5\%$。

附表 2 最小观察值个数①

变异系数 $\frac{s}{x}$ 范围	最小观测值个数
<0.029 7	3
0.029 7 ~ 0.042 5	4
0.042 5 ~ 0.052 4	5
0.052 4 ~ 0.060 8	6
0.060 8 ~ 0.068 1	7
0.068 1 ~ 0.074 6	8
0.074 6 ~ 0.080 6	9
0.080 6 ~ 0.086 3	10
0.086 3 ~ 0.091 5	11
0.091 5 ~ 0.096 4	12
0.096 4 ~ 0.101 2	13
0.101 2 ~ 0.105 6	14
0.105 6 ~ 0.109 9	15

① $P=50\%$，$1-\alpha=90\%$，$\delta_{max}=5\%$。

附表 3 最小观察值个数①

变异系数 $\frac{s}{x}$ 范围	最小观察值个数
<0.014 30	5
0.014 30 ~ 0.017 02	6
0.017 02 ~ 0.019 53	7
0.019 53 ~ 0.021 66	8
0.021 66 ~ 0.023 75	9
0.023 75 ~ 0.025 36	10
0.025 36 ~ 0.027 07	11
0.027 07 ~ 0.028 46	12
0.028 46 ~ 0.029 93	13
0.029 93 ~ 0.030 90	14
0.030 90 ~ 0.032 54	15
0.032 54 ~ 0.033 61	16
0.033 61 ~ 0.034 70	17
0.034 70 ~ 0.035 85	18
0.035 85 ~ 0.036 78	19
0.036 78 ~ 0.037 34	20

① $P=99.9\%$，$1-\alpha=95\%$，$\delta_{max}=5\%$。

附表 4　最小观察值个数①

变异系数 $\frac{s}{\bar{x}}$ 范围	最小观测值个数
<0.018 36	5
0.018 36 ~ 0.021 39	6
0.021 39 ~ 0.024 20	7
0.024 20 ~ 0.026 58	8
0.026 58 ~ 0.028 92	9
0.028 92 ~ 0.030 72	10
0.030 72 ~ 0.032 65	11
0.032 65 ~ 0.034 19	12
0.034 19 ~ 0.035 84	13
0.035 84 ~ 0.036 90	14
0.036 90 ~ 0.038 77	15
0.038 77 ~ 0.039 94	16
0.039 94 ~ 0.041 17	17
0.041 17 ~ 0.042 46	18
0.042 46 ~ 0.043 84	19
0.043 84 ~ 0.044 11	20

①$P=99.9\%$，$1-\alpha=90\%$，$\delta_{max}=5\%$。

附表 5　标准差修正系数 β 值

n	345 67 891011								
β	1.128	1.085	1.0641	1.051	1.042	1.036	1.032	1.028	1.025
n	12	1314	151617	18	1920				
β	1.023	1.021	1.019	1.018	1.017	1.016	1.015	1.014	1.013

注：当 $n>20$ 时，$\beta=1+1/4(n-1)$。

附表6 Γ函数表

α	$\Gamma(\alpha)$	α	$\Gamma(\alpha)$	α	$\Gamma(\alpha)$	α	$\Gamma(\alpha)$
1.00	1.00000	1.26	90446	1.52	88704	1.78	92623
1.01	0.99423	1.27	90250	1.53	88757	1.79	92877
1.02	98884	1.28	90072	1.54	88818	1.80	0.93138
1.03	98355	1.29	89904	1.55	0.88887	1.81	93408
1.04	97844	1.30	0.89747	1.56	88964	1.82	93685
1.05	0.97350	1.31	89600	1.57	89049	1.83	93969
1.06	96874	1.32	89464	1.58	89142	1.84	94261
1.07	96415	1.33	89338	1.59	89243	1.85	0.94561
1.08	95973	1.34	89222	1.60	0.89352	1.86	94869
1.09	95546	1.35	0.89115	1.61	89468	1.87	95184
1.10	0.95135	1.36	89018	1.62	89592	1.88	95507
1.11	94740	1.37	88931	1.63	89724	1.89	95838
1.12	94359	1.38	88854	1.64	89864	1.90	0.96177
1.13	93993	1.39	88785	1.65	0.90012	1.91	96523
1.14	93642	1.40	0.88726	1.66	90167	1.92	96877
1.15	0.93304	1.41	88676	1.67	90330	1.93	97240
1.16	92980	1.42	88636	1.68	90500	1.94	97610
1.17	92670	1.43	88604	1.69	90670	1.95	0.97988
1.18	92373	1.44	88581	1.70	0.90864	1.96	98374
1.19	92089	1.45	0.88566	1.71	91057	1.97	98768
1.20	0.91817	1.46	88560	1.72	91258	1.98	99171
1.21	91558	1.47	88563	1.73	91467	1.99	99581
1.22	91311	1.48	88575	1.74	91683	2.00	1.00000
1.23	91075	1.49	88595	1.75	0.91906		
1.24	90852	1.50	0.88623	1.76	92137		
1.25	0.90640	1.51	88659	1.77	92376		

注：Γ函数递推公式：$\Gamma(\alpha+1)=\alpha\Gamma(\alpha)$。

第10章　断裂韧性及其工程应用

1　概述

脆性破坏是机械零件失效的重要方式之一。它是在零件受载过程中,在没有产生明显宏观塑性变形的情况下,突然发生的一种破坏。由于事先没有明显的迹象,所以脆性破坏的危险性很大。

防止零部件发生脆性破坏的传统方法包括:(1)要求选用的材料具有一定的塑性指标,并具有一定的冲击功 A_k 值。这种选材方法完全是根据零部件的使用(服役)经验来定的,主要依据来源于传统的四大强度理论,即所设计的构件有足够的强度为设计准则,再辅以合理的结构设计满足其余使用性能的要求。但在实际工程上存在裂纹的情况下该设计原则并不能确保零部件工作的安全性。例如,1950 年美国北极星导弹固体燃料发动机壳体在实验发射时,发生了爆炸事故,而所使用的 1373MPa 屈服强度的 D6AC 钢是经过严格检验的,其塑性和冲击韧性指标都是完全合格的。又如,我国生产的 120t 氧气顶吹转炉的转轴也曾经发生过断轴事故,而所使用的 40Cr 钢的强度、塑性和冲击韧性指标都是经过检验而达到设计要求的。(2)采用转变温度的方法,对材料的转变温度提出一定的要求。由于现在的一次冲断试验只考虑了应力集中(缺口)和加大应变速率(冲击)这两个因素,还没有考虑温度降低对材料脆性破坏的影响,为此,设计了系列冲击试验,即在一系列不同温度下进行冲击试验,得到 A_K-T 曲线和脆性断口百分率－温度 T 的曲线,由此确定脆性断口转变温度,常用的是 $FATT_{50}$。一般认为,只要零部件的实际工作温度大于材料的脆性转变温度 $FATT_{50}$,就不会发生脆性破坏。

上面两种方法都还是经验性的。按这两种方法的设计和选材,要么很保守,要么依然会产生脆性破坏。国内外大量的轴、转子、容器和管道、焊接结构出现的大量脆性破坏事故表明,传统的防脆断方法并不可靠。

试验研究表明,大量的低应力脆性破坏的发生是和零件内部存在宏观缺陷有关的。这些缺陷有的是在生产过程中产生的,如在冶炼、铸造、锻造、热处理和焊接中产生的夹杂、气孔、疏松、白点、折叠、裂纹和未焊透等;有的是在使用过程中产生的,如疲劳裂纹、应力腐蚀裂纹和蠕变裂纹等。所有这些宏观缺陷,在断裂力学中都被假设(抽象化)为裂纹,在零部件承受外加载荷时,裂纹尖端产生应力集中。如果材料的塑性性能很好,它就能使裂纹尖端的集中应力得到充分的松弛,这就可能避免脆性开裂。但是,如果由于某些原因:或是材料的塑性性能很差;或是零件尺寸很大,约束了材料的变形;或是工作温度的降低,使材料工作在转变温度以下;或是加载速率的提高,使材料塑性变形跟不上而呈脆性;或是腐蚀介质或射线辐照的作用引起材料的脆化,等等,就有可能使裂纹尖端产生脆性开裂,从而造成零件的脆性破坏。

工程上的脆断事故总是从构件内部存在的宏观缺陷或裂纹作为“源”(在断裂力学中都被认为是“裂纹”)开始的。当带缺陷的物体受力时,研究其内部缺陷——裂纹尖端及附近应力应变场情况及其变化规律,研究裂纹开裂的条件以及裂纹在交变载荷下的扩展规律等内容,就形成了一门新的学科——断裂力学。

断裂力学是固体力学近代发展的一个新分支,是研究带有裂纹材料和工程结构的断裂现象和断裂规律的一门科学。材料力学、结构力学、损伤力学、断裂力学、弹性力学、塑性力学都属于固体力学,固体力学属于连续介质力学。固体力学和断裂力学的主要差异在于前者假定材料是均匀的、连续的;后者则假定材料的均匀性和连续性在裂纹附近已被破坏(即材料内部存在着裂纹)。

断裂力学起源于低应力脆性断裂研究。应该说,断裂力学的产生和发展,其动力完全来源于工程实际的需要。20 世纪 40 年代大量船舰、容器、转子和桥梁的脆性破坏,促进了对低应力脆断的研究,由此建立了线弹性断裂力学的实验和理论方法,解决了一系列防止脆断设计和选材问题。其后,弹塑性断裂力学的发展,对大范围屈服断裂建立了一套分析理论和实验手段,于是,基于数学力学的分析方法和带裂纹试样的断裂试验两个方面,在理论分析和实验验证的基础上形成了断裂学科从理论、实验到工程应用的完整体系,并已广泛应用于航空、航天、造船、电力、机械、冶金、化工、石油、桥梁以及各个军事部门。断裂力学的思想和方法、理论和实验已经应用和渗透到零部件和结构的强度设计、材料和工艺选择、产品验收、事故分析、断裂控制、研发新材料、零部件寿命估计及保证零部件的安全可靠性等各个领域。

例如,美国西屋电气公司曾应用线弹性断裂力学,不仅解决了汽轮发电设备和原子能发电设备中许多关键零部件的裂纹强度问题,而且解决了北极星潜艇导弹发射器的裂纹强度问题和巨人式火箭发动机壳体的裂纹问题这样一类课题。可以说,断裂力学的发展,适应并促进了 20 世纪 60 年代美国在能源、火箭和造船等方面的进展,并取得了显著的成效。

美国军用标准《飞机结构完整性大纲　飞机要求》(MIL－STD－1530,美国空军,1972 年)适用于各类军用飞机。这个标准的“结构设计准则”部分明确规定:“要求对主要结构使用损伤容限设计以保证结构的安全性。”所谓损伤容限设计,是建立在断裂力学理论基础上的一种设计思想和概念。美国最新的 B－1 军用飞机就是运用断裂力学的损伤容限设计概念进行设计的。经美国空军部批准的这项标准中的关于“断裂和疲劳控制计划”就是建立在线弹性断裂力学基础上的。

在压力容器方面,断裂力学和应用则为大家所熟知。美国、英国、日本和我国都把断裂力学(包括线弹性和弹塑性两部分)全面地应用到容器、锅炉、管道和球罐的强度分析、验收标准和寿命估计中,并把很多方法和结论列入标准中,强制执行,从而为带裂纹零部件的安全设计、材料评价、无损检测标准的制定以及零部件的剩余寿命估计提供了充足的科学依据。正因如此,将断裂力学和传统的强度理论结合起来,可以设计出更安全和更经济的工程结构。

随着断裂力学的发展,单纯依靠材料的强度、塑性和冲击功等力学指标进行选材设计的传统的设计方法和思路因太经验化、简单化、不够可靠而逐渐转移到断裂力学的方法上来。概括起来,断裂力学主要解决了两个问题:一是裂纹体再裂纹尖端区应力应变场的表征和变化规律;二是裂纹体发生失稳扩展的临界值。或更具体描述为:(1)裂纹的起裂条件;(2)裂纹在外部载荷和/或其他因素作用下的扩展过程;(3)裂纹扩展到什么程度物体会发生断裂。此外,为了满足实际工程需求,还包括含裂纹的结构在什么条件下破坏;在一定荷载下,可允许结构含有多大裂纹;在裂纹和工作条件确定的情况下寿命如何等。

下面,将扼要地介绍有关断裂力学的基本原理和断裂力学的几个重要参量以及对于工程应用来说很重要的断裂力学判据，并以实际工程为例，简单介绍断裂力学和断裂韧性在工程上的应用。

2　断裂力学的基本概念和断裂判据

2.1　线弹性断裂力学的基本参量和脆断判据

(1)线弹性断裂力学

任何复杂的裂纹扩展都可以看成是三种基本裂纹，即张开型、滑开型和撕开型的组合，其中，张开型(也称Ⅰ型裂纹)是工程中最常见的，也是危害最大的一种。工程上的复合裂纹往往也当作Ⅰ型裂纹处理。当裂纹尖端附近的应力－应变关系处在线弹性范围内时，其研究的内容(参量和判据等)就是线弹性断裂力学。

基于张开型裂纹尖端附近的二向应力场方程，对于无限大平板中心的张开型裂纹在其裂纹尖端附近的某一点(r,θ)，其二向应力分量为

$$
\begin{aligned}
\sigma_x &= \frac{K_\mathrm{I}}{\sqrt{2\pi r}} \cdot \cos\frac{\theta}{2}\left[1-\sin\frac{\theta}{2}\cdot\sin\frac{3\theta}{2}\right] \\
\sigma_y &= \frac{K_\mathrm{I}}{\sqrt{2\pi r}} \cdot \cos\frac{\theta}{2}\left[1+\sin\frac{\theta}{2}\cdot\sin\frac{3\theta}{2}\right] \\
\tau_{xy} &= \frac{K_\mathrm{I}}{\sqrt{2\pi r}} \cdot \sin\frac{\theta}{2}\cdot\cos\frac{\theta}{2}\cdot\cos\frac{3\theta}{2}
\end{aligned}
\qquad (10-1)
$$

式中，K_I是应力场强度因子，简称应力强度因子，$\mathrm{MPa}\cdot\mathrm{m}^{\frac{1}{2}}$，是反映裂纹尖端附近的应力场强弱程度的一个参量，它是外加应力σ，裂纹长度a和试样形状(包括裂纹类型)Y三者的函数，具体可表达为$K_\mathrm{I}=\sigma\sqrt{\pi a}\cdot Y$。对于不同的试样形状和裂纹类型，$Y$也是不同的。

(2)应力强度因子K_I

从式(10－1)可知，K_I是各应力分量的公因子，只要裂纹附近某一点P的坐标$(r、\theta)$知道了，便可求得该点的全部应力分量，而且它们的大小就由K_I决定。因此，K_I就是反映应力场强度的一个重要参量。

这里有两点必须指出：

①对于无裂纹物体来说，描述其应力－应变场的参量是σ和ε，而对于带裂纹的物体，其应力－应变场就要同时用σ和裂纹长度a组成的一个复合参量来描述，这个复合参量就是K_I，它的表达式为

$$K_\mathrm{I}=\sigma\sqrt{\pi a}\cdot Y \qquad (10-2)$$

随着σ的增加或a的增加，或σ和a一起增加，K_I也在增加，于是应力场强度就在增加，裂纹体受到的K_I作用也在增大。

②对于不同的试样或不同的零部件，以及裂纹的不同类型，式(10－2)中的形状因子Y是不同的，这一点力学计算工作者已针对常用的试样(裂纹类型)做了计算，汇集在中国航空研究院编写的《应力强度因子手册》中，读者可以查阅。部分常用的张开型裂纹的应力强度因子见表 10－1。

表 10－1　部分常用的张开型裂纹的应力强度因子

常见裂纹	图示	应力强度因子
无限大平板有 $2a$ 的穿透裂纹，裂纹表面受到均匀拉伸应力作用(与无穷远处受均匀拉伸作用等效)	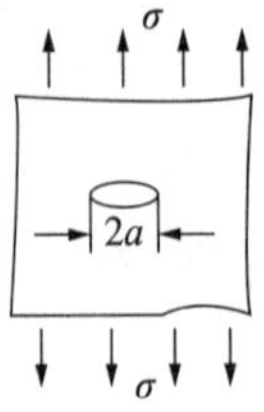 σ $2a$ σ	$K_I = \sigma\sqrt{\pi a}$
有限宽的长条板有 $2a$ 的穿透裂纹，受到无穷远处的均匀拉伸	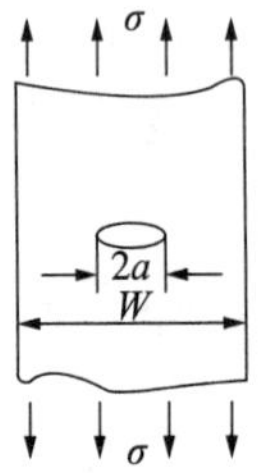 σ $2a$ W σ	$K_I = \sigma\sqrt{\pi a}\sqrt{\sec\frac{2a}{W}}$
有限宽的长条板有单边裂纹，受到无穷远处的均匀拉伸	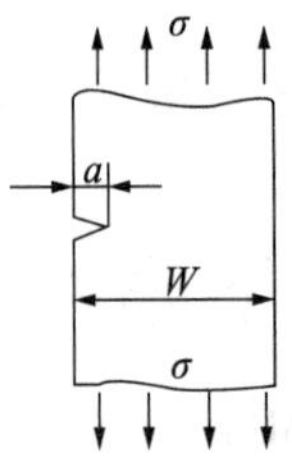 σ a W σ	$K_I = \sigma\sqrt{\pi a} f\left(\frac{a}{W}\right)$ 当$\frac{a}{W}\leqslant 0.6$时，$f\left(\frac{a}{W}\right) = 1.12 - 0.23\left(\frac{a}{W}\right) + 10.6\left(\frac{a}{W}\right)^2 - 21.71\left(\frac{a}{W}\right)^3 + 30.38\left(\frac{a}{W}\right)^4$， 当 $a < W$ 时，$K = 1.12\sigma\sqrt{\pi a}$
有限宽的长条板有单边裂纹受到无穷远处的纯弯曲 $\sigma = \frac{6M}{W}$(M 为单位厚度弯矩)	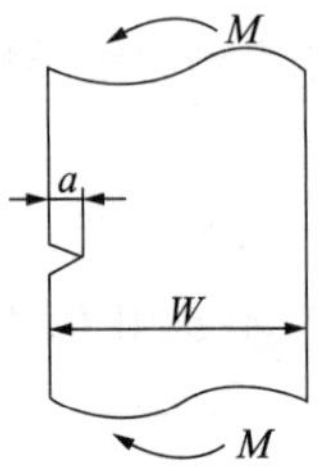 M a W M	$K_I = \sigma\sqrt{\pi a} f\left(\frac{a}{W}\right)$ 当$\frac{a}{W}\leqslant 0.6$时，$f\left(\frac{a}{W}\right) = 1.12 - 1.40\left(\frac{a}{W}\right) + 7.33\left(\frac{a}{W}\right)^2 - 13.08\left(\frac{a}{W}\right)^3 + 14.0\left(\frac{a}{W}\right)^4$
无限大平板的圆孔边有一条穿透板厚的裂纹，裂纹长度为 L，平板远处受均匀拉伸	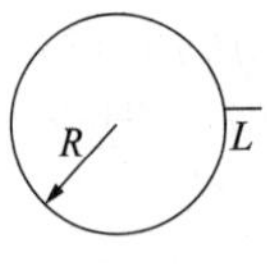 R L	$L \ll R$ 时，$K_I \leqslant 1.12(3\sigma)\sqrt{\pi L}$ 当裂纹较长时，$K_I \geqslant \sigma\sqrt{\pi\left(R + \frac{L}{2}\right)}$
受均匀应力构件内有圆片状裂纹	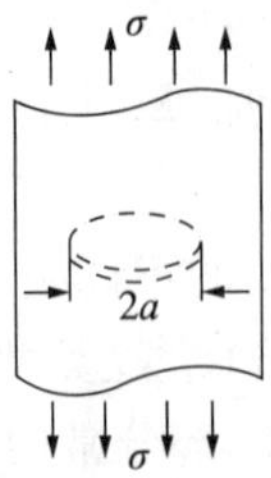 σ $2a$ σ	$K_I = \frac{2}{\pi}\sigma\sqrt{\pi a}$

2.2　断裂韧性 K_{IC}

带裂纹材料由于 K_I 的不断增大，使裂纹逐渐张开，一直到裂纹尖端（带一个小小的塑性区）开裂（这个时刻称为开裂点），这时的 K_I 值叫做材料的断裂韧性 K_{IC}，它是材料的一个新的力学性能指标。这类似于拉伸中的 σ，当 σ 逐渐增大到材料产生屈服（滑移开始）时的 σ 值就记为 σ_s，σ_s 就是材料抵抗屈服变形的抗力指标。因此，K_{IC} 就是材料抵抗裂纹临界开裂的一种抗力指标。

K_{IC} 是材料的一种性能，因此，采用试样测出的 K_{IC} 就是实际含裂纹构件抵抗裂纹失稳扩展的 K_{IC}。一般测定 K_{IC} 时要求试样厚度、裂纹长度和韧带宽度要满足式（10－3）

$$B,a,(W-a)\geqslant 2.5\left(\frac{K_{IC}}{R_{p0.2}}\right) \tag{10-3}$$

式中：B——试样厚度，mm；

a——裂纹长度，mm；

$(W-a)$——韧带宽度，mm。

式（10－3）的几何条件主要为了满足：①裂纹前缘处于三向拉伸状态，即处于平面应变条件下；②裂纹前端的塑性区很小，即 B，a 和（$B-a$）相比较，塑性区尺寸至少要比 B，a 和（$B-a$）小一个数量级以上，使它处于小范围屈服中，这样前面提到的线弹性断裂力学的分析才有效。满足式（10－3）条件测得 K_{IC} 叫做平面应变断裂韧性，而不满足式（10－3）条件测得的就叫做平面应力断裂韧性，特记为 K_C。一些工程用钢的平面应变断裂韧性见表 10－2。

表 10－2　一些工程用钢的平面应变断裂韧性

钢材牌号	试验温度 ℃	屈服强度 MPa	K_{IC} $MPa\cdot m^{\frac{1}{2}}$
45 碳钢	0	260	84～9
16MnR	室温	360	130～149
15MnVR	室温	475～500	97～105
18MnMoNbR	室温	480	55～92
14MnMoVB	室温	720	108
40CrNiMo	室温	1500	47
1Cr18Ni9	－101	448	52
	－129	503	35
	－157	614	27
	－196	848	25
镍基合金	室温		154
AISI1045 钢板（相当于 45 碳钢）	－4	269	50
	－18	276	50
AISI 4340 钢板（相当于 40CrNiMo）500 ℉回火	室温	1495～1640	50～63
AISI 4340 锻件（相当于 40CrNiMo）800 ℉回火	室温	1360～1455	79～91

续表

钢材牌号	试验温度 ℃	屈服强度 MPa	K_{IC} $MPa \cdot m^{\frac{1}{2}}$
18Ni 马氏体时效钢	316	1627	87
AISI300 钢板	21	1931	74
	-73	2103	46
D6AC 钢板 1000℃回火	21	1495	102
	-54	1570	62
304 或 316	288		母材 350
			(气体保护弧焊缝)182
			(埋弧焊)117

2.3 线弹性断裂力学判据 $K_I = K_{IC}$

这是线弹性断裂力学关于裂纹体开裂的判断准则,又叫判据。对于脆性材料来说,这就是快速失稳断裂的判据,也是防止脆性破坏的一个重要判断依据。

由于 $K_I = \sigma\sqrt{\pi a} \cdot Y$,由 $K_I = K_{IC}$就得到

$$\sigma\sqrt{\pi a} \cdot Y = K_{IC} \tag{10-4}$$

式中,π 和 Y 均可作为常量,而可变的参数有 3 个:σ、a 和 K_{IC},只要知道了其中任意两个,便可从式(10-4)中求得第三个,例如:已知 σ 和 K_{IC},便可求出不产生脆断的临界应力 σ_c,这便是强度校核和设计上的应用情况;又如已知 σ 和 K_{IC},便可求出允许的临界裂纹长度 a_c,这样便可对裂的容限进行评定和验收;再如,已知 σ 和 a,便可求得不产生脆断所需的材料断裂韧性值 K_{IC},这便是断裂韧性在选材和选工艺方面的应用。

应该指出,裂纹尖端受形变约束和应力集中的影响,将产生复杂的应力状态。当裂纹尖端附近区域只受到平面应力(σ_x,σ_y)作用,而与该平面垂直的方向可以产生自由应变($\sigma_z = 0$,$\varepsilon_z \neq 0$),此时的应力状态称为平面应力状态。类似地,当裂纹尖端附近区域及材料基体内部处于三向应力状态,但应变是二维的($\sigma_z \neq 0$,$\sigma_x \neq 0$,$\sigma_y \neq 0$,$\varepsilon_z = 0$,$\varepsilon_x \neq 0$,$\varepsilon_y \neq 0$),称为平面应变状态。裂纹前端所处的应力状态不同,将显著改变裂纹的扩展过程和抗断能力。如为平面应力状态,则裂纹的抗力较高;如为平面应变状态,则裂纹的扩展抗力较低,易发生脆性断裂。只有裂纹前缘处于三向拉伸状态,即处于平面应变条件下而且裂纹前端的塑性区很小,才满足线弹性断裂力学的计算要求。

2.4 弹塑性断裂力学的基本参量和弹塑性断裂判据

当裂纹尖端的塑性区逐渐增大,以至于超过"小范围屈服"的条件时,即式(10-3)得不到满足时,线弹性断裂力学的分析及其判据 $K_I = K_{IC}$均告失效。

当裂纹尖端塑性区尺寸与 B、a 和($W-a$)达到同一个数量级时,即进入了大范围屈服,这时必须进行弹塑性断裂力学的研究及建立相应的弹塑性断裂判据。目前已建立的弹塑性断裂力学主要有下列两种理论:CTOD 理论和 J 积分理论。

(1) CTOD(crack tip opening displacement)理论

该理论认为,当裂纹尖端进入大范围屈服后,K_{I}已失效,这时可用裂纹尖端的塑性张开位移δ(δ=CTOD)来描述大范围屈服下裂纹尖端应力-应变场的强度。δ是σ和a的函数(或可表达为ε和a的函数),当σ(或ε)增大或a增大时,或$\sigma(\varepsilon)$和a同时增大时,δ就增大,一直到开裂瞬间,这时的$\delta=\delta_{\mathrm{C}}$,就叫做弹塑性断裂韧性,用符号$\delta_{\mathrm{C}}$表示。

δ的计算方法有两种:

①模型方法

$$\delta=\frac{8\sigma_{\mathrm{s}}}{\pi E}\cdot a\cdot\ln\left(\sec\frac{\pi a}{2\sigma_{\mathrm{s}}}\right) \tag{10-5}$$

②经验方法

$$\delta=2\pi\cdot e\cdot a \tag{10-6}$$

(2) J 积分理论

1968 年,J. R. Rice 提出一个能量线积分,其定义如下

$$\mathrm{J}=\oint_{\Gamma}\overline{W}\mathrm{d}y-T\cdot\left(\frac{\partial U}{\partial x}\right)\mathrm{d}s \tag{10-7}$$

式中:$\overline{W}=\int_0^{\varepsilon}\sigma_{ij}\mathrm{d}\varepsilon_{ij}$——单位体积所吸收的应变能,称为应变能密度,$\mathrm{N\cdot m/mm^3}$;

T——积分回路Γ上作用的应力矢量,MPa;

U——积分回路Γ上的位移矢量,mm。

式(10-7)表达的 J 积分概念比较抽象,具体计算时较麻烦,且不便于实验标定。为了找一个与它等价的、便于计算,能用于实验标定的 J 积分表达式,多位学者经过努力,得到了下列 J 积分的形变功率表达式

$$\mathrm{J}=-\frac{1}{B}\left(\frac{\partial U}{\partial a}\right)_{\Delta} \tag{10-8}$$

式中,$U=\int_0^{\Delta}F\mathrm{d}\Delta$,$U$是载荷$F$在位移$\Delta$上的积分,表示外力的形变功,而$U(a,\Delta)$是裂纹$a$和位移$\Delta$的函数。

理论上可以证明,式(10-8)与式(10-7)是等价的,由于式(10-8)的 J 积分概念直观并易于标定,所以应用较普遍。

2.5　弹塑性断裂力学判据$\delta=\delta_{\mathrm{C}}$和$J_{\mathrm{I}}=J_{\mathrm{IC}}$

带裂纹零部件在大范围屈服下的断裂问题在工程中特别重要,管道、容器和球罐等在石油、化工中的应用都会碰到这类问题。弹塑性断裂力学在这类零部件中的应用主要使用下列判据:CTOD 判据和 J 积分判据。

(1) CTOD 判据

$$\delta=\delta_{\mathrm{C}} \tag{10-9}$$

式中:δ——裂纹尖端张开拉移,mm,是裂纹长度a和裂纹部位工作应力σ(或应变ε)的函数,可通过计算得到,δ的大小反映了外载和裂纹a对裂纹体的综合作用,是裂纹a的推动力;

δ_C——材料大范围屈服下的断裂韧性，又称弹塑性断裂韧性，mm，是材料对裂纹弹塑性（大范围屈服下）开裂的一种抗力，是材料的一种新型力学指标，δ_C是材料的常数，是裂纹开裂临界值，但不是最后失稳的临界值，也称启裂断裂韧度。

（2）J 积分判据

$$J_I = J_{IC} \tag{10-10}$$

式中：J_I——裂纹在张开型拉应力 σ 作用下对裂纹的推动，N/mm 或 N · mm/mm^2，J_I与 σ 和 a 有关，可根据 σ 和 a 计算得到 J_I，J_I的数值越大，表明外界对裂纹体的作用越大，即使 a 发生扩展的推动力越大；

J_{IC}——材料的弹塑性断裂韧性，是材料对裂纹在大范围屈服下断裂的一种抗力指标，可按 GB/T 21143—2014《金属材料　准静态断裂韧度的统一试验方法》测试得到，N/mm 或 N · mm/mm^2。

要指出的是，与线弹性断裂力学判据 $K_I = K_{IC}$的工程应用一样，弹塑性断裂判据 $\delta = \delta_C$和 $J_I = J_{IC}$也是在三个变量 $\sigma(\varepsilon)$、a 和 $\delta_C(J_{IC})$中，任意知道其中两个就可求得第三个变量。由此可以解决三类应用问题：强度校核、材料断裂韧性值的确定和裂纹容限的计算及验收标准的确定。这与讨论式（10－4）的三个应用方面是完全一致的，差别仅仅在于：式（10－4）是针对防止零部件产生脆性破坏而使用的判据；而式（10－9）和式（10－10）则是用于防止零部件产生延性破坏（大范围屈服后破坏）的判据。

3　工程设计和强度校核中断裂判据的应用

3.1　线弹性断裂判据 $K_I = K_{IC}$在防脆断中的应用步骤

应用线弹性断裂力学判据 $K_I = K_{IC}$来防止零部件的脆性破坏，其操作步骤为：

（1）计算 K_I

对于已经发现缺陷的零部件和结构，必须根据探伤资料提炼出缺陷的形状、位置、分布和大小，以便得到一个比较恰当的裂纹模型；对于未发现缺陷的零部件和结构，则可在其危险断面假想地存在一个缺陷（有人称此为设计缺陷），从而加以强度校核。

接下去就是进行常规应力的分析计算，特别是裂纹部位的应力分析要做得细一点，当然这里包括工作应力和残余应力两部分。

有了裂纹模型和尺寸，有了应力值，便可计算 K_I。

K_I表达式可根据零部件（试样）的几何形状、尺寸及裂纹类型（表面裂纹还是深埋裂纹，还是贯穿裂纹等）查《应力强度因子手册》得到。在 $K_I = \sigma\sqrt{\pi a} \cdot Y$ 中，σ 通过计算得到，a 通过探伤得到，《应力强度因子手册》中查得的主要是 $Y = Y(a/W)$ 的表达式或不同 a/W 下的 Y 值，这样就可计算得到 K_I值。

（2）测定材料的断裂韧性 K_{IC}

测定材料的 K_{IC}，其目的有两个：一是供强度校核和设计用；另一则是为改进材料的成分、组织和热处理提供依据。

(3)令 $K_{\mathrm{I}}=K_{\mathrm{IC}}$,求出 σ_c和 a_c的关系

一般情况下给定一个安全系数 n_k,则$[K_{\mathrm{IC}}]=\dfrac{K_{\mathrm{IC}}}{n_k}$作为许用断裂韧性,校核时可根据 $K_{\mathrm{I}}\leqslant[K_{\mathrm{IC}}]$进行之。由于 K_{I}与 σ 成正比,所以$\dfrac{\sigma_c}{[\sigma]}=\dfrac{K_{\mathrm{IC}}}{[K_{\mathrm{IC}}]}=n_k$,由此可求得适用于带裂纹零部件或结构的许用应力$[\sigma]$。

3.2　计算实例

例 10－1　假设有一块宽度 $2W$ 和长度 L 均远远大于裂纹长度 a 的厚板,具有单边贯穿裂纹,$a=25\mathrm{mm}$,见图 10－1。材料的平面应变断裂韧性 $K_{\mathrm{IC}}=26.34\mathrm{MPa}\cdot\mathrm{m}^{\frac{1}{2}}$。求这块板的临界工作应力 σ_c。

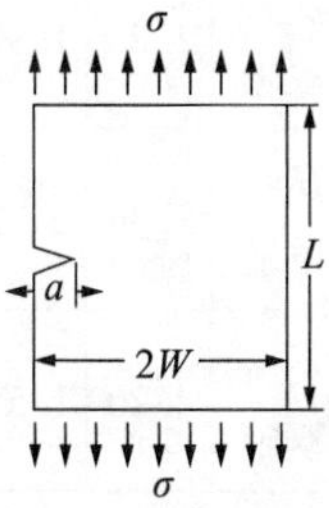

图 10－1　单边贯穿裂纹

解:因为 $2W$ 和 L 均远远大于 a,所以选用 K_{I}表达式为 $K_{\mathrm{I}}=1.12\sigma\sqrt{\pi a}$,令 $K_{\mathrm{I}}=K_{\mathrm{IC}}$,解得 σ_c

$$\sigma_c=\frac{K_{\mathrm{IC}}}{1.12\sqrt{\pi a}}=\frac{K_{\mathrm{IC}}}{1.12\times\sqrt{3.14\times0.025}}=\frac{26.34}{1.12\times\sqrt{3.14\times0.025}}=83.9\mathrm{MPa}$$

临界应力 $\sigma_c=83.9\mathrm{MPa}$,当外加工作应力达到此值时便要产生脆断。

例 10－2　在上例中,如果板长 L 远大于 a,但宽度 $2W$ 为有限宽板,此时即成为狭长条具有单边裂纹的问题。设$a=25\mathrm{mm}$,$2W=100\mathrm{mm}$,$K_{\mathrm{IC}}=27.44\mathrm{MPa}\cdot\mathrm{m}^{\frac{1}{2}}$。求此狭条板的临界工作应力 σ_c。

解:根据条件,选择狭条板单边裂纹的 K_{I}表达式为:$K_{\mathrm{I}}=\sigma\sqrt{\pi a}f\left(\dfrac{a}{W}\right)$,查“应力强度因子”中当$\dfrac{a}{W}=0.5$时$f\left(\dfrac{a}{W}\right)=1.51$,于是令 $K_{\mathrm{I}}=K_{\mathrm{IC}}$,可得 σ_c

$$\sigma_c=\frac{K_{\mathrm{IC}}}{\sqrt{\pi a}f\left(\dfrac{a}{W}\right)}=\frac{27.44}{\sqrt{3.14\times0.025}\times1.51}=64.8\mathrm{MPa}$$

例 10－3　已知在无限大平板中具有一个小圆孔,孔两边有裂纹产生,见图 10－2。设钢板的许用应力为$[\sigma]=980\mathrm{MPa}$,$K_{\mathrm{IC}}=217\mathrm{MPa}\cdot\mathrm{m}^{\frac{1}{2}}$,小孔的半径 $r=25\mathrm{mm}$,$a=6\mathrm{mm}$,试校核其抗脆断的强度。

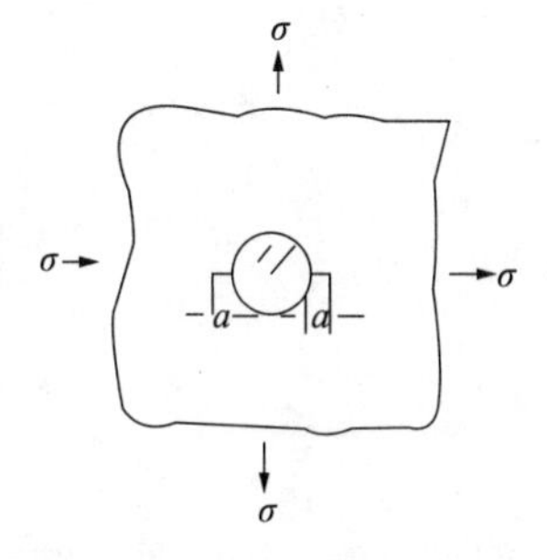

图 10－2　受拉板孔边裂纹

解:这个问题很有实际意义,它可以代表铆钉孔边产生裂纹的情形,裂纹可以是单边的,也可以是双边的;载荷可以是单轴的,也可以是双轴的,它们的 K_{I}表达式是略有区别的。本例属于双轴应力和孔边单裂纹,它的 $K_{\mathrm{I}}=\sigma\sqrt{\pi a}f\left(\dfrac{a}{r}\right)$,其中,$f\left(\dfrac{a}{r}\right)$是小孔的影响修正,其值可查表 10－3 得到。

表 10－3　孔边裂纹的修正值$f\left(\dfrac{a}{r}\right)$

	$\dfrac{a}{r}$	0	0.1	0.2	0.3	0.4	0.5	0.6	0.8	1.0	1.5	2.0	3.0	5.0	10.0	∞
单裂纹	σ－单轴	2.39	2.73	2.30	2.04	1.86	1.73	1.64	1.47	1.37	1.18	1.06	0.94	0.81	0.75	0.707
	σ－双轴	2.26	1.98	1.82	1.67	1.58	1.49	1.42	1.32	1.22	1.06	1.01	0.93	0.81	0.75	0.707
双裂纹	σ－单轴	3.39	2.73	2.41	2.15	1.96	1.83	1.71	1.58	1.45	1.29	1.21	1.14	1.07	1.03	1.00
	σ－双轴	2.26	1.58	1.83	1.70	1.61	1.57	1.52	1.43	1.38	1.26	1.20	1.13	1.06	1.03	1.00

$f\left(\dfrac{a}{r}\right)=6/25=0.24$，对单裂纹和双轴应力，可用插值法得到$f\left(\dfrac{a}{r}\right)=1.76$，代入$K_{\mathrm{I}}=K_{\mathrm{IC}}$，得临界应力$\sigma_c$

$$\sigma_c=\frac{K_{\mathrm{IC}}}{\sqrt{\pi a}f\left(\dfrac{a}{r}\right)}=\frac{217}{\sqrt{3.14\times0.006}\times1.76}=898.3\mathrm{MPa}$$

由于$\sigma_c=898.3\mathrm{MPa}<[\sigma]=980\mathrm{MPa}$，所以不会产生脆性断裂，其抗脆断强度足够。

例 10－4　已知有一受内压的容器，其材料的抗拉强度$\sigma_b=2058\mathrm{MPa}$，断裂韧性$K_{\mathrm{IC}}=37.2\mathrm{MPa}\cdot\mathrm{m}^{\frac{1}{2}}$，该容器沿纵向有一贯穿裂纹，长度$2a=3.8\mathrm{mm}$，见图 10－3。求容器的临界压强$p_c$。

解：设容器的半经为R，壁厚为t，根据材料力学分析可知，容器有两向应力：

切向应力（周向应力）　　$\sigma_1=\dfrac{R}{t}\cdot p$

轴向应力（纵向应力）　　$\sigma_2=\dfrac{R}{2t}\cdot p$

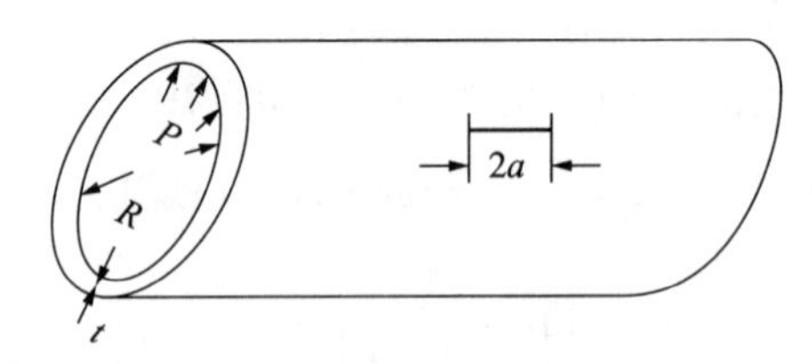

图 10－3　容器纵向贯穿裂纹

假设本例讨论的是薄壁容器，所以R为容器的平均半经。裂纹的模型可以近似地用无限大板具有中心贯穿裂纹的K_{I}来近似地描述，即为$K_{\mathrm{I}}=\sigma\sqrt{\pi a}$。

令$K_{\mathrm{I}}=K_{\mathrm{IC}}$，利用$\sigma_1=\dfrac{R}{t}p$可求得临界压强

$$K_{\mathrm{I}}=\sigma\sqrt{\pi a}=K_{\mathrm{IC}}=\sigma_1\sqrt{\pi a}=\frac{R}{t}p\sqrt{\pi a}$$

解得
$$p_c=\sigma_1\frac{t}{R}=\frac{K_{IC}}{\sqrt{\pi a}}\frac{t}{R}=481.6\cdot\frac{t}{R}(\mathrm{MPa})$$

反过来，如果已知压强 p_c，则可求出 $\frac{t}{R}$ 的临界比值
$$\left(\frac{t}{R}\right)_c=\frac{1}{481.6}p_c=0.002076p_c$$
同时，如果已知 p 和 $\frac{t}{R}$，则可求得临界裂纹长度 $2a_c$
$$2a_c=\frac{2}{\pi}\left(\frac{K_{IC}}{p}\cdot\frac{t}{R}\right)^2$$
现在，如果假设 $2a$ 是横向贯穿裂纹，则由 $K_I=K_{IC}$ 可求得轴向临界应力
$$K_I=\sigma_2\sqrt{\pi a}=K_{IC}$$
为了比较起见，按经典强度理论计算容器的等效强度 σ_i 如下
$$\sigma_i=\frac{1}{\sqrt{2}}\sqrt{(\sigma_1-\sigma_2)2+(\sigma_2-\sigma_3)^2+(\sigma_3-\sigma_1)^2}$$

令 $\sigma_i\leqslant\sigma_b$，得到 $\frac{\sqrt{3}}{2}\sigma_i\leqslant\sigma_b$，所以
$$\sigma_i\leqslant\frac{2}{\sqrt{3}}\sigma_b=\frac{2}{\sqrt{3}}\times2058=2376\mathrm{MPa}$$

这样就得到材料实际承受的临界压强 p_c''
$$p_c''=2376\cdot\frac{t}{R}(\mathrm{MPa})$$

可见，p_c'' 比 p_c' 和 p_c 都大得多，因此，该容器是安全的。

例 10－5　上例中，如果不是贯穿容器壁厚的裂纹，而是表面浅裂纹，且假定裂纹长 $2c=10\mathrm{mm}$，深度 $a=2\mathrm{mm}$（呈半椭圆状，沿纵向分布），工作应力（指周向应力 σ_1）和材料屈服强度的比值为 $\sigma_1/\sigma_s=0.6$，求该容器的临界压强 p_c。

解：这个问题是表面裂纹问题，作为第一步可近似地用平板的表面裂纹 K_I 表达式（不考虑器半经的修正）
$$K_I=\frac{1.1\sigma\sqrt{\pi a}}{\sqrt{Q}}\tag{10-11}$$

式（10－11）中的 1.1 是前表面修正系数，而 $Q=\phi^2-0.212(\sigma/\sigma_s)^2$ 是包括几何因素 ϕ^2 和塑性修正项 $0.212(\sigma/\sigma_s)^2$ 在内的一个综合修正系数。在本例中 $a/2c=2/10=0.2$，$\sigma_1/\sigma_s=0.6$，查表 10－4 得 $Q=1.22$。于是令 $K_I=K_{IC}$，则
$$\sigma_1=\frac{\sqrt{Q}}{1.1\sqrt{\pi a}}K_{IC}=\frac{\sqrt{1.22}}{1.1\times\sqrt{3.14\times0.002}}K_{IC}=12.67\times K_{IC}$$

因为
$$\sigma_1=\frac{R}{T}\cdot p$$

所以
$$p_c=\frac{t}{R}\cdot\sigma_1=\frac{t}{R}\times12.67K_{IC}=12.67K_{IC}\times\frac{t}{R}$$

表 10-4 表面裂纹的几何和塑性修正

参 数	修 正				
$a/2c$	0.1	0.2	0.25	0.3	0.4
σ/σ_s	Q				
1.0	0.88	1.07	1.21	1.38	1.76
0.9	0.91	1.12	1.24	1.41	1.79
0.8	0.95	1.15	1.27	1.45	1.83
0.7	0.98	1.17	1.31	1.48	1.87
0.6	1.02	1.22	1.35	1.52	1.90
<0.6	1.10	1.29	1.43	1.60	1.98

如果设 $K_{IC}=37.2\text{MPa}\cdot\text{m}^{\frac{1}{2}}$，则 $p_c=471.3\times\frac{t}{R}(\text{MPa})$，只要给出容器的 t 和 R（对于薄壁容器一般是指平均半经 R，而薄壁容器一般只要 $\frac{t}{R}\leqslant\frac{1}{20}$ 就属于薄壁范围。当然，如果属于厚壁容器也没关系，只要在弹性力学教科书中查得 σ_1 的表达式即可，其他计算步骤完全同上。）

以上的例子仅仅是线弹性断裂判据解决脆断的防止问题，关于弹塑性断裂（特别是容器方面）的情况，将在后面谈到。

4 对零部件的材料（包括成分、组织和热处理工艺）的选择

4.1 一种新的选择思路

经典的设计方法是把零部件的最大工作应力控制在小于或等于许用应力 $[\sigma]$ 的条件下，而 $[\sigma]=\frac{\sigma_s}{n_s}$ 或 $[\sigma]=\frac{\sigma_0}{n_b}$，即对 σ_s 或 σ_b 引进安全系数 n_s 或 n_b 后得到许用应力 $[\sigma]$，设计中，为了保证零部件的安全性，往往从提高安全系数 n_s 和 n_b 着手，这就必然导致要求提高材料的 σ_s 和 σ_b，这样一来势必降低了材料的塑性和韧性，使脆断的危险性大大增加。线弹性断裂力学判据的建立，改变了这种思路，它对零部件的强度储备和韧性储备作了综合的考虑，然后决定材料的热处理工艺，例如决定需要高温回火还是中、低温回火，以综合全面地权衡材料的强度和韧性。

4.2 应用实例

例 10-6 已知有一超高强度钢制造的薄壁容器，设计的许用应力 $[\sigma]=1372\text{MPa}$。虽经探伤，容器内壁仍有可能存在 $a=1\text{mm}$，$2c=4\text{mm}$ 的表面浅裂纹。现已知甲种热处理使材料的 $\sigma_s=2058\text{MPa}$，$K_{IC}=46.5\text{MPa}\cdot\text{m}^{\frac{1}{2}}$；而乙种热处理使材料的 σ_s 下降为 1666MPa，而 K_{IC} 上升为 $77.5\text{MPa}\cdot\text{m}^{\frac{1}{2}}$。问选择哪一种热处理为宜？

解:从强度的安全系数来看

$$n_{甲}=\frac{\sigma_s}{[\sigma]}=\frac{2058}{1372}=1.5$$

$$n_{乙}=\frac{\sigma_s}{[\sigma]}=\frac{1666}{1372}=1.22$$

显然,甲种热处理优于乙种热处理。

但从韧性储备角度来看:对甲种热处理的材料,查表 10-4 得 $Q=1.37$,代入式(10-11)的 K_I表达式,得临界工作应力 σ_c

$$\sigma_c=\frac{K_{IC}\sqrt{Q}}{1.1\sqrt{\pi a}}=\frac{4.65\times\sqrt{1.37}}{1.1\sqrt{3.14\times0.001}}=882\text{MPa}$$

对乙种热处理的材料,$\frac{\sigma}{\sigma_s}=\frac{1372}{1666}=0.82$,$\frac{a}{2}=0.25$,查得 $Q=1.32$,代入表面裂纹的 K_I表达式,求得 σ_c

$$\sigma_c=\frac{K_{IC}\sqrt{Q}}{1.1\sqrt{\pi a}}=\frac{77.5\times\sqrt{1.32}}{1.1\sqrt{3.14\times0.001}}=1444.5\text{MPa}$$

比较可知,甲种热处理的材料虽然具有较高屈服点,但对脆断的抗力太低($\sigma_c=882\text{MPa}<[\sigma]=1372\text{MPa}$);而乙种热处理的材料虽然屈服点较低,但对脆断的抗力却比较高($\sigma_c=1444.5\text{MPa}>[\sigma]=1372\text{MPa}$),能满足容器材料的要求。它们的韧性安全系数分别为 $n_{甲}=\frac{K_{IC}}{K_I}=\frac{\sigma_c}{[\sigma]}=\frac{882}{1372}=0.64$;$n_{乙}=\frac{K_{IC}}{K_I}=\frac{\sigma_c}{[\sigma]}=\frac{1444.5}{1372}=1.05$,可见应该选择乙种热处理制度。

设计中,为了防止零部件在产生某种形状和大小的缺陷后引起脆断,常常需要对材料的断裂韧性提出要求,下面举的几个例子就是这种要求的具体化方法。应该指出,在经典设计中,对于材料的塑性(伸长率和收缩率)和韧性(冲击值 A_K值)都不能通过定量的计算而是凭经验确定的。只有断裂力学判据才能对材料的韧性提出定量的要求。

例 10-7　已知圆筒形压力容器的平均内径 $D=2R=1500\text{mm}$,壁厚 $t=5\text{mm}$,工作压强 $p=5.88\text{MPa}$,材料的 $\sigma_s=1470\text{MPa}$。该容器具有一表面裂纹 $a=3\text{mm}$,$2c=10\text{mm}$。问圆筒形容器不产生脆性破坏所需的最小断裂韧性 K_{IC}为多少?

解:利用表面裂纹的 $K_I=\frac{1.1\sigma\sqrt{\pi a}}{\sqrt{Q}}=1.95\sqrt{\frac{a}{Q}}\cdot\sigma$,其中,$Q=\Phi^2-0.212\left(\frac{\sigma}{\sigma_s}\right)$。

该容器的周向应力 $\sigma=\frac{R}{t}p=\frac{D}{2t}p=\frac{1500}{10}\times5.88=882\text{MPa}$,由 $\frac{a}{c}=\frac{3}{5}=0.6$ 及 $\frac{\sigma}{\sigma_s}=\frac{882}{1470}=0.6$,查表 10-2 得 $Q=1.55$,代入上述 K_I表达式中,$K_I=1.95\times\sqrt{\frac{0.003}{1.55}}\times882=75.7\text{MPa}\cdot\text{m}^{\frac{1}{2}}$。

要求防止该容器的脆性破坏,必须使 $K_{IC}\geqslant K_I$才安全,所以,K_{IC}至少应为 $75.7\text{MPa}\cdot\text{m}^{\frac{1}{2}}$。

如果取安全系数为 2 的话,则 $n_k=\frac{K_{IC}}{K_I}=2$,这时,$K_{IC}=2\times K_I=151.4\text{MPa}\cdot\text{m}^{\frac{1}{2}}$。

这个例子说明了断裂力学设计对材料韧性提出的下限要求。一般来说,对容器材料,其断

裂韧性 K_{IC} 必须满足下列要求，才能有效地防止脆性破坏

$$K_{IC} \geq 1.95\sqrt{\frac{a}{Q}} \cdot \frac{1}{t}(pR) \tag{10-12}$$

例 10-8 英国 ESSO 公司曾建议用一种断裂前渗漏的原则来进行选材，其具体方法是：设板厚为 t，表面裂纹深度 $a=t$，长度 $2c=2t$，把此裂纹作为一贯穿裂纹，$2a=2t$，于是

$$K_I = \sigma\sqrt{\pi a} = \sigma\sqrt{\pi t} = K_{IC}$$

由此，可用已知的 σ 和 t 求出最小的 K_{IC} 值

$$K_{IC} \geq \sqrt{\pi t} \cdot \frac{1}{t}(pR) = \sqrt{\frac{\pi}{t}}(pR) \tag{10-13}$$

可以从不同的方面来获得 K_{IC} 的实用值：

(1) 建立 K_{IC} 和温度的关系曲线。同时测定材料的 K_{IC} 和止裂断裂韧性 K_{Ia} 和动态断裂韧性 K_{Id}，三者均随温度而变化。建立 K_{IC}（K_{Ia} 和 K_{Id}）对温度的曲线，实验得到的是一个很宽的分散带，取此分散带的下限，作为设计所需的断裂韧性值。

(2) 建立冲击功 A_K 和 K_{IC} 的经验关系，例如欧美国家通过大量的试验建立了如下的关系

$$K_{IC} = 0.0673[\sigma_s(137.8A_K - 1.355\sigma_s)]^{1/2} \tag{10-14}$$

式中：K_{IC}——平面应变断裂韧性，$MPa \cdot m^{\frac{1}{2}}$；

σ_s——屈服强度，MPa；

A_K——冲击吸收功，N · m。

令 $K_I = K_{IC}$，对无限大平板 $K_I = \sigma\sqrt{\pi a} = \sigma\sqrt{\pi t}$，又设 $\sigma = 0.9\sigma_s$，则利用式（10-4）可得

$$0.9\sigma_s\sqrt{\pi t} = 0.0673[\sigma_s(137.8A_K - 1.355\sigma_s)]^{1/2}$$

可解得 A_K 与板厚 t 的关系，从而可以确定材料的 A_K 值。当然，从式（10-14）也可换算得到材料的 K_{IC} 值。这样按断裂前渗漏原则进行选材的方法，可以保证容器在脆断前发生塑性渗漏，给出一个断裂前的警示信号。

例 10-9 ASTM《锅炉与压力容器规范》过去一直沿用 W. S. Pellini 方法，直到 1972 年才在第Ⅲ部分（核发电装置部件）的附录 G 明确规定使用断裂力学选材方法。其方法是：设板厚为 t，当 $100mm \leq t \leq 300mm$ 时，取裂纹 $a=\frac{t}{4}$，$2c=1.5t$（例如，$t=250mm$ 时，$a=\frac{t}{4}=62.5mm$，$2c=1.5t=375mm$）；当 $t<100mm$ 时，取 $a=25mm$，$2c=150mm$；当 $t>300mm$ 时，取 $a=25mm$，$2c=450mm$；然后由 $\frac{a}{2c}$ 和 $\frac{\sigma}{\sigma_s}$ 查出 Q 以及工作应力 σ，一起代入 $K_I = 1.95\sqrt{\frac{a}{Q}} \cdot \sigma$ 中，则

$$K_k \geq 1.95\sqrt{\frac{t}{4Q}} \cdot \frac{1}{t}(pR) = 1.95\sqrt{\frac{1}{4tQ}} \cdot (pR) \tag{10-15}$$

问设计中如何选择 K_{IC}？

解：可从 K_{IR} 与温度的关系由线中查得 K_{IC}。其中，K_{IR} 为 K_{IC}、K_{Id} 和 K_{Ia} 三者的实验下限值。温度坐标是（$T-RT_{NDT}$），其中，T 为试验温度；RT_{NDT} 为参考的无塑性转变温度。

5 产品验收标准的制定

5.1 断裂力学、无损检测、验收标准三者的一致性

关于产品验收标准的制定，一直是一个很重要而又很难的问题，难就难在按经典的强度理论指导下的设计和选材方法，与实际的破坏和使用寿命存在很大的差距。造成这种差距的原因主要是经典强度理论（弹性力学、塑性力学和材料力学）没有考虑零部件中裂纹的存在。由于断裂力学的产生弥补了这一不足，因此，对带裂纹零部件的强度和寿命可以做出进一步的预测。当然，断裂力学得以广泛应用的一个重要基础，就是它依赖于无损检测对零部件测得的裂纹情况和裂纹分布，只有无损检测的结果具有一定的可靠性，才能以此提炼模型，得出较为可信的断裂力学计算结果（强度或寿命）；而只有引进断裂力学的分析和计算方法，才能使无损检测推进到无损评价，这两门学科的关系是相互依存的。只有两者密切结合，才真正能为产品的质量验收（强度的和寿命的要求）制定出可靠的标准，而在此之前，产品的验收标准均带有经验性的色彩，当断裂力学、无损检测、验收标准三者密切结合时，才能使产品的验收标准从经验上升为理论。

鉴于断裂力学用于防止压力容器脆性破坏研究工作的大量开展，一些国家的压力容器验收规范中列入了断裂力学的内容。前面提到的 ASME《锅炉与压力容器规范》的第Ⅲ部分的附录 G“防止非延性破坏”就是一例。同时，该规范的第Ⅵ部分也采用了断裂力学方法，但都是建立在线弹性断裂力学基础上的。国际焊接学会（IIW）的第 X 委员会的“缺陷工作组”在 1974 年提出了经过修改的《从脆性破坏观点评定缺陷的推荐方法》（IIW－749：1974）。该方法应用了线弹性断裂力学和裂纹张开位移的 CTOD 方法，即用线弹性断裂判据和弹塑性断裂判据综合考虑容器的脆性断裂和延性断裂。另外，前面例子中提到的 ESSO 公司的“断裂前渗漏”的方法，也是一种同时考虑脆性和延性断裂的综合方法。应该说，同时用线弹性判据和弹塑性判据对容器的安全性进行评定已是一个重要的趋势，我国的压力容器规范也正在朝这个方向努力。

5.2 验收标准实例

例 10－10 国际焊接学会（IIW）提出，在按一般质量验收不能通过时，建议用“从脆性破坏观点评定缺陷的推荐方法”对容器作进一步的评定。其基本方法是：

（1）根据对容器探伤所得实际缺陷的性质、形状、部位和尺寸，将实际裂纹转换成当量的贯穿裂纹，其尺寸记为 $\bar{a}$，这种转换的方法是用线弹性断裂力学的方法，令实际裂纹的 K_{I} 等于转换后贯穿裂纹的 K_{I}，从而求出 $\bar{a}$，其式为 $K_{\mathrm{I}}=\sigma\sqrt{\pi\bar{a}}$，这些转换工作，标准中都已制好图表备查用，读者不必自己去作转换的计算。

（2）根据对容器的工作应力，进行应力应变分析，结合材料的断裂韧性值 K_{IC} 或 δ_{c}，求出相应的允许裂纹尺寸，其计算公式如下

$$a_{\mathrm{m}}=C\left(\frac{K_{\mathrm{IC}}}{\sigma_{\mathrm{s}}}\right)^2$$

或 （10－16）

$$a_{\mathrm{m}}=C\left(\frac{\delta_{\mathrm{c}}}{e_{\mathrm{s}}}\right)$$

式中，$\left(\frac{K_{IC}}{\sigma_s}\right)^2=\left(\frac{\delta_c}{e_s}\right)$；$C$ 是取决于应力应变水平和材料屈服点 σ_s 的系数，可按图 10－4 查取。

当 $\frac{\sigma}{\sigma_s}\leqslant 0.56$ 时

$$C=\frac{1}{2\pi\left(\frac{\sigma}{\sigma_s}\right)^2} \tag{10-17}$$

当 $\frac{\sigma}{\sigma_s}>0.56$ 时，对于 $\sigma_s\leqslant 490$MPa 的铁素体钢

$$C=\frac{1}{2\pi\left(\frac{e}{e_s}-0.25\right)} \tag{10-18}$$

对于 $\sigma_s>490$MPa 的其他材料

$$C=\frac{1}{2\pi\left(\frac{e}{e_s}\right)} \tag{10-19}$$

(3) 比较 $\bar{a}$ 和 a_m 的大小，若 $\bar{a}<a_m$，则表示可以接受，反之则不能接受，应予拒收。若 $\bar{a}>a_m$ 表示计算的（容器实际裂纹经转换后计算得到相当裂纹）$\bar{a}$ 小于临界裂纹，说明容器是安全的。

应用上面的方法进行容器的验收时，要注意以下两点：

(1) 应力分析。它与 ASME 规范一样，将应力分为一次应力（P_m 与 P_b），二次应力（Q）及峰值应力（F），对于平面缺陷则应取为（P_m+P_b+Q+F）垂直于缺陷的分量；对于非平面缺陷则取最大的主应力。当该应力超过缺陷所在焊缝或母材的屈服强度时，应将总应力除以 E 从而得到当量应变。对于焊后状态，残余拉应力取值为 σ_s，或取残余应变为一个 e_s。

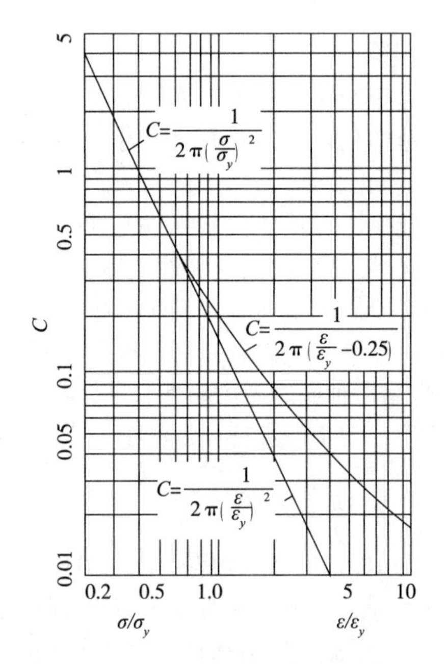

图 10－4　计算临界裂纹尺寸的系数 C

(2) 缺陷分析。根据缺陷存在的位置、形状及其相互影响，其规定为：首先按无损检验方法将缺陷分为平面缺陷（裂纹、未焊透）及非平面缺陷（气孔、疏松、夹杂及咬边等），对每类缺陷又分为贯穿缺陷、深埋缺陷、表面缺陷、孔边缺陷及角焊缝趾缺陷。还要考虑多个密集缺陷之间的互相影响及自由表面对浅埋缺陷的影响。考虑这种影响的总的原则是：相互影响使得缺陷尖端处的应力强度因子超过 20% 以上时，就应作为复合椭圆缺陷或贯穿缺陷来处理。例如，当两缺陷间的距离 S 小于两缺陷的平均尺寸时，即 $S<\frac{1}{2}(L_1+L_2)$ 及 $S<\frac{1}{2}(t_1+t_2)$ 时，则取为一个复合缺陷，其 $L=L_1+L_2+S$，$t=t_1+t_2+S$（L、t 均指长宽方向尺寸）。

例 10－11　压力容器强度校核的一般程序。

在前面的“带裂纹零部件的强度校核和设计”中，重点介绍了线弹性断裂判据 $K_I=K_{IC}$ 的应

用,涉及的问题是防止零部件产生脆性破坏。而对于裂纹在产生大范围屈服后的弹塑性断裂问题,则要应用弹塑性判据 $\delta=\delta_c$ 或 $J_{\mathrm{I}}=J_{\mathrm{IC}}$。本例将详细说明其操作程序。

(1)缺陷分析:按照国际焊接学会 IIW - WGSD - 16 文件,把容器经探伤所得到的缺陷一律折算成当量穿透裂纹,其尺寸为 $\bar{a}$。

(2)应力 - 应变分析。根据容器所受工作压力(计算得到工作应力)、残余应力和接管处的集中应力等,计算 $\frac{\sigma}{\sigma_s}$,当 $\sigma>\sigma_s$ 时,求得当量应变 $e=\frac{\sigma}{E}$,从而计算 $\frac{e}{e_s}$。

(3)利用 CTOD 的判据 $\delta=\delta_c$ 求得临界裂纹尺寸 a_c。

当 $\frac{\sigma}{\sigma_s}\leqslant 0.56$ 时,利用下式

$$\delta=\frac{8\sigma_s a}{\pi E}\ln\left(\sec\frac{\pi\sigma}{2\sigma_s}\cdot M\right) \tag{10-20}$$

式中,M 称为鼓胀系数,可按 $M=\left(1+1.61\frac{\sigma^2}{Rt}\right)^{\frac{1}{2}}$ 计算,其中,R 为容器的半径,t 为壁厚。只要令式(10 - 20)的 δ 等于 δ_c(材料的弹塑性断裂韧性值),即可算出临界裂纹尺寸 a_c,然后比较 a_c 和 $\bar{a}$,若 $a_c>\bar{a}$ 则可以接受,强度验收合格。

至于鼓胀系数 M,可把 $M=1$ 代入式(10 - 20)求得 a_{c1},把它代到 M 表达式中求得 M_1,把 M_1 代入式(10 - 20)中求得 a_{c2},再代入式(10 - 20)求得 M_2,如此反复循环可逼近真实的 a_c 值。

当 $\frac{\sigma}{\sigma_s}>0.56$ 时,对于 $\sigma_s\leqslant 490\text{MPa}$ 的铁素体钢

$$\delta=2\pi e_s\cdot a\left(\frac{e}{e_s}-0.25\right) \tag{10-21}$$

对于 $\sigma_s>490\text{MPa}$ 的其他材料

$$\delta=2\pi e_s\cdot a\left(\frac{e}{e_s}\right)^2 \tag{10-22}$$

(4)启裂应力 σ_i 的计算,把前面折算得到的当量贯穿裂纹 $\bar{a}$ 和由实验测得的启裂张开位移 δ_i(即根据电位法或声发射测得的开裂点对应的裂纹尖端张开位移值)代入式(10 - 20)得

$$\delta_i=\frac{8\sigma_s\bar{a}}{\pi E}\ln\left(\sec\frac{\pi\sigma}{2\sigma_s}\cdot M\right)$$

$$\frac{\pi E}{8\sigma_s\bar{a}}\cdot\delta_i=\ln\left(\sec\frac{\pi\sigma}{2\sigma_s}\cdot M\right)$$

$$\sec\frac{\pi\sigma}{2\sigma_s}M=\exp\left(\frac{\pi E\delta_i}{8\sigma_s\bar{a}}\right)$$

$$\cos\frac{\pi\sigma}{2\sigma_s}M=\exp\left(-\frac{\pi E\delta_i}{8\sigma_s\bar{a}}\right)$$

$$\frac{\pi\sigma}{2\sigma_s}M=\cos^{-1}\exp\left(-\frac{\pi E\delta_i}{8\sigma_s\bar{a}}\right)$$

所以

$$\sigma_i=\frac{\sigma_s}{\pi M}\cos^{-1}\exp\left(-\frac{\pi E\delta_i}{8\sigma_s\bar{a}}\right) \tag{10-23}$$

这就是启裂应力的计算式。

(5)爆破应力的 σ_{max} 计算

把当量裂纹 $\bar{a}$ 和最高载荷下的裂纹尖端张开位移 δ_{max} 代入式(10－20),可以化为

$$\frac{\pi\sigma}{2\sigma_s}\cdot M=\cos^{-1}\exp\left(-\frac{\pi E\delta_{max}}{8\sigma_s\bar{a}}\right)$$

利用 $\delta=\frac{G}{\sigma_s}=\frac{K_I^2}{E\sigma_s}$,上式成为

$$\cos^{-1}\exp\left(-\frac{\pi EG_{IC}}{8\,\overline{a\sigma_s^2}}\right)=\cos^{-1}\exp\left(-\frac{\pi K_{IC}}{8\,\overline{a\sigma_s^2}}\right)$$

当材料的断裂韧性 K_{IC} 很高,裂纹 $\bar{a}$ 很小时

$$\cos^{-1}\exp\left(-\frac{\pi K_{IC}}{8\,\overline{a\sigma_s^2}}\right)=\cos^{-10}=\frac{\pi}{2}$$

因为

$$\frac{\pi\sigma}{2\sigma_s}\cdot M=\frac{\pi}{2}$$

所以

$$\sigma=\frac{\sigma_s}{M}$$

据此

$$\sigma_{max}=\frac{\sigma_0}{M} \tag{10-24}$$

式中,σ_0 为为材料的流变应力,其值有很多取法,最简单的是 $\sigma_0=\frac{1}{2}(\sigma_s+\sigma_b)$;$M$ 仍取前面的表达式,即 $M=\left(1+1.61\frac{a^2}{R_t}\right)^{\frac{1}{2}}$。

6　零部件疲劳剩余寿命的估计

6.1　原理和步骤

在零部件的设计和使用中,我们最关心的是两个问题:零部件会不会发生一次性的断裂?若不会,那么它的寿命又有多长呢?前一个问题我们在前面已初步作了讨论,即利用线弹性判据来判断它是否会产生脆性破坏;利用弹性判据则来预测它是否会产生大范围屈服后的断裂。而这两类问题都有三种提法:即强度校核、材料和工艺的选择和裂纹容限的计算及验收标准的制定等。

对于疲劳寿命的估算,要分别两种情况:一种是无裂纹材料(或零部件)从裂纹萌生、扩展一直到断裂的过程,这称为无裂纹寿命,对于高周疲劳来说,由于萌生寿命占全寿命的比重较大,所以无裂纹寿命又被叫做裂纹萌生寿命。一旦零部件产生了缺陷,则第二种情况就是裂纹的扩展寿命,又叫做剩余疲劳寿命。由于断裂力学研究的是已存在裂纹的材料其强度和断裂(包括疲劳扩展过程)的规律,所以它解决和估算的是零部件的剩余疲劳寿命。

带裂纹材料的剩余疲劳寿命的估算,在工程实践中有着极为重要的意义。例如,对于材料和热处理工艺的选择;零部件根据要求的使用寿命制定的验收标准;零部件检修周期的确定以

及最大的允许初始缺陷的确定等，都有需要进行寿命（指剩余寿命）的计算工作，为此，读者必须掌握这种方法的思想和具体操作步骤。

经过大量的试验研究和分析，带裂纹材料的疲劳裂纹扩展速率$\frac{da}{dN}$可用式（10－25）来表达（称为 Paris 公式）

$$\frac{da}{dN}=f(\Delta K)=C\cdot\Delta K^{n} \tag{10-25}$$

式中，$\frac{da}{dN}$为应力循环一次裂纹的扩展量，mm/次，称为疲劳裂纹扩展速率，一般在 $10^{-3}\sim10^{-6}$mm/次之间变化；ΔK 为应力强度因子的幅度，是由应力循环所引起的，$\Delta K=\Delta\sigma\sqrt{Ma}$，其中，$\sqrt{M}$是一个与试样几何及裂纹类型有关的系数，如果与 $K_{\mathrm{I}}=\sigma\sqrt{\pi a}\cdot Y$ 比较，可知$\sqrt{M}=\sqrt{\pi Y^{2}}$，$Y$ 是裂纹的几何形状因子，所以 M 也是裂纹的几何形状因子，例如，对表面浅裂纹，$M=\frac{1.21\pi}{Q}$。

通过测试可以求得式（10－25）中的系数 C 和指数 N，因此，C 和 N 就是材料抵抗裂纹疲劳扩展的两个力学性能参数。

假定材料的 K_{IC}、C 和 N 均已通过试验测得。现在要计算裂纹从初始尺寸 a_0 扩展到临界尺寸 a_c 所经历的循环数，即计算剩余疲劳寿命。从式（10－25）可得

$$dN=\frac{da}{f(\Delta K)}=\frac{da}{C(\Delta\sigma)^{n}(Ma)^{\frac{n}{2}}} \tag{10-26}$$

对上式积分

$$\begin{aligned}N&=\int_{N_0}^{N_f}dN=\int_{a_0}^{a_c}\frac{da}{C(\Delta\sigma)^{n}(Ma)^{\frac{n}{2}}}\\&=\frac{1}{C(\Delta\sigma)^{n}M^{\frac{n}{2}}}\int_{a_0}^{a_c}\frac{da}{a^{\frac{n}{2}}}\end{aligned}$$

$$=\begin{cases}=\dfrac{1}{C(\Delta\sigma)^{2}M}\ln\dfrac{a_c}{a_0},\ n=2\\[2ex]\dfrac{1}{C(\Delta\sigma)^{n}M^{n/2}}\cdot\dfrac{2}{n-2}\cdot\left(\dfrac{2-n}{a_0^{\ 2}}-\dfrac{2-n}{a_c^{\ 2}}\right),\ n\neq2\end{cases} \tag{10-27}$$

关于积分上下限的确定：

（1）对于 a_c，韧性较低的材料可根据 $K_{\mathrm{I}}=K_{\mathrm{IC}}$来确定 a_c；韧性较高的材料则应根据零部件净断面应力达到材料拉伸极限时之裂纹尺寸作为 a_c 来计算。

（2）对于 a_0，冷热加工和装配过程中零件表面容易产生的最大裂纹尺寸（如划痕、焊接裂纹等），或是材料的冶金缺陷（如非金属夹杂物）；或是使用过程中由于环境腐蚀而产生的裂纹尺寸。对于压力容器，有时可用水压试验下不发生爆炸的最大裂纹尺寸。有些情况下也把使用探伤仪器的灵敏度作为 a_0。

6.2　算例

例 10－12　已知某压力容器是用铝合金 7079－T6 制成，其参数为：容器内径$D=500$mm，壁厚 $t=25$mm；正常工作压力 $p=20.67$MPa。该铝合金板室温下 $\sigma_s=447.8$MPa，$K_{\mathrm{IC}}=$

$38.4\mathrm{MPa}\cdot\mathrm{m}^{\frac{1}{2}}$。材料的裂纹扩展速率从实验求得为$\frac{\mathrm{d}a}{\mathrm{d}N}=C\cdot\Delta K^n=4\times10^{-18}\cdot\Delta K^3$即材料的$C=4\times10^{-18}$,$n=3$,假设裂纹为容器内壁沿母线方向的表面半椭圆裂纹,其$\frac{a}{2c}=\frac{1}{4}$,试估计其剩余疲劳寿命。

解:具体解题步骤为:

(1)用式(10-27)计算剩余寿命,$n=3$。

(2)关于M的计算,先计算工作应力

$$\sigma=\frac{D}{2t}\cdot p=\frac{500}{2\times25}\times20.67=206.7\mathrm{MPa}$$

由$\frac{a}{2c}=\frac{1}{4}$及$\frac{\sigma}{\sigma_s}=\frac{206.7}{447.8}=0.461$查得裂纹的$Q=1.42$

$$M=\frac{1.21\pi}{Q}=\frac{1.21\times3.14}{1.42}=2.69$$

(3)关于a_c的计算

$$a_c=\frac{Q}{1.21\pi}\left(\frac{K_{IC}}{\sigma}\right)^2=\frac{1.42}{1.21\pi}\times\left(\frac{38.4}{206.7}\right)^2=0.012899\mathrm{m}=12.9\mathrm{mm}$$

由于$\frac{\sigma}{2c}=\frac{1}{4}$,所以,裂纹的临界长度(沿母线方向)是51.6mm。

(4)把已求出的$\Delta\sigma=206.7\mathrm{MPa}$,$M=2.69$及$a_c=12.9\mathrm{mm}$和已知的$C=4\times10^{-18}$,$n=3$统统代入式(10-27)的第一式可得

$$N=\frac{2}{(3-2)\times4\times10^{-18}\times(2.69)^{1/2}\times(206.7)^{3/2}}\times\left(\frac{1}{\sqrt{a_0}}-\frac{1}{\sqrt{a_c}}\right)$$

$$=1.283\times10^{10}\times\left(\frac{1}{\sqrt{a_0}}-\frac{1}{\sqrt{0.0129}}\right)\qquad(10-28)$$

根据式(10-28)即可绘制出初始裂纹尺寸a_0与容器剩余寿命N之间的关系曲线,见图10-5。

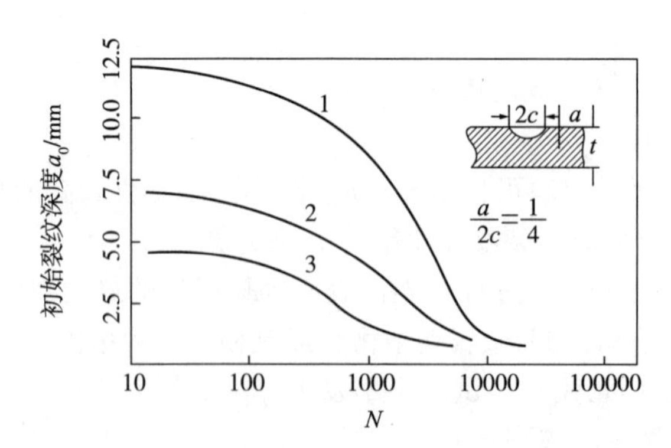

图10-5 初始裂纹与断裂周次的关系曲线

图10-5中除了绘制出$\Delta\sigma=206.7\mathrm{MPa}$的$a_0-N$曲线外,还绘制出了$\Delta\sigma=275.6\mathrm{MPa}$和$\Delta\sigma=344.5\mathrm{MPa}$下的$a_0-N$曲线。

根据图10-5,我们就可以进行以下操作:

(1)按照给定的初始裂纹尺寸,查出它扩展至临界裂纹尺寸所经过的循环次数——这就是剩余疲劳寿命。例如:例 10-12 中的压力容器内壁经过探伤可以保证没有大于下面尺寸的裂纹:长(沿母线方向)为 10mm,深为 2.5mm。于是可把 $a_0=2.5\text{mm}$ 代入式(10-28)或从图 10-5 上查得 $N=7400$ 次,这就是该容器的剩余疲劳寿命。

如果强度设计要求有 1.33 和 1.67 的安全系数,对正常工作 $\Delta\sigma=206.7\text{MPa}$ 而言,分别乘上 1.33 和 1.67,则可得到 $\Delta\sigma=295.6\text{MPa}$ 和 $\Delta\sigma=344.5\text{MPa}$,查图 10-5 上相应的曲线 2 和 3,可得到剩余寿命分别为 2000 次和 650 次。

(2)按照要求的疲劳寿命和设计安全系数,可以反求出允许的初始裂纹尺寸 a,这就为产品制定验收标准提供了依据。例如,我们要维持原来的 $N=7400$ 次的剩余寿命要求,又要保证 1.33 倍的安全系数,则从图 10-5 中可查得 $a_0=0.75\text{mm}$。这就提高了对产品的质量要求,同时也提高了对探伤(仪器)灵敏度的要求。

例 10-13　已知某发电机转子是用 3% Ni-Mo-V 钢制成,其参数为:中心孔内壁的切向应力 $\sigma=344.5\text{MPa}$,工作温度为 75°F,材料的 $K_{IC}=71.33\text{MPa}\cdot\text{m}^{\frac{1}{2}}$,$\sigma_s=585.6\text{MPa}$,转子的缺陷大部分为长而浅的中心孔表面裂纹(沿纵向分布),如夹杂、偏析带等。假定 $\frac{a}{2c}=0.1$,材料的疲劳裂纹扩展速率经测定为 $\frac{da}{dN}=C\cdot\Delta K^n=1.9\times10^{-14}\Delta K^{1.9}$。所以,材料的 $C=1.9\times10^{-14}$,$n=1.9$,现提出要保证该电机转子 40 年安全运行而不发生断裂,试问转子在交货时允许多大的初始裂纹 a_0?

解:计算步骤如下:

(1)用式(10-27)计算剩余寿命,$n=1.9$。

(2)关于 M 的计算

$\frac{\sigma}{\sigma_s}=\frac{344.5}{585.6}=0.588$　$\frac{a}{2c}=0.1$,由此查得 $Q=1.034$,所以

$$M=\frac{1.21\pi}{Q}=\frac{1.21\times3.14}{1.034}=3.66$$

(3)关于 a_c 的计算

$$a_c=\frac{Q}{1.21\pi}\left(\frac{K_{IC}}{\sigma}\right)^2=\frac{1.034}{1.21\times3.14}\times\left(\frac{71.33}{344.5}\right)^2=0.01167=11.7\text{mm}$$

所以

$$\frac{a}{2c}=0.1\quad 2c=117\text{mm}$$

(4)把 $\Delta\sigma=344.5\text{MPa}$,$M=3.66$,$a_c=11.7\text{mm}$,$c=1.9\times10^{-14}$,$n=1.9$ 代入式(10-27)得

$$N=\frac{2}{(1.9-2)\times1.9\times10^{-14}\times3.66^{0.95}\times(344.5)^{1.9}}\times\left(\frac{1}{a_0^{-\frac{0.1}{2}}}-\frac{1}{a_c^{-\frac{0.1}{2}}}\right)$$

$$=46.4\times10^8\times(11.7^{0.05}-a_0^{\ 0.05})\tag{10-29}$$

根据式(10-29)也可以做出剩余寿命 N 与裂纹初始尺寸 a_0 的关系曲线,见图 10-6。要求转子能正常运行 40 年,若假设每天启动停车一次,则要求应力循环数(寿命)$N=14600$ 次,从图 10-6 中可查得对应的初始裂纹 $a_0=3.8\text{mm}$,$2c=38\text{mm}$。当然,如果双方商定,交货时还要引进安全系数,则中心孔表面的初始裂纹尺寸 a_0 还要缩小,这就要根据要求与可能(包括转子中心孔加工和探伤仪的灵敏度,是否能达到较小 a_0 的要求)来综合决定。

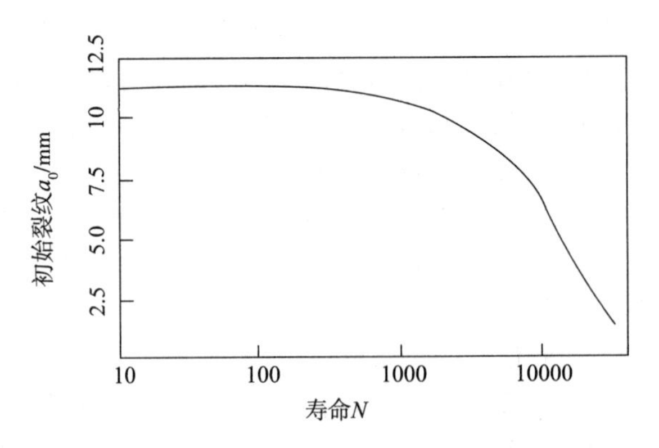

图 10-6　转子中心孔表面初始裂纹与寿命的关系

7　平面应变断裂韧性 K_{IC} 及其影响因素

断裂力学提出了描述裂纹尖端应力-应变场的参量 K_I，即应力强度因子，并由此提炼了材料的断裂韧性 K_{IC} 这个新型的材料力学性能指标，从而为材料韧性指标的理论探索给出了良好的开端，并为防止脆性破坏的定量研究提供了新方法。

断裂韧性和传统的材料性能指标一样，是材料本身的一种力学性能，但断裂韧性又不同于传统的材料强度、塑性指标，这里至少有两点基本差别：

(1)传统的材料强度(或塑性指标)是在假设材料为均匀、连续的状态下测得的，而断裂韧性则是在材料已带有裂纹的情况下测得的。前者只能代表无裂纹时材料的抗力，只有后者才能代表具有裂纹时材料的实际抗力。

(2)传统的力学性能指标中，强度(σ_s 和 σ_b)与塑性(δ 和 ψ)以及冲击韧性 a_k 是分开的，特别是在设计零部件时无法定量地考虑其塑性、韧性指标。而断裂韧性却是一种强度和塑性的综合指标，这是因为，在知道了材料的断裂韧性 K_{IC} 和工作应力 σ 后，即可根据判据 $K_I = K_{IC}$ 确定材料能容忍的临界裂纹尺寸 a_c；反之，在知道了 K_{IC} 及 a 后，能计算出不产生脆断所能承受的极限应力 σ_c。因此，断裂韧性既反映了材料的韧性，又反映了材料的强度，从而在设计和选材中具有重要的工程应用价值。

平面应变断裂韧性是反映材料抵抗裂纹临界扩展的一种能力，它是材料固有的力学性能。大量的试验研究发现，它一方面取决于材料的成分、组织和结构等这些内在的因素，另一方面又受到加载速率、温度和试样厚度(从而应力状态)等试验条件的强烈影响。

材料的断裂韧性相对于材料的其他力学性能来说，是一个比较敏感的力学性能指标，掌握它随内部组织和外在条件的变化规律，对于材料研究、材料应用、材料强度研究、热处理工艺的选择以及零部件的失效分析都有重要意义。

7.1　断裂韧性 K_{IC} 与材料成分、组织和结构的关系

(1)合金成分的影响

碳含量对断裂韧性的影响很大。低碳合金钢与中碳合金钢处理成相同强度水平时，前者的 K_{IC} 明显地比后者高。例如，20SiMn2MoV 和 40CrNiMo 两种钢，处理成强度相近时，其 K_{IC} 分

别为113和78MPa · $m^{\frac{1}{2}}$。

Ni是最有效的韧化元素。它不但可以改善钢的断裂韧性,还能有效地降低钢的冷脆转变温度,因此,Ni是低温用钢中重要的合金元素。但值得注意的是,Ni并不总是提高断裂韧性,有些资料表明,低温回火时Ni会提高材料的断裂韧性;而高、中温回火时Ni反而会降低断裂韧性。Mo的作用与Ni类似。Cr对断裂韧性的影响较小。加入少量的B,能改善低温回火时的断裂韧性。

对于高合金高强度钢,如以18Ni为代表的马氏体时效钢中,把C以及Si、Mn、S的含量控制得很低,可提高韧性;加入大量的Ni、Co可以得到有良好韧性与较低的韧－脆转变温度的无碳马氏体;加入Mo、Ti、V等可以产生弥散的析出物,造成时效强化,从而提高强度。因而马氏体时效钢能在超高强度下,保持优良的断裂韧性。

在中低强度合金钢中,对于断裂韧性提出特殊要求的主要是一些用来制造电站设备的大锻件、高压容器以及其他大截面零件或焊接件等钢种。这些零件的特点是尺寸大(由于尺寸大,约束强而造成三向应力状态);高温或低温下长时受载(使材料脆化);工作环境中带有某种腐蚀介质等,这些特点正是使零件产生脆性破坏的外在条件。为了改善这类钢材的断裂韧性,合金化的原则仍是着眼于改善钢的淬透性,提高组织稳定性,细化晶粒,细化碳化物并使其均匀分布,防止回火脆性以及降低脆性转变温度。

在以40CrNiMoA钢为代表的一类低合金高强度钢中,加入适量的V能细化晶粒,改善断裂韧性。提高Si的含量,能提高钢的抗回火性,从而推迟第一类回火脆性,改善断裂韧性。其实回火到相等强度时,Si并不一定能提高断裂韧性,甚至会略微降低断裂韧性。

钢中加入稀土元素,具有净化和去气的作用,并能改变夹杂物的形态和分布,从而显著地改善材料的断裂韧性,对提高横向的塑性和韧性特别有利。例如,在34CrMo1A发电机转子钢内加入混合稀土,使K_{IC}提高了25%;在渗碳钢25MnTiB中加入稀土,使K_{IC}提高了10%;在基体钢$65Cr_4N_3MoV$钢中加入Nb,使K_{IC}提高了50%以上。

(2)杂质元素的影响

杂质元素对断裂韧性有很大的影响,其中危害最大的是S、P以及As、Sn、Sb等微量易溶元素。这些元素一般偏析于原奥氏体晶界,提高了钢对回火脆性的敏感性,降低了断裂韧性,也提高了韧－脆性转变温度。因此,要严格控制这类有害杂质的含量,这对于大截面的零件尤为重要。图10－7表示40CrNiMo钢随S含量增加,K_{IC}不断降低的情况。

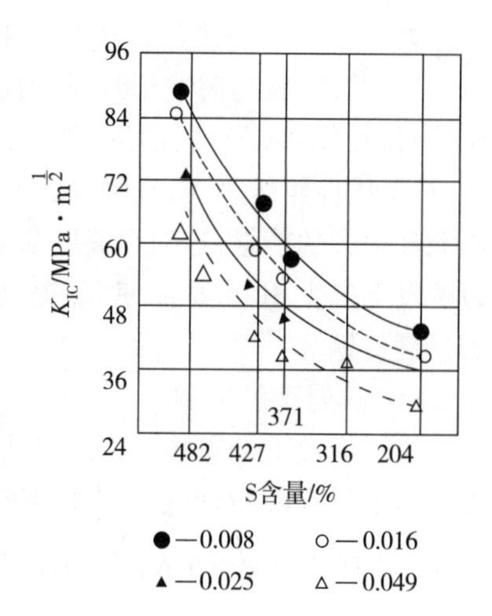

图10－7　硫含量对40CrNiMo钢K_{IC}的影响

但是,S的有害作用,在超高强度钢中较明显,而在中低强度钢中则不太明显。而有一些试验研究指出,轴承钢中适当放宽S的含量,有时反而能提高K_{IC},这是因为塑性较好的硫化物包住了脆性的氧化物,从而减轻了氧化物的有害影响。对于超高强度钢,S和P的有害作用非常明显,因此像制造协和号飞机起落架所使用的35Cr2Ni3Mo钢,要求S＋P≤0.2%。

（3）晶粒尺寸的影响

晶粒尺寸 d 对材料屈服强度的影响已有定量的表达式。晶粒越细，屈服强度越高，而且裂纹扩展时所消耗的能量也越多。因此，细化晶粒是使材料强度和韧性同时提高的有效手段。

另外，细化晶粒有助于减轻沿晶脆断倾向，这是因为晶粒细，单位体积的总晶界面积增加，在材料中的杂夹浓度一定的条件下，杂质在晶界上的浓度就会降低，而造成沿晶断裂的主要原因之一就是有害杂质在晶界上平衡偏析的浓度过高。例如，回火脆性产生的原因，就是P、As、Sb等有害杂质在晶界偏析。细化晶粒可以降低偏析浓度，从而减轻回火脆性，提高断裂韧性。

（4）夹杂物和第二相的影响

钢中的夹杂物，如硫化物、氧化物等以及第二相，如碳化物、金属间化合物等，其韧性均比基体材料差，称为脆性相。由于这些脆性相的存在，均使断裂韧性降低。而且随夹杂物的体积百分数的增加，K_{IC}降低幅度增大。这是因为夹杂物的体积百分数增加后，质点间平均间距减小所致。脆性相若呈球形，或颗粒细小，则对断裂韧性的有害作用减小，如钢中加入稀土，能使MnS球化，可以使韧性明显地提高。

（5）组织对断裂韧性的影响

钢中马氏体的组织形态对断裂韧性有重要的影响。马氏体的组织形态有两种：含有大量位错的板条状马氏体和含有孪晶的片状马氏体。孪晶的出现使滑移系减少为原来的1/4，孪晶又能感生微裂纹。因此，片状马氏体的断裂韧性较板条状马氏体的断裂韧性低。如果能通过合金化（如降低碳含量等）、热处理等手段降低钢中孪晶马氏体量而增加位错马氏体量，则可提高钢的强韧性。

上贝氏体是由于在铁素体片层间有碳化物析出而形成的，其断裂韧性要比回火马氏体差。对25CrMo来说，通过热处理形成马氏体组织再回火到与上贝氏体具有相同的强度时，其K_{IC}要比上贝氏体高出45%。下贝氏体的碳化物是在铁素体内部析出的，其形貌类似于回火的板状马氏体，因此，其K_{IC}比上贝氏体高，也高于孪晶马氏体，而可以与板条状马氏体相比。

奥氏体的韧性比马氏体高，因此，在马氏体基体上有少量残余奥氏体就相当于存在韧性相。当裂纹扩展到韧性相时，阻力就升高，使材料的断裂韧性得到提高。另外，当裂纹遇到韧性相时，裂纹难以直线前进，被迫改变方向或分岔，从而多消耗了能量，提高了韧性。再一方面，对奥氏体组织来说，在裂纹尖端应力集中的作用下，可诱发马氏体相变，这种局部的相变，要消耗很大的能量，这对提高断裂韧性会有明显的作用。例如，有一些奥氏体钢，就可以在应力诱发下产生相变，从而使K_{IC}提高，这类钢称为相变诱发塑性钢（TRIP），是目前断裂韧性最好的强韧性钢。

（6）热处理的影响

①淬火温度的影响。提高淬火温度，对屈服极限σ_s和抗拉强度σ_b影响不大，但超高温淬火有可能提高断裂韧性。例如，40CrNiMo钢870℃淬油，和1200℃淬油、盐溶中冷却到870℃淬油相比，其淬火态的K_{IC}从37.21MPa·$m^{\frac{1}{2}}$升高到75.98MPa·$m^{\frac{1}{2}}$，动态断裂韧性K_{ID}从55.82MPa·$m^{\frac{1}{2}}$升高到62.0MPa·$m^{\frac{1}{2}}$。经不同温度回火后，超高温淬火的K_{IC}仍较高。又如En30A钢（0.29%C，1.1%Cr，4.0%Ni，0.05%Mo）从950℃正常淬火提高到1300℃高温回火，其K_{IC}从89.0MPa·$m^{\frac{1}{2}}$升高到116.6MPa·$m^{\frac{1}{2}}$。当然，提高淬火温度会带来不利的方面，如使

晶粒粗大，增大淬火应力和淬裂倾向，降低冲击韧性等。

临界区淬火(即加热到 $A_{C1}-A_{C3}$ 在两相区内淬火)也可以提高低温韧性，抑制回火脆性。

②回火温度的影响。总的趋势是：随着回火温度的升高，K_{IC} 增大而强度降低。有些材料在某个回火温度范围内其 K_{IC} 降低，显示回火脆性。低碳马氏体类钢在低温回火下，兼具有高强度和高断裂韧性，随回火温度提高，强度一直降低，断裂韧性先是降低，以后又升高。在这种回火温度时，要注意这一点。

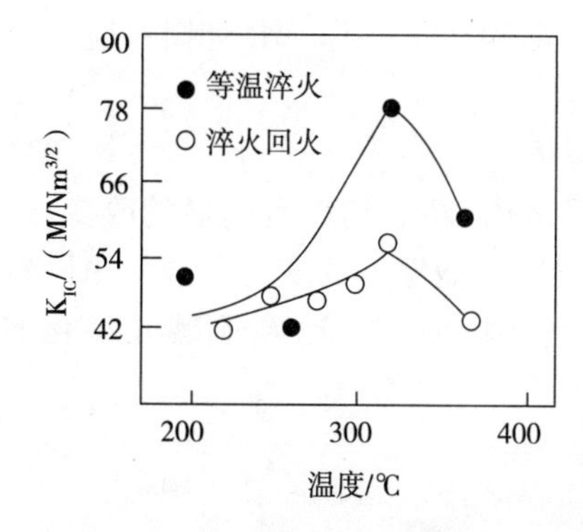

图 10-8 32SiMnMoA 钢等温淬火和淬火回火后的 K_{IC} 变化曲线

③等温淬火温度的影响。一般认为，含碳量在中碳以上的钢，在相同强度水平下等温淬火得到的下贝氏体的韧性要比回火马氏体的韧性更好。图 10-8 表示 32SiMNMoA 钢等温淬火和淬火回火后的 K_{IC} 变化曲线，由图可见，等温淬火具有较好的韧性。但在马氏体点以下等温转变的马氏体和贝氏体的复合组织性能最差，在较高温度等温得到上贝氏体为主的组织其性能也差，在这两种情况下接近于淬火回火态。表 10-5 表示球墨铸铁在不同温度等温淬火和淬火后回火的组织性能对比。

表 10-5 球墨铸铁经不同热处理后的 K_{IC}

热处理规范	组织	硬度 HRC	K_{IC}/MPa · m$^{\frac{1}{2}}$
920℃加热，硝盐淬火，260℃回火	回火 M + 残余 A	52 ~ 53	17.68
920℃加热，硝盐淬火，320℃回火	回火 M + 残余 A	49 ~ 52	19.54
920℃加热，硝盐淬火，380℃回火	回火 M + 残余 A	47 ~ 49	22.33
920℃加热，硝盐淬火，400℃回火	回火 M + 回火 T	41 ~ 44	36.59
880℃加热，220℃等温 10min	下 B + 25% ~ 30% 残余 A 及 M	50 ~ 54	22.95
880℃加热，260℃等温 60min	下 B + 8% ~ 10% 残余 A 及 M	45 ~ 50	35.04
880℃加热，280℃等温 60min	下 B + 少量上 B + 1% 残余 A 及 M	43 ~ 46	38.66
880℃加热，310℃等温 60min	下 B + 上 B + 5% 残余 A 及 M	38 ~ 44	51.17

7.2 断裂韧性 K_{IC} 与试验条件的关系

(1)加载速率的影响

断裂韧性试验通常都是在慢速加载下测定的，加载速率在 $\frac{dN}{dt}=\dot{K}=9.81 \sim 98.1\text{N}/(\text{mm}^{\frac{3}{2}}\cdot\text{s})$ 的数量级。实际上一些零件承受的动态或冲击载荷，其加载速率很大，由于这个原因，材料的断裂韧性发生了变化。图 10-9 为两种材料的断裂韧性 K_{IC}(K_{Id})与 $\frac{dK}{dt}=\dot{K}$ 的关系。由图可知，K_{IC}随$\dot{K}$的提高而下降，而且继续下降到最低点，当$\dot{K}$继续提高时，K_{IC}(K_{Id})又增大。

E30B钢(C,0.30%;Ni,4%;Cr,1.2%;Mo,0.2%)和E40C钢40C(C,0.37%,Cr,3%,Mo,0.9%,V,0.2%)的断裂韧性和加载速率的关系完全与图10-8相似。当加载速率很大时，塑性变形所产生的热来不及传导，就造成绝热状态，使局部温度升高，从而导致K_{IC}(K_{Id})又回升。

以空洞聚合的韧窝方式断裂的高强度钢，如马氏体时效钢和9Ni-4Co钢，它们对应变速率不敏感。

(2)温度的影响

材料的断裂韧性随温度的升高而增大，并且在一定的温区内，断裂韧性有明显的改变，这就是韧-脆转变温区。图10-10为Ni-Cr-Mo-V钢断裂韧性随温度的变化曲线。由图看出，它与一次冲击的FATT(断口形貌转变转变温度)大体相近，因为FATT比K_{IC}随温度变化的曲线更容易进行，所以常用FATT来估计K_{IC}的转变温度。

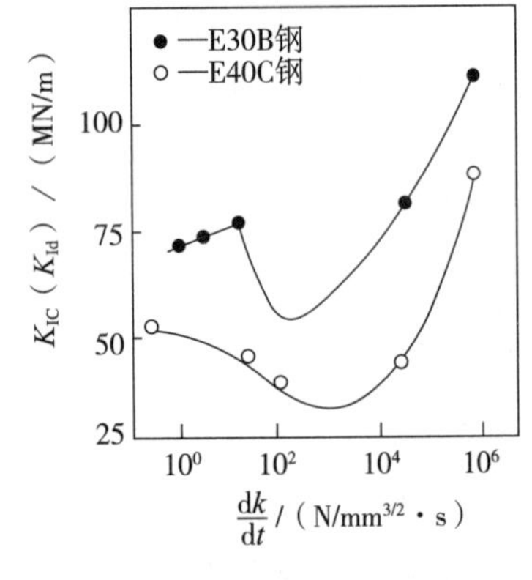

图10-9 加载速率对K_{IC}的影响

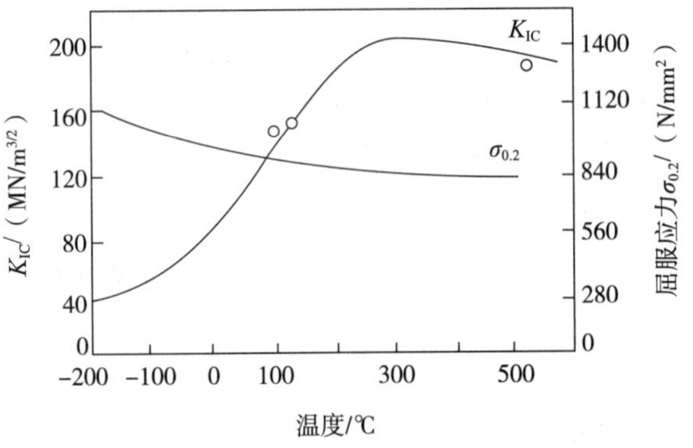

图10-10 Ni-Cr-Mo-V钢的K_{IC}随温度的变化曲线

(3)板厚的影响

实验表明，断裂韧性随着板厚的增加而降低，最后便趋于最小值的K_{IC}。板厚不同，应力状态不同，一般板厚$B \geqslant 2.5\left(\frac{K_{IC}}{\sigma_s}\right)^2$时即开始在板厚的中心部位出现平面应变状态(即出现POP-in现象)，当$B \geqslant 6.0\left(\frac{K_{IC}}{\sigma_s}\right)^2$时才得到完全平面应变状态，也即得到最小的$K_{IC}$值。当$B \geqslant 2.5\left(\frac{K_{IC}}{\sigma_s}\right)^2$时，断裂韧性$K_c$随板厚的减小而增大，到某一厚度时得到最大的平面应力K_c值，这时材料对裂纹扩展阻力最大。

7.3 断裂韧性K_{IC}与常规力学性能的关系

断裂韧性这一新的材料力学性能指标越来越多地被工程界接受，引起了学术界的重视。出于两种原因，断裂韧性与常规力学性能之间的关系研究得到了普遍的重视。原因之一是实用的目的，即企图建立K_{IC}与料拉伸力学性能的关系或建立K_{IC}与冲击韧性之间的关系，从而通过简单的材料拉伸试验或冲击试验，来估计材料的断裂韧性值，以大大减少试验工作量。原因之二是理论研究的目的，即通过建立模型，找到断裂韧性K_{IC}与其他力学性能及材料组织、结构参数之间的关系。既然K_{IC}是材料的一种固有力学性能，因而它必然地与其他常规力学性能有内在的联系，揭示这种内在联系，是材料科学的课题。

（1）断裂韧性与强度、塑性之间的关系

1964 年克拉夫脱（Krafft）首先根据微孔聚集模型提出了韧断模型，建立了 K_{IC} 与拉伸模量 E，塑性参量 n（形变硬化指数）以及弥散质点平均间距 d 之间的关系，其数学式如下

$$K_{IC} = n \cdot E \cdot \sqrt{2\pi d} \tag{10-30}$$

在式（10－30）的推导中，克拉夫脱作了两点假设，一个是内部的第二相粒子间的平均间距就是裂纹尖端塑性区的宽度；另一个是屈服区内材料断裂时的临界应变 $\varepsilon_c = n$，n 为形变硬化指数。

另有文献指出

$$K_{IC} = 5n \cdot \sqrt{\frac{2}{3} E\sigma_s}\sqrt{\varepsilon_f} \tag{10-31}$$

式（10－31）与克拉夫脱公式的差别在于：用 $\sqrt{E\sigma_s}$ 代替了 E，用 ε_f 代替了 $\sqrt{d}$，从实质上来说，它们是属于同一种类型的公式。这两个公式都得到了实验的支持，如 NiCrMo 钢的 K_{IC} 随 S 含量而下降，定量计算表明：$K_{IC} \propto \sqrt{d}$。又如，对 18% Ni 钢在不同时效温度下实测结果都证实 $K_{IC} \propto n$。

上面两个公式都适用于韧性断裂。而对于脆性断裂（如沿晶断裂，解理断裂）有人推导出下列表达式

$$K_{IC} = 2.9\sigma_s \left[\exp\left(\frac{\sigma_f}{\sigma_s} - 2\right) - 1\right]^{\frac{1}{2}} \cdot \rho_0^{\frac{1}{2}} \tag{10-32}$$

式中，ρ_0 为裂纹尖端的曲率半径，这是材料塑性区存在而使裂纹钝化的结果。

从上面的讨论可知，不论是韧断模型还是脆断模型，得到的 K_{IC} 都与材料的强度和塑性有关。因此，断裂韧性是强度和塑性的综合表现，能同时提高材料强度和塑性的措施，都能提高材料的断裂韧性。

（2）断裂韧性与冲击韧性之间的关系

裂纹材料的断裂韧性 K_{IC} 和缺口冲击韧性 a_k（或 CVN）都是材料的韧性指标，因此，很多提高冲击韧性有效的措施均能提高 K_{IC} 值。国外有人对屈服强度在 764.9～1696.6N/mm^2；K_I = 96.1～289.9MN/m$^{3/2}$；CVN 为 21.58～117.68N·m 的 11 个钢号的性能做了总结，发现 K_{IC} 与 CVN 高平台值以及 $\sigma_{0.2}$ 三者之间有下列经验公式

$$\left(\frac{K_I}{\sigma_{0.2}}\right)^2 = \frac{5}{\sigma_{0.2}}\left(\mathrm{CVN} - \frac{\sigma_{0.2}}{20}\right) \tag{10-33}$$

但是，K_{IC} 与冲击韧性之间也有明显的区别，因为一个是裂纹，一个是缺口，两者的应力集中程度不同。另外，K_{IC} 是满足平面应变条件的，它产生的是脆断，控制这种断裂的特征组织参数主要是晶粒尺寸。冲击试样缺口根部不能满足平面应变要求，总是存在塑性变形较大的纤维区，由克拉夫脱公式可知，控制这种韧性断裂的特征组织参数是夹杂物粒子间的平均间距。再有，冲击韧性反映的是裂纹形成和扩展的全过程所消耗的能量，而 K_{IC} 只反映裂纹开始失稳扩展时所消耗的能量。正因为 K_{IC} 与 σ_s（或 CVN）的物理含义不同，故它们分别遵循不同的变化规律。例如，4340 钢超高温淬火（奥氏体化温度在 1200～1250℃）后其晶粒度由正常淬火（870℃）的 7～8 级变为 0～1 级，K_{IC} 增加一倍，而冲击韧性 a_k 却因晶粒度大而大为下降。由此可见，断裂韧性与冲击韧性是既有联系又有区别的两个力学性能指标。

第 11 章　金属材料的高温强度

1　金属材料在高温下的力学行为特点

金属材料在高温条件下,由于原子扩散能力的增大,晶体中空位数量的增多以及晶界滑移系的改变或增加,使得材料的高温强度与室温强度有很大的不同。考虑材料的高温强度时,除了温度与载荷这两个最基本的因素之外,还必须考虑时间及介质等因素的影响,时效合金中的沉淀相粗化也有助于形变,这些因素都导致金属材料在高温条件下材料的变形机制增多,易发生塑性变形,对外表现为强度降低,形变强化现象减弱,塑性变形增加。

金属材料的高温行为包括蠕变(creep)及蠕变断裂(creep rupture)、应力断裂(Stress rupture),高温短时拉伸强度(short - time tension)、应力松弛(stress relaxation)、动态蠕变(dynamic creep)、高温疲劳(high - temperature fatigue)、热疲劳(thermal fatigue)、热振动(thermal shock)、热脱节(thermal racheting)、高温腐蚀(hot corrosion)等。不同服役条件下的零部件对材料高温性能的要求各异。

对于大多数碳钢、铬钼(Cr - Mo)钢和奥氏体钢,强度极限随温度的变化大致上可分为 3 个阶段:初始阶段、中间阶段和第三阶段。在初始阶段温度较低,强度极限随着温度的升高而明显降低。在中间阶段,强度极限随温度升高而缓慢下降。在温度较高的第三阶段,强度极限急剧降低。碳钢和某些低合金钢(如 Cr - Mo 钢、Cr - Mo - V 钢)在中间阶段强度极限会出现一个升高的峰值,这是由于时效硬化所造成的。峰值温度与材料的蓝脆温度相当,见图 11 - 1 和图 11 - 2。

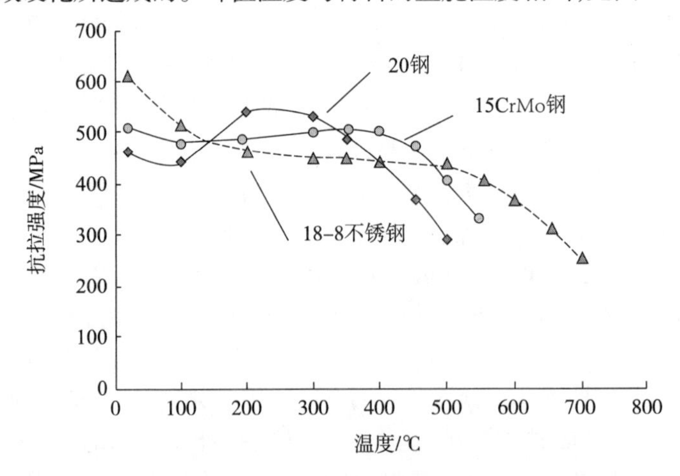

图 11 - 1　碳钢、铬钼钢和奥氏体钢的抗拉强度 - 温度曲线

碳钢和 Cr - Mo 钢的断后伸长率和断面收缩率随温度的变化也可分为 3 个阶段:初始阶段、中间阶段和第三阶段。在初始阶段,断后伸长率和断面收缩率随温度升高而逐渐下降。在

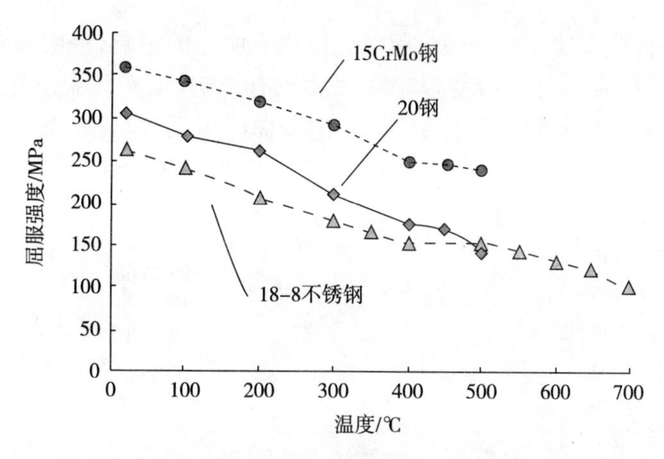

图 11－2　碳钢、铬钼钢和奥氏体钢的屈服强度－温度曲线

中间阶段，断后伸长率和断面收缩率达到一个最低值，然后又开始回升。在第三阶段，随着温度的升高，断后伸长率和断面收缩率明显升高。图 11－3、图 11－4 分别表示了 20 钢和 15CrMo 钢的断后伸长率和断面收缩率与温度的关系。

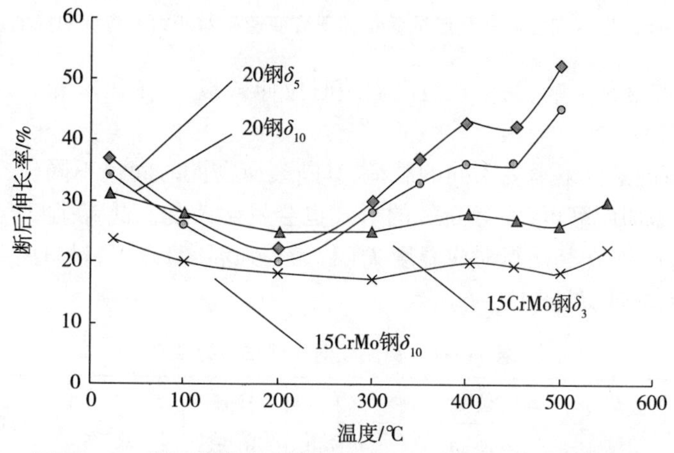

图 11－3　碳钢、铬钼钢和奥氏体钢的断后伸长度－温度曲线

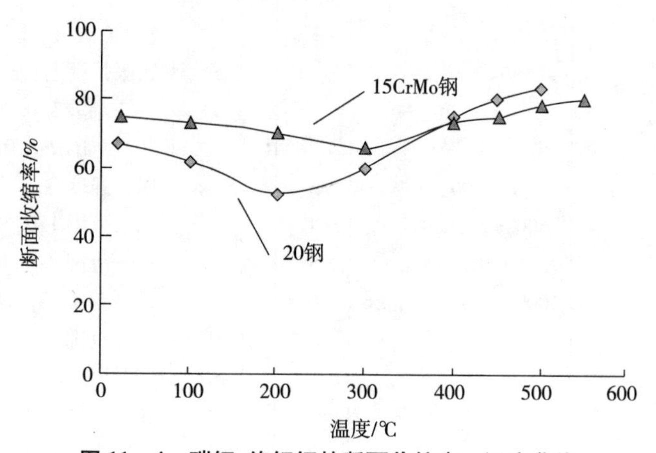

图 11－4　碳钢、铬钼钢的断面收缩率－温度曲线

另外，在高温条件应变速率对金属材料的强度也有明显的影响，一般来讲，应变速率越高，材料的强度也越高。尽管室温下应变速率对强度也有影响，但在高温下这种影响要大得多。从图 11－5 所示的碳钢 25℃和 450℃的应力－应变曲线可见，应变速率从 0.1%/min 增加到 85%/min 时，室温屈服强度仅提高了 30MPa，而 450℃时提高了 100MPa，表明高温下应变速率越慢，金属材料高温强度越低。

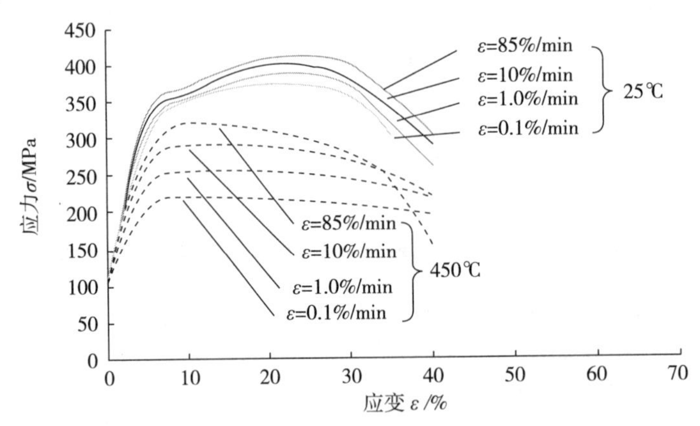

图 11－5　碳钢在室温及高温试验条件下应变速率对应力－应变曲线的影响

由于应变速率的这种影响，为了规范高温短时拉伸试验，各个国家和地区均制定了相应的试验方法，参见表 11－1。

再者，材料在高温条件下承受不同的载荷，其断裂所需的时间也不同。不但断裂所需的时间随着承受的应力增加而缩短，而且断裂的形式也会发生改变。晶界强度与晶粒强度随温度增加而下降的趋势不同，在其交点对应温度 T_s（称为等强温度）以上，材料由穿晶断裂变为沿晶断裂，形变愈低则 T_s 愈低，见图 11－6。

表 11－1　高温短时拉伸试验标准

试验标准	载荷精度	试验温度允许偏差/℃		引伸计精度	试验速率
		波动	梯度		
GB/T 228.2—2015 （中国）	≤ ±1%	T≤600：±3 600 < T≤800：±4 800 < T≤1000：±5 1000 < T≤1100：±6	3 4 5 6	至少 1 级	(1)方法 A 屈服强度前： ——范围 1:0.0042/min ——范围 2:0.015/min 屈服强度后： ——范围 1:0.0042/min ——范围 2:0.015/min ——范围 3:0.084/min ——范围 4:0.4/min (2)方法 B 屈服强度前:0.001～0.005/min 屈服强度后:0.02～0.2/min

续表

试验标准	载荷精度	试验温度允许偏差/℃		引伸计精度	试验速率
		波动	梯度		
ISO 6892 - 2:2018	≤ ±1%	$T \leq 600$: ±3 $600 < T \leq 800$: ±4 $800 < T \leq 1000$: ±5 $1000 < T \leq 1100$: ±6	3 4 5 6	至少 1 级	(1)方法 A 屈服强度前: ——范围 1:0.0042/min ——范围 2:0.015/min 屈服强度后: ——范围 1:0.0042/min ——范围 2:0.015/min ——范围 3:0.084/min ——范围 4:0.4/min (2)方法 B 屈服强度前:0.001 ~ 0.005/min 屈服强度后:0.02 ~ 0.2/min
ASTM E21 - 17 (美国)	≤ ±1%	$T \leq 1000$: ±3 $T > 1000$: ±6	—	至少 B2 级	屈服强度前:(0.005 ±0.002)/min 屈服强度后:(0.05 ±0.01)/min
JIS G0567:2012 (日本)	≤ ±1%	$T \leq 600$: ±3 $600 < T \leq 800$: ±4 $800 < T \leq 1000$: ±5 $1000 < T \leq 1100$: ±6	3 4 5 6	至少 1 级	(1)方法 A 屈服强度前: ——范围 1:0.0042/min ——范围 2:0.015/min 屈服强度后: ——范围 1:0.0042/min ——范围 2:0.015/min ——范围 3:0.084/min ——范围 4:0.4/min (2)方法 B 屈服强度前:0.001 ~ 0.005/min 屈服强度后:0.002 ~ 0.2/min

综上所述,金属材料在高温下的力学行为有如下特点:

(1)强度总体随温度升高而降低,而塑性总体随温度升高而增加。

(2)力学行为及性能与加载持续时间密切相关,通常而言主要有两点:

①在高温下即使承受应力小于该温度下的屈服强度,随着承载时间的增加材料也会产生缓慢而连续的塑性变形,即材料将发生蠕变。

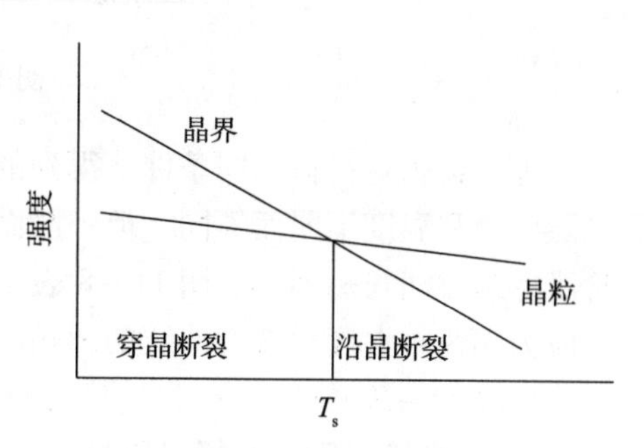

图 11 - 6　等温强度示意图

②在高温下随承载时间的增加塑性会显著下降,材料的缺口敏感性增加,断裂往往容易呈

脆断现象。

(3)温度影响金属材料的微观断裂方式。

(4)环境介质对材料的腐蚀作用随着温度的升高而加剧,从而影响材料的力学性能。

因此,材料的室温力学性能不能反映它在高温承载时的行为,必须进行专门的高温性能试验才能确定。而温度与时间是影响金属高温性能的重要因素,故研究金属材料高温力学行为必须研究温度、应力和应变与时间的关系。

2 蠕变

金属在一定温度、一定应力(即使小于 σ_s)作用下,随着时间的增加而缓慢连续产生塑性变形的现象称为蠕变。蠕变在温度较低时也会发生,但只有在温度高于 $0.3T_f$(熔点温度)时才比较明显。引起材料蠕变的应力状态可以是简单的(例如单向拉伸、压缩、弯曲),也可以是复杂的;可以是静态的,也可以是动态的。

2.1 蠕变曲线的定性分析

蠕变是材料力学性能之一。材料抗蠕变变形的能力是蠕变强度,用蠕变极限表示。材料抗蠕变断裂的能力用持久强度表示。蠕变极限与持久强度测定,测定出的蠕变曲线可以是应力恒定,不同温度状态,也可以是温度恒定,不同应力状态,这两种状态下得到,典型的蠕变曲线都可以分为 3 个阶段,见图 11-7。

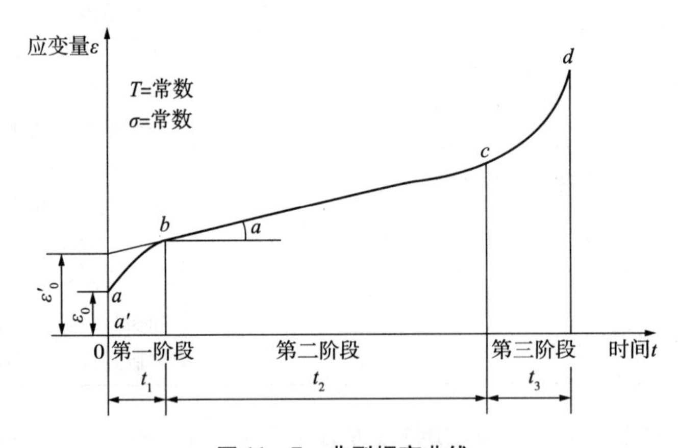

图 11-7 典型蠕变曲线

不同金属材料在不同条件下得到的蠕变曲线是不同的,同一种金属材料蠕变曲线的形状也随应力和温度不同而不同。但一般而言,各种蠕变曲线都保持着上述 3 个组成部分,只是各阶段持续时间长短不一。图 11-8 表示了温度不变时应力对蠕变曲线的影响,图 11-9 表示了应力不变时温度对蠕变曲线的影响。

由图 11-8、图 11-9 可见,应力较小或温度较低时,蠕变第二阶段即稳定蠕变阶段延续很长。反之,则第二阶段可能很短甚至消失,这时蠕变只有第一阶段和第三阶段,材料将在相对短时间内断裂。

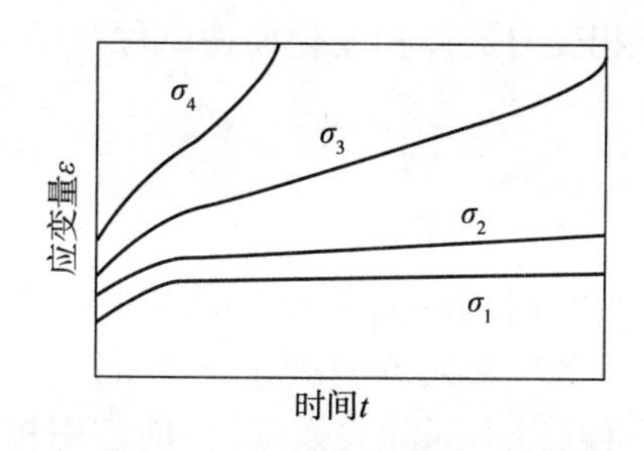

图11-8 给定温度下不同应力时的蠕变曲线($\sigma_1<\sigma_2<\sigma_3<\sigma_4$)

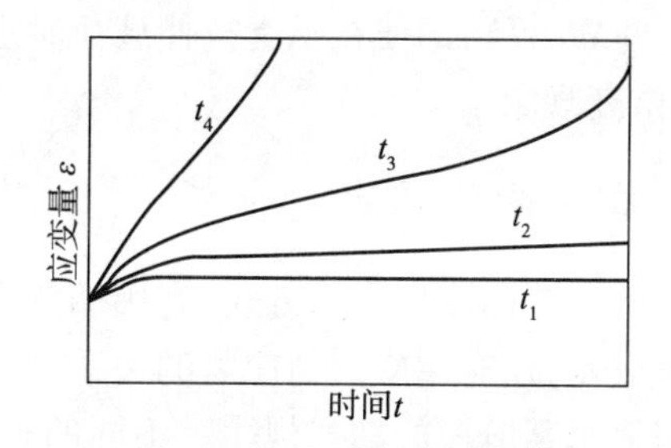

图11-9 给定应力下不同温度时的蠕变曲线($t_1<t_2<t_3<t_4$)

材料在高温时与常温相比,其塑性变形除了以滑移方式进行外,还存在亚晶形成、晶界滑动和迁移等过程。常温时在恒应力作用下滑移面上位错运动受到阻碍形成塞积,除非增加应力,否则变形不能继续进行(即形变强化)。但在高温条件下,由于热激活有可能使得滑移面上塞积的位错进行攀移,形成小角度晶界,从而降低了位错滑移阻力(即材料软化),因而在恒应力下变形仍可继续进行,即产生蠕变。位错的滑移与攀移,对蠕变起主要作用的是滑移,但蠕变进行的速率受攀移的控制。

高温时在切应力作用下晶粒之间沿晶界滑动是另一种形变机制。常温下晶界变形可忽略不计,但在高温下由于晶界上原子容易扩散,受力后易产生滑动,故促进蠕变进行。晶界滑动一定要和晶内变形相结合,它除了对总蠕变作出10%左右的贡献外,其更大的作用在于使晶内变形协调。

在高温下还会发生以大量原子定向流动为机理的扩散性蠕变。高温时在应力作用下空位沿应力梯度方向定向迁移,而原子则流向相反的方向,流动路径可能在晶粒内部也可能沿晶界进行,从而促进蠕变。

蠕变第一阶段以晶内滑移和晶界滑移方式进行。蠕变初期由于攀移驱动力不足,因而滑移造成的形变强化效应超过攀移造成的回复软化效应,故变形速率不断降低。蠕变初期可能在晶界台阶处或第二相质点附近形成裂纹核心,也可能由于晶界滑动在三晶粒交汇处受阻而形成裂纹核心。

蠕变第二阶段,晶内变形以位错滑移和攀移交替方式进行,晶界变形以晶界滑动和迁移交替方式进行。晶内迁移和晶界滑动使金属强化,但位错攀移和晶界迁移使金属软化,强化与软化作用达到动态平衡时,形变速率即保持稳定。蠕变第二阶段在应力和空位流同时作用下,裂纹优先在与拉应力垂直的晶界上长大,形成楔形和孔洞形裂纹。蠕变第二阶段是最重要的阶段。

蠕变第三阶段在由第二阶段后开始连接的楔形与孔洞形裂纹上进一步依靠晶界滑动、空位扩散和孔洞连接而扩展,加快,直至裂纹达到临界尺寸而断裂。

一种理想的材料,要求它的蠕变曲线具有很小的起始蠕变(蠕变第一阶段)和低的稳态蠕变速率(蠕变第二阶段),以便延长总变形量所需的时间,同时也要有一个明显的第三阶段。

蠕变是一个包含许多过程的复杂现象,比起室温下的力学性能,材料的蠕变性能对组织结构的变化更为敏感,所以蠕变曲线的形状往往随着材料的组织状态以及蠕变过程中所发生的组织结构变化的不同而不相同。例如,在高温下会发生相变的某些合金(如Fe-20.5%W,Ni

-25.5%Mo 等)，即使在承受拉伸载荷时也会由于相变时的体积变化而使试件收缩，形成所谓的“负蠕变现象”。

2.2 蠕变曲线的定量分析

关于蠕变曲线的表示方式，有用蠕变过程中应变与时间的关系来表示，有用应变与温度的关系来表示，还有用应变与应力的关系来表示。有些表达式可同时表达三个阶段的蠕变规律，有的只表示某阶段的蠕变规律。不同的表示方式可获得不同的关系式，目前应用较广的是应变与时间的关系。

2.2.1 在给定温度或应力下蠕变与时间的关系

Bailey 提出适用于第一阶段的公式

$$\varepsilon = At^n \quad (1/3 \leqslant n < 1/21) \tag{11-1}$$

Mevetly 提出适用于第一及第二阶段的公式

$$\varepsilon = B(1 - e^{-ct}) + Ft \tag{11-2}$$

第二阶段为线性关系，上两式中的 A、B、C、F 均为实验待定常数；ε 为应变；t 为时间。

Graham 和 Walles 提出第一阶段及第二阶段公式，在较低温度和较小应力时，第一阶段蠕变公式为

$$\varepsilon = \varepsilon_0 + \alpha \ln t \tag{11-3}$$

称为 α 蠕变或对数蠕变，也称为低温蠕变。

当温度较高应力较低时，公式为

$$\varepsilon = \varepsilon_0 + \beta t^{1/3} \tag{11-4}$$

称为 β 蠕变或高温蠕变，β 是由应力和温度决定的常数。

而第二阶段的蠕变公式为

$$\varepsilon = \varepsilon_0 + Kt \tag{11-5}$$

称为 K 蠕变。

高温蠕变和低温蠕变并没有严格区分的温度界限，不过前者往往发生在原子扩散比较大的情况下，一般以 $0.5T_f$ 作为界限，在此以上是高温蠕变，以下是低温蠕变。按这个温度区分时，低温蠕变也可能有回复现象发生，只不过进行得不是很充分而已。

也有人把蠕变第一阶段看成是较低温度下起主导作用的 α 蠕变和较高温度的以 β 蠕变为主的蠕变的总和，合并式(11-3)和式(11-4)可得表示蠕变曲线第一阶段的通式

$$\varepsilon = \varepsilon_0 + \alpha \ln t + \beta t^{1/3} \tag{11-6}$$

对蠕变第三阶段的表达式，研究较少。虽曾有人提出过一些关系式，但并没有普遍的意义。一般认为蠕变的加速阶段没有共同的关系式。

2.2.2 应力与蠕变速率的关系

研究应力与蠕变速率的关系时多采用恒速蠕变阶段，因为设计时多以第二阶段作为指标，这样可使研究简化，并有明确的工程意义。这方面的关系式主要有 Garofalo 和 Finnie 根据他们的实验结果提出的应力-蠕变速率关系式

$$\dot{\varepsilon}_s = B\sigma^{\alpha} \tag{11-7}$$

$$\dot{\varepsilon}_s = B'\exp(\beta\sigma) \tag{11-8}$$

$$\dot{\varepsilon}_s = B''(\sinh\alpha\sigma)^n \tag{11-9}$$

式(11－7)～式(11－9)中，B、B'、B''、α、β、n 均为与材料有关的常数；$\dot{\varepsilon}_s$ 为第二阶段蠕变速率，又称稳态蠕变速率。

式(11－7)适用于低应力水平，式(11－8)适用于高应力水平。在很多情况下，式(11－7)与式(11－8)可合并成式(11－9)。式(11－9)中 $\alpha\sigma < 0.8$ 时与式(11－7)相同($B''\alpha^n = B$)；而 $\alpha\sigma > 1.2$ 时与式(11－8)相同($B''/2 = B'$，$\alpha\sigma = B$)。

式中材料常数与应力无关，但与温度相关。随着温度升高，B 值增大而 α 值减小。当 $T/T_f > 0.5$ 时，金属 α 值为 4～6，合金为 2～4；$T/T_f < 0.5$ 时，α 值增大。图 11－10 给出了 15#钢的 ε 与 α 值的关系。

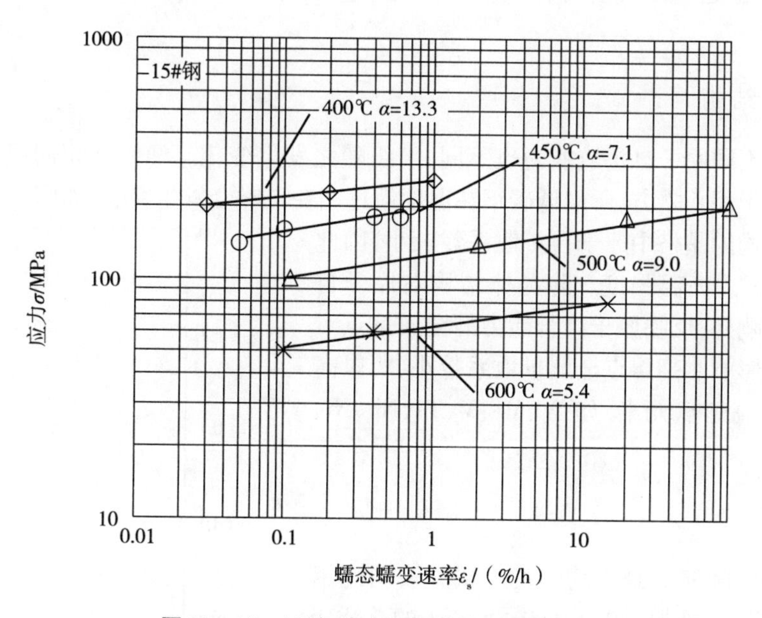

图 11－10　15#钢应力与恒速及 α 值的关系

2.2.3　温度与蠕变速率的关系

温度对蠕变有重要影响，进行蠕变试验时必须精确测量与控制温度。随着温度升高，蠕变速率增大。许多人提出过温度与恒速蠕变的变形量或蠕变速率的关系式，如 Mott 式

$$\dot{\varepsilon} = A\exp(-Q/RT) \tag{11-10}$$

Dorn 式

$$\dot{\varepsilon} = B[t\exp(-Q/RT)]^n \tag{11-11}$$

式中：A、B、n——材料常数；

t——时间；

Q——激活能；

R——气体常数。

Zener－Holloman 式

$$Z = \dot{\varepsilon}e^{Q/RT} \tag{11-12}$$

式中：Z——Zener 常数；

Q——与温度有关，由实验求出。

式(11－12)与式(11－10)相似。对纯铝的蠕变激活能与温度的实验表明，如果在 $T/T_f>0.5$ 时进行，Q 值($Q_c=147\times10^4$ J/mol)与原子自扩散激活能($Q_d=149\times10^4$ J/mol)相近，说明扩散对蠕变起支配作用。$T/T_f<0.5$ 时蠕变激活能大大低于扩散激活能。纯铝的 Q_c 为 25～117.6kJ/mol，相当于室温至150℃的蠕变激活能，表明蠕变由滑移机制控制。

2.3 金属材料在蠕变中的组织变化

材料的蠕变极限及持久强度对组织结构的敏感性大于室温强度。材料在蠕变过程中的组织变化及其对蠕变的影响主要有 6 个方面：晶体结构、亚晶、晶粒尺寸、晶界、溶质原子、弥散相。

2.3.1 晶体结构

晶体结构不同原子自扩散能力也不同，组织随之发生变化。纯铁在相同温度下体心立方的扩散能力大于面心立方，所以低碳钢在温度超过相变点时会发生突变，如图 11－11 所示。

金刚石结构的晶格中原子自扩散系数较小，因此 Ge、Si 具有较高的高温强度。除晶体结构对原子自扩散能力有影响外，反映原子结合能力的金属熔点对扩散也有很大影响。高熔点金属扩散系数小，所以高温材料多添加高熔点元素，如 W、Mo、V、Ta、Nb、Ni、Cr 等。

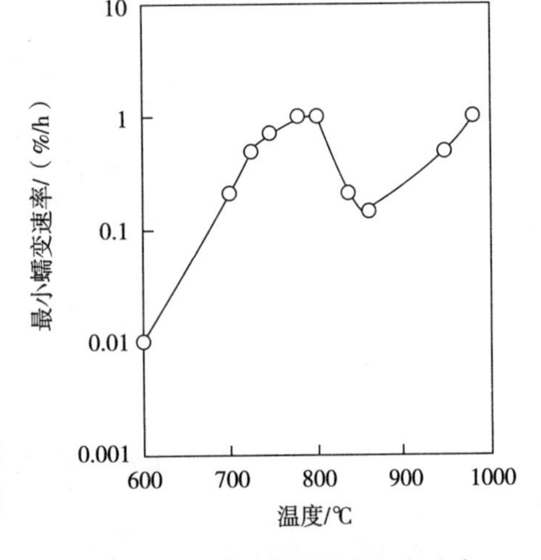

图 11－11 低碳钢的最小蠕变速率与温度的关系

2.3.2 亚晶

多晶体的实际变形是不均匀的。试验表明纯铝在 350℃，1.37MPa 外加应力下经 9.5h 产生的总蠕变伸长量为 18.6%，但每个晶粒的蠕变伸长量是不相同的，小的仅为 15%，而大的有 36%。

由于蠕变过程中变形的不均匀性，到一定程度原始晶粒会被形变交错组成的狭窄形变带分割成很多位向略有差异的小晶粒，即形成亚晶。蠕变的第一阶段和第二阶段均可形成亚晶。

亚晶尺寸随温度升高和应力降低而增大，尺寸增大到一定程度后将不再变化。亚晶界就是位错墙，是位错密度很高的位错胞壁。亚晶的形成过程相当于在应力作用下的多边化过程，需要位错的交错滑移和攀移来共同实现。

亚晶本身是比较稳定的，但是亚晶的相对转动会引起蠕变，因而就整个材料而言，具有亚晶的材料比较容易变形。

2.3.3 晶粒尺寸

蠕变速率与晶粒直径的关系如下

$$
\begin{cases} \varepsilon \propto d^2, & \text{低温} \\ \varepsilon = \dfrac{k}{d} + kd^2, & \text{中等温度} \\ \varepsilon = \dfrac{k}{d}, & \text{高温}(T/T_f \geq 0.5) \end{cases} \tag{11-13}
$$

式中，d 为最小晶粒直径；k 为材料常数。

上式表明，低温恒速蠕变速率与晶粒直径成正比。随温度升高，晶粒不断长大，高温下蠕变速率与晶粒直径成反比。

晶粒尺寸对不同温度下的影响差异与蠕变机制有关。高温蠕变是扩散机制，晶界原子扩散能力大于晶内，晶粒粗大晶界体积减少，使得蠕变速率降低。

2.3.4　晶界

室温下晶界对滑移起阻碍作用，温度升高阻碍作用减小。高温下晶界参与变形，并对总的蠕变形变量产生作用。多晶体蠕变由晶内蠕变与晶界蠕变组成。两部分所占比例与温度及蠕变速率有关。晶界变形量占蠕变总变形量的比例随温度升高和形变的降低而增加，有时甚至高达 40% ~50% 。因此，晶界参与形变的行为是蠕变变形中不可忽视的重要方面。

晶界蠕变是晶界滑移引起的，晶界滑移能力与晶界结构和位向有关。在小角度晶界范围内，随位向差增大晶界滑移量也增大，晶界变形量在总变形量中所占比例也越大。纯铁在晶粒直径 30μm 时，晶界变形可占总变形的 60% 。

2.3.5　溶质原子

溶质原子尺寸、熔点等对固溶体蠕变都有影响。溶质引起的点阵畸变越大，位错运动越困难，蠕变越不容易进行。溶质熔点越高阻碍蠕变的效应也越大。高熔点溶质的存在可能使得固溶体熔点升高，原子扩散激活能增大，从而使蠕变速率降低，提高材料的蠕变强度。铁基合金中加入 Mo、Cr、Ni、Mn 等对蠕变强度的影响见图 11－12。Mo 与 Fe 的原子半径差最大，且 Mo 的熔点高(2625℃)，所以能显著提高铁素体钢的高温强度。

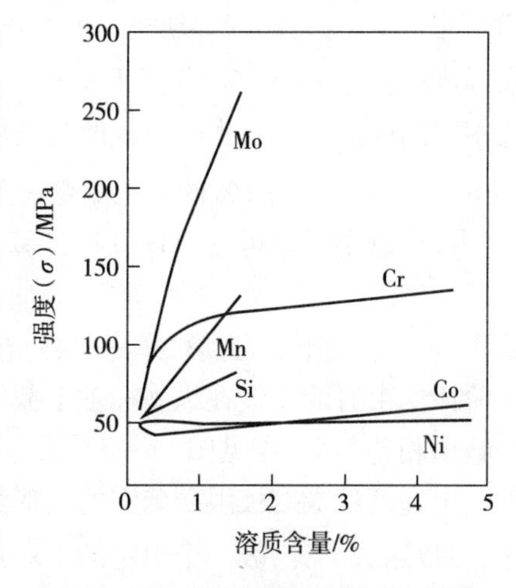

图 11－12　合金元素对铁素体耐热钢 427℃蠕变强度的影响

间隙固溶体中的 C 或 N 原子与 Cr、Mo、W 在位错运动过程中相互吸引并在位错周围聚集，从而对位错运动产生粘滞性抵抗作用，使得蠕变速率降低。N 在铁素体及奥氏体耐热钢中都有良好的强化效果。

2.3.6　弥散相

大部分耐热钢或耐热合金为使材料强化在基体上常有弥散分布的离散相。这些弥散相对蠕变速率的影响见图 11－13。由图可见，适当的弥散相颗粒间距是提高材料高温强度的关键手段。

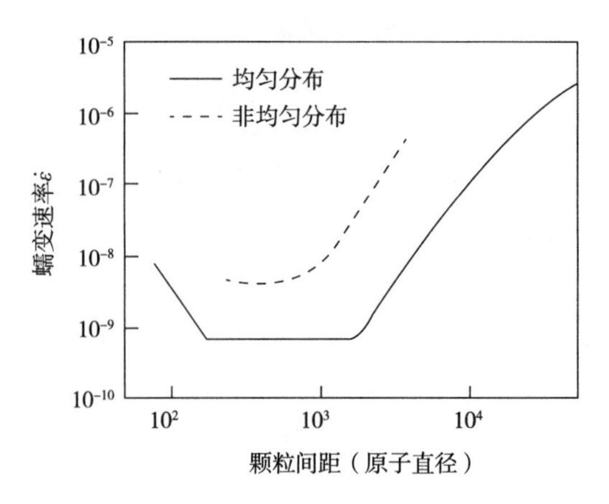

图 11－13　离散相颗粒间距与蠕变速率的关系

3　表征材料高温力学性能的强度指标

3.1　条件蠕变极限

为了表征材料在某一温度条件下抵抗蠕变的能力，应当将“强度”的概念与“蠕变变形”联系起来，这就是条件蠕变。它有两种定义方法，一种是指在给定温度下引起规定变形速率时的应力值。此处所指的变形速率是第二阶段的稳态蠕变速率稳定变形，如在电站锅炉、汽轮机和燃气轮机中，规定的变形速率一般是 $1\times10^{-5}\%/h$ 或 $1\times10^{-4}\%/h$，则以 $\sigma^{t}_{1\times10^{-5}}$ 或 $\sigma^{t}_{1\times10^{-4}}$ 代表在温度 t 下，$1\times10^{-5}\%/h$ 或 $1\times10^{-4}\%/h$ 的蠕变极限。另一种是指在给定温度下，在规定的使用时间内使试件发生一定量的总变形时的应力值。如 $\sigma^{t}_{\frac{1}{10^5}}$ 或 $\sigma^{t}_{\frac{1}{10^4}}$ 表示在温度 t 下，经 10^5h 或 10^4h 后总变形量为 1% 的条件蠕变极限。

蠕变总变形量可按(11－14)计算

$$\varepsilon_t=\varepsilon'_0-\varepsilon_0+v_2t \tag{11-14}$$

式中，ε_t 为总变形；v_2 为第二阶段的稳态蠕变速率；t 为时间；ε_0 为弹性变形；ε'_0 为蠕变曲线在第一阶段结束时的切线在纵坐标轴上截取的长度，一般可用蠕变第一阶段的变形 ε 来代替，二者的数值相差不大(参见图 11－7)。

上述两种蠕变极限所确定的变形量，其值相差为 $\varepsilon'_0-\varepsilon_0$(见图 11－7)。由于这个差值很小，可以略去不计，故一个恒定的 $1\times10^{-5}\%/h$ 就相当于在 10^5h 的总蠕变变形量为 1%。

条件蠕变极限无法确定材料在该温度及应力条件下发生断裂所需的时间以及断裂时材料的总变形量，也无法知道材料在断裂前的整个蠕变过程，即它不能表示材料在高温条件下的断裂情况。因此，仅仅依靠蠕变试验的结果作为设计高温承载元件的强度依据是不够的。

3.2　持久强度

持久强度是表征材料在高温条件下长期使用的力学性能指标。因材料的持久强度试验要一直做到试样断裂，所以它可以反映金属材料在高温下长期使用至断裂时的强度和塑性。它是以在给定的温度下，经过一定时间而断裂时材料所能承受的最大应力来表示的。

持久强度试验不仅能反映材料在高温下长期工作的断裂抗力，通过测量试件在断裂后的残余伸长和截面收缩，也能反映材料的持久塑性。

持久强度和蠕变极限都是反映材料高温力学性能的重要指标，区别在于侧重点不同。蠕变极限以变形为主，如汽轮机叶片、轴等高速转动部件在长期运行中，只允许产生一定的变形量，在设计时就必须考虑蠕变极限。而持久强度主要考虑材料在长期使用中的破坏抗力，如高温容器、高温管道等静载荷设备，蠕变要求不严，但必须保证在使用期内不破坏，这就需要以持久强度作为设计依据。

由于持久强度试验耗时较长，因此确定持久强度的困难在于要用较短的试验结果去推测、估算长时期的持久强度值（例如用 10^4h 的试验结果去预测 10^5h 甚至更长时间的持久强度值）。而蠕变试验往往可以用较短的试验时间（如 2000～3000h）测得的蠕变第二阶段的变形行为。因此，确定材料的蠕变极限时不必像确定持久强度那样要作较远的外推。

为了外推出符合实际的持久强度值，必须研究和建立应力和使用期限间的可靠关系。这种关系由于金属材料在高温下长期运行时组织结构变化等因素的影响而比较复杂。近年来，大量试验时间很长（接近 10^5h）的持久强度试验数据的积累以及理论研究的发展，为建立这一关系创造了有利的条件。关于高温强度的外推方法，常用的主要有等温线法、时间－温度参数法、最小约束法（站函数计算法）、状态方程法等，实际应用中主要以前两种居多。

3.2.1　等温线外推法

这种方法认为材料在一定温度下，应力与断裂时间在对数坐标上成线性关系。它是用较高应力下的短时试验数据外推较低应力下的长期性能，也就是说用应力换取时间。常用的经验公式为

$$\tau_r = A\sigma^{-B} \tag{11-15}$$

式中：τ_r——试样断裂时间，h；

σ——试验应力，MPa；

A、B——与材料和试验温度有关的常数。

将式（11－15）两边取对数，即可得到

$$\lg\tau_r = \lg A - B\lg\sigma \tag{11-16}$$

设 $\lg\tau_r = x$，$\lg\sigma = y$，$\lg(A \times 1/B) = a$；$-1/B = b$，则式（11－16）可化成典型的直线方程

$$y = a + bx \tag{11-17}$$

根据这一关系式，将应力与其对应的断裂时间分别作为纵横坐标描绘在双对数坐标纸上，用作图法或最小二乘法计算，将点用直线连接即可。然后根据要求取某一时间（例如 10^4h 或 10^5h）的应力值，即为其对应的持久强度值。

3.2.2　时间－温度参数法

通常，将应力 σ 的对数与时间－温度参数绘图。时间－温度参数由试验温度、蠕变断裂时间或达到规定应变的时间导出。数据点由所谓“主曲线”拟合。

建议依据时间和试验温度所获得的试验结果来得到最佳的时间温度参数。此外，较长试验时间的结果对曲线的拟合起着重要作用。应该注意的是分散小的数据不能保证外推结果的

准确性。

可以从主曲线上相关的蠕变断裂强度或应变时间的结果外推至给定的试验温度下的蠕变断裂强度或应变时间。为了提高外推结果的准确性，外推结果应绘制在蠕变（断裂）图中，同时与测量结果相比较。

采用这种方法外推，是用较高温度下材料的断裂时间试验数据外推较低温度下的材料长期强度，即用“温度换取时间”。该法一般需要选取3个以上的温度在不同应力水平下进行试验。应力的选取应使试验时间达到允许外推的条件。

目前常用的时间－温度参数法公式有以下两种：

（1）L－M法计算公式

$$P_{L-M}(\sigma) = T(C + \lg\tau_r) \quad (11-18)$$

式中：$P_{L-M}(\sigma)$——L－M参数；

T——绝对温度，K；

C——与材料有关的常数；

τ_r——试样断裂时间，h。

采用L－M法处理试验数据时，可以用同一应力不同温度下所得到的不同断裂时间求出C值，在用不同应力求参数P_{L-M}与$\lg\sigma$之间的关系曲线，在该曲线上便可求取所需的持久强度值。

（2）K－D法计算公式

$$P_{K-D}(\sigma) = \lg\tau_r - Q/(2.3R \times T) \quad (11-19)$$

式中：$P_{K-D}(\sigma)$——K－D参数；

T——绝对温度，K；

Q——蠕变激活能；

τ_r——试样断裂时间，h；

R——气体常数，8.314J/mol·K。

采用K－D法处理试验数据时，可先求出Q值，再用不同应力求参数。

$P_{K-D}(\sigma)$与$\lg\sigma$之间的关系曲线，同样在这条曲线上，可求得所需的持久强度数值。

L－M法和K－D法外推步骤如下：

①将各档温度下的试验数据列表；

②根据表中所列的数据，利用不同温度下相同应力试验点的断裂时间，求常数C或Q的值。

对于L－M法，求C值时，假定应力不变，即

$$P_{L-M}(\sigma) = T_1(C + \lg\tau_{r1}) = T_2(C + \lg\tau_{r2}) \quad (11-20)$$

故

$$C = (T_1\lg\tau_{r1} - T_2\lg\tau_{r2})/(T_2 - T_1) \quad (11-21)$$

对于K－D法，求Q值时，假定应力不变，即

$$P_{K-D}(\sigma) = \lg\tau_{r1} - Q/(2.3R \times T) = \lg\tau_{r2} - Q/(2.3R \times T) \quad (11-22)$$

故

$$Q = 2.3R \times (\lg\tau_{r1} + \lg\tau_{r2})/(1/T_1 - 1/T_2) \quad (11-23)$$

③把计算得到的常数C或Q的值分别带入L－M和K－D法的计算公式，即可得到不同应

力下的参数值。

④把求得的参数 $P(\sigma)$ 按其相对应的应力和断裂时间在 $\lg\sigma$ 与 $P(\sigma)$ 坐标纸上描点，即可绘得图 11－14 所示关系曲线。

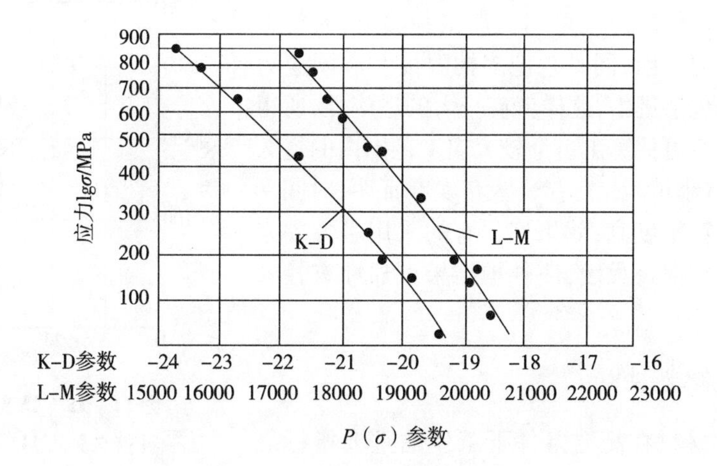

图 11－14　时间－温度参数综合曲线

⑤根据需要的试验温度和断裂时间计算得到的 $P(\sigma)$ 值，可在 $\lg\sigma - P(\sigma)$ 参数关系上找到相应的点，从而求取持久强度值。

随着外推技术的应用和发展，人们对比较成熟和了解的钢种，采用固定常数 C 或 Q（例如，$C=20, \cdots; Q=7000, \cdots$）代入公式求取 L－M 或 K－D 参数值的方法计算材料蠕变断裂强度（持久强度）。

此外，人们通过深入研究和探索，认识到对试验数据的处理不能只停留在寻找出描述蠕变断裂强度（持久强度）试验中温度、应力和断裂时间的相互联系（即 3 个变量之间的数学表达式），还应掌握随机试验数据的统计规律。因此，人们又提出了用回归分析法建立一元和多元线性回归计算模型，经典的 L－M 和 K－D 时间－温度参数表达式可表示为应力对数的多项式，一般认为以三次项的形式为好。

L－M 法：$$T(C+\lg\tau_r) = C_0 + C_1\lg\sigma + C_2\lg^2\sigma + C_3\lg^3\sigma \tag{11-24}$$

K－D 法：$$\lg\tau_r - Q/(T\times R\times\ln10) = C_0 + C_1\lg\sigma + C_2\lg^2\sigma + C_3\lg^3\sigma \tag{11-25}$$

时间－温度参数法的另一类纯经验式有：

M－H 参数式：$$P(\sigma) = (\lg t - \lg t_a)/(T - T_a) \tag{11-26}$$

M－B 参数式：$$P(\sigma) = (\lg t - \lg t_a)/(T - T_a)^n \tag{11-27}$$

M－S 参数式：$$P(\sigma) = \lg t + B\times T \tag{11-28}$$

S－A 参数式：$$P(\sigma) = \lg t + C\times\lg T \tag{11-29}$$

G－M 参数式：$$P(\sigma) = t\,(T_a - T)^{-p} \tag{11-30}$$

或 $$P(\sigma) = t\,(T - T_a)^p \quad (p>0) \tag{11-31}$$

上列各式中：B、C、T_a、t_a、n 均为常数，其中 L－M 法和 M－S 法在等应力下，时间的对数与温度成线性关系，其余则称非线性参数。除此之外，类似公式还有很多，有待实践应用与开发。蠕变断裂强度（持久强度）L－M 参数曲线见图 11－15。

以上介绍的一些外推方法，各有所长和不足，有的已得到不同程度的应用。等温线外推法简单,易于掌握和应用。对于在高温长期应力作用下有转折点的试验材料,如果不分段进行外推时,将会造成较大的误差。

时间－温度参数法外推采用提高试验温度,而材料出现转折点的时间提前,同时它把多档温度和不同应力下的断裂寿命均包括进去,这样就有较大的适应性,所得到的综合强度曲线可估算出一个较大温度范围内的持久强度性能,从而减小试验工作量。大量实践证明,时间－温度参数法的估算精度高,效果好。有的采用求方差来检验原始试验点的拟合程度,使外推结果可靠性有较大提高。

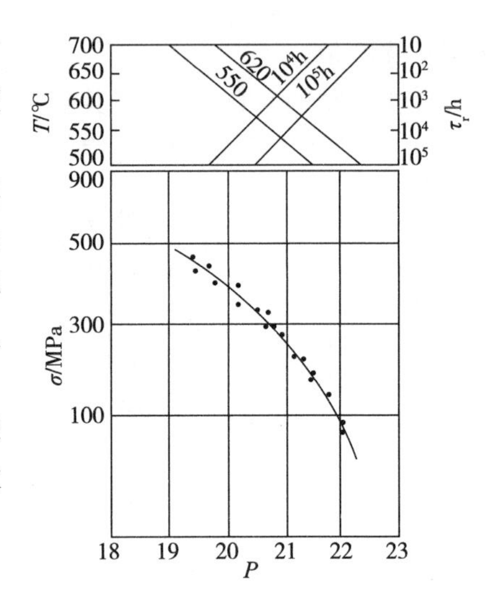

图 11－15 蠕变断裂强度（持久强度）L－M 曲线

3.3 钢的持久塑性

持久塑性是材料在高温条件下工作的重要指标之一。持久塑性降低会使材料发生脆断。图 11－16 表明了几种低合金热强钢的持久塑性与试验时间的关系。各种钢的持久塑性都有个最低 δ 值。钢种不同,出现最低 δ 值的时间不同。同一种钢,试验温度不同,出现最低 δ 值的时间也不同。图 11－17为 0.5Mo 钢在不同温度时的持久塑性。

由各曲线比较可知,试验温度越低,最低持久塑性值出现的越迟,并且比在高温时小。如 0.5Mo 钢在 480℃时,最低持久塑性出现在 10^4h 后,其值约为 2%,而在 550℃时,最低持久塑性出现在 10^3h 时,其值约为 4%。由金相观察得知,最低持久塑性值的出现是由于细小的 Mo_2C 在晶内沉淀析出,提高了晶内强度,相对地削弱了晶界强度,形成低塑性的晶间断裂所致。

由图 11－16 可见,Cr－Mo 钢的持久塑性比 Mo 钢和 Mo－V 钢高,Cr－Mo 钢和 Mo－V 钢的下降趋势相似,最小持久塑性都出现在较长的时间,表明 Cr－Mo 钢和 Mo－V 钢的高温组织稳定性比 Mo 钢好。20Gr1Mo1VTiB 钢是电站汽轮机、锅炉设备的螺栓材料,这种钢在 570℃时蠕变脆性很大,其最低持久塑性出现在 500h 时,其值约为 1%,这是由于该钢的成分采用了高的钒碳比(V/C＝4)。热处理后晶内有大量细小的碳化钒(VC)沉淀析出,强化了晶粒,使晶内强度高于晶界强度,持久塑性降低很多,所以在电厂设备运行中,常发生螺栓的脆断事故。

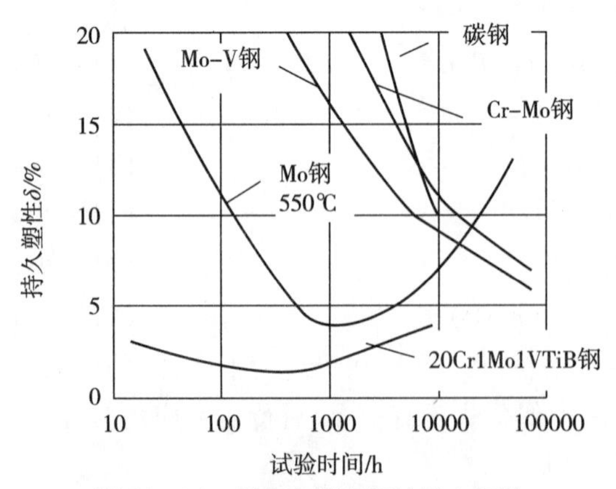

图 11－16 低合金热强钢的持久塑性

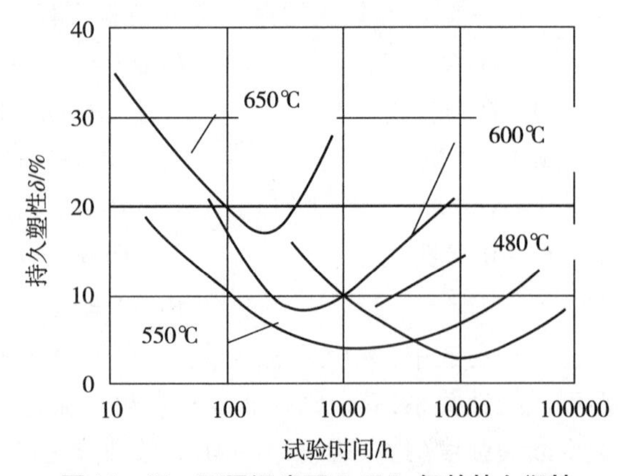

图 11－17 不同温度下 0.5Mo 钢的持久塑性

引起持久塑性降低的原因很多，主要仍是合金元素、金相组织和热处理的影响。合金元素对热强钢的持久塑性有着明显的影响，凡是钢中加入能强烈形成碳化物的元素，就会在晶内沉淀析出细小的碳化物，使持久塑性降低，而能改善晶界强度的元素，则有利于持久塑性的提高。

在 Cr－Mo 钢和 Cr－Mo－V 钢中，贝氏体组织的持久塑性最低，而铁素体＋珠光体组织有较高的持久塑性，马氏体组织的持久塑性在二者之间。

此外，钢在高温长期应力的作用下，组织结构的稳定性对持久塑性也有影响，特别是碳化物在晶内或晶界析出对热强钢的持久塑性有显著影响。

总体而言，关于材料高温持久塑性的研究尚不充分，特别是长期持久塑性值很难用短时试验数据外推求得，必须经高温长期试验来获得，从而为持久塑性的研究增加了许多困难。

3.4　钢的应力松弛

3.4.1　应力松弛现象与其性能指标

预加弹性变形后在拉应力条件下工作的零件（如紧固螺栓），在高温下总变形量恒定不变而应力随时间延长而下降的现象，称为应力松弛。

材料的高温应力松弛现象也是由蠕变引起的。蠕变时，应力保持不变而塑性变形量和总变形量不断增加。但在松弛条件下，由于总变形量恒定（$\varepsilon = \varepsilon_{弹} + \varepsilon_{塑}$ = 常数），则蠕变表现为随时间的增加，塑性变形量（$\varepsilon_{塑}$）逐渐增加，弹性变形量（$\varepsilon_{弹}$）却逐渐减少，即塑性变形不断取代弹性变形（见图 11－18），从而使弹性应力不断下降。

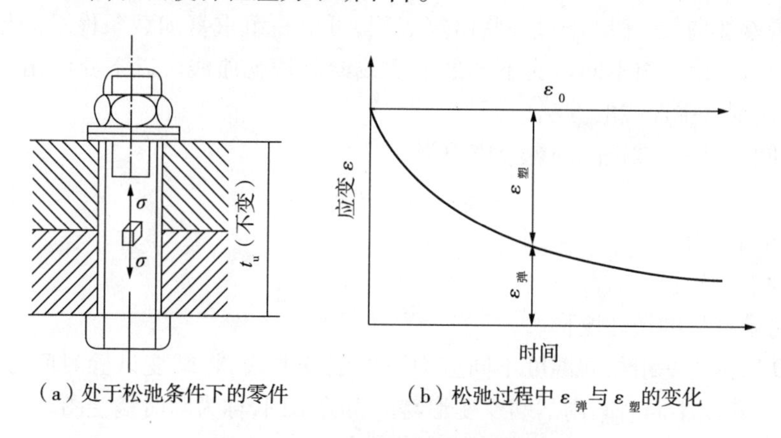

（a）处于松弛条件下的零件　　（b）松弛过程中 $\varepsilon_{弹}$与 $\varepsilon_{塑}$的变化

图 11－18　金属中的应力松弛现象

应力松弛过程可通过松弛试验测定的松弛曲线描述。所谓松弛曲线就是给定温度和给定总变形量下应力 σ 随时间的变化曲线，如图 11－19 所示。可见，松弛曲线分为两个阶段，第一阶段持续时间较短，σ 随时间增加迅速下降；第二阶段持续时间很长，σ 下降缓慢并逐渐趋于稳定。

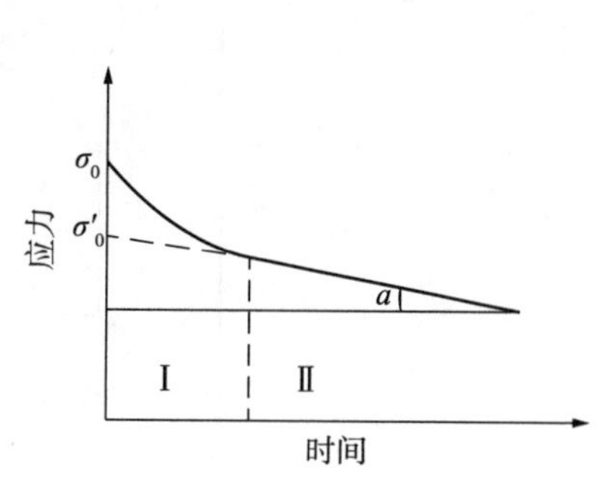

图 11－19　松弛曲线

材料抵抗应力松弛的能力称为松弛稳定性。松弛稳定性指标通过测定它的松弛曲线确定。

晶间稳定系数 S_0 是松弛第一阶段的松弛稳定性指标，

S_0定义为

$$S_0=\frac{\sigma'_0}{\sigma_0} \tag{11-32}$$

式中，σ_0——初应力；

σ'_0——松弛第二阶段的应力。

晶内稳定系数 t_0是松弛第二阶段的松弛稳定性指标，t_0定义为

$$t_0=\frac{1}{\tan\alpha} \tag{11-33}$$

式中，α 为第二阶段松弛曲线与横坐标的夹角（见图 11－19）。

S_0、t_0数值愈大，材料松弛稳定性愈好。

3.4.2　应力松弛与蠕变的关系

如前所述蠕变是在恒应力下，塑性变形随时间的延长而不断增加的过程；松弛是在恒定总变形下，应力随时间的延长而不断降低的过程，此时塑性变形量的增加与弹性变形量的减少是等量同时产生的。这是二者之间的区别，但它们的本质是相似的，松弛可看作是在应力不断降低时的多级蠕变。

材料的高温应力松弛试验和高温蠕变试验通常都要进行很长的时间，如果能以一种试验方法同时得到蠕变和松弛两方面的性能数据，则有明显的工程意义。但要提出一个精确的换算公式是十分困难的，也无法用一条单一的蠕变曲线（或松弛曲线）换算或用作图法绘制出一条松弛曲线（或蠕变曲线）来。不过一些研究表明，可由一组重复加载条件下的松弛曲线绘制出一条蠕变曲线，或由一组不同应力下的蠕变曲线绘制松弛曲线。以下介绍由一组不同应力下的蠕变曲线绘制松弛曲线的方法。

在任何时间内，松弛试样内的剩余应力为

$$\sigma=\sigma_0-E\varepsilon_p \tag{11-34}$$

式中：σ_0——初始应力；

E——弹性模量；

ε_p——松弛产生的塑性变形。

图 11－20 所示为一组相同温度不同应力下的蠕变曲线，将蠕变试验时间分成若干区间，由该蠕变曲线簇作出不同时间内的蠕变变形与应力关系图，称为等时蠕变图。

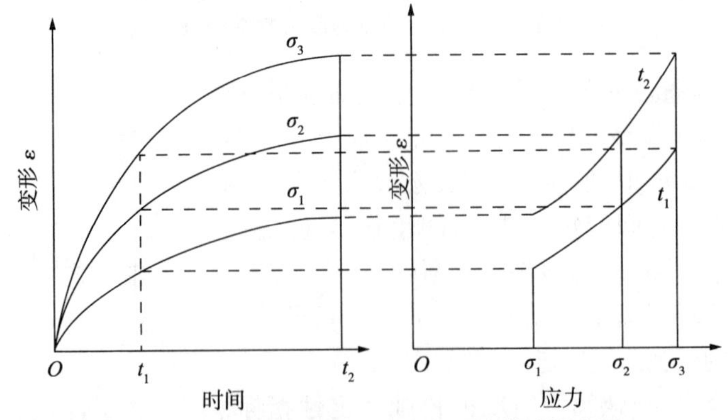

图 11－20　由一簇蠕变曲线绘制的等时蠕变图

为了作出初应力为 σ_0 时相应于时间 t_1 的松弛曲线，可对应于 σ_0 在等时蠕变图上求得变形 ε_1，并按式(11-34)算出此时试样中的剩余应力 $\sigma_1=\sigma_0-E\varepsilon_1$。但由于在 t_1 时间段里，作用在试样上的应力是由 σ_0 逐步下降到 σ_1 的，所以此段时间内试样承受的应力可近似取 σ_0 和 σ_1 的平均值 $1/2(\sigma_0+\sigma_1)$，对应于此平均应力值，求出塑性变形 ε'_1，再利用式(11-34)算出此时试样内的剩余应力 $\sigma'_1=\sigma_0-E\varepsilon'_1$，然后再对时间段 t_2 以 σ'_0 为初应力进行类似计算，得到时间段 t_2 的剩余应力 σ'_2。依此类推，最后在应力-时间坐标上绘制出松弛曲线，如图 11-21 所示。

图 11-22 表明，25Cr1Mo1V 钢在 500℃时由等时蠕变图作出的松弛曲线与实际试验得出的松弛曲线的比较，二者有较好的吻合度。

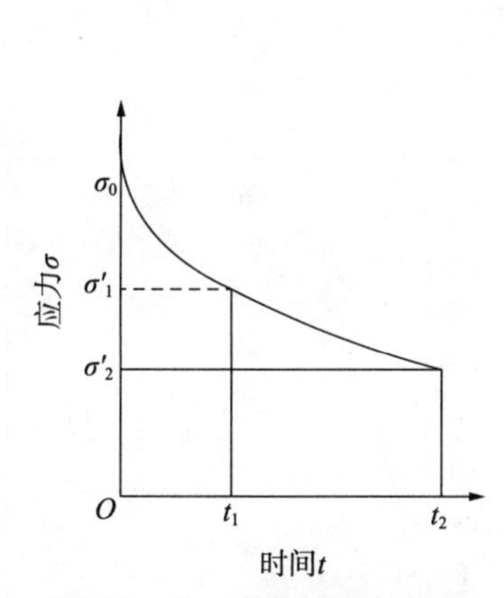

图 11-21　由等时蠕变数据绘制的松弛曲线

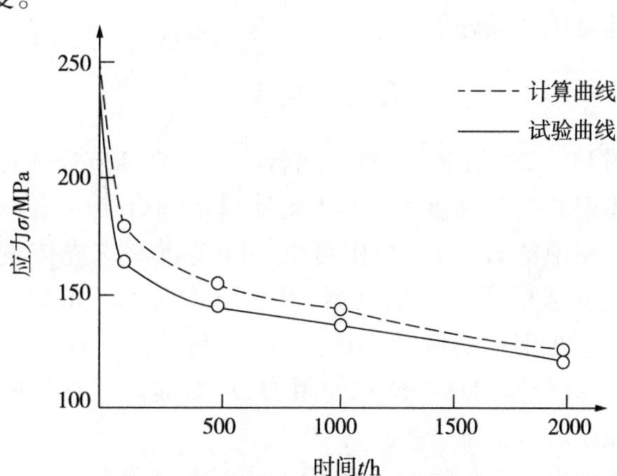

图 11-22　由计算和实测得出的两种 25Cr1Mo1V 钢的松弛曲线比较

4　高温强度的影响因素

材料的高温强度是一个十分敏感的性能指标。化学成分、冶炼工艺、组织结构和热处理工艺等对它的影响程度远大于对室温力学性能的影响。有些室温力学性能大致相同的材料在高温强度方面相差很大。

提高材料高温强度的关键是两个方面：一个是使在蠕变变形过程中受到阻碍而塞积的位错不容易因滑移和攀移而得以重新开动；另一个是使晶界强化，尽量避免晶间开裂。因此，对高温强度的影响因素也可以从这两方面来予以分析。

4.1　化学成分

化学成分是影响高温强度的一个重要因素，但其影响是十分复杂的，除了各元素本身对材料的影响外，还存在着元素之间的相互影响。

4.1.1　碳的影响

碳对钢的高温强度随钢所处的温度、应力、持续时间以及钢中存在的其他元素不同而异。

对碳素钢而言，含碳量 <0.4% 时，其高温强度随碳含量增加而提高，但这种影响又随温度升高而减弱，在温度≥500℃时已无明显作用了。

表 11-2 给出了 0.5Mo 钢在一定温度和应力条件下提高高温强度的最佳含碳量。

表 11－2　不同温度和应力下提高 0.5Mo 钢高温强度的最佳含碳量

温度/℃	应力/MPa	最佳含碳量/%
550	140	0.25
600	62	0.20

表 11－2 表明，在较低温度、较高应力时，含碳量适当高一些对 0.5Mo 钢的高温强度有利，而在较高温度、较低应力时，含碳量宜适当低一些。对于 Cr－Mo 钢和 Cr－Mo－V 钢也有同样的结果。因此，在高温下使用的低合金热强钢宜取偏低的含碳量，一般为 0.18%～0.25%，有时甚至低至 0.10% 左右。

4.1.2　其他合金元素的影响

图 11－23 给出了一些常用合金元素在 426℃ 时对珠光体钢的蠕变强度的影响（此处只指各合金元素单独加入钢中的效应）。由图可见，Mo 是提高珠光体钢高温蠕变强度最有效的元素，其他依次为 Cr、Mn、Si。这些元素在钢中形成合金固溶体，提高了固溶体的强度，并提高位错滑移和攀移的阻力，从而提高了材料的高温强度。

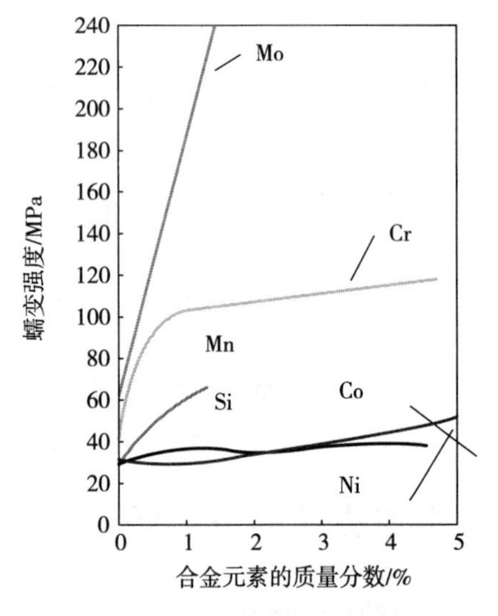

图 11－23　426℃时合金元素对珠光体钢蠕变强度的影响

强烈形成碳化物的元素 V、Nb、Ti 在钢中形成弥散分布的沉淀相，其对位错的滑移和攀移起到明显的阻碍作用，因而具有良好的强化效果。但它们对材料高温强度的作用往往存在着一个最佳含量。由图 11－24 可见，含 V 量在 0.3% 时 12CrMo 钢的蠕变速率最低。因此，我国大部分低合金热强钢都含有 0.3% 左右的 V。Nb 的有效加入量比较小，一般≤0.2%。

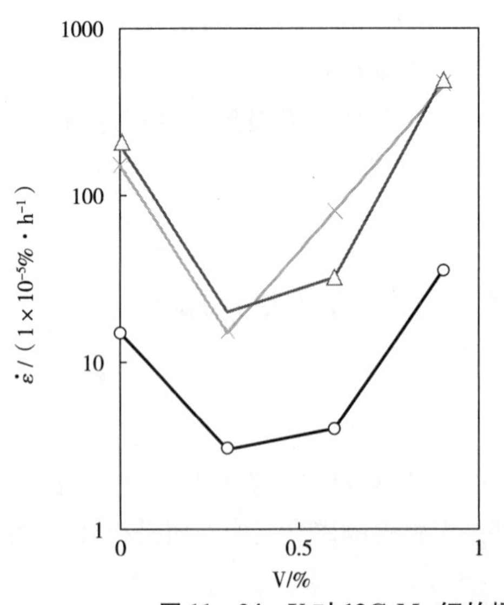

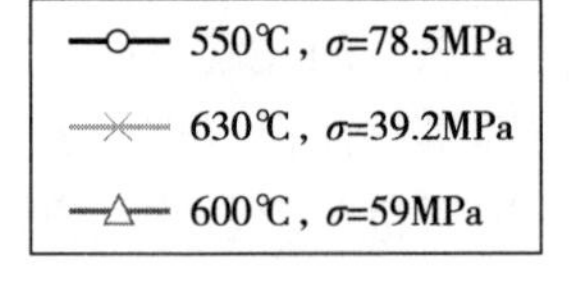

图 11－24　V 对 12CrMo 钢的蠕变速率的影响

另外,在钢中加入微量的 B 能产生明显的晶界强化作用。为提高铬钼钢的热强性一般在 Cr - Mo 钢中加入 0.005% ~0.01% 的 B。

当几种合金元素同时存在于钢中时,它们对高温强度的影响比较复杂,必须对具体材料作具体分析。大体而言,合金元素对金属材料高温强度的影响可归纳为以下两点:

(1)每种合金元素的作用均与其含量不成正比,往往存在着一个最佳含量,而最佳含量又与其他合金元素以及温度、应力状态有关。

(2)每种合金元素的含量越多,则其单位含量所起的作用越小。因而多元素、少含量的钢种往往具有较好的高温性能。

4.2　冶炼方法

冶炼方法的影响主要表现为钢中气体量、晶界处的偏析物、杂质和显微孔穴等缺陷的影响。这些缺陷越多,钢的高温性能越差。冶炼时应尽量减少钢中有害元素(S、P、Zn、Sn 等)的含量,这将明显提高钢的持久强度和持久塑性。试验表明,高纯度的 Cr - Mo - V 钢的持久塑性比普通的 Cr - Mo - V 钢的持久塑性提高 3 倍左右,断裂寿命高 2 倍左右。

造成这种影响的原因是由于高纯度钢的晶界有害偏析大为减少,因此,为了进一步改善热强钢的冶金质量,目前多用电炉熔炼加炉外精炼、电渣重熔或真空熔炼等技术,以提高钢的纯净度。

4.3　组织结构

金属材料中的碳化物相是构成金属材料较高强度的基础,因而碳化物的形状及分布对钢的热强性有较大的影响。珠光体钢中的碳化物(Fe_3C)以片状存在时,热强性较高;若以球状存在时,特别是聚集成大块碳化物时,会使钢的热强性明显下降,参见图 11 - 25。故对可能发生珠光体球化的高温钢材,必须在运行中加强监督。

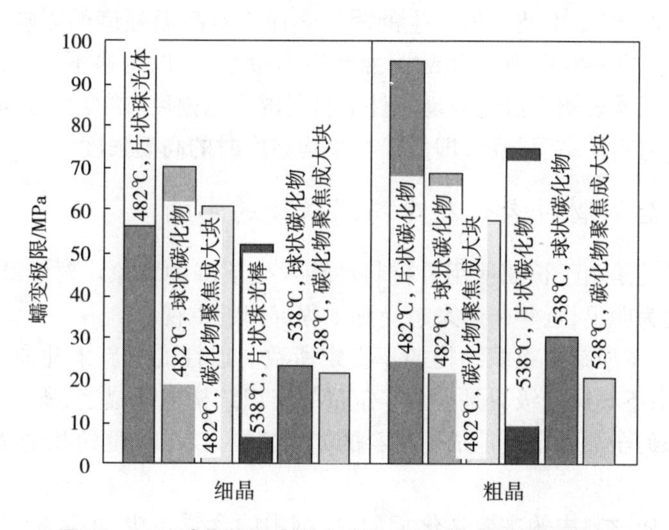

图 11 - 25　碳化物形态对 0.5Mo 钢的蠕变极限的影响

此外,材料的晶粒度对高温强度也有影响。室温条件下一般都希望钢具有细晶粒组织,因为晶粒愈细小,由于晶界强化的结果使得材料的强度愈高,同时韧性也好。但在高温条件下,较粗的晶粒组织却往往具有较高的抗蠕变能力,这与高温下的晶界强度下降较快有关,参见

图11-6。当然晶粒过粗也会使钢材变脆,造成持久塑性及冲击值下降。通常对在高温下工作的锅炉与压力容器用钢的晶粒度控制在3~7级,对在亚高温条件下工作的低碳钢的晶粒度控制在4~8级。

也有试验表明,对低合金热强钢的热强性的影响,关键不是晶粒度的大小,而是材料中晶粒大小的不同习性,晶粒大小差异越大则高温强度越低。这是由于在大小晶粒交界处出现应力集中,裂纹容易在这里产生,引起过早的断裂。因此,为了保证钢材的高温性能,一般要求在高温高压条件下工作的材料的晶粒度级别差不超过3个等级。

4.4 热处理方法

室温下一般不会引起材料组织结构的变化,因而所采用的热处理方法往往使钢材的结构处于亚稳定状态,这样可使在室温下工作的元件有较高的强度。但在高温条件下,亚稳定的组织结构将发生变化,使材料的高温性能变坏。

对于珠光体钢,在采用正火+回火的热处理工艺时,回火温度应比元件的工作温度高100℃以上,以便元件在工作温度下能保持材料组织的稳定性。常用的珠光体型热强钢一般都采用这种方法。但实际上由于高温长期的作用,组织仍然有可能发生变化,即材料发生老化,这将在4.6中讨论。

对于奥氏体热强钢,常采用固溶处理的方法,即将奥氏体钢加热到1050~1150℃以后在水中或空气中快速冷却,使碳化物及其他化合物溶于奥氏体,得到单一的奥氏体组织,使之具有较高的热强性。

4.5 温度波动对高温强度的影响

温度波动对高温强度的影响有两个方面:一是温度的波动使实际温度高于规定温度,从而影响材料的高温性能;二是由波动所产生的附加热应力对高温强度的影响。如果温度变化较慢,波动幅度不超过20~40℃,所产生的附加热应力很小,可以忽略不计。此时主要是前者对高温性能的影响。试验表明在温度波动条件下材料的高温强度(蠕变极限与持久强度)相当于在温度波动上限时材料的高温强度,即低于在平均温度时的高温强度。

4.6 长期服役后的材料老化及对高温强度的影响

老化或劣化指的是由于长期使用后材料性能发生下降的现象。对于高温下使用的材料,这种现象表现得尤为明显,近年来越来越受到工程部门的重视。

所谓材料老化,本质是由组织结构的不稳定所致。以往的材料老化研究多集中于使用中的球化现象描述,由于球化分级只是一个半定量的组织结构老化描述,所以无法与性能之间建立定量的关系。如何全面和定量地描述材料的如何特征,找出关键的几个特征参量,是老化规律研究的主要方面。

碳化物相是金属材料中的主要强化相,其在钢中的含量虽少,但影响却十分显著,它对钢的组织和性能变化均起着决定性作用。碳化物相在长期使用中的一系列变化过程反映了材料的老化过程。一般而言,碳化物相的变化主要有以下几个方面:

(1)组织形态改变

珠光体中的碳化物相在使用中逐渐变为球状,即珠光体球化。这是碳化物分布形态变化的一个基本特征，是一种蠕变条件下的常见组织老化形式。除此之外，形态的变化形式还有晶粒变形、再结晶及更复杂的微观位错结构变化等，直接与材料的老化过程相关。

（2）相成分改变

钢在长期使用中，随着时间的延长，基体内的合金元素逐渐贫乏，而碳化物相中的合金元素逐渐增多。不光是基体中的合金元素向碳化物相中转移，在不同碳化物之间也存在元素的相互转移现象，这种相成分的变化也称为相成分转移，是材料在高温下逐渐老化的基本特征之一。

图 11－26 表明了 Cr－Mo 钢的碳化物中 Mo 元素随材料在高温下使用时间的延长而增加的趋势。由图可知，时间越长，碳化物中 Mo 元素的含量越高。并且随着时间的延长，分布的范围也越宽，误差也增大，这与基体中的各部分间温度和应力的差异有关。

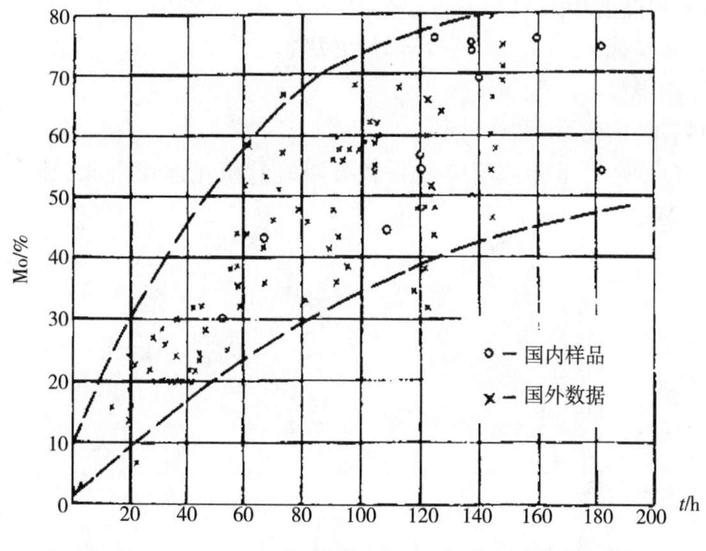

图 11－26　Cr－Mo 钢的碳化物中 Mo 元素的变化趋势

但碳化物中的合金元素并不总是随着使用时间延长而增加的。有试验表明在温度较低时，碳化物中的 Cr、Mo 元素成分随时间呈规律性的单调上升变化，具有抛物线类动力学曲线特征。当温度升高，相成分变化的速率加快，曲线变化斜率增大，说明温度对相成分变化有显著影响。当温度急剧升高到 650℃以上时，相成分的变化规律则相反，元素含量在短时间内会升高，但随着时间延长又很快降低。即存在碳化物相成分改变的临界温度限，超过这一温度限，碳化物中的合金元素不升反降，这是碳化物相成分变化的一个特殊现象。研究表明，对常用的低合金钢，该临界温度约在 610～660℃之间，不同钢种有所差异，合金含量高的钢种临界温度也高。当使用温度接近这一温度时，相成分增加不多或稍有减少。

（3）碳化物相粗化

钢中的碳化物相与基体金属的性能有很大差异。在长期高温下使用中，碳化物有明显的选择性析出倾向，在随后的变化过程中，碳化物颗粒尺寸不断增大，称为粗化现象。碳化物的粗化会导致材料的逐渐软化，是造成材料长期服役后强度（包括持久强度）下降的主要原因。

另外，碳化物相的晶界聚集与粗化，也是导致蠕变孔洞形核的重要原因之一。研究碳化物粗化规律，可用来揭示材料老化的基本规律。

对常用的碳钢、Cr－Mo 钢和 Cr－Mo－V 钢，碳化物粗化与使用时间的关系可用 Williams

公式表达

$$d_t^3 - d_0^3 = kt \tag{11-35}$$

式中：d_t——t 时刻的碳化物颗粒尺寸；

d_0——原始未运行材料的碳化物颗粒尺寸；

k——碳化物粗化速率；

t——使用时间。

对在500～700℃范围内长期使用后的金属材料的大量试验研究表明，晶内析出的M_3C、M_2C、MC型碳化物及其他类型碳化物，均符合这一规律。

另外，碳化物粗化速率与温度和应力有关。当温度（或应力）升高时，粗化将增加，当应力一定时，则主要与使用温度相关

$$k = A\exp(BT) \tag{11-36}$$

式中：T——材料使用温度；

A、B——和材料有关的常数。

应力的影响比较复杂。试验表明应力升高有明显的粗化加速现象，速率的增量与应力增量的关系见图11－27。

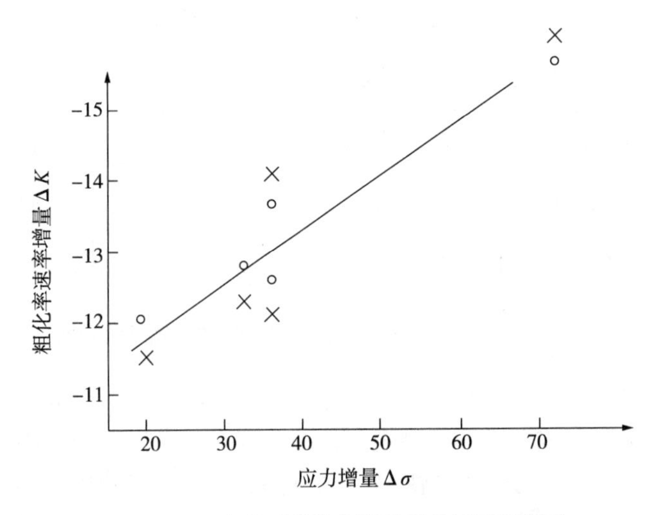

图11－27　应力对碳化物颗粒粗化速率的影响

采用碳化物粗化分析方法，通过测定不同时期的碳化物颗粒尺寸的变化，可估计材料的老化程度和，进而分析剩余寿命。

如对于温度变化较小的高温蒸汽管道，可将温度视为定值，若应力已知，则可认为其碳化物粗化速率保持不变，当达到其蠕变寿命终点时，碳化物颗粒尺寸则达到最大极限值，有

$$d_r^3 - d_0^3 = kt_r \tag{11-37}$$

式中：d_r——寿命终结时碳化物颗粒极限尺寸；

t_r——蠕变失效寿命。

分别对几种材料的碳化物颗粒极限尺寸d_r的试验研究表明，d_r是一个与使用温度和应力大小无关的材料常数值。符合式（11－37）的基本规律。采用极限尺寸分析方法，可直接估算材料老化程度。

定义材料的老化度 ϕ_d

$$\phi_d = \frac{t}{t_r} \tag{11-38}$$

则由式(11－37),得

$$\phi_d = \frac{1}{1+\left(\frac{d_r^3 - d_t^3}{kt}\right)} \tag{11-39}$$

而

$$t_{res} = t_r - t = \frac{t}{\phi_d} - t \tag{11-40}$$

式中,t_{res} 为剩余寿命。

(4)相结构改变

在高温环境下长期使用中,碳化物相的结构形式也发生一系列变化,即由简单的 M_3C 类碳化物逐步转变为复杂结构的 $M_{23}C_6$、M_6C 等碳化物相。相结构的变化是描述材料老化的另一重要特征。

一般情况下,M_6C 相在使用温度很高时将大量析出,当运行温度正常时,表现为 $M_{23}C_6$ 相的逐渐增多,而 M_6C 相的增加趋势不明显。

研究表明,M_6C 相的增多对材料长期使用后的塑性下降有直接影响。同时,M_6C 相的大量出现,对材料的韧性影响也十分明显。这类复杂结构碳化物的大量增加,将明显增加材料的高温蠕变脆性和提高材料的韧脆转变温度(DBTT),为裂纹的形核提供条件,是造成长时加热脆化的主要原因。

另外,复杂结构碳化物的合金含量均较高,而相对合金含量较低的碳化物相(如 M_2C、M_3C)的粗化和相含量减少则将明显降低基体强化作用,这些都是导致材料软化的因素,促使蠕变强度和断裂强度的下降。

碳化物相结构的变化反映了材料老化和性能劣化的程度,但对这些老化特征参数的研究还有待深入。

随着金属理化检验技术的发展,上述 4 个基本老化特征均能够定量地给出测试结果,这意味着可以定量地掌握材料的老化程度。同时,当服役时间已知时,则可推导出材料老化的平均,由此可进而估算材料的剩余寿命。另外,老化程度和老化的定量评定,与材料性能的定量测试相结合,则可以给出不同材料使用过程中的老化与性能劣化之间的关系模型,建立综合的状态评估方法。

第12章　电子分析技术在失效分析中的应用

1　电子显微分析技术的发展

目前主要的电子束显微分析仪器有：透射电子显微镜（TEM，transmission electron microscope）、扫描电子显微镜（SEM，Scanning electron microscope）、电子探针（EPMA，electron probe X-ray microan Alyser）、俄歇电子谱仪（AES，auger electron spectroscope）、X射线光电子谱仪（XPS，X-ray photoelectron spectroscope）、电声成像分析仪（SEAM，scanning electron acoustic microscope）等。各仪器由于其附件及功能上的不同称呼也不完全一样，如透射电子显微镜除称之为TEM外，有以加速电压区分的，如：超高压电镜（1MV）、中等电压（200kV～500kV）及低电压（约1kV）电镜；有以电子枪灯丝区分的为钨灯丝、LaB_6及场发射电镜（场发射又分冷场发射与热场发射）；还有以用途区分为分析电子显微镜AEM（analysis electron microscope）、高分辨率透射电子显微镜HREM（high resolution electron microscope）等。

近年来，由于电子计算机技术、控制技术及微弱信号检测技术的发展，促使电子束显微分析仪器的性能不断提高、功能不断扩展，仪器发展的主要特点是：

（1）多功能化。由原来单一功能的电子束显微分析仪，发展成为集形貌观察、成分分析、晶体结构研究于一体的综合分析仪。

（2）自动化。电子光学系统实现计算机全自动控制，强大的数据与图像处理功能。

（3）性能优化。图像分辨率不断提高，谱线分辨率进一步提高，超轻元素与低含量元素检测灵敏度也有较大提高；操作便利，仪器的硬件与软件设计更加人性化，分析更快、更灵活方便。

20世纪30年代，Ruska研制出第一台透射式电子显微镜。1939年，TEM开始批量生产。经历几十年来的发展，放大倍率由几万倍提高到几百万倍，从只能观察形貌单一功能的显微镜发展，成为能得出纳米尺寸范围的形貌、成分、晶体结构等信息的综合仪器以及材料内部结构深层次的研究手段。配备能量色散谱仪（EDS）、能量损失谱仪（EELS）的高分辨率透射电镜，在获得高分辨像时又可以进行纳米尺度化学成分分析和结构分析，是一种多功能高分辨分析电镜。轻元素的检测灵敏度及准确度由于EELS技术完善得到了提高。超高压透射电镜可以在原子尺度上直接观察厚样品的三维结构。

1951年，Castaing博士不但在实验上研制成功电子探针，而且对定量作了初步的理论分析。1957年，第一台商品EPMA问世。从初期只能定点分析元素序数大于Na的小区域的成分，发展至今图像分辨率已达到几纳米，元素分析范围从Be到U。SEM是EPMA之后发展起来的电子束显微分析仪器，目前这两种仪器的基本构造、分析原理及功能日趋相同，只是SEM的结构更适合于扫描形貌观察。W灯丝SEM分辨率3～6nm，场发射SEM分辨率可达到1nm。景深大、图像立体感强，可对粗糙不平的试样从低倍至高倍作连续观察。近几年新开发的电子背散射衍射(EBSD)探测器、计算机控制与数据处理系统,使得在一般扫描电镜或电子探针上安装这一附件后就可以对块状样品亚微米级显微组织作逐点结晶学分析,当电子束逐点扫描时还可以自动获得晶体取向图(COM),使 SEM、EPMA 的显微组织、微区成分与结晶学信息相互联系起来,可获得有关晶体取向空间分布的大量信息,包括晶体连接处的界面,开辟了显微织构这一全新的科学领域。场发射扫描电镜的开发,使二次电子像分辨率提高到 1nm。低真空、环境扫描电镜能观察不导电样品、生物样品。

AES、XPS 是近代高真空技术与微弱信号检测技术发展的产物,是材料表面几个原子层厚度分析的非常有效的工具。场发射电子枪 AES 空间分辨率优于 7nm,可获得优于 12nm 高分辨俄歇图像,进行微区元素和化学价态的空间分布分析,可进行表面与界面、三维成分深度分布分析。

X 射线光电子能谱技术在第二次大战后迅速发展起来,20 世纪 60 年代开始有商品光电子能谱。目前,XPS 的光电子能谱仪中,采用微聚焦 X 射线、X 射线单色化及计算机控制等技术,成像的空间分辨率最好达到 1μm,能量分辨率优于 0.45eV。极佳的能量分辨率可进行精细化学结构和化学价态分析,高性能深度剖析可进行表面与界面、三维成分深度分布分析。平行 X 光电子成像(XPS imaging)技术,可快速进行微区元素和化学态空间分布分析。

SEAM 是在微束分析仪器领域唯一有我国自主知识产权的装置,不仅是一种新型的非破坏性检测工具,而且在不需对样品进行预处理(抛光、腐蚀等)的情况下,能够观察试样的结构应力分布、电畴、磁畴、晶粒晶界、第二相等。

配备电子枪、能谱仪等附件的聚焦离子束(FIB,focused ion beam)是集样品微加工与微分析于一体的综合分析仪器。

2　电子与固体相互作用产生的信息

SEM、EPMA 等电子束显微镜分析仪器的分析基础是探测和分析入射电子与固体相互作用产生的各种信息。一束细聚焦的电子束轰击试样表面时,入射电子与试样表面原子的原子核和核外电子将产生弹性或非弹性散射作用,并激发出反映试样表面形貌、晶体结构和化学组成的各种信息,如二次电子、背散射电子、吸收电子、阴极发光电子、特征 X 射线、透射电子和散射电子等,如图 12-1 所示。

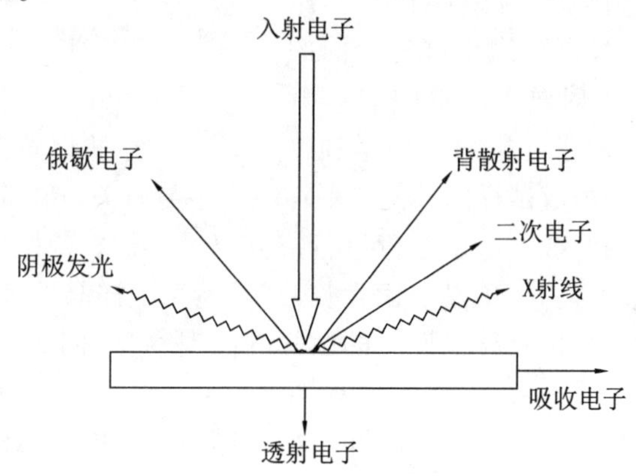

图 12-1　入射电子与试样相互作用产生的各种信息

入射电子束轰击较厚的试样表面时，各种信号在试样中所产生的深度各不相同，图 12－2 为各种信息在试样中的深度（Z_x）分布图，可以看出 X 射线的穿透能力最强，穿透深度为几个 μm，俄歇电子的穿透深度最小，一般逸出深度小于 2nm，二次电子小于 10nm。AES 信息来源于俄歇电子，主要用于固体物质的表面物性分析；SEM 主要用二次电子观察试样的形貌；EBSD 主要利用背散射电子进行物质的显微组织和晶体结构分析；EDS 用特征 X 射线进行成分分析。EBSD 和 EDS 均为 SEM 的主要配置。

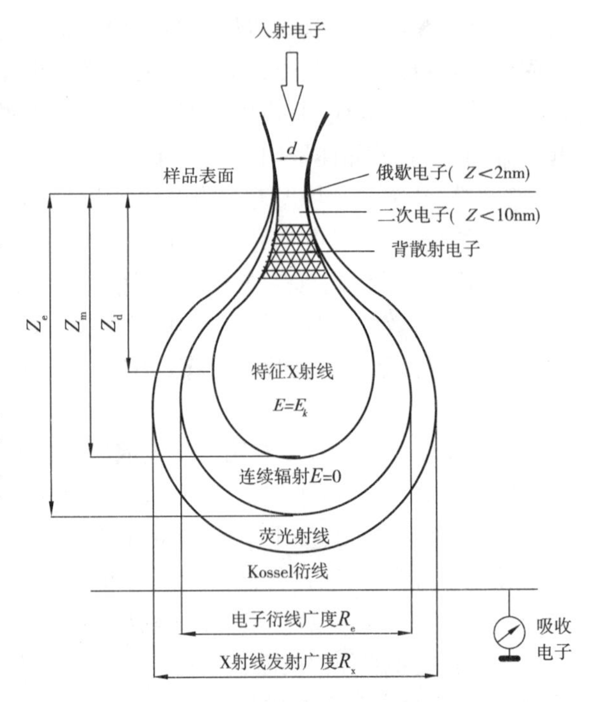

图 12－2　各种信息的深度分布示意图

3　电子束分析及其应用

3.1　形貌观察

入射电子使试样原子较外层电子（价带或导带电子）电离产生的电子，称二次电子。二次电子能量比较低（<50eV），仅在试样表面 5～10nm 的深度内才能逸出表面。二次电子图像无阴影效应，二次电子易受试样电场和磁场影响。二次电子的产额 $\delta = K/\cos\theta$，K 为常数，θ 角越大，二次电子产额越高，所以二次电子对试样表面状态非常敏感。二次电子的产额还与加速电压、试样组成等有关。二次电子像有很高的分辨率见图 12－3，可用于观察表面形貌、电畴和磁畴等。

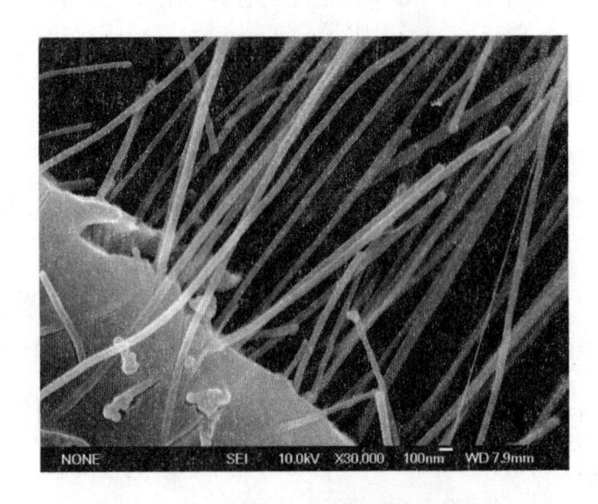

图 12－3　复合材料基质裂缝内的多壁碳纳米管二次电子像

背散射电子是指入射电子与试样相互作用（弹性和非弹性散射）之后，再次逸出试样表面的高能电子，其能量接近于入射电子能量（E_0）。背散射电子的产额随试样的原子序数增大而增加，$I_\mu = Z^{2/3-3/4}$。所以背散射电子信号的强度与试样的化学组成有关，即与组成试样的各元素平均原子序数有关。在简单的二元系中，如原子序数差别较大，甚至可以用背散射电子产额进行成分定量分析。背散射电子经常用于定性观察试样表面平均原子序数的差异、单晶表面生长台阶、抛光试样晶粒度观察、不腐蚀试样分析点的确定、相分布及析出相分析及导电性差的试样图像观察。图 12－4 是一颗电厂粉煤灰截面背散射电子成分像。

透射电子是指高能聚焦电子束照射样品时，如果样品的厚度比电子的有效穿透深度小得多，将有相当数量的入射电子能够穿透样品，被装在样品下方的电子检测器所检测。透射电子的强度仅取决于样品微区的厚度、成分、晶体结构与位向。因此，可以应用透射电子进行形貌观察、成分分析、微区晶体结构（晶格像、结构像）及晶界分析等。高分辨电子显微晶格像见图 12－5。

图 12－4　粉煤灰截面背散射电子成分像

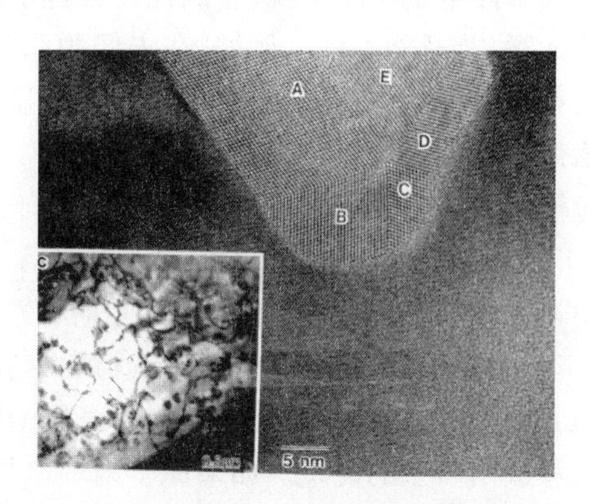

图 12－5　高分辨电子显微像（晶格像）

3.2　微区成分分析

特征 X 射线是原子内壳层（如 K、L 壳层）电子受激发后，在电子跃迁过程中直接释放出的一种具有特征能量，即一定波长的电磁辐射波。如入射电子使原子内壳层电子被激发，这时原子由基态变为激发态，原子较外层电子将迅速跃迁到有空位的内壳层，以填补空位降低原子系统的总能量。在能级跃迁过程中以两种方式释放能量，一种是直接释放出具有特征能量和波长的 X 射线。如果原子的 K 层电子被激发，L_2 层电子向 K 层跃迁，所产生的特征 X 射线称 K_α，其特征 X 射线能量等于这两能级的能量差，即 $E_k - E_{L2}$。M 层电子向 K 层跃迁产生的 X 射线称 K_β。

根据莫塞莱定律，每一个元素的原子序数 z 和所发出特征 X 射线频率 ν 的平方根成正比，即

$$\sqrt{\nu} = k(z - \sigma) \tag{12-1}$$

当电子束加速电压 V_0 是某元素线系的临界激发电压 V_e 的 2～3 倍时，产生的特征 X 射线强度最高。根据所分析的元素不同，V_0 通常取 10kV～30kV。特征 X 射线名称对应于不同壳层电子的跃迁。电子探针和扫描电镜定性分析是应用波长色散谱仪（WDS）或能量色散谱仪（EDS）检测 X 射线，定性分析是检测样品中是否有某元素的特征 X 射线产生。定量分析是将样品中所产生的特征 X 射线与标准样品作比较，并进行一系列修正计算，最终得到分析区域各元素的重量百分含量。

试样组成是由电子与固体相互作用产生的特征能谱，通过展谱及与标准谱线比对、识别确认组成元素，经过修正计算得出定量结果。入射电子激发的特征 X 射线两种展谱方法是电子束显微中最基本、最可靠、最重要的组成分析方法：一种是 X 射线波长色散谱方法（WDS），另一种是 X 射线能量色散谱方法（EDS）。WDS 比 EDS 分辨率高一个数量级，检测极限也更低。SEM 与 EPMA 的 X 射线显微成分分析空间分辨率（微区成分分析所能分析的最小区域）约为为几个立方微米，元素分析范围为 Be～U，绝对感量极限值约为 10^{-14}g，主元素定量分析的相对误差约为 1%～3%。一般元素检测下限约为 0.1%（EDS）、0.01%（WDS）。电子探针分析

成分偏析时，一般情况不要浸蚀，若观察不到偏析区，经浸蚀做上显微记号后再抛光去除腐蚀层。在作材料剖析、产品质量缺陷及失效原因分析时，要对异常元素特别关注，有时即使含量很低的异常元素也不要忽视，它们往往会提示缺陷形成及失效原因；但有时对到处都能检测到的某些元素，要忽略不计。例如，在未经脱脂清洗的冷轧汽车板表面，显微成分分析发现在毛化坑内都能检测到炼钢的保护渣成分，一些显微缺陷内保护渣成分含量更高，据此认为这些缺陷是冶炼缺陷就错了。

显微组成分析要特别注意荷电效应影响。对非导电绝缘样品测试时，无论对何种技术而言，如 EDS、WDS、EELS、AES、UPS、XPS、SIMS 测试时都存在荷电效应，轻者，引起荷电位移（如 XPS 中尤其使用单色 X 射线源时）严重时，收不到谱。所以在测试中，通过降低入射电子能量、减少束流、采取中和措施等办法消除或减小荷电效应，至少能收出谱图。

Auger 电子是原子内壳层（如 K、L 壳层）电子受激发后，处于激发态的原子体系以另外一种方式释放出多余的能量。如果原子内层电子能级跃迁过程所释放出的能量仍大于包括空位层在内的邻近或较外层的电子临界电离激发能，则有可能引起原子再一次电离，发射具有特征能量的 Auger 电子，其能量（以 K、L_2、L_2Auger 电子为例）为

$$E_{kL2L3} = E_k - E_{L2} - E_{L3} - E_W \qquad (12-2)$$

式中，E_W是样品内 Auger 电子逸出功，约为 3 ~ 4.5eV。由于 Auger 电子能量一般为 50 ~ 1500eV，因此，用于分析的 Auger 电子信号主要来自于样品表层 2 ~ 3 个原子层，即适用于表层 0.5 ~ 2nm 范围内化学成分分析。

XPS 是用具有足够能量的入射光束与被辐射物质相互作用，使轨道电子以特定几率电离，光致电离的电子称为光电子。内层电子被击出后，体系内核外电子将重新分配，各个轨道的电子结合能是各个光致电离的终态与初态总能量之差。若所用光束的光子能量超过某些轨道的结合能，则某特定轨道的电子结合能可表达为

$$E_b = \nu h - E_k$$

测定被击出光电子的动能（E_k）来测定结合能。利用小束斑单色 X 光源作为激发源，由它激发内层的电子，然后对这些电子的动能进行分析。入射电子束进入样品，由于非弹性散射，使之在入射点附近发散成为一点源。在表层几十纳米范围内，非弹性散射引起能量损失一般只有几十电子伏特，这与几万伏电子能量相比是一个小量。因此，电子的波长可以认为基本不变。

3.3 结构分析

背散射的电子入射到一定的晶面，当满足布拉格衍射条件时，便产生布拉格衍射，出现一些线状花样，称之为电子背散射衍射菊池线，见图 12－6。电子背散射衍射谱（EBSP）所包含的结晶学参数特征信息可用于作未知相鉴定。对于已知相，花样的取向与晶体的取向直接对应。因此，获得每一个晶体取向后，可得到晶体间的取向关系，用于研究相界、界面开裂或界面反应等。此外，晶格内存在塑性应变会造成衍射花样中菊池线模糊，从衍射花样质量可定性评估应变量。

电子衍射是 TEM、SEM 及 EPMA 中用于研究试样内组成相的结构、位向、晶界特性和晶体缺陷的最基本的方法。电子衍射分析时，晶体试样的形貌特征和微区晶体学性质可以同时实现，这是其他方法难以实现的。其中，EBSD 分析方法的分析范围介于微观与宏观之间，能对多

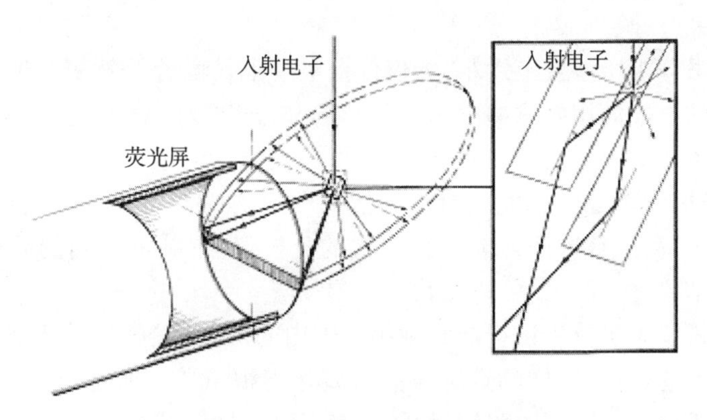

图 12－6　EBSD 菊池花样形成原理图

晶材料的晶体取向、晶界特性进行统计分析，可用于解析材料宏观性能。试样表面状态对 EBSD 分析有很大的影响，研磨抛光试样必须去除加工形变层。金属材料研磨抛光后，可采用化学或电解抛光去除形变层，透射电镜的酸喷制样装置也可以用于电解抛光去除形变层。一般碳钢研磨后用硝酸酒精(4＋96)浸蚀，然后再一次抛光去除显示的组织，最后再用硝酸酒精(4＋96)浸蚀，反复两次即可得到较好的电子背散射衍射分析样品。

离子溅射用于减薄电镜试样，也可以用离子溅射浸蚀试样或消除金属与非金属材料加工研磨变形层。聚焦离子束可精确切割制备电镜薄膜样品及符合 EBSD 分析要求的涂镀材料截面样品。

样品吸收受强度调制的电子束能量，产生与入射电子束相同频率的热波并在样品内传播，在热扩散长度内转换成同频率的声波。载有热波特性的声波继续在样品内传播，检测载有热波信息的声波，压电传感器把声波转换成电信号进行亮度调制，显示电声像。成像的物理过程是电－热－声－电之间的能量转换。图 12－7(b)电声像显示了压痕引起的弹性区和塑性区的交替分布。

(a) 压痕二次电子像

(b) 电声像

图 12－7　压痕图像

4　电子束显微分析方法及制样要求

材料科学发展揭示了材料的宏观性能与其微观的特征密切相关，也就是说，材料的性能由其微区成分、显微组织、相结构、显微织构及界面结构所决定。电子束显微分析仪器的共同特点是在微观(或显微)尺度的区域内，能同时取得形貌、成分和晶体结构等信息，是材料研究的重要手段。

由于电子束显微分析所涉及范围小,如仅依据电子束显微分析就简单地做出结论,往往是片面的甚至是错误的。如何用好这些分析仪器涉及电子束显微分析技术、材料学方面知识及样品选取方法与制备技术等。需要特别指出的是,显微分析一定要建立在宏观观察、检测分析的基础上,在作电子束显微分析之前要对待分析试样的制备工艺、宏观性能、使用环境及工况等方面进行全面的了解,只有这样才能选择合式的分析仪器,制定正确的分析方案,获得有用的电子束显微分析结果。

电子束显微分析仪用于分析试样极其微小范围内的形貌、成分与晶体结构,想通过局部显微分析解析宏观材料的特性,试样的选取及制备就显得很重要。所选取的试样要充分反映被分析的物体在化学成分、制备工艺、组织、性能、使用环境、缺陷或失效等方面特征,要求所选取的试样具有充分的代表性。在试样的截取与制备过程中绝对不能损伤样品,无论采用什么加工方法,均不允许由于受热、加工应力或环境介质等的作用导致所选取的试样发生组织结构变化、塑性变形、缺陷扩展及表面氧化等物理化学性能的变化。要保证试样具有充分的真实性,防止产生假象。金相及电镜试样制备方法详见有关参考文献。

5 电子束显微分析仪

在材料质量检测和失效分析中应用较为广泛的有 SEM、EPMA、TEM、AES、XPS、EDS、EBED 等。表 12－1 给出几种主要电子光学仪器性能指标、材料评价项目和为了获得这些项目的信息可以采用的主要分析方法。

表 12－1 几种主要电子光学仪器性能指标

仪器名称	主要性能、指标及特点	评价项目	分析方法
SEM	钨灯丝 SEM 分辨率:3～6nm,场发射 SEM 分辨率可达到 1nm。景深大,图像立体感强,可观察粗糙不平的断口试样。试样制备简单;低真空、环境扫描电镜能观察不导电样品、生物样品。可以安装高低温、拉伸、疲劳样品台附件作动态观察	表面形貌组成(立方微米范围)晶体取向、结构、织构内部缺陷、应力	二次电子像 背反射电子像 EDS(WDS) EBSD、ECP (电子通道花样) SEAM
EPMA	微区分析空间分辨率(微区成分分析所能分析的最小区域)为几个立方微米,能将微区化学成份与显微结构对应起来。元素分析范围Be～U。绝对感量极限值约为 10^{-14}g,主元素定量分析的相对误差为 1%～3%。二次电子像分辨率:3～6nm,检测极限:WDS,0.01%左右;EDS,0.1%左右。不损坏试样,分析速度快	表面形貌组成(立方微米范围)晶体取向、结构、织构应力、内部缺陷价态	二次电子像背反射电子像 WDS(EDS) EBSD ECP SEAM WDS

续表

仪器名称	主要性能、指标及特点	评价项目	分析方法
TEM	场发射高分辨透射电子显微镜点分辨率：≤0.19nm，线分辨率：≤0.10nm，放大倍率高。STEM分辨率：≤0.20nm；超高压透射电镜点分辨率已达0.1nm。EDS元素分析范围Be～U。EELS在超轻元素分析方面有明显的优势	原子排列 组成 电子状态 表面形态 磁畴结构	HREM ED电子衍射 EDS EELS EELS HR EM、SEM 电子全息
AES	元素分析范围：除H、He以外所有的元素，对轻元素灵敏度高（0.02%～2%）；能量分辨率高，可进行元素及其化学态分析；SEM空间分辨率优于7nm；可获得优于12nm高分辨俄歇图像（SAM），进行微区元素和化学态的空间分布分析；可进行表面与界面、三维成分深度分布分析	表面组成 （单原子层） 化学价态 表面形态 深度分析	AES（Li～U） SAM（Li～U） UPS（全元素） SIMS（全元素、同位素）AES （XPS附件） SEM、SAM 离子剥离
XPS	X光电子成像的空间分辨率最好达到1μm；能量分辨率优于0.45eV。极佳的能量分辨率可进行精细化学结构和化学价态分析；高性能深度剖析：可进行表面与界面、三维成分深度分布分析；平行X光电子成像（XPS imaging）技术，可快速进行微区元素和化学态空间分布分析	化学价态 表面组成 （单原子层） 表面形态 深度分析	XPS（AES附件） XPS SAM（Li～U） UPS（全元素） SIMS（全元素、同位素）SEM XPS离子剥离

5.1 扫描电子显微镜（SEM）

二次电子（SE）对试样表面状态非常敏感，二次电子像分辨率比较高，适用于显示表面形貌。由于SE的产额与样品的表面形貌有关，因此，可进行形貌观察。在研究样品上更多部位的形貌特征时，可以利用扫描系统移动入射电子到样品上的不同位置，然后再利用合适的探测器接收出射的SE，检测它们的各种特性，就能够确定样品被扫描表面的形貌特征，或做微区成分分析，这种仪器就是SEM。

SEM由光学系统（镜筒）、扫描系统、信号检测和放大系统、图像显示和记录系统、电源和真空系统、计算机控制系统等部分组成，SEM的结构如图12－8所示。

5.1.1 镜筒系统

镜筒部分主要由电子光学系统组成，包括电子枪、聚光镜、物镜、扫描系统、物镜光阑、合轴线圈和消像散器。

在SEM中，高能电子束入射到固体样品，所发射的信号强度（二次电子、背散射电子和特

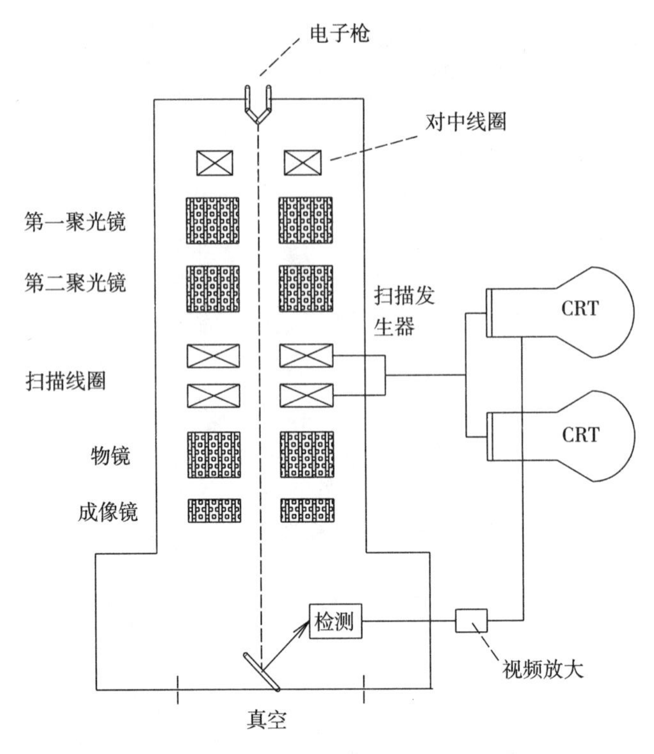

图 12－8　扫描电子显微镜结构示意图

征 X 射线等）取决于入射电子束流的大小，而对于被测信号而言，仪器的最佳分辨率又取决于到达样品的最终束斑尺寸。因此，仪器电子光学系统要保证在尽可能小的尺寸下能获得稳定的最大束流。

（1）电子枪

其作用是提供高能聚焦的电子束源。目前市场使用的有三种：①钨丝电子枪；②六硼化镧（LaB_6）电子枪；③场发射电子枪（FEG），包括冷场发射阴极（CFE）和热场发射阴极（TFE 或 SFE）两种。电子束源的有效直径可以控制到 2.5μm，再通过透镜缩小，CFE 可以获得优于 1nm 的束斑直径，对高倍率和高分辨率成像极为有利。

（2）聚光镜和物镜

聚光镜把电子束直径 d_0 进一步缩小，形成直径 5nm～200nm 的最终束斑，然后入射样品。聚光镜系统由一个或两个透镜组成，调整聚光镜激励可以改变束流大小。聚光镜一般为轴对称结构。物镜决定了电子束最终束斑尺寸，调整物镜激励使电子束在样品表面聚焦，获得清晰的图像。

5.1.2　扫描系统

扫描系统使电子束在样品表面和荧光屏上实现同步扫描。改变入射电子束在样品表面的扫描幅度，以获得不同放大倍率下的扫描图像。扫描系统是由同步扫描信号发生器、放大倍率控制电路和扫描线圈组成。扫描线圈安装在物镜内，分为上、下两组。电子束被上扫描线圈偏转离开光轴，到下扫描线圈时又被偏转折回光轴，最后通过物镜光阑中心入射到样品上。这个过程相当于电子束以光阑孔中心为偏转轴在样品表面扫描。利用扫描线圈的电流强度随时间交替变化，使电子束按一定的顺序偏转通过样品上的每个点，收集每个点的信息，并通过相关处理获取整个观察面的信息，这就是扫描作用。

5.1.3　样品室

SEM样品室位于镜筒下部，内设样品台，可在 X、Y、Z 3个方向移动，并可绕自身轴转动和倾斜。有的样品室可容纳直径大于300mm的样品，样品的高度可达50mm，但在具体使用时，需考虑样品的重量，避免对样品台移动的灵活性产生影响，也不能和室内的传感器或其他构件发生接触或碰撞。

5.2　透射电子显微镜(TEM)

5.2.1　TEM的结构

图12－9(a)为TEM的结构示意图，图12－9(b)为TEM电子光路和光学光路对照示意图。光学显微镜(optical microscope，OM)中的光源一般置于镜体的侧面，与主光轴成正交，通常需要一个垂直照明器，把光路垂直换向，一般采用45°棱镜进行光路换向。区别于TEM所用的试样，金相试样尺寸一般为10mm×10mm×10mm。

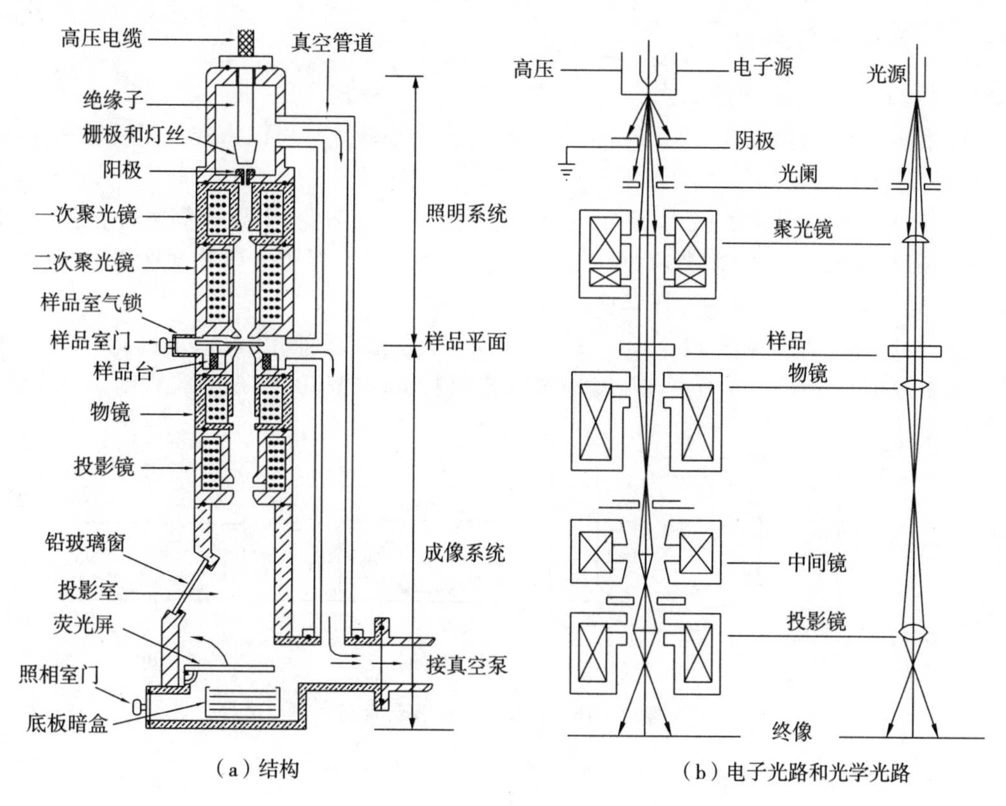

图12－9　TEM结构及电子光路和光学光路示意图

TEM和OM的光学成像系统比较见表12－2。

表 12-2 TEM 和 OM 光学成像系统比较

比较部分	TEM	OM
光源	电子源(电子枪)	可见光(日光或灯光)
照明控制	电子聚光镜	玻璃聚光镜
样本	ϕ3mm,观察区域厚度小于 100nm	边长约 1mm 的载玻体
放大成像系统	电子透镜	玻璃透镜
介质	高度真空系统	空气和玻璃
图像观察	利用荧光屏	直接用眼睛(接目镜)
聚焦方式	改变线圈电流或电压	移动透镜
分辨本领	0.2~0.3nm	200nm
有效放大倍数	10^6	10^3
物镜孔径角	小于 1°	约 70°
景深	较大	较小
焦长	较长	较短
图像记录	照相底板或电子成像	照相底板或电子成像

5.2.2 TEM 样品的制备

(1)晶体研究样品的制备

①原始样品要求:厚度 0.2~0.3mm,100mm 见方的小薄片。可以将样品用线切割、砂纸打磨等方法处理。

②取样:从坯料上获取直径为 ϕ3mm 的一块薄片。对于陶瓷、半导体等脆性材料,由于比较容易开裂,打磨时要轻柔,用超声波切割机获得 ϕ3mm 圆片;对于金属等塑性材料,其延展性较好,磨样时相对容易些,可用冲压器获得 ϕ3mm 圆片。

③制样:制样过程参见图 12-10。(a)→(b),样品预减薄到 80μm 以下;(b)→(c),挖坑仪减薄到 10μm 以下;(c)→(d),离子减薄仪减薄到 100nm 以下。

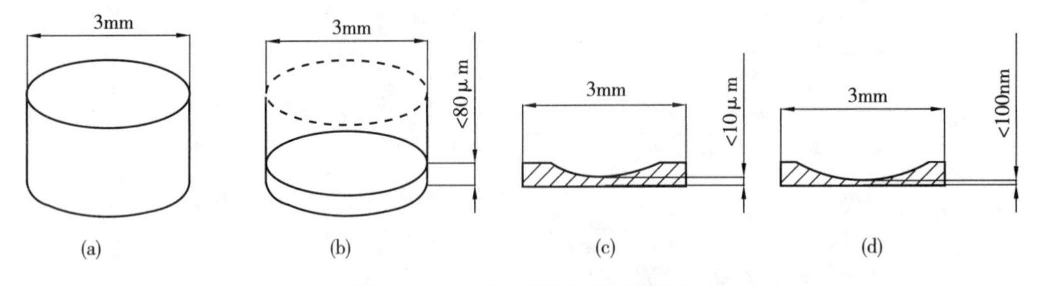

图 12-10 样品制备过程示意图

(2)TEM 样品的离子减薄

TEM 样品的离子减薄原理是,在高真空中采用两个相对的冷阴极离子抢,提供高能量的氩离子流,并以一定角度对旋转的样品的单面或两表面进行轰击,当轰击能量大于样品材料表层原子的结合能时,样品表层原子就会受到氩离子击发而溅射。经较长时间的连续轰击和溅射,样品中心部分最后会穿孔,穿孔后的样品在孔的边缘处极薄,对电子束是透明的,称其为薄膜样品,见图 12－11(a)。图 12－11(b)是采用 TEM 在白膜样品上观察到的电子衍射花样及标定情况。

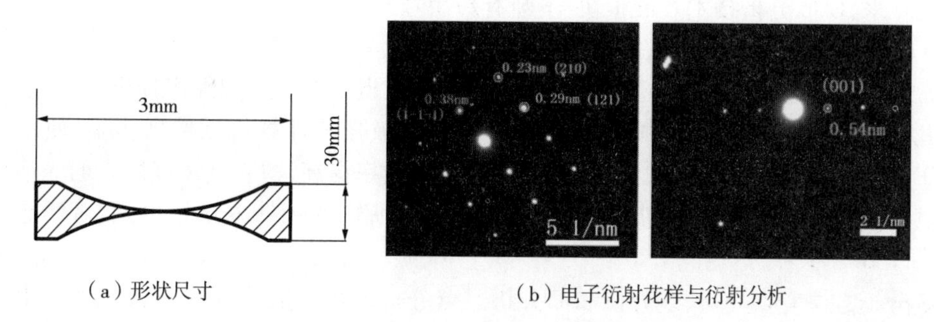

(a) 形状尺寸　　(b) 电子衍射花样与衍射分析

图 12－11　试样及衍射花样

(3)断口分析样品的制备

采用 TEM 观察断口形貌时,需要对断口进行间接复型制样。

复型制样方法是用对电子束透明的薄膜把材料表面或断口的形貌复制下来,常称为复型。复型方法中用的较为普遍的是碳一级复型、塑料－碳二级复型和萃取复型。

对已经充分暴露其组织结构和形貌的试块表面或断口,除必要时进行清洁外,不需要任何处理即可进行复型;当需观察被基体包埋的第二相时,则需要选取适当侵蚀剂和侵蚀条件,侵蚀试块表面,使第二相粒子凸出,形成浮雕,然后再进行复型。

碳一级复型是通过真空蒸发碳,在试样表面沉淀形成连续碳膜而制成的。

塑料－碳二级复型是无机非金属材料形貌与断口观察中最为常用的一种制样方法。

复型后需要将薄膜和样品分离,然后才可进行观察。

5.3　X 射线能谱色散谱仪分析技术(EDS)

EDS 简称能谱仪,是 SEM 的基本配置,自 20 世纪 70 年代问世以来,发展速度很快,现在分辨率已达到 130eV 左右。选用新型的固定式有机薄膜窗口,分析元素可以从 ^{4}Be 到 ^{92}U。应用能谱可以对材料的化学成分进行定性和定量分析。

EDS 的信息来源是 SEM 入射电子束轰击试样表面时产生的一些不连续光子组成的特征 X 射线。不同元素发出的特征 X 射线具有不同的频率,即具有不同的能量。能谱仪的关键部件是锂漂移硅半导体探测器,其实际上是一种复杂的电子仪器,习惯上记做 Si(Li)探测器。X 射线光子进入 Si 晶体内将产生电子－空穴对,在 100K 左右温度时,每产生一个电子－空穴对消耗的平均能量 ε 为 3.8eV。能量为 E 的 X 射线光子所激发的电子－空穴对数 N 为

$$N = E/\varepsilon \tag{12-3}$$

探测器输出的电压脉冲高度由 N 决定。入射 X 射线光子能量不同,所激发的电子－空穴对数 N 也不同。探测器输出的不同高度的电脉冲信号在进一步放大后被送到多通道脉冲高度分析器,按脉冲高度分类计算,数据经计算机处理后把不同能量的 X 射线光子分开,并在输出设备(如显示器)上显示出脉冲数－脉冲高度曲线,纵坐标是脉冲数,即入射 X 射线光子数,与所分析元素含量有关,横坐标为脉冲高度,与元素种类有关,这样就可以测出 X 射线光子的能

量和强度，从而得出所分析元素的种类和含量。为了降低噪声，能谱仪被液氮冷却到低温，当探头不用时，可以不加液氮。目前市场推出的不需维护探头可以不用液氮，即通电后使用时能自形制冷降温。

近几年来，EDS 分析技术发展很快，不断有新型号的能谱仪推出。计算机程序控制升温装置解决了半导体探测器表面所结的冰晶，使探头探测超轻元素的效率保持不变。EDS 的分析软件除常规的定性定量分析外，还能对收集的 X 射线或电子的数字图像作分析与处理，可同时给出十几个元素的面分布图像，操作控制通过适应性极强的计算机软件来实施，使用非常方便。由于能谱分析时探头紧靠试样，使得 X 射线收集效率提高，这有利于试样表面光洁度不好及粉体试样的元素定性、定量分析。另外，能谱分析时所需的探针电流较小，故对样品的损伤也小。

EDS 分析方法有点分析、线分析和面分析。点分析区域一般为几立方微米到几十立方微米范围。该方法用于显微结构的定性或定量分析，例如，对材料固定点、晶界、夹杂物、析出相、沉淀物、未知相等的组成研究等。线分析是电子束沿试样表面一条线逐点进行分析。线分析的各分析点等距并且有相同的电子探针驻留时间。电子束沿一条分析线进行扫描（或试样台移动）时，能获得元素含量变化的线分布曲线。对于电子束扫描，EDS 面分析范围一般没有限制，但电子束扫描范围太大时，均匀的元素分布会由于电子束入射角的变化而变得不均匀，一般最大分析范围可达 90mm × 90mm。图 12 - 12（a）为 304 不锈钢焊接接头熔合线附近的 Cr 和 Ni 元素的线分布情况；图 12 - 12（b）为焊缝区域 O 元素的面分布情况，可以看出 O 元素分布不均匀，具有带状分布特征。无标样定量分析方法是 EDS 常采用的一种方法。在对不平试样、粉体试样及要求不太高的定量分析中发挥了重要的作用，已得到了广发的应用。

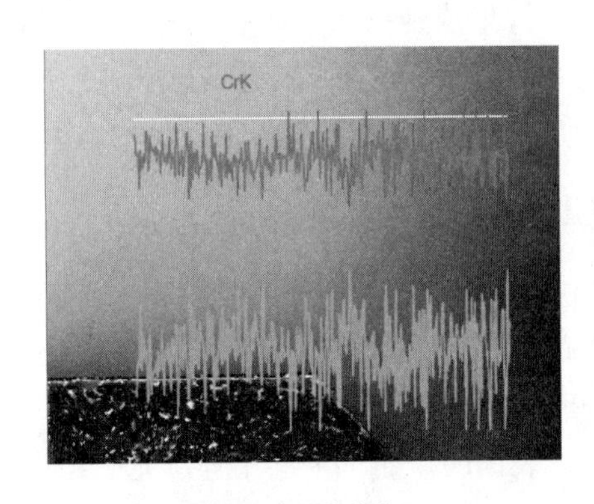

（a）Cr和Ni元素的线分布

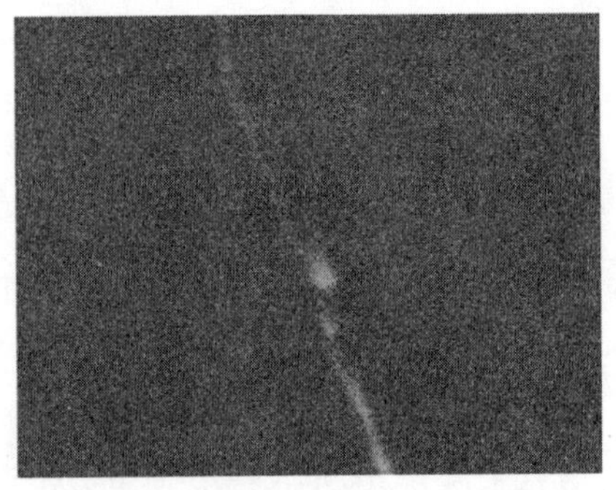

（b）O元素的面分布

图 12 - 12　线扫描及面扫描

国内外一些航空公司为了保证飞机飞行安全，例行检查时会对经过发动机的液压油进行过滤，如发现固体物质，就要对其做定性定量分析，判断是飞机的什么位置的什么构件发生了磨损或损伤，然后对该构件实施进一步的检查，对其安全性能作进一步评估，保证飞行安全。这些滤出物的尺寸一般都很小，数量也不多。图 12 - 13 为某航空公司飞机发动机液压油滤出物，其较大的尺寸只有 0. 28mm，无法满足传统的化学分析对试样质量的要求。EDS 分析技术对样品的数量和尺寸要求都不高，而且分析速度快，可同时给出金属屑中全部的元素和含量，在保证航班整点起飞和保证飞行安全方面发挥着重要的作用。EDS 分析经 ZAF 定量修正法修正后可以将某种特定钢种(如奥氏体不锈钢)的元素分析结果精度提高到专用分析仪器(如等离子发射光谱)的水平,可以对细微样品做比较准确的定量分析。

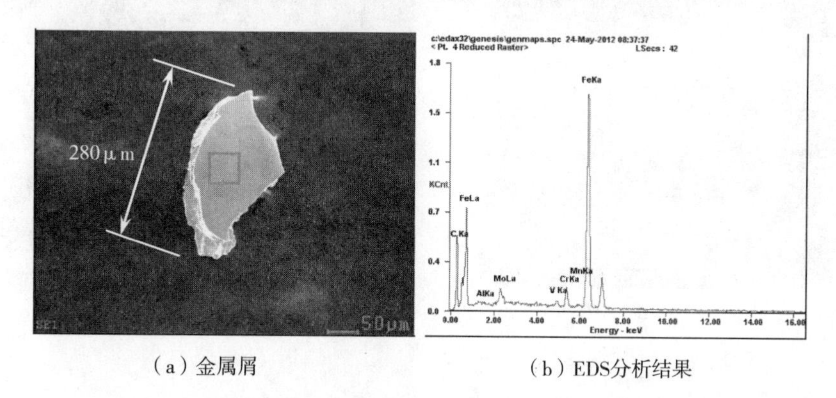

(a)金属屑　　(b)EDS分析结果

图 12-13　航空发动机油滤出物 EDS 分析

EDS 分析在机械装备的失效分析中具有非常重要的作用和地位,特别是在与腐蚀有关的失效中,可以对腐蚀产物进行定性定量分析,或者对一些引起失效的未知相或夹杂物进行分析。通过对断裂(或开裂)源处的异物进行定性、定量分析,还可以判断断裂(或开裂)源大概产生的工序。

核电某低合金钢关键零件在精加工后的超声波探伤中发现异常显示。将异常部位切割取下加工成低倍试样,经热酸侵蚀后肉眼观察可见大量细小的微裂纹;对异常显示区域取样做宏观断口分析,断口上存在大致呈圆形的颜色较浅的"白点"。由此可见超声波检测中发现的缺陷显示为白点,是技术要求不允许存在的缺陷。为了弄清这些白点产生的原因,对其做了进一步的分析。这些"白点"的低倍 SEM 形貌见图 12-14(a),可见"白点"的中心部位存在异物。异物的高倍 SEM 形貌见图 12-14(b),存在和基体界线清晰的颗粒相,采用 EDS 能谱仪对颗粒相进行成分分析,其主要元素为 O、Al、Ca。可见,这些颗粒状物质为氧化铝或氧化钙类非金属夹杂物。由此可知,该材料中发现的白点实质上是由颗粒状脆性非金属夹杂物引起的,控制夹杂物级别是防止白点产生的重要因素。

6　微束分析标准化

我国是国际上最早开展微束分析标准化的国家,1984 年成立了全国电子探针标准样品标准化技术委员会,1995 年改名为全国微束分析标准化技术委员会,主要任务是制定、审查国家微束分析的文字标准和实物标准,参与国际微束分析标准的制定和讨论。1992 年由国际标准化组织(ISO)投票同意中国提出的成立国际微束分析技术委员会 ISO/TC 202 的提议。ISO/TC 202 秘书处设在中国,主席由中国人担任,ISO/TC 202 每年组织、召开一次国际会议,负责制定、讨论国际标准。

我国已经发布了 27 项微束分析文字标准,其中,TEM 4 项,其余是 EPMA/SEM/EDS 分析标准。27 项微束分析文字标准包括仪器检定规程、定量分析方法、样品及标样制备方法等,是电子束显微分析的重要依据。

1980 年全国冶金信息网成立电子探针标样工作组,1988 年改组为全国电子探针标准样品

（a）缺陷低倍SEM形貌

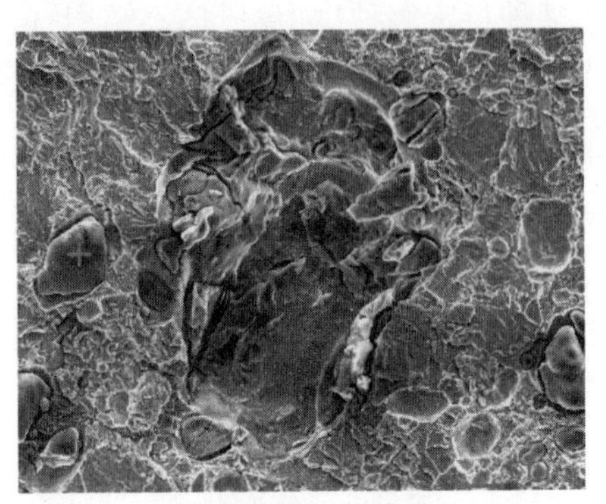

（b）缺陷心部异物形貌

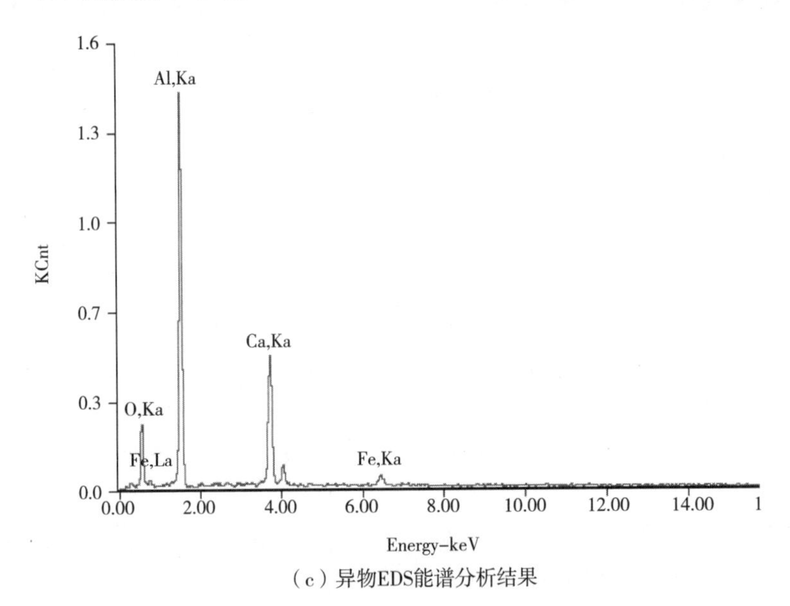

（c）异物EDS能谱分析结果

图 12－14　缺陷形貌及其组成

标准化技术委员会冶金分技术委员会，1995 年改名为全国微束分析标准化技术委员会冶金分会（TC 38/SC 1），2003 年改为全国微束分析标准化技术委员会电子探针和扫描电镜分技术委员会（TC 38/SC 1），其秘书处设在宝钢。

2001 年组建成立中国实验室国家认可委员会微束分析专业能力验证工作组，于 2001 年、2003 年分别开展了 CNACLT015、CNACL T041 金属、硅酸盐微束分析能力验证，微束分析能力验证结果表明，严格执行相关标准，成分定量分析都能得到满意结果。

7　电子束显微分析在材料科学研究中的应用案例

7.1　材料剖析——冶金考古

越王勾践剑暗格纹饰电子探针研究。越王勾践剑 1965 年出土于湖北江陵，青铜铸造，春秋晚期器，长 55.6cm，见图 12－15。剑格嵌绿松石和兰琉璃，剑身近格处有“越王勾践自作用剑”两行错金鸟篆铭文,铭文细处仅 0.1mm。出土时通体光彩夺目,锋利无比。剑身由相当纯的高锡青铜铸成,且饰菱形暗纹,此暗纹并非机械镶嵌在剑身之上,亦非绘制而成。菱形暗纹的化学成分与剑身的合金成分有别,2500 年前东周铜兵器上菱形暗格纹饰其制作工艺一直是考古学界的悬案。应用 JXA－8800 电子探针对古文物上的暗格纹饰进行剖析,东周铜兵器菱形暗格纹饰 Cu、Sn、Fe、Si 元素的面分布见图 12－16,结合腐蚀试验、金相及结构等方面的综合分析结果,揭示了这千古悬案。

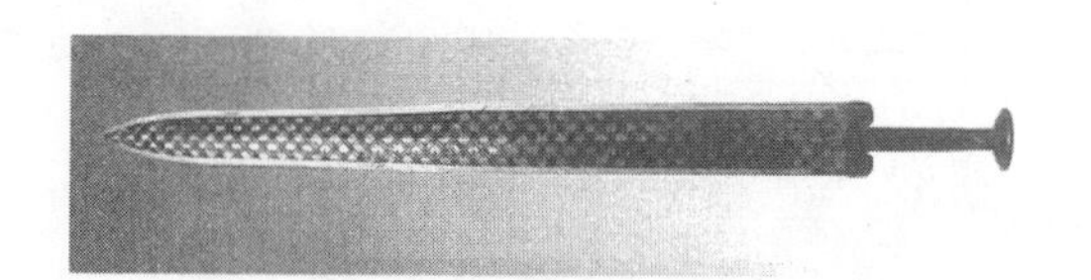

图 12－15　越王勾践剑

图 12－16　东周铜兵器菱形暗格纹饰 EPMA 面分析

7.2　冶金产品质量控制——缺陷形成原因分析

某钢厂供韩国的热轧板经用户冷轧,再经电镀锌磷化后,发现板表面存在隐约可见的条纹,如图 12－17 所示,谓之“丝状斑迹”缺陷。因韩方研究者发现热轧板酸洗后也有类似隐约缺陷,故根据形貌判定这种缺陷是由热轧氧化铁皮压入造成的。由扫描电镜形貌观察得到,宏观上丝状斑迹缺陷是由呈薄片状的锌晶粒沿轧向排列而导致局部钢板表面对于光的反射能力不同,应用电子背散射衍射技术分析电镀锌板锌层的锌晶粒取向与基板表面晶体取向的关系,呈薄片状的锌的晶粒在钢板表面高斯织构处生长,“丝状斑迹”缺陷产生的根本原因是基板表面显微织构的不均匀。对热轧钢板表面的显微织构进行分析,确认冷轧板高斯织构是热轧高斯织构遗传下来,结合生产工艺过程,找到该缺陷产生的原因,并采取对策解决。

图 12－17　韩国电镀锌磷化板

7.3　在新型材料研究中的应用

图 12－18 是一种火箭发动机喷嘴的新型材料高温试验后金相截面 EPMA 分析结果。从定性分析结果能观察出该材料在高温使用时部分元素在表面形成氧化层起保护作用,当其蒸发时吸收热量,降低火箭发动机喷嘴的温度,起到保护作用。

Al_3Ti 金属间化合物,以其低比重、高温耐氧化等优异性能,成为极具潜力的高温结构性材料,但常温脆性限制了其应用。在 Al_3Ti 金属间化合物脆性机理研究中,应用经验电子论计算

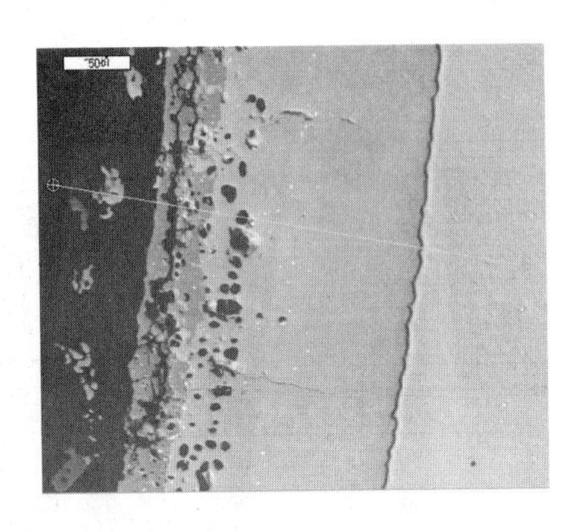

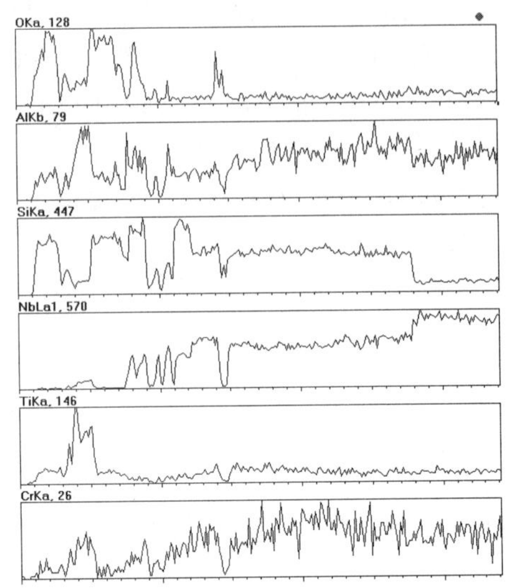

图 12-18 新型高温材料截面形貌与元素线分布

Al_3Ti 合金不同晶面解理能，得出{110}、{100}、{111}面解理能分别为 3.10、4.14、4.83 (J/m^2)。从理论计算得到 Al_3Ti 基金属间化合物其室温脆性解理开裂主要应沿{110}、{100}面，然而实验验证成为难题。应用多晶体断口解理面取向的 EBSD 分析方法，对 Al_3Ti 基金属间化合物其室温脆性解理面测量统计结果：{110}、{100}及{111}解理面分别占 62.5%、25%及 12.5%，由此可见理论计算与实验结果相吻合。图 12-19 是 Al_3Ti 基金属间化合物标有显微记号解理面形貌。

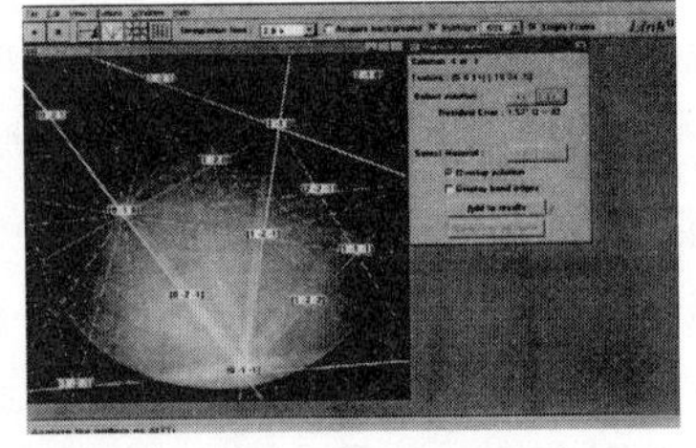

图 12-19 Al_3Ti 合金解理断面及断面电子背散射衍射谱

7.4 透射电镜在纳米材料研究中应用

纳米技术是 20 世纪 80 年代末、90 年代初才逐步发展起来的前沿交叉性技术领域，也是 21 世纪最前沿、最富活力的技术领域之一，是继信息技术和生物技术之后又一深刻影响人类社会经济发展的重大技术。图 12-20 是纳米碳管高分辨电子显微像，可以清晰地观察到管壁层数，在管壁内嵌有一个十几纳米大小的黑颗粒，能谱分析表明这是一个 Ni 金属颗粒，见图 12-21。Ni 在纳

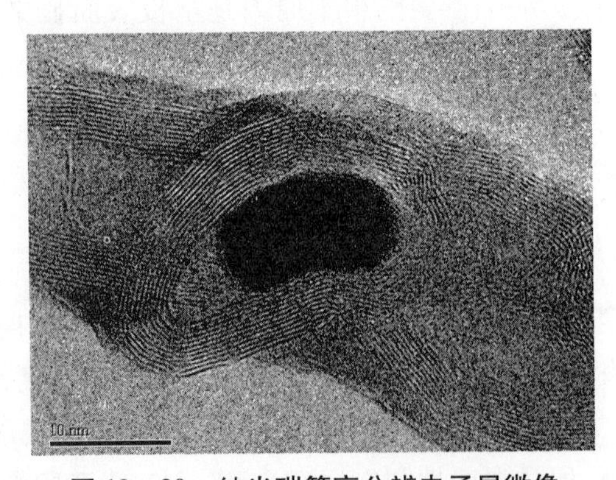

图 12-20 纳米碳管高分辨电子显微像

米碳管制备工艺中作为催化剂,催化剂颗粒处于碳纳米管内壁,为纳米管制作、生长机理研究提供实验依据。

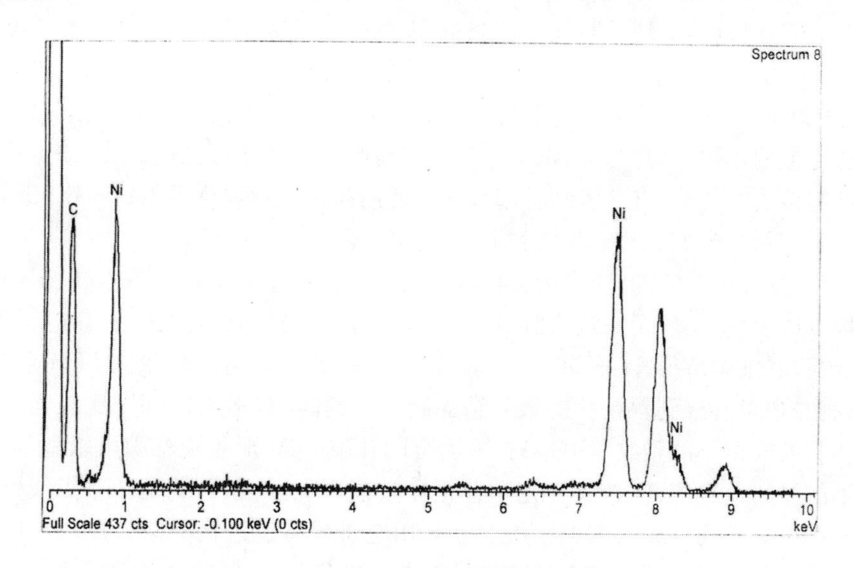

图 12－21　管壁内嵌的黑颗粒能谱定性谱图

7.5　在质量异议中的应用

某企业供加拿大一批热轧酸洗钢卷,经海运抵达港口,开包检查发现钢卷局部表面有黑斑缺陷,见图 12－22。外商认为黑斑缺陷是由于钢板表面凸起部位的擦伤所致,会影响使用性能。因此,提出 60 多万美元的赔款要求。经电子束显微分析及模拟试验,确认黑斑缺陷是在较大的挤压力下长时间的振动,在钢板表面形成反光能力不同的小平台,从而在视觉上造成了黑斑的印象。黑斑缺陷处磷化后的显微形貌和正常处完全一致。黑斑缺陷涂装之后宏观形貌没有异常,该缺陷对钢板后续的使用没有不利的影响。企业在生产、贮存与运输过程中不可能擦伤形成黑斑。据此与外商的谈判,结果避免了 60 多万美元的赔款。

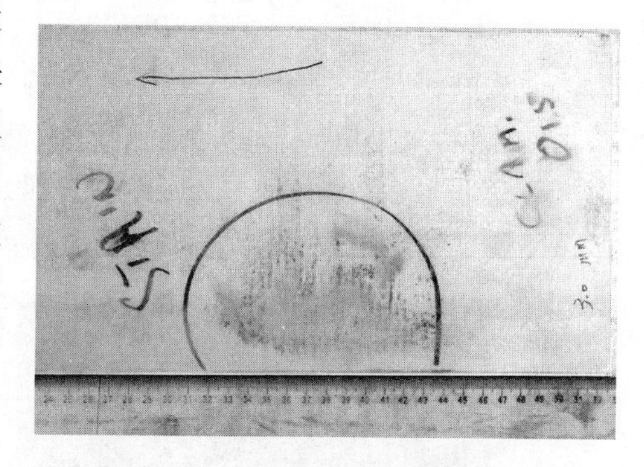

图 12－22　钢卷局部表面黑斑缺陷

8　电子束显微分析在机械装备失效分析中的应用

光学金相显微镜一般只能观察平面图像,用较高倍数观察时,试样面轻微的不平整都会影响图片质量,试样的边缘或者偶然落在检测面上的异物都无法观察清楚,除非使用图像采集功能。扫描电子显微镜具有景深大、放大倍数高的特点,它观察到的图像往往具有一定的立体感,更加直观,而且放大倍数可以到几万倍,甚至更高,在断口分析技术中起着重要的作用。在金相分析中,只需解决因镶嵌带来的样品被绝缘问题,就可以利用扫描电镜直接观察试样边缘的细微特征，如试样表层的微裂纹或点腐蚀坑，还可以区分材料本身存在的夹杂物和落在试验面上的异物，必要时可方便的利用 EDS 能谱仪做微区成分分析进行辅助判断。但扫描电镜是利用二次电子成像，以接受到反射电子能量的多少做为成像依据，一般得到的是黑白图像，对于金相组织的辨别不如光学显微镜方便。而光学显微镜价格相对较低，使用较为方便，可以观察到分析对象不同的色彩，在金相组织辨别方面无可替代，特别是在现场金相分析中具有电子显微镜无法比拟的作用和地位。认识了光学金相显微镜和电子显微镜的优、缺点后，在失效分析中充分利用各自的优势，将二者结合起来进行使用往往会到到意想不到的效果。

(1)疏松、气孔、裂纹等材料缺陷分析

铸造疏松、气孔以及铸件、粉末冶金构件中的孔隙在光学显微镜下观察往往表现为颜色相对较深的黑点或黑色区域，无法观察到其细节，只能看到缺陷分布的区域；在电子显微镜下观察，则可以看到其细微特征，从而进一步判断出缺陷性质。如铸造疏松的 SEM 形貌往往显得比较粗糙，有时还可观察到颗粒状的最后结晶组织；气孔类缺陷的底部则比较光滑，有时可以观察到气体收缩时留下的条纹状痕迹；粉末冶金的孔隙 SEM 形貌观察则可以看到细粉末彻底熔合而留下的微粉边界等；微裂纹在光学金相显微镜下观察，往往就是一条黑线，但在电子显微镜下观察则可以看到裂纹内部的情况。在利用电子显微镜进行缺陷性质判断时，还可以利用仪器上配置某的 EDAX 能谱仪对缺陷区域做微区成分分析，辅助判断缺陷性质。

地铁列车上的车钩钩头法兰为重要的结构受力件，设计为整体铸件，不允许焊接和补焊。某新品在投入使用前的磁粉探伤中发现法兰接头处存在“磁粉聚集”现象。为了分析“磁粉聚集”的原因，从磁粉聚集区域切取数个样品做金相分析，结果发现试验面有焊接特征，焊缝的底部以及基体中均存在缺陷，见图 12－23(a)，抛光态下缺陷的 SEM 形貌见图 12－23(b)，该缺陷为铸造疏松。事后调查得知，钩头法兰的生产厂家铸造后发现了铸造疏松缺陷，但舍不得报废该零件，随后采用机械方法将缺陷挖除，然后又采用焊接工艺焊补想蒙混过关，但铸造缺陷没有彻底挖干净，所以在无损检测中被发现，在随后的金相检测中还发现了补焊现象，这是一起严重的质量责任事故。

(a) 光学显微镜下的疏松形貌

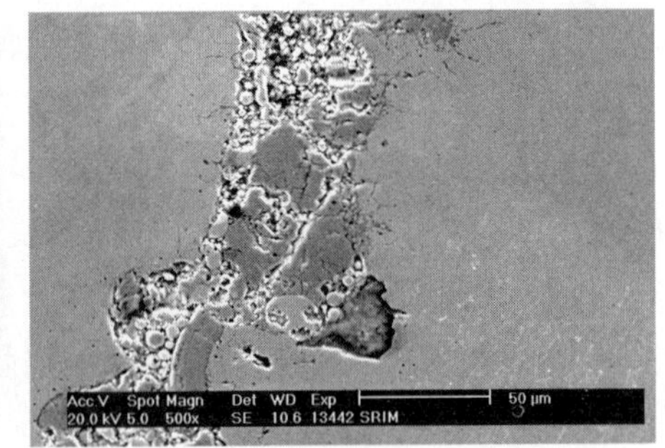

(b) 扫描电镜下的疏松形貌

图 12－23　疏松形貌

(2)晶界析出物分析

电子显微镜具有更高的放大倍数和景深，在金相分析中有时具有光学显微镜无法比拟的效果。早期高温蠕变中三角晶界处的蠕变孔洞用金相显微镜观察，很容易和原材料缺陷混淆，但在扫描电子显微镜下观察，根据蠕变孔洞独特的形貌特征就比较容易区分。某 304 不锈钢制品在服役过程中产生了沿晶腐蚀断裂，光学显微镜下放大1000倍观察，只可观察到晶界变粗，疑似有碳化物析出，见图12－24(a)，但在电子显微镜下放大到25000倍则可以清楚地观察到晶界上析出的碳化物形貌以及晶界的开裂情况，见图12－24(b)。

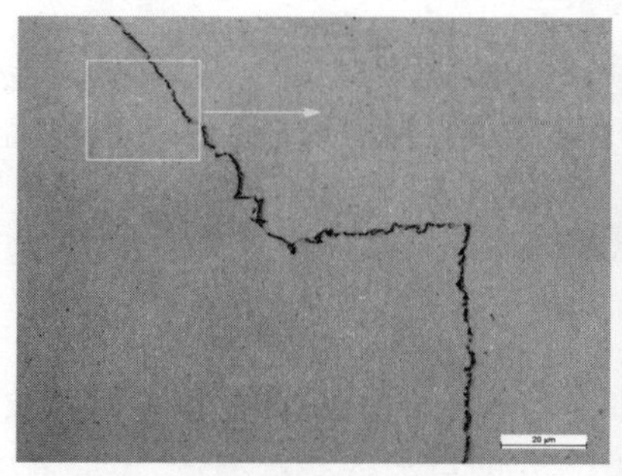

(a) 光学显微镜下的晶界碳化物

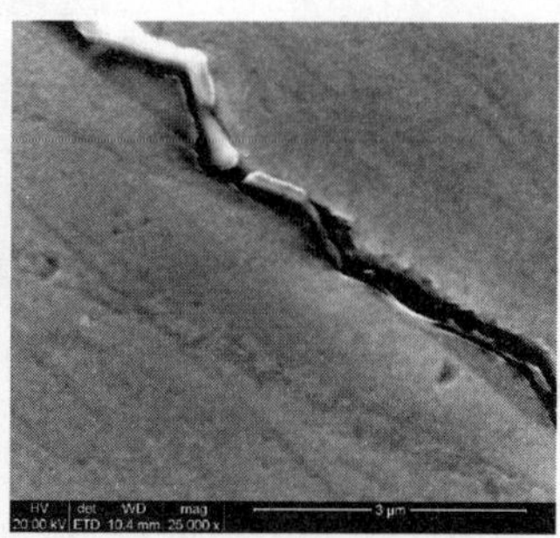

(b) 扫描电镜下的晶界碳化物

图12－24　碳化物形貌

(3)微区成分分析辅助诊断

某材质为TP304L不锈钢的三通在热处理酸洗后发现比较密集的细小裂纹状缺陷，随后对细裂纹进行打磨处理，发现表面细裂纹越打磨越深。分析时从缺陷部位切取剖面试样，抛光态SEM形貌见图12－25(a)、(b)。EDAX能谱分析发现缺陷中的异物Cr含量高达50.26%，大大超出TP304L不锈钢的技术要求Cr含量18.0%～20.0%。该缺陷是铸造时原料未充分溶解混合而形成的夹料缺陷。

(a) 剖面低倍形貌

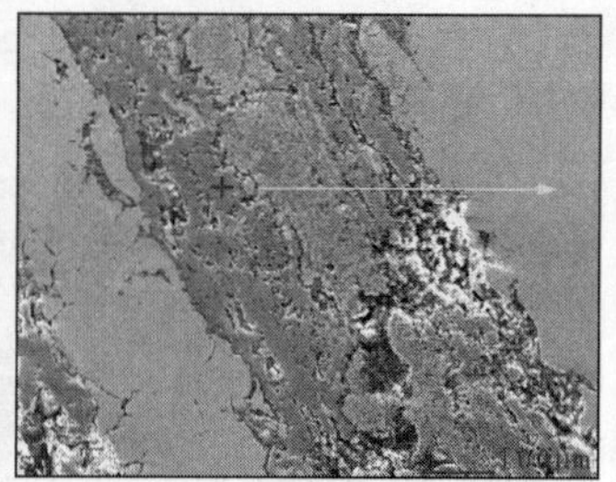

(b) 剖面高倍形貌

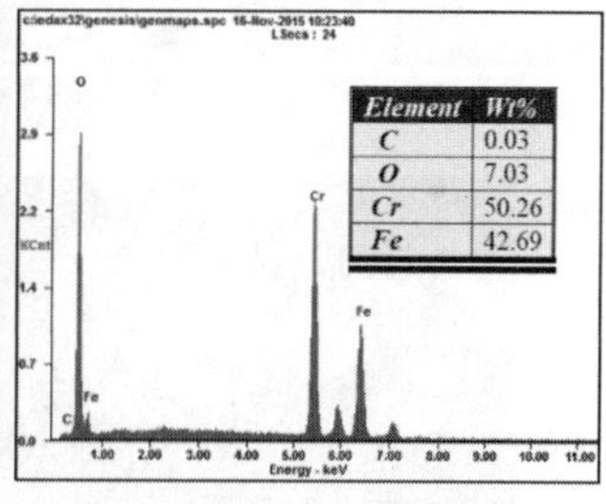

(c) 能谱分析结果

图12－25　缺陷及分析

(4)金相分析技术在失效分析中的应用举例

案例1：分析材料质量和缺陷。

某Q345R复合钢板在探伤时发现内部存在缺陷。分析时先从缺陷处截取剖面低倍试样，经磨床磨光后采用GB/T 226—1991中推荐的1∶1盐酸水溶液进行热酸蚀，经目视观察，可见形貌特征明显不同的两层钢板，在下部较厚的钢板中存在带状缺陷显示，见图12－26(a)。从缺陷处截取剖面金相试样，经镶嵌、磨抛后置于光学显微镜下做高倍观察，可见明显的疏松缺陷，缺陷周围聚集着较多非金属夹杂物，见图12－26(b)。将金相试样置于扫描电子显微镜下观察，可见明显的疏松缺陷和缺陷周围的非金属夹杂物，见图12－26(c)。综合分析后判断：该Q345R复合钢板在较厚的钢板内部存在的带状缺陷(探伤发现的缺陷)是由缩孔残余造成的。

(a)低倍组织形貌

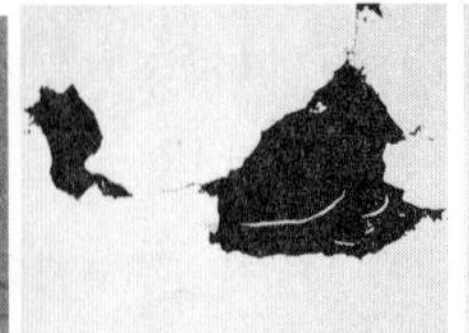
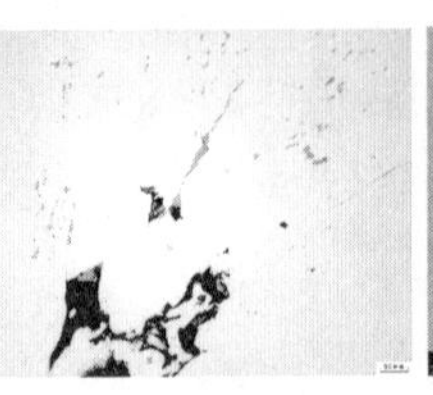
(b)光学显微镜下的疏松和夹杂物形貌

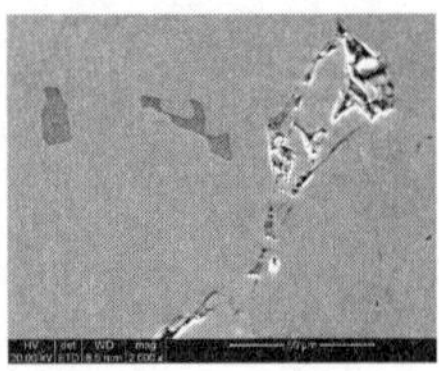
(c)电子显微镜下的疏松和夹杂物形貌

图 12-26　残余缩孔缺陷

案例 2:点腐蚀坑引起疲劳断裂。

某风力发电机组变桨轴承外圈在使用 2~3 年时发生断裂,断裂面穿过了螺栓孔,见图 12-27。宏观观察,断裂面整体上比较平坦、细腻,存在明显的疲劳贝壳纹,根据贝壳纹的逆指向判断疲劳开裂起源于螺栓孔内表面,如图中椭圆形标识,该区域存在数个台级,为多源特征,存在螺纹挤压压痕和机械损伤,台级式疲劳源处观察到数个颜色较深的半圆状痕迹,螺栓内孔表面存在锈蚀特征。

(a)断裂的轴承外圈

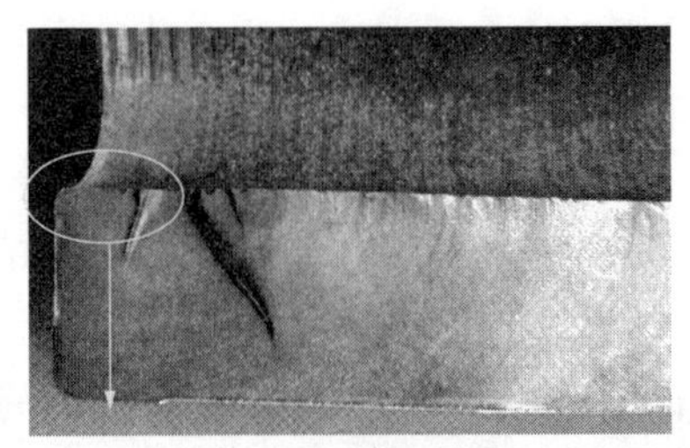
(b)断口上的贝壳纹

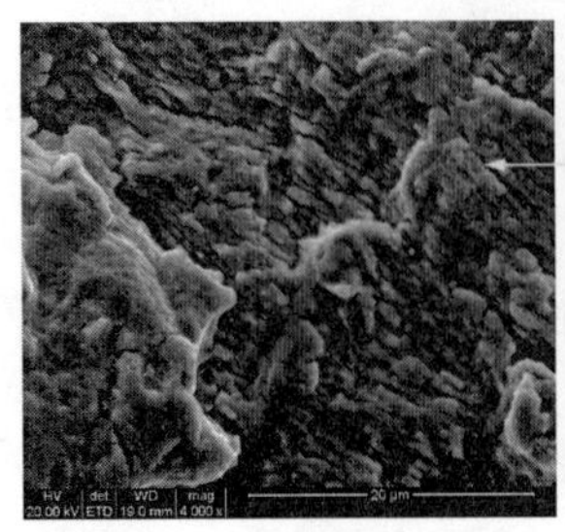
(c)疲劳辉纹

(d)疲劳源区的放射纹

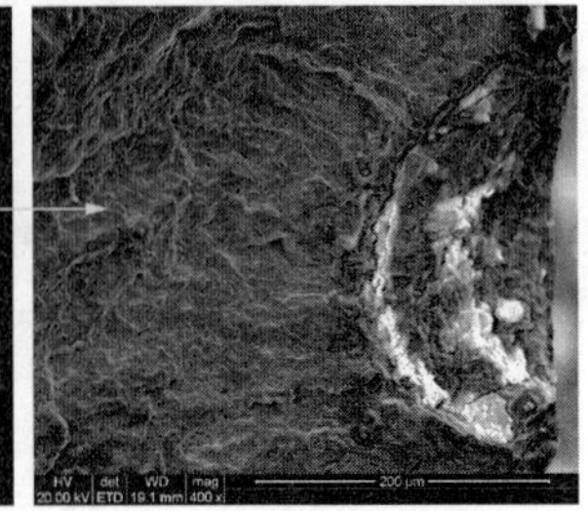
(e)疲劳源区的点腐蚀坑

图 12-27　轴承外圈断口分析

案例 3:聚集夹杂物引起脆性开裂。

同批次生产的输出齿轮轴材料为 18CrNiMo7-6 钢,在经过渗碳和热处理后检查未发现裂纹,在随后的加工过程中以及库存期间均发现有开裂现象,裂纹形态基本相同,呈纵向开裂。将裂纹面打开后宏观观察,可见明显的放射纹路,其收敛位置位于轴的次表面,为开裂源区,见图 12-28。

断口微观观察结果显示裂纹源区存在 3.73mm×(0.16~0.17)mm 的呈轴向密集分的颗粒状物质,见图 12-28(c)、(d)。经 EDAX 能谱分析,结果表明为氧化铝类夹杂物,靠近该区域以及断口的其他区域 SEM 形貌相同,为沿晶+准解理+少量韧窝,为脆性断口特征,见

图 12－28(b)。结合该齿轮轴延迟性开裂的特点,最终得出结论,输出齿轮轴为内裂,其主要原因是材料内部存在聚集分布的颗粒状夹杂物,破坏了材料的连续性,形成应力集中和局部氢浓度升高,在较大的残余内应力作用下产生了氢致延迟性开裂的二级失效模式。

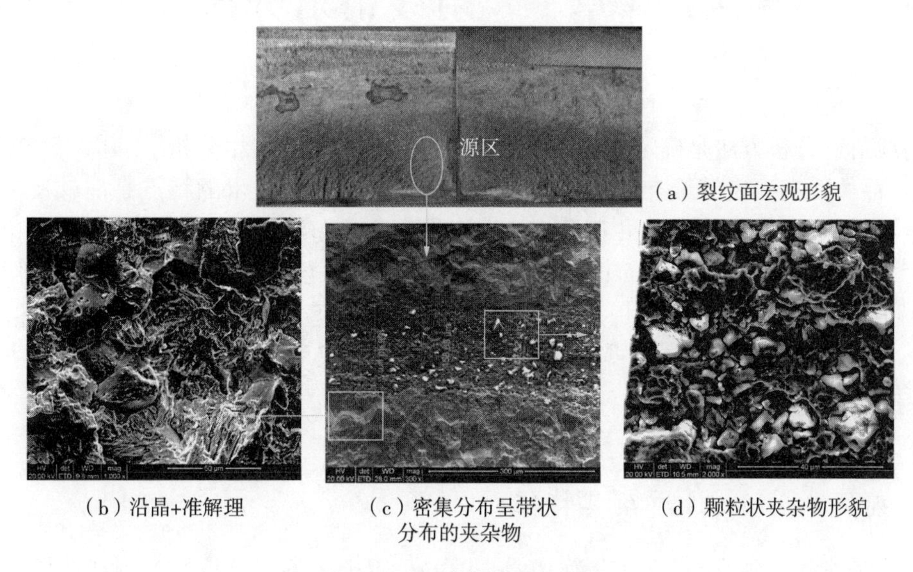

(a)裂纹面宏观形貌

(b)沿晶+准解理

(c)密集分布呈带状分布的夹杂物

(d)颗粒状夹杂物形貌

图 12－28　齿轮轴断口分析

第13章　X射线衍射分析

X射线衍射分析方法是确定物质的晶体结构、定性和定量物相分析、点阵常数精确测定、应力测定、晶体取向测定等最有效最准确的方法。X射线分析技术的特点是能够反映大量原子的散射行为的统计结果,此结果和材料的宏观性能有良好的对应关系。X射线理论比较复杂,在本章中仅就其一般性质作简单的阐述,摒弃了复杂的数学物理计算和公式的推导,重点是X射线在材料检测领域的应用,并就一些难点问题的处理方法进行比较详细的叙述。

1　X射线的基本原理

1.1　X射线的产生、性质及其特征

X射线是一种电磁波,波长范围为$10^{-3}\sim10^{1}$nm,用于X射线分析的X射线波长为0.05～0.25nm。产生X射线的机制有多种方式,高功率、易调控的实用X射线源有三类:强流恒源、同步辐射和强脉冲源。强流恒源型装置稳定,价格低廉,实用,维护简单。在一种类似热阴极二极管的装置内,用一定材料制成块状阳极(靶)和阴极(灯丝)密封在一个玻璃——金属管壳内,阴极在高压作用下产生大量热电子、在高速电场作用下飞向阳极,在和阳极碰撞瞬间产生X射线。图13-1就是强流恒源型X射线产生的基本原理图(热阴极X射线管)。同步辐射源价格昂贵,对测试技术要求非常高。其优良特性是,频谱非常宽,发散角非常小而且亮度非常大等,一般常用于常规X射线无法进行的许多重大实验研究项目。强脉冲源称为硬X射线,只在某些特殊实验室有应用。

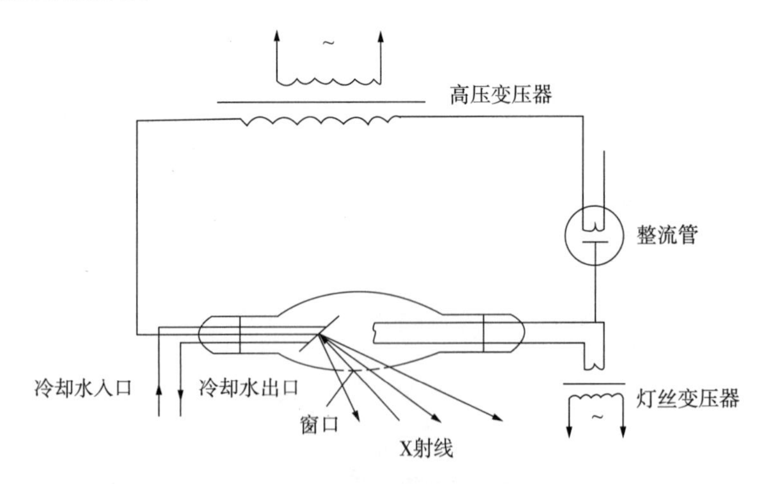

图13-1　X射线发生装置示意图

X射线的组成(谱)随实验条件发生变化。热阴极X射线管发射的X射线谱有两种类型:

连续 X 射线谱和特征 X 射线谱。在 X 射线管两极间加上一定的高压,并维持一定的管流,就可以得到连续 X 射线谱,因其强度随波长连续变化,故常称为多色(白色)X 射线谱。它包含了从某一短波极限(λ_{SWL})开始的波长大于 λ_{SWL} 的所有辐射。连续 X 射线谱线上均具有一个短波限 λ_{SWL},波峰处存在一最大 X 射线辐射强度值。连续 X 射线谱(辐射强度)与管电压(U)、管电流(i)和阳极靶材料的原子序数(z)密切相关,有如下实验规律(见图 13-2):

(1)管压升高,各波长的辐射强度均升高,λ_{SWL} 和对应最大辐射强度的波长减小;

(2)管流增加,各波长的辐射强度均升高,λ_{SWL} 和对应最大辐射强度的波长保持不变;

(3)保持管流和管压不变,阳极靶的原子序数越高,连续谱的辐射强度越高,但不同原子序数下的 λ_{SWL} 和对应最大辐射强度的波长相同。

当 X 射线仅产生连续谱时,X 射线管的效率非常低。

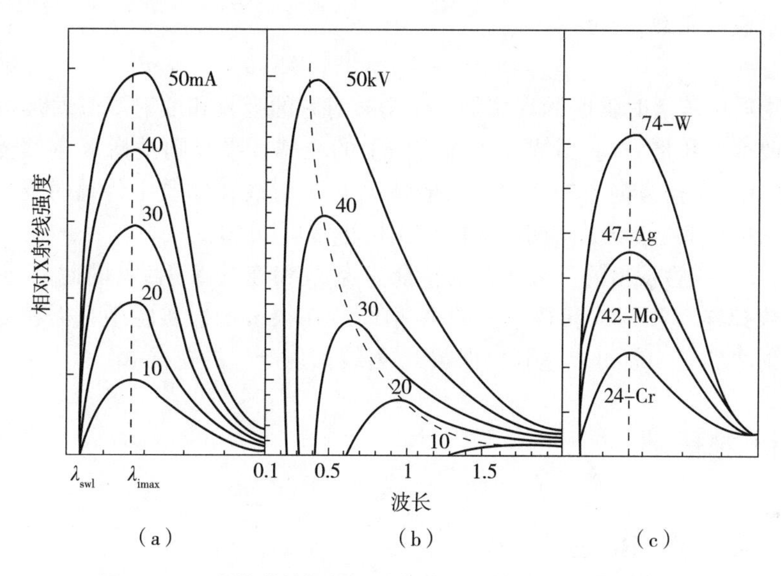

图 13-2　连续谱的辐射强度与管压、管流和阳极靶的关系

X 射线强度和管压、管流以及靶材有关。在管压至某一特定值时,连续谱的某些特定位置上会产生一系列强度很高、波长范围很窄的线状光谱,其波长完全取决于靶面物质的原子序数 z,对一定材料的阳极靶有严格的恒定数值,可作为靶材的特征或标志。由此,也称为特征谱或标识谱。特征谱不受管压、管流的影响,仅决定于靶材元素的原子序数。原子序数越大,波长越短。特征谱线波长 λ 与发射该谱的靶物质原子序数 z 之间的关系遵从莫塞来定律

$$\sqrt{\frac{1}{\lambda}} = K_2(z-\sigma) \tag{13-1}$$

式中,K_2 和 σ 均为常数。

当所加的管电压大于某一临界值(称为激发电压)时,管中高速运动的电子与靶原子作用,靶原子核外电子获得能量从某一层跃迁至另一层,在此过程中通过发射 X 射线释放能量。以波长 λ 递增顺序,将各系列射线分别称为 K 系、L 系等特征 X 射线。其中 K 系特征 X 射线一般由 K_α 和 K_β 二谱线构成。譬如,K 激发态的原子中,若由一 L 层电子跃迁至 K 层所发出的 X 射线即为 K_α 特征谱线。

上述规律表明,通过测定被测物质特征谱线的波长即可确定该物质的原子序数。

1.2 X 射线和物质相互作用过程中的吸收、散射和透射

X 射线和物质相互作用过程中的吸收、散射和透射是 X 射线应用的基础。

当 X 射线照射到物质上时会产生和入射波相同的相关散射。各原子的相干散射波有可能在空间特定方向上相互干涉而发生衍射。衍射线的方向、强度和线形包含了大量物质结构信息。方向决定于晶体的点阵类型、点阵常数、晶面指数以及 X 射线波长；强度除与上述因素有关外，还决定于构成晶体各元素的性质及原子在晶胞中的位置；线形反映了晶体内部缺陷。

X 射线在物质中传播时，随路程的增加，其强度不断衰减。如果被穿行的物质由 $A_1, A_2, \cdots, A_n$ 等元素所组成，各元素的质量分数和衰减系数分别为 $W_1, W_2, \cdots, W_n$ 和 $\mu_1, \mu_2, \cdots, \mu_n$ 等，那么该物质的总质量衰减系数 μ_m 为

$$\mu_m = W_1\mu_1 + W_2\mu_2 + \cdots + W_n\mu_n \qquad (13-2)$$

X 射线在物质中传播时强度的衰减是由于物质对它的吸收和散射。散射是指 X 射线光子与物质相遇时改变了传播方向，造成原传播方向上的衰减。吸收则是指 X 射线光子与物质相遇而被俘获，造成原传播方向上的减弱。一般情况下 X 射线在物质中传播时强度的衰减主要是由于物质对它的吸收所造成的，而散射的作用极小常可以忽略。

另一方面，X 射线管发出的只能是靶的特征 X 射线和连续 X 射线，因此，X 射线实验中常用滤波片来吸收掉连续 X 射线获得单一的 K_α 射线。在很多衍射实验中只需将滤波片放置在入射光路或衍射光路之中就可以达到仅保留 K_α 射线衍射产生的花样。

2 X 射线衍射基础

2.1 衍射的布拉格(Bragg)方程

X 射线经物质散射后，散射线会在空间呈有规律的方向性强弱分布，此即衍射效应。衍射线的分布规律与入射 X 射线的组成和物质的晶体结构有关，通过一定的记录手段(如照相法、多晶衍射仪)就可以将衍射花样记录下来以备将来对其进行晶体结构、物相构成分析等。

衍射应满足布拉格(Bragg)方程

$$2d_{hkl}\sin\theta = n\lambda \quad n = 1,2,3,\cdots \qquad (13-3)$$

图 13-3 是其示意图。d 为晶面间距；λ 为 X 射线波长；θ 是入射线和反射线与反射晶面的夹角，称为掠射角，对于一定的 λ，严格满足上式的 θ 常表示为 θ_{hkl}，称为布拉格角。(hkl) 为晶面指数，亦称干涉指数。

该式可以理解为：晶体对 X 射线的衍射可以看成是晶体中某一晶面(hkl)对 X 射线的镜面反射，相邻晶面反射线的波程差必须是 X 射线波长的整数倍 n，n 即为发射级数。

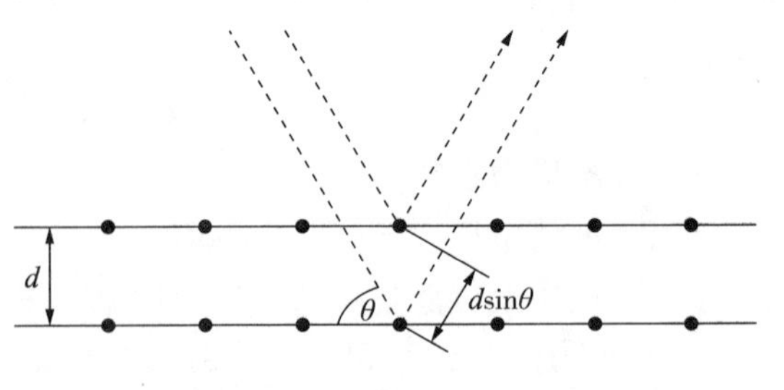

图 13-3 布拉格方程的示意图

2.2　X 射线衍射强度

满足布拉格衍射条件是产生 X 射线的前提，X 射线衍射规律是分析物质结构的基础。在 X 射线衍射的定量分析和定性分析中常用到衍射强度（相对）。

对于多晶体，某一晶面的理论衍射强度可表示为

$$I=\frac{I_0}{32\pi R}\cdot\frac{e^4}{m^2c^4}\cdot\frac{\lambda^3}{V_0^2}\cdot V\cdot|F|^2\cdot P\cdot\frac{1+\cos^2 2\theta}{\cos\theta\sin^2\theta}\cdot \mathrm{e}^{-2m}\cdot R(\theta) \qquad (13-4)$$

式中，I_0为入射光束强度；λ 为 X 射线的波长；R 为试样至衍射环的距离；e、m 分别为电子电量和质量；c 为光速；V_0为晶胞体积；V 为试样被 X 射线照射的体积；F 为结构因子；P 为多重性因数；$\frac{1+\cos^2 2\theta}{\cos\theta\sin^2\theta}$为角因子；$\mathrm{e}^{-2m}$ 为温度因子；$R(\theta)$为吸收因子，对衍射仪 $R(\theta)=\frac{1}{2\mu_m}$。

入射线并非严格单色，要测定 I_0的绝对值比较困难，绝对强度也就很难计算。然而，在衍射分析中，常只需计算和比较同一试样中各衍射线的相对强度（积分强度）。式（13-4）中 e、m、c 是固定的物理常数，在同一衍射花样中，I_0、λ、R 和 V 均为定值。因此，对同一衍射花样而言，各物相衍射线相对强度也可表示为

$$I=C\cdot|F|^2\cdot P\cdot\frac{1+\cos^2 2\theta}{\cos\theta\sin^2\theta}\cdot \mathrm{e}^{-2m}\cdot R(\theta) \qquad (13-5)$$

式中，$C=\frac{I_0}{32\pi R}\cdot\frac{e^4}{m^2c^4}\cdot\frac{\lambda^3}{V_0^2}\cdot V$，对同一衍射花样而言，$C$ 值只与单位体积内的晶胞数（设 $V=1$）或者与晶胞体积相关。$R(\theta)$和 e^{-2m}都受 2θ 角变化的影响，且二者随 2θ 变化呈一增一减的相反趋势变化，虽然它们的数值并不完全相等，但在做近似计算时大致可以抵销，故近似计算中相对强度又可简化为

$$I=C\cdot|F|^2\cdot P\cdot\frac{1+\cos^2 2\theta}{\cos\theta\sin^2\theta} \qquad (13-6)$$

晶体实现衍射，其衍射束在某一方向行进的充要条件是必须满足布拉格方程而且结构因数不为零。假定(x_j,y_j,z_j)为晶胞中原子 j 的坐标，由晶体的衍射理论，结构因数（F）可用下式计算：

$$F=\sum_{j=1}^{n}f_j\exp[i2\pi(h\cdot x_j+k\cdot y_j+l\cdot x_j)] \qquad (13-7)$$

式中，h、k、l 为晶面指数；f_j 为晶胞中原子 j 的原子散射因数；n 为晶胞内的原子数。

下面给出几种典型晶体结构的结构因数计算实例。

例 13-1　结构因数计算。

（1）钨结构。体心立方点阵每一阵点与一个原子相对应，单位晶胞含 2 个原子，坐标分别是[0 0 0]和$[\frac{1}{2}\ \frac{1}{2}\ \frac{1}{2}]$。故有

$$\begin{aligned}F&=f_\mathrm{W}\exp[i2\pi(h\cdot 0+k\cdot 0+l\cdot 0)]+f_\mathrm{W}\exp\left[i2\pi\left(h\cdot\frac{1}{2}+k\cdot\frac{1}{2}+l\cdot\frac{1}{2}\right)\right]\\&=f_\mathrm{W}\{1+\exp[i\pi(h+k+l)]\}\end{aligned}$$

当 $h+k+l=$偶数时，$F=2f_\mathrm{W}$；

当 $h+k+l=$奇数时，$F=0$。

因此,对于钨结构(或体心立方结构),只有 $h+k+l=$ 偶数的衍射线,而不会出现 $h+k+l=$ 奇数的衍射线(称为系统消光)。可以得出,体心点阵有衍射的面指数 $m=h^2+k^2+l^2$ 数列为 2,4,6,8,10,…,对应面指数为(110),(200),(211),(220),(310),…

(2)金刚石结构。面心立方点阵,每一阵点对应 2 个碳原子,单位晶胞含有 8 个原子,原子散射因数 f_C,原子坐标分别为 $[0\ 0\ 0][\frac{1}{2}\ \frac{1}{2}\ 0][\frac{1}{2}\ 0\ \frac{1}{2}][0\ \frac{1}{2}\ \frac{1}{2}][\frac{1}{4}\ \frac{1}{4}\ \frac{1}{4}][\frac{3}{4}\ \frac{3}{4}\ \frac{1}{4}]$ $[\frac{3}{4}\ \frac{1}{4}\ \frac{3}{4}][\frac{1}{4}\ \frac{3}{4}\ \frac{3}{4}]$。故有

$$F=f_C\left[\begin{matrix}1+e^{i\pi(h+k)}+e^{i\pi(h+l)}+e^{i\pi(k+l)}+e^{i\pi(h+k+l)/2}+e^{i\pi(3h+3k+l)/2}+\\ e^{i\pi(3h+k+3l)/2}+e^{i\pi(h+3k+l)/2}\end{matrix}\right]=$$

$$f_C[1+e^{i\pi(h+k+l)/2}]\cdot[1+e^{i\pi(h+k)}+e^{i\pi(h+l)}+e^{i\pi(k+l)}]$$

此时,计算结果中有虚数比较难以直接判断,故计算 F^2 并简化可得

$$F^2=\begin{cases}64{f_C}^2, & h、k、l\text{ 全为偶数,且 }h+k+l=4n\\ 0, & h、k、l\text{ 全为偶数,且 }h+k+l=2(2n+1)\\ 32{f_C}^2, & h、k、l\text{ 全为奇数}\\ 0, & h、k、l\text{ 奇偶混合}\end{cases}$$

可见,金刚石点阵的结构因子及衍射条件是比较复杂的。

(3)岩盐结构。面心立方点阵,每一阵点对应一个钠原子和一个氯原子,单胞内含钠原子和氯原子各 4 个,钠原子位于 $[0\ 0\ 0][\frac{1}{2}\ \frac{1}{2}\ 0][\frac{1}{2}\ 0\ \frac{1}{2}][0\ \frac{1}{2}\ \frac{1}{2}]$,氯原子则位于 $[\frac{1}{2}\ 0\ 0]$ $[0\ \frac{1}{2}\ 0][0\ 0\ \frac{1}{2}][\frac{1}{2}\ \frac{1}{2}\ \frac{1}{2}]$。其原子散射因数分别用 f_{Na} 和 f_{Cl} 表示。故有

$$\begin{aligned}F&=f_{Cl}[e^{i\pi h}+e^{i\pi k}+e^{i\pi l}+e^{i\pi(h+k+l)}]+f_{Na}[1+e^{i\pi(h+k)}+e^{i\pi(h+l)}+e^{i\pi(k+l)}]\\&=[f_{Na}+f_{Cl}e^{-i\pi h}][1+e^{i\pi(h+k)}+e^{i\pi(h+l)}+e^{i\pi(l+k)}]\end{aligned}$$

显然,可导出如下的结果

$$F=\begin{cases}4(f_{Na}+f_{Cl}), & h、k、l\text{ 为全偶数}\\ 4(f_{Na}-f_{Cl}), & h、k、l\text{ 为全奇数}\\ 0, & h、k、l\text{ 为奇偶混合}\end{cases}$$

因此,岩盐结构的衍射线在 h,k,l 全偶时较强,全奇时较弱,奇偶混杂时消光。

(4)镁结构。密排六方结构,简六方点阵,每一阵点对应 2 个原子,单位晶胞含 2 个原子,位于 $[0\ 0\ 0][\frac{1}{3}\ \frac{2}{3}\ \frac{1}{2}]$。故有

$$F=f_{Mg}[1+e^{i2\pi(\frac{h+2k}{3}+\frac{1}{2})}]$$

$$F^2=4f_{Mg}^2\cos^2\pi\left(\frac{h+2k}{3}+\frac{1}{2}\right)$$

可见:

$h+2k=3n,l=3n'$(n、n' 为任意整数),$F^2=4f_{Mg}^2$;

$h+2k=3n,l=2n'+1$(n、n' 为任意整数),$F^2=0$;

$h+2k=3n+1,l=2n'$(n、n' 为任意整数),$F^2=f_{Mg}^2$;

$h+2k=3n+1, l=2n'+1$（n、n'，为任意整数），$F^2=3f_{Mg}^2$。

因此，镁结构的 hkl 衍射线，除 $3+2k$ 为 3 的整数倍且 l 为奇数时消光外，均有衍射线出现。

结构因数的计算不仅能判定该晶体点阵的类型而且能判定其所具有的全部微观对称元素，即将其所属空间群的可能范围缩至很小（往往是几个空间群具有统一的消光）。结构因数决定于晶体的结构，因而 X 射线衍射成为探索有关物质的晶体结构和晶体取向的强力和普适手段。

目前，利用多晶衍射仪方法来测定晶体的结构、判定物质的相构成已经成为一种普遍通用的手段。X 射线衍射仪由 X 射线发生装置、测角仪、辐射探测器、自动控制和记录单元等部分组成。衍射仪记录的花样是一组强衍射峰和衬于其下的强度变化平缓的背底（$I-2\theta$ 曲线），$I-2\theta$ 曲线在扣除背底后所提供的主要信息就是各衍射线的峰形、峰位和峰下的面积。多晶衍射仪方法具有方便、快速、准确等优点，已成为晶体衍射分析的主要设备。

利用 X 射线衍射获得的 $I-2\theta$ 衍射花样，可以判定物相的组成，分析点阵参数的变化以及进行宏观应力测定。要准确测定和判别晶体结构等信息，对影响 $I-2\theta$ 衍射曲线的多种因素必须予以重视：

（1）粉末样品的粒度和形状。一般要求粉末样品的颗粒呈球形且均匀分布，颗粒度 0.5 ~ 5μm。非球形颗粒样品制样时易产生择优取向，使得参与衍射的晶粒较少，衍射峰不光滑，甚至出现畸形，使得峰位测量误差加大，而且颗粒粗大时的初级和次级消光效应不容忽视。

（2）清除应力。试样的微观应力会导致衍射峰宽化，宏观应力则使峰位偏离。

（3）峰形与峰位。一般的定位记数和测量峰高的方法受样品粒度影响非常大。采用测定积分强度的方法，虽没有前述误差，但仍存在峰尾效应、线形的微小重叠及背底的去除方法等误差。通常采用的方法有：直接以峰尖位置对应的 2θ 作为 $2\theta_{hkl}$，适用于要求不高的实验；精细试验中常采用自背底到峰顶的半高宽中点对应的 2θ 作为 $2\theta_{hkl}$；也可用过峰顶曲线的等距 3 点做抛物线，然后以抛物线的顶点 2θ 作为 $2\theta_{hkl}$；此外，在衍射理论研究中还常常以峰下面积的重心的 2θ 作为 $2\theta_{hkl}$。

（4）重叠衍射线的分离造成的误差。有些物相衍射峰重叠较多，有时需要分离重合峰。对于标准状态常常可以根据卡片的强度比列来分离重叠衍射线的衍射强度（参见后面的分析实例）。

（5）温度应保持恒定，避免波动。

（6）峰高应大于背底波动的 4 倍或约为半高宽的 4 倍。

一般在比较精确控制的条件下，衍射强度测定误差不大于 3% ~5%，相应的定量分析误差在 ±3% ~ ±5% 范围内。

3　X 射线衍射在材料检测中的应用

3.1　物相的定性和定量分析

物质的性质不仅与化学成分有关，而在很大程度上取决于其相组成。在试样的元素信息和某些物性信息已知的条件下，或在化学成分和其他物相分析法的配合下，X 射线分析的结果往往是正确的。

X 射线物相分析的依据是:每一种物相均有固定不变的衍射花样,因而,只要将待测物相的 X 射线衍射花样和纯物质标准的的衍射图谱(如 ASTM 卡片或 PDF 卡片)逐一对照(比),就可判定物质的相组成,即定性分析。鉴于各相的衍射线的累积强度和其在试样中的含量成正比,因此,通过不同相的衍射线累积强度互比,就可进行相的定量分析。

3.1.1 未知物相的分析

原则上采用 ASTM 或 PDF 卡片逐一对比法。ASTM 卡片库记录了数万种纯物质的物理数据。包括化学、晶体学以及用于 X 射线分析的所有衍射线晶面间距 d 和相对衍射强度值等信息。

PDF 卡片格式示于图 13-4。其中,1 为卡片序号;2、3 为物相名;4 为试验条件;5 为晶体学数据;6 为光学数据;7 为试样的参考资料;8 为花样的质量标志(★最可信;i 次之;o 稍差;*C* 计算值);9 为各衍射线的(*hkl*)以及相应的 *d* 和 I/I_1 值,

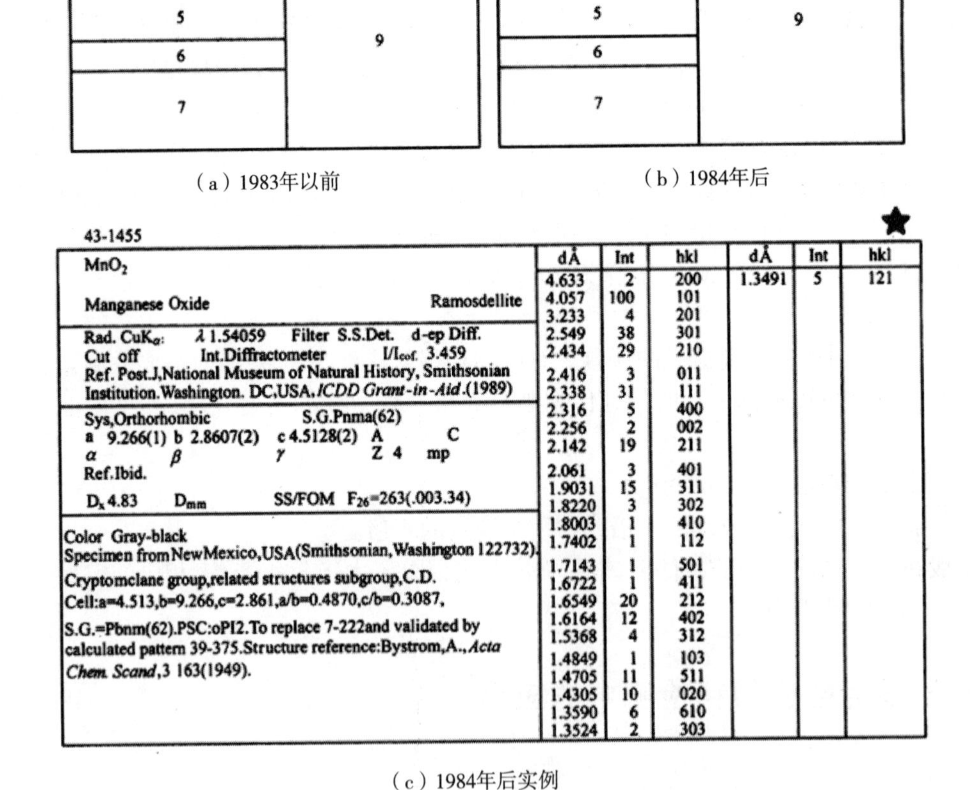

(a)1983年以前

(b)1984年后

43-1455

MnO2

Manganese Oxide Ramosdellite

Rad. CuKα: λ 1.54059 Filter S.S.Det. d-ep Diff.
Cut off Int.Diffractometer I/Icor. 3.459
Ref. Post.J,National Museum of Natural History, Smithsonian Institution.Washington. DC,USA.*ICDD Grant-in-Aid*.(1989)

Sys,Orthorhombic S.G.Pnma(62)
a 9.266(1) b 2.8607(2) c 4.5128(2) A C
α β γ Z 4 mp
Ref.Ibid.
Dx 4.83 Dmm SS/FOM F26=263(.003.34)

Color Gray-black
Specimen from NewMexico,USA(Smithsonian,Washington 122732).
Cryptomclane group,related structures subgroup,C.D.
Cell:a=4.513,b=9.266,c=2.861,a/b=0.4870,c/b=0.3087,
S.G.=Pbnm(62).PSC:oPI2.To replace 7-222and validated by calculated pattern 39-375.Structure reference:Bystrom,A.,*Acta Chem. Scand*,3 163(1949).

★

dÅ	Int	hkl	dÅ	Int	hkl
4.633	2	200	1.3491	5	121
4.057	100	101			
3.233	4	201			
2.549	38	301			
2.434	29	210			
2.416	3	011			
2.338	31	111			
2.316	5	400			
2.256	2	002			
2.142	19	211			
2.061	3	401			
1.9031	15	311			
1.8220	3	302			
1.8003	1	410			
1.7402	1	112			
1.7143	1	501			
1.6722	1	411			
1.6549	20	212			
1.6164	12	402			
1.5368	4	312			
1.4849	1	103			
1.4705	11	511			
1.4305	10	020			
1.3590	6	610			
1.3524	2	303			

(c)1984年后实例

图 13-4 PDF 卡片格式示意图

当被测物质的化学成分完全未知的条件下一般采用 Hanawalt 法(在哈氏索引中,三强线轮流排在首位,以方便检索和增加检索机会)。利用三强线确定出物质中的一个相,然后对剩下

的衍射线用标准化后的三强线依次确定。当有多个相时,有时需多次反复确定某一相。

操作要点:(1)仔细测取被检试样的衍射花样,根据三强线选出可能的卡号。(2)逐一和试样的对比,综合已知的测试信息确定出一相。如不成功,则另选三强线和可能卡号重新进行检索,直至确定出第一相。(3)用同样的方法确定其他未知相。应该注意,对可能重合的线条不宜只归一相;挑选最强线时,有时可能挑出的几条谱线分属于不同物相,以致查找不到一个能全部包括它们的物相,此时,可以多挑选一些谱线做不同的组合再行查找。对于确定的相,基本上卡片上的 8 强线的强度比例和晶面间距均应能够一一对上。

Fink 法为四强线法,查询方法同上。

字母顺序索引(alphabetical index)法。当已知主要化学成分时,可应用字母顺序查找可能的卡片,并和试样的衍射图谱进行比对。

目前,已有计算机数据库可以进行自动检索和快速分析。

3.1.2　已知物相的大致组成

已知平衡条件下某一成分合金的相构成,可把某一试样的所有相的 XRD 图谱和 ASTM 卡片上几种可能相的衍射线谱的晶面间距(d)、相对衍射强度(I)逐一对比就可确定出该试样的相构成。对于可能出现的一些未知相则可根据已有的一些相关研究报道结合 EDS 的测定结果共同确定。

例 13－2　被检测物质的衍射数据列于表 13－1 中的(1)、(4)列,试作物相分析。已知该物质含金属铋。用铜靶,35kV,20mA,$\lambda_{k_\alpha}=0.154178$nm。

解:利用字母索引首先捡出 Bi 线(卡号 5－0519),然后对其余的衍射线利用哈氏检索法,得到可能的卡号 5－0550,经与卡片对比,该卡号与其余的衍射线非常吻合。因此,可断定该物质中尚有 UO_2(5－0550)。

表 13－1　被检物质的衍射数据(附可比卡片)

测试数据				重排		PDF(ASTM)卡片 5－0519Bi			PDF(ASTM)卡片 5－0550UO_2		
(1)	(2)	(3)	(4)	(5)	(6)						
编号	$2\theta/(°)$	d/nm	I/I_1	I/I_1	d/nm	d/nm	I/I_1	hkl	d/nm	I/I_1	hkl
1	27.36	0.326	很强	很强	0.326	0.328	100	102			
2	28.33	0.315	强	强	0.315				0.316	100	111
3	32.56	0.275	中	强	0.234	0.235	50	014			
4	38.47	0.234	强	强	0.225	0.227	50	110			
5	40.07	0.225	强	中	0.275				0.274	48	200
6	44.63	0.203	很弱	中	0.194				0.193	49	220
7	45.82	0.198	弱	中	0.187	0.186	30	022			
8	46.82	0.194	中	中	0.165				0.165	47	311
9	48.69	0.187	中	中	0.162	0.163	20	204			
10	55.70	0.165	中	中	0.150	0.149	20	116			
11	56.82	0.162	中	中	0.145	0.144	27	212			

续表

测试数据				重排		PDF(ASTM)卡片 5-0519Bi			PDF(ASTM)卡片 5-0550UO_2		
(1)	(2)	(3)	(4)	(5)	(6)						
编号	$2\theta/(°)$	d/nm	I/I_1	I/I_1	d/nm	d/nm	I/I_1	hkl	d/nm	I/I_1	hkl
12	58.81	0.157	很弱	弱	0.198	0.196	18	113			
13	61.85	0.150	中	弱	0.131	0.133	13	124			
14	64.23	0.145	中	弱	0.125				0.126	18	331
15	72.09	0.131	弱	弱	0.123				0.122	15	420
16	76.15	0.125	弱	弱	0.113	0.114	10	220			
17	77.62	0.123	弱	弱	0.104				0.105	15	511
18	86.03	0.113	弱	弱	0.093				0.092	15	531
19	87.97	0.111	很弱	很弱	0.203	0.201	7	105			
20	91.08	0.108	很弱	很弱	0.157				0.158	13	222
21	93.31	0.106	很弱	很弱	0.111				0.112	13	422
22	95.67	0.104	弱	很弱	0.108	0.109	7	306			
23	111.97	0.093	弱	很弱	0.106	0.107	7	132			

3.1.3 物相的定量分析

上述的定性分析工作只能确定试样的相构成，而相构成中不同相相对含量的测定则由X射线的定量分析方法来计算。

定量分析方法理论上有多种：Zevin的无标法不需纯相及加入内标物质，只需已知各相的质量吸收系数，n个相只需n个n元一次方程；联立方程法只需加入一种参考物质，然后由各相的衍射线积分强度联立方程先求出K值，然后即可用绝热法计算出相组成。

研究结果证实，上述两种方法虽不需纯相、应用简单，但不适合多相物质（超过3个）以及各物相含量相差不大的条件下的物相分析。因为，采用不同试样相互关联的联合解法，在联立求解时可造成误差的传递和叠加，而且在试样有限的条件下，逐个剔除病态方程也是不可能的。因此，无标法、联立方程法被作为简单物相分析的方法。本节重点仍然放在定量分析最基本的方法绝热法（K值法延伸方法）。

在K值法中，首先要已知各物相的标准K值。粉末衍射卡片上已经列出了大多数物相的相对于$\alpha-Al$的标准K值可供使用。但在K值法以及绝热法中，常常会遇到一些相的K值未知的情况，此时，就要求进行实验测定。将待测物相（纯相）与标准物质按1:1的质量比进行均匀混合后测定二者的衍射强度之比，此比值即为K值。在绝热法中，标准物质选为待测物相中的一种。

假定待测定的样品中含有n个结晶相而无非结晶物质，又假定此n个相相对于某物质z的n个K值均为已知，那么若选择其中某一相f作为标准，则其他各相相对于f相的K值可计算如下

$$K_z^j/K_z^f = K_f^j \qquad (13-8)$$

根据式(13-8)可换算出所有的K值。

某一试样中 j 相和 f 相的衍射强度与重量分数之间存在下述关系（K 值法）

$$\frac{I_j}{I_f} = K_f^j \frac{w_j}{w_f} \tag{13-9}$$

式中，I_j——试样中 j 相的衍射强度；

I_f——试样中标准相 f 的衍射强度；

w_j——试样中 j 相的相对含量（重量分数，下同）；

w_f——试样中 f 相的相对含量；

K_f^j——标准 K 值。

因为试样中不含非结晶物质，故有

$$\sum_{j=1}^{n} w_j = 1 \tag{13-10}$$

各相的质量与数（质量比）$\frac{w_j}{w_f}$之和

$$\sum_{j=1}^{n} \frac{w_j}{w_f} = \frac{1}{w_f} \sum_{j=1}^{n} w_j = \frac{1}{w_f} \tag{13-11}$$

又因

$$\sum_{j=1}^{n} \frac{w_j}{w_f} = \frac{w_j}{w_f} + \frac{w_1}{w_f} + \frac{w_2}{w_f} + \cdots + \frac{w_n}{w_f} = \frac{1}{w_f} = 1 + \sum_{j=1}^{n-1} \frac{w_j}{w_f} \tag{13-12}$$

$(j=1,2,\cdots,n-1$，不包括 $f)$

于是

$$w_f = \frac{1}{1 + \sum_{j=1}^{n-1} \frac{w_j}{w_f}} \tag{13-13}$$

$$w_j = \left(\frac{w_j}{w_f}\right) w_f = \left(\frac{I_j}{I_f}\right) \frac{1}{K_f^j} \frac{1}{1 + \sum_{j=1}^{n-1} \frac{w_j}{w_f}} \tag{13-14}$$

测定了试样中 j 相和 f 相的衍射强度之后就可用（13－14）式计算出待测试样中任一相 j 的质量分数 w_j。

上述方法通常称之为绝热法，因为相分析中待测试样中不另加入内标物质，而由试样中某一相充任。K 值法中则需加入一定的内标物质（参考物质）做基准，因此，原理与绝热法相同，计算也可参照上述方法进行。

选择参考物质一般有下述要求：

（1）在测试过程中，其物理、化学性质稳定，不易潮解。

（2）用于测量的衍射线强度要强，其峰位与待测相的测量衍射线接近而又不互相重叠，也不受其他衍射线干扰。

（3）参考物质的线吸收系数、颗粒半径与待测相尽量接近。颗粒半径要满足

$$|\mu_1 - \bar{\mu}| \cdot \frac{D}{2} \leqslant 100$$

式中：μ_1——待测相的吸收系数，cm^{-1}；

$\bar{\mu}$——待测相和参考物质的混合物的线吸收系数；

D——颗粒直径,mm。

参考物质与待测相的颗粒半径许可范围为0.1~50mm,并且参考物质与测定物质混合要均匀,如用玛瑙乳钵研磨时间约为30~40min。

例13-3 利用X射线衍射方法确定Ni-Al合金快速凝固的定量相组成。

Ni-Al合金快速凝固的定量相分析存在下述问题:

(1)低Ni合金中的NiAl、Ni_2Al_3、$NiAl_3$之间都不同程度的存在着衍射线的重叠现象。

(2)Ni-Al合金的构成相中$NiAl_3$、Ni_2Al_3、NiAl及Ni_3Al的ASTM卡片未能提供各相的K值,而且除α-Al有商品出售外其他各化合物相尚无纯相可以利用。

(3)此外,NiAl、Ni_2Al_3、$NiAl_3$各化合物相之间的吸收系数几乎相等。因而,吸收系数对计算过程的影响可以忽略。

表13-2 β值的测定

相	晶面		β	样品
Ni_2Al_3	100	101	1.0553	$Ni_{39}Al_{61}$退火
	202	101	1.6650	
$NiAl_3$	111	210	2.0394	$Ni_{11}Al_{89}$平衡凝固

Ni_2Al_3和NiAl相大部分衍射峰是重叠的,这给定量分析工作带来很大的困难。因此要精确测定不同凝固条件下各试样的相组成必须把某些重叠衍射峰分开。根据文献介绍,如果j相的i线与s相的m线相互重迭,而s相的e线不受其他线干扰,可用纯s相样品测出I_{ms}和I_{es},根据$I_{ms}=\beta I_{es}$,求出β值,那么$I_{ij}=(I_{ij}+I_{ms})-\beta I_{es}$。通过这种方法即可把重迭峰分开。Ni-Al合金中纯相衍射线之间β值见表13-2。

定量方法是对不同的化合物相采用不同的实验方法制备出纯相(或K值测定用的标样),然后测定出各相的K值,再用绝热法测定各试样不同凝固条件下的相组成。对Ni-Al合金,在K值测定中均以α-Al相作为标准(f相)。若待测样组成相中不含α-Al相则选择NiAl相作为标准,K值可根据计算式中的相互关系换算求得。

在K值测定中,应正确选择各相衍射强度测定所用的衍射线。对Ni-Al系而言,存在着峰的重叠情况,不可能选最强峰。因此,Ni-Al合金选择在各相中衍射强度相对较大,又不重合的衍射线来测定积分强度。标样制备分为两种情况:制备出XRD测定中NiAl和Ni_2Al_3的纯相,然后和α-Al均匀混合制成标样;对$NiAl_3$,选择相图上的特定合金成分通过工艺措施直接制备K值测定的标样。

定量分析用衍射线的选择同K值测定(表13-3)时保持一致。在对各衍射峰的积分强度测定中,必须准确测定各峰的起始角和终止角,各衍射峰在强度测定中要保证其对称性。必须分离的重叠衍射峰则采用前述的方法进行峰的分离。结果示于表13-4。

表13-3 K值的测定结果

相(晶面)	α-Al	$K^i_{\alpha-Al}$	纯相/标样
Ni_2Al_3(101)	(111)	0.1047	$Ni_{39}Al_{61}$退火
$NiAl_3$(210)	(111)	0.1385	$Ni_{11}Al_{89}$平衡凝固

注:积分强度取3次测量平均值。

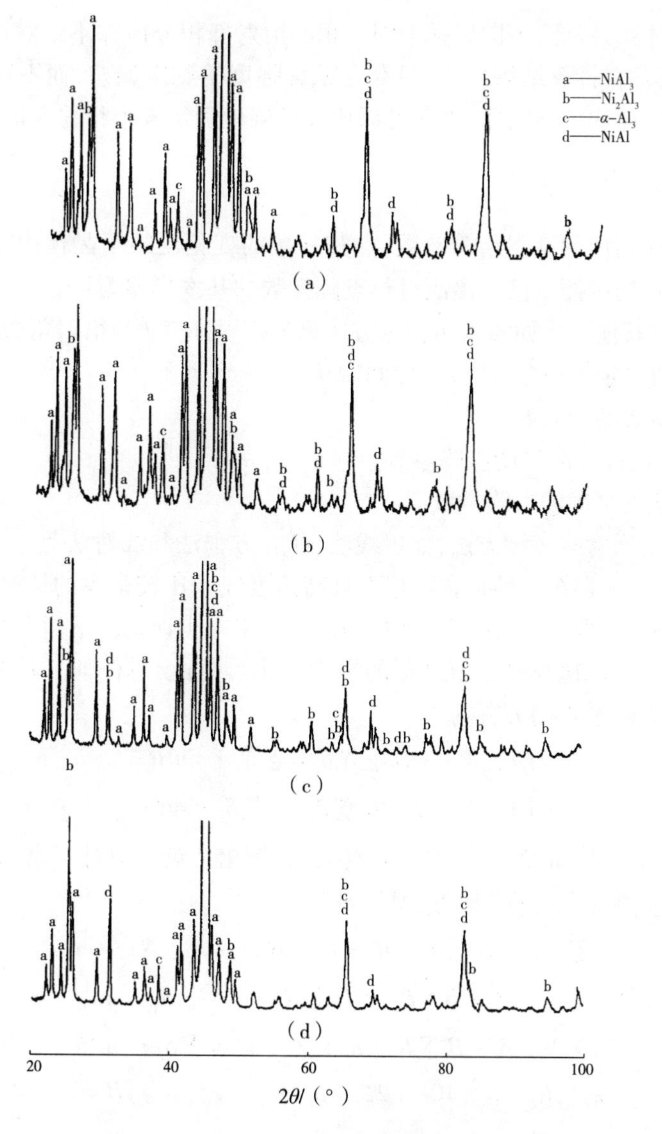

图 13－5　Ni－Al 合金的快速凝固衍射图谱

表 13－4　试验合金不同凝固条件下的定量相组成　　单位:%(质量分数)

合金	试样	$NiAl_3$	Ni_2Al_3	NiAl	α－Al
$Ni_{31.5}Al_{68.5}$	相图	38	62		
	常规凝固	7	83	6	4
	100μm 条带	10	84	4	2
	70μm 条带	9	86	4	1
	45μm	8	89	2	1

相组成的定量计算采用绝热法,每个试样对各相测定时实验条件(制样、样品粒度与形状、测定参数)均相同,不同试样间则不一定完全相同(主要是制样、样品晶粒度与形状)。由于各

试样自成一个计算体系，因此，不同试样中同一相的衍射峰积分值并不绝对反映该相在不同试样中的相对量，但其各自计算结果独立，只存在积分强度的测定误差，而不存在无标法和联立方程方法中误差的迭加和传递问题，因而可以比较准确地测定各个相的含量。

3.2 点阵参数的精确测定

点阵常数是晶体物质的基本结构参数，点阵常数的变化反映了晶体内部成分、受力状态、空位浓度等的变化。精确测定已知多晶材料点阵常数的基本步骤为：

(1)用衍射仪或其他方法如粉末照相等方法测定衍射强度 I 与衍射角 2θ 的花样；

(2)根据衍射线确定衍射角，计算晶面间距 d；

(3)标定各衍射线的指数 hkl；

(4)由 hkl 和 d 值计算晶体的点阵参数；

(5)消除误差获得精确的点阵常数值。

点阵常数的测定通常有多种方法，如单线法、联立方程法和线对法等。但对于一些合金系的物相如 Ni－Al 系这种存在多种化合物相而且高角度线条比较稀少的情况，前述方法所求出的点阵参数并不精确，因此，必须采用更加精确的方法来减少误差。下面介绍最小二乘法。

最小二乘法是指最佳值与测量值之差的平方最小。因此，对任何一种晶系都可以写出它的正则方程。对立方晶系正则方程为

$$\begin{cases} A\sum N_i^{\ 2} + D'\sum N_i\delta_i = \sum N_i \cdot \sin^2\theta_i \\ A\sum N_i \cdot \delta_i + D'\sum \delta_i^{\ 2} = \sum \delta_i \cdot \sin^2\theta_i \end{cases} \tag{13-15}$$

式中，$N_i = h_i^{\ 2} + k_i^{\ 2} + l^2$，$10\sin^2 2\theta_i = \delta_i$，$A = \lambda^2/(4a^2)$，解出 A 就可以计算出 a 的值。

六方晶系点阵参数正则方程（如 Ni_2Al_3）如下

$$\begin{cases} A\sum N_i^{\ 2} + B\sum N_i \cdot R_i + D'\sum N_i \cdot \delta_i = \sum N_i \cdot \sin^2\theta_i \\ A\sum N_i \cdot R_i + B\sum R_i^2 + D'\sum R_i \cdot \delta_i = \sum R_i \cdot \sin^2\theta_i \\ A\sum N_i \cdot \delta_i + B\sum R_i \cdot \delta_i + D'\sum \delta_i^2 = \sum \delta_i \cdot \sin^2\theta_i \end{cases} \tag{13-16}$$

式中，$N_i = h_i^2 + h_i \cdot k_i + k_i^{\ 2}$，$R_i = l_i^{\ 2}$，$10\sin^2 2\theta_i = \delta_i$，$A = \lambda^2/(3a^2)$，$B = \lambda^2/(4c^2)$，解出 A 和 B 就可以计算出 a 和 c 的值。

对四方晶系也可列出和上相同的正则方程，只不过这里 $N_i = h_i^{\ 2} + k_i^{\ 2}$，$R_i = l_i^{\ 2}$，$10\sin^2 2\theta_i = \delta_i$，$A = \lambda^2/(4a^2)$，$B = \lambda^2/(4c^2)$。

对斜方晶系也可列出对应的正则方程

$$\begin{cases} A\sum N_i^2 + B\sum N_i \cdot R_i + C\sum N_i \cdot S_i + D'\sum N_i \cdot \delta_i = \sum N_i \cdot \sin^2\theta_i \\ A\sum N_i \cdot R_i + B\sum R_i^2 + C\sum R_i \cdot S_i + D'\sum R_i \cdot \delta_i = \sum R_i \cdot \sin^2\theta_i \\ A\sum N_i \cdot \delta_i + B\sum R_i \cdot \delta_i + C\sum S_i \cdot \delta_i + D'\sum \delta_i^2 = \sum \delta_i \cdot \sin^2\theta_i \\ A\sum N_i \cdot S_i + B\sum R_i \cdot S_i + C\sum S_i^2 + D'\sum \delta_i \cdot S_i = \sum S_i \cdot \sin^2\theta_i \end{cases} \tag{13-17}$$

式中，$N_i = h_i^2$，$R_i = k_i^2$，$S_i = l_i^2$，$10\sin^2 2\theta_i = \delta_i A = \lambda^2/(4a^2)$，$B = \lambda^2/(4b^2)$，$C = \lambda^2/(4c^2)$；$h_i$、$k_i$、$l_i$ 为衍射晶面指数；a、b、c 为点阵参数。解出 A、B、C 就可以计算出 a、b、c 的值。

测定了某一相的多条衍射线强度后，就可以通过编制计算机程序计算点阵参数。由于衍射线峰顶对应的 2θ 位置常有一定的误差，所以靠强度最大值所对应的衍射角作峰位 2θ 已不

够准确。一般实验中 2θ 的测定采用弦中点法，即利用多个弦中点连线并外推至与衍射线形相交，以此交点作为衍射线峰顶的位置。

由表 13－5 可见，常规凝固 ϕ12mm 铸棒中，Ni_2Al_3、$NiAl_3$ 相的点阵参数均小于平衡状态，快速凝固后条带 Ni_2Al_3、$NiAl_3$ 相的点阵参数均大于平衡状态。随快速凝固冷却速度的提高，点阵参数增大。

表 13－5　点阵常数的测定　　单位：nm

合金		$Ni_{31.5}Al_{68.5}$			平衡态	$Ni_{25}Al_{75}$	
试样		ϕ12mm 铸棒	100μm 条带	45μm 条带		ϕ12mm 铸棒	45μm 条带
Ni_2Al_3	a	0.401	0.405	0.406	0.403		
	a	0.488	0.490	0.491	0.489		
$NiAl_3$	c	0.647		0.663	0.659	0.646	0.663
	b	0.715		0.745	0.735	0.712	0.737
	c	0.467		0.483	0.480	0.469	0.482

上述点阵常数的测定精度主要受所选衍射线的衍射角(θ)的测定精度所控制。任何一种测定方法都是基于 $\theta > 60°$ 而推导出的。因此，应尽可能使用高角度衍射线条。

除前述的要求外，还应保证高角度范围有一定的衍射峰，尽量减少峰位确定带来的误差。

3.3　残余应力的测定

3.3.1　基本原理

X 射线通过测量弹性应变求得应力值。在无宏观应力的条件下，不同方位的同族晶面的面间距是相等的，而当平衡着一定宏观应力时，不同方位的同族晶面的面间距是随晶面方位和应力大小发生有规律的变化。可以认为，面间距的相对变化放映了由残余应力所造成的晶面法线方向上的弹性应变(图 13－6)。

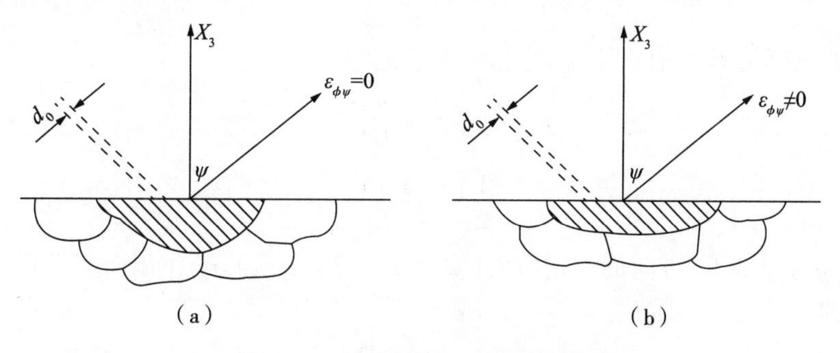

图 13－6　应变与相应的晶面间距变化

对于多晶体材料而言，宏观应力所对应的应变被认为是相应区域里晶格应变的统计结果，因此，依据 X 射线衍射原理测定晶格应变可计算应力。

建立图 13－7 所示的坐标系，根据弹性力学理论，在宏观各向同性多晶体材料的 O 点，由 ϕ 和 ψ 确定的 OP 方向上的应变可以用下式表述

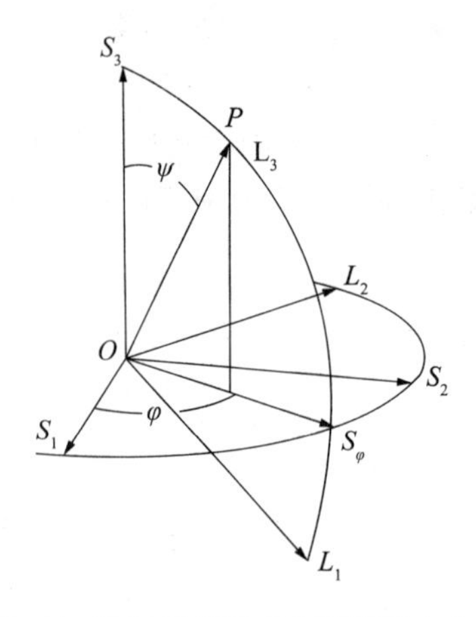

图 13 – 7　X 射线衍射应力测试正交坐标系

(S_1, S_2, S_3)—试样坐标系；S_3—试样表面法线；OP—空间某一方向；

S_ϕ—OP 在试样平面上的投影所在方向，亦即应力 σ_ϕ 的方向和切应力 τ_ϕ 作用平面的法线方向。

$$\varepsilon_{\phi\psi}^{\{hkl\}}=S_1^{\{hkl\}}[\sigma_{11}+\sigma_{22}+\sigma_{33}]+\frac{1}{2}S_2^{\{hkl\}}\sigma_{33}\cos^2\psi+\frac{1}{2}S_2^{\{hkl\}}$$
$$[\sigma_{11}\cos^2\phi+\sigma_{22}\sin^2\phi+\tau_{12}\sin 2\phi]\sin^2\psi+\frac{1}{2}S_2^{\{hkl\}}[\tau_{13}\cos\phi+\tau_{23}\sin\phi]\sin 2\psi \tag{13-18}$$

式中：　$\varepsilon_{\phi\psi}^{\{hkl\}}$——材料的 O 点上由 ϕ 和 ψ 确定的{hkl} OP 方向上的应变；

$S_1^{\{hkl\}}$、$\frac{1}{2}S_2^{\{hkl\}}$——材料中{hkl}晶面的 X 射线弹性常数；

σ_{11}、σ_{22}、σ_{33}——O 点在坐标 S_1, S_2 和 S_3 方向上的正应力分量；

τ_{12}——O 点以 S_1 为法线的平面上 S_2 方向的切应力；

τ_{13}——O 点以 S_1 为法线的平面上 S_3 方向的切应力；

τ_{23}——O 点以 S_2 为法线的平面上 S_3 方向的切应力。

式中，材料中{hkl}{hkl}晶面的 X 射线弹性常数 $S_1^{\{hkl\}}$ $S_1^{\{hkl\}}$ 和 $\frac{1}{2}S_2^{\{hkl\}}$ $\frac{1}{2}S_2^{\{hkl\}}$ 由材料中{hkl}{hkl}晶面的杨氏模量 E 和泊松比 ν 确定，一般表达为

$$S_1=-\frac{\nu}{E} \tag{13-19}$$

$$\frac{1}{2}S_2=\frac{1+\nu}{E} \tag{13-20}$$

设应力分量 σ_ϕ 为 S_ϕ 方向的上正应力(见图 13 – 7)，τ_ϕ 为 σ_ϕ 作用面上垂直于试样表面方向的切应力，则

$$\sigma_\phi=[\sigma_{11}\cos 2\phi+\sigma_{22}\sin 2\phi+\tau_{12}\sin 2\phi] \tag{13-21}$$

$$\tau_\phi=[\tau_{13}\cos\phi+\tau_{23}\sin\phi] \tag{13-22}$$

故式(13 – 18)可以写作

$$\varepsilon_{\phi\psi}^{\{hk1\}}=S_1^{\{hk1\}}[\sigma_{11}+\sigma_{22}+\sigma_{33}]+\frac{1}{2}S_2^{\{hk1\}}\sigma_{33}\cos^2\psi+\frac{1}{2}S_2^{\{hk1\}}\sigma_\phi\sin^2\psi+\frac{1}{2}S_2^{\{hk1\}}\tau_\phi\sin 2\psi \tag{13-23}$$

式中：σ_ϕ——ϕ 方向上的正应力分量；

τ_ϕ——σ_ϕ 作用面上垂直于试样表面方向的切应力分量。

对于大多数材料和零部件来说，X 射线穿透深度只有几微米至几十微米，因此，通常假定 $\sigma_{33}=0$（在 X 射线穿透深度很大或者多相材料的情况下应谨慎处理），所以式（13－23）可以简化为

$$\varepsilon_{\phi\psi}^{\{hkl\}}=S_1^{\{hkl\}}[\sigma_{11}+\sigma_{22}]+\frac{1}{2}S_2^{\{hkl\}}\sigma_\phi\sin^2\psi+\frac{1}{2}S_2^{\{hkl\}}\tau_\phi\sin 2\psi \tag{13-24}$$

使用 X 射线衍射装置测得衍射角 $2\theta_{\phi\psi}$，根据布拉格定律求得与之对应的晶面间距为$d_{\phi\psi}$，则晶格应变 $\varepsilon_{\phi\psi}$ 可用晶面间距来表示

$$\varepsilon_{\phi\psi}^{\{hkl\}}=\ln\left(\frac{d_{\phi\psi}}{d_0}\right)=\ln\left(\frac{\sin\theta_0}{\sin\theta_{\phi\psi}})\right) \tag{13-25}$$

式中：$\varepsilon_{\phi\psi}^{\{hk1\}}$——材料的 O 点上$\{hkl\}$晶面由 ϕ 和 $\psi\psi$ 确定的 OP 方向上的应变；

θ_0——材料无应力状态对应于$\{hkl\}$晶面的布拉格角；

$\theta_{\phi\psi}$——衍射角 $2\theta_{\phi\psi}$ 的 1/2；

$2\theta_{\phi\psi}$——材料的 O 点上以 OP 方向为法线的$\{hkl\}$晶面所对应的衍射角，由衍射装置测得；

d_0——材料无应力状态$\{hkl\}$晶面的晶面间距；

$d_{\phi\psi}$——材料的 O 点上以 OP 方向为法线的$\{hkl\}$晶的晶面间距，由测得的 $2\theta_{\phi\psi}$ 根据布拉格定求出。

式（13－25）为真应变表达式，亦可使用近似方程

$$\varepsilon_{\phi\psi}^{\{hkl\}}\cong\frac{d_{\phi\psi}-d_0}{d_0} \tag{13-26}$$

$$\varepsilon_{\phi\psi}^{\{hkl\}}\cong-(\theta_{\phi\psi}-\theta_0)\cdot\frac{\pi}{180}\cdot\cot\theta_0 \tag{13-27}$$

使用式（13－25）计算应力时不需要d_0和θ_0的精确值。式（13－26）式和式（13－27）为近似计算公式。

3.3.2　平面应力

在平面应力状态下，$\tau_{13}=\tau_{23}=\sigma_{33}=0$，则式（13－24）变为

$$\varepsilon_{\phi\psi}^{\{hk1\}}=S_1^{\{hk1\}}[\sigma_{11}+\sigma_{22}]+\frac{1}{2}S_2^{\{hk1\}}\sigma_\phi\sin^2\psi \tag{13-28}$$

表明试样 O 点 ϕ 方向的正应力 σ_ϕ 与晶格应变 $\varepsilon_{\phi\psi}^{\{hk1\}}$ 呈正比关系。将式（13－28）对 $\sin^2\psi$ 求偏导数，可得

$$\sigma_\phi=\frac{1}{(1/2)S_2^{\{hk1\}}}\cdot\frac{\partial\varepsilon_{\phi\psi}^{\{hk1\}}}{\partial\sin^2\psi} \tag{13-29}$$

使用测得的一系列对应不同 ψ 角的 $\varepsilon_{\phi\psi}^{\{hk1\}}$，采用最小二乘法求得斜率$\frac{\partial\varepsilon_{\phi\psi}^{\{hk1\}}}{\partial\sin^2\psi}$（示例见图 13－8），然后按照式（13－29）计算应力 σ_ϕ。

在使用式（13－27）的情况下

$$\sigma_\phi=K\cdot\frac{\partial 2\theta}{\partial\sin^2\psi} \tag{13-30}$$

式中,K 为应力常数

$$K=-\frac{E}{2(1+\nu)}\cdot\frac{\pi}{180}\cdot\cot\theta_0 \tag{13-31}$$

斜率$\frac{\partial 2\theta}{\partial \sin^2\psi}$ 由实验数据采用最小二乘法求出(示例见图 13-9)。

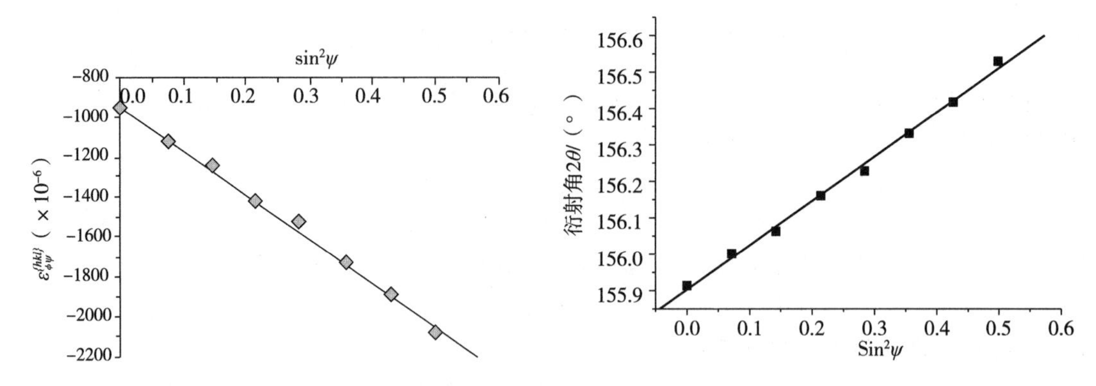

图 13-8　平面应力状态下 $\varepsilon_{\phi\psi}^{\{hk1\}}$ 与 $\sin^2\psi$ 关系实例　　图 13-9　平面应力状态下 2θ 与 $\sin^2\psi$ 关系实例

3.3.3　三维应力

如果在垂直于样品表面的平面上有切应力存在($\tau_{13}\neq0$ 或 $\tau_{23}\neq0$ 或二者均不等于零),则 $\varepsilon_{\phi\psi}^{\{hk1\}}$ 与 $\sin^2\psi$ 的函数关系呈现椭圆曲线,即在 $\psi>0$ 和 $\psi<0$ 时图形显示为“分叉”(示例见图 13-10)。对于给定 ϕ 角,使用测得的一系列 $\pm\psi$ 角上的应变数据,依据式(13-24)采用最小二乘法可以求出 σ_ϕ 和 τ_ϕ。

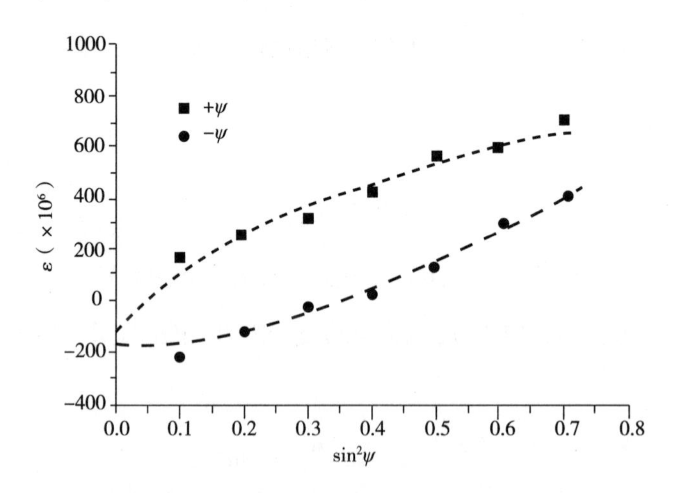

图 13-10　三维应力状态正负 ψ 角的曲线分叉示例

轴承钢,使用 CrK_α 辐射源,$\frac{1}{2}S_2^{\{211\}}=5.81\times10^{-6}MPa^{-1}$,表面强力磨削,$\sigma_\phi=163.6MPa$,$\tau_\phi=33.1MPa$。

如果 $\sigma_{33}\neq0$,变换式(13-23),则

$$\varepsilon_{\phi\psi} = S_1^{\{hkl\}}[\sigma_{11} + \sigma_{22} + \sigma_{33}] + \frac{1}{2}S_2^{\{hkl\}}\sigma_{33} + \frac{1}{2}S_2^{\{hkl\}}(\sigma_\phi - \sigma_{33})\sin^2\psi + \frac{1}{2}S_2^{\{hkl\}}\tau_\phi\sin2\psi \tag{13-32}$$

对于给定 ϕ 角，使用测得的一系列 $\pm\psi$ 角上的应变数据，依据式(13－32)采用最小二乘法可以求出 σ_ϕ 和 τ_ϕ。

3.3.4　应力测定方法与参数选择

衍射方法原则上适用于具有足够结晶度，在特定波长的 X 射线照射下能得到连续德拜环的晶粒细小、无织构的各向同性的多晶体材料。在下列条件下存在局限性：

(1)试样表面或沿层深方向存在强烈的应力梯度；

(2)材料存在强织构；

(3)材料晶粒粗大；

(4)材料为多相材料；

(5)衍射峰重叠；

(6)衍射强度过低，衍射峰过分宽化。

基于现有不同种类衍射装置的几何布置，应力测定方法可分为：同倾固定 ψ_0 法(也称 ω 法)；同倾固定 ψ 法；侧倾法(也称 χ 法)；双线阵探测器侧倾法(修正 χ 法)；侧倾固定 ψ 法；粗晶材料摆动法。

与侧倾法相比，同倾法在测量残余应力时对于对焦误差不敏感。在同倾法中对焦效果导致的相关误差可以通过使用两个探测器来消除。在残余应力测量使用双探测器可以最小化负 ψ 的大小，这样来减少对焦误差。同时还必须选择合适的 X 射线入射光斑的大小来限制对焦和光束扩散带来的误差。并且侧倾法由于 X 射线路径固定，所以在 y 倾角变化时材料对于 X 射线吸收因子恒定，而同倾法在 y 倾角变化材料对于 X 射线吸收因子不同所以需要修正。除了在高的 y 角，两种方法 X 射线穿透深度都比较相似。

选择测定方法的原则如下：

(1)考虑被测点所处的空间条件和待测应力方向，选择测定方法应保证测角仪的动作不受干涉。

(2)在空间条件允许的情况下，应尽量选择 X 射线吸收因子的影响较小、乃至吸收因子恒等于 1 的测定方法。

(3)在满足测定精确度要求的前提下，也可选择对标定距离设置误差的宽容度较大的方法。

(4)在条件具备的情况下，尽量选择固定 ψ 法。

(5)对于晶粒粗大的材料可选择摆动法。

定峰方法即在测得的衍射曲线上确定衍射峰位(衍射角 2θ)的方法。选择定峰方法的原则如下：

(1)在能够得到完整的钟罩型衍射曲线的条件下，可选择交相关法、半高宽法、重心法、抛物线法或者其他函数拟合法。宜尽量选择利用原始衍射曲线数据较多的方法。

(2)在采用侧倾固定 ψ 法的前提下，如果因为某种原因无法得到完整衍射曲线而只能得到衍射峰的主体部分，或者衍射峰的背底受到材料中其他相衍射线的干扰，则作为近似处理，可不扣背底，而采用抛物线法或“有限交相关法”定峰，同时注意合理选择取点范围，尽量避免背底的干扰。

（3）在一次应力测试中，对应于各 ψ 角的衍射曲线定峰方法应一致。

ϕ 角和 ψ 角的选择：

（1）ϕ 角的选择依据待测应力方向。

ψ 角宜选择 0°～45°。ψ 角的个数宜选择 4 个或更多。选择若干个 ψ 角的数值时宜使 $\sin^2\psi$ 值间距近似相等。

鉴于试样材料状态的多样性和测试的实际需要，尚有如下规定：

（1）在确认材料晶粒细小无织构的情况下，可采用 0°和 45°或其他相差尽量大的两个 ψ 角。

（2）特殊情况下允许选择特定的 ψ 范围，但宜使其 $\sin^2\psi$ 有一定的差值；在此情况下如果测定结果的重复性不满足要求，可在此范围内增加 ψ 角的个数。

（3）在确认垂直于试样表面的切应力 $\tau_{13}\neq0$ 或 $\tau_{23}\neq0$，或者二者均不等于零的情况下，为了测定正应力 σ_ϕ 和切应力 τ_ϕ，则除了 $\psi=0°$之外，还应对称设置 3～4 对或更多对正负 ψ 角；在 ω 法的情况下，建议负 ψ 角的设置通过 ϕ 角旋转 180°来实现。

（4）在张量分析中应至少设定 3 个独立的 ϕ 方向，如果测量前主应力方向已知，一般 ϕ 角取 0°、45°和 90°；最好在更大的范围里选择更多的独立 ϕ 角；在每一个 ϕ 角，应至少取 7 个 ψ 角，包括正值和负值。

常用材料晶体结构、辐射、滤波片、晶面、衍射角与应力常数见表 13－6。

表 13－6　常用材料晶体结构、辐射、滤波片、晶面、衍射角与应力常数表

材料	晶体结构	辐射	滤波片	衍射晶面	重复因子	2θ	$\frac{1}{2}S_2^{\{hkl\}}$ $10^{-6}mm^2\cdot N^{-1}$	$S_1^{\{hkl\}}$ $10^{-6}mm^2\cdot N^{-1}$	K $10^{-6}mm^2\cdot N^{-1}$	Z_0 μm
铁素体钢及铸铁	体心立方	CrKα	V	{211}	24	156°	5.81	－1.27	－318	5.8
奥氏体钢	面心立方	MnKα	Cr	{311}	24	152°	7.52	－1.80	－289	7.2
		CrKβ				149°			－366	
铝合金	面心立方	CrKα	V	{222}	8	156°	18.56	－4.79	－97	11.5
				{311}	24	139°	19.54	－5.11	－166	11.0
		CuKα	Ni	{422}	24	137°	19.02	－4.94	－179	34.4
		CoKα	Fe	{420}	24	162°	19.52	－5.11	－71	23.6
				{331}	24	148.6°	18.89	－4.9	－130	23.0
镍合金	面心立方	MnKα	Cr	{311}	24	152～162°	6.50	－1.56	－181	4.9
		CrKβ				149～157°			－322	
		CuKα	Ni	{420}	24	157°	6.47	－1.55	－280	2.5

续表

材料	晶体结构	辐射	滤波片	衍射晶面	重复因子	2θ	$\frac{1}{2}S_2^{\{hkl\}}$ $10^{-6}mm^2\cdot N^{-1}$	$S_1^{\{hkl\}}$ $10^{-6}mm^2\cdot N^{-1}$	K $10^{-6}mm^2\cdot N^{-1}$	Z_0 μm
钛合金	六方	CuKα	Ni	{213}	24	142°	11.68	-2.83	-277	5.1
铜	面心立方	CrKβ		{311}	24	146°	11.79	-3.13	-225	
		MnKα	Cr			150°			-198	4.2
		CoKα	Fe	{400}		164°	15.24	-4.28	-82	7.1
α-黄铜	面心立方	CrKβ		{311}	24	139°	11.49	-3.62	-285	
		MnKα	Cr			142°			-261	
		CoKα	Fe	{400}		151°	18.01	-5.13	-124	7.0
β-黄铜	体心立方	CrKα	V	{211}	24	145°	15.10	-4.03	-180	3.5
镁	六方	CrKα	V	{104}	12	152°	27.83	-6.09	-78	21.3
钴	六方	CrKα	V	{103}	24	165°	5.83	-1.35	-192	4.5
钴合金	面心立方	MnKα	Cr	{311}	24	153～159°	6.87	-1.69	-270	5.7
钼合金	立方体	FeKα	Mn	{310}	24	153°				1.6
锆合金	六方	FeKα	Mn	{213}	24	147°				2.8
钨合金	体心立方	CoKα	Fe	{222}	8	156°	3.20	-0.71	-569	1.0
		CuKα	Ni	{400}		154°	3.21	-0.71	-640	1.5
α-氧化铝	密排六方	CuKα	Ni	{146} {4010}	12 6	136° 145°	3.57 3.70	-0.76 -0.79	-986 -739	37.4 38.5
		FeKα	Mn	{2110}	12	152°	3.42	-0.68	-637	19.6
γ-氧化铝	立方体	CuKα	Ni	{844}	24	146°				38.5
		VKα	Ti	{440}	12	128°				8.8

注 1：表中的 X 射线弹性常数是由单晶系数按 Voigt 假设和 Reuss 假设计算获得的值的算术平均值。

注 2：表中 2θ 和 Z_0 为参考值。平均信息深度 Z_0 是指 67% 的衍射强度被吸收的深度，即沿深度方向应力梯度假定为线性时的应力测量深度。

3.3.5　cosα 方法

在 2012 年之前，由于探测器技术发展水平的限制，上述残余应力测试主要是采用基于零维探测器（“点”探测器）和一维探测器（“线”探测器）的 $\sin^2\psi$ 分析方法。2012 年，随着首款基于全二维面探测器技术的便携式 X 射线残余应力分析仪在日本（Pulstec Industrial Co.，Ltd.）研发成功，由此基于 cosα 方法的新型 X 射线残余应力分析仪开始投入工程应用。

Taira 等人早在 1978 年就提出了基于 $\cos\alpha$ 方法的残余应力测试技术，也称单次曝光法。它不同于传统的基于衍射峰信息进行残余应力分析的 $\sin^2\psi$ 法，$\cos\alpha$ 方法是基于德拜环衍射信息进行残余应力分析的。当用全二维探测器接收 X 射线衍射光束时，全二维探测器上将获得德拜环，此时残余应力导致的晶面间距的变化将体现为德拜环形状的变化。如图 13－11 所示，在 $\cos\alpha$ 方法中，通过面探测器德拜环上 $\alpha=0°\sim360°$ 上的应变 ε_α 可以快速的测定出来。采用 $\cos\alpha$ 方法测定残余应力计算原理如式（13－33）～式（13－35）所示。

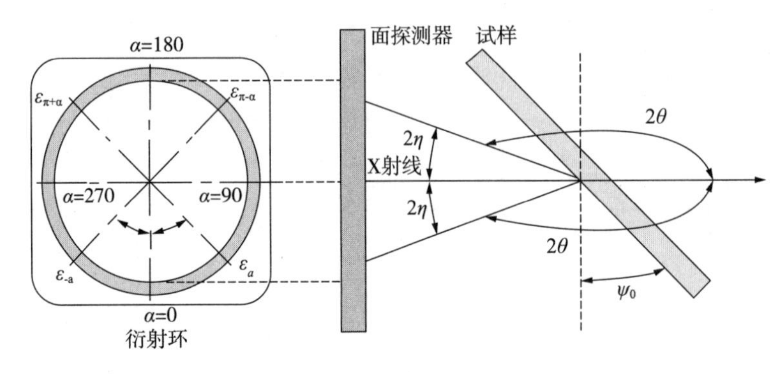

图 13－11 $\cos\alpha$ 方法测定残余应力示意图

$$\varepsilon_\alpha=\frac{\sigma_x}{E}[n_1^2-\nu(n_2^2+n_3^2)]+\frac{\sigma_y}{E}[n_2^2-\nu(n_3^2+n_1^2)]+\frac{2(1+\nu)}{E}\tau_{xy}n_1n_2 \qquad (13-33)$$

式中，E 为材料弹性模量；ν 为材料泊松比；η 为 X 射线光束和衍射晶面之间的夹角，（°）；n_1、n_2、n_3 为方向余弦

$$n_1=\cos\eta\sin\psi_0\cos\phi_0-\sin\eta\cos\psi_0\cos\phi_0\cos\alpha-\sin\eta\sin\phi_0\sin\alpha$$

$$n_2=\cos\eta\sin\psi_0\sin\phi_0-\sin\eta\cos\psi_0\sin\phi_0\cos\alpha+\sin\eta\cos\phi_0\sin\alpha$$

$$n_3=\cos\eta\cos\psi_0+\sin\eta\sin\psi_0\cos\alpha$$

令 $\alpha_1=\frac{1}{2}[(\varepsilon_\alpha-\varepsilon_{\pi+\alpha})+(\varepsilon_{-\alpha}-\varepsilon_{\pi-\alpha})]$，代入式（13－33），则有

$$\frac{\partial\alpha_1}{\partial\cos\alpha}=-\frac{1+\nu}{E}\sigma_x\sin2\psi_0\sin2\eta \qquad (13-34)$$

理论上 $\varepsilon_{\alpha1}-\cos\alpha$ 函数关系是直线，因此，根据 $\varepsilon_{\alpha1}-\cos\alpha$ 直线的斜率，将其代入式（13－34）中便可得出残余应力 σ_x，如式（13－35）所示

$$\sigma_x=-\frac{E}{1+\nu}\frac{1}{\sin2\psi_0}\frac{1}{\sin2\eta}\left(\frac{\partial\alpha_1}{\partial\cos\alpha}\right) \qquad (13-35)$$

式中，σ_x 为 X 方向的应力，MPa；ψ_0 为 X 射线入射光束和样品表面的法线之间的夹角，（°）；α 为德拜环 360°圆周上的任意角度位置，顺时针为正，逆时针为负，以圆心正上方的圆周位置作为 0°位置；$\varepsilon_{\alpha1}$ 为由 ε_α、$\varepsilon_{-\alpha}$、$\varepsilon_{\pi-\alpha}$、$\varepsilon_{\pi+\alpha}$ 构成的一个表示应变的中间变量，ε_α、$\varepsilon_{-\alpha}$、$\varepsilon_{\pi-\alpha}$、$\varepsilon_{\pi+\alpha}$ 分别表示在德拜环上相应角度（$-\alpha$、$\pi-\alpha$、α、$\pi+\alpha$）对应的应变。

无应力铁粉、应力标样、四点弯曲实验证明 $\cos\alpha$ 方法和 $\sin^2\psi$ 方法残余应力测试结果具有较高的一致性和等同的精度，部分验证结果参见图 13－12、图 13－13。

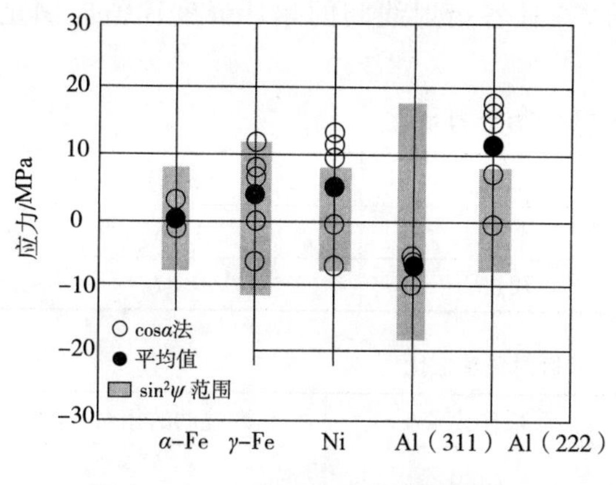

图 13－12　粉末样品的测试结果比对

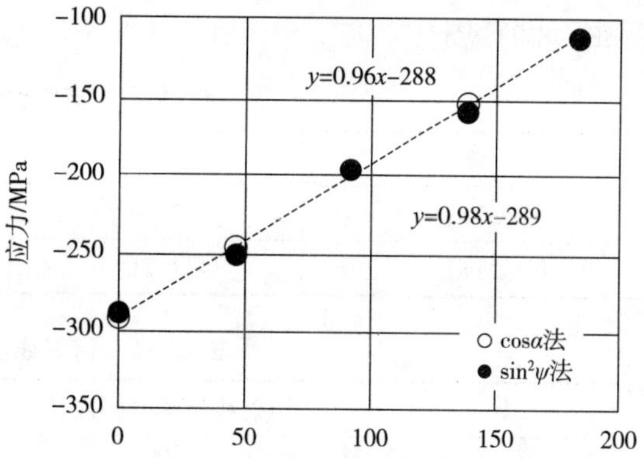

图 13－13　SM490 四点弯曲测试结果比对

与$\sin^2\psi$方法相比，$\cos\alpha$方法是基于德拜环的衍射信息来计算残余应力，因而具有诸多优点。$\cos\alpha$方法只需 X 射线单次入射即可获得德拜环进行残余应力拟合，因此，设备不再需要 X 射线入射和衍射光束的定位装置，设备可以简化从而做得更小，这在户外残余应力测量或对设备有便携性需求的领域是一个很大优势。基于德拜环的$\cos\alpha$方法可以获得 X 射线在给定入射角的全部衍射德拜环，在整个德拜环上可以采集多个数据点，进行数据拟合时误差理论上更小，可重复性更高，测定数据可靠性更好。同时，既提高了测定速度，又摆脱了测角仪的束缚，在一定程度上提升了传统 X 射线法测定残余应力的应用范围。

残余应力测量的各种不同技术中，一些限制条件（如测角仪、构件形状等）也应加以关注。轴向测量深沟槽中残余应力时，$\sin^2\psi$的同倾法是唯一选择。在样品几何形状复杂、同倾法测角仪运动方向受限时侧倾法有优势。修改的侧倾法因为测角头在样品几何形状更受限制且散射向量偏移ψ倾斜平面，应尽可能选用侧倾法测角头。

3.4　钢中残余奥氏体含量的测定

在材料的定量测试中常常要测定淬火钢中的残余奥氏体含量。根据 X 射线的衍射原理，钢中残余奥氏体的体积分数可由式（13－24）计算

$$w_{A}=\frac{1-w_{C}}{1+G\dfrac{I_{M(hkl)}}{I_{A(hkl)}}}\qquad(13-36)$$

式中：w_A——钢中奥氏体相的体积分数；

w_C——钢中碳化物相总量的体积分数；

$I_{M(hkl)i}$——钢中马氏体$(hkl)_i$晶面的衍射线累计强度；

$I_{A(hkl)j}$——钢中奥氏体$(hkl)_j$晶面的衍射线累计强度；

G——奥氏体$(hkl)_j$与马氏体$(hkl)_i$所对应的强度有关因子之比，是$G_{M(hkl)_j}^{A(hkl)_i}$的简写。

国家标准中规定衍射条件：试样为平板状，一般尺寸为 20mm × 20mm，也可示情况有所改变，但面积不得小于 X 射线的照射区域。扫描速度应不大于 1°/min。采用步进扫描时每度总记录时间应不小于 1min。

马氏体选用（200）、（211）两晶面的衍射线；奥氏体选用（220）、（200）、（311）三晶面的衍射

线。将所测的5条衍射线进行表13－7的组合，并且各衍射线间的累计强度比值应满足表13－8的规定。

表13－7　衍射线对的组合及其G值

G	(200)	(220)	(311)
(200)	2.46	1.32	1.78
(211)	1.21	0.65	0.87

表13－8　衍射线组合和衍射强度之比

<table>
<tr><th>相</th><th>衍射线间累计强度比</th><th>最佳比值</th><th>允许波动的相对范围</th></tr>
<tr><td>马氏体</td><td>$\frac{I(200)}{I(211)}$</td><td>0.49</td><td rowspan="4">±30%</td></tr>
<tr><td rowspan="3">奥氏体</td><td>$\frac{I(200)}{I(220)}$</td><td>1.87</td></tr>
<tr><td>$\frac{I(220)}{I(311)}$</td><td>0.74</td></tr>
<tr><td>$\frac{I(311)}{I(200)}$</td><td>0.72</td></tr>
<tr><td rowspan="2">衍射线对的组合</td><td>M(200)－A(200)</td><td>M(200)－A(220)</td><td>M(200)－A(311)</td></tr>
<tr><td>M(211)－A(200)</td><td>M(211)－A(220)</td><td>M(211)－A(311)</td></tr>
</table>

对每一I_M/I_A值与对应的G值计算一次ω_A，逐次算出6个ω_A，然后求其算术平均值，此值即为残余奥氏体相的体积分数。

第14章　失效分析方法

失效分析技术是一门兼具综合性与实用性的交叉学科，其历史可以追溯到19世纪人们对蒸汽机车车轴、铁轨、桥梁断裂的研究以及对蒸汽锅炉爆炸事故的调查等。失效分析技术的发展一方面有力促进了一系列新学科的发展，如断裂力学学科；另一方面也极大推动了各个工业技术的进步，加速了国民经济的顺利、健康发展。回顾历史，失效分析技术在能源（水电、火电、核能、海洋石油）、化工、交通、航空航天等技术的发展过程中均起到了积极的促进作用。

今天，失效分析技术更是在不知不觉地渗透到人们日常生活中的方方面面，在重大事故的失效分析、质量检验、仲裁检验、司法鉴定方面发挥着无法替代的独特作用。比如，随着汽车、飞机等现代交通工具的普及，人们的出行已经离不开这些先进设施，但汽车翻车、飞机坠毁的事故时有所闻。医疗和材料技术的进步扩大了不锈钢等新材料在骨科手术中的应用，但安装在病人体内的接骨板时有断裂，给病人造成了额外的痛苦。这些事故都需要通过物理测试与失效分析来搞清其发生的原因。至于各类机电、化工等装备的失效更是每天都在发生着。在激烈竞争的市场经济条件下，要保持企业之间正当的竞争，要体现竞争的公平性、公正性、公开性，也需要失效分析技术发挥积极作用。

随着现代科技的进步，大型机电装备的复杂程度、精度、自动化程度更是发展到了一个新的高度，对系统的失效的预防的要求更高，失效以后的分析难度也更大。失效分析技术本身的发展也更具交叉性、边缘性，涉及到材料科学、机械设计、结构力学、腐蚀与摩擦学等多门学科，这些都对今后更好地开展失效分析工作提出了更高的要求，其中也包括失效分析技术本身的发展。

本章对失效分析的学科体系进行介绍，主要讨论3个问题，即用系统工程的观点来指导失效分析工作的方法论；失效分析与根本原因失效分析；预防性失效分析。

1　失效分析的内容与方法

1.1　失效

失效指机械产品丧失规定功能的现象。其含义比较广泛，一般包含三种情况：

（1）完全不能继续服役，如断裂、开裂或扭曲。这是比较常见的通常意义上的失效。

（2）虽然还能运行，但部分失去原有的功能，如轴因为磨损而降低精度。这往往并不是简单的轴的设计（如表面热处理）或加工问题，可能还与相配合构件的选材、性能以及机械系统的润滑或设备的操作有关。

（3）虽然能运行，发挥原有的功能，但不安全。如相对位置或应力状态发生了变换，或者已经萌生了微裂纹，或者由于腐蚀、磨损等原因导致局部尺寸减小等，这时候就需要开展设备的可靠裕度分析或安全评估。

1.2 机械装备失效的形式

机械零件和装备的失效模式千变万化,种类繁多,而通常将机械失效的常见模式分为四类,即变形失效,断裂失效,腐蚀失效和磨损失效。

(1)变形失效。变形失效分析较为简单,一般通过肉眼观察就可以判断,比较精密的构件有时需要借助专用工具。

(2)断裂失效。根据断裂前的变形程度可以细分为脆性断裂(高周疲劳断裂从形态上来分类也属于脆性断裂)和塑性断裂。根据断裂的原因可以细分为过载断裂、疲劳断裂、应力腐蚀断裂(含氢脆)、蠕变断裂等多种形式。根据断裂的微观机理可细分为解理断裂、准解理断裂、韧窝断裂、沿晶断裂等方式。

(3)腐蚀。主要有均匀腐蚀、点腐蚀、缝隙腐蚀、晶间腐蚀、电偶腐蚀、氢腐蚀、应力腐蚀等方式。

(4)磨损。主要有黏着磨损、磨粒磨损、接触疲劳磨损、微动磨损、腐蚀磨损等方式。

1.3 失效模式

所谓失效模式,是指失效的外在宏观表现形式和过程规律,一般可理解为失效的性质和类型。失效模式按其所定义的范围、属性、标准和参量,可分为一级失效模式、二级失效模式、三级失效模式等。模式准确,就是要将失效的性质和类型判断准确,尤其是要将一级失效模式和二级失效模式判断准确。

失效模式的判断应首先从对事故或失效现场痕迹及残骸的分析入手,并结合对结构的受力特点、工作和使用环境、制造工艺、材料组织与性能等进行分析,其中对肇事件的确定和分析是最为重要的判定依据。对肇事件残骸的分析应首先从对痕迹、变形、断口及裂纹的分析入手。

失效模式的判断分为定性和定量分析两个方面。在一般情况下,对一级失效模式的判断采用定性分析即可。对二级甚至三级失效模式的判断,就要采用定性和定量、宏观和微观相结合的方法。如某内燃机曲轴在第三曲拐处发生断裂,通过断口的宏观特征确定一级失效模式为疲劳断失效。然后,通过对断口源区和扩展区的特征分析和比对,再结合有限元应力分析等,可做出该曲轴的断裂模式为起始应力较大的高周疲劳断裂的判断,即相当于做出了三级失效模式的判断。

二级失效模式分类所依据的“标准”和“参量”繁杂多样,其判断也要比一级难得多。图14－1中列出了其中比较典型的失效模式。

1.4 失效分析

失效分析(failure analysis)是指为研究失效的原因,确定失效的模式或机理,并采取补救或预防措施以防失效再度发生而进行的技术或管理活动。这里要强调两点:一方面,失效分析的结果,不仅是要指出失效的模式、机理以及导致失效的主要原因,更要求能提出避免同类事故重复发生的措施或对策。另一方面,失效分析不光是技术活动,同时(或者某种意义上更重要的)也是一种管理活动,特别是对复杂系统,如现代化工厂里的大型机械装备,目标明确、针对性强的有效管理是避免设备重大失效事故的最有效的办法。

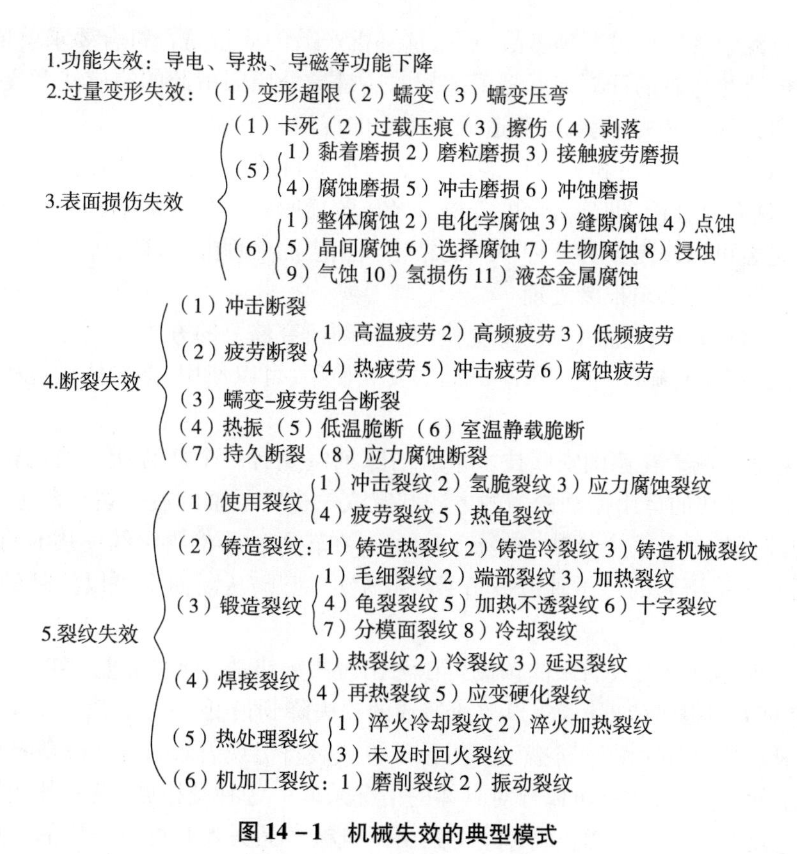

图 14－1　机械失效的典型模式

现代社会中失效分析技术广泛用于对重大事故的分析，因而不可避免地要牵涉到多方面的利益冲突。这就需要失效分析工作者一方面必须具备高超的技术水平和丰富的实践经验，另一方面必须站在公正的立场上，以追求真理、实事求是的态度，公正、科学、客观地做好失效分析工作，为事故的处理提供科学的依据。

1.5　失效分析的内容

(1)早期失效分析。早期失效是指产品未达到设计规定的使用寿命。需要通过产品设计、样机制造、台架试验、失效与失效分析、更改设计及用材等过程的反复循环来提高产品的质量。在机械产品设计过程中，特别需要设计、材料、结构和疲劳（有限元）计算等不同专业技术人员的通力合作。

(2)废品分析（不良品分析）。这些情况一般都发生在生产过程中，或者与加工工艺有关，或者跟材料有关。提高产品成品率和质量，牵涉企业生产过程中产品的品质管理问题。特别是一件废品事关一批产品的判废问题。热加工和冷加工都有可能导致废品（或不良品）的产生。热处理开裂和磨削开裂是生产中经常会碰到的现象，这时，必须要分清是材料缺或是用错材料造成的，还是由于操作不当，或者工艺不合适造成的。某较大尺寸的管件在车削加工后期，管外表面出现波浪形凹凸，导致最终产品报废，经分析是由于加工时随着管件壁厚的减小，其刚度变差，但加持支撑件的距离却没有作相应的调整，管件在自身重力、车刀施加的径向力以及车床本身的振动影响下产生“跳动”，从而导致边工表面的波浪形凹凸。某重大工程用感应弯管在弯制过程中曾发生过开裂事故，那么这一批产品的质量是否符合要求就值得怀疑，需要通过分析来搞清楚弯管的开裂究竟是工艺问题还是意外原因引起的。应注意废品分析和失效分析这两个名词的含义的区别，避免造成使用上的混淆。

(3)产品缺陷的安全度分析。以产品的安全为根本目的的经济的处理技术。如果发现产品有缺陷，那么就需要分析：进行安全度分析有经济价值吗？是什么缺陷？对产品的安全使用有什么影响？是否可以修复？有三种不同的结论及相应的处理方法，即：

①缺陷，不能使用，必须报废处理。

②复缺陷，经过修复处理后，可以安全使用。必须研究修复的方法。

③缺陷，虽然产品有缺陷，但不影响产品的安全使用，可以使用，但在使用过程中应注意对缺陷的监控。

(4)剩余寿命预测。在德国安联技术中心的陈列室里有一个疲劳断裂的汽轮机转子轴样品，生动地展示了成功的运用振动检测的方法判定汽轮机转子轴的疲劳裂纹萌生，用断裂力学的方法判定裂纹的扩展及安全评估/剩余寿命预测，在转子轴不能再继续使用时将其安全的更换处理。最后将更换下来的转子轴沿疲劳裂纹扩展面剖开，从断面上可以清晰的观察到疲劳裂纹扩展的全过程。

(5)失效后果预测。失效后果的预测可以为出现失效事故(特别是重大事故)时应采取什么样的紧急应对措施提供依据，以将事故所造成的损失降到最低。

(6)失效补救措施和失效预防措施。机械零件或装备出现失效的特征或现象后，并不是必须完全废弃，不能再使用，而是可以针对具体的情况采取一些补救措施，恢复其功能，延长起寿命，最大限度地发挥其使用功能。表 14－1 列出了机械产品失效时可以采用的常用处理技术，可供实际工作参考。很多方法已在实践中被证明是行之有效的，如用在裂纹前端钻小孔的方法来阻止裂纹的继续扩展，工程上称其为止裂孔。用清除表层的方法去除零件表层中的疲劳微裂纹，防止裂纹的扩展，以延长零件的寿命。

表 14－1　机械产品失效常用处理技术

序号	失效处理方法	特点及内容	主要用途
1	止裂延寿法	用于裂纹扩展钻孔阻止裂纹继续扩展以延长使用寿命	用于薄板零件疲劳裂纹失效处理
2	裂纹消除法	将处于稳定扩展的微裂纹采用扩孔或锉修的方法消除，以延长使用寿命。实际清除时应尽可能清除裂纹尖端形变层	用于零件破裂失效处理
3	限制使用法	根据零件真正失效原因及模拟试验结果严格限定零件继续服役条件以保证零件继续安全服役	用于零件与使用温度、介质、载荷有关而失效的处理
4	定检监控法	根据失效原因采用内窥镜或无损探伤法定期进行检查监控，确保零件继续安全服役	用于可检性好的失效处理
5	检测筛选法	根据失效原因采用内窥镜或无损探伤法检查失效征候，有失效征候的停止服役，没有的继续服役	用于可检性好的失效处理

续表

序号	失效处理方法	特点及内容	主要用途
6	报废更换法	现代机械产品结构复杂而产生失效现象或存在失效征候的往往是某个部件,实际上只须将某个构件更换,失效即可排除,产品仍可继续服役,但实际排除更换技术尚须研究	用于可换性好的失效物件的失效处理
7	技术更改法	根据失效原因,更改结构设计材料及加工工艺与质量标准制造新的构件更换使产品继续服役	用于失效原因属于结构设计、材料及加工工艺不当的失效处理

(7)失效分析方法学的研究和运用。用系统工程的观点来开展失效分析工作。对于重大失效事故的分析,运用系统工程的方法,可以帮助我们从繁杂的失效现象中理出头绪,避免迷失方向,少走弯路,更为有效,准确的找出引起失效的根本原因。

(8)失效物理学。牵涉到具体的技术学科,如断裂物理、金属物理、材料腐蚀等。对于解释失效的本质机理至关重要。

(9)失效的统计分析与失效经验的反馈。通过对失效案例的统计分析,可以找出设备或系统中最容易出故障的地方,为进一步集中精力解决薄弱节的问题提供依据。表14－2中列出了机械基础件之一——齿轮的常见的损坏形式和原因统计。

表14－2　齿轮损坏的形式和原因统计

损坏形式	所占比例/%	损坏原因	所占比例/%
破断	61.2	使用不当	74.7
疲劳断齿	32.8	装配不当	21.2
过载断齿	19.5	润滑不当	11.0
内膛疲劳断裂	4.0	连续过载	25.0
表面损伤	20.3	冲击载荷	13.9
点蚀	7.2	热处理不当	16.2
剥落	6.8	硬化不适当	5.9
点蚀与剥落	6.3	硬化层太薄	4.8
磨损	13.2	芯部硬度不足	2.0
磨粒磨损	10.3	设计问题	6.9
黏着磨损	2.9	制造问题	1.4
塑性变形	5.3	材料问题	0.8

通过失效经验教训反馈而采取的失效预防措施当然更有意义。前面已经指出,失效的预防一方面是技术问题,另一方面则是管理问题。从技术的角度来看,可以从机械零件和装备的设计,选材,加工制造,装配和安装等方面来采取措施,从源头上来减少失效发生的可能性。表14－3列出了针对机械产品可以采取的常用的预防失效技术。

表 14-3　机械产品常用预防失效技术

序号	预防方法	特点及内容	主要用途
1	合理选材	针对具体工作条件，突出与工作条件相对应的性能指标合理选材： (1)选择具有高的断裂韧性和低的塑性-脆性转移温度的材料 (2)选择具有高的疲劳强度和低的裂纹扩展速率的材料 (3)选择具有高的应力腐蚀临界应力强度因子(K_{ISCC})的材料	(1)用于抗脆性破断失效零构件的选材 (2)用于抗疲劳破断失效零构件的选材 (3)用于抗应力腐蚀破断失效零构件的选材
2	合理结构设计	(1)零件截面变化处理有较大的过渡圆角或过渡段，使得到平滑过渡的应力流线 (2)螺纹和齿轮避免尖角，螺杆和内螺纹垫部尽可能适当加厚 (3)薄壁件上有孔的部位可以适当地加厚，孔离边的距离不要太近 (4)光轴装配其他零件时，为避免摩擦擦伤而来的应变集中，其配合部分应局部加粗	用于孔、键槽、螺纹以及截面急剧变化的部件结构设计
3	合理加工与装配	按工艺规程进行加工和质量控制，减少应力集中	用于超高强度钢及缺口敏感性大材料零件的制造
4	合理使用与保养	按使用和维修规定进行正确使用和维修保养，减少环境损伤失效	用于使用环境要求高的机械使用与维护保养
5	严格的质量控制与监控	(1)控制材料纯洁度和晶粒度 (2)材料的相容性匹配 (3)切削的粗刀痕处产生应变集中，成为疲劳源，降低疲劳强度 (4)表面的氧化脱碳使疲劳强度及抗蚀性能降低	(1)用于超高强度钢和轴承钢零构件的材质控制 (2)用于有材料与环境介质的化学相容性或两摩擦表面有硬度相容性要求的零构件质量控制。如当滚珠硬度高于内圈硬度HRC度时，寿命最高 (3)用于高强度结构钢零构件加工质量控制 (4)同(3)
6	表面强化	在实际中常用表面强化的方法来造成表面残余压应力，以提高零构件的疲劳寿命； (1)表面高频淬火、渗碳氮化和氰化等热处理强化 (2)表面喷丸强化、冷滚压、扩孔应力精压和过盈配合等表面塑性变形强化	(1)用于提高疲劳强度的零构件表面强化 (2)用于提高低应力高周次疲劳寿命的零构件表面强化

由此可见,齿轮中断齿损坏是齿轮的主要失效模式。而根据对试销原因的分析可知,使用不当引起齿轮失效所占的比例最高。可以将各类失效原因用帕累托图(Pareto diagram)来表示,见图 14 -2。因此,应该对齿轮的装配、使用、设计提出具体的说明和技术指导,以有效降低齿轮因使用不当而引起的失效。

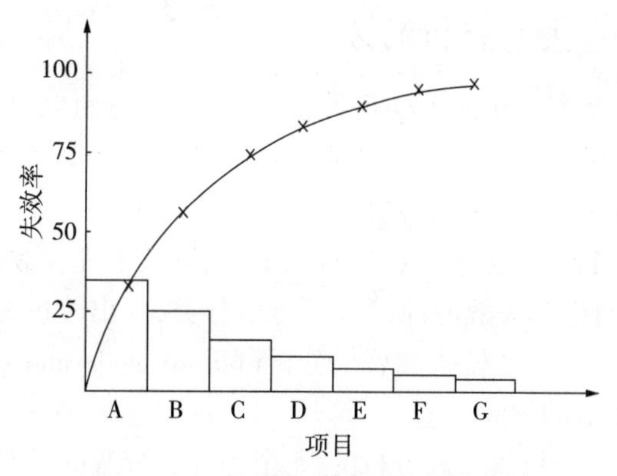

图 14 -2　机械失效原因的帕累托图示

1.6　失效分析的意义

失效分析的目的就是要找出引起失效的原因,并提出行之有效的改进措施,避免同类失效不再发生。因此,失效分析的意义也就不言而喻。

(1)通过失效分析,可以提高产品质量,防止失效的重复发生,避免造成进一步的经济损失。特别是通过国外进口的大型机械装备失效事故的分析,可以为向外商索赔提供证据,挽回损失。

(2)可以通过大量的失效经验教训,为机械产品的设计、加工、选材、制造提供依据。同时可以作为修订或制定技术规范、规程、标准、法规的重要依据。

(3)可以通过失效分析,提出许多针对性很强的预防措施,消除事故隐患,避免重大事故的发生。同时可以为出现重大事故时应该采取什么样的应急措施提供依据。

(4)仲裁性失效分析可以为裁决事故责任,开展技术保险业务,为有关案件的判决及侦破刑事案件提供可靠的科学依据。

(5)为功能部分失效或带缺陷产品的修复提供依据。

1.7　失效分析应遵循的原则

(1)实事求是的工作态度,公正中立。

(2)有的放矢,根据需要确定分析的深度和范围,从而采取相应的技术路线和分析程序。

(3)要全面看问题,避免技术上的局限性。

(4)亲临现场调查,掌握第一手资料。

(5)认真制定分析研究程序。

(6)制定正确的取样方案。

(7)“四要”:分析数据要可靠,判断论据要充分,下结论要慎重,措施要可行。

1.8　失效分析的实验和检测技术

机械失效分析中使用的实验和检测技术范围很广,从常规的材料理化检验(材料力学性能试验、金相检验、微观组织和结构分析、化学成分分析等)技术,断口分析技术,应力测试技术,到各类现代电子显微分析技术,各种谱仪、痕迹分析,有限元应力计算,实验模拟技术等。本章不再详述,读者可以参考本书有关的内容或相关专著。

1.9 失效分析的方法

失效分析的方法很多,通常意义上说的失效分析是指对引起失效的直接原因进行分析,即狭义的失效分析。这种分析一般在出现失效事件后进行,即属于事后的失效分析。根据分析过程中所采用的流程和难易程度的不同,通常可以采用几种失效分析方法,如"5 个为什么"法,"特征 - 因素图(鱼刺图)法""系统工程 - 故障树法"等。在大量失效事故经验教训的基础上,对引起失效的原因进行总结分类,提出改进和预防措施,将这些内容汇总于一个图表里,即得到了"失效模式和后果分析(failure mode and effect analysis, FMEA)"表,这已经属于失效预防技术的领域。

(1)机械失效分析的"5 个为什么(5Why)"法:

"5Why"法也可以称为机械失效因果关系直接分析法,是一种可用于机械失效分析(排除故障)的简单而有效的方法,由一家位于美国的日本汽车制造商提出,即在分析机械失效的过程中至少要提出 5 个"为什么?",并对这些问题予以合理的解答,由此找出引起机械失效的原因。

应用"5Why"法进行离心泵的机械密封的失效的分析过程举例如下:

①为什么密封失效?

密封面张开,固体物进入其中(如果密封面不张开,固体物就不可能进入)。

②为什么密封面张开?

由于振动和系统的共同压力,用于固定旋转部件的紧固螺栓松动。

③紧固螺栓不应该松动。为什么会松动?

因为密封环被安装在淬硬的套筒上。

④为什么密封环被安装在淬硬的套筒上?

由于包装转换,采用了库存的套筒。

⑤装配工为什么不能区分淬硬和软态的套筒?

因为它们被放置在同一个桶里。

⑥为什么它们被放置在同一个桶里?

因为它们采用同一个零件号。

⑦为什么它们采用同一个零件号?

……

如果你不能提出或者合理的回答足够的"为什么",你就可能找不出失效的原因。比如:

①为什么密封失效?

离心泵出现涡凹(cavitating,气穴)现象,导致(石墨)密封环表面开裂。

②为什么离心泵出现涡凹(气穴)现象?

因为离心泵的吸水头(suction head)过低。

③为什么离心泵的吸水头过低?

因为水箱里的水位太低。

④为什么水箱里的水位太低?

不知道。

这样就没有找出根本原因。其实,水箱中的浮标被一根腐烂的棒拦住,导致水位指示失灵,未能正确指示水箱中的水位,结果水箱中的水位过低。

(2)特征 - 因素图(鱼刺图)法——5M1E 法

机械故障,不论其事故的大小,总有其根本的原因。经验表明,造成失效的原因所涉及的范围很广,从大的范围来区分,可以包括操作人员(man)、机械设备系统(machine)、材料(material)、制造工艺(manufacturing)、环境(environment)和管理(management)等 6 个方面,因而,对失效事故的分析,也可以从这 6 个方面,或重点就其中的几个方面来分析事故的原因。即总体上来看,人员、设备、制造、管理、环境等因素构成了一个有机的系统。这些大的因素就构成了特征 - 因素图中的因素范畴。在每个因素范畴里,有可以具体地列出各种细分的小因素,即可能导致失效的直接原因。而“特征”即是失效事件或异常现象。将因素范畴、小因素和特征用一种类似鱼刺状的图形联系起来,即得到了“特征 - 因素图”。当然,对不同的失效事件,其可能的因素范畴也可能不一样,必须具体问题具体分析。

利用“特征 - 因素图”的好处是可以通过大家的集思广益,即所谓的“头脑风暴(Brainstorming)法”,将所有可能导致失效的原因全面罗列在图中,因而在进行同类的失效分析时能提供参考,减少重复劳动。

图 14 - 3 为热作模具失效的特征 - 因素图。图中的“特征”是指模具的失效;而“因素范畴”则分别是“模具设计”“模具材料”“模具加工”“模具制品”“模具机械”“模具安装”和“操作工艺”等 7 个大类。而具体的小因素,对“模具设计”而言,则可以细分为结构设计、工程设计、尺寸关系等因素;对“模具材料”而言,则可以分为钢种、热护理、硬度、表面处理、材料缺陷等因素。

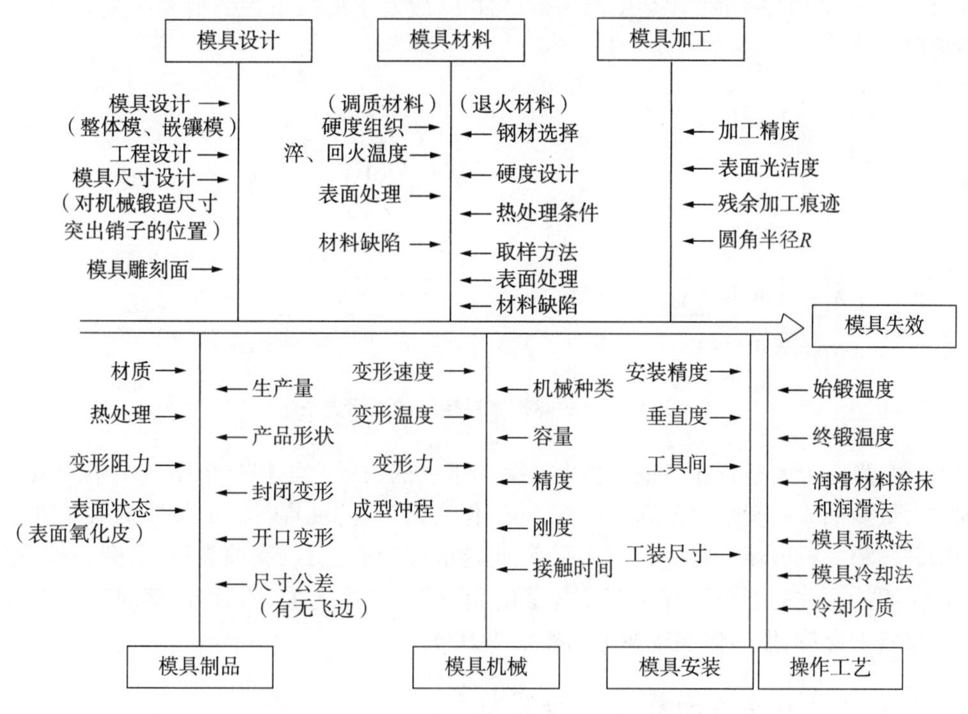

图 14 - 3　热作模具失效的特征 - 因素图

(3)系统工程法——故障树分析法

故障树分析方法(fault tree analysis, FTA)是美国军方为进行重大事故的分析而研究创立的一种方法，是系统工程学、图论和概率论等学科在失效分析领域的具体应用。FTA 分析以故障树的形式进行分析，查明与事故的发生有关的所有可能的原因。它用于确定哪些组成部分的故障模式或外界事件或它们的组合可能导致产品的一种已给定的故障模式。它以系统的故障为顶事件(top event，一般指危及系统危险的事件或是不希望发生的系统故障)，自上而下地逐层查找故障原因，直至找出全部直接原因(基本事件 Basic Event，即硬件和软件故障、人为差错和环境因素等)，并根据它们之间的逻辑关系用图表示。这种图的外形像一棵以系统故障为根的树，故称故障树。

FTA 分析既可用于设计阶段作潜在故障发生原因的深入分析，亦可用事中阶段的故障诊断和事后的失效分析。既可用于定性分析，也可用于定量分析。在安全分析和风险评价中也是常用的方法。

同时，故障树分析作为一种主要的系统可靠性和可用性预测方法，可以方便地计算出系统故障的概率，即在系统设计过程中，通过对可能造成系统失效的各种因素(例如硬件、软件、环境、人为等因素)进行分析，画出逻辑框图(即故障树)，同时给出各种故障可能发生的概率，从而确定系统失效原因的各种可能组合方式及其发生概率，以计算系统失效概率，并采取相应的纠正措施，以提高系统可靠性、安全性。

故障树的表示需要采用逻辑图，即用“逻辑门”将各种“事件”联系起来。图 14 -4 中给出了两种典型的逻辑门的表示方法，分别为“或”门和“与”门。在“或”门中，A 或 B 或 C 都可以引起失效事件 F，因而发生失效事件 F 的概率为产生 A 或 B 或 C 的概率之和。而在“与”门中，只有 A 和 B 和 C 同时发生时，才会引起失效事件 F，故发生失效事件的概率为发生 A、B、C 的概率的乘积。

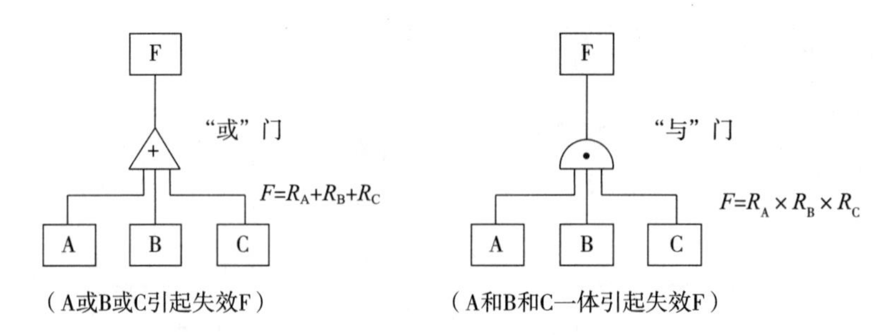

图 14 -4　故障树中逻辑门的表示方法

图 14 -5 为一个大型石油储罐发生大量漏油事故的失效故障树分析图。图中的顶端事件是油罐的大量漏油。中间事件分别可以是油罐、保安措施、防油堤等。而油罐的失效方式又可分为侧壁破坏和底板破坏。对底板破坏而言，可能的原因有过载、腐蚀裂纹、疲劳裂纹、原始裂纹等。产生原始裂纹的原因则有 T 形角焊缝的角变形、焊接施工、环形板、基础施工和地基状态等。根据概率计算，发生储油罐漏油的概率为万分之一。

1.10　失效分析工作的一般过程与实施

为了准确地解释失效原因，失效分析工作者必须全面地收集相关的事实证据，以便确定引起失效的根本原因。要顺利的做到这一点，失效分析工作者宜建立和遵循一定的工作程序，以保证关键的因素不会被忽视。一种典型的失效分析的流程如下：

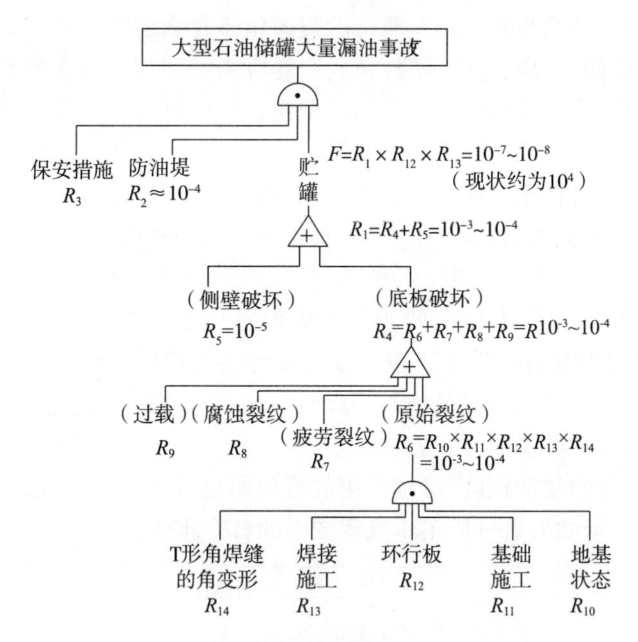

图14－5　大型石油储罐大量漏油事故故障树分析

（1）决定做什么。确定失效分析的深度。在开始工作前，应努力确定此项失效分析工作的重要性。如果此项失效并未产生重大的经济损失，或无技术上的难度，则无必要进行详细的失效分析，或许花费半个小时就基本上能确定引起失效的原因。但对一些重要的失效，那就需要花上百个工时来进行详尽的根本原因失效分析（root cause failure analysis，RCFA），以得到准确的引起失效原因的结论。

（2）找出发生了什么。对于发生在工厂里的失效事件，最重要的一步就是和失效所涉及的人员进行交谈，并征求他们的意见，因为他们更为了解有关设备的日常运行情况，熟知设备的特性。应详细的询问有关人员，直到确切了解了事故的全貌，事故发生的过程及各种异常情况。

（3）进行初步的调查。在事故现场对有关的破损件进行仔细的分析，以寻找相关的线索。不要对破损件进行现场清洗，以避免丢失至关重要的信息。准确地记录现场的各种状况，从不同的角度对失效件和周围的状况进行拍照以保存证据。

（4）收集背景资料。原来的设计工况是什么？现场的实际操作工况又是什么？在事故现场，应尽力确定设备的实际操作工况，如时间、温度、电流、电压、载荷、湿度、压力、润滑剂、材料、操作程序、位移、腐蚀性介质、振动，等等。比较实际操作工况和设计参数之间的区别。应该注意对设备的操作会产生影响的每一个细节。

（5）确定什么失效了。根据有关的现状和征状，确定失效起始的地方（零部件）——起始失效（primary failure）及随后的一系列失效顺序。在重大的失效分析工作中，这往往是非常关键的一步，但同时又有很大的难度。确定设备的工况是否有变化，和以前的运行状态有什么区别，配套设备有什么变化。

（6）对起始失效件进行检查和分析。如，有没有腐蚀？表面或断口上有腐蚀产物吗？有的话，如何提取此类产物进行必要的分析？进行必要的清洗，并用体视镜观测断口：断口的形状有什么特征？有没有宏观的塑性变形？断口的裂源位于什么位置？等等。确定零部件上的工作应力状况，是属于拉伸、剪切、弯曲、扭转还是交变应力？和设计的工作状况有什么区别？断口上是否有其他的裂纹或可疑的信号？应拍照记录，妥善保存，以供参考。

(7)进行详细的材料理化分析。现代化学分析和冶金检测技术有可能检测出会严重影响材料性能并导致失效的材料化学成分或组织上的细微的偏差（如微量有害杂质元素的不良作用）。确定失效类型和导致失效的作用应力。仔细审核每一步的工作，确保有关的问题已经得到明确的答案。

(8)找出根本原因。多问为什么："为什么失效首先在这里发生"？典型的根本原因有："由于工程设计的原因导致轴的断裂""由于没有及时的维护导致阀的失效"，等等。问题的最后往往会牵涉到操作人员的问题或系统的管理问题，需要采取不同的措施来解决不同的问题，包括需要改变人的思考和做事的方式方法。

根据失效分析工作的复杂程度，可以采用的流程图也可以有所不同，但基本的内容是相同的，即如图 14－6 中所示的失效分析工作流程图中的各个步骤。

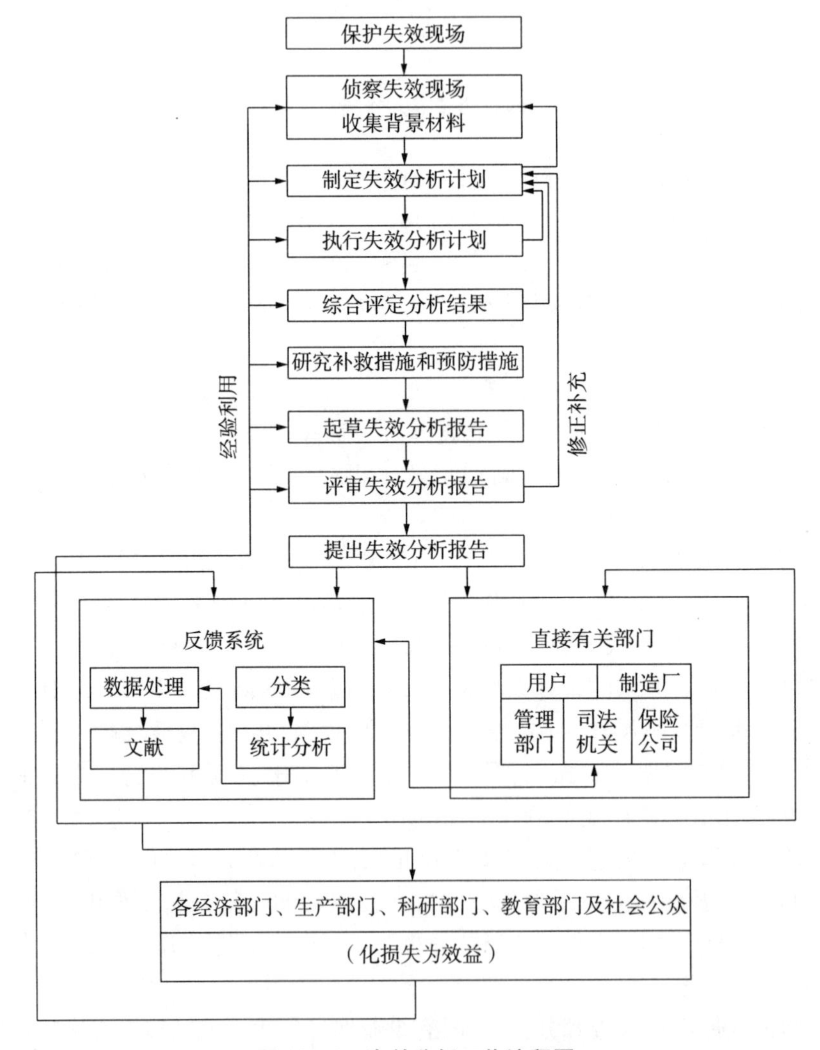

图 14－6　失效分析工作流程图

1.11　失效分析报告的编写

失效分析报告应简明扼要,条理清晰,合乎逻辑,并着重就失效情况的调查,测试取证,失效机理,失效的根本原因及对策等方面进行详述。失效分析一般报告应包括以下部分内容:

(1)概述

发生失效的日期,时间和地点,失效的基本情况(设备的名称、型号、制造者、设备的技术参数、设备制造工艺等),委托者,失效分析的要求和目的。

(2)失效事故的调查结果

失效部件和设备的宏观照片、残骸的分布等,失效时的工矿和使用条件,如环境条件、操作温度、压力、湿度,失效部件和设备的服役历史,失效的经过。特别要强调的是应明确说明失效分析试样的取样情况(取样状态、取样部位和方向、取样数量等),这对于成功的失效分析至关重要。

(3)观测和分析结果

包括宏观和微观断口分析,材料的组织结构、化学成分、力学性能等分析,失效的模式和过程等。

(4)讨论

根据试验结果,结合失效部件和设备的工作情况,必要时采用应力计算分析等手段,对引起失效的原因和机理进行分析,得出明确的结果。

(5)结论和建议

提出失效的原因,并提出避免将来发生同样失效事故应采取的措施,或响应的改进建议。

(6)回访和促进建议的落实

应对重大的失效事故的分析进行必要的回访,促进建议和措施的落实。

这里特别需要指出的是,对于重大的失效分析报告,一般应在报告的开始编制失效分析报告的摘要,将失效分析报告的主要内容,特别是结论和建议措施,条理清晰地予以叙述,供有关方面参考。

2　失效分析与根本原因失效分析

2.1　失效分析

通过失效分析工作比较容易分析得出失效的机理,但不一定能明确指出导致失效的根本原因,因而无法提出有效的措施来避免同类失效的再次发生。

通常以对失效零部件的实验室分析为主的方式开展失效分析,如对失效的轴、齿轮进行理化分析,得出其破坏机理为疲劳断裂、腐蚀、过载等失效机理的结论,以及几个重要的影响因素。如果发现材料使用有错误,或者有制造(铸造、锻造、热处理、焊接、机械加工、装配等)缺陷,还比较好下结论。但由于失效分析人员的知识面的限制,在失效分析过程中没能对零部件的实际的工作应力状况进行分析,或进行强度校核,因而在对失效分析下结论时,往往并不能提出有说服力的证据。实际上,虽然失效的零部件可能含有各种类型的缺陷,但却不是导致失效的真实原因。由于对零部件或设备的实际工况不熟悉,在分析原因时往往不能把握要害,无的放矢。如果失效的真实原因是选材问题、设计问题、操作问题或工作环境问题等,那么就无法对失效下一个合理的有说服力的结论,更无法针对失效提出一个有效的措施以避免同类事故的再一次发生。

常规失效分析的内容包括:用扫描电子显微镜在高倍下直接观察分析断口的细节,了解断裂特征与性质;材料的组织和性能分析、宏观的痕迹分析和材质的冶金检验等等。换言之,一般的失效分析仅仅局限于从材质冶金等方面去寻找引起断裂失效的原因,而对失效件的力学分析则被认为是结构设计考虑的问题。

这就需要失效分析工作者高度重视失效分析技术的基础研究,注重理化试验与理论计算的结合,努力提高失效分析技术水平。长期以来,机械装备与零部件的失效分析主要由从事理化检验(并以金相检验人员为主)的人员承担,在工作中比较偏重于通过材料内部组织结构的分析来寻找其失效的原因。这当然是一种比较重要的分析方法,但有时候不一定能说明问题的关键点。失效分析应该从设计、制造、使用等方面全面的考虑问题,特别要注意分析装备和零部件在工作时的应力分析,通过有限元计算等手段搞清其工作时的应力状态,并进一步校核其强度设计。失效分析工作也要十分重视断裂、腐蚀、磨损等领域的基础研究。随着新型陶瓷、复合材料、工程塑料等各类新材料的推广使用,其失效问题也将越来越突出,这些材料的理化性能、力学行为、断裂特征与传统的结构材料有很大的差异,其失效分析更需要涉及到其他交叉学科,因而失效分析工作者要注意从各类新材料的基础知识中吸取营养,通过失效分析工作更好地推进新材料的广泛应用。

下面举几个例子来说明。

例 14-1 化工机械中的板式换热器发生开裂。

该换热器材料采用 304 不锈钢制造,使用已经有 6 年时间。据使用者称,换热器的工作介质中的腐蚀性离子的浓度均得到有效的控制。材料的理化分析表明该不锈钢板符合 304 的材料规范。断口分析表明不锈钢板的开裂系由腐蚀疲劳裂纹扩展所至。但换热器开裂的根本原因是什么?是设计问题(已经使用 6 年了,能否说明设计是可靠的),制造问题还是安装问题?换热器板中的交变应力值是多少?工作介质中的腐蚀性离子的浓度在什么范围内是可以接受的?为避免这样的问题该采取什么样的措施?尽管通过失效分析能说明换热器板的开裂机理,但引起开裂的根本原因不清楚,因而也就无法提出改进措施。

例 14-2 钛合金直型接骨板的断裂。

工业纯钛(commercially pure Titanium,简称 CPTi)和 Ti6Al4V 合金以其优良的耐蚀性能、密度小和弹性模量低等特点被作为人体植入材料大量应用于矫形外壳、骨骼置换和各种关节的修复及口腔种植等外科手术中。钛材之所以具有良好的抗蚀性,其主要原因是钛和氧之间具有强烈的亲和作用,在大气和海水中钛的表面极易钝化,钝化膜主要由 TiO_2 组成,厚度为几个纳米至几十个纳米,即使氧化膜局部破坏,它仍有瞬间再修复的功能,在氧化性、中性与弱还原性介质中,只要温度不超过 315℃,钛的氧化膜始终保持这一特性,甚至在临氢条件下,只要含有大于 2% 的水分,也很稳定且不吸氢脆化。

某人体主股骨接骨板材料为国产 TA3 工业纯钛,其紧固螺钉为 Ti6Al4V 合金,表面为阳极氧化处理。某病人于 2010 年 7 月 17 日首次植入该接骨板,2010 年 8 月 17 日出院一段时间后发现接骨板发生了断裂。2010 年 9 月 14 日该病人又重新植入了相同供货商提供的同型号接骨板,2011 年 5 月 7 日接骨板再次发生了断裂,见图 14-7。该病人年龄 64 岁,体重 60kg,因车祸发生了粉碎性骨折,事发前身体健康,无长期服药史。断裂的主股骨接骨板执行标准为企业内部标准和行业标准 YY 0017—2008《骨接合植入物　金属接骨板》。

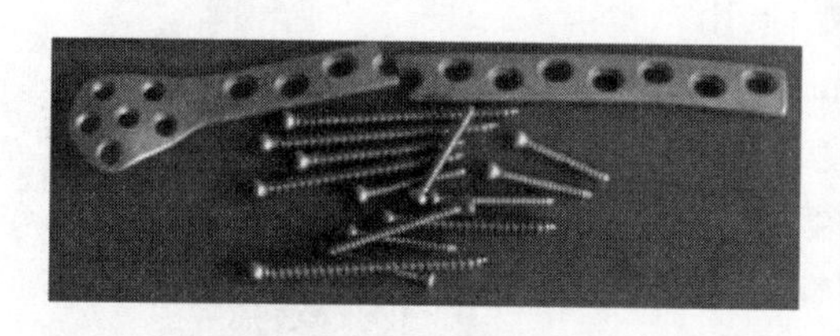

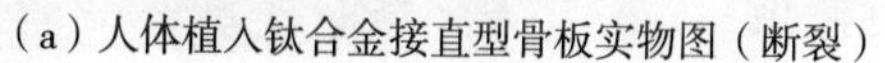

(a)人体植入钛合金接直型骨板实物图(断裂)

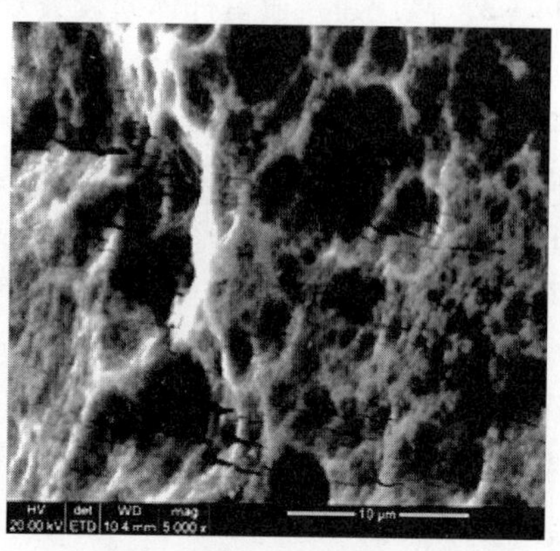

(b)点蚀坑中萌生的微裂纹

图 14－7　接骨板形貌

接骨板断裂的根本原因是什么?是病人过早负重行走所至吗?如果是的话,那么医生应该给病人以明确的医嘱。是接骨板的有效截面积不足导致的接骨板疲劳断裂吗?安装于病人体内的接骨板的实际工作应力是多少?医生在给病人安装接骨板时有没有进行过设计(强度校核)?如何来避免同类事故的发生?这些问题,都需要通过进一步的分析工作予以回答。

通过对该断裂失效的接骨板试验分析后得知,其化学成分、维氏硬度、金相组织和晶粒度均符合相关标准要求;宏观分析表明断裂具有脆性断裂的特征。接骨板外表面存在和断裂面大致平行的微裂纹,存在大量萌生于点蚀坑、平行分布、和主轴线方向垂直的微小裂纹,可见接骨板的断裂和表面的点蚀坑以及萌生于点蚀坑中的微裂纹有关。远离断裂面处表面 SEM 形貌观察也发现大量点蚀坑,和近断裂源处表面的点蚀坑形貌相似,但未见微裂纹,点蚀坑随机分布,较浅,未见腐蚀产物。宏观观察,断裂的接骨板表面颜色均匀,无明显损伤和腐蚀特征,说明接骨板在成品库存和运输期间未受到侵害。断裂面 SEM 形貌观察未见腐蚀产物和点蚀坑,说明点蚀坑不是在人体体内产的,而是阳极氧化处理工艺不当造成的。

人体接骨板为标准件,同型号的产品形状尺寸是一致的,但每个人的骨骼情况和病情是不一样的,安装前接骨板和骨骼之间会有间隙,通过螺钉紧固后间隙会减小或消除,接骨板局部区域会产生微小变形导致残余应力。夹骨板上的螺丝孔周围为应力集中区域,其表面的点蚀坑增加了其应力集中程度。骨骼没有完全愈合时,病人行走会导致接骨板承受较大的应力。该接骨板断口上存在较为严重的机械损伤,局部区域几乎呈磨光状态,说明接骨板断裂之后病人还行走过。由于接骨板为单侧植入,具有不对称性,行走时会承受不同程度的弯曲应力。工业纯钛强度相对较低,该接骨板维氏硬度接近标准值的下限,断裂位置的有效承载面积较小,不能承受较大的载荷。接骨板是用来固定骨骼促使其正常愈合,为非承力件,特别是 CPTi 接骨板本身强度较低,有效承载面积较小,不能承受较大的人体重量,但为了病人早日康复和避免长期卧床带来的副面影响,医生会建议病人下地活动,骨骼未完全愈合时人体的大部分重量将施加在接骨板上,行走时会承受不同程度的弯曲应力,在靠近骨裂部位的接骨板上的点蚀坑中首先萌生出微裂纹。多次行走会使接骨板承受反复的交变弯曲应力，最终导致疲劳断裂。

例 14－3 高层建筑避雷杆体断裂失效分析。

断裂失效的“高层建筑避雷杆体”（以下简称杆体）于 1999 年和大楼主体同时建造，2012 年 8 月杆体于最高的混凝土抱箍处齐根断裂，杆体倾倒时造成了马路对面的设施受到一定的损毁。经调查，该大楼主体高度为 102m，安装杆体的塔标高 130.5m，杆体标高 149.2m，杆体断裂处的标高为 125m，杆体总长 37.7m。杆体有一处变径，由上至下尺寸分别为：直径 200mm，厚度 5mm，长度 7700mm；其余部分杆体直径为 300mm，厚度 5mm，整个杆体为 0Cr18Ni9 不锈钢板焊接管。断裂后，杆体还有小部分相连接，倾倒部分悬挂于楼体外壁，见图 14－8。为了防止杆体坠落，临时在靠近倾倒部位的断口处切割了两个孔，用钢丝绳进行安全防护以防坠落，3 天后将断裂处的小部分连接体用气割方法割断，将断裂杆体安全落地。

图 14－8 断裂的杆体宏观形貌

通过对该断裂失效的杆体以上理化试验分析后可知：①断裂的杆体化学成分、拉伸性能和宏观硬度检验结果均符合相关标准中 0Cr18Ni9 不锈钢的技术要求；②金相组织正常，夹杂物级别不高，晶界未见碳化物聚集；③宏观观察可见断裂起源部位的外表面存在较多的金属熔珠，见图 14－9(a)，初始断裂面宏观形貌和 SEM 形貌均具有多源疲劳断裂特征，断裂面上绝大部分已经呈磨光状态，存在不同程度的腐蚀产物覆盖，见图 14－9(b)；④初始断裂面表面形貌分析和金相组织分析结果表明疲劳断裂起源于杆体外表面的金属熔珠部位，金属熔珠和杆体基体具有良好的熔合性，具有焊接组织特征，其表面受压后呈平面状，是杆体摇晃的结果，见图 14－9(c)；⑤存在熔珠压碎脱落后留下的凹坑，凹坑中存在微裂纹，断裂起源于这些微裂纹；⑥断裂源处杆体外表面的金属熔珠与杆体以及杆体上的焊缝化学成分存在较大的差异，这些熔珠和杆体焊接无关，是杆体和大楼施工时电焊工误操作导致的；⑦断裂面上的腐蚀产物中含有较高含量的 Cl 元素。

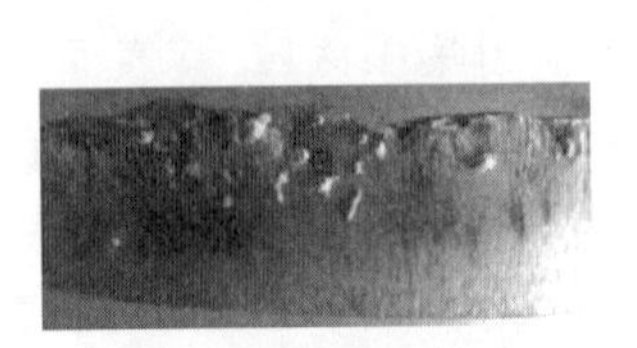

（a）起始断裂区域形貌

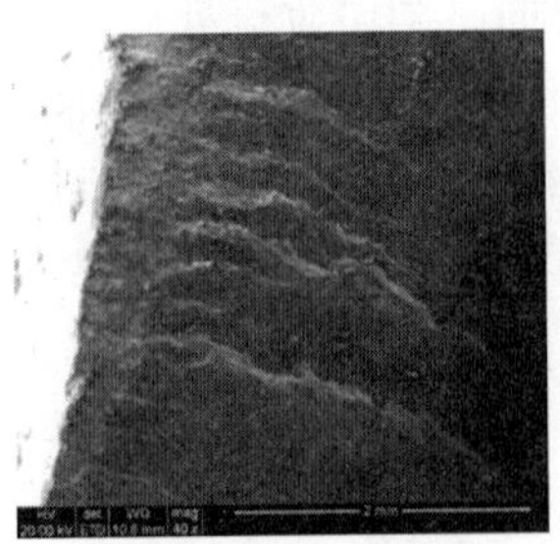

（b）断裂面低倍SEM形貌

（c）断裂面剖面金相形貌

图 14－9 断口形貌

正常情况下，杆体处于静止状态，其断裂部位只受到断裂部位以上杆体重力带来的压应力，不会出现断裂。造成杆体断裂的外力主要是较大的风力作用。由于杆体抱箍以上部位较高，为24.2m，受到较大风力作用时会发生摇晃，其最大应力点位于杆体和抱箍交界处。疲劳强度和材料的抗拉强度成正比，存在关系式 $\sigma_{-1}=m\sigma_b$，式中，m 为与材料和试验条件相关的常数，一般来说 $m\approx0.4\sim0.6$，平均为0.5；σ_b 为材料的抗拉强度。抗拉强度实际测试值平均为677MPa，其疲劳强度为338MPa。有限元受力分析结果表明即便是杆体顶部发生1m的位移量，其根部所受的最大弯曲应力也只有130MPa，见图14－10，小于338MPa，不会发生疲劳断裂。

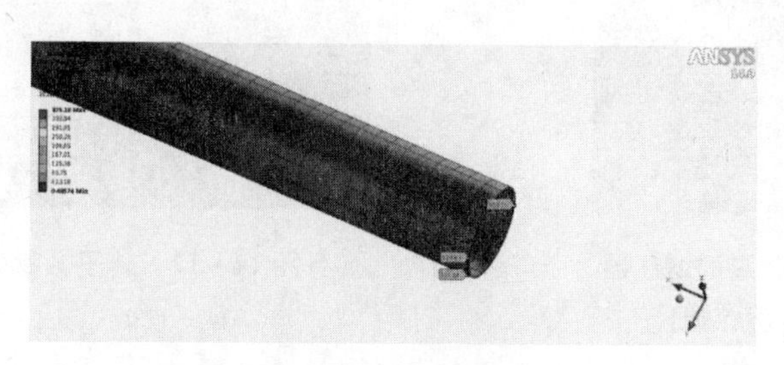

图14－10　杆体底部等效应力云图

对杆体断裂部位的分析发现在距离抱箍面以下约75mm处杆体外表面存在大量金属熔珠，这些熔珠在杆体表面会形成应力集中点，在杆体摇晃时受到水泥体中较硬的石子或沙子挤压，熔珠底部产生了微裂纹，断裂起源于这些微裂纹。另外，杆体多次的摇晃会使其根部和水泥体抱箍之间形成一定的间隙，这种间隙会随着时间的延长或杆体摇晃次数的增加变大，根部形成喇叭口状，雨水会较长时间的保留在该间隙里，空气中的一些腐蚀性元素也会溶入这些雨水中形成腐蚀性介质。断裂初期，应力主要为风力作用。雨水和腐蚀性介质的参与加快了疲劳裂纹的扩展进程，当疲劳裂纹扩展到较大尺寸时，同样的风力作用会造成杆体发生更大的摆动，抱箍以上杆体780kg的重力也会对断裂产生影响，这也是杆体差不多发生整圆周一半的疲劳断裂后即发生瞬断撕裂的原因。疲劳区和瞬断区交界处明显的贝壳纹路和韧窝、二次裂纹以及疲劳损伤间歇出现的特征是低循环大应力作用的结果。在杆体多次的摇晃中其基部产生最大弯曲应力，和雨水中的腐蚀性元素共同作用引发疲劳裂纹源。

例14－4　船用柴油机主机大型涡轮增压器轴断裂分析。

某集装箱运输公司的船用NA70/TO9018型柴油机的废气涡轮增压器的转子轴在使用约17000h后发生早期断裂，见图14－11；断裂位于轴颈段，宏观断口显示断裂具有低应力的旋转弯曲疲劳断裂特征，见图14－12。该转子轴材料为26NiCrMoV145，锻造成形，整体调质处理，轴颈段经感应淬火及低温回火，要求淬硬层厚2～3mm，表面硬度50～54HRC。

断裂转子轴的化学成分、拉伸性能、冲击功等的分析结果都符合材料的设计要求，材料心部的显微组织也很正常，但对断口裂源处的金相检验发现该处轴颈的表面感应淬火层不连续，如图14－13所示；局部表面有屈氏体等组织，见图14－14，属于感应热处理缺陷组织。

表面感应硬化处理一方面提高了转子轴表面的耐磨性，另一方面也提高了其疲劳裂纹萌生的抗力。不连续的表面感应层为疲劳裂纹的早期萌生提供了条件，导致了转子轴的早期疲劳断裂。

转子轴的实际工作应力是多少？未经表面硬化处理和经过硬化处理的轴的疲劳寿命分别是多少？如何用疲劳强度设计的方法来解释轴的早期断裂？这些问题都需要通过进一步的应力计算来回答。

图 14-11　断裂的增压器转子轴(涡轮端)

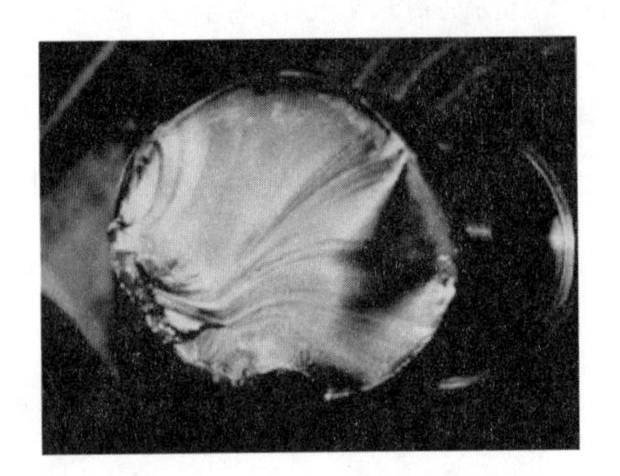

图 14-12　转子轴断口宏观照

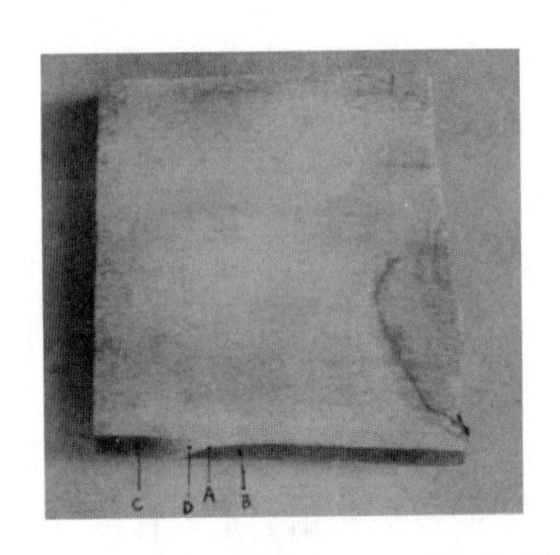

图 14-13　转子轴表层的不连续感应硬化层

图 14-14　不连续感应硬化层中的屈氏体组织

2.2　根本原因失效分析

根本原因失效分析(RCFA,root cause failure analysis)进行相当全面的综合分析,包括对物质、人员及各种潜在的因素等各方面的分析,以得出最完整的导致失效的原因,并采取有效的措施,避免同类失效的再次发生。要进行根本原因失效分析,除了要进行通常失效分析以外,还必须做到以下几点:

(1)对设备工作的工况要有深入的了解;

(2)要进行必要的应力计算和设计校核;

(3)必要时需要进行模拟试验。

随着科学技术和制造水平的不断进步,尤其是断裂力学、损伤力学、产品可靠性及损伤容限设计思想的应用和发展,使得产品的可靠性越来越高,一方面产品失效导致的恶性事故数量相对减少但危害及影响越来越大,另一方面产品失效的原因和影响因素越来越复杂,需要从设计、材料、制造工艺及使用等方面进行系统的综合性的分析,也就需要有从事设计、力学、材料等各方面的研究人员共同参与,从降低零件所受外力(包括环境等)与提高零件所具有的抗力两方面入手,达到提高产品使用可靠性的目的。而进行根本原因失效分析,也必须充分运用断裂特征分析、力学分析、结构分析、材料抗力分析以及可靠性分析等技术,为失效分析结论提供有力的依据。

开展根本原因失效分析,对参加失效分析的人员也提出了更高的要求,即需要组建多学科(专业)人员参与的综合分析机构,集中不同专业、不同部门的人员进行分析工作,使不同的意见一开始就进行协调,而不是最终进行“中和”。

综合分析机构一般由专职失效分析人员和产品设计、制造、材料以及有关职能部门的代表组成临时分析小组,其主要职责是:

(1)负责制定失效分析总体要求和目标;

(2)制定综合分析方案,包括确定子分析系统分析目标和内容并监督子分析系统的进行;

(3)实施整体分析方案;

(4)综合和评审工作进度、结果并不断实施 PDCA[(规划(plan)、执行(do)、检查(check)、更改(act)]过程,直到达到失效分析的总体要求和目标;

(5)负责或协调与设计改进或其他预防部门的接口;

(6)完成总体失效分析与预防报告。

组建临时的综合分析机构必须注意以下几点:

(1)分析小组的组建应以所要分析的系统为中心,组织与此有关的人员以及从事失效分析的专职人员,而不以职能部门为中心;

(2)分析小组应包括系统(或产品)设计、制造、材料、使用部门的人员,这些人员在组内是平等的,同时应当有相应的授权,以代表各自职能部门在小组内工作;

(3)各成员应加强和促进信息与问题的交流,尤其应主动介绍所在职能部门在该系统(或产品)中的工作及可能存在的问题;

(4)尽可能减少人员的变化,并将其保持到该工作包括预防与改进工作结束。

例 14-5　某标牌位于某地一马路桥梁旁,该马路近似南北走向,标牌旗杆位于马路西侧,标牌沿东西方向横跨马路,由一根旗杆单臂悬挂,为悬臂梁结构,标牌约呈东西向横跨马路,标牌外型尺寸为(3000×985×65)mm,中心离地面高约 5500mm,自重 58kg;标牌的支撑立柱为 ϕ114×4.0mm 的 20#无缝钢管,通过焊接底座固定于地面。某年初春一天下午,因遭遇强风侵袭,该标牌的立柱钢管沿焊接底座根部断裂,标牌向路中倒塌,导致行人伤亡。标牌旗杆的安装示意图见图 14-15,断裂后的旗杆和底座实物照见图 14-16。

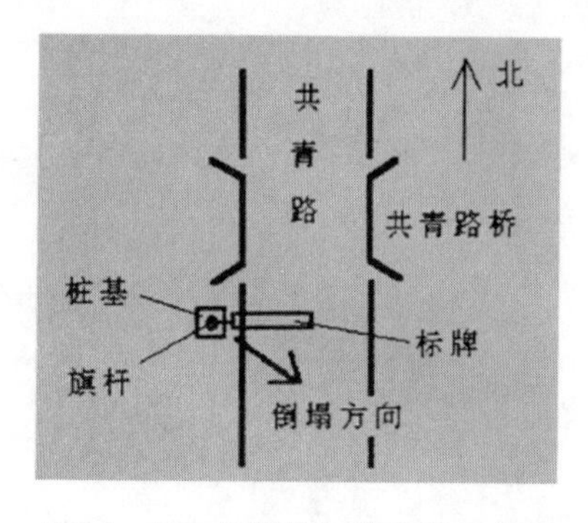

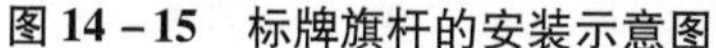
图 14-15　标牌旗杆的安装示意图

图 14-16　断裂后的旗杆和底座

对标牌旗杆的材料质量、旗杆与底座的焊接质量、标牌旗杆的设计进行校核,结果表明:

(1)断裂旗杆所用的钢管材料符合 GB 3087—2008《低中压锅炉用无缝钢管》或 GB/T

5312—2009《船舶用碳钢和碳锰钢无缝钢管》的有关技术要求。

(2)旗杆与底座的焊接质量基本正常。

(3)标牌旗杆的设计图纸不规范。

(4)旗杆钢管结构测绘、验算结果表明,设计安全系数过小,不符合GBJ9—1987《建筑结构荷载规范》、GBJ17—1988《钢结构设计规范要求》,存在事故隐患。

(5)事发当日,脉动风压所产生的过大风力是促使旗杆断裂的重要原因。

标牌旗杆钢管结构验算过程如下:

(1)构件材料(20钢)

立柱的构件材料为 $\phi 114 \times 4.0$mm 的20#无缝钢管,其相关的参数为:$E = 2.06 \times 10^5 \mathrm{N/mm^2}$,$I = 209.35\mathrm{cm^4}$,$W = 36.73\mathrm{cm}$,$A = 13.82\mathrm{cm^2}$,$q = 10.85\mathrm{kg/m}$,$i = 3.89\mathrm{cm}$,$w_u = 7.3419 \times 10^4 \mathrm{mm^3}$。

(2)荷载计算

①标牌重:$P_k = 58\mathrm{kg}$

②钢管自重:$q = 10.85\mathrm{kg/m}$

(3)风荷计算

规范:$w_k = \beta_z \mu_s \mu_z \mu_r w_0$

该地区:$w_0 = 0.55\mathrm{kN/m^2}$

(4)标牌旗杆中的内力

①自重引起的内力

压力:$N_G = 1.4772\mathrm{kN}$

弯矩:$M_G = 1.2034\mathrm{kNm}$

②风荷引起的内力

标牌上的风力: $w_k = 1.8314\mathrm{kN/m^2}$

$w = 1.4 w_k = 2.5639\mathrm{kN/m^2}$

剪力:$Q_{w1} = 7.5763\mathrm{kN}$

弯矩:$M_{w1} = 41.7265\mathrm{kNm}$

扭矩:$T_w = 13.0994\mathrm{kNm}$

旗杆上的风力: $w_k = 1.4286\mathrm{kN/m^2}$

剪力:$Q_{w2} = 0.684\mathrm{kN}$

弯矩:$M_{w2} = 2.7361\mathrm{kNm}$

(5)应力及强度

①合内力

弯矩:$M = 44.4789\mathrm{kNm}$

压力:$N = 1.4772\mathrm{kN}$

扭矩:$T = T_w = 13.0994\mathrm{kN/m}$

剪力:$Q = Q_{w1} + Q_{w2} = 8.2603\mathrm{kN}$

②应力 $\sigma_M = 1210.97\mathrm{N/mm^2}$

$\tau_T = 178.36\mathrm{N/mm^2}$

按第四强度理论: $\sigma_Z = 1249.75\mathrm{N/mm^2}$

③安全性分析

仅在自重作用下(无风力时)

$$\sigma_M = 32.8\text{N/mm}^2 < 353.3\text{N/mm}^2，安全。$$

在自重及静风压作用下(无风振时)

$353.3\text{N/mm}^2 < \sigma_Z = 437.7\text{N/mm}^2 < 506.7\text{N/mm}^2$,不安全,有事故隐患。

在自重及风压作用下(有风振时)

$$\sigma_Z = 1249.75\text{N/mm}^2 > 506.7\text{N/mm}^2，破坏。$$

(6)参考规范

①GBJ 9—1987《建筑结构荷载规范》

②GBJ 17—1988《钢结构设计规范》

3　预防性失效分析

失效分析的目的,诚如前面所指出的,就是要找出失效的原因,提出改进措施,并防止同类失效的再次发生。因此,预防失效是失效分析的根本目的。特别是在现代企业里,“质量是企业的生命”的理念已得到广泛的认同,追求卓越的质量管理已经成为很多企业的方针。因此,如何将失效分析视作质量管理中的重要一环,发挥失效分析在提高产品质量和产品国产化过程中的作用,已经成为很多企业所面临的共同问题。这即是预防性失效分析所要解决的问题。

目前,我国的机械、汽车、冶金、化工、石油等行业的装备的国产化率和机械行业的产品的水平还比较低,由产品质量低下而造成的零部件和产品的失效时有发生。因此,在开展废品分析或失效分析时,眼光应该放远一点,通过较系统而深入的工作,由点及面,在深层次上发挥失效分析的作用。

预防性失效分析技术在国际上已经开始得到广泛的应用,其主要的手段就是进行设计失效模式与影响分析(DFMEA,design failure mode effect analysis)和过程失效模式与影响分析(PFMEA,process failure mode effect analysis)。当然,这里的“失效”所包含的含义也是相当广泛的。失效模式与影响分析(FMEA)或失效模式、影响(危害度)分析[FME(C)A,failure modes,effects(and criticality)analysis]是一个重要的可靠性定性设计分析方法。此方法研究产品的每个组成部分可能存在的故障模式,并确定各个故障模式对产品其他组成部分和产品要求功能的影响。它亦能同时考虑故障发生的概率和危害度的等级。

系统的可靠性指标是多个故障模式综合影响的结果,而要提高系统的可靠性就必须具体分析各组成单元的故障模式对系统的影响和危害程度。

FMEA 分析可用于设计的各个阶段,即方案设计、技术设计和施工设计,亦可用于工艺设计和工艺装备设计。

FMEA 分析所用的表格见表 14 - 4。此表可随设计阶段、产品对象、分析要求的不同而作必要的调整,分析者可酌情适当增减栏目。如 DFMEA 表中的失效模式的来源有,对产品的技术要求的具体分析并与企业的生产能力(技术水平)的比较后确定的可能的失效模式,同类产品在设计制造过程中碰到过的失效模式,产品在用户使用过程中发生的一些问题,相似另部件在设计制造过程中发生过的一些失效模式等。在 DFMEA 中应包含每一个零件的设计功能,失效模式必须是可以测量的物理或技术要求。应由零件到装配到系统乃至整机分别列出失效模式所可能导致的影响。在 FMEA 表中必须列出针对每一种危害较大的失效模式所应该采取的措施,并明确责任人,完成日期和对效果的检查评价。同样地,可以对过程的失效模式与影响分析(PFMEA)进行分析。

表 14-4　失效模式与影响分析(FMEA)表

(子)系统名称______分析人______负责人______完成日期______No. ______

序号	设备识别代号	名称	功能	故障模式	故障原因	故障影响		严酷度等级	故障检测难易程度	故障发生概率	危害度数值	建议改进措施	负责部门
						局部影响	最终影响						
1	2	3	4	5	6	7	8	9	10	11	12	13	14
填写说明	图号或分析识别号	分析的零部件或子系统名称	分析对象功能	故障表现形式	设想的故障原因	对自身和上一级的影响	对系统的影响		检测方法或按方法难度分级	按统计数据分:很低、低、中等、高四类或更多类		提出的改进、补偿措施	负责改进部门

表 14-4 中危害度数值 RPN(risk priority number)等于严酷度等级 S(severity)、故障检测难易程度 D(detectability)和故障发生概率 O(occurrence)3 个因素的乘积。表 14-4 中提到的严酷度的等级举例见表 14-5。

表 14-5　严酷度等级表

严酷度等级	危害程度
Ⅳ	可能成为主要系统丧失功能,从而导致系统或其环境的重大损坏的潜在原因或造成人身伤亡潜在原因的任何事件
Ⅲ	可能成为主要系统丧失功能,从而导致该系统或其环境的重大损失的潜在原因,而又几乎不危及人身安全的任何事件
Ⅱ	造成系统功能、性能退化而对系统或人员的生命或肢体没有可感觉的损伤的任何事件
Ⅰ	可能成为系统功能、性能退化的原因而对系统或其环境几乎无损坏、对人身安全无损害的任何事件

FMEA 分析一定要由有经验的设计人员去做,并最好能组成一个跨部门的团队,否则会流于形式。企业的可靠性工程师可给予指导和帮助。FMEA 分析的效果体现在:对影响产品可靠性的设计、工艺等因素有所改进,否则就是无效的分析。

第 15 章　金属材料的断裂失效分析

1　金属断裂的基本概念

1.1　裂纹扩展形式

金属断裂就是金属在外加载荷或内应力作用下，破裂成两部分或更多部分。整个断裂过程一般包含两个阶段：裂纹的产生和裂纹的扩展。

裂纹的产生必须有一裂纹核心，通常它又称为裂纹源。就工程上常见的断裂事故而言，裂纹源往往是构件在制造过程中产生的，例如，机械加工的刀痕，热处理的淬火裂纹，焊接缺陷等。或是材料在冶炼、铸造中自身存在的缺陷，如疏松、夹杂、成分偏析等。也可能是设计缺陷，如截面变化过大、过激；键槽、油孔的位置设计不当，正好处于应力集中处；装配过程和服役使用过程中的损伤、服役环境等也可能使构件产生裂纹源，如应力腐蚀中的腐蚀介质的存在，会在金属表面产生腐蚀坑而形成裂纹源。上面这些因素都可能使金属产生裂纹，从而使金属构件破坏。当然，引起构件断裂的因素是多种多样的，而且往往是多个因素联合起作用而使构件断裂。

裂纹一旦形成，在应力、环境的作用下，或在应力和环境的联合作用下，便开始作缓慢的扩展，又称亚临界扩展。裂纹可以三种不同的方式进行扩展：

第一种方式：脆性材料，或材料在韧 - 脆转变温度以下，当材料存在一定长度的裂纹时，应力一旦达到断裂应力 σ_f，裂纹便作快速传播而不需要再继续增加应力，直到材料断裂。如图 15 - 1(a)所示，这就是解理断裂。

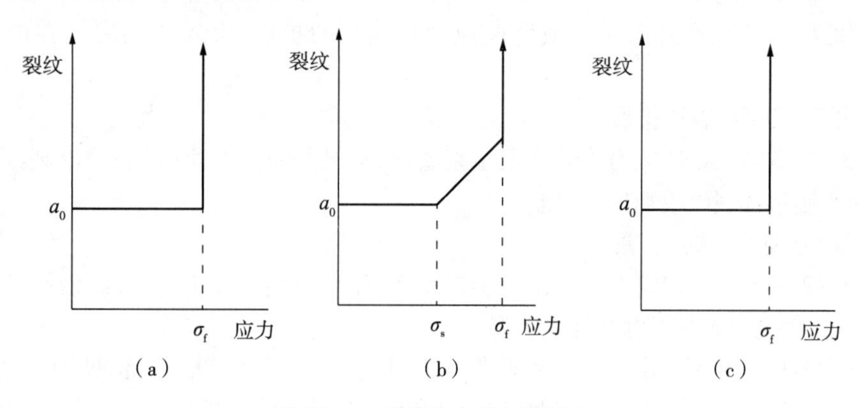

图 15 - 1　裂纹长大的三种形式

第二种方式：当材料的脆性较第一种情况小，或在材料的韧 - 脆转变温度以上时，在应力不断提高下（超过 σ_s 以后），原先形成的微裂纹不作不稳定扩展，而是在裂纹顶端形成一系列新的空洞或微裂纹。由于塑性撕裂,使它们长大并连接,一直长大到足够长时(达到临界裂纹尺寸时)便作不稳定的快速扩展。如图 15-1(b)所示,这种断裂具有一定的塑性变形量,称作韧性断裂。

第三种方式:在恒定的载荷或疲劳载荷作用下,裂纹缓慢扩展。当材料受疲劳载荷作用,或静载荷作用下受腐蚀环境的作用,经过一定孕育期后,裂纹缓慢长大,当裂纹长到足够长时(临界尺寸 a_c)便发生快速扩展而使材料断裂,如图 15-1(c)所示,疲劳断裂、静载延滞断裂即为这种状况。

当裂纹以不同的方式扩展到临界尺寸时,由于此时裂纹前端的应力强度因子 K_I 已达到该材料的断裂韧性 K_{IC},裂纹便作快速扩展(又叫失稳扩展)而使材料断裂,如高强钢、超高强钢和脆性材料的断裂。对于中低强钢或韧性较好的材料,则由于裂纹的扩展,使材料承受载荷的有效面积缩小,当缩小到某一临界值时,由于材料不能承受原有载荷而产生断裂。

1.2 裂纹表面位移形式

含裂纹的金属机件(或构件),根据外加应力与裂纹扩展面的取向关系,裂纹扩展有三种基本形式,如图 15-2 所示。

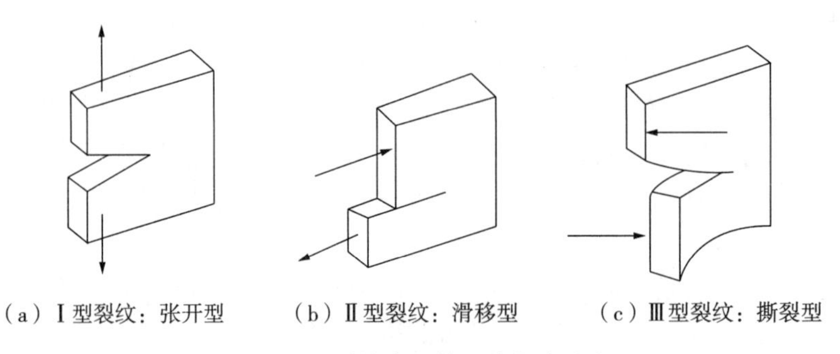

(a) Ⅰ型裂纹:张开型　(b) Ⅱ型裂纹:滑移型　(c) Ⅲ型裂纹:撕裂型

图 15-2 裂纹表面的三种位移形式

(1)张开型(Ⅰ型)裂纹扩展

如图 15-2(a)所示,拉应力垂直作用于裂纹面,裂纹面沿作用力方向张开,裂纹沿裂纹面扩展。如轴的横向裂纹在轴向拉力或弯曲应力作用下的扩展,容器纵向裂纹在内压力下的扩展。

(2)滑开型(Ⅱ型)裂纹扩展

如图 15-2(b)所示,切应力平行作用于裂纹面,而且与裂纹线垂直,裂纹沿裂纹面平行滑开扩展。如花键根部裂纹沿切向力的扩展。

(3)撕开型(Ⅲ型)裂纹扩展

如图 15-2(c)所示,切应力平行作用于裂纹面,而且与裂纹线平行,裂纹沿裂纹面撕开扩展。如轴的纵、横裂纹在扭矩作用下的扩展。

实际裂纹的扩展并不局限于这三种形式,往往是它们的组合,如Ⅰ-Ⅱ型、Ⅰ-Ⅲ型、Ⅱ-Ⅲ型复合形式。在这些不同的裂纹扩展形式中,以Ⅰ型裂纹扩展最危险,容易引起脆性断裂。因此,在研究裂纹体的脆性断裂问题时,总是以这种裂纹为对象。

1.3 金属断裂的分类

断裂是一个十分复杂的物理、化学和力学过程,因此,对断裂的描述就显的得十分复杂,断裂的分类也有多种方法。如 Parker E. R. 认为,断裂按其宏观特征,可用 3 个术语表示:方式、性态和形貌。方式是指在多晶体材料中裂纹扩展时所取的途径;性态是指断裂前金属的塑性变形量;形貌是指肉眼或低倍(<20 ×)下的断口上所观察到的现象。而 Burghand 和 Davidsen 认为,断裂需要从 3 个方面进行分类:断裂方式、宏观形式、断裂机理。断裂方式是指裂纹走向,可以分成穿晶和晶间;宏观形态是指断裂前构件的塑性变形量,可以分成韧性断裂和脆性断裂;断裂机理是断裂的机制,有韧性断裂,解理断裂、疲劳断裂等。

综上,断裂可以表 15 - 1 所示分类。

表 15 - 1 断裂的分类

裂纹走向	宏观变形量	断裂机理
穿晶断裂	韧性断裂 脆性断裂 混合断裂	微孔聚集型断裂 剪切断裂 解理断裂 准解理断裂 疲劳断裂 静载延滞断裂
晶间断裂	韧性断裂 脆性断裂 混合断裂	微孔聚集型断裂 晶间断裂 静载延滞断裂

2 断裂机理

2.1 穿晶断裂和晶间断裂

如图 15 - 3 所示,在多晶体材料中,根据裂纹扩展时所取的途径,可把断裂分成两大类:穿晶断裂和晶间断裂。

2.1.1 穿晶断裂

在多晶体金属材料中,当裂纹扩展时,裂纹横过晶粒的断裂,叫穿晶断裂,如图 15 - 3(a)所示。例如,裂纹通过滑移面滑移或解理面解理,都是属于穿晶断裂。在工程断裂事故中,穿晶断裂占大多数。

2.1.2 晶间断裂

晶间断裂又叫沿晶断裂,就是裂纹在多晶金属材料中沿晶界扩展,如图 15 - 3(b)所示。工程上大多数由于环境而引起的断裂如高温蠕变、应力腐蚀开裂等都有晶间断裂现象。

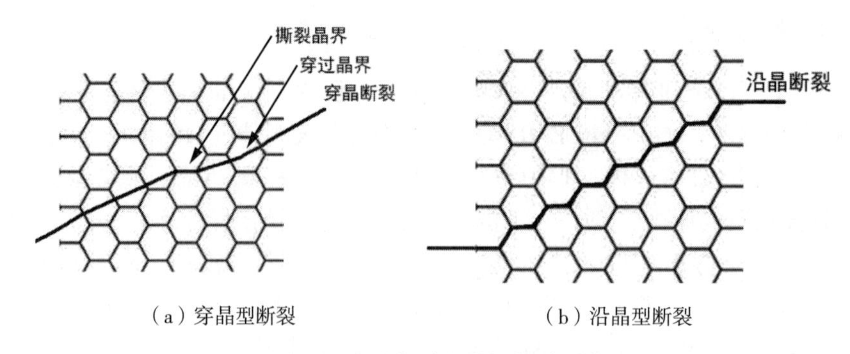

（a）穿晶型断裂　　（b）沿晶型断裂

图 15－3　穿晶断裂和晶间断裂示意图

2.2　脆性断裂

所谓脆性断裂就是金属材料断裂前，几乎没有显著的宏观塑性变形量的断裂。相反，当构件断裂前，材料出现明显的宏观塑性变形的则称为韧性断裂。必须指出，同一材料在不同的条件下可呈现出不同的断裂，即在这种条件下，材料可能呈现韧性断裂。但是在另一条件下，它可能呈现脆性断裂，就是说，韧性断裂与脆性断裂是可以相互转化的。

2.2.1　脆性断裂的现象

脆性断裂，特别是低应力脆性断裂，可以说是科学技术发展的副产品。因为随着科学技术的发展，带来了三方面的问题：

（1）工程上越来越多地使用高强度材料和超高强度材料，而这些材料大多强度高、韧性差、脆性倾向大。

（2）随着工艺技术的改进，大量使用焊接技术代替铆接技术。这样，铆接时构件的止裂作用就消失了，因此，裂纹一旦扩展便很难止裂。同时，焊接后，焊缝中存在不少不可避免的焊接缺陷和焊接残留应力（这种残留应力一般是拉伸应力），使焊缝区变成构件的薄弱区。

（3）随着构件的形状越来越复杂，并出现了大型化、超大型化的构件，使得构件的应力状态十分复杂。

因此，许多构件，往往在安装调试中、服役过程中，产生脆性断裂。而且，这种断裂往往来得很突然，没有预兆，难于预防，其后果特别严重，所以，工程上又称其为灾难性破坏。

2.2.2　脆性断裂的特征

大量的研究证明，脆性断裂具有以下特征：

（1）断裂时所承受的工作应力较低。一般低于构件设计时的许用应力。所以，这种断裂又叫低应力脆断。

（2）对于中低强度材料，脆性断裂往往发生在低温，接近于材料的韧－脆转变温度的下平台区，而高强度材料则无此现象，即使在常温下，它也可能发生低应力脆断。

（3）脆性断裂总是从构件自身存在的缺陷作为断裂“源”的。这种缺陷包括材料内部的夹杂、疏松，构件在加工过程中产生的刀痕、焊接缺陷、淬火裂纹等；也包括设计不当造成的应力集中处以及装配和服役过程中所产生的损伤。

(4)构件的尺寸对出现低应力脆断有明显的影响。厚截面和厚板构件,往往容易产生低应力脆断。

(5)发生脆性断裂时,裂纹的传播速度极快,因此,无法加以制止。而且,发生脆性断裂时无任何预兆,所以难于避免,但可采用无损探伤定期检测方法加以监视。

(6)冲击载荷有助于低应力脆性断裂的出现。可见,三向应力状态、低温和高的应变度率(或高的加载速率)都有利于脆性断裂的发生。

(7)脆性断裂往往产生许多碎片,断口平齐、光亮,断面往往与正应力垂直。断口附近的断面收缩率很小,一般不超过3%,脆性断裂断口往往出现放射状花样,对矩形截面断口,往往出现人字纹花样。此时,人字纹尖端所指之处即为裂纹源。

2.3 解理断裂

解理断裂是一种在正应力作用下而引起的穿晶分离。裂纹通常沿着一定的、严格的晶面扩展,这一晶面就叫做解理面。解理面往往是晶体中的低指数晶面。

解理断裂通常只出现在体心立方和密排六方结构的金属和合金中,面心立方结构的金属一般不出现解理断裂。

2.4 韧性断裂

若材料断裂前产生明显的宏观塑性变形时,就称为韧性断裂。从断裂机理来说,韧性断裂一般有两种类型;纯剪切断裂和微孔聚集型断裂。

(1)纯剪切断裂:仅出现在单晶或非常纯的金属中。

(2)微孔聚集型断裂:大部分工程材料的延性断裂都是以此种机理进行的。

3 疲劳断裂

疲劳断裂是指金属在疲劳载荷作用下所引起的断裂。它是工程上最普遍的断裂事故,在整个工程断裂事故中,疲劳断裂约占80%~90%。

金属的疲劳概念是1839年由J. V. Poncelet在巴黎大学演讲时第一次提出来的。1852年,WÖhler第一个对疲劳裂纹进行了研究。至今疲劳问题的研究已有160多年的时间了。所以,疲劳问题也是一个古老的问题,但是关于金属疲劳断裂的物理过程和裂纹的萌生、扩展机理等一系列基本问题尚无统一的结论,还有待于进一步研究。

3.1 疲劳载荷的描述

所谓疲劳载荷就是载荷的大小、方向或载荷的大小和方向随时间作周期性变化,这种变化可以是有规律的也可以是无规律的。这种交变载荷的变化过程又称为载荷谱。

3.1.1 疲劳载荷的类型

(1)以应力状态分类

可分为弯曲应力、拉压应力、扭转应力和复合应力。

(2)以应力循环对称度分类

可以分为：

①对称循环：应力随时间作周期变化时最大应力 σ_{max} 和最小应力 σ_{min} 的绝对值相同，方向相反。

②不对称循环：应力随时间作周期变化，但 $|\sigma_{max}| \neq |\sigma_{min}|$，又可分为：

a. 变号不对称循环

b. 单号不对称循环

c. 脉动循环

③随机载荷。

(3)以应力循环波形即按应力变化速度及维持时间的不同，疲劳应力可分为：正弦波应力、三角波应力、梯形波应力、方波应力和随机波应力。

3.1.2 疲劳应力的描述参数

参见图 15－4(以正弦波为例)。

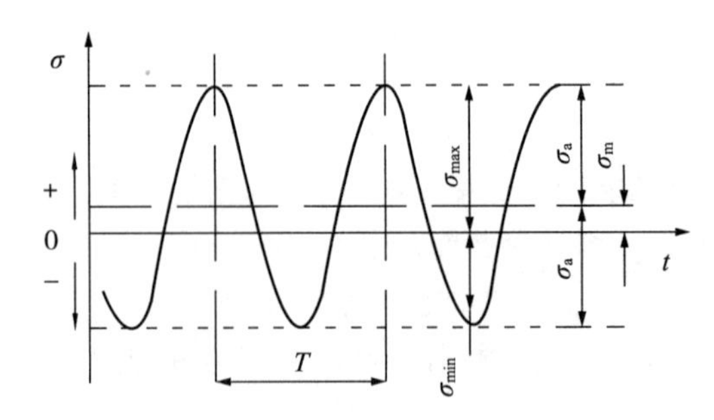

图 15－4 正弦波疲劳应力谱

应力幅
$$\sigma_a = \frac{\sigma_{max} - \sigma_{min}}{2} \tag{15-1}$$

平均应力
$$\sigma_m = \frac{\sigma_{max} + \sigma_{min}}{2} \tag{15-2}$$

应力对称系数
$$R = \frac{\sigma_{min}}{\sigma_{max}} \tag{15-3}$$

频率 f：单位时间内的应力变化次数。

3.2 疲劳断裂的分类与特征

3.2.1 疲劳断裂的分类

按发生断裂的周次，可把疲劳断裂分成低周疲劳和高周疲劳两类。

当疲劳破坏的周次 N_f 小于 $10^4 \sim 10^5$ 时，称为低周疲劳断裂。低周疲劳往往是在高应力($\sigma > \sigma_s$)作用下产生的，材料每经过一次应力循环，就产生一次塑性应变，所以，它是由于应变诱发的断裂，又叫应变疲劳或大应力应变疲劳。飞机起落架的断裂，就属这类疲劳断裂。

当疲劳破坏周次 N_f 大于 10^5 时，称为高周疲劳断裂。高周疲劳所承受的应力往往较低

($\sigma < \sigma_s$),所以金属破坏要经过应力反复作用才能出现,它是应力诱发断裂,所以又叫应力疲劳或叫低应力高周疲劳。工程上绝大部分疲劳破坏都属于这种类型。

必须指出,高周疲劳与高频疲劳、低周疲劳与低频疲劳并不是一回事,前者是以断裂周次高低或所受应力大小区分的,而后者则是指载荷的频率高低。但是,工程上有时这二者又联系在一起,即低频疲劳往往产生低周疲劳断裂,如飞机的起落架,潜艇壳体,它们所受的疲劳载荷往往都是低频的。

3.2.2　疲劳裂纹扩展的两个阶段

疲劳断裂是一个裂纹萌生与扩展的过程。金属在疲劳载荷作用下,首先萌生裂纹,然后以它作为裂纹核心,裂纹作显微扩展,尔后作亚临界稳定扩展,当裂纹扩展到材料所剩净断面积不能承受最大循环载荷时或疲劳裂纹长度达到材料断裂韧性所允许的临界尺寸时,裂纹作快速扩展,直至材料断裂。工程上一般把裂纹萌生和显微扩展作为疲劳裂纹扩展的第Ⅰ阶段——裂纹萌生阶段,而把裂纹的亚临界稳定扩展作为第Ⅱ阶段,又叫裂纹扩展阶段。第Ⅰ阶段的的扩展方向一般与应力轴成 45°角,其长度取决于材料本质(一般都很短,在几个晶粒尺寸范围)。第Ⅱ阶段裂纹的扩展方向与应力轴垂直。

3.2.3　疲劳断裂的特征

经过大量的研究综合,疲劳断裂有如下特征:

(1)产生疲劳断裂的应力(即循环载荷中的最大应力 σ_{max})一般远低于材料在静载下的断裂强度,有时也低于屈服强度 σ_s,甚至可能比最精密测定的弹性极限 σ_e还低。

(2)不管材料在静载荷下破坏表现为韧性断裂还是脆性断裂,在疲劳载荷作用下所引起的断裂,一律表现为无宏观塑性变形的脆性断裂。

(3)疲劳破坏表现为突然断裂。断裂前无明显的塑性变形,无预兆。因此,不采用特殊的监测设备(如声发射检测装置)就无法预察损坏的迹象。但是可采用定期检查来预防这种断裂的突然发生。

(4)疲劳断裂是一种"损伤累积"过程,即断裂与时间有关。疲劳断裂一般由三个阶段组成:裂纹的形成(萌生)、裂纹的扩展,裂纹扩展到一定尺寸后的瞬时断裂。所以,疲劳断裂不同于一般的静载断裂。从裂纹的形成到最后发生断裂,一般要经过一定周次,如 10^5,10^6,10^7,…的循环。与此相应,在疲劳断口上便留下 3 个不同的区域:裂纹源区,疲劳裂纹扩展区和最后破坏区。

(5)裂纹的萌生阶段与扩展阶段的寿命因材料的类型和加载方式的不同而异。

(6)一般情况下,疲劳裂纹的源都在构件表面不连续处形成,因为截面的变化如直径改变,孔、槽、刀痕等都可能引起应力集中。在静载荷下,由于材料的塑性变形能力较强,因此,应力集中可以得到松弛。但在疲劳载荷作用下,由于塑性变形能力很小,应力集中得不到改善,因而容易产生裂纹核心。

(7)疲劳裂纹的亚临界扩展速率 da/dN 强烈取决于裂纹前端应力强度因子幅 ΔK。在 $da/dN-\Delta K$ 关系曲线的Ⅱ区,一般可用 Paris 半经验公式描述

$$\frac{da}{dN}=C(\Delta K)^n \tag{15-4}$$

式中，C、n是材料常数，可用实验求出。

而且，da/dN与材料强度级别、组织状态关系不大。例如，对于钢，当组织结构从调质变化到马氏体时效钢，强度级别σ_s从310MPa变化到2000MPa，da/dN与ΔK的关系基本上在一个分散带上，相差仅约4倍。

(8)在疲劳载荷作用下，材料抵抗疲劳破坏的能力除了材质因素外，还敏感地取决于构件的形状、尺寸、表面状态和服役环境。所以，材料的疲劳强度是一个十分敏感的性能指标。

(9)疲劳断裂属于穿晶断裂。

可见，疲劳断裂与低应力脆断十分相似，所以，人们常把它归为脆性断裂的一种形式。

3.3 疲劳裂纹扩展速率 da/dN 和疲劳裂纹不扩展门槛值 ΔK_{th}

所谓疲劳裂纹扩展速率是指疲劳裂纹在第Ⅱ阶段(亚临界)时，疲劳应力每循环一次裂纹扩展的长度，可写成da/dN，一般用实验方法求得。

大量实验表明，da/dN除与裂纹前端应力强度因子幅ΔK强烈有关外，还与材料的性能有关。P. Prais统计了大量的实验结果后，得出式(15－4)，其中，ΔK为疲劳裂纹前端的应力强度因子幅($\Delta K = K_{max} - K_{min}$)，在双对数座标图上，其曲线如图15－5所示，可将二者关系曲线分成3个区：

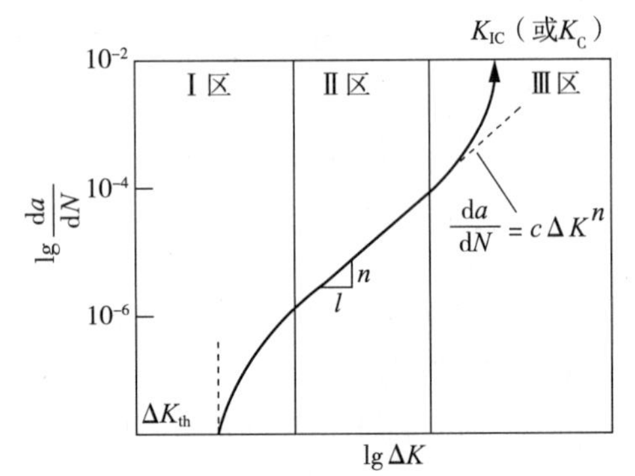

图15－5　$da/dN-\Delta K$关系曲线

Ⅰ区是疲劳裂纹的初始扩展阶段，da/dN值很小，但从ΔK_{th}开始，随ΔK的增加，da/dN快速提高。

Ⅱ区是疲劳裂纹扩展的主要阶段，$\lg(da/dN)$和$\lg\Delta K$呈线性关系，即符合Paris公式。

Ⅲ区是疲劳裂纹扩展最后阶段，其da/dN很大，并随ΔK增加而更快地增大。

从图15－5可知，在Ⅰ区随ΔK的降低，da/dN快速降低，当ΔK降至某一临界值ΔK_{th}，即$\Delta K \leqslant \Delta K_{th}$时，$da/dN \to 0$，表示裂纹不扩展。因此，$\Delta K_{th}$是疲劳裂纹不扩展的$\Delta K$临界值，称为疲劳裂纹不扩展门槛值，它是材料的性能指标，其量纲为$MPa \cdot m^{1/2}$。

3.4 疲劳断口形貌

3.4.1 疲劳断口的宏观形态

疲劳断裂是构件在疲劳载荷作用下发生的断裂，它一般表现为脆性断裂，其断口平齐且与应力轴垂直。

按照疲劳断裂时的循环次数，一般疲劳断裂又可分为两类：当$N_f > 10^4 \sim 10^5$次时为低应力高周疲劳断裂，而当$N_f < 10^4 \sim 10^5$次时，为高应力低周疲劳断裂。这两种疲劳断裂的断口也各有特征，一般说的疲劳断裂都是指低应力高周疲劳，下面主要介绍高周疲劳的断口形态。

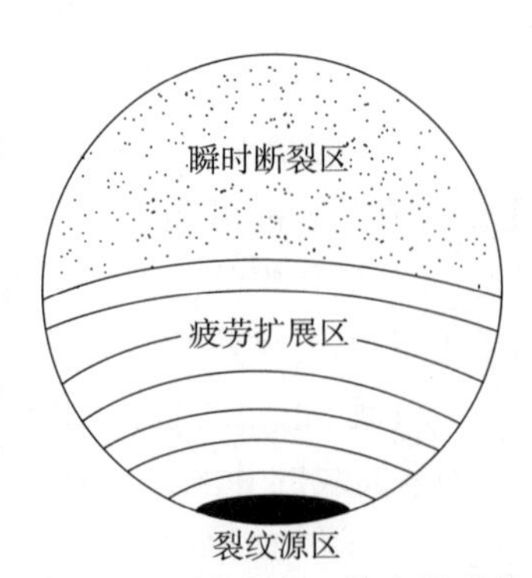

图15－6　疲劳断口的宏观形貌

典型的疲劳断口宏观形态如图15－6所示，一般可分成3个区域:疲劳源区、疲劳裂纹扩展区和瞬时断裂区。

(1)疲劳源区。它就是疲劳裂纹的核心。疲劳裂纹在此形核、生长然后向外扩展。疲劳源区一般用肉眼或低倍放大镜即能大致判断其位置。它一般在构件的表面,但当构件内部有缺陷如脆性夹杂、空洞、化学成份偏析等存在时,也可能在构件内部或皮下发生。

疲劳核心一般只有一个,但有时也可能出现几个核心,它们位于不同的高度,尤其是低周疲劳断裂断口,由于其应力幅较大,因此断口上常有几个位于不同高度的疲劳核心。由于加工粗糙引起的疲劳断裂,也可能同时产生几个核心。

(2)疲劳裂纹扩展区。它是疲劳断口中最重要的特征区域。该区常呈现贝纹状花样(又叫海滩状、哈壳状或波纹状花样)。这种贝纹花样是构件由于开车或停车或在服役过程中由于应力受到干扰时,疲劳裂纹所留下来的痕迹。

贝纹状推进线一般从疲劳源开始,向四周推进,呈弧形线条。它的凸向即为裂纹扩展方向,而且它垂直于裂纹扩展方向。所以,在寻找疲劳源时就可沿贝纹线的凸向的反向寻找。

在实验室作恒应力或恒应变疲劳试验时在断口上观察不到这种贝纹状推进线,这是由于断口表面多次反复压缩而摩擦,使该区变得很光滑,呈细晶状,有时光滑得像瓷质状结构。

在低周疲劳断口上一般也观察不到贝纹线。

疲劳裂纹在裂纹扩展区里的扩展是缓慢扩展,是疲劳裂纹小于临界尺寸下的稳定扩展,而当裂纹尺寸达到临界尺寸时,裂纹便作快速扩展而使构件破坏。所以,该区的大小也就意味着材料性能的好坏。在同样的条件下,该区尺寸大,说明这种材料的临界裂纹尺寸大,也就是说这种材料抵抗裂纹扩展的能力强。

(3)瞬时断裂区。当疲劳裂纹缓慢扩展达到临界裂纹尺寸时,裂纹将快速扩展而最后破坏。所以最后破坏区的特征与静载下的快速破坏区——放射区或剪切唇相似。可能同时存在放射区和剪切唇,也可能只有剪切唇而无放射区。对于十分脆的材料则呈现结晶状断口。

3.4.2　疲劳断口的微观形态

疲劳断口的微观形态往往呈现一组相互平行的、具有圆弧形几乎是等距离而且垂直于主裂纹扩展方向的线条。这种规则的线条叫疲劳纹或疲劳辉纹。

疲劳辉纹的特点如下:

(1)疲劳辉纹是一系列基本上相互平行的条纹,它们略带弯曲呈波浪形,并与裂纹局部扩展方向垂直,它的凸向代表了裂纹扩展方向。

(2)每一条疲劳辉纹代表一次载荷循环,每条疲劳辉纹就表示在该次载荷循环下裂纹前端的位置。疲劳辉纹数在理论上应等于载荷循环数(在同一对应时间里),但在实际断口中,往往并非如此,因为辉纹还受应力和其他因素的影响。

(3)疲劳辉纹的间距随应力强度因子幅的变化而变化,即 ΔK 显著地改变疲劳纹的间距。

(4)疲劳断面在微观范围内通常由许多大小不同、高低不同的小断块组成。每个断块上的疲劳辉纹连续而平行,但相邻小断块上的疲劳辉纹不连续、不平行。

(5)断口两侧的疲劳辉纹基本一一对应,但有时并非如此。

(6)存在延性和脆性两种疲劳辉纹。

4 静载延滞断裂

静载延滞断裂又叫静疲劳。它是静载条件下,材料由于受到环境,如腐蚀介质、中子幅照、温度、液体金属侵蚀等作用而产生的一种与时间有关的断裂,它也是一种低应力脆性断裂。

静载延滞断裂包括应力腐蚀断裂、氢脆断裂、高温蠕变断裂、液体金属引起脆性断裂和中子幅照引起脆断等。

4.1 应力腐蚀开裂

4.1.1 应力腐蚀开裂现象和特征

应力腐蚀开裂(stress corrosion cracking,SCC)是指合金在静拉伸应力(或残留张应力)和腐蚀介质联合作用下引起的一种低应力脆断。不管在正常条件下是脆性材料还是韧性材料都可能出现应力腐蚀开裂。

应力腐蚀开裂过程如图 15 -7 所示。

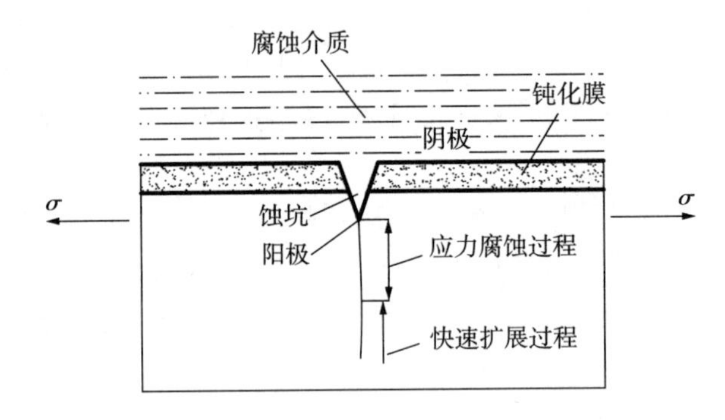

图 15 -7 应力腐蚀开裂过程示意图

首先,金属表面氧化膜被破坏,暴露出金属表面。由于介质的化学和电化学作用,在暴露的金属表面形成点蚀,它进一步扩大而变成蚀坑。当蚀坑达到足够深度和尖锐度时,便开始应力腐蚀开裂过程。在这一过程中,由于应力和环境的联合作用,使原来较尖锐的蚀坑变成裂纹,并发生裂纹的亚临界扩展。当裂纹长度达到临界尺寸时,裂纹便发生扩展而导致材料的最后断裂。

应力腐蚀断裂有以下特征:

①应力腐蚀开裂必须在应力和腐蚀介质联合作用下才能出现。无论是腐蚀介质还是应力单独作用时,都不会使材料产生应力腐蚀开裂。

②金属材料只有在拉伸应力作用下才能引起应力腐蚀开裂。而拉伸应力可以是工作应力,也可以是各种残留应力,如焊接残留应力、热处理残留应力和装配应力等,甚至可以是腐蚀产物的楔入作用而产生的应力。

③一般情况下,合金在引起应力腐蚀的环境中几乎不产生化学腐蚀。但是,低合金高强钢是例外,产生应力腐蚀的环境也会使它产生化学腐蚀。

④仅仅在合金与环境的一定组合下才能发生应力腐蚀开裂,不同的合金系统,产生应力腐

蚀的介质亦不同。

⑤产生应力腐蚀的环境中，腐蚀剂的浓度不需要很高，例如，空气中浓度低到不能嗅出的氨即能使黄铜产生应力腐蚀开裂。

⑥在大多数情况下，应力腐蚀开裂都存在着一个临界应力或临界应力强度因子，当应力或应力强度因子低于此界限时，材料就不会产生腐蚀开裂。

⑦应力腐蚀开裂机理可以是晶间断裂，也可以是穿晶断裂，但总是以一种机理为主，究竟以哪种形式进行，取决于合金成分和腐蚀环境的特征。大量的研究表明，如果开始的裂纹是晶间的，则随后的传播也以晶间为主；如果开始是晶内的，则以穿晶为主。

⑧一般认为，只有合金才会产生应力腐蚀开裂，而纯金属不产生应力腐蚀开裂。

⑨应力腐蚀开裂敏感性随晶粒尺寸的减小而降低。

4.1.2　应力腐蚀断裂机理

应力腐蚀断裂机理目前尚无统一的认识，因而存在许多假设，比较普遍接受的是保护膜破坏机理。它认为产生应力腐蚀是化学反应起主导作用，当应力腐蚀敏感的材料置于腐蚀介质当中时，首先在金属表面形成保护膜。但是，在外加应力作用下，金属产生滑移。滑移台阶破坏了表面的保护膜，使局部地区的保护膜破裂，基体金属直接暴露在腐蚀介质中。滑移台阶附近的滑移带中有大量的位错堆积，并有少量的合金元素和杂质原子在此析出，使滑移台阶附近的金属化学活性化，而进行阳极溶解。这些区域和其周围保护膜完整的区域形成电化学电池，阻止了膜的修复，从而促进阳极溶解。这样裂纹就不断地扩展。

目前，越来越多的研究者认为，应力腐蚀是由于氢在起作用，即应力腐蚀裂纹的形成、扩展都和介质中的氢有关。Petch 和 Statsfatles 提出氢致脆化机理。这种机理认为，由于氢吸附于裂纹尖端，使金属晶格的表面能 T_s 降低。从格里菲斯理论可知，金属的断裂强度正比于 T_s，所以，随着表面能 T_s 的降低、金属的断裂强度 σ_f 也随之降低，从而脆化了金属，使材料产生低应力脆性断裂。

4.1.3　开裂判据

(1) $K_{I_{scc}}$ 概念

断裂力学，认为，在应力腐蚀开裂中，裂纹尖端的应力场完全可用应力强度因子 K_I 来描述。所以，受应力腐蚀作用的材料，同样也存在一个临界应力强度因子，只不过由于环境的作用，改变了其大小而已。

实验发现，材料产生应力腐蚀断裂的时间和应力强度因子 K_I 之间存在如图 15－8 所示的关系：随着裂纹前端应力强度因子 K_I 的降低，相应发生延滞断裂的时间就延长。

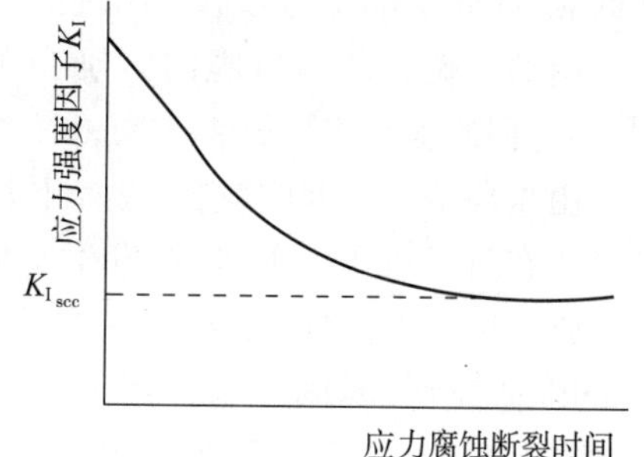

图 15－8　应力强度因子与应力腐蚀断裂时间的关系

当 K_I 降低到某一值后，材料就不会由于应力腐蚀而断裂，这一特定值就称为应力腐蚀临界应力强度因子，并用 $K_{I_{scc}}$ 表示，它是材料的性能指标之一。

对于一定的材料，在一定的介质下，$K_{I_{scc}}$ 为常量。因此，材料产生应力腐蚀开裂的断裂判据为

$$K_{\mathrm{I}} \geqslant K_{\mathrm{I_{scc}}} \tag{15-5}$$

(2)裂纹扩展速率 $\mathrm{d}a/\mathrm{d}t$

由于应力腐蚀断裂是一种与时间有关的延滞断裂,所以,亦可用裂纹扩展速率 $\mathrm{d}a/\mathrm{d}t$ 来描述应力腐蚀裂纹扩展的特性。

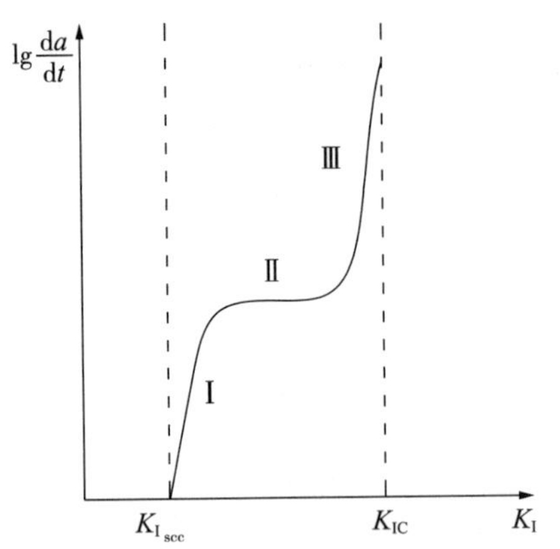

图 15-9 裂纹扩展速率 $\mathrm{d}a/\mathrm{d}t$ 与应力强度因子 K_{I} 的关系曲线

当应力腐蚀裂纹前端的 $K_{\mathrm{I}} > K_{\mathrm{I_{scc}}}$ 时,裂纹就会随时间的延长而长大。单位时间内裂纹的扩展量就叫做应力腐蚀裂纹扩展速率,用 $\mathrm{d}a/\mathrm{d}t$ 表示。实验证明,$\mathrm{d}a/\mathrm{d}t$ 和裂纹前端应力强度因子有关,即

$$\mathrm{d}a/\mathrm{d}t = f(K_{\mathrm{I}}) \tag{15-6}$$

$\mathrm{d}a/\mathrm{d}t$ 与 K_{I} 的关系如图 15-9 所示。

一般曲线可分成三段:

第Ⅰ段,当 K_{I} 刚超过 $K_{\mathrm{I_{scc}}}$ 时,裂纹经过一段孕育期后突然加速扩展,$\mathrm{d}a/\mathrm{d}t$ 几乎与纵坐标轴平行。

第Ⅱ阶段:曲线出现水平段,$\mathrm{d}a/\mathrm{d}t$ 和 K_{I} 几乎无关,因为这一阶段裂纹尖端变钝,裂纹扩展主要由电化学过程起控制作用。

第Ⅲ阶段:裂纹长度已接近临界尺寸,$\mathrm{d}a/\mathrm{d}t$ 又明显的依赖 K_{I},$\mathrm{d}a/\mathrm{d}t$ 随 K_{I} 的增加而迅速增大直到断裂。

4.2 氢脆断裂

金属材料因受到氢气的作用而引起的脆性断裂,统称为氢脆或氢致开裂。

4.2.1 氢脆种类和特征

氢脆断裂在工程上是一种比较普遍的现象。但由于材料性能、加工工艺、服役环境、受力状态的不同,氢脆的现象也出现较大差异。

根据引起氢脆的氢的来源,氢脆可分成两大类:一类为内部氢脆,它是由于金属材料在熔炼、锻造、焊接或电镀、酸洗过程中吸收了过量的氢气而造成的。第二类氢脆称为环境氢脆,它是在应力和氢气氛或其他含氢介质的联合作用下引起的一种脆性断裂,如储氢的压力容器中出现的高压氢脆。

内部氢脆和环境氢脆的区别在于氢的来源的不同,而它们的脆化本质是否相同,目前尚无定论。

由于环境而引起的氢脆,有如下几个特征:

①在氢气氛作用下,材料发生延滞断裂的时间与应力强度因子 K_{I} 之间的关系如图 15-10 所示。随着 K_{I} 的降低,断裂时间延长。当 K_{I} 降低到某一临界值 K_{th} 时,材料便不会产生断裂,临界值 K_{th} 就叫门槛值。

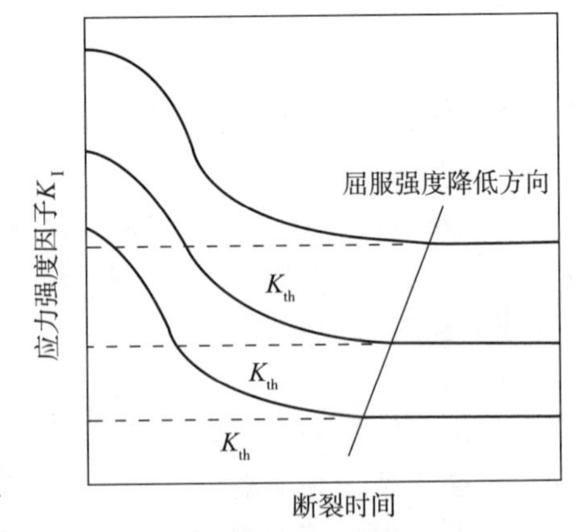

图 15-10 应力强度因子 K_{I} 与断裂时间关系曲线

②材料的强度与产生氢脆的敏感性关系十分密切,随着材料强度的降低,材料产生氢脆的敏感性亦

降低，门槛值 K_{th} 增加，而且在相同的 K_{I} 作用下发生断裂的时间延长。

③对于高强钢，在环境氢作用下，裂纹的亚临界扩展速率 da/dt 与应力强度因子 K_{I} 之间的关系一般也可以分成 3 个阶段：

当应力强度因子 K_{I} 超过门槛值 K_{th} 时，裂纹的长大速率 da/dt 强烈的受 K_{I} 的影响，da/dt 随 K_{I} 的升高而升高。

在第Ⅱ阶段，即 K_{I} 为中间值时，da/dt 在一个很大的应力强度因子范围内基本保持不变，da/dt 与 K_{I} 无关。

当 K_{I} 超过某一值而接近材料的 K_{IC} 时，da/dt 又随 K_{I} 的升高而增加，直到材料断裂。

4.2.2　氢脆机理

长期以来，人们对氢脆机理进行了大量的研究，并提出了许多各种各样的理论。金属学理论通常认为晶界是强化的因素，即晶界的键合力高于晶内，只有在晶界被弱化时才会产生沿晶断裂。通常情况下造成晶界弱化的基本原因有两个方面：一个是材料本身的原因，另一个是环境或高温的促进作用。

近 30 年来，对氢脆问题研究有了较大进展，这主要包括：①对氢脆机理的研究。现在已提出许多氢脆机理模型用来解释某些氢脆现象。氢脆机理基本上包含内裂纹形成和裂纹扩展。根据现有研究结果，对氢脆现象和本质有了一定认识。最近，又提出了一些新的观点，例如，氢促进缺口尖端处局部塑性变形的氢脆机理。尽管如此，对氢脆物理本质还不完全清楚。②氢脆断口的研究。从 20 世纪 50 年代以后采用电子显微镜断口分析，这将有助于对氢脆型断裂过程的了解。近来发现了氢脆的局部性和裂纹扩展的不连续性。③氢脆裂纹扩展动力学研究。目前已建立起氢脆裂纹扩展速度与应力强度因子关系，并提出了裂纹扩展门槛值概念。此外，还研究了氢致裂纹扩展影响因素。④对氢脆影响因素的研究。合金元素、显微组织和微量有害元素等对钢氢脆有较大影响。如钢氢脆与回火脆性很相似，两种脆性形式均决定于钢强度水平。回火脆性是 Sb、Sn、S、P、Se 等元素在晶界偏析引起的，同样，这些元素也促进了氢裂纹形成，并沿晶界发生脆性断裂。

现已提出的氢脆理论大致有：氢气压力理论，氢吸附理论，晶格脆化理论，氢与位错交互作用理论，以及氢促进局部塑性变形的脆性机理。R. B. Heady 对氢吸附理论作了评价，并认为可以被采纳。R. A. Oriani 等人认为，氢吸附理论所提议的氢使表面能减小是氢脆的必要条件，但不是充分条件。晶格脆化理论得到较多研究者的支持。R. B. Mclelan 等人对此机理给予了进一步解释，认为这个机理是真实的。氢脆位错理论近来进展较快，一些研究者提议：位错对氢传递是重要的，并证明了氢与位错的交互作用。褚武杨等人对氢致裂纹机构进行了归纳，认为：

①高温高压条件下氢和钢中的碳生成甲烷；

②原子氢在内部缺陷处沉淀形成分子氢从而产生巨大的压力；

③吸附的氢降低形成裂纹所需的表面能；

④氢降低点阵的键能；

⑤氢促进局部塑性变形从而促进断裂。

前四种机构都认为氢致裂纹的产生和扩展是原子面在正应力作用下的整体解理过程，即氢致脆的过程。与此相反，氢致塑性变形的机构则认为任何断裂过程都是塑性变形的结果，氢进入裂纹尖端能促进局部塑性变形从而促进断裂。

但是,由于氢对钢性能影响的复杂性和氢脆过程的一些重要参数缺乏精确的测试手段。所以,对氢脆的机理仍然存在着分歧,下面是一些比较成熟的理论。

(1)氢压理论

早期解析氢脆的机理是由 Zapffe 提出的,它主要解析内部氢脆形成发裂(白点)的原因。这一机理认为,进入钢中的氢原子经过扩散到达内部微裂纹或微孔中,它们结合成氢分子而产生巨大的内压。这种压力大到足以通过塑性变形或解理断裂而使微裂纹扩大或微孔洞连接,最后引起材料过早断裂。这种由于氢内压而引起断裂的机理就称为氢压模型。

氢压模型亦能较圆满解析鱼眼型白点的形成机理。当含有气孔和过饱和氢的材料承受足够大的拉伸应力时,在气孔周围的金属将发生屈服流变,从而在围绕气孔的金属中将产生显微空洞。这样就形成了易于捕捉氢的潜伏脆性区。与此同时,金属的形变将促使溶解在金属中的氢向该区进行扩散和转变。因为这些空洞都是微米级尺寸,所以,氢扩散沉淀在其中将产生巨大的氢压,在外加应力的共同作用下围绕着气孔的显微空洞区将炸裂成局部脆断区。在拉伸断口上就显出以气孔为核心的鱼眼型白点。

(2)晶格脆化机理

晶格脆化机理又叫减聚力机理,这个理论是由 Troiano 提出的。这个理论的要点认为高浓度的固溶氢可以降低晶界上或相界面上原子间的结合力,而局部地区的张应力通过间隙原子的化学势和应力状态间的热力学关系使氢富集,这种地区可能是具有某些塑性的材料内部裂纹尖端处、位错堆积处、滑移带交叉处及塑性不协调处。

Troiano 认为,在裂纹尖端最大三向应力处的氢原子的电子与过渡族金属 3d 层发生交互作用而进入 3d 层,增加了这个层的电子浓度,因而加强了原子间的相互斥力,降低了晶格的结合力。当局部应力等于已经被氢降低了的最大结合力时,原子间的键合就被破坏,材料产生脆性断裂。

这一机理对解析高强钢氢脆比较合理,关于氢原子的电子进入 3d 层的证据也已得到证实。因此,近来许多工作者都支持这一机理。

必须指出,氢脆和应力腐蚀经常是不可分的。广义说来,氢脆也包括在应力腐蚀范围内。在应力腐蚀过程中往往伴有氢的析出,从而造成氢脆。

第 16 章　金属材料的腐蚀与磨损失效分析

1　钢的腐蚀失效

腐蚀的破坏性遍及国民经济和国防建设的各个部门,凡是使用金属材料的地方就有各种各样的腐蚀问题存在,在工业生产中腐蚀问题尤为严重。腐蚀可使完好的金属构件失效而最终导致设备的报废,甚至造成重大的伤亡事故,危害极大。

据统计,每年由于腐蚀造成的金属损失在一亿吨以上,占世界金属总产量的 20% ~40%。腐蚀在经济上造成的损失是巨大的,自 1922 年英国 Hadfid 发表文章指出钢铁由于生锈(包括腐蚀和因腐蚀而更换的材料费在内)全世界一年损失额超过 15 亿美元,1975 年的年腐蚀损失为 700 亿美元。许多国家的腐蚀工作者都在做这方面的调查工作,特别是 Hoar 委员会,表 16 -1 列出了部分国家对因腐蚀造成的经济损失统计。从这个统计结果看出,每年因腐蚀造成的损失总额达国民经济总收入的 1% ~4%,相当于全球人均 40 ~50 美元。同时,从一个国家(如美国)不同年份统计的结果来看,腐蚀损失额还在不断地增加。目前,我国每年腐蚀掉的钢材超过 500 万吨。

表 16 -1　部分国家对腐蚀造成经济损失的统计

国　别	统计时间	损失金额/亿美元	占国民经济总收入/%
美国	1949 1966 1973 1975 1986 1995	55 100 150 825 1700 3000	4 ~5
英国	1957 1969	12.5 27.5	3.5
日本	1949 1974 1999	1.1 92 500	1 ~2
联邦德国	1969 1976	52.3 96.3	
加拿大	1975	10	
澳大利亚	1973	4.7	1.5

续表

国　别	统计时间	损失金额/亿美元	占国民经济总收入/%
瑞典	1975	4	
荷兰	1968		0.7
苏联	1987	907～1059	
中国	1999	338	

以上这些统计不包括那些无法计算、且通常数目很大的间接损失。这些间接损失来源于装置的损坏、爆炸及停产，产品的损失和环境的污染，甚至生命安全等。例如，1969年日本一艘5万吨级矿石专用运输船因腐蚀性破坏而突然沉没，1974年日本沿海地区一石油化工厂的贮罐因腐蚀损坏，大量重油流出海面，造成这一地区的严重污染。世界上最大的石油钻井平台之一（由挪威制造）——亚历山大·基兰号，在英国北海海洋石油钻采时，由于导管架处的一个圆洞，在海水及海洋波浪载荷的共同作用下，发生腐蚀疲劳断裂，于1980年完全沉没，平台上的123个人员无一生还，影响极大。

我国虽然还没有就腐蚀所引起的损失做过系统的调查与统计，但腐蚀现象的严重性已相当惊人：1979年某煤气公司的液化气厂的400m^3液化气罐因腐蚀开裂而引起爆炸，当场炸死30余人，重伤50多人，损失达650万元之多。20世纪70年代，某气田由于天然气中硫化氢腐蚀造成设备突然破坏，引起天然气井喷，发生重大的火灾事故，还有报道汽轮发电机的叶轮因应力腐蚀开裂而飞裂，造成重大事故的，且现在还有许多叶轮及叶片发生开裂事故。这样的例子不胜枚举。

金属的腐蚀现象是非常复杂的，腐蚀损失的种类繁多。根据金属腐蚀损坏的特征不同，可以把腐蚀分为全面腐蚀和局部腐蚀。全面腐蚀也称为均匀腐蚀，局部腐蚀则包括穴状腐蚀、点腐蚀、晶间腐蚀、穿晶腐蚀和表面下腐蚀。工程上最常见的金属腐蚀有以下几种：均匀腐蚀、电偶腐蚀、隙缝腐蚀、点腐蚀、晶间腐蚀、选择性腐蚀、磨损腐蚀（包括气蚀和微动磨损）、应力腐蚀（SCC）、腐蚀疲劳（CF）和氢脆（HE）。

1.1　均匀腐蚀

均匀腐蚀（general corrosion）是比较普遍的一种腐蚀形式。它是在金属的整个暴露表面上均匀地发生化学或电化学反应，宏观上表现为厚度的均匀减薄或金属构件完全破坏。钢材的大气腐蚀、炉用钢的高温氧化、锌在稀硫酸的溶解等一般都为均匀腐蚀。图16－1为被均匀腐蚀的供热（蒸汽、热水）埋地管道，该管道早期失效主要原因是管道使用的微孔硅酸钙保温材料易吸水；外套管存在焊接缺陷，在使用中开裂，导致微孔硅酸钙保温材料因吸收环境中的水使含水率增加。含水的微孔硅酸钙保温材料为管道腐蚀提供了腐蚀环境，同时管道的间歇使用加速了腐蚀进程，从而使整个直埋式供热管道因腐蚀而导致早期失效。

图16－1　均匀腐蚀的埋地管道

均匀腐蚀可通过涂料、缓蚀剂、阴极保护及选择合适的材料等加以防护。

1.2　电偶腐蚀

电偶腐蚀(galvanic corrosion),又称异种金属接触腐蚀。

电偶腐蚀在腐蚀介质中或电介质溶液中,两种以上不同腐蚀电位的金属(包括石墨)相接触或通过结构中的金属导体构成回路,由于存在着电位的差异,就形成宏观腐蚀电池,产生腐蚀电流而发生电偶腐蚀破坏。具有负差效应的金属,例如,Mg - Al - Cu 合金等对电偶腐蚀尤其敏感。在异种金属接触部位的周围,耐蚀性较差或腐蚀电位较负的金属表面常会出现沟槽、凹坑等局部腐蚀迹象,距离接触部位愈近,腐蚀愈严重,偶对中作为阴极的金属则腐蚀轻微,或完全受到保护。钢制泵轴、阀杆与石墨垫料接触处容易受到电偶腐蚀;换热器钢管与铸铁、钢制管板的接触处,管板被加速腐蚀。牺牲阳极法保护的阳极板也受到加速腐蚀。干电池是说明这个腐蚀类型的最好例子,其中碳电极作为稳定的阴极,而锌则作为阳极被腐蚀,电极之间的黏状物是传递电流的介质。

紫铜管在拉拔时常常会采用油脂做润滑剂,工序间的退火又会造成润滑油脂的碳化形成残碳,并附着在铜管表面。若铜管制造结束后,其表面的残碳未被彻底清除,铜管表面会在电介质溶液中形成电偶腐蚀。

1.3　缝隙腐蚀

缝隙腐蚀(crevice corrosion),又称沉积腐蚀或垫片腐蚀。

缝隙腐蚀在腐蚀介质中,金属与金属或金属与非金属固体之间形成缝隙,其宽度为 10 ~ 100μm 时,就足以使电介质溶液进入缝隙,又保持溶液呈停滞状态,这样就建立了缝隙内外的浓差电池,并且缝隙中因活性阴离子移迁进去增多,使腐蚀性加剧,引起缝隙腐蚀。缝隙腐蚀起先也是以点蚀的形式出现。钝性金属在含氯离子的介质中尤其容易发生缝隙腐蚀。可以造成缝隙腐蚀的沉积物有污垢、腐蚀产物、海生物纤维质以及其他固体物质。缝隙内部一般出现加速腐蚀,而缝隙外部则腐蚀较轻。缝隙内阴离子浓度和酸度均会增大,随着缝隙腐蚀的扩展,点腐蚀坑汇会彼此连通(图 16 - 2)。缝隙腐蚀的一种特殊形式是丝状腐蚀,在金属表面膜下形成丝状腐蚀物,尤如网络,这些丝由一个活动的头部和一个腐蚀产物尾部组成。垫圈接触的法兰面、搭接接头、表面沉积物底部等部位常会发生缝隙腐蚀。拉拔钢管表面的翘皮下面(图 16 - 3),漆膜下面发生的丝状腐蚀,海生物附着面的局部腐蚀等都是缝隙腐蚀的特殊形式,缝隙腐蚀也可发生在螺钉或铆钉头下的局部部位中。

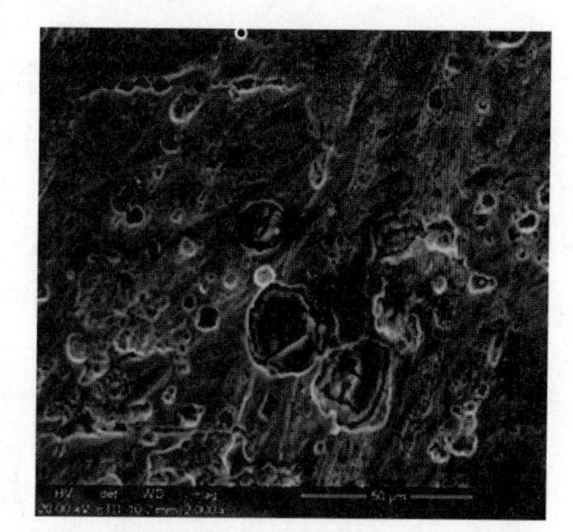

图 16 - 2　缝隙腐蚀微观形貌

某发电厂自封闭平行双闸板给水泵阀门在使用中发生泄漏,泄漏阀门设计压力为 2500b,温度为 193℃,连接方式为焊接式。该阀门于 2006 年下半年开始使用,2007 年 1 月—2 月进行的机组大修中曾解体检修,未出现异常,检修后于 2007 年 2 月 9 日投入运行,运行至 4 月 11 日因闸阀门杆部位发生泄漏而停机进行检修。发电厂维护记录显示,2007 年 3 月中旬整个锅炉系统曾进行过除水垢清洗,清洗所用溶液为纯度 99% 的 EDTA,pH 为 9.1 ~ 9.2,循环清洗时溶

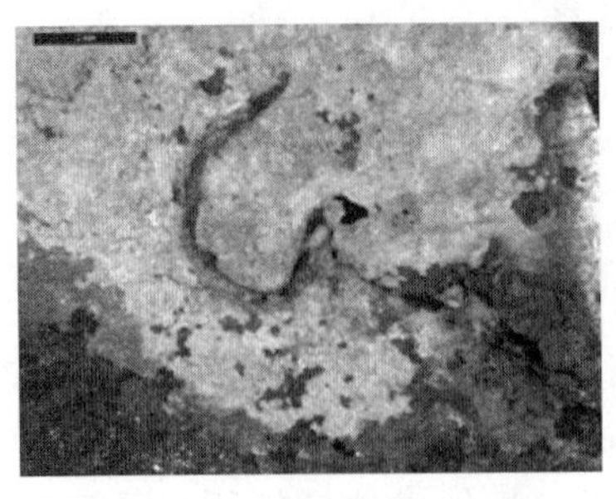
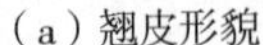

(a)翘皮形貌

(b)翘皮下面的缝隙腐蚀

图 16-3 钢管表面形貌

液温度为 125℃ ~105℃,清洗液排放温度为 100℃,系统清洗后于 85℃左右进行 8h 的钝化处理。正常情况下,阀门内通凝结水,使用过程中水质化验结果一直控制在标准要求范围内。对给水泵出水口电动阀门进行解体检查,发现闸阀门杆在阀门全开位置盘根处有严重的腐蚀凹坑,腐蚀部位长约 80mm,与阀杆密封用的填料函深度相吻合,腐蚀区域和未腐蚀区域界限较为清晰,特征为不同大小的腐蚀坑,见图 16-4,同时发现密封使用的碳纤维垫片内孔表面凹凸不平,损伤较为严重。

图 16-4 阀杆缝隙腐蚀形貌

失效分析结果表明,该给水泵阀门由于在锅炉系统除垢清洗过程中密封碳纤维垫片吸附了较多的腐蚀性元素和水分,造成闸阀门杆表面产生了缝隙腐蚀,粗糙度变差,在阀门开启和闭合过程中,阀杆对碳纤维垫片的损害程度加重,反复动作后它们之间的间隙变大,填料丧失了密封性,造成给水泵阀门泄漏。

1.4 点腐蚀

点腐蚀是一种局部腐蚀形式,钝性金属较易发生点腐蚀。金属表面的不均匀性,如划痕、结晶缺陷、夹杂物(尤其硫化物夹杂物)往往是点腐蚀的起源点,见图 16-5。介质中卤素离子和氧化剂(例如溶解氧)同时存在时容易发生点腐蚀,故氧化性氯化物如 $CuCl_2$、$FeCl_3$、$HgCl_2$ 等是强烈的点腐蚀剂。点腐蚀通常在静止的介质中发生。金属表面局部往往会出现腐蚀性小孔,腐蚀小孔的直径等于或小于深度,点腐蚀通常沿着重力方向或横向发展,因此水平放置的金属的上表面容易发生点腐蚀,而下表面则很少发生点腐蚀,常见的点腐蚀形式参见图 16-6。点腐蚀是一种自催化过程,在孔中发生快速的金属溶解,使小孔中的 H^+ 增加,在小孔中不发生氧的还原。而在小孔毗邻表面上进行氧的阴极还原反应,所以起保护作用,使小孔迅速扩展。有点腐蚀倾向的金属-介质系统容易发生缝隙腐蚀。点腐蚀是最具有破坏性的和隐蔽性的腐蚀形成之一,它可以是仅仅为整个结构的极小的重量百分比损失情况下穿孔而造成设备的损坏。在海水中使用的 18-8 不锈钢,铝合金等构件表面上所出现的腐蚀小孔。调换具有小的点腐蚀倾向的材料及加入缓蚀剂可以延缓或抑制点腐蚀的发展和发生。

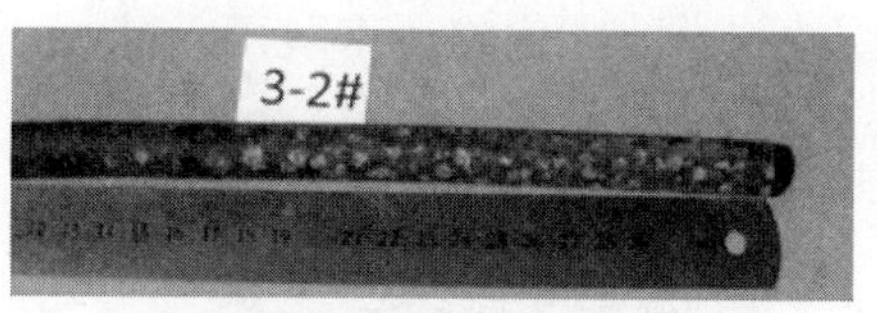

（a）白铜管表面的点腐蚀形貌

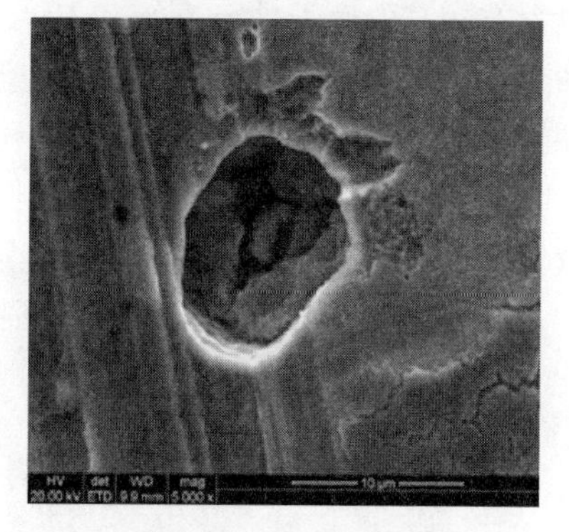

（b）钢表面的点腐蚀形貌

图 16－5　白铜管及钢表面的点腐蚀形貌

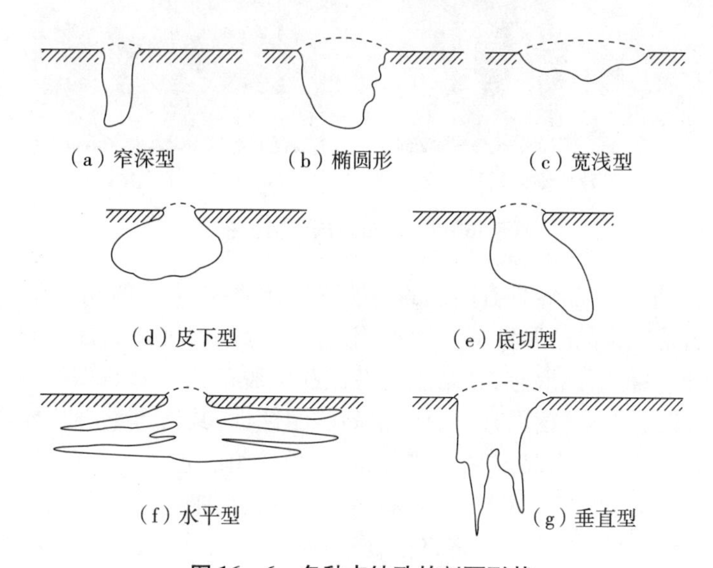

图 16－6　各种点蚀孔的剖面形状

1.5　晶间腐蚀

晶间腐蚀（intergranular corrosion），包括刀状腐蚀。晶界上因存在杂质元素，某一较活泼的金属元素的富集或某种相的析出引起周围某一合金元素的贫乏等原因，使晶界或其毗邻狭窄区域的化学稳定性降低，同时介质对这些区域具有较大的浸蚀，其余部位浸蚀相对较小，这样便出现了晶间腐蚀。

某核电厂的 3CRF011VC 阀瓣为送水管线上的一个蝶阀部件，该蝶阀为外采购件，技术要求材质为 304 不锈钢。该蝶阀服役环境为海水，温度为室温，管内压力约为 2kg，该蝶阀安装使用约 9 ~ 10 个月时发现阀瓣断裂，一部分连在阀体上，另一部分在下游的海水中被找到，见图 16－7。经实际检测，阀瓣主要合金元素为 Cr、Ni、Si、Mn、Mo，其含量总和为 26.54%，余量元素主要为 Fe，Cr 含量为 14.67%，可判断该断裂的阀瓣属于不锈钢范畴。查阅国内外金属材料手册和标准，未找到和断裂的阀瓣相对应的不锈钢牌号。宏观观察阀瓣表面存在不同程度的锈迹，留在阀杆上的阀瓣的断口上有小部分区域呈黄褐色锈蚀。EDAX 能谱分析表明，这些锈蚀产物中也含有较高的腐蚀性元素 S 和 Cl,说明断裂的阀瓣服役环境中存在对不锈钢危害较大的腐蚀性元素 S 和 Cl。断口 SEM 形貌观察结果为沿晶开裂,晶界上存在致密的氧化腐蚀产物;在靠近断口的表面上也观察到沿晶开裂和晶界中致密的氧化腐蚀产物形貌,EDAX 能谱分析表明,这些锈蚀产物中也含有较高的腐蚀性元素 S 和 Cl。金相组织检验中发现奥氏体晶界上存在连续分布的细小碳化物,在扫描电子显微镜下观察,这些碳化物形貌清晰可见,有些晶界还未开裂,有些晶界已经出现断续沿晶开裂,裂纹中的碳化物还未脱落,说明沿晶开裂和晶界上的碳化物有关。

(a)断裂的阀瓣形貌

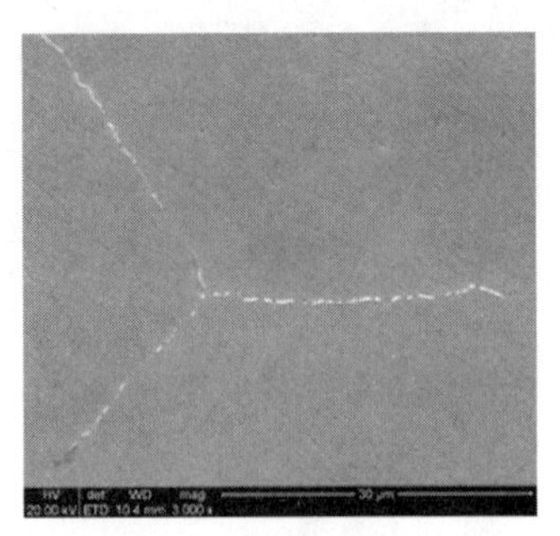

(b)晶界上的碳化物形貌

图 16－7　断口及碳化物分布

晶间腐蚀试验结果发现晶界具有明显的腐蚀特征,说明该失效的阀瓣存在敏化问题,即晶界存在贫铬现象,这是导致晶间腐蚀的主要原因之一。晶间腐蚀是腐蚀局限在晶界附近而晶粒本身腐蚀比较小的一种腐蚀形态,其结果将造成晶粒脱落或使材料的机械强度降低。晶间腐蚀的机理是贫铬理论。不锈钢因含铬而有很高的耐蚀性,其铬含量必须要超过 12%。金相检验发现大量未溶碳化物,并沿晶界呈网状分布,奥氏体组织也呈粗大的柱状晶分布,说明阀瓣铸造后未经合适的固溶处理。沿晶界分布的碳化铬会加剧晶界贫铬,如果铬含量降到 12%(钝化所需极限铬含量)以下,则贫铬区处于活化状态,作为阳极,它和晶粒之间构成腐蚀原电池,贫铬区是阳极,面积小,晶粒是阴极,面积大,从而造成晶界附近贫铬区的严重腐蚀。

发生晶间腐蚀后金属的外形尺寸几乎不变,大多数仍保持金属光泽,但金属的强度和自发延性下降,冷弯后表面出现裂纹,严重者失去金属光泽。对晶间腐蚀敏感部位在腐蚀后做断面金相检查时,可发现晶界或其毗邻区域发生局部腐蚀,甚至晶粒脱落。腐蚀沿晶界发展,推进较为均匀。在焊缝两边,直接紧靠焊缝处,发生几个晶粒宽度的狭条状。严重的晶间腐蚀呈刀状腐蚀,刀状腐蚀仅发生在稳定化的不锈钢中。不锈钢在 510℃ ~788℃ 加热(如焊接接头的热影响区)后,由于晶界区域贫铬而出现晶间腐蚀倾向。铝中含少量的铁在晶界处沉淀而引起的晶间腐蚀。高强度铝合金中由于 $CuAl_2$ 化合物沉淀而强化,同时在贫铜和邻近金属之间的显著的电位差导致晶间腐蚀。图 16－8 为典型的晶间腐蚀形貌。

图 16－8　晶间腐蚀形貌

用于控制和减少奥氏体不锈钢晶间腐蚀的方法有：

(1)进行高温固溶处理－淬火韧化或固溶淬火(工业固溶处理的理论温度为1050℃～1150℃，随之进行水淬)。

(2)加入形成强碳化物的元素，如(稳定剂)Ti、Nb、V等。

(3)将含碳量降低到小于0.03%，或称为超低碳不锈钢(ELX)，如304L或316L等。

1.6　选择性腐蚀

选择性腐蚀(selective corrosion)，包括黄铜脱锌、白铜脱镍、石墨化腐蚀及高温性氧化等。机械结构中的某些构件(或材料)，或者构件中的某些区域在电解质中会优先发生腐蚀，如埋地管线附近的保护阳极，或者附着在轮船上的保护阳极(一般为锌块)，它们均会发生优先腐蚀，但管线或船舱却得到了保护而免遭腐蚀，这是事先设计好的，是选择性腐蚀有益的一面。但大多数情况下，自发的选择性腐蚀腐蚀却会造成较大的危害和经济损失。

某星级酒店装修时的热水管道选用了20钢有缝钢管，内外表面均有镀锌层。使用一段时间后因管内积垢酒店采用了稀盐酸除垢，除垢后管线内存在残留的稀盐酸破坏了管内壁的镀锌层，裸露出了基体金属。由于焊接区域的显微组织和硬度和基体存在差异，从而使焊缝区域和基体之间的电极电位不同，从而造成了激光焊接焊缝区域的选择性腐蚀，见图16－9。

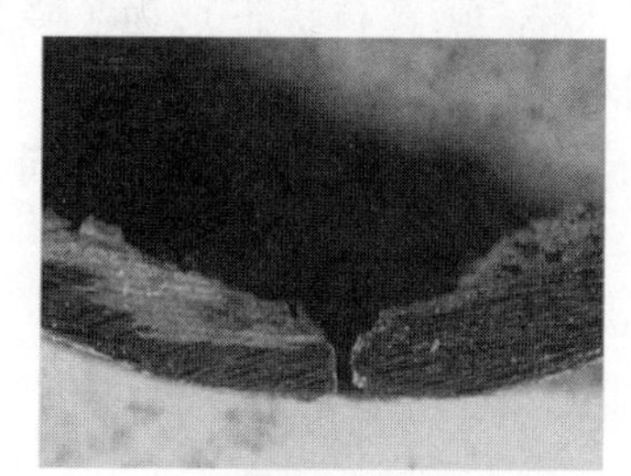
(a)管道剖面形貌

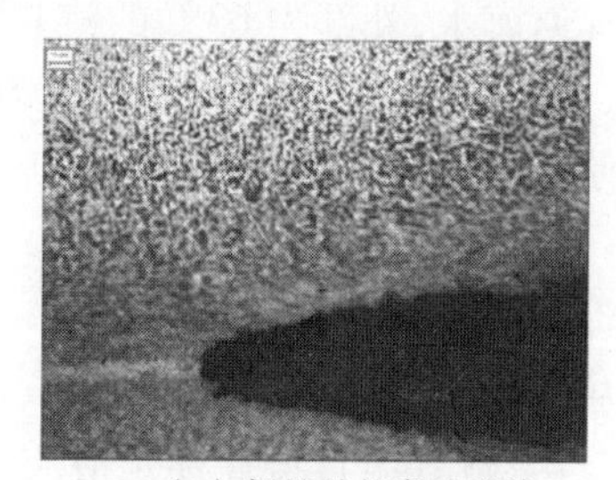
(b)焊缝处的腐蚀形貌

图16－9　钢管焊缝区域的局部腐蚀形貌

选择性腐蚀的另一种形式是将某种元素从固态金属中脱溶的过程，其常见的形式有黄铜脱锌腐蚀和石墨化腐蚀。

1.6.1　黄铜脱锌腐蚀

普通黄铜大致由30%的锌和70%铜所组成，含锌量大于15%，单相α－黄铜中不含砷、锑、锡、磷等元素，或虽含砷，但因存在杂质元素镁而降低了砷的效果，介质处于静止状态或流速很慢的状态。此外，介质含硫化物(例如，水质污染、海生物腐烂体等)，合金表面有渗透性沉积物或局部过热等因素也会促进脱锌腐蚀。黄铜脱锌有两种表现形式，其一为均匀或层状腐蚀，其二为局部或栓状腐蚀，不论层状腐蚀或栓状腐蚀，发生脱锌腐蚀的表面均由原来的黄色变为紫色或红色，因此可以从紫色、红色的分布来判断脱锌腐蚀的类型。发生选择性腐蚀后，合金的强度下降，但尺寸无明显变化。金相检查断面时，与基体部分不仅色泽截然不同，而且组织松疏。凝汽器黄铜管的脱锌腐蚀，腐蚀从管子走水的一边开始，锌优先受到腐蚀后形成可溶性锌离子，会被介质中的水带走。脱锌可以通过降低介质污性(例如除氧)或阴极保护来减小。也可用不敏感性的合金，如紫铜、海军黄铜、加砷的海军黄铜、铝青铜或铜镍合金。

白铜脱镍腐蚀机理和黄铜脱锌相似，如某海域的潜艇上的换热管在使用后发生了腐蚀失效，腐蚀的铜管宏观形貌见图16－5(a)，腐蚀区域表面SEM形貌可见沿晶特征，沿晶面比较洁净；剖面观察，可见组织不紧密，存在腐蚀特征，见图16－10。

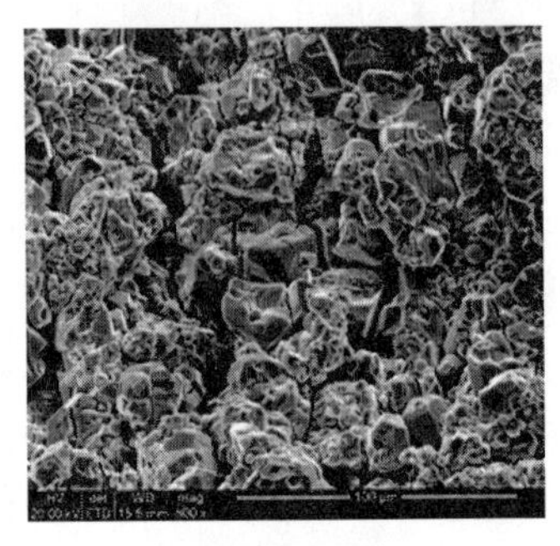

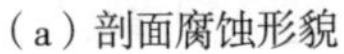
(a) 剖面腐蚀形貌

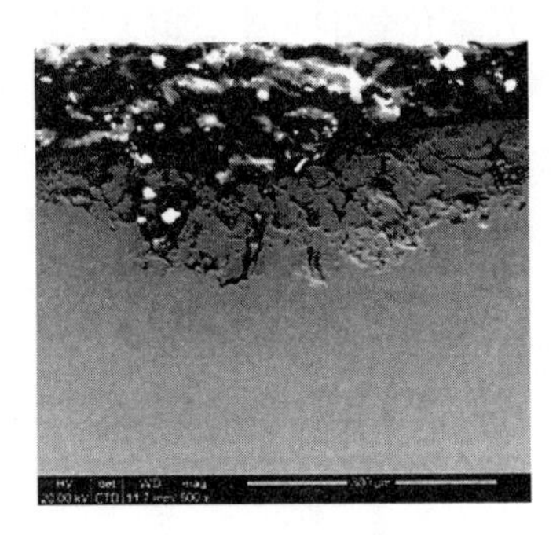

(b) 表面腐蚀形貌

图16－10　剖面及表面腐蚀形貌

经事故调查，该换热器铜管的服役情况和技术条件如下：

①换热管材质为Cu－Ni合金(BFe30－1－1白铜)，服役大约13年。

②换热管内部通海水，外部为63℃的汽轮机水蒸气(真空状态)，为了降低汽轮机水蒸气中的氧含量，加入了少量亚硫酸钠和磷酸盐水溶液。

③换热器的使用具有间断性，基本上用半个月停半个月，有时停用时间可达到1～2个月。停用期间，外部空气可泄入换热器内部。

④铜管原始设计规格为$\phi 16 \times 1.25$mm。

⑤设备做好后铜管未作特别的钝化处理，如果要做，也是对内壁做钝化处理，外壁不做钝化处理。设备运行后，铜管内直接通江水或海水。

失效分析时采用了EDS对铜管腐蚀区域从表面到基体的Ni含量做了测试，结果见图16－11。靠近基体的晶界上Ni含量EDAX分析结果最低，为1.58%，远低于基体Ni含量30.14%。说明靠近腐蚀产物的铜管基体存在脱Ni现象，晶界上的Ni转移到了腐蚀产物中，存在脱Ni腐蚀现象。晶界脱Ni使电位正移，使受到包围的晶粒的电位更负，并随即转变为腐蚀的阳极，产生晶间腐蚀。晶间腐蚀还与铜管所处的蒸汽环境有关。镍白铜脱镍后成为紫色，脱镍后呈沿晶形态。

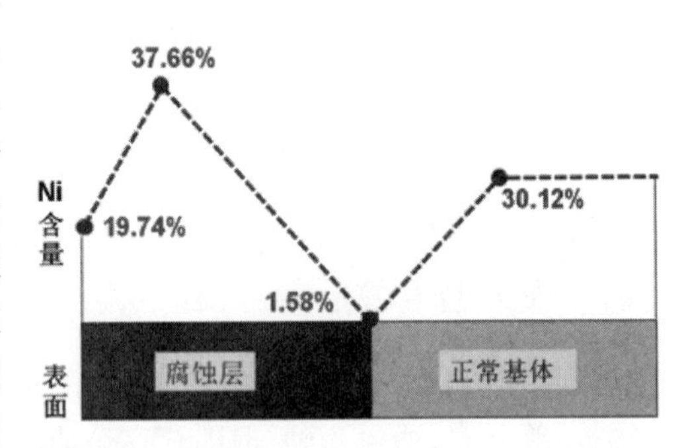

图16－11　铜管表面到心部的Ni含量变化

1.6.2　石墨化腐蚀

石墨化腐蚀是指石墨呈网状的灰口铸铁，在腐蚀性较轻微的介质中发生基体铁的选择性腐蚀，介质通常为盐水、土壤(尤其是含硫酸盐的土壤)或极稀的酸溶液。球墨铸铁、可锻铸铁因石墨不呈网络状分布，白口铁因基本上没有游离碳析出，故均不会发生石墨化腐蚀。石墨化腐蚀是一个缓慢过程。灰口铸铁表面层逐渐转化为石墨，组织疏松、比重减小，可轻易地用刀切开，铸铁的强度和金属性逐渐丧失，但是外形尺寸并无明显变化。埋在土壤中的灰口铸铁、管道长时间使用后会出现石墨化腐蚀。

高温氧化及熔融盐中的选择性腐蚀，高温气氛中含氧量较低时，因合金中各种元素与氧的亲合力不同，与氧亲合力较强的元素发生选择性氧化。与氧化膜交界的金属层中出现某合金元素的贫乏，如不锈钢在高温氧化中出现铬的选择性氧化。Cr17 不锈钢零件经退火处理后，钢表面的 Cr 含量降低到 11%。合金的各组分与融熔盐的亲和力不同，通过高温扩散，使亲和力较大的组分被选择性地脱除。合金因某组分向外扩散，空位向内扩散偏聚而出现空穴（克根达尔效应），一般因晶界上的扩散速度较晶内快，故空穴多半位于晶界，使合金显示出与晶间腐蚀相似的形貌，但是也有例外，如高镍金属中的空穴多半位于晶内，18－8 不锈钢在 800℃的 50－50NaCl/KNO_3熔融盐中的腐蚀也是这样。

1.7　磨损腐蚀

磨损腐蚀（wrosion corrosion）是指腐蚀性流体与金属表面发生相对运动，尤其在出现紊流及流体急剧改变方向时，流体既对金属表面已经产生的腐蚀产物产生机械的冲刷破坏作用，又与裸金属发生化学反应，引起金属的加速腐蚀。大多数金属都会发生磨损腐蚀，而质地较软的金属，如铜、铅等则较易发生，介质包括气体，水溶液有机化合物，液态金属带有固体悬浮物或气泡等。

某核电站热交换器传热管材料为 ASTM B338－2 级纯钛焊接管，其累计使用时间约 4 个月即发现泄露。该传热管规格为 G19×0.7mm，使用时管内通海水，海水温度为 25℃左右，水压为 0.1～0.2MPa，流速为 1.1m/s，管外通淡水，水压为 0.4MPa，最高温度为 35℃。正常情况下传热管内外温差为 3℃～5℃。

对失效件的理化试验结果表明，传热管成分符合技术要求，力学性能指标符合技术要求，泄漏钛管破口处光滑细腻，形状变化柔和，未见腐蚀性产物，破口大多呈“马蹄状”，存在沟槽和水波纹特征，见图 16－12，残留物主要为硅酸盐类、氧化物类和钠盐、钾盐等。破口处壁厚减薄按穿晶的方式进行。根据上述试验结果分析，认为该钛制热交换器传热管失效性质为冲蚀磨损或磨蚀磨损。

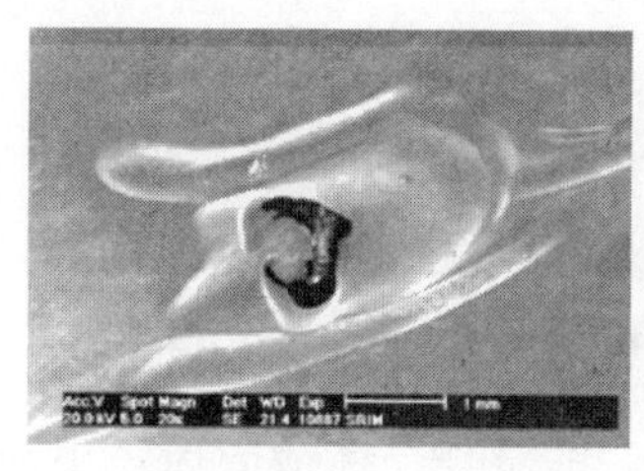

（a）马蹄状

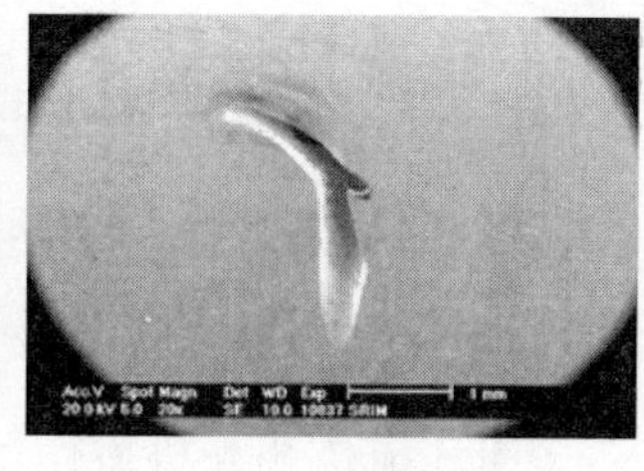

（b）沟槽

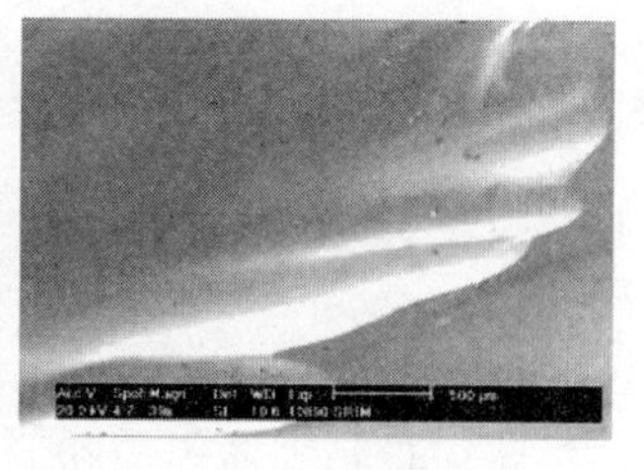

（c）水波纹

图 16－12　破口处形貌

该核电站地处长江与钱塘江入海交汇的杭州湾，其海水水质与标准海水不同，其大致成分参见表 16－2。该区域海水盐分较低，导致含氧量上升，增加了腐蚀倾向，而江河入海带来的泥砂以及城市与工厂污染物，使得水中 COD、S^{2-}、NH^{4+} 增高，更加剧了腐蚀的危害。

表 16－2　杭州湾海水大致成分

项　目	含　量	项　目	含　量
含盐量	1.35%	含泥量	0.5kg/m^3
含氧量	9.6mg/L	盖硬度	300～325mg/L
氯离子	7000～9000mg/L	游离氨	0.3mg/L
钠离子	4143mg/L	铁离子	10～70mg/L
固体总量	2%	pH	8～8.2
悬浮物	10000mg/L	电阻率	60.2Ω·cm

该热交换器已投入使用近10个月，但其累计使用时间仅4个月左右，说明热交换器有较长的时间处于停用状态。在停用时，热交换器一直处于有水状态，这样，含泥量较高的海水很容易在管内壁沉积泥砂，特别是在有防腐橡胶残片存在的情况下，沉积的泥砂很容易和橡胶碎片集结成一体，形成阻塞。越靠近管口，橡胶残片驻留的几率越高，形成阻塞的几率也就越高。一旦形成阻塞，在妨碍流动的阻塞物前后将产生较大的压差，使狭窄的流道通过高速的海水，在固体异物周围发生显著的紊流或涡流。图16－13为流体在遇到局部阻塞时产生涡流的示意图，一旦阻塞物的后面产生旋涡，流体的运动方向将发生变化，管壁将受到明显的剪应力，有文献介绍，高速海水流过闭塞部位所产生的剪应力为非闭塞部位的26倍。

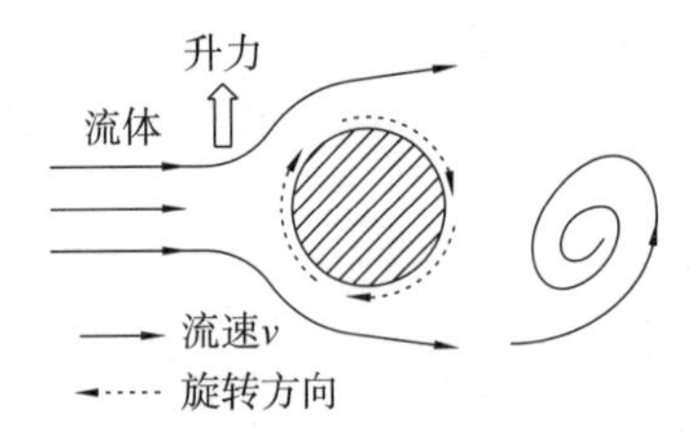

（a）通过单障碍物时产生的湍流示意图

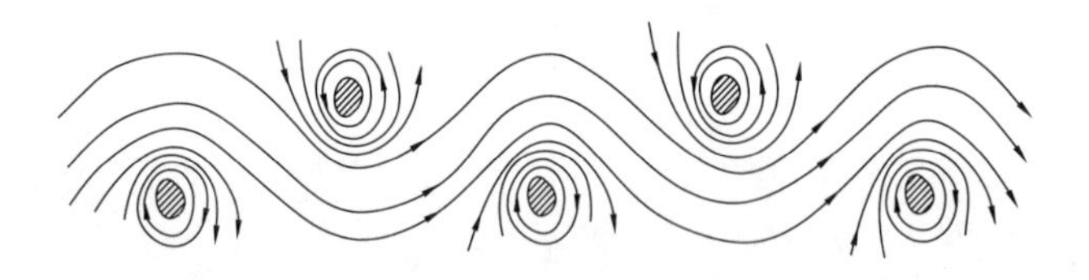

（b）通过多障碍物时产生的湍流示意图

图16－13　流体通过障碍物时方向变化情况

冲蚀磨损是指固体表面和流体、多组元流体相互机械作用，或是受液体或固体粒子冲击的机械作用所造成的材料损耗现象。流体的流速是研究材料冲蚀性能的重要因素，在介质浓度不变，所含固体粒子的大小及攻角一定时，流速对冲蚀失重的影响关系为

$$W = kV^n$$

式中：W——冲蚀中材料的失重；

k——系数；

V——介质的流速；

n——速度指数。

磨蚀磨损是由于腐蚀性介质与金属表面作相对运动而引起的，磨蚀失效零件上往往有沟槽、水波纹和马蹄状特征。冲蚀实际上是磨蚀的一种，只是介质流速更高，冲击力更大。

磨损腐蚀包括两种特殊形式：

(1)气蚀

气蚀(或空泡腐蚀)是指液体介质与金属表面发生高速相对运动，金属构件的几何外形未能满足流体力学的要求，在局部形成负压区，因而在金属表面的局部区域产生涡流，在低压区引起溶解气体析出，或介质气化所形成的气泡在高压区溃灭，气泡溃灭时产生的冲击波破坏了表面保护膜，新膜形成后又遭到破坏，这种反复的机械作用和裸金属的腐蚀作用，使腐蚀集中在这些区域而形成许多小孔。

某核电厂常规岛疏水阀蒸汽管线出现多处泄漏，泄漏发生于不同的管线，出现泄漏的时间长短不一。泄漏位置有弯管部位，有直管部位，有焊缝和直管交界处，有焊缝和弯管的交界处，也有焊缝区域。可见，该蒸汽管线的开裂泄漏具有普遍性和随机性。失效分析过程中，在靠近焊缝弯管内表面的气蚀坑中也发现了裂纹。最后的失效分析结果表明：

①蒸汽管线材料质量均符合技术要求。

②管线因裂纹穿透了管壁厚而导致泄漏，其开裂性质相同，均为腐蚀疲劳开裂。

③管线发生腐蚀疲劳开裂的主要原因和焊接质量有关。焊接下榻过高会形成应力集中诱发裂纹源；流体经过焊接下塌时也会在其附近形成负压区导致空泡腐蚀，见图 16－14；空泡腐蚀产生的凹坑形成应力集中点，诱发疲劳裂纹源；空泡爆破时产生的巨大冲击应力造成管线振动，引发腐蚀疲劳破裂。

为了验证该分析结论，对管线弯管部位做了有限元数字模拟，并按照气液两相的状态进行计算，结果表明焊接下塌和弯管内侧的内表面区域均存在明显的负压特征，见图 16－15，这是管线中产生空泡腐蚀的前提，和实际检测的结果相一致，从而有效佐证了分析结论。

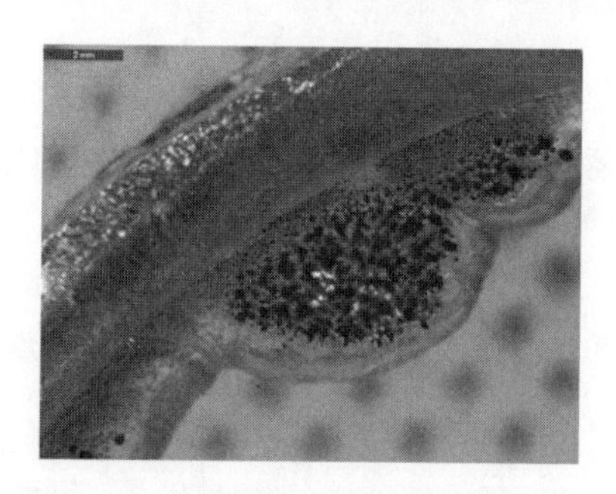

图 16－14　焊接下塌处的空泡腐蚀形貌

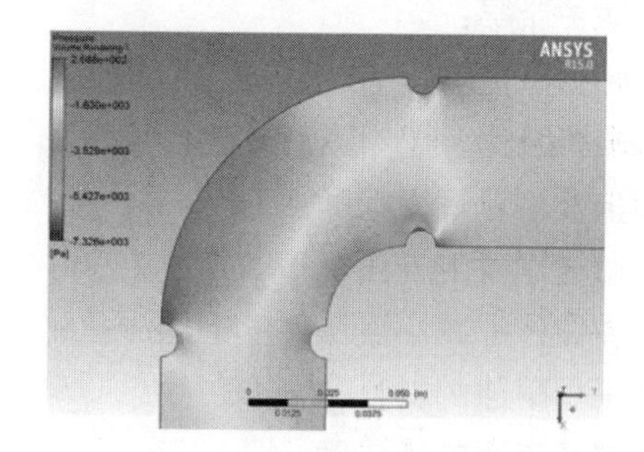

图 16－15　焊接下塌附近的压力分布

(2)微动磨损腐蚀

微动磨损腐蚀，也称振蚀。两种金属接触的交界在受到载荷的条件下，两表面间发生微小的振动或往复运动，位移仅需要 10^{-7}mm，就足以引起这种腐蚀。界面所受到的载荷和往复运动需能造成表面滑移或变形。这类腐蚀大多数是在大气条件下发生。金属以金属离子或腐蚀性产物从金属表面脱离，而不是像纯粹的机械磨损那样以固体金属粉末脱落。金属表面常出现带有方向性的凹槽、沟道、波纹、圆孔、山谷形等腐蚀形态。在静态条件下表现为较好的耐蚀材料，但在动态条件下却往往变得格外容易受到腐蚀，因此不宜以静态腐蚀试验的结果来推断金属在动态条件下的腐蚀表现。

金属表面因受到微观脉动应力，故常出现滑移线，图 16－16 为某 304 不锈钢管内壁发生气蚀后的形貌，其实区域明显凹陷，高倍观察可见滑移线。气蚀后金属表面的外观与点腐蚀相似，但气蚀严重时有两种差别：其一是气蚀的小孔较密集；其二是气蚀后表面较粗糙，甚至呈海绵状。

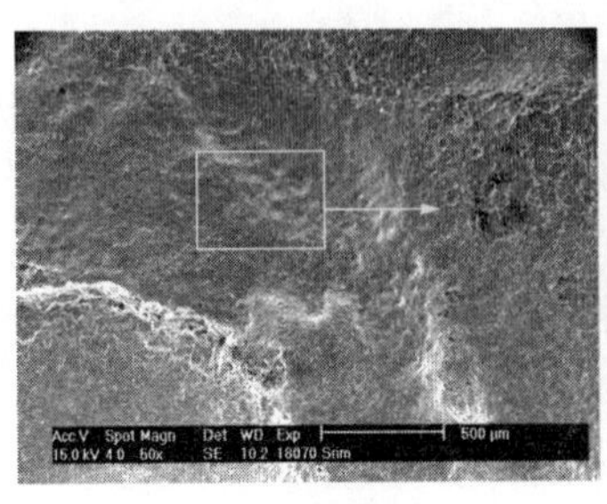

（a）低倍形貌

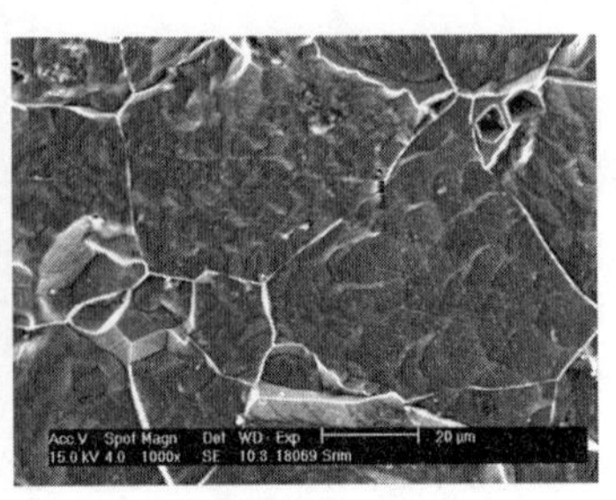

（b）滑移线形貌

图 16－16　微动磨损形貌

金属表面出现小孔或凹槽，外形有时同布氏硬度试验后的压痕相似，周围有腐蚀产物，铁基合金的腐蚀产物呈红棕色。轴承在运输过程中，滚珠和内外圈的微动磨损往往会形成布氏硬度一样的压痕，俗称伪布氏压痕。微动磨损腐蚀会使钢构生成氧化碎片，使构件发生擦损和咬死，并造成微动疲劳破坏。凝汽器冷却水入口端，冷凝管的所谓入口腐蚀，弯管、直角管、三通管在流向改变处，因流体冲刷而引起的磨损，不锈钢合金泵叶轮的腐蚀磨损等。

防止磨损腐蚀有以下五种方法：

①选用具有较好的耐磨蚀材料；

②合理设计，如降低流速，增加材料厚度，减少腐蚀程度；

③改变环境，如加入缓冲剂、降低温度、去除沉积物等；

④防护涂层；

⑤阴极保护。

水轮机叶片及船用螺旋浆的背面常出现气蚀，泵的叶轮和其他受到高速液流和压力变化的表面上常出现蜂窝状腐蚀。

可以通过以下方法防护气蚀：

①在设计中减小液流力学上的压差；

②采用耐蚀的材料；

③提高表面的光洁度；

④贴上橡胶或塑料那样的具有弹性的涂层，有利于防止气化以减少气蚀。

铁路轨道连接处，以螺栓螺帽固定的鱼尾，以及滚珠轴承内圈与轴压配的交界面，长期受到振动后会发生这种腐蚀。铁轨螺钉固紧铁板，如果不加润滑，长期振动会发生振蚀破坏现象。

可应用下述中的一种或几种方法减少或消除振蚀损坏：

①使用低黏度、高韧性的润滑油或润滑脂。

②增加接触材料两者或其中之一的硬度。

③增减表面粗糙度，增加与基体之间的摩擦。

④使用垫片吸收振荡，并使轴承表面氧隔绝。

⑤增加基体表面之间的负荷，减少滑移。

⑥减少轴承面上的负荷。

⑦增加零件之间的相对运动，减少振动。

1.8　应力腐蚀开裂

应力腐蚀开裂(stress corrosion cracking，简称 SCC)。金属具有应力腐蚀开裂的敏感性，与容易引起的介质及受到拉应力腐蚀开裂的介质及受到拉应力(包括外加载之前的热应力、冷加工形变应力、焊接等的残余应力，以及裂纹中腐蚀产物的楔入应力等)，并超过该金属－介质系统的应力腐蚀开裂的临界应力值时，在上述条件同时存在时才发生应力腐蚀开裂(stress corrosion cracking)，金属出现腐蚀裂纹或断裂。裂纹的起源点往往是点腐蚀或腐蚀小孔的底部。裂纹扩展有沿晶界、穿晶粒或混合型三种。主裂纹通常垂直于应力方向，多半有分支，呈树根状，裂纹端部尖锐，裂纹内壁及金属外表面的腐蚀程度通常很轻微，而裂纹端部的扩展速度则极快。断口具有脆性断裂特征。图 16－17 为不锈钢 SCC 裂纹形态，犹如自然界黑夜里的闪电。SCC 裂纹扩展速度介于机械断裂和一般腐蚀速度之间，视其应力的大小而定。出现应力腐蚀时，钢构件的均匀腐蚀很少，在力学特征上表现出一个临界应力，高于此应力值时，才会发生应力腐蚀开裂。在含有氯离子的介质中使用奥氏体不锈钢热交换器或蒸发器容易发生应力腐蚀开裂。黄铜子弹壳的季裂和锅炉碱脆等都是应力腐蚀开裂的例子。

(a) 304不锈钢换热管内壁的应力腐蚀裂纹

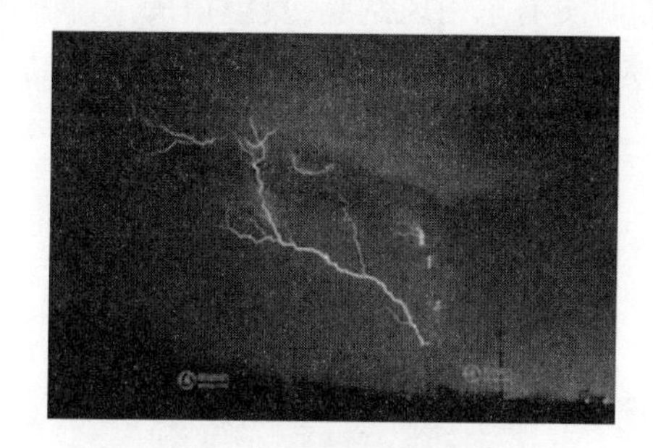

(b) 黑夜里的闪电

图 16－17　不锈钢应力腐蚀裂纹形貌

某火车站屋顶连接钢结构梁用抱箍材料为 304 不锈钢，于 2006 年竣工后开始服役，2014 年安全检查时发现多处开裂(初步统计总共安装抱箍 10000 个，已开裂 1000 个)，其中抱箍圆弧部分与“耳朵”通过焊接相连，开裂抱的箍宏观形貌见图 16－18。

图 16－18　开裂的抱箍

通过对该开裂的抱箍进行失效分析，发现裂纹呈现明显的树根状，显微组织中碳化物沿晶界分布，见图16－19。碳化物沿晶界分布会降低晶界附近的铬含量，使其耐腐蚀性变差，容易产生沿晶腐蚀；抱箍焊接后未进行合适的热处理，存在焊接残余内应力，协同空气中存在水蒸气，以及对不锈钢危害较大的SO_2、SO_3和含氯元素的腐蚀性介质，导致抱箍发生了SCC破裂。

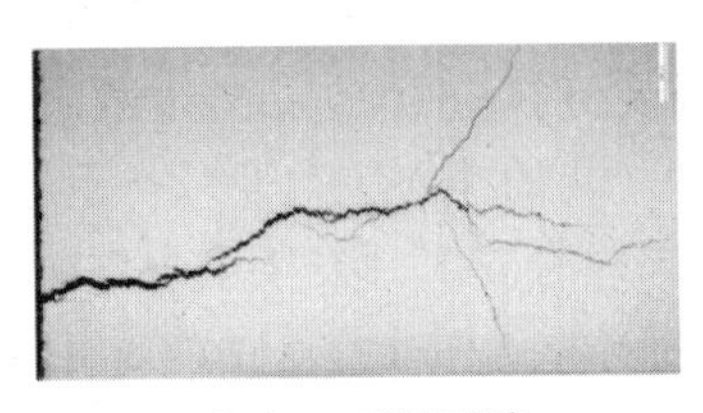

(a) SCC裂纹形貌

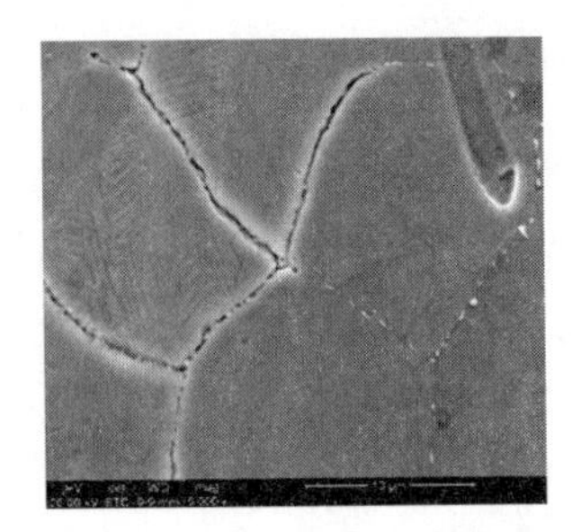

(b) 沿晶界析出的碳化物形貌

图16－19　应力腐蚀裂纹形貌

某生产乙二醇的化工企业长期受困于生产线主要设备——真空塔泄露事故。真空塔的用材为防腐蚀性能较好的304不锈钢，发生泄漏的位置均位于真空塔的上段。由于泄漏，企业几乎每年都被迫停产更换上段塔体，给正常生产带来较大影响。

经现场勘查，该化工企业为原海边滩涂经过填海改造后修建，厂区和大海仅隔一条马路，现场勘查期间突有东南风刮起，真空塔的上部顿时被一团水蒸气笼罩，见图16－20。寻找水蒸气的出处，是附近一个换热器冷却塔中温度较高的循环水蒸腾所致。

(a) 失效部位被水蒸气笼罩

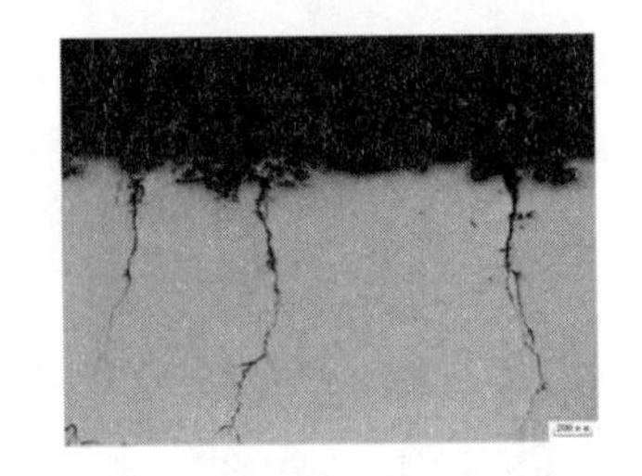

(b) SCC裂纹形貌

图16－20　腐蚀部位及裂纹形貌

失效分析结果表明塔体发生了应力腐蚀破裂导致泄漏。裂纹起源于塔体外表面，向内扩展穿透塔壁造成泄漏，腐蚀性元素主要为S和Cl。虽然该企业从原料到产品接触的物质中均不含有这些元素，但从真空塔附近飘来的水雾中溶解有海风携带的S和Cl，形成腐蚀性环境。后来该企业抬高了附近换热器冷却塔的位置，避免水蒸气与塔体接触，大大延长了真空塔的使用寿命。

SCC属于局部腐蚀，而且会带来突发事故，其危害性往往比均匀腐蚀性要大。某化工厂的一台热交换器的换热管起初设计时选用了20钢，换热器的壳程中含有SO_2、SO_3、NH_3、Cl_2，还有水蒸气等，管内温度为400～600℃，管程介质为自来水。该换热器管一般可使用2年左右，换热管会因全面腐蚀失效而不得不进行更换，对企业的生产和效益带来一定的影响。为了延长换热管的使用寿命，该企业请了一家化工设计院对其进行改造，换热管的材料由原来的20钢改为了 304 不锈钢，但改造后，设备投入使用时间还不到一周时间就发生换热管断裂失效事故。后经失效分析，其断裂性质为应力腐蚀，属于局部腐蚀。因 304 不锈钢的价格高于 20 钢，改造后成本大大增加，但使用时间却大为缩短，使企业蒙受了巨大的经济损失。可见某种程度上，局部腐蚀的危害性比全面腐蚀还要大。

防止应力腐蚀开裂的方法有：

(1)将应力控制在临界应力之下；

(2)改换对特定环境应力腐蚀开裂不敏感的材料；

(3)进行电化学保护；

(4)使用缓蚀剂；

(5)从结构设计上将使受力件和承受腐蚀件分开。

1.9　腐蚀疲劳

腐蚀疲劳(corrosion fatigue)是金属受到腐蚀介质和交变应力或脉动应力的联合作用而发生的破损。腐蚀疲劳一般不存在疲劳极限，不像应力腐蚀开裂那样需要特殊的介质。腐蚀疲劳在纯水中就可以发生，在很低的应力条件和在任何腐蚀介质中都会发生腐蚀疲劳开裂，在容易引起点腐蚀的条件下尤其如此。金属出现腐蚀裂纹甚至断裂，裂纹常在点腐蚀或腐蚀小坑的底部萌生，呈多源开裂，裂纹多半穿晶或沿晶扩展，很少分叉，断口大部分被腐蚀产物所覆盖。SEM 形貌观察时，一般看不到疲劳辉纹，但可以观察到大致平行的二次裂纹，见图 16－21。

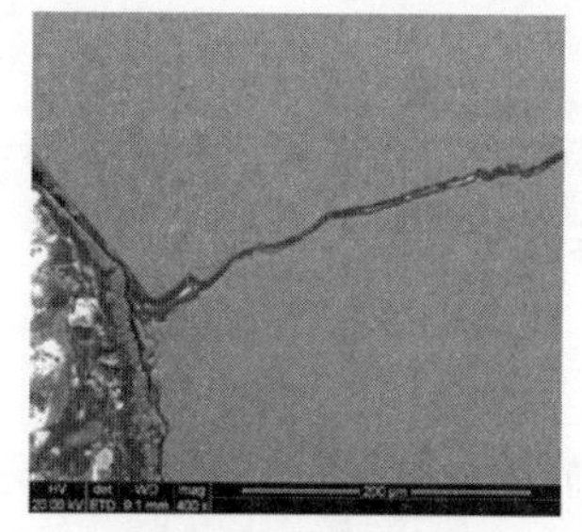

(a) 腐蚀疲劳裂纹形貌

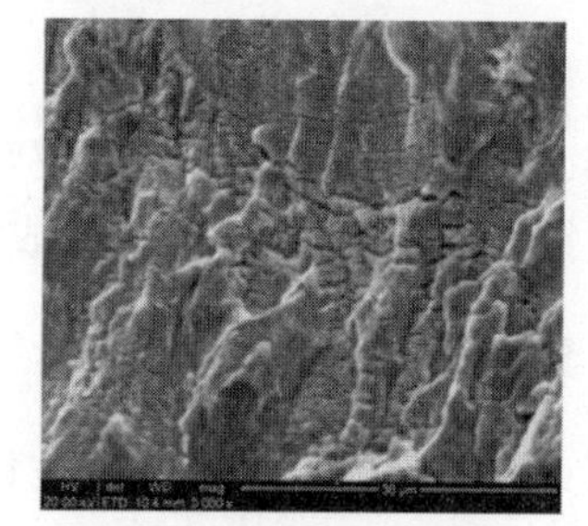

(b) 腐蚀疲劳开裂面形貌

图 16－21　腐蚀疲劳裂纹及断口形貌

腐蚀疲劳为脆性破坏之一，钢构件的腐蚀疲劳断口通常具有两部分：带有腐蚀产物的粗糙表面的腐蚀疲劳部分；快速机械断裂部分。两部分的大小和循环应力值 P_{max} 相关，P_{max} 愈大，腐蚀疲劳断裂面积愈小。腐蚀疲劳会引起油田中钻杆、矿山凿岩机、海上或矿山用的钢缆索、深井泵的轴汽轮机的叶片、甲铵泵的泵体开裂等。

防止腐蚀疲劳断裂的方法有：

(1)降低钢构件的工作应力；

(2)表面喷丸处理或滚压处理；

(3)加缓蚀剂；

(4)镀层或涂层，如氮化、渗铝等；

(5)电化学保护。

1.10 氢损伤

氢损伤(hydrogen damage)是由于氢的存在或与氢相互作用造成金属材料和机械性能损伤的总称。它包括:氢腐蚀,脱碳,氢鼓泡,氢脆型断裂。

1.10.1 氢腐蚀

金属,如钢在高压和高温的氢气氛中,氢可与金属中的某些成分(如与钢中的碳或 Fe_3C)反应,生成氢化物 CH_4,与 Ni 反应形成氢化物 NiHx 等,导致金属破坏。

1.10.2 脱碳

钢在高温通过湿氢时,钢中的 C 和 H 反应形成 CH_4,并从钢中逸出,造成脱碳,如冶炼厂中的不锈钢管壁脱碳,这种脱碳和钢在较高温度下的氧化脱碳机理是不相同的。

1.10.3 氢鼓泡

氢鼓泡是氢渗透入金属的结果,它使金属局部变形,在极端的情况下造成容器的失效。氯可来自腐蚀或阴极保护、电镀等,在钢构件的内表面上发生析氢反应。

防止氢鼓泡的方法有:

①使用镇静钢;

②使用涂层;

③使用缓蚀剂;

④除去催化毒,如硫化砷、氰化物和磷酸离子等;

⑤代用低氢扩散系数的钢或合金,如镍或镍基合金。

1.10.4 氢脆断裂

有时也称为延迟性断裂。这是由于扩散到金属中位错处的氢或生成金属氢化物所造成金属的氢脆断裂。氢脆断裂存在一个临界应力,当应力大于此值时方可发生氢脆断裂。一般来说,强度越高,氢脆敏感性愈大。氢压理论是氢脆断裂的传统理论,即材料内部的氢(内部氢)和环境中的氢(外部氢)均有向应力集中区域迁移、富集的特性,氢原子聚集后会形成氢分子,其体积剧增,造成局部压力大幅度提高,超过材料的抗拉强度后将发生开裂,形成氢致裂纹(白点),该裂纹打开后颜色较基体亮,轮廓呈圆形或椭圆形,犹如鱼的眼睛,所以白点也称鱼眼,如图 16-22 所示。白点往往起源于钢中的非金属夹杂物,见图 16-23。

图 16-22 钢中的白点形貌

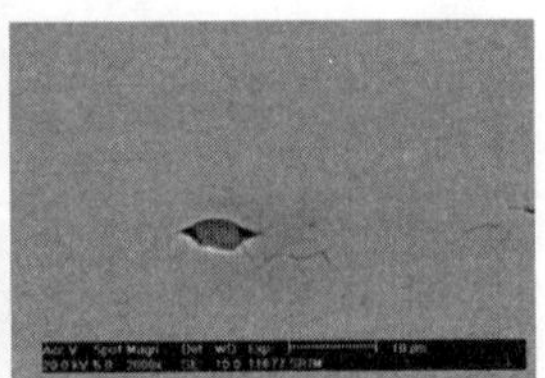

图 16-23 白点起源于非金属夹杂物

1.10.4.1　氢脆型断裂的三要素

氢脆断裂常在缺口的三向应力区首先诱发裂纹,裂纹扩展不连续,具有突发性,可以是沿晶,也可以是穿晶,裂纹一般不分叉,整个断面呈脆性断裂。氢脆性断裂属于环境破断失效的一种,发生氢脆性断裂一般需具备三个要素,即:

(1)敏感材料

不同材料氢脆敏感性不同,同种材料组织结构不同时,其氢脆敏感性也不同。钢的强度或硬度越高,对氢脆的敏感性越高。在各种不同的显微组织中,对氢脆敏感性从大到小的一般顺序为:马氏体(低温回火马氏体)、上贝氏体(粗大贝氏体)、下贝氏体(细贝氏体)、索氏体、珠光体、奥氏体。

(2)恒定载荷

拉应力是发生氢脆型断裂的必要条件,可以是工作载荷,也可以是装配应力或材料的残余应力。通常应力越大,发生氢脆型断裂的时间越短。服役中的螺栓、垫片等发生氢脆型断裂的应力一般为外加载荷;磨削裂纹,或者一些大型锻件的延迟性裂纹主要为残余内应力。

(3)氢环境

氢环境包括内部氢和环境氢。内部氢是指材料在冶炼、热加工、热处理、酸洗、电镀等过程吸入的氢。环境氢是指材料原来不含氢或含氢极低,但在氢气气氛下或在其他含氢介质中使用时吸入了氢。

1.10.4.2　氢致裂纹的形成

发生氢脆型断裂的应力有一个门槛应力 σ_c 或门槛应力强度因子 K_{Ih}。σ_c 是能发生氢致滞后开裂的最低应力。门槛应力强度因子 K_{Ih} 的含义是:当外加应力强度因子 $K_{\mathrm{I}}=K_{\mathrm{Ih}}$ 时,经足够长时间后最大氢浓度达到临界氢浓度(CH),引起氢致裂纹的形核和扩展,见图 16－24。

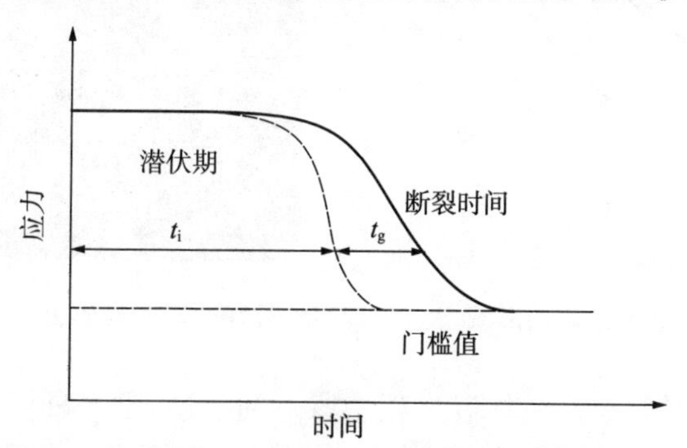

图 16－24　氢脆断裂应力与断裂时间的关系

氢致裂纹的孕育形成需要一段时间,此即潜伏期,时间的长短与静载荷的大小、氢含量以及材料相关,即氢脆型开裂具有延迟性特点。氢致裂纹一经形成,将快速扩展,几乎在瞬间即扩展结束。

氢通过促进局部塑性变形和降低原子间的键合力,一方面促进纳米级微裂纹的形核,另一方面促进微裂纹钝化成微空洞,即氢促进了空洞的形核。氢通过在空洞内部形成氢压及降低键合力升高了空洞的稳定性。研究表明,氢裂纹是在缺口前缘某一距离开始形成,然后逐渐相互连接长大而造成裂纹扩展,氢裂纹扩展是不连续的,见图 16－25,其中,图(b)是实际分析中观察到的氢致裂纹。

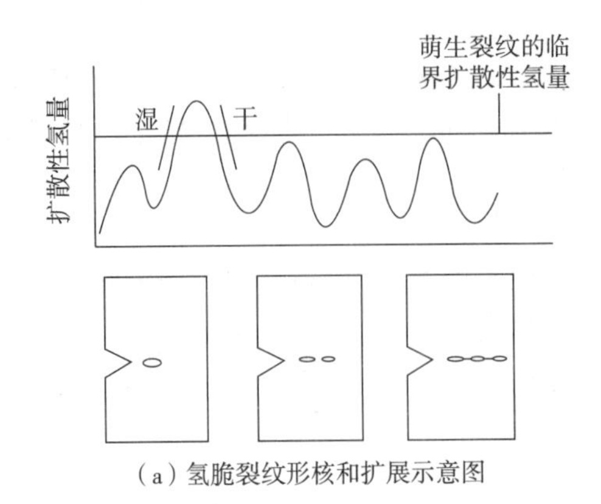

(a) 氢脆裂纹形核和扩展示意图

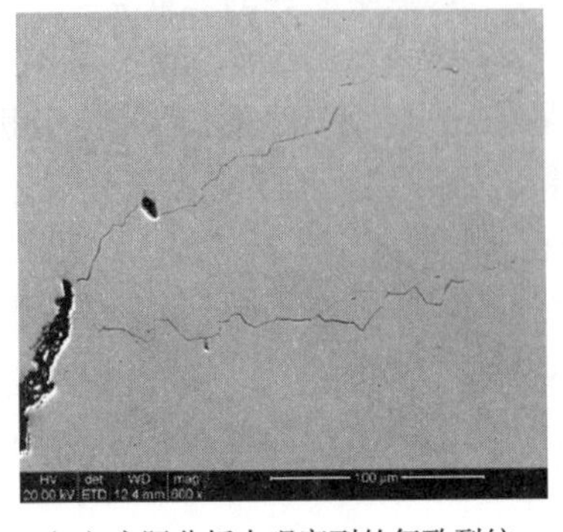

(b) 实际分析中观察到的氢致裂纹

图 16－25　氢致裂纹的不可连续特征

1.10.4.3　氢脆型断口的特征

(1)钢的氢脆型断口没有固定的特征,它与裂纹前沿的应力强度因子 K_{I} 值及氢浓度 CH 有关,可以是韧窝,也可以出现解理、准解理及沿晶等形貌,有时甚至是混合型的,见图 16－26。断口若为沿晶型断裂,沿晶面上经常会出现"鸡爪纹",见图 16－27。

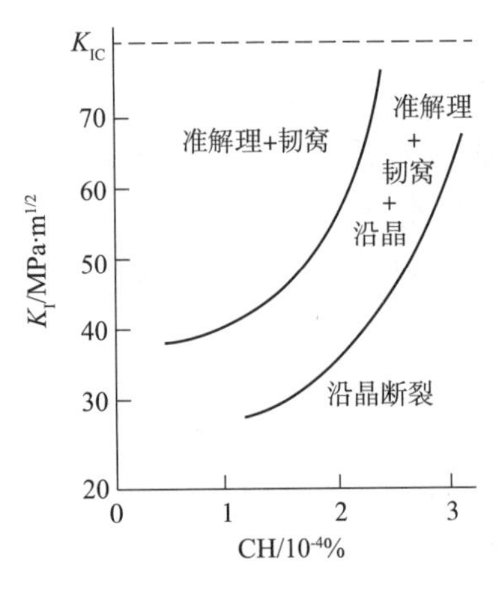

图 16－26　氢脆型断口的形貌

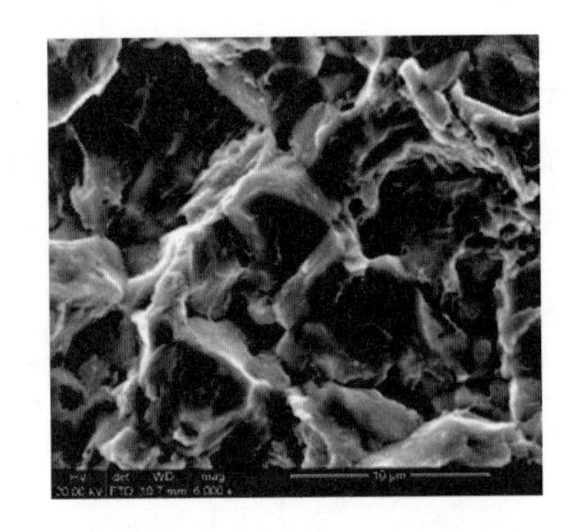

图 16－27　晶界上的"鸡爪纹"形貌

晶面上的"鸡爪纹"是氢致裂纹扩展过程中留下的痕迹,是一种塑性变形特征。氢促进缺口尖端处局部塑性变形的氢脆机理是近年来氢脆问题研究的一大进展。该理论认为任何断裂过程都是塑性变形的结果,氢进入裂纹尖端能促进局部塑性变形从而促进断裂。

(2)很少有沿晶的二次裂纹,垂直于主裂纹面做金相观察时,主裂纹两侧一般没有分叉现象。

(3)K_{I} 值较大时,较低的氢浓度 CH 就可以发生氢脆,反之亦然。CH 没有明确界限。

螺栓是常用的紧固件,在服役过程中又承受恒定的拉应力,其六方头和杆部的过渡 R 处以及螺纹部位均为应力集中区域,若螺栓的强度级别较高,或者生产过程中经历了酸洗、电镀等析氢环节,而且又没有很好的除氢,往往会引起氢脆型断裂。螺栓的强度级别越高,越容易发生氢脆型断裂。有些高强度螺栓在用空气炉热处理时,为了避免氧化,往往采用甲醇类化学试剂进行防氧化保护,但该工序会造成螺栓表面产生轻度增碳,热处理后表面强度高于基体,也容易引发氢脆型断裂。超钢轻度钢因其实际使用强度高,金相组织往往为对氢脆较为敏感的低温回火马氏体组织，如飞机起落架普遍使用的超高强度钢——300M 钢，其强度可高达 2060MPa，该类钢在生产过程中会严格控制氢脆的发生，镀层也往往为多孔结构的松孔铬，其目的就要给氢的逸出留个通道，将电镀过程中进入材料中的氢及时排出。

防止氢脆的方法有：

(1)降低过高的腐蚀速率；

(2)改变电镀条件；

(3)降低钢的强度；

(4)进行阳极保护；

(5)使用缓冲剂。

对化学工业中经常出现的腐蚀破坏现象进行统计，得到各类腐蚀破坏所占的比例，见图 16－28。可见，在这些腐蚀类型中，腐蚀断裂给人们带来的危害是最大的。因为所有腐蚀断裂(包括应力腐蚀开裂、腐蚀疲劳和氢脆开裂)都属于脆性开裂，这些开裂事先常常没有明显预兆，会引起突发性破坏事故，造成生命和财产损失的严重后果。此外，应力腐蚀开裂、腐蚀疲劳和氢脆开裂占腐蚀破坏的比例也是惊人的。表 16－3 为美国联邦公司从 1968 年—1971 年因腐蚀引起的损坏数字统计结果，表 16－4 是日本石油化工厂中化学装置设备破坏事故调查实例的统计，这些数字是发生在 17 年中 563 起事故分析的结果。

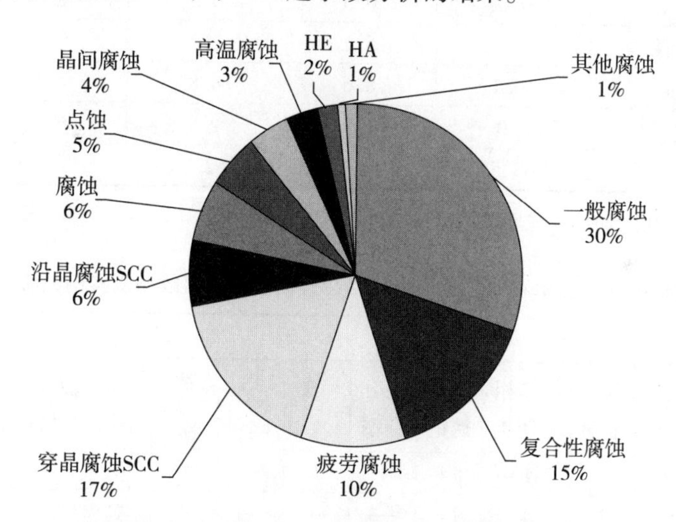

图 16－28　化学工业中各类腐蚀破坏所占的比例

表 16－3　美国联邦公司 1968 年—1971 年因腐蚀引起损坏的统计结果

破坏形式		比例/%				
		1968 年	1969 年	1970 年	1971 年	累积平均
机械破坏总和		39.5	43.5	47.5	45.2	44.8
1	气蚀	1.0	0.5	0.0	0.0	0.13
2	冷壁腐蚀	1.0	1.0	0.0	0.0	0.4
3	腐蚀疲劳断裂	0.0	1.4	2.7	1.7	1.5
4	应力腐蚀开裂	13.1	11.5	11.5	15.5	13.1

续表

破坏形式		比例/%				
		1968 年	1969 年	1970 年	1971 年	累积平均
机械破坏总和		39.5	43.5	47.5	45.2	44.8
5	缝隙腐蚀	1.1	1.0	0.9	0.7	0.9
6	脱合金腐蚀	0.0	1.0	0.5	0.7	0.6
7	选材不合适	1.0	0.5	0.0	0.7	0.4
8	磨损腐蚀	6.1	3.3	3.2	4.2	3.8
9	微动磨损	1.0	0.0	0.5	0.0	0.3
10	均匀腐蚀	18.1	18.1	15.2	9.2	15.2
11	电偶腐蚀	0.0	0.0	1.4	0.4	0.4
12	石墨化腐蚀	0.0	0.0	0.0	0.7	0.1
13	高温腐蚀	0.0	1.9	1.4	1.3	1.3
14	热壁腐蚀	1.0	0.0	0.0	0.0	0.1
15	氢鼓泡	0.0	0.0	0.5	0.0	0.1
16	氢脆断裂	0.0	0.5	0.5	0.7	0.4
17	晶间腐蚀	7.1	5.1	2.7	9.2	5.6
18	点腐蚀	10.1	8.6	8.8	4.2	7.9
19	焊接腐蚀	0.0	1.9	1.8	6.3	2.5
	总和	65.5	56.5	52.1	54.8	55.2

注:本统计是对 4 年中发生的 685 起事故进行分析的。

表 16-4 日本石油化工厂中化学装置设备破坏事故调查实例的统计

破坏形式	材料												
	碳钢	低合金钢	α 二相不锈钢	γ 不锈钢	高合金钢	铜合金	铝合金	钛合金	有色金属	无机材料	有机材料	会计数件	比例/%
均匀腐蚀	16	3	1	14	1	1	—	—	4	—	—	40	13.0
点蚀、缝隙腐蚀	11	2	4	17	—	—	—	—	1	—	—	35	11.3
局部腐蚀	13	1	1	22	4	4	—	3	—	2	—	50	16.0
流动腐蚀	6	—	1	2	1	3	1	1	—	—	—	15	5.0
干蚀	3	5	—	6	2	—	—	—	—	—	—	16	5.1
熔融盐腐蚀	—	—	—	4	2	1	1	—	—	—	—	5	1.5
氢蚀	1	3	—	—	—	—	—	—	—	—	—	4	1.3
氢脆断裂	2	5	—	—	1	—	—	—	1	—	—	9	2.9
应力腐蚀开裂	17	7	4	90	5	6	—	—	—	—	—	129	41.6
腐蚀疲劳开裂	2	—	—	3	—	—	2	—	—	—	—	7	2.3
合计件数	71	26	11	155	16	15	4	4	6	2	—	310	
比例/%	22.9	8.4	3.5	50.0	5.2	4.8	1.3	1.3	1.9	0.6			

从表 16－3 及表 16－4 可以看出，虽然不同工业部门所统计的腐蚀破坏数字不一，但一般腐蚀原因所引起的破坏事故比机械原因引起的事故多，特别是石油化工部门，腐蚀破坏事故更多，如图 16－25 所示。而在腐蚀破坏中则以腐蚀断裂（包括应力腐蚀开裂、腐蚀疲劳断裂及氢脆断裂）最为严重：一是其比率很高，在杜邦公司中腐蚀断裂占总事故中的比例高达 46.8%，与工程上常遇见的疲劳断裂的比例相当。1970 年 ASTM 曾作过统计，美国每年在工程上因疲劳断裂或应力腐蚀开裂所造成的损失超过三千万美元。二是腐蚀断裂最为危险。它可导致可怕的后果。因此，腐蚀断裂理论引起各方面的关切，吸引着广大腐蚀工作者的研究。有人统计了 1974 年至 1976 年有关合金应力腐蚀的研究文章，多达 320 篇。涉及氢脆原因和防护措施的文章，在国际文献中至少发表了三千余篇。腐蚀疲劳断裂已日益成为腐蚀学科中的重要问题。托马晓夫早就指出，在工程中若没有考虑腐蚀疲劳问题是不可思议的，Parkins 教授在来我国访问期间指出，腐蚀疲劳是目前腐蚀学科发展方向中的一个重要研究项目。因此，腐蚀断裂无论是学科上还是工程上都是十分重要的。

2　钢的磨损失效

磨损失效指的是构件与其摩擦副摩擦过程中产生的失效行为，磨损系统见图 16－29。

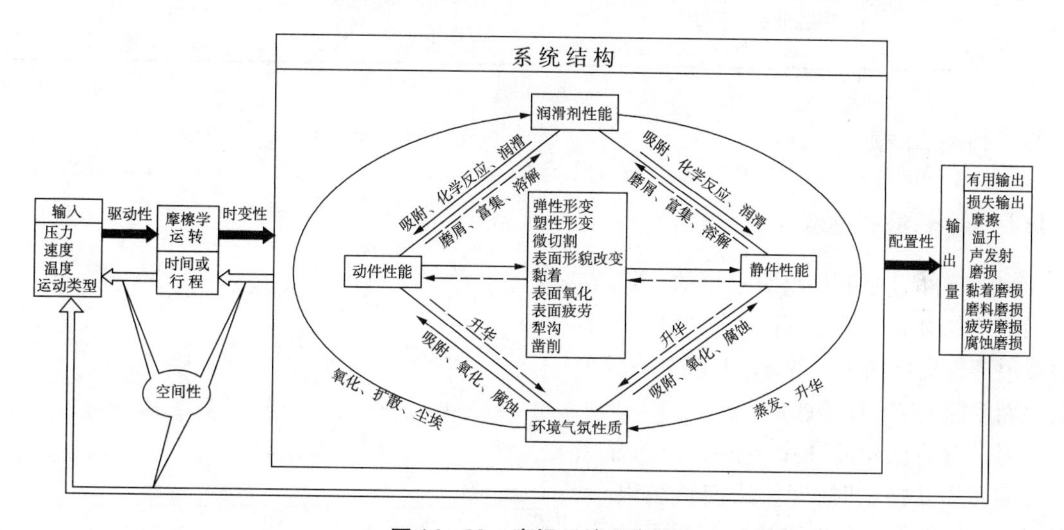

图 16－29　磨损系统示意图

由于摩擦副的材料、表面状态、受力情况及环境的不同，钢的磨损失效方式也不同，到目前为止，对磨损失效的分类尚未统一，按照磨损的破裂机理，磨损主要可分为以下几种：

（1）黏着磨损；

（2）磨粒磨损；

（3）腐蚀磨损；

（4）微动磨损；

（5）冲蚀和气蚀；

（6）疲劳磨损（接触疲劳）。

实际分析中往往会有多种磨损失效形式同时存在，但一般有一种是主要的。

磨损失效的特征与诊断参见表16－5。

表16－5　磨损失效的特征与诊断

载荷循环与否	有无腐蚀介质	磨损种类	断口诊断依据（表面特征）	裂纹诊断依据	痕迹诊断依据	参数诊断依据
有时有循环应力	可以有腐蚀介质环境	黏着磨损	有黏着和脱落	裂纹较浅，一般和磨痕垂直，沿晶扩展	摩擦痕迹和磨削形貌	相对运动、润滑及应力参数
		磨粒磨损	有磨损坑和划痕			
		腐蚀磨损 微动磨损	磨蚀坑、痕、微裂纹	摩擦痕与相对运动方向垂直，裂纹扩展方向与主应力方向垂直，次表面疲劳生核		
		气蚀和冲蚀	海绵状孔洞，沟槽、马蹄、水波纹、竹笋，二次裂纹			
		疲劳磨损（接触疲劳）	磨蚀坑、“鱼眼”断口	裂纹源于次表面，坑的底部较光滑，剖面金相组织可见变质层		

2.1　黏着磨损

2.1.1　黏着磨损现象

实际零件表面不是绝对平整的，会存在不同程度的几何凹凸，见图16－30。表面的波浪形轮廓称为表面纹理，工程上一般采用表面粗糙度 Ra 对其评定。

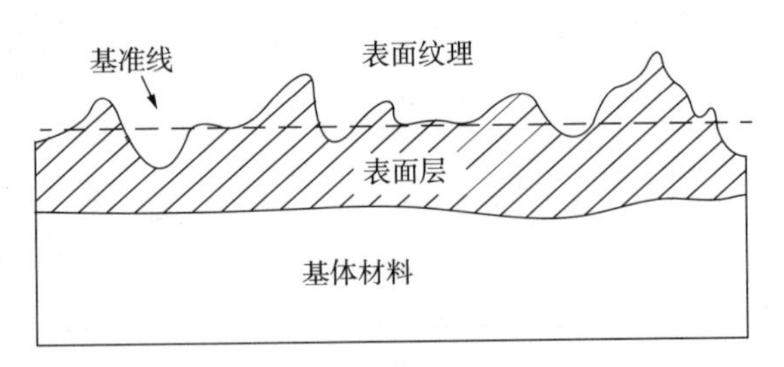

图16－30　表面层结构示意图

当一对磨擦副的两个磨擦表面的显微凸起端部相互接触时，即使法向负载很小，但因为凸起端部实际接触的面积很小，所以接触应力很大。如果接触应力大到足以使凸起端部的材料发生塑性变形而且接触表面非常干净，彼此又具有很好的相容性，那么在摩擦界面上很可能形成黏着点。当摩擦面发生相对滑动时，黏着点在剪切应力作用下变形以致断裂，使材料从一个表面迁移到另一个表面。通常，金属的这种迁移是由较软的磨擦面迁移到较硬的磨擦面上。根据摩损试验后对磨擦面进行金相检验发现，迁移的金属往往呈颗粒状黏附在表面。这是反复的滑动摩擦，使黏着点扩大并在剪应力作用下在黏着点后根部断裂，进而形成磨粒的结果，这就是黏着磨损（adhesive wear），见图16－31。A摩擦体和B摩擦体做相对滑动，A摩擦体上一个突起的结合点受到B摩擦体上较大的凸体的冲击作用所剪断，从而形成一个宽度为 a 的磨屑粒子。发生黏着磨损时，凸起和转移处有相对的撕脱，接触面比较粗糙，具有延性破坏凹坑特征，宏观或微观形貌可观察到黏着痕迹，存在高温氧化色，剖面金相组织观察可见冷焊和组织变形,见图 16－32。黏着磨损的类别和现象见表 16－6。

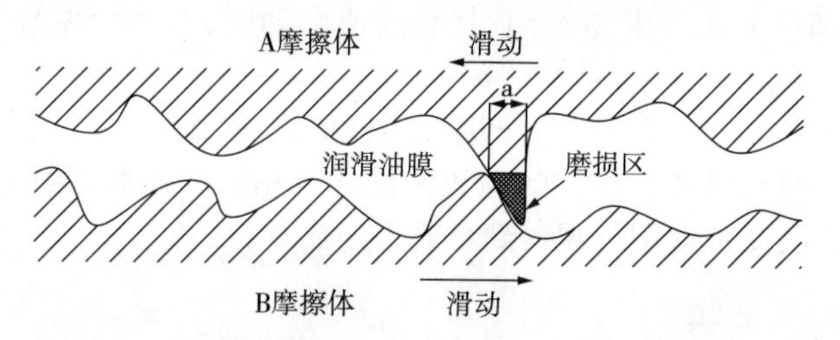

图 16－31　黏着磨损简单示意图(A、B 为不同的材料)

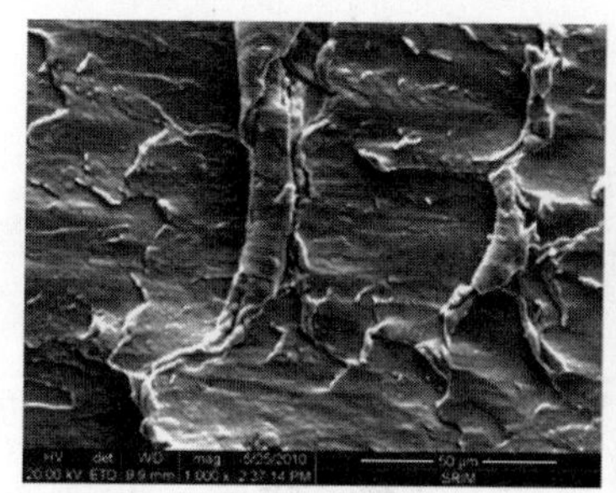

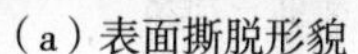
(a) 表面撕脱形貌

(b) 表面冷焊特征

图 16－32　黏着磨损的特征

表 16－6　黏着磨损的类别和现象

类型	破坏现象	破坏原因
轻微磨损	剪切破坏发生在黏着结合面上,表面转移的材料数量极少	黏着结合强度比摩擦副的基体金属都弱
涂抹	剪切破坏发生在离黏着结合面不远的软金属层内,轻金属涂抹在硬金属表面	黏着结合强度大于较软金属的抗剪强度
擦伤	剪切发生在较软金属的亚表面层内,有时硬金属表面也有划痕	黏着结合强度比两基体金属都高,转移到硬面上的金属物又拉削软金属面
撕脱	剪切破坏发生在摩擦副一方或两方金属较深处	黏着结合强度比两基体金属都高,切应力高于黏着结合强度
咬死	摩擦副之间咬死,不能相对运动	黏着结合强度高于任一基体金属的抗剪强度,黏着区域大,切应力低于黏着强度轻微磨损

2.1.2　黏着磨损的特点

(1)摩擦副相对运动时产生大量摩擦热导致高温(对于慢速滑动轴承只上升几度,但对于切削刀具则可能达到 1000℃),部分材料迁移。

(2)黏着块受到局部高温和应变强化,产生黏着块的强度一般高于摩擦副的强度。

(3)凸起和转移处有相对的撕脱,接触面比较粗糙,具有延性破坏凹坑特征,宏观或微观形貌可观察到黏着痕迹。

(4)任何摩擦副都有可能产生黏着,尤其是高速滑动时,对整个摩擦副而言,其质量总和不变。

(5)可产生松散的磨损粒子,造成磨粒磨损。

(6)任何摩擦副都有可能产生黏着,尤其是高速滑动时,对整个摩擦副而言,其质量总和不变。

(7)产生黏着痕迹,滑块在切向应力作用下划过机械表面,接触点之间由于发生局部剪切断裂,而留下的切断形貌和材料转移。凸起和转移处有相对的撕脱,接触面比较粗糙,具有延性破坏凹坑特征,宏观或微观形貌可观察到黏着痕迹。

2.1.3 黏着磨损的影响因素

(1)同类摩擦副材料比异类材料容易黏着;

(2)采用表面处理(如热处理、喷镀、化学处理等)可以减少黏着磨损;

(3)脆性材料比塑性材料抗黏着能力高;

(4)材料表面粗糙度值越小,抗抗黏着能力越强;

(5)控制摩擦表面温度,采用润滑剂等可减轻黏着磨损。

2.2 磨粒磨损

2.2.1 磨粒磨损现象

在磨擦系统中,经常见到的另一种磨损形式是磨粒磨损(abrasive wear)。一个表面同它匹配的表面上存在坚硬凸起物或同相对磨损表面运动的硬粒子接触时造成的材料转移称为磨粒磨损,也称为磨料磨损或研磨磨损。其显著特点是在接触面上有显著的磨削痕迹,是磨粒对基体的"耕犁"作用留下的痕迹,有时也被称为犁沟。

磨粒磨损现象较多。在机械加工时工具对材料的切削和磨削;冶金矿山机械、农业机械和工程机械的执行机构零件工作时和矿物、泥沙等的接触造成的磨损;污染物或微粒进入磨擦系统,当微粒具有足够硬度时,在滑动和滚动条件下引起的磨粒磨损;黏着磨损和腐蚀磨损产生的磨粒造成的磨粒磨损,等等,但归纳起来,主要有两种形式,一种为机械加工型磨损,另一种为磨粒运动型磨损,见图16-33。

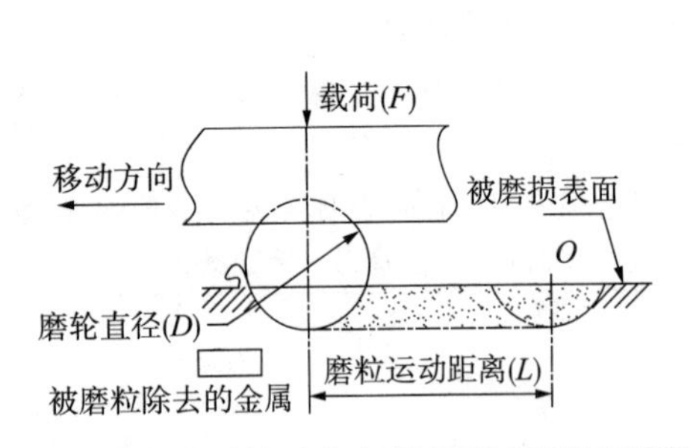

(a)对磨粒机械加力产生磨料磨损的理想化说明

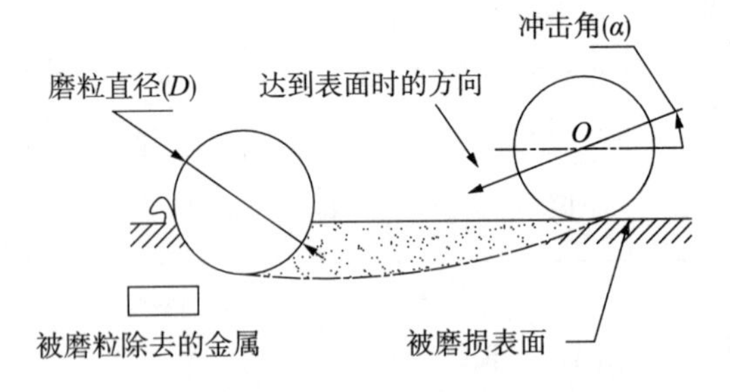

(b)对于磨粒运动加力产生磨料磨损的理想化说明

图16-33 磨粒磨损的形式

第一种为磨粒机械加工产生的磨损,是在工业生产中常常遇到的,主要是采用砂轮、砂纸以及抛光盘(轮)等对零件进行磨削加工或表面抛光,如切削和磨削加工。磨粒可嵌在基体上,如磨粒嵌埋在树脂中的砂轮用来磨削金属表面。每个磨粒在被磨金属表面切割出一条沟槽,将金属从表面切除。磨削加工工艺不当时,容易产生磨削开裂。磨削裂纹一般和磨削方向(磨

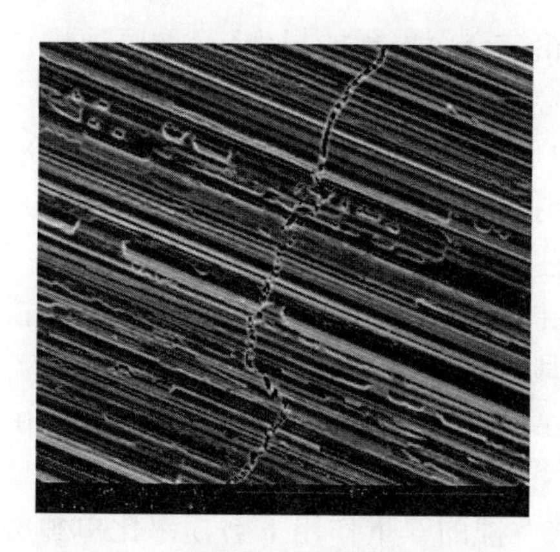

图 16 - 34　磨削裂纹和磨削痕迹（犁沟）

痕或犁沟）垂直，见图 16 - 34。通常，磨粒材料具有高的强度。工业上常用的磨粒材料是碳化硅，它具有极高的硬度、强度和高的弹性模量，大多数金属都容易被碳化硅切削。当磨粒和金属表面是干摩擦时，从金属表面被切削的颗粒呈直削片或卷曲状削片；当表面被有效润滑时，磨粒被钝化后，金属表面主要发生变形而不是被切削。在一般的装置中，这两种过程都同时发生。黏着磨损中，磨粒磨损也起一定作用。当磨粒和洁净的金属表面接触时，会发生向磨粒表面的金属迁移，这样便减缓了磨粒磨损的进程。具有高强度的颗粒，如二氧化硅、氧化铝和碳化硅，进入两个磨擦面之间，使两个磨擦面都被切割成沟槽。用氧化铝、氧化镁抛光金属表面就是这种类型的磨损。通常，在磨粒磨损过程中，磨粒愈来愈小。当然，抛光是有益的磨损，但是有些磨粒磨损却十分有害，如果磨粒进入啮合的齿面，将使齿面磨损导致失效。如果磨粒进入轴承磨擦面，将使轴承元件磨损而导致轴承失效。

第二种是利用磨粒的运动实现对材料的迁移。磨粒的运动需要一定的载体，如各种液体或气体携带磨粒做高速运动时，大量磨粒以不同的角度冲向材料表面，每一颗磨粒都会在一个微小的范围内对材料基体产生较大的剪切应力，使其与基体脱离。生中的喷砂可以去除零件表面的氧化皮，添加了特殊磨粒的“水刀”是近些年发展较快的一种无公害切割技术。当水被加压至很高的压力并且从特制的喷嘴小开孔（其直径为 0.1 ~ 0.5mm）通过时，可产生一道每秒达近千米（约音速的三倍）的水箭（刺漏），此高速水箭可切割各种软质材料。而当少量的砂被加入水射流中与其混合时，实际上可切割任何硬质材料。

2.2.2　磨粒磨损的特点

（1）磨料颗粒作用在材料表面，颗粒上所承受的载荷分为切向分力和法向分力，在法向分力作用下，磨粒刺入材料表面，在切向分力的作用下，磨粒沿平面向前滑动，带有锐利棱角和合适攻角的磨粒对材料表面进行切削。

（2）如果磨粒棱角不锐利，或者没有合适的攻角，材料便发生犁沟变形，磨粒一边向前推进材料，一边将材料犁向沟槽两侧。

（3）在切削的情况下，材料就向被车刀切削一样从磨粒前方被去处，在磨损表面留下明显的切痕，在磨削的切削面也留有切痕，而磨削的背面则有明显的剪切邹褶。

2.2.3　磨粒磨损的影响因素

（1）硬度越高，耐磨性越好；

（2）磨损量随磨粒平均尺寸的增加而增大；

（3）磨损量随磨粒硬度的增大而加大。

2.3　腐蚀磨损

腐蚀磨损（corrosive wear）是由于外界环境引起金属表层的腐蚀产物（主要是氧化物）剥

落,与金属磨面之间的机械磨损(磨粒磨损与黏着磨损)相结合而出现的损伤,又称腐蚀机械磨损。

当一对摩擦副在一定的环境中发生磨擦时,在磨擦面上便发生与环境介质的反应并形成反应产物,这些反应产物将影响滑动和滚动过程中表面摩擦特性。环境介质和磨擦面的交互作用有许多机制。活性或腐蚀性介质的磨擦面反应后产生的腐蚀产物,和表面的结合性能一般都较差,进一步磨擦后,这些腐蚀产物就会被磨去,参见图 16 – 35。Horst Czihos 把腐蚀磨损过程表述如下:这种交互作用是循环和逐步的,在第一阶段是两个磨擦表面和环境发生反应,反应结果是在两个磨擦表面形成反应产物,在第二阶段是两个磨擦表面相互接触的过程中,由于反应产物被磨擦和形成裂纹,结果反应产物就被磨去。一旦反应产物被磨去,就暴露出未反应表面,那么就又开始了腐蚀磨损的第一阶段。在磨损与腐蚀的双重作用下磨损率比单独磨损失效率或单独的腐蚀失效率要高得多。有时一些介质对材料的腐蚀作用极弱或可忽略,但在有磨损的条件下,可使腐蚀变得严重。如水对黄铜或青铜并非腐蚀性介质,因其表面的钝化膜能防止腐蚀,然而在磨损条件下这层钝化膜极易磨去,表面再次暴露受水的腐蚀。同样,对于表面能形成钝化膜的钢构件,在磨损条件下由于钝化膜破裂在原先不发生腐蚀的介质中会引起失效。

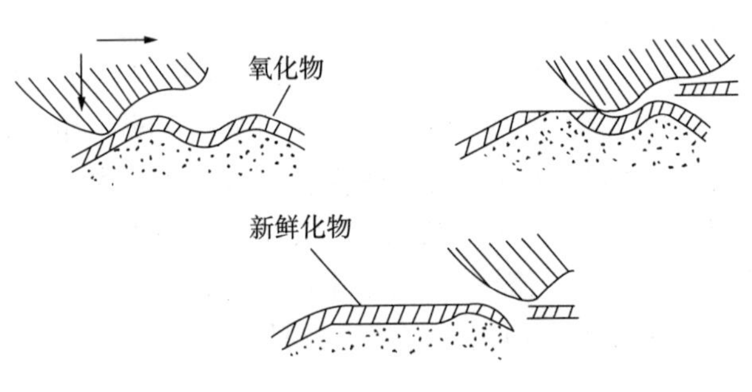

图 16 – 35　腐蚀磨损示意图

腐蚀磨损的特点如下:

(1)腐蚀磨损常见于化工、制药、造纸等机器中的搅拌器、泵、阀、管道等。

(2)往复滑动的速度小,磨损缓慢;

(3)振幅小,且为往复性的相对摩擦运动,磨屑很难逸出;

(4)属于表面损伤,涉及范围很小;

(5)铁基金属的微动磨损产物为棕红色粉末,铝和铝合金的微动磨损产物为黑色粉末,铜、镁、镍等金属的磨屑多为黑色氧化物粉末。

2.4　微动磨损

两个名义上属于静配合的表面之间由于一微小的振幅而不断往复滑动引起的磨损称为微动磨损(fretting wear),常发生在铆钉、螺钉、销钉等的连接处,钢丝绳的绳股、钢丝之间,牙齿咀嚼运动也会导致微动磨损。装配好的轴承在运输过程中,滚珠和滚道之间的微动磨损会使滚道面上产生一个个圆形的“伪布氏压痕”。

微动磨损与一般磨损的区别在于引起磨损的往复滑动距离不同,切向的相对运动量很小,即微动磨损的滑动距离很小,而且难以测定,一般在几十微米以下。

微动磨损的机理一般认为两接触表面在载荷作用下，微凸体之间发生黏着，在表面发生相对运动时粘结处发生断裂，微凸体脱落呈磨屑，由于相对运动，磨屑夹在两表面间不易被带出，而是起磨料作用从而加剧了磨损。

普通碳钢和铸铁在空气中发生微动磨损，其磨屑为呈棕红色的 Fe_2O_3，在中心区可能因氧不充分而形成黑色的 Fe_3O_4。微动磨损区在宏观上可观察到有凹坑形成，在凹坑附近成为应力集中点，可能成为疲劳裂纹的萌生点。在微动磨损条件下，疲劳裂纹往往在非常低的应力下就萌生了，大大低于一般的疲劳极限。

微动磨损的主要特点如下：

(1)在大多数情况下，“滑移”仅发生在相互接触部分。根据许多微动过程的实例可知“滑移”的幅值约为 2 ~ 20μm，相对切向运动是不规则的。但是在许多试验研究中，切向振动是受迫的，振幅也较大，并且具有往复磨损的特征。

(2)两个磨擦面始终相互紧密接触，磨屑总是被夹裹在接触面之间。磨擦面和环境的接触受到了限制。但是当振幅增大时就会失去这个特点。

(3)当外加应力较大，而且有无良好的润滑时，微动磨损往往还会引发黏着磨损，导致摩擦表面温度大幅度升高，甚至达到组织转变温度，因金属基体良好的导热性而“淬火”，产生硬而脆的马氏体组织，在表面摩力的作用下产生开裂，引发疲劳开裂。

2.5　冲蚀和气蚀

2.5.1　冲蚀

冲蚀(erosion)有咬蚀的含意，一般是指由外部机械力作用下使用材料被破坏和磨去的现象。这里讲的外部力，通常是由于固体向固体表面，液体向固体表面，或气体向固体表面，或气体向固体表面不断地进行动态撞击而产生的。如图 16 - 36 所示，颗粒 A 以一定速度向材料 B 表面撞击，B 表面被磨去一些材料，在材料 B 表面留下一个凹坑。颗粒 A 可能具有不同的成分和以不同形式存在，如可能是气体原子或分子。氩离子溅射撞击金属表面的过程就是冲蚀磨损过程。液滴向固体表面的不断撞击，当雨滴冲击在玻璃窗上，或冲击到静止的或缓慢运动的物体时，由于冲击的压力很小，所以几乎看不出物体表面有什么损伤。如果固体速度很高，如超音速飞机、火箭和导弹在雨滴中经过一段飞行时间后，就可能产生严重的冲蚀。最常见的是固体颗粒撞击固体表面。固体灰尘和砂粒对固体表面的冲击会引起冲蚀现象，而在人工系统中也有许多的冲蚀现象。例如，蒸气透平机叶片被凝结的水滴撞击，水轮机叶轮被水中的砂粒撞击，火箭发动机尾部喷嘴被燃气的冲蚀，采用雾化褐煤粉的汽轮机等。1976 年 3 月，美国宇宙飞船着陆后，清楚地看到飞船所受到的冲蚀的痕迹，飞船着陆时天气平静，所以可以认为造成飞船冲蚀的原因是空气中的微粒与高速飞船撞击的结果。据统计，直升飞机发动机吸收了云中的灰尘就会使寿命降低到原来的 90%。压缩机叶片的前缘如果失去 0.05mm 厚的材料就会造成运行障碍。用气动方法通过管道运送材料，在弯道处的冲蚀磨损比直道磨损要大 50 倍。在分析锅炉管道失效时，发现所有失效的管道中，约有 1/3 是由于冲蚀造成的，而总的工作时间降低到 16000h。从这些实例可以看出冲蚀损害的严重性以及对冲蚀问题研究的必要性和迫切性。

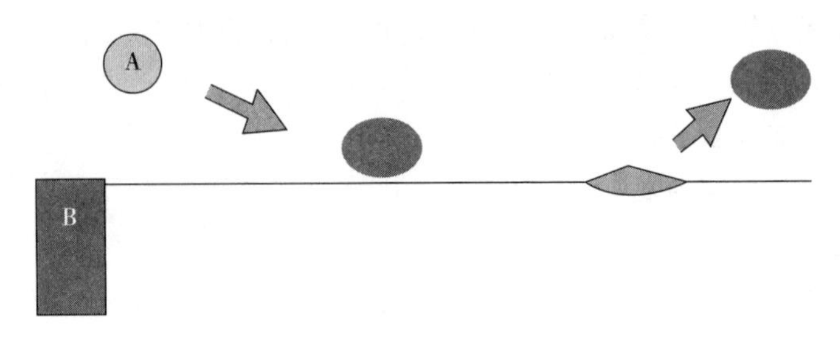

图 16－36　冲蚀磨损的机制示意图

2.5.2　气蚀

由于流动液体中气泡破裂形成的振动波而引起固体表面局部变形和被磨去的现象叫气蚀(cavitation erosion),气蚀磨损是一种常见的磨损形式,见图16－37。气蚀的结果使固体表面粗糙化,很像浸蚀剂在材料表面引起的浸蚀效应。气蚀常发生在和液体接触的固体表面,这主要是由于液体流动方式或者固体表面的振动使液体内部出现压强的变化而引起的。在流动液体中某特定部位,如果该处压强下降至低于液体的蒸汽压,就可能导致气泡形核并长大到一稳定尺寸,并随液体流动。当这些气泡到达高压区,就变得不稳定以致破裂。由于气泡紧贴着固体,气泡的破裂非对称性形成向固体表面喷射的液流。轮船的螺旋桨叶片、泵、阀门、浮筒以及水轮机叶轮等都会因受到气蚀的损伤而降低效能,以至完全失效。

图 16－37　气蚀磨损的机制示意图

有关气蚀磨损本质的基本数据还很缺乏,下面仅介绍金属显微组织和气蚀关系的一些试验结果:

(1)晶粒大小。镍的晶粒尺寸大于50μm时,耐气蚀磨损的能力无明显变化,而晶粒尺寸较小时,耐气蚀磨损性能会明显提高。在α－黄铜表面,气蚀诱发变形和冲蚀主要发生在晶界上,所以晶粒尺寸细小,气蚀磨损要严重些。在铁表面,气蚀主要在晶界上引起脆性裂纹源,所以形成磨损的孕育期和晶粒尺寸有关。

(2)固溶合金。合金固溶强化是提高耐气蚀磨损的有效方法。如Cu－Ni和Cu－Zn合金,随着显微硬度的增加,气蚀诱发裂纹形成的孕育期也增加。但Cu－Zn合金由于具有低层错能,比Cu－Ni合金具有更好的耐气蚀磨损性能。

(3)沉淀硬化合金。复相合金由于有弥散的第二相,在基体中可以固定位错或阻止其运动,限制了合金的变形。如Al－4%C比纯铝具有更好的耐气蚀磨损性能。

2.6　疲劳磨损

疲劳磨损(fatigue wear)具有润滑滚动的元件,如滚动轴承、齿轮和凸轮,在滚动接触过程中,由于交变接触应力的作用而产生表面接触疲劳,在材料表面出现麻点和脱落。表面出现麻点和脱落往往是工作一段时间后发生的,并且逐渐发展,甚至会出现断裂。通常,这种损伤经历两个阶段:材料表面或表层裂纹的萌生和裂纹的扩展。

从理论上讲,滞弹性滚动元件相互接触可认为是点接触或线接触。但是,实际上滚动元件之间的接触总有一定程度的弹性变性，直到形成的接触区能有效承载为止。滚动元件在压应力下产生弹性变形，同时又滚动，导致材料的滚动摩擦，这和通常理论上的滚动现象是有区别的。

目前，一般认为疲劳裂纹的萌生是塑性变形的结果，但是这种塑性变形仅仅出现在亚微观范围内。在滚动元件中产生塑性变形主要是由于材料表面或表层的不完整性。在滚动元件的表面，即使加工得非常光滑，也存在着显微凹凸，显微凸起端部开始接触承压时，也只需要很小的负载就会产生塑性变性，这种变形对滚动元件的运行性能几乎没有什么影响，但是塑性变形功对引起表面疲劳是重要的。

当两个尺寸相同的圆柱体在平面应变状态下相互接触时，如果接触是对称的，即圆柱体中心线是平行的，那么在压缩条件下，接触区为一平面，这个平面接触区的宽度随负载的增加而增加。根据弹性力学计算得

$$\sigma = 2p(^{\alpha 2} - x^2)^{1/2}/(\pi a^2)$$

$$\alpha = 4pR(1 - \nu^2)/(\pi E)$$

式中：σ——接触应力；

a——平面接触区的半宽度；

p——作用在圆柱体上的负载；

R——圆柱体半径。

由计算可知，接触应力沿宽度呈椭圆分布（图 16－38）。在接触应力作用下，圆柱体内部的最大剪应力按以下方程求得

$$\tau_{\max} = [(\sigma_x - \sigma_z)^2 + 4\tau_{xz}^2]^{1/2}/2$$

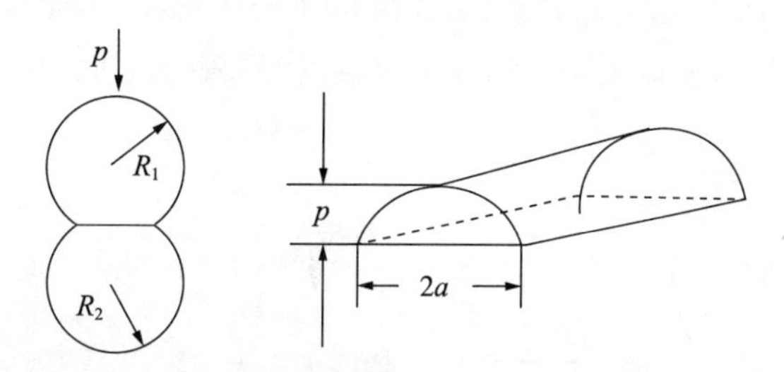

图 16－38　两圆柱面接触时的应力分布（$R_1 = R_2$）

可由这一方程画出许多 $\tau_{\max}$ 的等值线，而且发现 $\tau_{\max}$ 最大值在表面以下，距表面为 0.67a 的地方。这说明在这个部位较其他部位更易于在剪应力作用下发生塑性变形以至形成裂纹核心。同时，还看到，当负载 p 增加使接触区中心的最大接触应力 p 等于 3.1 时，在上述部位的 $\tau_{\max}$将达到屈服值。在简单压缩条件下，$p = 2$，从而允许 $p > 2$，而不发生屈服。这进一步说明在这种接触条件下，可以承受更大的负载而继续保持弹性状态，即使表面以下出现塑性变形，由于塑性区周围为弹性状态。如果在接触区还作用有切向应力，那么 $\tau_{\max}$的最大值的位置更接近表面，在润滑条件较好的情况下，滚动接触疲劳裂纹源不在表面而在距表面一定距离的地方。一般是在最大的 $\tau_{\max}$处，若沿正应力方向取一截面，可发现疲劳裂纹的萌生处。

当摩擦材料表面的微体积受到一定的接触循环交变应力的作用时，在次表面将萌生微裂纹。由于裂纹逐渐扩展到表面，导致表面产生片状或颗粒状磨屑，见图 16－39。

在接触过程中，较软表面的微凸体变形形成较平滑的表面，于是转变成微凸体－平面接

触。当较硬表面的微凸体在其上犁削时，软表面受到循环载荷的作用。硬的微凸体的摩擦导致软表面产生切向塑性变形，随着循环载荷的作用增加，变形逐渐累积。随着软表面的变形增加，在表面下面开始裂纹形核，在非常靠近表面的裂纹受到接触区下的三轴压应力的阻挡。进一步的循环载荷则初进生成平行于表面的裂纹。裂纹最终扩展到表面，于是薄的磨损片分层剥落而生成片状磨屑，图 16－39(b)是对轴承的疲劳磨损中观察到的起始裂纹。

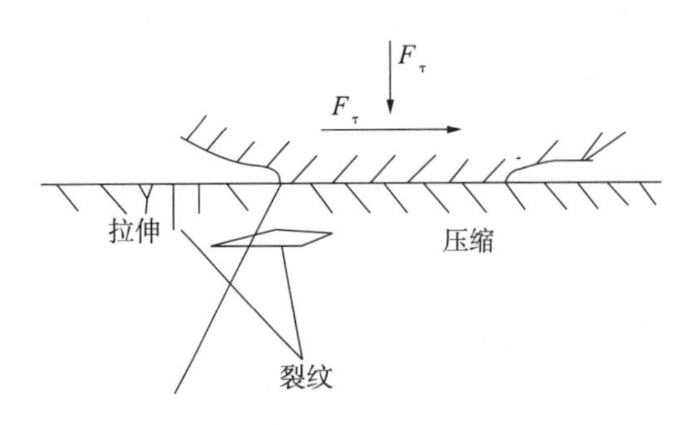

(a) 表面及次表面形成疲劳裂纹示意图

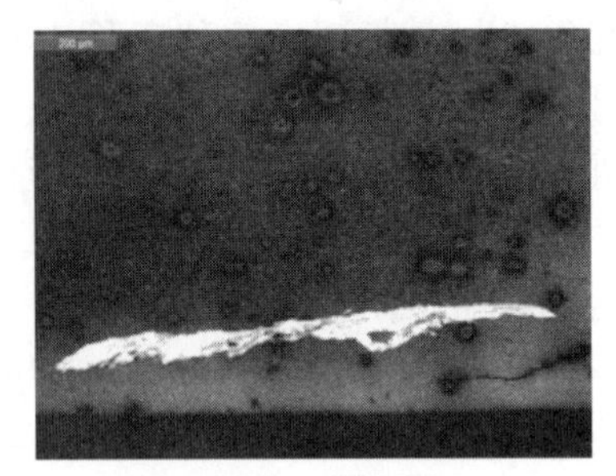

(b) 接触疲劳裂纹

图 16－39　接触疲劳裂纹的萌生

轴承的滚珠硬度往往会略高于内、外滚道面，当滚珠滚动时，迎面的滚道面会产生一个微小的拱起，如图 16－40 所示。数字模拟计算结果显示在滚珠接触点后方和接触点的次表面存在一定的拉应力，滚珠反复作用导致的拉应力会在这两个区域产生微裂纹。这些微裂纹在反复接触应力的作用下会进一步扩展并连通，最后会从表面脱落形成凹坑。采用喷丸等加工工艺可在轴承滚道面的次表层形成压应力状态，其深度可达到 0. 3mm，在轴承工作过程中可以抵消一部分导致疲劳破坏的拉应力，从而延缓轴承发生接触疲劳失效的时间，提高轴承的使用寿命。

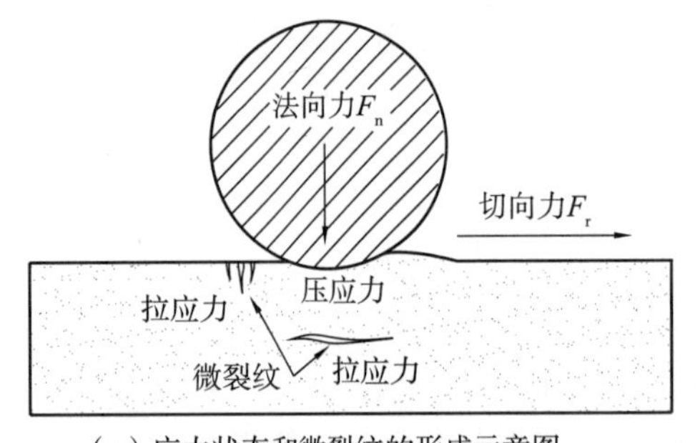

(a) 应力状态和微裂纹的形成示意图

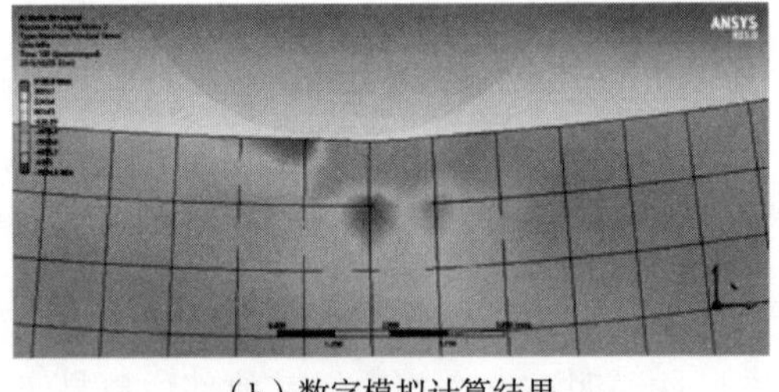

(b) 数字模拟计算结果

图 16－40　接触应力及疲劳裂纹的萌生

3　腐蚀磨损失效分析

3.1　分析方法和手段

机械构件的腐蚀磨损失效的种类繁多。为了达到防止类似失效事故，必须对已发生的失效类型做出明确的判断。对于一种具体的工程钢构件的腐蚀失效往往需要综合的分析，如宏观的现场分析，微观的形态和产物的分析等。这就需要借助现代先进的方法和设备来进行精确测定。如对于在腐蚀环境中断裂的构件，除对载荷的分析以外，还必须对其断裂的方法做出判断，对断口表面产物的分布及种类做出定性或定量的分析后综合考虑，方可做出断裂类型的判断。通过对腐蚀产物的分析可分析出引起钢构件腐蚀断裂的主要因素等。

因此，钢构件腐蚀失效的分析是跨学科的，要求分析工作必须掌握多种分析仪器，熟悉多种学科知识，只有这样才可能对发生在实际工作中的腐蚀失效事故做出正确的结论。

用于腐蚀失效产物的分析仪器见表 16－7。

表 16－7　用于磨损失效分析的常用工具

分析仪器	最大穿透深度	空间分辨率	摩擦学应用	备　注
Auger 电子谱	0.5～1.5nm	5nm	金属转移、表面积聚物	在真空中分析
X 射线电子谱	1.5～7.5nm	5nm	润滑剂反应产物化学分析	在真空中分析
椭圆仪	400～500μm	1nm	透明固体膜厚度	在真空中分析
Raman 谱	400～500μm	10nm	有机膜厚度及化学分析	在真空中分析
Rutherford 背散射	溅射 2μm	10nm	表面膜厚度及成分	
二次离子质谱	溅射 0.5μm	50nm	表面化学分析	在真空中分析
在线扫描电镜磨损试验装置		5nm	不断变化的磨损表面显微结构及转移膜的元素分析	在真空中分析
光学显微镜		200nm	磨损形貌的特性及尺寸、表面膜颜色、Normaski 织构	在真空中分析
Fourier 转换红外光谱		200nm	有机表面膜化学、高分子材料转移和边界润滑	在真空中分析
原子力显微镜		0.1nm	原子水平的磨擦力、原子水平的表面粗糙度	
表面轮廓仪		0.1～25nm	用触针法测量表面粗糙度，加工表面和磨损表面的微观形	

用于腐蚀失效分析的方法和手段较多，除一般用于失效分析的方法外，其特别之处是对腐蚀产物的分析方法。

(1) X 射线衍射仪，用于确定腐蚀失效产物的物相；

(2) 电子探针，用于确定腐蚀产物的元素及相对含量；

(3) 俄歇电子能谱仪，用于确定表层产物的元素和价态；

(4) 穆斯堡尔谱仪，用于确定腐蚀产物的价态；

(5) 红外光谱仪，用于有机产物的分析。

3.2　分析步骤

钢的磨损失效分析是依据磨损零件残体等分析、判明磨损类型，揭示磨损机理，追溯磨损发生发展并导致工件磨损失效的整个过程，是一个从结果到原因的逆向分析过程。一般分析步骤为：失效构件的现场调查→失效构件的宏观分析（包括材质、热处理、力学性能、失效形态）

→构件失效形态的微观分析(包括开裂的途径、形貌)→表面产物的分析(腐蚀产物的类型、组成、百分比)→失效类型的确定。必要时还要进行失效的重显性试验,以确定其失效类型判断的可靠性。

轴承失效是磨损失效中最典型的事例,它可以上述各种磨损失效形式发生。根据美国SKF及TAPPI在1995年工程会议报告,其失效与工程上的因素的相关分析、分类结果如图16-41所示。图16-41表明,轴承失效中与润滑的关系最大,占轴承失效比率的54%。选择润滑油,保证轴承的有效润滑,可有效提高轴承的寿命。如将轴承润滑油清洁度从ISO 4406要求的20/17提高到13/10,可使轴承寿命延长400%。而润滑油的含水量则是另一因素,当含水量为3%时,轴承寿命减少85%。

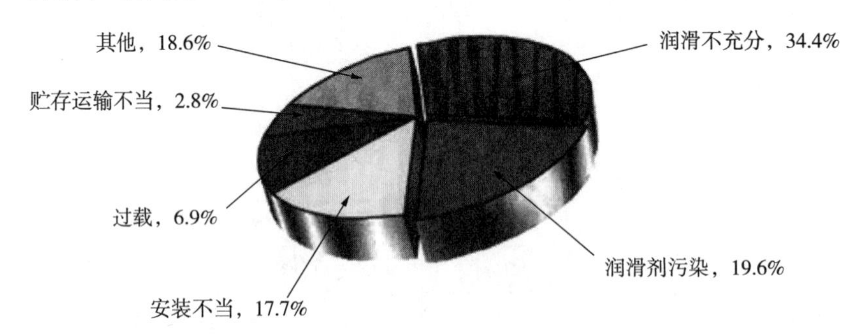

图16-41　轴承失效各种原因所占的比例

参考文献

[1] 刘智敏．不确定度及其实践[M]．北京:中国标准出版社,2000.

[2] 李慎安．测量不确定度表达百问[M]．北京:中国计量出版社,2001.

[3] 肖明耀．误差理论与应用[M]．北京:中国计量出版社,1985.

[4] 王承忠．测量不确定度验证方法及其应用实例[J]．理化检验 - 物理分册,2008(10).

[5] 王承忠．测量不确定度基本原理和评定方法及在材料检测中的评定实例[J]．理化检验 - 物理分册,2013(9) - (12),2014(1) - (4).

[6] 肖纪美．材料学的方法论[M]．北京:冶金工业出版社,1994.

[7] 田园．Yb 和 Si 对 Al - Zr 合金时效析出行为的影响及作用机制[D]．上海:上海交通大学,2016.

[8] 张瀚龙．铝异质形核过程中熔体与异质核心间液 - 固界面结构原子尺度研究[D]．上海:上海交通大学,2015.

[9] 康茂东,王俊,高海燕,等．铸件显微疏松缺陷表征及其对疲劳性能影响研究进展[J]．铸造技术,2016(9).

[10] 机械工业部科技与质量监督司. 机械工程材料测试手册:物理金相卷[M]. 沈阳:辽宁科学技术出版社,1999.

[11] 机械工业部科技与质量监督司. 机械工程材料测试手册:力学卷[M]. 沈阳:辽宁科学技术出版社,2001.

[12] 美国金属学会. 金属手册:第 8 卷[M]. 北京:机械工业出版社,1994.

[13] 美国金属学会. 金属手册:第 10 卷[M]. 北京:机械工业出版社,1993.

[14] 沈鸿. 机械工程手册:第 2 版[M]. 北京:机械工业出版社,1979.

[15] 那宝魁. 钢铁材料质量检验实用手册[M]. 北京:中国标准出版社,1999.

[16] 束德林. 金属力学性能[M]. 北京:机械工业出版社,2002.

[17] 周达飞,陆冲,宋鹂. 材料概论[M]. 北京:化学工业出版社,2015.

[18] 顾宜,赵长生. 材料科学与工程基础[M]. 北京:化学工业出版社,2011.

[19] 胡赓祥. 材料科学基础[M]. 上海:上海交通大学出版社,2010.

[20] NBS. NBS Standard Reference Material Catalog(1981 - 1983)[M]. SP260,1981.

[21] NBS. Guide to United States Reference Materials[M]. SP260 - 57,1978.

[22] 全浩．标准物质及其应用技术[M]．北京:中国标准出版社,1990.

[23] 国家计量总局情报所翻译组译．法制计量学基本名词[M]．北京:计量出版社,1982.

[24] 钱耆生,沈国超．化工产品质量保证——标准化・计量・质量管理[M]. 北京:中国计量出版社,1994.

[25] 中国标准化协会全国标准样品技术委员会．标准样品实用手册[M]．北京:中国标准出版社,2003.

[26] 全浩,韩永志．标准物质及其应用技术:第 2 版[M]．北京:中国标准出版社,2003.

[27] 韩永志．标准物质手册[M]．北京:中国计量出版社,1998.

[28] 全国标样会冶金分技术委员会．《冶金产品分析用标准样品技术条件》实施指南[M]．北京:全国标样冶金分技术委员会,1997.

[29] 马冲先．锅炉压力容器理化检验人员培训教材:化学分析[M]．北京:中国质检出版社,2012.

[30] 王巧云．国际标准物质数据库及有证标准物质[J]．岩矿测试,2014,33(2).

[31] 徐灏. 疲劳强度[M]. 北京:北京高等教育出版,1988.

[32] 曹用涛. 机械工程材料测试手册:力学卷[M]. 沈阳:沈阳辽宁科学技术出版社,2001.

[33] 机械工程手册、机电工程手册编委会. 机械工程手册[M]. 北京:机械工业出版社,1996.
[34] 高镇同. 疲劳应用统计学[M]. 北京:国防工业出版社,1986.
[35] 赵少汴,王忠保. 疲劳设计[M]. 北京:机械工业出版社,1992.
[36] 金属机械性能编写组. 金属机械性能[M]. 北京:机械工业出版社,1982.
[37] 高镇同. 疲劳性能试验[M]. 北京:国防工业出版社,1980.
[38] 机械工业理化检验人员技术培训和资格鉴定委员会. 力学性能试验[M]. 北京:中国计量出版社,2008.
[39] 中国航空研究院. 应力强度因子手册[M]. 北京:科学出版社,1981.
[40] 陈篪等. 金属断裂研究文集[M]. 北京:冶金工业出版社,1978.
[41] 范天佑. 断裂力学基础[M]. 南京:江苏科学技术出版社,1978.
[42] 褚武杨. 断裂力学基础[M]. 北京:科学出版社,1979.
[43] 褚武杨. 断裂韧性测试[M]. 北京:科学出版社,1979.
[44] D. 布洛克. 工程断裂力学基础[M]. 王克仁,等,译. 北京:科学出版社,1980.
[45] 崔振源,等. 断裂韧性的测试原理和方法[M]. 上海:上海科学技术出版社,1996.
[46] 刘再华,等. 工程断裂动力学[M]. 武汉:华中理工大学出版社,1996.
[47] Bogdanoff J L, Kozin F, Saunders H. Probabilistic models of cumulative damage[M]. John Wiley & Sons, 1985.
[48] Kliman V. Probabilistic fracture mechanics and fatigue methods: applications for structural design and maintenance[M]. Edited by: J. M. Bloom, J. C. Ekvall. ASTM STP 798, 1984.
[49] 机械工业理化检验人员技术培训和资格鉴定委员会,中国机械工程学会理化检验分会. 金属材料力学性能试验[M]. 北京:科学普及出版社,2014.
[50] 平修二. 金属材料的高温强度[M]. 北京:科学出版社,1983.
[51] 杨宜科,吴天禄,江先美,等. 金属高温强度及试验[M]. 上海:上海科学技术出版社,1986.
[52] P. B. Hirsch, A. Howie, R. B. Nicholson, et al. 薄晶体电子显微学[M]. 刘安生,李永洪,译. 北京:科学出版社,1983.
[53] 黄惠忠,等. 论表面分析及其在材料研究中的应用[M]. 北京:科学技术文献出版社,2002.
[54] 进藤大辅,平贺贤二. 材料评价的高分辨电子显微方法[M]. 刘安生,译. 北京:冶金工业出版社,1998.
[55] 桂立丰. 机械工业材料测试手册:物理金相卷[M]. 沈阳:辽宁科学技术出版社,1999.
[56] 进藤大辅,及川哲夫. 材料评价的分析电子显微方法[M]. 刘安生,译. 北京:冶金工业出版社,2001.
[57] 梁志德. 现代物理测试技术[M]. 北京:冶金工业出版社,2003.
[58] 丘利,胡玉和. X 射线衍射技术及设备[M]. 北京:冶金工业出版社,1998.
[59] 梁钰. X 射线荧光光谱分析基础[M]. 北京:科学出版社,2007.
[60] 范雄. X 射线金属学[M]. 北京:机械工业出版社,1981.
[61] 周顺深. 钢脆性和工程结构脆性断裂[M]. 上海:上海科学技术出版社,1982.
[62] R. B. Heady. Effect of hydrogen on properties of iron and steel[J]. Corrosion, 1977, 33(12): 441.
[63] R. A. Oriani, et al. A Plastic flow induced fracture theory for $k_{I_{scc}}$[J]. Acta Metall, 1974, 22: 1065.
[64] R. B. McLeLan, et al. Hydrogen interactions with metals[J]. Materials Science and Engineering, 1975, 18.
[65] J. K. Tien, et al. Hydrogen transport by dislocations[J]. Metall. Trans., 1976, 7A(6).